高等院校精品课程系列教材

传感器原理及应用

第4版

吴建平 彭颖 编著

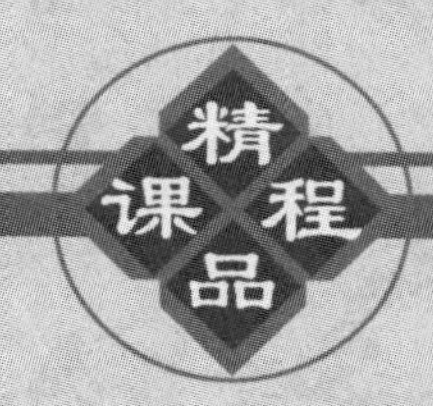

Principles and Applications of Sensors Fourth Edition

机械工业出版社
China Machine Press

图书在版编目（CIP）数据

传感器原理及应用 / 吴建平，彭颖编著．--4 版．-- 北京：机械工业出版社，2021.6（2024.5 重印）
（高等院校精品课程系列教材）
ISBN 978-7-111-68551-7

I. ①传… II. ①吴… ②彭… III. ①传感器 – 高等学校 – 教材 IV. ① TP212

中国版本图书馆 CIP 数据核字（2021）第 126460 号

传感器在现代信息技术中有着举足轻重的地位，因此作为理工科专业的学生，学习和掌握现代传感器技术知识是非常必要的。本书充分考虑教学规律，突出专业特点，重点叙述传感器的结构原理和基本特性，同时详细介绍传感器的工程应用和使用方法，对于各种类型的传感器都有较为系统和全面的论述。

本书的主要内容包括：传感器的基本特性、电阻式传感器、电容式传感器、电感式传感器、磁电与磁敏式传感器、压电式传感器、光电效应及光电器件、光电式传感器、波与辐射式传感器、射线式传感器、热电式传感器、半导体式化学传感器、生物传感器、集成智能传感器，以及实验指南与综合练习。

本书可作为高等院校测控技术、自动化、仪器仪表、电子工程、信息工程、核工程与核技术应用等专业的本科生教材，也可作为相关专业的研究生教材，还可作为教师以及工程技术人员的参考书籍。

出版发行：机械工业出版社（北京市西城区百万庄大街 22 号 邮政编码：100037）
责任编辑：王 颖 游 静　　责任校对：殷 虹
印 刷：北京铭成印刷有限公司　　版 次：2024 年 5 月第 4 版第 9 次印刷
开 本：185mm × 260mm 1/16　　印 张：20
书 号：ISBN 978-7-111-68551-7　　定 价：69.00 元

客服电话：(010) 88361066 68326294

前言

传感器技术是多学科交叉的高新技术，它涉及物理、化工、生物、机械、电子、材料、环境、地质、核技术等多方面的知识，是一种定量认知自然现象的不可缺少的技术手段。自工业革命以来，为提高和改善机器的性能，传感器发挥了巨大的作用。新材料以及半导体集成加工工艺的发展，使传感器技术越来越成熟，现代传感器的种类也越来越多。除了使用半导体材料、陶瓷材料外，纳米材料、光纤以及超导材料的发展也为传感器的集成化和小型化发展提供了物质基础。目前，现代传感器正从传统的分立式朝着集成化、智能化、数字化、系统化、多功能化、网络化、光机电一体化、无维护化的方向发展，具有微功耗、高精度、高可靠性、高信噪比、宽量程等特点。

另外，人工智能、物联网技术被认为是继计算机、互联网之后的又一次产业浪潮，而传感器作为人工智能与物联网应用系统的核心产品，将成为这一新兴产业优先发展的关键器件。传感器技术、通信技术、计算机技术是构成现代信息技术的三大支柱，它们在信息系统中分别起着“感官”“神经”和“大脑”的作用。我们在利用信息的过程中首先要获取信息，传感器是获取信息的主要途径和手段。现今，我们处于5G及AI（Artificial Intelligence，人工智能）技术迅速发展的时代，5G是将每个智能设备乃至万物互联的基础，AI是一门研发用于模拟和扩展人类智能的理论、方法、技术及应用系统的新技术学科。今天的自动化和人工智能技术取得的一项最大进展就是智能传感器（intelligent sensor）的发展与广泛使用，大多数人工智能动作和应用场景的实现，都需要靠传感器来完成，传感器作为发展人工智能技术的硬件基础，已经成为人工智能与万物互联的必备条件。智能传感器技术是智能制造和物联网的先行技术，学习与应用作为前端感知工具的传感器技术具有非常重要的意义。

成都理工大学核技术与自动化工程学院的教师在长期教学、科研工作中，积累了丰富的教学和实践经验，精心编写出这本教材，并在第3版的基础上再次修改完善。本教材在编写中充分考虑教学规律，突出专业特点，重点叙述了传感器的结构原理和基本特性，同时详细介绍了传感器的工程应用和使用方法，对各种类型的传感器都有较为系统和全面的论述。本书特色鲜明，适用性强，实例丰富。为适应传感器技术的发展，新版教材突出了传感器的介绍和传感器的实际应用，在最后一章添加了多个课程设计的实施方案，并对部分章节进行了修改、删减与补充。

本教材为第4版，共分16章，其中第13章、第16章部分内容由彭颖老师编写，其他章节由吴建平老师编写、修改，何文丽老师承担了图件的绘制、多媒体课件设计和部分文稿整理等工作。本教材可安排为80及以上学时，部分章节可以作为选修或自学内容。为方便教学，本教材纳入部分实验内容和综合练习，可为相关专业的传感器实践教学及其质量评估提供参考。本教材还配有高质量的PowerPoint多媒体课件。在多媒体课件制作过程中，注重现代教学手段和方法的运用，注意教学效果和学生学习兴趣的提高。课件内含生动的模拟动画，尤其是课堂练习，可方便教师授课并检验理论教学效果。本教材中每章附有思考题，可辅助学生巩固所学内容。

由于编者水平有限，书中难免有错误和不妥之处，恳请专家和广大读者批评指正。

编　者

2021年3月于成都

目 录

第 1 章　概　　述

传感器是自动化检测技术和智能控制系统的重要部件。测试技术中通常把测试对象分为两大类：电参量与非电参量。电参量有电压、电流、电阻、功率、频率等，这些参量可以表征设备或系统的性能；非电参量有机械量(如位移、速度、加速度、力、扭矩、应变、振动等)、化学量(如浓度、成分、气体、pH 值、湿度等)、生物量(酶、组织、菌类)等。过去，非电参量的测量多采用非电测量的方法，如用尺子测量长度，用温度计测量温度等；而现代的非电参量的测量多采用电测量的方法，其中的关键技术是如何利用传感器将非电参量转换为电参量。

1.1　传感器的作用和地位

当今，传感器技术已广泛用于工业、农业、商业、交通、环境监测、医疗诊断、军事科研、航空航天、自动化生产、现代办公设备、智能楼宇和家用电器等领域，并已成为构建现代信息系统的重要组成部分。目前传感器技术已经在越来越多的领域得到应用，值得一提的是，传感器在检测和自动化技术中所起的作用远比在家用电器中所起的大得多，这几乎是无可争议的事实。

1.1.1　什么是传感器

到底什么是传感器呢？其实只要你细心观察就可以发现，在我们日常生活中使用着各种各样的传感器，例如电冰箱、电饭煲中的温度传感器，空调中的温度和湿度传感器，煤气灶中的煤气泄漏传感器，电视机中的红外遥控器，照相机中的光传感器，汽车中的燃料计和速度计等，不胜枚举。今天，传感器已经给我们的生活带来了太多便利和帮助。

为了说明什么是传感器，我们不妨用人的五官和皮肤做比喻。我们知道，眼睛有视觉，耳朵有听觉，鼻子有嗅觉，皮肤有触觉，舌头有味觉，人通过大脑感知外界信息。人在从事体力劳动和脑力劳动的过程中，通过感觉器官接收外界信号，这些信号传送给大脑，大脑对这些信号进行分析处理，传递给肌体。如果用机器完成这一过程，计算机相当于人的大脑，执行机构相当于人的肌体，传感器相当于人的五官和皮肤，图 1-1 将智能机器和人体结构进行了对比。传感器又好比人体感官的拓展，所以又称“电五官”。对于各种各样的被测量，有着各种各样的传感器。

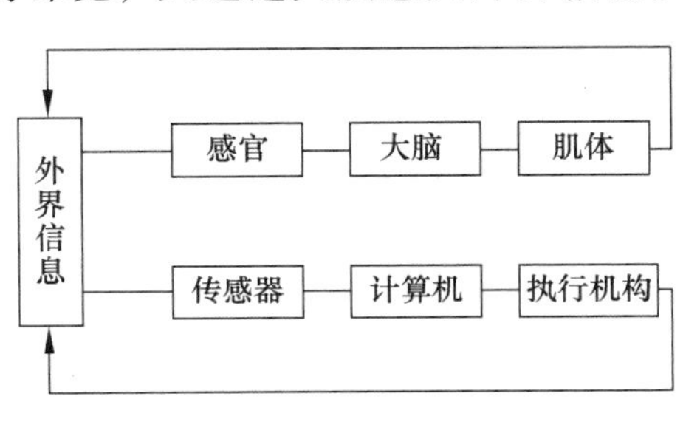

图 1-1　智能机器与人体结构的对比

1.1.2 传感器的作用

目前传感器技术涉及现代大工业生产、基础学科研究、航空航天、海洋探测、军事国防、环境保护、资源调查、医学诊断、智能建筑、汽车、家用电器、生物工程、商检质检、公共安全，甚至文物保护等极其广泛的领域。

在基础学科研究中，传感器更有突出的地位，传感器的发展往往是一些边缘学科研究的先驱。如宏观上的茫茫宇宙、微观上的粒子世界、长时间的天体演化、短时间的瞬间反应，以及超高温、超低温、超高压、超高真空、超强磁场、弱磁场等极端技术研究。

现代大工业生产尤其是自动化生产过程中的质量监控或自动检测，需要用各种传感器监视和控制生产过程的各个参数，传感器是自动控制系统的关键性基础器件，直接影响到自动化技术的质量和水平。

在航空航天领域里，宇宙飞船的飞行速度、加速度、位置、姿态、温度、气压、磁场、振动等每个参数的测量都必须由传感器完成，例如，“阿波罗10号”飞船需对3295个参数进行检测，其中有温度传感器559个、压力传感器140个、信号传感器501个、遥控传感器142个。有专家说，整个宇宙飞船就是高性能传感器的集成体。

在机器人研究中，其重要的内容是传感器的应用研究，机器人外部传感器系统包括平面视觉、立体视觉传感器，非视觉传感器有触觉、滑觉、热觉、力觉、接近觉传感器等。可以说，机器人的研究水平在某种程度上代表了一个国家的智能化技术和传感器技术的水平。智能机器人模型如图1-2a所示。

在楼宇自动化系统中，计算机通过中继器、路由器、网络、网关、显示器，控制管理各种机电设备的空调制冷、给水排水、变配电系统、照明系统、电梯等，而实现这些功能需使用温度、湿度、液位、流量、压差、空气压力传感器等；安全防护、防盗、防火、防燃气泄漏可采用CCD(电子眼)监视器、烟雾传感器、气体传感器、红外传感器、玻璃破碎传感器；自动识别系统中的门禁管理主要采用感应式IC卡识别、指纹识别等方式，这种门禁系统打破了人们几百年来用钥匙开锁的传统。智能楼宇中的指纹门禁如图1-2f所示。

a）智能机器人

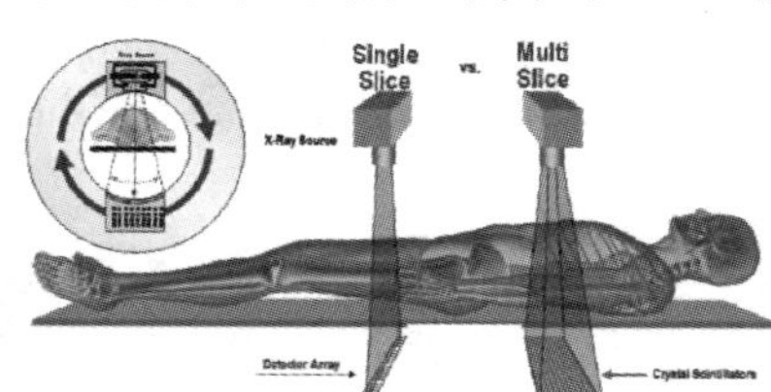

b）医疗诊断

c）计量测试

d）家用电器

e）环境监测

f）指纹门禁

图1-2　传感器应用

传感器在医疗诊断、计量测试、家用电器、环境监测等领域的应用实例不胜枚举，图1-2b～e分别是传感器在医疗诊断、计量检测、家用电器、环境监测中的应用。

21世纪是信息技术的时代，构成现代信息技术的三大支柱是传感器技术、通信技术与计算机技术，在信息系统中它们分别完成信息的采集、信息的传输与信息的处理，其作用可以形象地比喻为人的“感官”“神经”和“大脑”。人们在利用信息的过程中，首先要获取信息，而传感器是获取信息的重要途径和手段。世界各国都十分重视这一领域的发展，其发展也将让科学家实现更多从前无法实现的梦想。

图1-3所示的智能化水质检验过程示意图勾画了未来的自动化水质监测系统，通过水质感应器将水质信息传送给检测中心，而无须现场取水。未来还会有智能房屋（自动识别主人，由太阳能提供能源）、智能衣服（自动调节温度）、智能公路（自动显示并记录公路的压力、温度、车流量）、智能汽车（无人驾驶、卫星定位）。

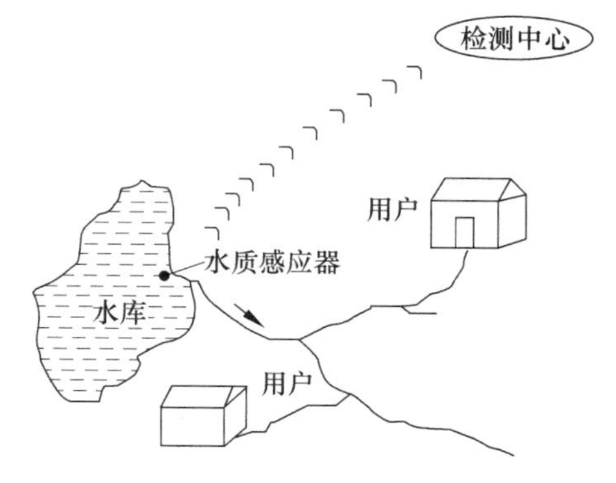

图1-3 智能化水质检验过程示意图

1.2 传感器的现状和发展

今天，传感器已成为测量仪器、智能化仪表、自动控制系统等装置中必不可少的感知元件。然而传感器的历史远比近代科学来得古老，例如：天平，自古代埃及王朝时代就开始使用并一直沿用到现在；利用液体的热膨胀特性进行温度测量在16世纪前后就实现了；自工业革命以来，传感器对提高机器性能起到极大作用，如瓦特发明“离心调速器”实现蒸汽机车的速度控制，其本质是一个把旋转速度变换为位移的传感器。

1.2.1 传感器的现状

据统计，目前全世界有40多个国家从事传感器的研制、生产和开发，研发机构有6 000余家。其中美、日、俄等国实力较强，这些国家建立了包括物理量、化学量、生物量三大门类的传感器产业，产品有20 000多种，大企业的年生产能力达到几千万只到几亿只，2014年全球传感器市场规模达到千亿美元。

在国家“大力加强传感器的开发和在国民经济中的普遍应用”等一系列政策导向和资金的支持下，我国的传感器技术及产业近年来也取得了较快发展。目前有1 700多家传感器研发机构，产品约6 000种。2015年我国敏感元器件与传感器年总产量达到20亿只。

但我国的传感器产业在科技经费投入、新品开发周期、关键材料与组件等多个方面，综合竞争能力低于美国、日本、欧洲等发达国家，主要表现在传感器的精度、智能化水平等方面，同时，传感器自身在智能化和网络方面也相对落后。我国“十一五”规划提出了“自主立国”“自主创新”的新战略导向，就是要引进技术，要充分消化、吸收并再创新。

1.2.2 传感器的发展

实际上被测对象涉及各个领域。人类最初的测量对象是长度、体积、质量和时间。18世纪以来，随着科学技术的飞速发展，被测对象的范围迅速扩大。现在的被测对象更加广泛复杂：工业领域的光泽度、光滑度等品质测量；机器人的视觉、触觉、滑觉、接近觉等各种信息测量；卫星上监视地球的红外线测量，如 GPS 定位系统；医疗领域的人体心电、脑电波等体表电位测量，生物断面测量……20 世纪 60 年代，世界各国主要研究以电量为输出的传感器，20 世纪 70 年代以来传感器得到飞速发展，现在我们讨论的传感器是指已经具有电量输出的传感器。

传感器技术大体可分为三代。第一代是结构型传感器，它利用结构参量变化来感受和转化信号，如电阻、电容、电感等电参量。第二代是 20 世纪 70 年代发展起来的固体型传感器，这种传感器由半导体、电介质、磁性材料等固体元件构成，利用材料的某些特性制成，如利用热电效应、霍尔效应、光敏效应，分别制成热电偶传感器、霍尔传感器、光敏传感器。第三代传感器是刚刚发展起来的智能传感器，是微型计算机技术与检测技术相结合的产物，使传感器具有一定的人工智能。几十年来传感技术的发展分为两个方面：一是提高与改善传感器的技术指标；二是寻找新原理、新材料、新工艺。为改善传感器性能指标采用的技术途径有差动技术、平均技术、补偿修正技术、隔离抗干扰抑制、稳定性处理等。

现代传感器中，新的材料、新的集成加工工艺使传感器技术越来越成熟，传感器种类越来越多。除了早期使用的半导体材料、陶瓷材料外，光纤以及超导材料的发展为传感器的发展提供了物质基础。未来还会有更新的材料，如纳米材料，更有利于传感器的小型化。现代传感器的基本构成如图 1-4 所示。现代传感器正从传统的分立式朝着集成化、数字化、多功能化、微(小)型化、智能化、网络化、光机电一体化的方向发展，具有高精度、高性能、高灵敏度、高可靠性、高稳定性、长寿命、高信噪比、宽量程、无维护等特点。发展趋势主要体现在这样几个方面：发展、利用新效应，开发新材料，提高传感器性能和检测范围，以及传感器的微型化与微功耗、集成化与多功能化、数字化和网络化。

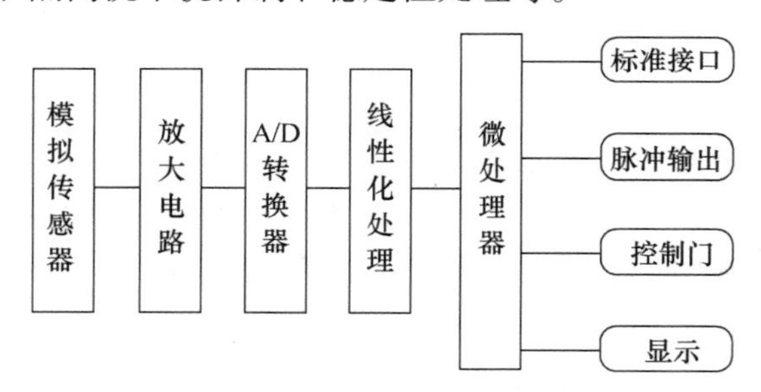

图 1-4　现代传感器基本结构示意图

特别值得一提的是传感器的数字化和网络化。网络技术的发展可使现场数据就近登录，通过因特网与用户之间异地交换数据，实现远程控制。

新兴的物联网(Internet of Things，IoT)技术开始进入各个领域。物联网的概念是在 1999 年提出的，就是“物物相连的互联网”。它将各种信息传感器设备，如射频识别装置(RFID)、红外感应器、全球定位系统、激光扫描器等按约定的协议与互联网结合起来，形成一个巨大的网络，进行信息交换和通信，以实现智能化的识别、定位、跟踪、监控和管理。这里的“物”要满足以下条件才能够被纳入物联网的范围：①要有相应信息的接收器——传感器；②要有数据传输通路；③要有一定的存储功能；④要有 CPU；⑤要有操作系统；⑥要有专门的应用程序；⑦要有数据发送器；⑧遵循物联网的通信协议；⑨在世界网络中有可被识别的唯一编号。

可见，只有计算机与传感器协调发展，现代科学技术才能有所突破。可以说，传感器技术已成为现代技术进步的重要因素之一。

1.3 传感器的定义、组成、分类及图形符号

各种传感器输出信号的形式各不相同，如热电偶、pH 电极等以直流电压形式输出，热敏电阻、应变计、半导体气体传感器输出为电阻……无论传感器的输出形式如何，测量的输出信号必须转化为电压、电流或其他数字量中的一种。信号检测系统就是将传感器接收的信号通过转换、放大、解调、A/D 转换得到所希望的输出信号，这是基本检测系统中共同使用的技术。

1.3.1 传感器的定义

从广义的角度来说，可以把传感器定义为：一种能把特定的信息(物理、化学、生物)按一定规律转换成某种可用信号输出的器件和装置。广义传感器一般由信号检出器件和信号处理器件两部分组成，其原理结构框图如图 1-5 所示。

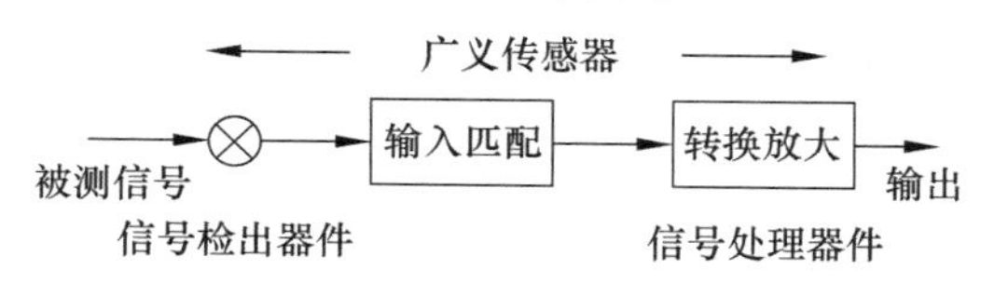

图 1-5 广义传感器原理结构框图

从狭义角度对传感器的定义是：能把外界非电信息转换成电信号输出的器件。

我国国家标准(GB/T 7665—2005)对传感器(transducer/sensor)的定义是：“能感受被测量并按照一定的规律转换成可用输出信号的器件或装置。”

以上定义表明传感器有这样三层含义：它是由敏感元件和转换元件构成的一种检测装置；能按一定规律将被测量转换成电信号输出；传感器的输出与输入之间存在确定的关系。按使用的场合不同，传感器又称为变换器、换能器、探测器。

需要指出的是，国外在传感器和敏感元件的概念上也不完全统一，能完成信号感受和变换功能的器件名称较多，部分器件的中英文名称如表 1-1 所示。

表 1-1 部分传感功能器件的中英文名称

功能器件	翻译名称	功能器件	翻译名称
Transducer	换能器、转换器、变换器、传感器	Measuring Transducer	测量变换器、测量传感器、传感器
Sensor	敏感器件、敏感元件、传感元件、检测元件、传感器	Sensing Element	敏感元件、传感元件
Transduction Element	转换元件	Transmitter	变送器
Converter	转换器	Detector	检测器、探测器、检出器
Cell	光电(池)元件、力敏元件、传感器	Pick-up	拾音器、检振器、传感器
Gauge	应变计、应变片、应变仪	Probe	探头、测头

在美国，Transducer 和 Sensor 是通用的，皆称传感器。英国对 Sensor 和 Transducer 是严格区分的，前者叫敏感元件，后者叫变换器，当用于检测目的时，则称 Measuring Transducer（即传感器）。日本把 Sensing Element 和 Sensor 通称为“检知器”，Transducer 则称为变换器。在 IEC（国际电工委员会）标准中，把 Transducer 称为换能器，把 Measuring Transducer 称作传感器，而把 Sensor 看成 Measuring Transducer 的组成部分，即一次元件（Primary Element）。

1.3.2 传感器的组成

传感器一般由敏感元件、转换元件、基本电路三部分组成，如图 1-6 所示。敏感元件感受被测量，转换元件将响应的被测量转换成电参量，基本电路把电参量接入电路转换成电量。核心部分是转换元件，转换元件决定传感器的工作原理。

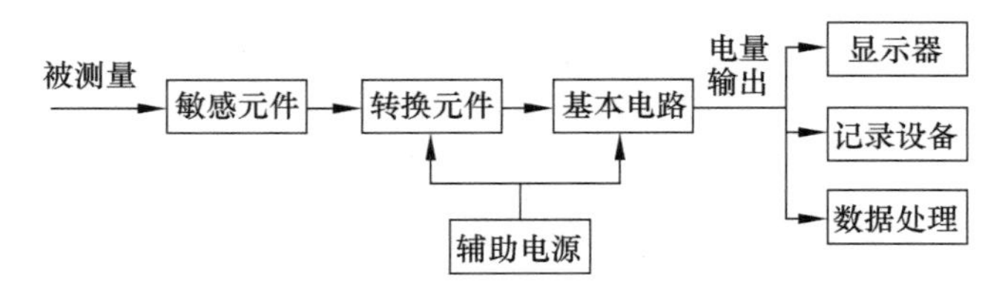

图 1-6　传感器组成

有的文献将传感器和敏感元件相互混用，实际上它们是两个不同的概念。敏感元件是指“传感器中能直接感受或响应被测量的部分”。显然，从其结构和功能角度看，传感器是包含敏感元件及其辅助电路在内的功能器件（Function Device），敏感元件是藏于传感器内部的元件（Element）。当传感器的输出为标准信号时，则称作变送器（Transmitter）。图 1-7 显示了传感器及敏感元件之间的关系。

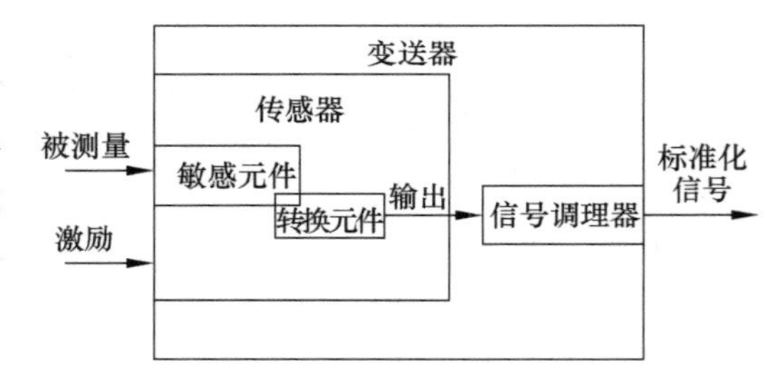

图 1-7　传感器与敏感元件的关系

1.3.3 传感器的分类

就被测对象而言，工业上需要检测的量有电量和非电量两大类。非电量信息早期多用非电量的方法测量。较传统的传感器可以完成从非电量到非电量的转换，但无法实现现代智能仪器仪表的自动测量，无法完成过程控制的自动检测与控制。随着科学技术的发展，对测量的精确度、速度提出了新的要求，尤其在对动态变化的物理过程和物理量远距离进行测量时，用非电方法无法实现，必须采用电测法。今后我们讨论的都是以电量为输出的传感器。

传感器按检测对象可分为力学量、热学量、流体量、光学量、电量、磁学量、声学量、化学量、生物量传感器和机器人等。此外，还有从材料、工艺、应用角度进行分类的，这些分类方式从不同的侧面为我们提供了探索和开发传感器的技术空间。这些传感器分类体系中，按被测量（检测对象）分类的方法简单实用，在实际应用中使用较多。检测对象的信号形式决定了选用传感器的类型，传感器检测信号大致可以归类以下不同领域中的不同信号：

1）机械自动化：位移、速度、加速度、扭矩、力、振动。

2）电磁学：电流、电压、电阻、电容、磁场。

3）生物化学：浓度、成分、pH 值等。

4）工业过程控制：流量、压力、温度、湿度、黏度等。

5）辐射测量：无线电磁波、微波、宇宙射线，α、γ、X 射线。

按照我国传感器分类体系表，传感器分为物理量传感器、化学量传感器以及生物量传感器三大类，下含 11 个小类：力学量传感器、热学量传感器、光学量传感器、磁学量传感器、电学量传感器、射线传感器（以上属于物理量传感器），气体传感器、离子传感器、温度传感器（以上属于化学量传感器），以及生化量传感器与生物量传感器（属于生物量传感器）。各小类又按两个层次分成若干品种。传感器分类方法较多，常用的有下列几种：

1）按传感器检测的范畴分类，可分为物理量传感器、化学量传感器、生物量传感器。

2）按传感器的输出信号性质分类，可分为模拟传感器、数字传感器。

3）按传感器的结构分类，可分为结构型传感器、物性型传感器、复合型传感器。

4）按传感器的功能分类，可分为单功能传感器、多功能传感器、智能传感器。

5）按传感器的转换原理分类，可分为机电传感器、光电传感器、热电传感器、磁电传感器、电化学传感器。

6）按传感器的能源分类，可分为有源传感器、无源传感器。

按能量转换原理进行分类也是较好的分类方法，但是由于一些传感器涉及的转换原理尚在探索之中，难以给出固定的模式和框架，因而多局限于学术领域的交流。传感器种类繁多，随着材料科学、制造工艺及应用技术的发展，传感器品种将如雨后春笋大量涌现。如何将这些传感器加以科学分类，是传感器领域的一个重要课题。

1.3.4 传感器的图形符号与命名

传感器图用图形符号是电器图用图形符号的一个组成部分。图形符号是图样或技术文件中表示设备或概念的图形、标记或字符。由于它能象征性或形象化地标记信息，因而可以越过语言障碍，直截了当地表达或交流设计者的思想和意图。依照国标 GB/T 14479—1993《传感器图用图形符号》的规定，传感器图用图形符号由符号要素正方形和等边三角形组成，正方形表示转换元件，三角形表示敏感元件，“X”表示被测量，“ * ”表示转换原理。图用图形符号表示方法与几个典型传感器的图用图形符号如图 1-8 所示。

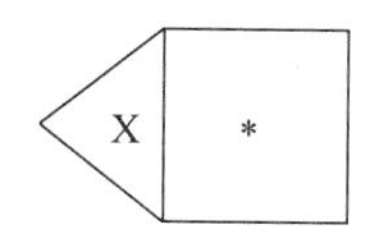

a）传感器图形符号

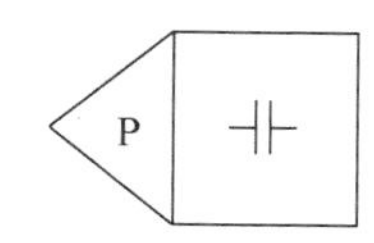

b）电容式压力传感器

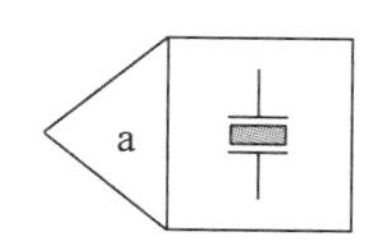

c）压电式加速度传感器

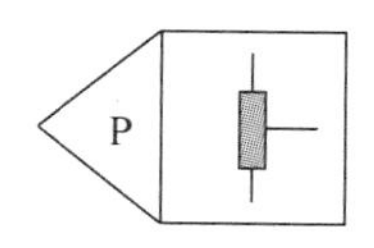

d）电位器式压力传感器

图 1-8 典型传感器图用图形符号

在使用这种图形符号时应注意几个问题：当无须强调具体的转换原理时，传感器图用图形符号也可简化，如图 1-9a 所示，对角线表示内在能量转换功能，（A）、（B）分别表示输入、输出信号。对于传感器的电器引线，应根据接线图设计需要，从正方形的三个边线垂直引出，表示方法如图 1-9b 所示，如果引线需要接地或接壳体、接线板，应按标准规定绘制。当某些转换原理难以用图形符号简单、形象地表达时，例如离子选择电极即钠离子传感器，也可用文字符号替代，如图 1-9c 所示。

传感器图形符号可查阅国标 GB/T 14479—1993，其中给出 43 种常用传感器的图用图形符号示例。GB/T 标准规定，对于采用新型或特殊转换原理或检测技术的传感器，亦可参照标准的有关规定自行绘制，但必须经国家主管部门认可。

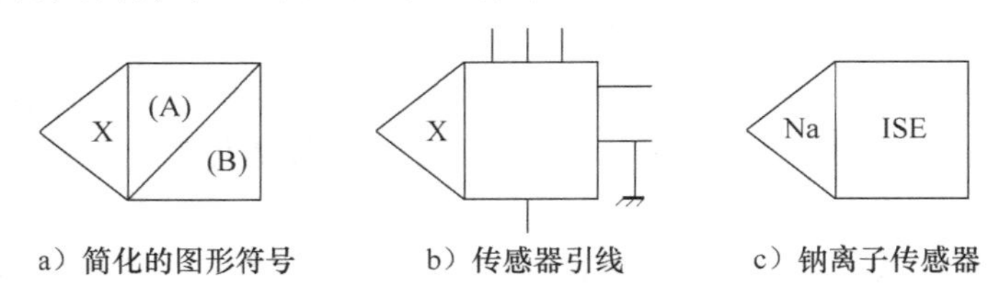

图 1-9 传感器图形绘制方法

在运用命名法时，应注意使用场合不同，修饰语的排序亦不同。在有关传感器的统计表、图书检索及计算机文字处理等场合，传感器名称应采用正序排列，如“传感器、位移、应变计、100mm”；在技术文件、产品说明书、学术论文、教材、书刊等的陈述句中，传感器名称应采用倒序排列，如“100mm 应变计式位移传感器”。

根据国标 GB/T 7666—2005 规定，一种传感器的代号应包括以下四部分：主称（传感器）、被测量、转换原理、序号。在被测量、转换原理、序号三部分代号之间须有连字符“ - ”连接。四部分代号表述格式如图 1-10 所示。

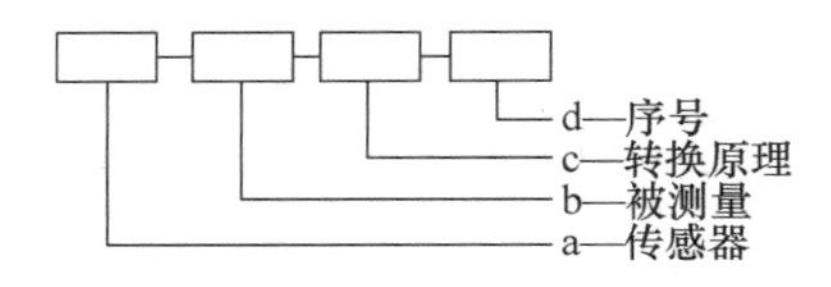

图 1-10 传感器产品代号格式

思考题

1.1 什么是传感器？按照国标定义，传感器应该如何说明含义？

1.2 传感器由哪几部分组成？试述它们的作用及相互关系。

1.3 简述传感器主要发展趋势，并说明现代检测系统的特征。

1.4 传感器如何分类？按传感器检测的范畴可分为哪几种？

1.5 传感器的图形符号如何表示？它们各部分代表什么含义？应注意哪些问题？

1.6 用图形符号表示一个电阻式温度传感器。

1.7 请列举出两个你用到或看到的传感器，并说明其作用。如果没有传感器，会出现哪种状况？

1.8 空调和电冰箱中采用了哪些传感器？它们分别起到什么作用？

1.9 如何进行信息的异地传输与控制？请举例说明。

1.10 什么是物联网？它与现代传感器有什么关系？

第2章　传感器的基本特性

在一个测量控制系统中，传感器位于检测部分的最前端，是决定系统性能的重要部件，传感器的灵敏度、分辨率、检出限、稳定性等指标对测量结果有直接影响。例如一个电子秤，传感器的分辨能力和检出限决定了电子秤的最小感量和量程，而传感器的灵敏度直接影响电子秤的检测精度。通常高性能的传感器价格也较高，在工程设计中要获得最好的性价比，需要根据具体要求合理选择使用传感器，所以对传感器的各种特性与性能应该有所了解。

传感器的各种特性是根据输入、输出关系来描述的，不同的输入信号，其输出特性不同。为描述传感器的基本特性，我们可将传感器看成一个具有输入、输出的二端网络，如图2-1所示。传感器通常要把各种信息量变换为电量，由于受传感器内部储能元件(电感、电容、质量块、弹簧等)的影响，它们对慢变信号与快变信号反应大不相同，所以需根据输入信号的慢变与快变，分别讨论传感器的静态特性和动态特性。对于慢变信号，即输入为静态或变化极缓慢的信号(如环境温度)，我们讨论研究传感器的静态特性，也就是不随时间变化的特性；对于快变信号，即输入为随时间较快变化的信号(如振动、加速度等)，我们考虑传感器的动态特性，也就是随时间变化的特性。

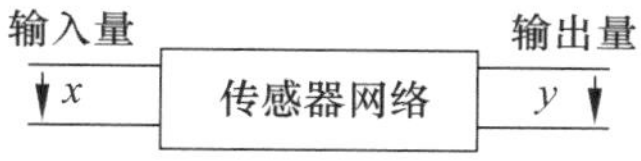

输入量　x　传感器网络　y　输出量

图2-1　传感器输入、输出二端网络

2.1　传感器的静态特性

当输入量是静态或变化缓慢的信号时，输入、输出关系称静态特性，这时传感器的输入与输出有确定的数值关系，但关系式中与时间变量无关。静态特性可以用函数式表示为

$$y = f(x) \tag{2-1}$$

在静态条件下，若不考虑迟滞和蠕变，传感器的输出量与输入量的关系可以用一个多项代数方程式表示，称为传感器的静态数学模型，即

$$y = a_0 + a_1 x + a_2 x^2 + a_3 x^3 + \cdots + a_n x^n \tag{2-2}$$

式中：x 为输入量；y 为输出量；a_0 为输入量 $x=0$ 时的输出值(y)，即零位输出；a_1 为传感器的理想(线性)灵敏度；a_2，a_3，…，a_n 为非线性项系数。

式(2-2)中各项系数不同时，特性曲线的形式各不相同(见图2-2)。

设 $a_0=0$，当 $a_2=a_3=\cdots=a_n=0$ 时，传感器的静态特性为 $y=a_1x$，静态特性曲线为直线，可视为理想线性，如图2-2a所示，传感器的灵敏度 $y/x=a_1$ 为常数。

当 $a_3=a_5=\cdots=0$ 时，非线性项只有偶次项，这时传感器的静态特性为 $y=a_1x+a_2x^2+a_4x^4+\cdots$，如图2-2b所示。因特性曲线不具有对称性，其线性范围较窄，所以一般不采用这种模型。

当 $a_2=a_4=\cdots=0$ 时，非线性项只有奇次项，此时传感器的静态特性为 $y=a_1x+a_3x^3+a_5x^5+\cdots$，如图2-2c所示。因特性曲线关于原点具有对称性，在原点附近有较宽的线性范围，通常差动形式的传感器具有这种特性。

一般情况下，特性曲线过原点，但不具有对称性，如图 2-2d 所示。

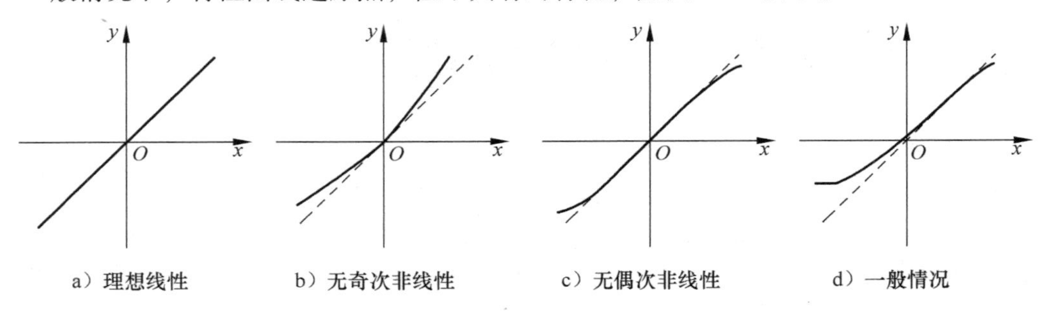

图 2-2 传感器的静态特性曲线

理论分析建立的传感器数学模型非常复杂，甚至难以实现。实际应用时，常常利用实际数据绘制特性曲线，根据曲线特征来描述传感器特征。描述传感器静态特性的主要指标包括线性度、迟滞、重复性、阈值、灵敏度、稳定性、噪声、漂移等，它们是衡量传感器静态特性的重要指标参数。

2.1.1 线性度

一个理想的传感器，我们希望它具有线性的输入、输出关系，但由于实际传感器总有非线性项(高次项)存在，因此大多数传感器是非线性的。实际应用中为标定方便常常对传感器做近似处理，如简化计算、电路补偿、软件补偿，或在某一小范围内用切线或割线近似代表实际曲线，使输入、输出线性化。实际的静态特性曲线可以用实验方法获得。

由于实际传感器有非线性项存在，特性如图 2-3 所示，所以近似后的拟合直线与实际曲线存在偏差，其中的最大偏差称为传感器的非线性误差，非线性误差通常用相对误差表示。线性度的定义为

$$\gamma_{\mathrm{L}} = \pm \frac{\Delta L_{\max}}{y_{\mathrm{FS}}} \times 100\% \tag{2-3}$$

式中：$\Delta L_{\max}$为最大非线性绝对误差；y_{FS}为满量程输出。

线性度 γ_{L} 是表征实际特性与拟合直线不吻合的参数。由式(2-3)可见，传感器的非线性误差是以一条理想直线作基准，即使是同一传感器，基准不同时，得出的线性度也不同，所以不能笼统地提出线性度。当提出线性度的非线性误差时，必须说明所依据的基准直线，因为不同的基准直线对应于不同的线性度。选取拟合的方法很多，图 2-4 为几种直线拟合方法。

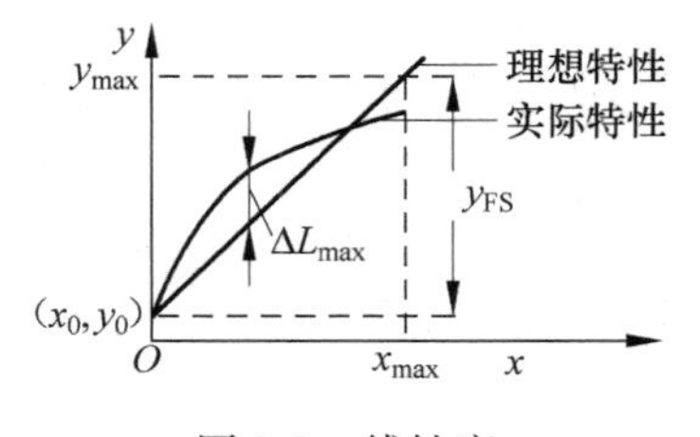

图 2-3 线性度

1）理论线性度(理论拟合)，如图 2-4a、b 所示，是以输出 0% 为起点，以满量程输出的 100% 为终点作拟合直线，图 2-4b 是基于理论拟合的过零旋转拟合。

2）端基线性度(端点连线拟合)，如图 2-4c 所示，是以实际曲线的起点与终点为端点作拟合直线。

3）独立线性度(端点平移拟合)，如图 2-4d 所示，以端基线平行作直线，恰好包围所有的标定点，与两条直线等距作拟合直线。

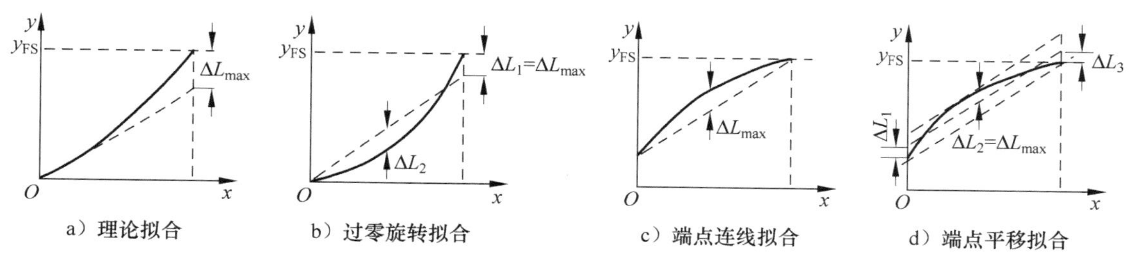

图 2-4　几种直线拟合方法

4）最小二乘法线性度，按最小二乘法原理求拟合直线，所得拟合直线称最小二乘直线。用最小二乘直线作为拟合直线得到的线性度称为最小二乘法线性度，其方法如图 2-5 所示。设最小二乘拟合方程为

$$y = kx + b \tag{2-4}$$

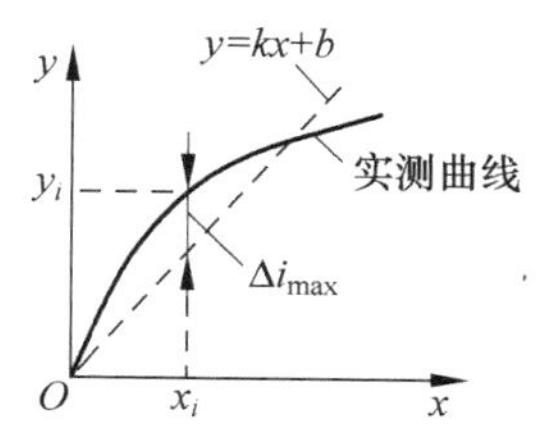

图 2-5　最小二乘法线性度

对实测曲线取 n 个测点，第 i 个测点与直线间的残差为

$$\Delta i = y_i - (kx_i + b)$$

根据最小二乘法原理，取所有测点的残差平方和为最小值

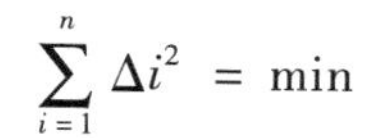

$$\sum_{i=1}^{n} \Delta i^2 = \min$$

为此，将 $\sum_{i=1}^{n} \Delta i^2$ 分别对 k 和 b 求一阶偏导数，并令其等于零，求得 k、b，即

$$\frac{\partial}{\partial k}\sum_{i=1}^{n} \Delta i^2 = 0$$

$$\frac{\partial}{\partial b}\sum_{i=1}^{n} \Delta i^2 = 0$$

将据此求解出的 k、b 代入式(2-4)作拟合直线，实际曲线与拟合直线的最大残差 Δi_{max} 为非线性误差。最小二乘法求取的拟合直线，拟合精度最高，也是最常用的方法。虽然这种方法拟合精度很高，但实际曲线对拟合直线最大偏差的绝对值未必最小。

2.1.2　迟滞

在相同条件下传感器在正行程(输入量由小到大)和反行程(输入量由大到小)期间，所得输入、输出特性曲线往往不重合。也就是说，对于同一大小的输入信号，传感器正反行程的输出信号大小不等，产生迟滞现象。

迟滞用来描述传感器在正反行程期间特性曲线不重合的程度，迟滞特性如图 2-6 所示。迟滞的大小一般由正反行程的最大输出差值与满量程输出的百分比表示，表达式为

$$\gamma_H = \pm \frac{\Delta H_{max}}{y_{FS}} \times 100\%$$

式中：$\Delta H_{max} = y_2 - y_1$，$\Delta H_{max}$ 为正反行程输出值之间最大差值；y_{FS} 为满量程输出。

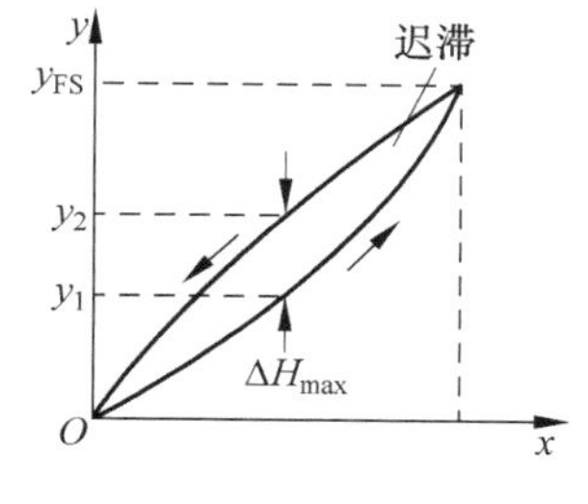

图 2-6　迟滞特性

迟滞的存在会造成测量误差，如用一电阻式应变电桥输出的电子秤称重，逐渐增加砝码，再逐渐减少砝码，电桥输出与砝码

重量的对应关系得到如下结果：

- 先增加砝码，再减少砝码(单位为 g)：10→50→100→200→100→50→10；
- 对应电桥输出电压(单位为 mV)：0.5→2→4→10→8→5→1。

砝码逐渐增加再逐渐减小，相同输入值下的电桥输出电压不等。这种现象主要是由于传感器敏感元件材料的物理性质缺陷和机械部件的缺陷造成的，如弹性元件的滞后，轴承摩擦、间隙，紧固件松动等。铁磁体、铁电体在外加磁场、电场作用时也有这种现象，并且速度越快，这种现象越明显。

2.1.3 重复性

重复性是指在相同条件下，输入量按同一方向进行全量程多次测量时，所得传感器输出特性曲线不一致的程度。重复性误差特性曲线如图 2-7 所示。

重复性的计算有不同方法，较简单的方法是先计算最大重复偏差，即先求出正行程的最大偏差 ΔR_{max1} 和反行程的最大偏差 ΔR_{max2}，取出两个偏差的较大者 ΔR_{max}，然后用最大偏差与满量程输出 y_{FS} 的百分比表示重复性，表达式为

$$\gamma_R = \pm \frac{\Delta R_{max}}{y_{FS}} \times 100\%$$

因为重复性误差属随机误差，故常用标准差来计算重复性指标，表达式可写为

$$\gamma_R = \pm \frac{(2 \sim 3)\sigma_{max}}{y_{FS}} \times 100\%$$

式中：σ_{max} 表示实测曲线各点的最大标准偏差，是在测量次数趋于无穷时正态总体的平均值；(2～3)为置信系数，置信系数取 2 时，置信概率为 95.4%，置信系数取 3 时，置信概率为 99.7%。

传感器输入、输出不重复的原因与产生迟滞的原因基本相似。

2.1.4 灵敏度

灵敏度是指传感器在稳定工作条件下，输出微小变化增量与引起此变化的输入微小变量的比值。常用 S 表示传感器灵敏度，对于输入与输出关系为线性的传感器，灵敏度是一常数，即为特性曲线的斜率，如图 2-8a 所示，表达式为

$$S = \Delta y / \Delta x$$

而非线性传感器的灵敏度如图 2-8b 所示，各处不同，灵敏度为一变量，可表示为

$$S = dy/dx$$

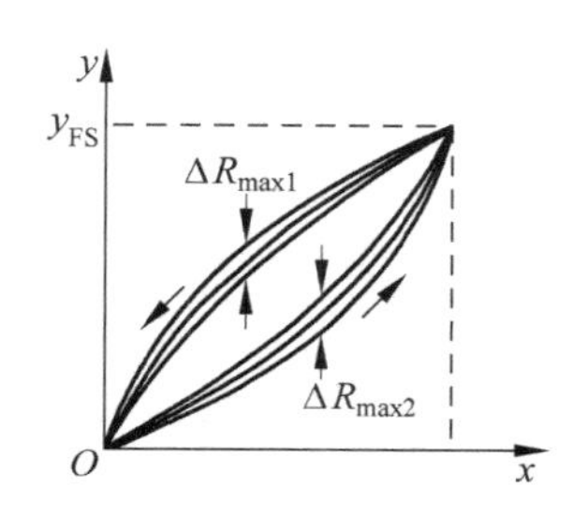

图 2-7 重复性误差特性曲线

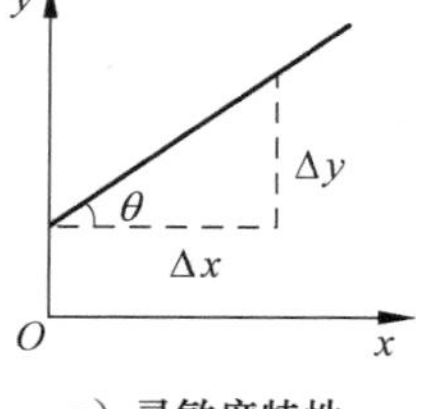

a）灵敏度特性

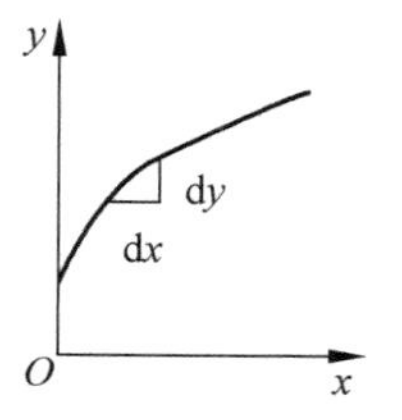

b）非线性传感器的灵敏度

图 2-8 传感器灵敏度

由于传感器输入一般为非电量，通常以电量为输出的传感器灵敏度单位表示为 mV/mm 和 mV/℃等。实际应用时，有源传感器的输出与电源有关，若传感器所加电压不同，灵敏度有较大差别，故灵敏度表达式需要考虑电源的影响，应将灵敏度再除以总电压。生产厂家的标称灵敏度定义是指每伏电压的灵敏度，如 mV/(mm・V)、mV/(℃・V)等。例如，位移传感器的电源电压为 1V，每 1mm 位移变化引起输出电压的变化为 100mV，其灵敏度可以表示为 100mV/(mm・V)。

2.1.5　漂移和稳定性

漂移是指传感器的被测量不变，而其输出量却发生了改变。漂移包括零点漂移与灵敏度漂移，如图 2-9 所示。零点漂移与灵敏度漂移又可分为时间漂移(时漂)和温度漂移(温漂)。时漂指在规定条件下，零点或灵敏度随时间缓慢变化；温漂则是指环境温度变化引起的零点漂移与灵敏度漂移。

图 2-10 为一闪烁探测器对同一标准样品的长时间稳定性测量结果，测量数据表示了该射线探测器在 8 小时内的漂移程度。测量数据不仅反映了放射性测量的统计涨落规律，同时也反映出探测器总体随时间或环境温度变化产生误差的情况，当误差超出要求的精度范围时，必须进行补偿和修正。

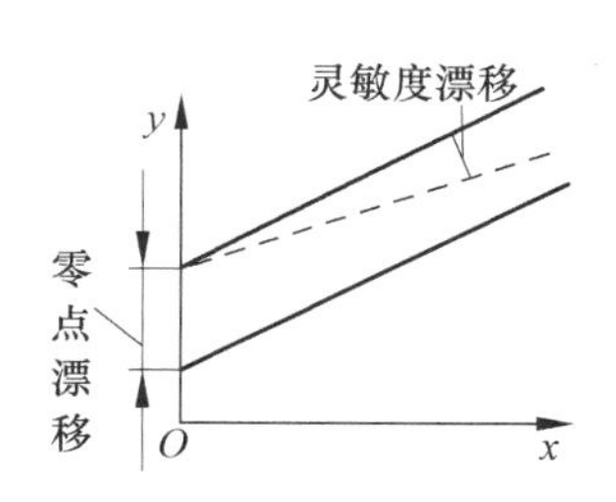

图 2-9　零点漂移与灵敏度漂移

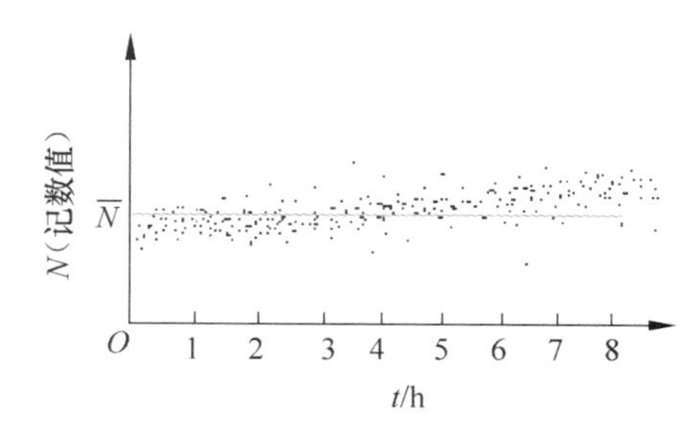

图 2-10　闪烁探测器稳定性测量结果

稳定性表示传感器在一较长时间内保持性能参数的能力，故又称长期稳定性。理想情况下，传感器性能不应随时间变化，而在实际情况下，大多数传感器特性会随使用时间延长发生变化和漂移，例如设备放置长期不用或使用次数增多。最常见的是随温度漂移，即周围环境温度变化引起的输出变化，温度引起的漂移主要表现在零点漂移和灵敏度漂移。

仪器操作人员应该对所使用仪器的每日、每月、每年变化情况进行记录和登记，有证明仪器的数据可靠性的记录。应对仪器的漂移和稳定性情况做到心中有数，并对使用的仪器定期进行标定和检查，以便对测量数据进行修正，保证测量数据的真实性和可靠性。

一般在室温条件下，经过规定时间后，传感器实际输出与标定输出的差异程度可以用来表示其稳定性。稳定性可用相对误差或绝对误差来表示，如：××月(或××小时)不超过××%满量程输出。

2.1.6　分辨率和阈值

当传感器的输入从非零值缓慢增加时，在超过某一增量后，输出发生可观测的变化，这个输入增量称为传感器的分辨率，即最小输入增量。

当传感器的输入从零值开始缓慢增加时，在达到某一值后，输出发生可观测的变化，这个输入值称传感器的阈值电压，阈值电压是指输入小到某种程度输出不再变化的值。这时传感器的输入值 Δx 称为门槛灵敏度，指输入零点附近的分辨能力。

传感器存在“门槛”的主要原因有两个：一是传感器输入信号的变化量被传感器内部吸收，从而反映不到输出端；二是传感器输出存在噪声，如果噪声比信号还大，就无法将信号与噪声分开，如图 2-11 所示。所以输入信号必须大于噪声电平，或尽量减小噪声提高分辨能力。

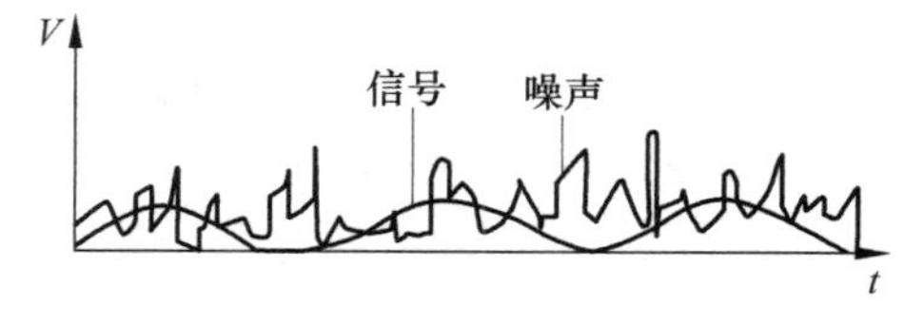

图 2-11 信号与噪声

对于数字传感器，分辨率是指传感器能够引起输出数字的末位数发生改变所对应的输入增量。

2.2 传感器的动态特性

传感器的动态特性是指输入量随时间变化时输出和输入之间的关系。实际应用中传感器检测的物理量大多数是时间的函数，当传感器的输入量随时间变化时，我们讨论传感器的动态特性。为使传感器的输出信号及时准确地反映输入信号的变化，不仅要求传感器有良好的静态特性，更希望它具有好的动态特性。

2.2.1 传感器的动态误差

一个动态性能好的传感器，输入与输出之间应具有相同的时间函数。但是除了理想状态外，输出信号一定不会与输入信号有相同的时间函数，这种输入与输出之间的差异就是动态误差，这种误差反映了传感器的动态特性。动态误差通常包括两个部分：①输出达到稳定状态后与理想输出之间的差别，称稳态误差；②输入量发生跃变时，输出量由一个稳定状态过渡到另一个稳定状态期间的误差，称为暂态误差。为了说明传感器的动态特性，下面简单介绍动态测温的问题。动态测温有这样几种情况：被测温度随时间快速变化；传感器突然插入被测介质中；传感器以扫描方式测量温度场分布。

热电偶测温示意图如图 2-12 所示。假设传感器突然插入被测介质中，设环境温度为 T_0℃，水槽中水的温度为 T℃，并且 $T>T_0$。当温度传感器(热电偶)迅速插入水中时，输出特性曲线如图 2-13 所示。理想情况下，传感器应立刻达到被测介质温度 T，特性曲线在时间 t_0 时刻的温度从 $T_0 \to T$ 应该是阶跃变化的。而热电偶实际输出特性是缓慢变化的，经历了 $t_0 \to t_s$ 的时间后才逐渐达到稳定，存在一个过渡过程，这个过程与阶跃特性的误差就是动态误差。这种动态误差的产生是温度传感器的热惯性、传热热阻引起的，如带套管的温度传感器比裸露的温度传感器的热惯性要大，这种热惯性和传热热阻是温度传感器固有的。影响动态特性的“固有因素”任何传感器都有，只是表现形式不同而已。

传感器的动态特性除了受固有因素影响外，还与输入信号变化的形式有关。实际应用中，输入信号随时间变化的形式多种多样，无法统一研究，所以这里只介绍在确定信号作用下，如何从理论上分析传感器的动态特性。通常采用正弦信号和阶跃信号作为“标准”输入信号。当传感器输入正弦信号时，则分析传感器动态特性的相位、振幅、频率特性，称之为频率响应或频率特性；当传感器输入阶跃信号时，则分析传感器的过渡过程和输出随时间变化情况，称之为传感器的阶跃响应或瞬态响应。传感器的动态特性一般从频域和时域两方面研究。

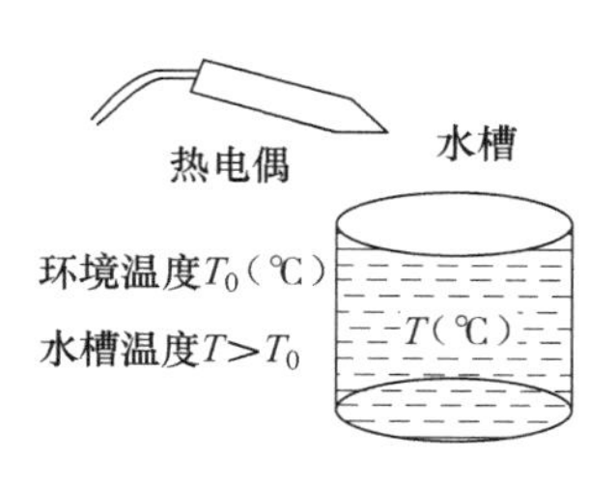

图 2-12　热电偶测温示意图

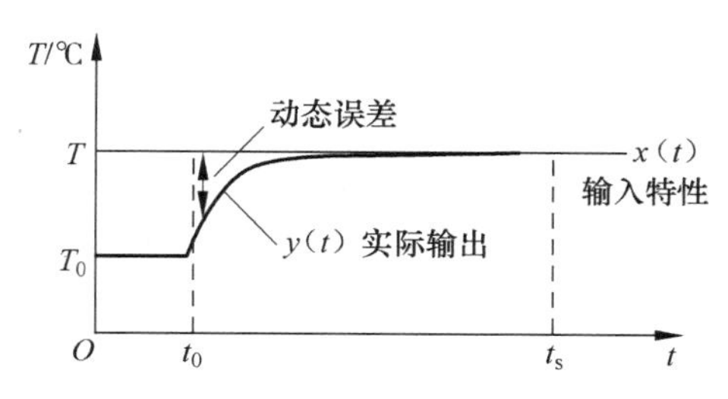

图 2-13　热电偶动态测温输出特性曲线

2.2.2　传递函数

传感器是一信号转换元件，传感器系统的输入、输出关系可由图 2-14 表示。当外界有一激励 $X(t)$ 施加于系统时，系统对外界会有一响应 $Y(t)$，传感器系统本身的传输、转换特性可由传递函数 $H(s)$ 来表示。

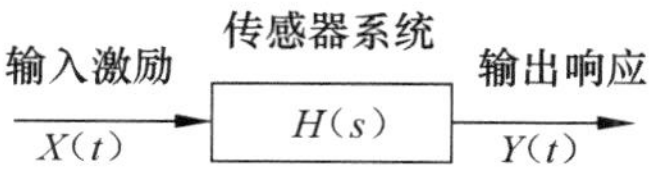

传感器系统
输入激励　$H(s)$　输出响应
$X(t)$　$Y(t)$

图 2-14　传感器系统的输入、输出关系

多数传感器输入信号是随时间变化的，只是变化的快慢不同而已。缓慢变化的信号容易跟踪，对于变化较快的信号，跟踪性能就会下降。传感器动态特性是指传感器输出对随时间变化的输入量的响应特性，如加速度、振动测量，这时被测量是时间的函数或是频率的函数，故可分别用时域或频域表示为

$$y(t) = f[x(t)]$$
$$y(j\omega) = f[x(j\omega)]$$

为研究分析传感器的动态特性，首先要建立动态数学模型，求出传递函数，用数学方法分析传感器在动态变化的输入量作用下，输出量如何随时间变化。当传感器输入量随时间变化时(假设是测力传感器)，系统存在阻尼、弹性和惯性元件，在力的作用下，输出不仅与位移 x 有关，还与速度 dx/dt、加速度 d^2x/dt^2 有关。因此要准确地写出传感器数学模型是很困难的，为使数学模型的建立和求解方便，往往会略去影响小的因素。假设传感器输入、输出在线性范围变化，它们的关系可用高阶常系数线性微分方程表示为

$$a_n \frac{d^n y}{dt^n} + \cdots + a_1 \frac{dy}{dt} + a_0 y = b_m \frac{d^m x}{dt^m} + \cdots + b_1 \frac{dx}{dt} + b_0 x \tag{2-5}$$

式中：x 为输入；y 为输出；a_n 和 b_m 为常数。

当然，要求解式(2-5)这样一个方程仍然是很困难的，为简化运算，对式(2-5)两边做拉氏变换，将其变换为复变函数。

当满足 $t \leqslant 0$，$y=0$ 时，拉氏变换定义为

$$F(s) = L[F(t)] = \int_0^{\infty} F(t) e^{-st} dt$$

式中，$s=\sigma+j\omega$。其中，s 为拉氏变换算子，σ 是收敛因子。

将微分方程，即式(2-5)两边取拉氏变换为

$$y(s)(a_n s^n + a_{n-1} s^{n-1} + \cdots + a_0) = x(s)(b_m s^m + b_{m-1} s^{m-1} + \cdots + b_0) \tag{2-6}$$

由式(2-6)可写出传感器的传递函数

$$H(s)=\frac{y(s)}{x(s)}=\frac{b_m s^m+b_{m-1}s^{m-1}+\cdots+b_0}{a_n s^n+a_{n-1}s^{n-1}+\cdots+a_0} \tag{2-7}$$

显然，式(2-7)的右式仅与传感器系统的结构参数有关。它反映了输出与输入的关系，是一个描述传感器信息传递特征的函数，即传感器特征的表达式。

传感器的传递函数在数学上的定义是：初始条件为零($t\leqslant 0$，$y=0$)，输出拉氏变换与输入拉氏变换之比。输出的拉氏变换等于输入拉氏变换乘以传递函数

$$y(s)=x(s)H(s) \tag{2-8}$$

引入传递函数后，式(2-8)中的$H(s)$、$y(s)$、$x(s)$三者之中只要知道任意两个，就可以求出第三个，即由输入拉氏变换和传递函数可求出输出的拉氏变换。因此，当研究一个复杂系统时，只要给系统一个激励$x(t)$，则由传递函数$H(s)$可确定系统特性，再求输出的逆变换得到时间函数$y(t)$，将频域变换为时域。

为说明问题，根据大多数传感器的情况，一般有

$$b_m=b_{m-1}=\cdots=b_1=0$$

传递函数可简化为

$$H(s)=\frac{y(s)}{x(s)}=\frac{b_0}{a_n s^n+a_{n-1}s^{n-1}+\cdots+a_0} \tag{2-9}$$

式(2-9)的分母多项式$a_n s^n+a_{n-1}s^{n-1}+\cdots+a_0=0$方程中有$n$个根，总可以分解为一次和二次的实系数因子，传递函数可写为

$$H(s)=A\prod_{i=1}^{r}\left(\frac{1}{s+p_i}\right)\prod_{j=1}^{(n-r)/2}\left(\frac{1}{s^2+2\xi_i\omega_{nj}s+\omega_{nj}^2}\right) \tag{2-10}$$

式(2-10)中每个因子式都可以看成一个传感器子系统的传递函数。其中A是零阶系统的传递函数；$\frac{1}{s+p_i}$是一阶系统的传递函数；$\frac{1}{s^2+2\xi_i\omega_{nj}s+\omega_{nj}^2}$是二阶系统的传递函数。

(1) 零阶系统

当$n=0$时，只有a_0、b_0不为零，称零阶系统。零阶系统是一种特例，它无时间滞后，可精确地跟踪输入状态。电位器是典型的零阶传感器，输出与输入之间是线性关系，可表示为

$$y=\frac{b_0}{a_0}x=kx$$

(2) 一阶系统

当$n=1$时，b_0、a_0、a_1不为零，称一阶系统。RC回路是典型的一阶系统，此时，传递函数可化简为

$$H(s)=\frac{b_0}{a_1 s+a_0} \tag{2-11}$$

(3) 二阶系统

当$n=2$时，b_0、a_0、a_1、a_2不为零，称二阶系统。RLC回路是典型的二阶系统，传递函数可化简为

$$H(s)=\frac{b_0}{a_2 s^2+a_1 s+a_0} \tag{2-12}$$

传递函数中分子的阶次小于分母的阶次，即 $m \leqslant n$，用分母的阶次代表传感器的特征，数学模型是 n 阶就称 n 阶传感器。传感器种类很多，绝大多数传感器的动态特性都能用零阶、一阶或二阶微分方程来描述。一个高阶系统可以看成若干个零阶、一阶、二阶系统的串联，一般也可简化为一阶或二阶系统。高阶传感器较少，也可分解成若干低阶环节。

2.2.3　一阶传感器系统

具体一阶传感器系统是弹簧-阻尼惯性系统，传递函数由式(2-11)表示。令静态灵敏度为 k，时间常数为 τ，一阶系统传递函数可写为

$$H(s)=\frac{y(s)}{x(s)}=\frac{b_0}{a_1 s+a_0}=\frac{b_0/a_0}{a_1 s/a_0+1}=\frac{k}{\tau s+1} \tag{2-13}$$

式中：静态灵敏度 $k=b_0/a_0$，为方便计算做归一化处理时，令灵敏度 $k=1$；时间常数 $\tau=a_1/a_0$(量纲为时间)。

1. 一阶系统的阶跃响应

阶跃响应特征是指输入信号从某一个稳定状态变化到另一个稳定状态时，输出信号到达新稳定值以前的响应特性。一个初始状态为零的传感器，输入一单位阶跃信号

$$x(t)=\begin{cases}0, & t\leqslant 0\\ 1, & t>0\end{cases}$$

单位阶跃信号的拉氏变换为

$$x(s)=\frac{1}{s} \tag{2-14}$$

由式(2-13)和式(2-14)可得传感器输出的拉氏变换为

$$y(s)=H(s)x(s)=\frac{1}{\tau s+1}\cdot\frac{1}{s} \tag{2-15}$$

由式(2-15)求拉氏反变换得

$$y(t)=1-\mathrm{e}^{-t/\tau} \tag{2-16}$$

式(2-16)中输出信号 $y(t)$ 包括稳态和暂态两个分量，输出特性如图 2-15 所示，此即一阶传感器的单位阶跃响应。关于一阶传感器的单位阶跃响应特性有如下结论：

1）由图 2-15 可见，暂态响应是一指数函数，输出曲线随时间呈指数规律变化，逐渐达到稳定，理论上 $t\to\infty$ 时输出才能达到稳定。

2）在式(2-16)中，当 $t=\tau$ 时，输出达到稳定值的 63.2%。由此可见，τ 越小越好，τ 越小，系统需要达到稳定的时间越少，所以时间常数 τ 是反映一阶传感器的重要参数。

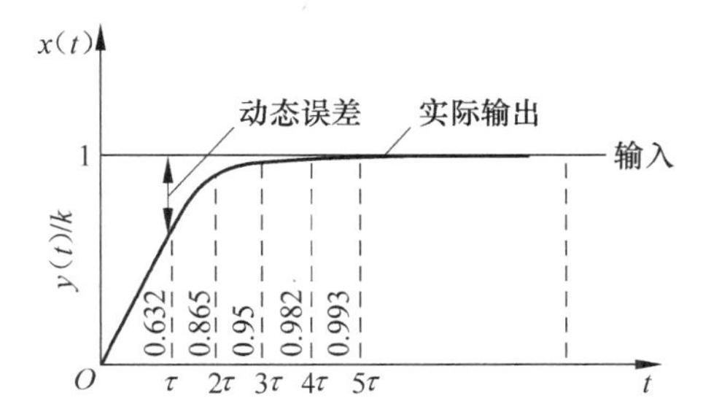

图 2-15　一阶传感器单位阶跃响应特性

3）$t=4\tau$ 时，输出达到稳定值的 98.2%，在工程上认为已经达到稳定。

4）由特性曲线看出，它与动态测温特性相似，所以动态测温是典型的一阶传感器系统。

2. 一阶系统的频率响应

当传感器输入一个周期变化的信号时，讨论传感器输出振幅和频率变化特性。假设传

感器输入一正弦函数信号 $x(t)=\sin(\omega t)$，振幅恒定，信号频率为 ω，已知正弦函数的拉氏变换为

$$x(s)=\frac{\omega}{s^2+\omega^2} \tag{2-17}$$

由式(2-11)一阶系统传递函数和式(2-17)输入信号，求出一阶传感器的输出响应为

$$y(s)=H(s)x(s)=\frac{1}{\tau s+1}\cdot\frac{\omega}{s^2+\omega^2}=\frac{\omega}{\tau}\cdot\frac{1}{(s+1/\tau)(s^2+\omega^2)} \tag{2-18}$$

对式(2-18)求反变换可得出一阶传感器时间函数

$$y(t)=\frac{\omega}{\tau}\frac{e^{-t/\tau}}{(1/\tau)^2+\omega^2}+\frac{1}{\omega}\sqrt{\frac{(\omega/\tau)^2}{(1/\tau)^2+\omega^2}}\sin(\omega t+\varphi) \tag{2-19}$$

式(2-19)表示输出 $y(t)$ 由两部分组成，即瞬态响应成分和稳态响应成分，其中瞬态响应成分(右式第一项)随时间 t 逐渐消失。忽略瞬态响应，稳态响应整理后为

$$y(t)=\frac{1}{\sqrt{1+\omega^2\tau^2}}\sin(\omega t+\varphi)=A(\omega)\sin(\omega t+\varphi) \tag{2-20}$$

幅频特性为

$$A(\omega)=\frac{1}{\sqrt{1+\omega^2\tau^2}} \tag{2-21}$$

相频特性为

$$\varphi(\omega)=-\arctan(\omega\tau) \tag{2-22}$$

分别用式(2-21)、式(2-22)作图，图2-16a是一阶传感器的幅频特性曲线，图2-16b为相频特性曲线。

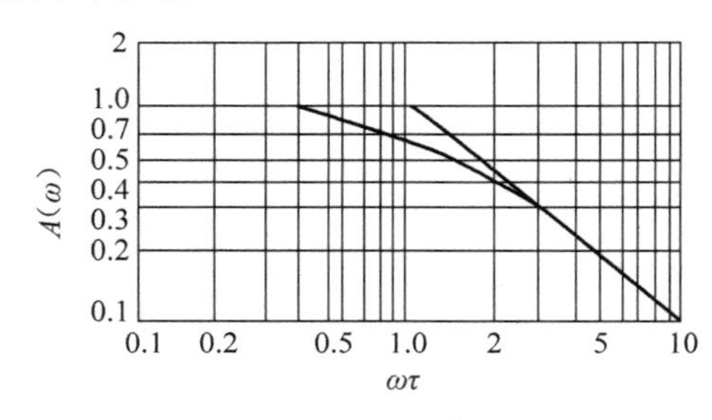

a）幅频特性曲线

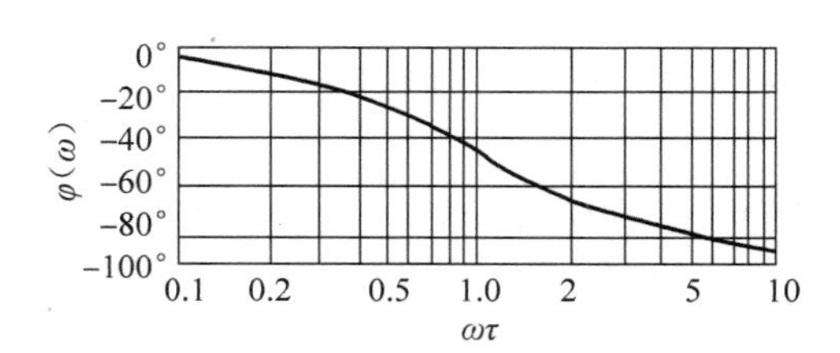

b）相频特性曲线

图2-16 一阶传感器的频率响应特性

由图2-16可见，关于一阶传感器的频率响应特性有以下结论：

1）一阶传感器系统只有在时间常数 $\tau\ll1$ 或 $\omega\tau\ll1$ 时，才有近似零阶系统的特性，即 $A(\omega)\approx1$，$\varphi(\omega)\approx0$；当时间常数 τ 很小时，输入与输出关系接近线性关系，且相位差也很小，这时的输出信号能较真实地反映输入的变化规律。

2）当 $\omega\tau=1$ 时，传感器灵敏度幅值衰减至输入信号的 $0.707k$，如果将灵敏度下降到3dB时的频率作为传感器工作频率上限，则传感器上限频率为 $\omega_H=1/\tau$。时间常数 τ 越小，传感器上限频率 ω_H 越高，工作频率越宽，频率响应特性越好。

以上一阶系统特征说明：一阶传感器系统的动态响应主要取决于时间常数 τ。τ 越小越好，减小时间常数 τ 可改善传感器频率特性，加快响应过程。

2.2.4　二阶传感器系统

实际二阶传感器系统是由质量、弹簧、阻尼组成的，属于测力、振动传感器系统。典型的二阶传感器系统的传递函数可由式(2-12)获得，故有

$$H(s)=\frac{y(s)}{x(s)}=\frac{b_0}{a_2s^2+a_1s+a_0}=\frac{\omega_n^2}{s^2+2\xi\omega_ns+\omega_n^2} \tag{2-23}$$

式中：$k=\dfrac{b_0}{a_0}$为静态灵敏度，令(归一化)$k=1$；$\xi=\dfrac{a_1}{2\sqrt{a_0a_2}}$为阻尼系数；$\omega_n=\sqrt{a_0/a_2}$，$\omega_n$是传感器无阻尼固有频率，由传感器结构确定。

1. 二阶系统的阶跃响应

输入单位阶跃信号，取拉氏变换为$x(s)=1/s$，并联合式(2-23)可获得二阶传感器的输出拉氏变换为

$$y(s)=H(s)x(s)=\frac{\omega_n^2}{s^2+2\xi\omega_ns+\omega_n^2}\cdot\frac{1}{s} \tag{2-24}$$

对式(2-24)求拉氏反变换

$$y(t)=1-\left(\frac{\mathrm{e}^{-\xi\omega_nt}}{\sqrt{1-\xi^2}}\right)\cdot\sin(\omega_dt+\varphi) \tag{2-25}$$

式中，

$$\varphi=-\operatorname{artanh}\left[\sqrt{1-\xi(\omega_d/\omega_n)^2}/\xi\right]$$

$$\omega_d=\omega_n\sqrt{1-\xi^2}$$

依据式(2-25)作图，输出特性如图 2-17 所示。

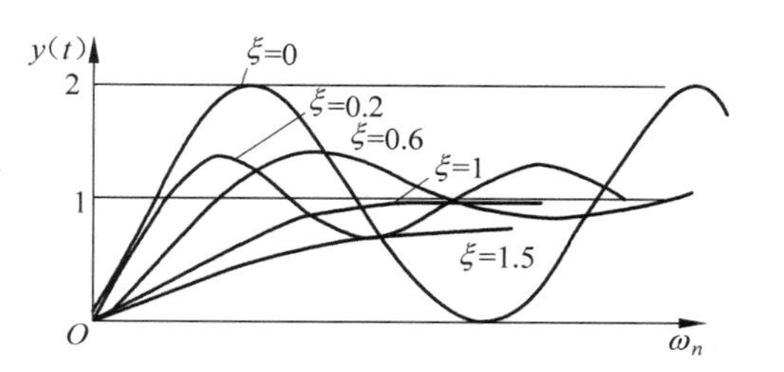

图 2-17　二阶传感器单位阶跃响应特性

图 2-17 中不同阻尼系数的曲线形式不同，二阶传感器的单位阶跃响应特性讨论如下：

1）固有频率ω_n越高，响应曲线上升越快，当ω_n为常数时，响应特性取决于阻尼系数ξ。

2）阻尼系数越大，过冲现象越弱，当$\xi\geq1$时无过冲，不存在振荡。可见阻尼系数直接影响过冲量和振荡次数，根据阻尼系数ξ的大小，二阶系统可分为四种情况：

- $\xi=0$，零阻尼，输出等幅振荡，系统产生自激，永远达不到稳定；
- $\xi<1$，欠阻尼，输出为衰减振荡，达到稳定的时间随ξ下降而加长；
- $\xi=1$，临界阻尼，响应时间最短；
- $\xi>1$，过阻尼，达到稳定的时间较长。

3）实际应用中取欠阻尼调整，阻尼系数$\xi=0.6\sim0.8$，取值的原则是过冲量不太大，稳定时间不太长。

2. 二阶系统的频率响应

一个起始静止的二阶传感器系统，输入$x(t)=\sin(\omega t)$的正弦信号时，信号频率为ω，取拉氏变换为

$$x(s)=\frac{\omega}{s^2+\omega^2}$$

代入式(2-23)，得到输出的拉氏变换为

$$y(s) = \frac{\omega_n^2}{s^2 + 2\xi\omega_n s + \omega_n^2} \cdot \frac{\omega}{s^2 + \omega^2}$$

对上式求反拉氏变换为

$$y(t) = \frac{k\omega_n\omega}{\sqrt{(\omega_n^2 - \omega^2)^2 + 4\xi^2\omega_n^2\omega^2}}\sin(\omega t + \varphi_1) + \frac{k\omega_n\omega}{(1-\xi^2)\sqrt{(\omega_n^2 - \omega^2)^2 + 4\xi^2\omega_n^2\omega^2}}e^{-\xi\omega_n t}\sin[\omega_n(1+\xi^2)t + \varphi_2] \tag{2-26}$$

忽略式(2-26)的暂态部分(即第二项)，从第一项分别获得幅频特性为

$$A(\omega) = \left|\frac{y(t)}{k}\right| = \frac{1}{\sqrt{[1-(\omega/\omega_n)^2]^2 + (2\xi\omega/\omega_n)^2}} \tag{2-27}$$

相频特性为

$$\varphi(\omega) = -\arctan\frac{2\xi\omega/\omega_n}{1-(\omega/\omega_n)^2} \tag{2-28}$$

分别用式(2-27)和式(2-28)作图，幅频特性曲线如图2-18a所示，相频特性曲线如图2-18b所示。

对二阶传感器的频率响应特性讨论如下：

1）当 $\xi<1$，且 $\omega_n \gg \omega$(或 $\omega/\omega_n \ll 1$)时，输出幅值 $A(\omega)\approx 1$，相移 $\varphi(\omega)\approx 0$；

2）当 $\xi<1$，且 $\omega_n = \omega$($\omega/\omega_n = 1$)时，在 $\omega/\omega_n = 1$ 附近幅值增加，形成峰值，系统会产生共振，同时相频特性变差，会有90°~180°相位差；

3）传感器固有频率 ω_n 至少应大于被测信号频率 ω 的3~5倍，即 $\omega_n \geqslant (3\sim5)\omega$，以保证增益，避免共振。

二阶传感器的阶跃信号响应和频率响应特性，很大程度上取决于阻尼系数 ξ 和传感器的固有频率 ω_n。

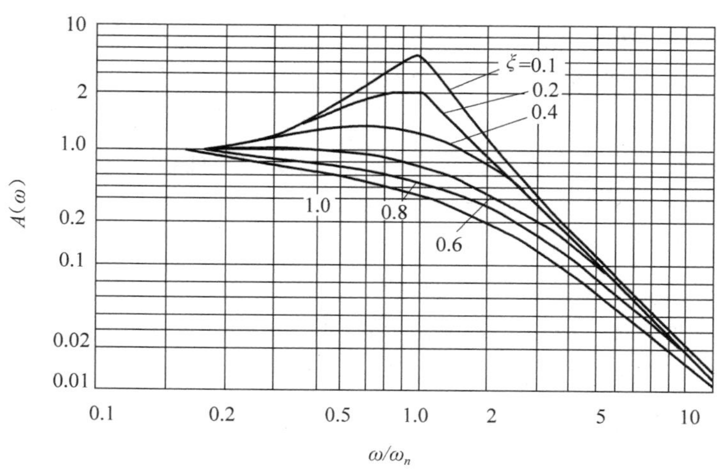

a）幅频特性曲线

图2-18 二阶传感器频率响应特性

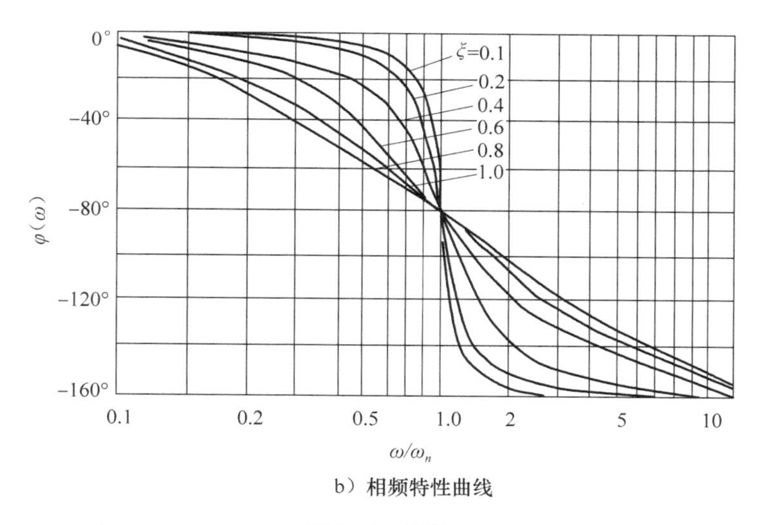

b）相频特性曲线

图2-18　（续）

2.3　传感器的校准

传感器的校准是指利用标准仪器或工具对传感器进行标定。标定是指在明确传感器的输入、输出关系的前提下对新研制和生产的传感器进行技术检验，在使用中对传感器进行反复测试，利用标准仪器产生的已知非电量(如位移、流量、温度、压力、标准力等)作为输入量送入被校准的传感器输入端，再将传感器的输出与输入的标准量进行比对，获得标准数据。

1. 传感器校准原则

传感器的校准原则是，要求校准的基准长期稳定、精度高。由于传感器的各项性能指标是根据试验数据确定的，对传感器进行校准就是确定传感器的测量精度，因此在校准传感器时，必须有比被校准的传感器精度高的标准仪器，而且该标准仪器的精度必须由比它更高一级精度的标准仪器进行定期检查、校准。有时传感器的校准比较烦琐，并且传感器经过一定时间后使用性能会发生变化，需要定期进行校准，因此常常更换经过校准的传感器以满足测量精度，这时要求传感器要具有互换性。

2. 传感器的静态校准

静态校准的目的是确定传感器的静态特性指标，如线性度、灵敏度、迟滞、重复性等，校准的关键内容是通过试验找到传感器输入、输出的实际特性曲线。

所谓静态校准是指在没有加速度、振动、冲击的情况下，在环境温度20℃左右及相对湿度不大于85%的条件下进行的校准。但精度较高的传感器的静态校准条件在室温环境等方面有更高的要求。在创建一个静态标准条件后，要选择与被校准传感器的精度要求相适应的校准用仪器设备，然后才能开始对传感器静态特性进行校准。

3. 传感器的动态校准

动态校准用于确定传感器的动态性能指标。对传感器进行动态校准有两方面意义：一是了解传感器的动态响应特性，确定其性能指标，改进或更换传感器，必要时采取技术处理对测量结果进行动态补偿，修正动态误差；二是传感器的静态灵敏度和动态灵敏度不同，或者传感器没有静态响应(如压电元件)时，应对传感器进行灵敏度校准。

动态校准的方法主要有以下三种：

- 频率响应法，精度高但需要高性能的参考传感器，试验时间长。
- 阶跃信号响应法，利用阶跃信号激励，分析试验建模求出传感器频率特性。
- 冲击响应法，操作简单，控制方便，应用广泛，但精度低。

思考题

2.1 传感器的静态特性是什么？由哪些性能指标描述？它们一般可用哪些公式表示？

2.2 传感器的线性度是如何确定的？确定拟合直线有哪些方法？传感器的线性度 γ_L 表征了什么含义？为什么不能笼统地说传感器的线性度是多少？

2.3 传感器动态特性的主要技术指标有哪些？它们的意义是什么？

2.4 传递函数、频率响应函数和脉冲响应函数的定义是什么？它们之间有何联系与区别？

2.5 有一温度传感器，微分方程为 $30dy/dt+3y=0.15x$，其中 y 为输出电压(mV)，x 为输入温度(℃)。试求该传感器的时间常数和静态灵敏度。

2.6 有一温度传感器，当被测介质温度为 t_1，测温传感器显示温度为 t_2 时，可用下列方程表示：$t_1=t_2+\tau_0(dt_2/d\tau)$。当被测介质温度从25℃突然变化到300℃时，测温传感器的时间常数 $\tau_0=120s$，试求经过350s后该传感器的动态误差。

2.7 某力传感器属于二阶传感器，固有频率为1000Hz，阻尼系数为0.7，试求用它测量频率为600Hz的正弦交变力时的振幅相对误差和相位误差。

2.8 已知某二阶传感器系统的固有频率为20kHz，阻尼系数为0.1，若要求传感器的输出幅值误差不大于3%，试确定该传感器的工作频率范围。

2.9 设有两只力传感器均可作为二阶系统处理，固有频率分别为800Hz和2.2kHz，阻尼系数均为0.4，欲测量频率为400Hz正弦变化的外力，应选用哪一只？并计算所产生的振幅相对误差和相位误差。

2.10 传感器的标定与校准有什么本质不同吗？

第 3 章 电阻应变式传感器

电阻应变式传感器是应用最广泛的传感器之一，目前主要用于测量力、力矩、压力、加速度、质量等参数。电阻应变式传感器主要利用金属电阻的应变效应或半导体材料的压阻效应制作敏感元件，是测量微小变化的理想传感器。电阻应变式传感器具有较悠久的历史，基于新材料、新工艺的发展，新型应变式传感器不断出现。因为电阻式应变片具有体积小、质量轻、结构简单、灵敏度高、性能稳定、适于动态和静态测量的特点，在今后较长的时间里电阻应变式传感器仍是一种主要的测试工具。

3.1 金属丝电阻应变片

3.1.1 金属丝电阻应变片的结构和种类

1. 金属丝电阻应变片的结构

导体在受到外界拉力或压力的作用时会产生机械变形，同时机械变形会引起导体阻值的变化，这种因导体材料变形而使其电阻值发生变化的现象称为电阻应变效应。

金属丝电阻应变片的种类繁多，形式多种多样，但基本结构大体相同。

图 3-1 为金属丝电阻应变片的基本结构，其包括以下几个部分：

- 基片——绝缘材料；
- 网状敏感栅——高阻金属丝、金属箔；
- 黏合剂——化学试剂；
- 覆盖层——保护层；
- 引线——金属导线。

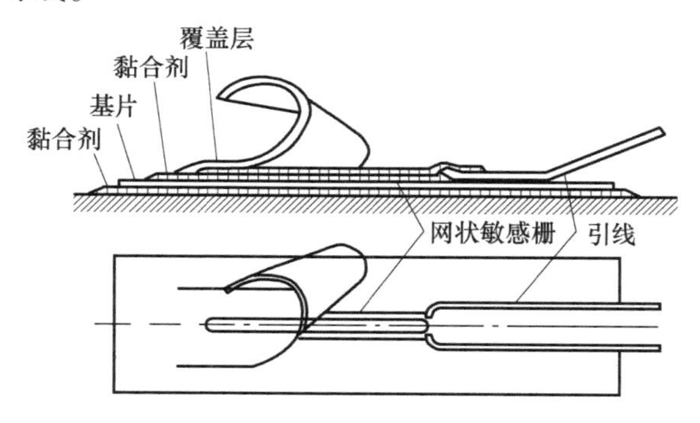

图 3-1 金属丝电阻应变片的基本结构

2. 金属丝电阻应变片的种类

常见的金属丝电阻应变片分为金属丝式和金属箔式两种，如图 3-2 所示。金属式有体型（丝式、箔式）、薄膜型。按结构可分为单片、双片、特殊形状。按使用环境可分为高温、低温、高压、磁场、水下。按制作工艺可分为金属丝式(见图3-2a)，其通常采用直径为0.025mm的金属丝(材料有康铜、镍铬合金、贵金属)制作敏感栅；金属箔式(见图3-2b、c、d)，其主要采用光刻腐蚀、照相制版工艺制作厚0.003~0.01mm的金属箔栅；金属薄膜式，其采用真空溅射或真空沉积技术，在绝缘基片上蒸镀几纳米至几百纳米的金属电阻薄膜制成。

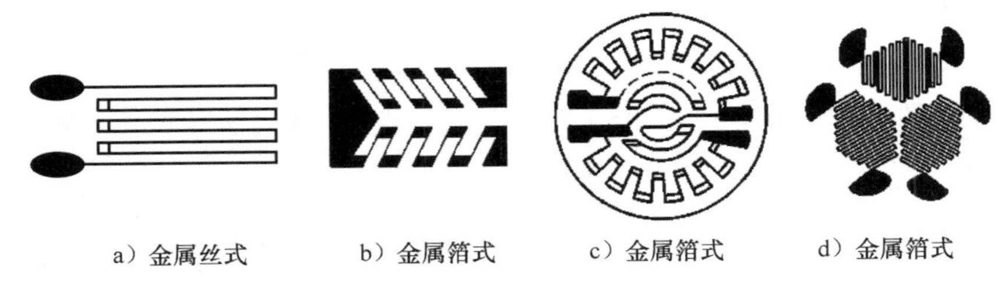

a）金属丝式　b）金属箔式　c）金属箔式　d）金属箔式

图3-2　各种形式的金属应变片

3.1.2　金属丝电阻应变片的工作原理

1. 电阻应变效应

金属丝电阻应变片的基本原理是基于电阻应变效应，即导体产生机械形变时，其电阻值发生变化。已知导体材料的电阻可表示为

$$R = \frac{\rho l}{S}$$

当外力作用时，导体的电阻率ρ、长度l、截面积S都会发生变化，从而引起电阻值R的变化，通过测量电阻值的变化，可检测出外界作用力的大小。电阻丝受轴向力作用时的形变情况如图3-3所示，若轴向拉长Δl，径向缩短Δr，电阻率增加$\Delta\rho$，电阻值的变化为ΔR，这将引起电阻的相对变化，即

$$\frac{\Delta R}{R} = \frac{\Delta l}{l} - \frac{\Delta S}{S} + \frac{\Delta\rho}{\rho} \tag{3-1}$$

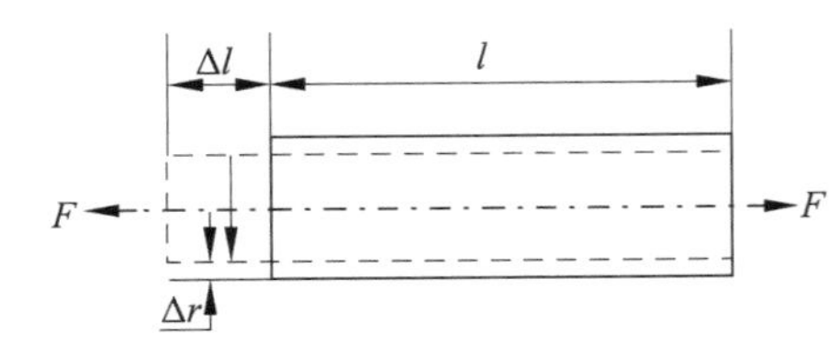

图3-3　电阻丝受轴向力作用时的形变情况

轴向应变为

$$\varepsilon = \frac{\Delta l}{l}$$

截面积相对变化量约为

$$\frac{\Delta S}{S} = \frac{2\Delta r}{r}$$

2. 金属丝电阻应变片的灵敏系数

根据材料力学相关知识可知，在弹性范围内金属的泊松系数可表示为金属受力时的轴向应变和径向应变关系，即

$$\mu = -\frac{\Delta r/r}{\Delta l/l}$$

径向应变系数为

$$\frac{\Delta r}{r} = -\mu\frac{\Delta l}{l}$$

将泊松系数与径向应变系数代入式(3-1)可得

$$\frac{\Delta R}{R}=\frac{\Delta l}{l}(1+2\mu)+\frac{\Delta\rho}{\rho}=(1+2\mu)\varepsilon+\frac{\Delta\rho}{\rho} \tag{3-2}$$

或用单位应变引起的相对电阻变化表示为

$$\frac{\Delta R/R}{\varepsilon}=1+2\mu+\frac{\Delta\rho/\rho}{\varepsilon} \tag{3-3}$$

令金属电阻丝应变片的灵敏系数为

$$k_0=\frac{\Delta R/R}{\varepsilon}=1+2\mu+\frac{\Delta\rho/\rho}{\varepsilon} \tag{3-4}$$

由式(3-4)可见，金属丝灵敏系数 k_0 主要由材料的几何尺寸决定。材料受力后的几何尺寸变化为$(1+2\mu)$，电阻率的变化为$(\Delta\rho/\rho)/\varepsilon$。对于金属电阻丝，泊松系数 μ 的范围为0.25～0.5(如，钢的泊松系数 $\mu=0.285$)，由于有$(1+2\mu)\gg(\Delta\rho/\rho)/\varepsilon$，因此，金属电阻丝的灵敏系数可近似写为 $k_0\approx1+2\mu$($k_0\approx1.5\sim2$)。

由于应力正比于应变，应变又与电阻变化率成正比，即应力正比于电阻的变化。通过弹性元件可将位移、压力、振动等物理量转换为应力、应变，从而进行测量，这是应变式传感器测量应变的基本原理。

3.1.3　金属丝电阻应变片的主要特性

应变片是一种重要的敏感元件，电子秤、压力计、加速度计、线位移装置等传感器常将应变片作为转换元件来测量应变和应力。这些应变式传感器的性能在很大程度上取决于应变片的性能。应变片的性能主要与下述特性有关。

1. 应变片的灵敏系数

在3.1.2节中已用 k_0 表征金属丝的电阻应变特性，但金属丝做成应变片后，电阻应变特性与单根金属丝有所不同。应变片在使用时通常被用黏合剂粘贴到试件(弹性元件)上，结构特征如图3-4所示。测量应变时应变通过胶层传递到应变片敏感栅上，工艺上要求黏合层有较大的剪切弹性模量，并且粘贴工艺对传感器的精度起着关键作用。因此，应变片的实际灵敏系数应包括基片、黏合剂以及敏感栅的横向效应。实验证明，金属丝被做成成品应变片(粘贴到试件上)以后，其灵敏系数 k_0 必须经实验重新标定。

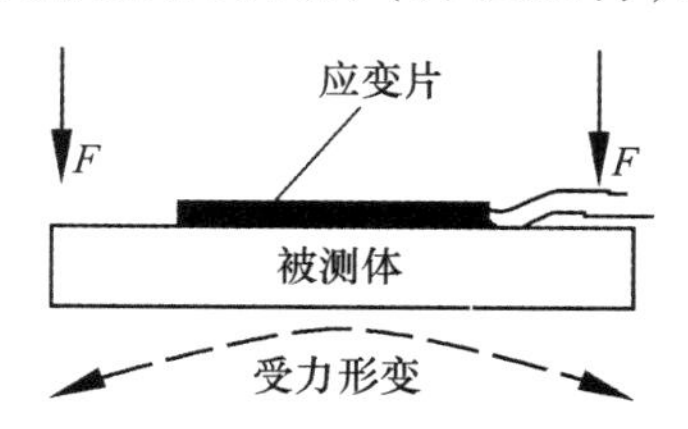

图3-4　粘贴在试件上的应变片

实验有统一的标准，如受单向(轴向)拉力或压力，试件材料为钢，泊松系数为 $\mu=0.285$。因为应变片一旦粘贴在试件上就不再取下来，所以实际的做法是：取产品的5%进行测定，取其平均值作为产品的灵敏系数，称之为“标称灵敏系数”，也就是产品包装盒上标注的灵敏系数。实验表明，产品应变片的灵敏系数 k 小于电阻丝的灵敏系数 k_0。如果实际应用条件与标定条件不同，使用时误差会很大，必须修正。

2. 横向效应

由图3-5可见，应变片粘贴在基片上时，敏感栅是由 N 条长度为 l 的直线和$(N-1)$个圆弧部分组成的。敏感栅受力时直线部分与圆弧部分的状态不同，也就是说，圆弧段的电阻变化小于沿轴向摆放的电阻丝电阻的变化，应变片实际变化的 Δl 要比拉直时小。

可见，直线电阻丝绕成敏感栅后，虽然长度相同，但应变不同，圆弧部分使灵敏度下降了，这种现象就称为横向效应。敏感栅越窄、基片越长的应变片，横向效应越小，为减小因横向效应产生的测量误差，常采用箔式应变片。因为在结构上箔式应变片的圆弧部分的横截面积尺寸较大(如图 3-5 所示)，横向效应较小。横向效应的大小常用横向灵敏度的百分数表示，即

$$C = \frac{k_y}{k_x} \times 100\%$$

式中：k_y 为轴向(纵向)灵敏系数，表示当轴向应变 $\varepsilon_y = 0$ 时，单位轴向应变所引起的电阻相对变化；k_x 为横向灵敏系数，表示横向应变 $\varepsilon_x = 0$ 时，单位横向应变所引起的电阻相对变化。

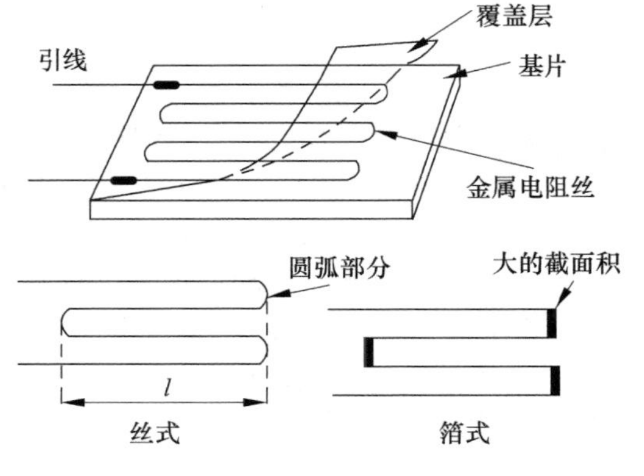

图 3-5　应变片横向效应

3. 应变片的温度误差及补偿方法

在讨论应变片特性时，通常是以室温恒定为前提条件的，而在实际应用中，应变片会在较恶劣的环境下工作，该工作环境温度常常会发生变化。这种单纯由温度变化引起的应变片电阻值变化的现象称为温度效应，从而产生的测量误差称为应变片的温度误差。

(1) 应变片的温度误差及产生的原因

应变片安装在自由膨胀的试件上，在没有外力作用时，如果环境温度变化，应变片的电阻也会变化，这种变化叠加在测量结果中会产生应变片温度误差。应变片温度误差的主要来源有两个。

一是应变片的敏感栅电阻随温度的变化引起的误差。敏感栅材料电阻温度系数为 α_t，已知应变片电阻的阻值与温度变化关系为

$$R_t = R_0(1 + \alpha_t \Delta t) = R_0 + R_0 \alpha_t \Delta t$$

当环境温度变化 Δt 时，将引起的电阻丝的电阻变化为

$$\Delta R_t = R_t - R_0 = R_0(\alpha_t \Delta t)$$

则引起的电阻相对变化为

$$(\Delta R_t / R_0)_1 = \alpha_t \Delta t$$

二是试件材料线膨胀系数影响引起的误差。当温度变化 Δt 时，由于试件材料与应变片敏感栅材料的线膨胀系数不同，试件使应变片产生的附加形变(拉长或压缩)造成电阻值变化，因此产生的附加电阻相对变化为

$$(\Delta R_t / R_0)_2 = k(\beta_g - \beta_s)\Delta t$$

式中：R_0 为 $\Delta t = 0$ 时的电阻值；k 为应变片灵敏系数，为常数；β_g 为试件的线膨胀系数；β_s 为应变片敏感栅材料的膨胀系数。

因此，由温度变化引起的总的电阻相对变化可表示为

$$(\Delta R_t / R_0) = \alpha_t \Delta t + k(\beta_g - \beta_s)\Delta t$$

折合得到的由温度变化引起的总的应变量输出为

$$\varepsilon_t = \frac{\Delta R_t / R_0}{k} = \frac{\alpha_t \Delta t}{k} + (\beta_g - \beta_s)\Delta t \tag{3-5}$$

由式(3-5)可以看出，因环境温度改变引起的附加电阻变化造成的应变输出由两部分组成：一部分为敏感栅的电阻变化所造成的应变输出，大小为$\alpha_t\Delta t/k$；另一部分为敏感栅与试件热膨胀不匹配所引起的应变输出，大小为$(\beta_g-\beta_s)\Delta t$。这种变化与环境温度变化$\Delta t$，应变片本身的性能参数$k$、$\alpha_t$、$\beta_s$以及试件参数$\beta_g$都有关。

（2）应变片的温度误差补偿方法

温度误差补偿的目的是消除由温度变化引起的应变输出对应变测量的干扰，补偿方法较多，常采用温度自补偿法、电桥线路补偿法、辅助测量补偿法、热敏电阻补偿法、计算机补偿法等。本书主要介绍前两种补偿法。

1）温度自补偿法。温度自补偿法也称为应变片自补偿法，是利用温度补偿片进行补偿。温度补偿片是一种特制的、具有温度补偿作用的应变片，将其粘贴在被测试件上，当温度变化时，与产生的附加应变相互抵消，这种应变片称为自补偿片。自补偿片的制作原理以式(3-5)为依据，要实现自补偿的，则必须满足以下条件

$$\varepsilon_t=\frac{\alpha_t\Delta t}{k}+(\beta_g-\beta_s)\Delta t=0$$

即

$$\alpha_t=-k(\beta_g-\beta_s) \tag{3-6}$$

通常被测试件是给定的，即β_g、β_s、k是确定的，可选择满足式(3-6)的应变片敏感材料。制作过程中可通过改变栅丝的合金成分，控制温度系数α_t，使其与β_s、β_g相抵消，达到自补偿的目的。

2）电桥线路补偿法。电桥补偿是最常用的、效果较好的补偿方法，电桥线路补偿又称为补偿片补偿法，应变片通常作为平衡电桥的一个臂来测量应变，补偿电路示意图如图3-6所示。在被测试件感受应变的位置上安装一个应变片R_1(工作片)；在试件不受力的位置粘贴一个应变片R_B(补偿片)，两个应变片的安装位置靠近，完全处于同一温度场中。测量时两者连接在相邻的电桥臂上，当温度变化时，电阻R_1、R_B都发生变化，当温度变化相同时，由于材料相同，温度系数相同，因此温度引起的电阻变化相同，ΔR_1与ΔR_B相等，这使得电桥输出U_O与温度无关。

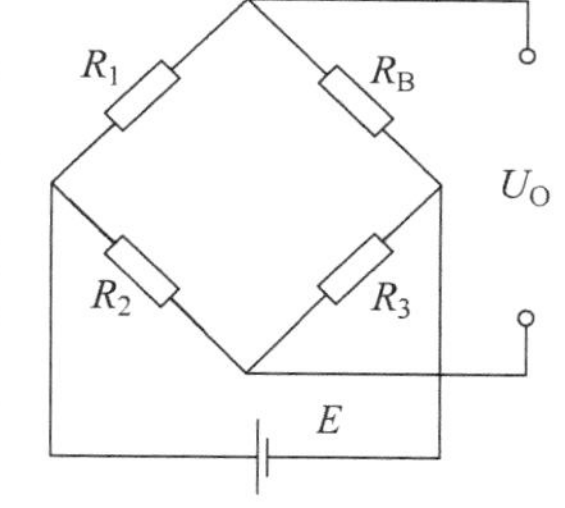

图3-6　补偿电路

根据电桥输出U_O与桥臂参数的关系，有

$$U_O=A(R_1R_3-R_BR_2)$$

式中，A为常数。

式中各电阻按$R_1=R_2=R_3=R_B$取值，在应变片不受力情况下，调节电桥平衡电路可使输出为零。工作时若温度变化，$\Delta R_1=\Delta R_B$，电桥仍处于平衡，当有应变时，R_1有增量ΔR_1，而补偿片R_B无变化，即$\Delta R_B=0$，这时电桥的输出电压可表示为

$$U_O=A[(R_1+\Delta R_1)R_3-R_BR_2]$$

化简后为

$$U_O=A\Delta R_1R_3=AR_3R_1k_0\varepsilon$$

式中，$k_0=\dfrac{\Delta R_1/R_1}{\varepsilon}$。

可见，应变引起的电压输出与温度无关，电路中补偿片可起到温度补偿作用。

3.2 电阻应变片测量电路

通常应变片的阻值变化很小，常见应变片的阻值有120Ω、350Ω，若应变片的金属丝灵敏系数 $k_0=2$，电阻 $R=120\Omega$，当 $\varepsilon=1000\mu\varepsilon$(微应变)时，电阻变化仅为0.24Ω，想将如此微小的电阻变化测量出来，必须对其转换放大。工程应用中，通常采用电桥电路，测量应变变化的电桥电路有直流电桥和交流电桥两种。电桥电路的主要指标是桥路输出的电压灵敏度、线性度和负载特性。

3.2.1 直流电桥

1. 直流电桥的平衡条件

直流电桥电路如图3-7所示，图中 E 为直流电源，R_1、R_2、R_3、R_4 为桥臂电阻，R_L 为负载电阻，U_O 为输出电压。当负载 R_L 趋于无穷大，输出视为开路时，电桥输出电压可表示为

$$U_O=E\left(\frac{R_1}{R_1+R_2}-\frac{R_3}{R_3+R_4}\right)=E\frac{R_1R_4-R_2R_3}{(R_1+R_2)(R_3+R_4)} \tag{3-7}$$

当电桥平衡时 $I_O=0$，$U_O=0$，则有 $R_1R_4=R_2R_3$ 或 $R_1/R_2=R_3/R_4$。这说明电桥要满足平衡条件，必须使其对臂积相等或邻臂比相等。

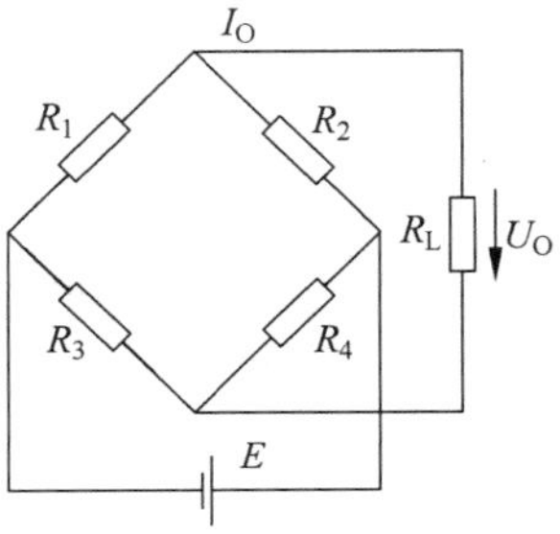

图3-7 直流电桥电路

2. 电桥输出电压灵敏度

一般应变片工作时需要接入放大器进行放大，由于放大器的输入阻抗比桥路输出阻抗大得多，因此当电桥接入放大器时，将电桥输出端视为开路情况。如果将应变片接入电桥的一个臂，当应变片有应变时阻值变化，桥路电流输出 I_O 变化，这时电桥输出电压 $U_O\neq0$，电桥处于不平衡状态。设 R_1 为应变片，应变产生时 R_1 的变化量为 ΔR_1，其他不变，这时不平衡输出电压由式(3-7)可得，即

$$\begin{aligned}U_O&=E\left(\frac{R_1+\Delta R_1}{R_1+\Delta R_1+R_2}-\frac{R_3}{R_3+R_4}\right)=\frac{\Delta R_1R_4}{(R_1+\Delta R_1+R_2)(R_3+R_4)}E\\&=E\frac{(R_4/R_3)(\Delta R_1/R_1)}{(1+\Delta R_1/R_1+R_2/R_1)(1+R_4/R_3)}\end{aligned} \tag{3-8}$$

设桥臂比为 $n=R_1/R_2$，由于 $\Delta R_1\ll R_1$，为方便计算，忽略式(3-8)分母中的 $\Delta R_1/R_1$，并考虑电桥初始平衡条件 $R_1/R_2=R_3/R_4$，则式(3-8)可写为

$$U_O\approx E\cdot\frac{n}{(1+n)^2}\cdot\frac{\Delta R_1}{R_1} \tag{3-9}$$

电桥的电压灵敏度定义为应变片电阻的相对变化引起的电桥输出电压

$$K_u=\frac{U_O}{\Delta R_1/R_1}=\frac{n}{(1+n)^2}\cdot E \tag{3-10}$$

关于上述直流电桥的讨论结果如下：

1）应变变化相同的情况下，电桥电压灵敏度 K_u 越大，输出电压越高。

2）电桥电压灵敏度 K_u 与电桥供电电压 E 成正比，电源电压 E 越高，电桥电压灵敏度 K_u 越大，但供电电压受到应变片允许功耗和电阻的温度误差限制，所以电源电压不能超过额定值，以免损坏传感器。

3）电桥电压灵敏度 K_u 是桥臂比 n 的函数（即 $K_u(n)$），恰当选择 n 可以保证电桥有较高的电压灵敏度。当电源电压 E 确定后，n 取什么值才能使 K_u 为最大呢？这可由

$$\frac{\mathrm{d}K_u}{\mathrm{d}n}=\frac{1-n^2}{(1+n)^4}=0$$

求得。显然 $n=1$，同时 $R_1=R_2=R_3=R_4=R$（等臂电桥）时，电压灵敏度 K_u 有最大值。在4个桥臂阻值相等时，桥路输出电压为

$$U_O=\frac{E}{4}\cdot\frac{\Delta R_1}{R}$$

求得单臂应变片的电压灵敏度

$$K_u=\frac{E}{4}$$

可见，当 E、$\Delta R/R_1$ 一定时，输出电压 U_O、电压灵敏度 K_u 是定值，并且与各桥臂电阻的阻值大小无关。

3. 非线性误差及补偿

前面讨论电桥工作状态时，假设应变片的参数变化很小，在求取电桥输出电压时忽略了分母中的 $\Delta R_1/R_1$ 项，而得到线性关系式的近似值。但一般情况下，如果应变片承受较大应变时，分母中 $\Delta R_1/R_1$ 项就不能忽略，此时得到的输出特性是非线性的。我们把实际的非线性特性曲线与理想的特性曲线的偏差称为非线性误差，下面就非线性误差的大小进行计算。

设理想情况下电桥输出电压为

$$U_O=\frac{E}{4}\cdot\frac{\Delta R_1}{R_1}$$

实际情况下电桥输出电压应写为

$$U'_O=E\frac{\dfrac{\Delta R_1}{R_1}\cdot n}{\left(1+n+\dfrac{\Delta R_1}{R_1}\right)(1+n)}$$

非线性误差为

$$\gamma_L=\frac{U_O-U'_O}{U_O}=\frac{\dfrac{\Delta R_1}{R_1}}{1+n+\dfrac{\Delta R_1}{R_1}}$$

如果电桥是等臂电桥，即 $n=1$，则非线性误差为

$$\gamma_L=\frac{\Delta R_1/2R_1}{1+\Delta R_1/2R_1}$$

将分母按幂级数展开，略去高阶项，可得到非线性误差近似值

$$\gamma_L\approx\frac{\Delta R_1}{2R_1}$$

上式说明，非线性误差与电阻的变化率 $\Delta R_1/R_1$ 成正比，对于金属丝应变片，因为 ΔR 非常小，非线性误差可以忽略；而对于半导体应变片，灵敏系数比金属丝大得多（参见3.4.1节），感受应变时 ΔR 较大，所以非线性误差不能忽略，下面的例子可以进一步说明。

【例3-1】 一般应变片所承受的应变通常在几千 $\mu\varepsilon$ 以下，现给出金属丝应变片和半导体

应变片的电压灵敏度、电阻变化率和应变值，试计算和比较它们的非线性误差。

1）金属丝应变片，若 $k=2$，$\varepsilon=5000\mu\varepsilon$，$\Delta R/R=k\varepsilon=0.01$，$\gamma_L=0.5\%$；

2）半导体应变片，若 $k=130$，$\varepsilon=1000\mu\varepsilon$，$\Delta R/R=0.13$，$\gamma_L=6\%$。

由上例可见，非线性误差有时很显著，必须减小或消除。为减小和克服非线性误差，常采用差动电桥电路形式。差动电桥是在试件上安装两个工作应变片（一个受拉应变、一个受压应变），接在电桥相邻的两个臂上，这称为半桥差动电路，如图 3-8 所示。当有应变使电阻变化时，该电桥的输出电压为

$$U_O = E\left(\frac{R_1+\Delta R_1}{R_1+\Delta R_1+R_2-\Delta R_2}-\frac{R_3}{R_3+R_4}\right)$$

若电桥满足初始平衡条件，即 $R_1=R_2=R_3=R_4=R$，$\Delta R_1=\Delta R_2=\Delta R$，上式可化简为

$$U_O = \frac{E}{2}\cdot\frac{\Delta R}{R}$$

半桥电压灵敏度为

$$K_u = \frac{E}{2}$$

图 3-8　半桥差动电路

关于上述半桥差动电路的讨论结果如下：

1）半桥差动电路的输出电压 U_O 与电阻变化率 $\Delta R/R$ 呈线性关系，半桥差动电路无非线性误差。

2）半桥的电压灵敏度 K_u 是单臂电桥的两倍。

3）半桥电路具有温度补偿作用。

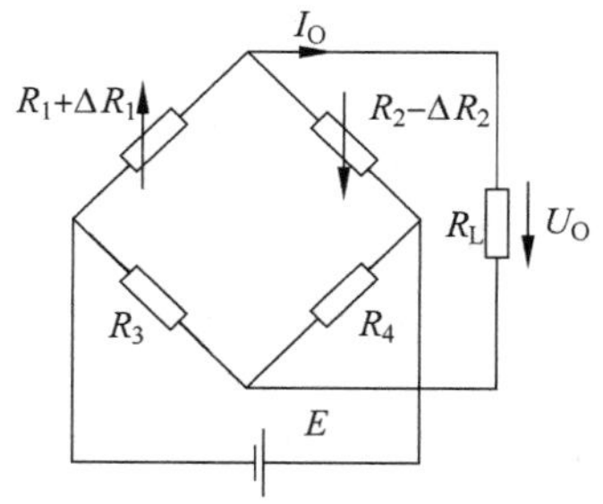

若在电桥四臂上接入四个工作应变片，则称其为全桥差动电路，如图 3-9 所示。试件上两个应变片受拉应变时，另外两个应变片受压应变，这构成了全桥差动电路。若电桥初始条件平衡，即 $R_1=R_2=R_3=R_4=R$，并有 $\Delta R_1=\Delta R_2=\Delta R_3=\Delta R_4=\Delta R$，则全桥差动电路的输出电压为

$$U_O = E\cdot\frac{\Delta R_1}{R_1}$$

全桥电压灵敏度为

$$K_u = E$$

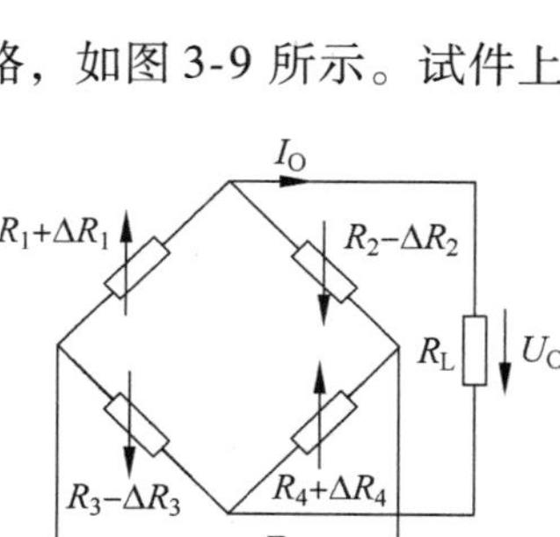

图 3-9　全桥差动电路

可见，全桥差动电路的输出电压灵敏度不仅没有非线性误差，而且电压灵敏度为单臂电桥的 4 倍，同时具有温度补偿作用。

连接全桥差动电路时应注意应变片的受力方向，应变片必须按对臂同性（受力方向符号相同）、邻臂异性（受力方向符号不同）原则连接。

3.2.2 交流电桥

直流电桥的优点是电源稳定、电路简单，因此它仍是目前的主要测量电路，但由于直流放大器容易产生零漂和工频干扰等缺点，因此在某些情况下会采用交流放大器。实际应用中，应变电桥的输出端通常会接入放大电路，电桥连接的放大器的输入阻抗很高，比电桥的输出电阻大得多，此时要求电桥必须具有较高的电压灵敏度。

交流电桥也称为不平衡电桥，采用交流供电，是利用电桥的输出电流或输出电压与桥路的各参数间关系进行工作的。交流电桥的放大电路简单，无零漂，不易受干扰，可为特定传感器带来方便，但需专用的测量仪器或电路，不易取得高精度。

图3-10为差动交流电桥电路，图3-10a中 Z_1、Z_2 是传感器等效阻抗，可视为半桥差动电路的一般形式，图3-10b为等效电路。由于电桥电源 $\dot{U}$ 为交流电源，应变片引线分布电容 C_1、C_2 使得两桥臂应变片呈现复阻抗特性，相当于两只应变片各自并联了一个电容，则每一桥臂上复阻抗分别为

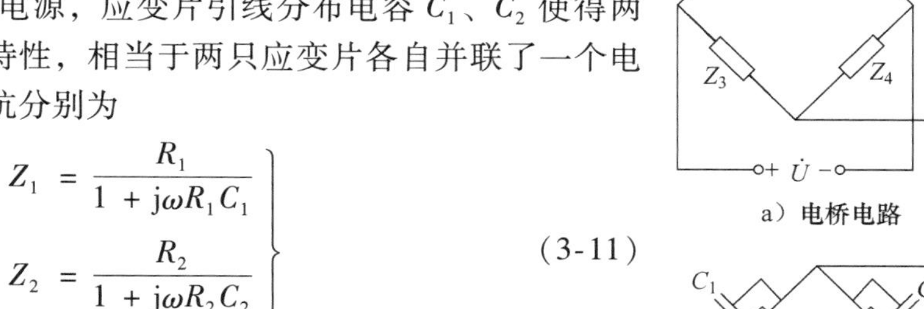

a）电桥电路

b）等效电路

图3-10　交流电桥电路

$$\left.\begin{aligned} Z_1 &= \frac{R_1}{1 + \mathrm{j}\omega R_1 C_1} \\ Z_2 &= \frac{R_2}{1 + \mathrm{j}\omega R_2 C_2} \\ Z_3 &= R_3, Z_4 = R_4 \end{aligned}\right\} \tag{3-11}$$

分析交流电桥可得到输出电压特征方程

$$\dot{U}_O = \dot{U}\frac{Z_1 Z_4 - Z_2 Z_3}{(Z_1 + Z_2)(Z_3 + Z_4)}$$

当电桥满足平衡条件 $\dot{U}_O = 0$ 时，则有

$$Z_1 Z_4 - Z_2 Z_3 = 0 \tag{3-12}$$

即 $|Z_1||Z_4| = |Z_2||Z_3|$，$\varphi_1 + \varphi_4 = \varphi_2 + \varphi_3$。

交流电桥要满足平衡条件，必须满足对臂复数的模积相等，幅角之和相等。令 $Z_1 = Z_2 = Z_3 = Z_4 = Z$，将式(3-11)代入式(3-12)，有

$$\frac{R_1}{1 + \mathrm{j}\omega R_1 C_1} R_4 = \frac{R_2}{1 + \mathrm{j}\omega R_2 C_2} R_3$$

整理得

$$\frac{R_3}{R_1} + \mathrm{j}\omega R_3 C_1 = \frac{R_4}{R_2} + \mathrm{j}\omega R_4 C_2 \tag{3-13}$$

设式(3-13)的实部、虚部分别相等，那么可整理得出交流电桥的平衡条件

$$R_1 R_4 = R_2 R_3, \quad R_2 C_2 = R_1 C_1$$

可见，交流电桥的电压输出除了要满足电阻平衡条件外，还要满足电容平衡条件。为此，在桥路上除设有电阻平衡调节外，还设有电容平衡调节。交流电桥的输出电压可用下式表示

$$\dot{U}_O = \dot{U}\frac{(Z_4/Z_3) \cdot (\Delta Z_1/Z_1)}{(1 + \Delta Z_1/Z_1 + Z_2/Z_1)(1 + Z_4/Z_3)}$$

设为等臂电桥，即 $Z_1 = Z_2 = Z_3 = Z_4$，忽略分母中的 $\Delta Z_1/Z_1$，交流电桥的输出为

$$\dot{U}_O = \frac{1}{4}\dot{U}\frac{\Delta Z_1}{Z_1}$$

上述表达式与直流电桥的形式相似。同理，交流半桥的输出也可表示为

$$\dot{U}_O = \frac{1}{2}\dot{U}\frac{\Delta Z_1}{Z_1}$$

式中，$\Delta Z_1 \approx \frac{\Delta R_1}{(1+j\omega R_1 C_1)^2}$，有应变时阻抗变化为 $Z_1 = Z + \Delta Z$，$Z_2 = Z - \Delta Z$。代入各参数，交流半桥的输出可用复数表示为

$$\dot{U}_0 = \frac{\dot{U}}{2}\frac{1}{1+\omega^2 R^2 C^2}\frac{\Delta R}{R} - j\frac{\dot{U}}{2}\frac{\omega C}{1+\omega^2 R^2 C^2}\Delta R \tag{3-14}$$

式(3-14)的结果说明：

1）交流电桥的输出电压 $\dot{U}_0$ 有两个分量，前一个分量的相位与输入电源电压 $\dot{U}$ 同相，叫同相分量；后一个分量的相位与电源电压 $\dot{U}$ 的相位相差90°，叫正交分量。

2）两个分量均是 ΔR 的调幅正弦波，若采用普通二极管检波电路，则无法检出调制信号，因为检波器只能检波出同相分量的调制信号，对正交分量不起检波作用，另外滤波器对正交分量只起到滤除作用，所以必须采用相敏检波电路。

设计时，电桥的初始状态为零输出，但是由于各桥臂的阻值不可能绝对满足平衡条件，如电路中的接触电阻、导线电阻、漏电电阻、环境温度等都可能使初始条件不为零，这就需要在使用电桥电路前，进行调节，使其输出为零。

交流电桥的平衡调节电路如图3-11所示，图3-11a为电阻平衡电路，电阻平衡电路主要调节直流基波分量，图中 $R_1R_4 = R_2R_3$，R_5、R_W 组成电阻平衡调节电路，改变 R_W 使 R_1、R_2、R_5 电阻值重新分配，可减小电路中因基波分量引起的不平衡输出；图3-11b为电容平衡电路，电容平衡电路主要调节交流高次谐波分量，设电路中 $R_1C_1 = R_2C_2$，C、R_W 组成电容平衡调节电路，改变 R_W 使阻抗 Z_1、Z_2 变化，可减小谐波分量的不平衡输出。实际应用时，将两个可变电阻器同时接入电桥调节，反复调节两个电阻器，同时观察输出信号使不平衡输出为最小。

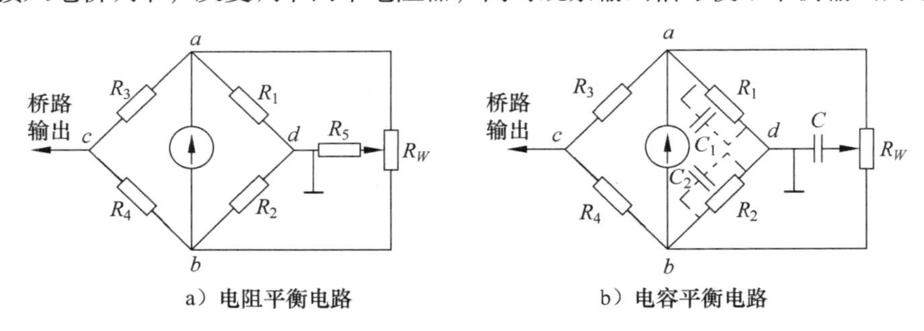

图3-11 交流电桥的平衡调节电路

3.2.3 电阻应变仪原理

电阻应变仪是利用应变片直接测量应变的专用仪器，在科研和工业生产中常常需要研究机械设备构件或组件承受应变的状况，测量构件形变时的应变力，如在高压容器(高压气瓶、高压锅炉)生产过程中必须检测容器耐压和变形时的压力；火炮生产中需要了解火炮发射时炮管形变时的压力；飞机、导弹研制时要在特殊的“风洞”实验场中，模拟上万米高空飞行状态下机身、机翼等各部件的应变情况；汽车制造中需测试汽车底盘承压时的形变等。

电阻应变仪是将电桥的微小输出变化进行放大、记录和处理，从而得到待测应变值。电阻应变仪的具体组成及电路形式较多，但基本组成相似。工程中，应变仪按测量应变的频率可分为静态和动态，按应变频率又可细分为静态(5Hz)、静动态(几百赫兹)、动态(5kHz)、

超动态(几十千赫兹)。图3-12是交流电桥电阻应变仪的原理框图，应变仪主要由电桥、振荡器、差动放大器、相敏检波器、滤波器、稳压电源、转换显示电路组成，应变仪电路的各点电压输出波形如图3-13所示。

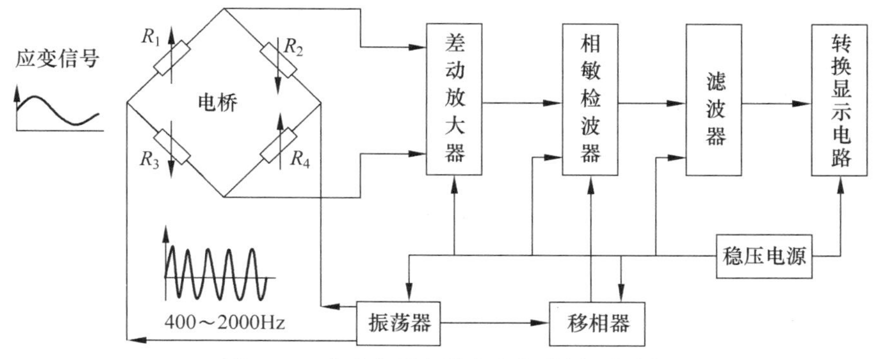

图3-12　交流电桥电阻应变仪的原理框图

1）电桥(半桥或全桥)：用400～2000Hz高频正弦电压提供桥压，可以测量低于桥压频率10倍的应变频率，如对于桥压20kHz，可测量20～200Hz频率的应变力，电桥输出调幅调制波。

2）差动放大器：采用窄频带交流放大器，将电桥输出的调幅波进行放大，以满足相敏检波器的要求。

3）振荡器：产生等幅正弦波，提供电桥电压和相敏检波器的参考电压。振荡频率一般要求不低于被测信号频率的6～10倍。

4）相敏检波器：放大后的调幅波必须用检波器与滤波器还原(解调)为被测应变信号波形。一般检波器只有单相电压(或电流)输出，不能区分双向信号，如果应变有拉应变和压应变，以中心(静止)位置为转折点，要求区分两个方向的应变时，可通过相敏检波电路区分双相信号。相敏检波电路将同相信号检波变换为正输出，将反相180°信号检波变换为负输出，可以通过辨别电压极性区别应变或位移的方向，输出幅值表示应变或位移的大小。

5）移相器：相敏检波器的参考信号与被测信号有严格的相位关系，由移相电路充当相位调整电路实现同相或反相。

6）滤波器：相敏检波输出的被测信号仍是被低频应变信号调制的高频(载波)信号，除被检测的低频信号外，还包括高频振荡信号，为还原被

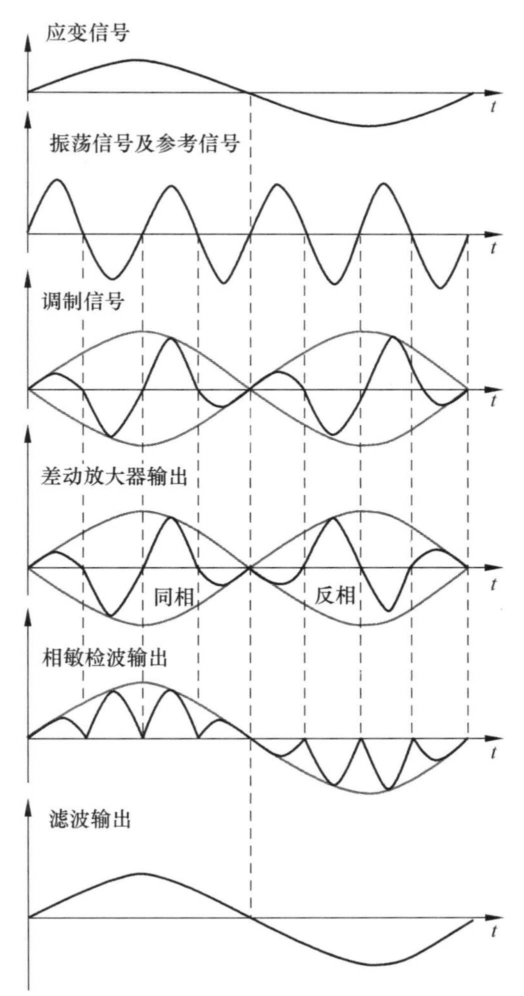

图3-13　应变仪电路各点的电压输出波形

检测的应变信号，必须用低通滤波器去掉高频分量，保留低频应变信号。

3.2.4 相敏检波电路

多数传感器检测电路除测量信号的数值大小外，通常还需确定信号的相位(方向)，例如位移的方向、温度的正负、磁场的极性等。一般检波器只输出单向的电压或电流，无法判断信号的相位，因而不能确定应变片处于“拉”或“压”的状态。由于相敏检波器可以区分正负极性的双向信号，因此相敏检波器在传感器转换电路中广泛应用。

理想交流电桥处于平衡时输出为零，以电阻应变片式传感器检测电桥为例：当有应变信号或电桥偏离平衡时，电桥输出有两个分量，由式(3-14)可知，输出信号中一个与电源同相，称同相分量；另一个与电源相差90°，称正交分量。两个分量都是ΔR的调幅正弦波。因此相敏检波器有两个作用，其一是只对同相和反相信号检波；其二是识别调制信号的正负。相敏检波器的电路形式较多，下面介绍一种开关型相敏检波电路。

开关型相敏检波器的电路原理如图3-14所示。这种电路适用于调制信号频率较高的情况，开关型相敏检波电路由集成运算放大器A_1、A_2组成。电路中V_1是传感器信号经电桥和放大器输出的调幅波，V_2为参考信号，是移相器输出的正弦波，该信号经开环放大器A_1放大输出至V_6端为矩形波，检波二极管VD将V_7端嵌位在零电平以下，并由该电平控制结型场效应管3DJ7的导通或截止。在3DJ7导通时，A_2同相端相当于接地，这时A_2处于反相放大，可视为倒相器，V_3输出端与V_1输入信号反向；若3DJ7截止，A_2同相端与接地端视为断路，这时A_2处于同相放大，相当于跟随器，V_3输出端与V_1输入信号同向，据此可起到相敏检波的作用。

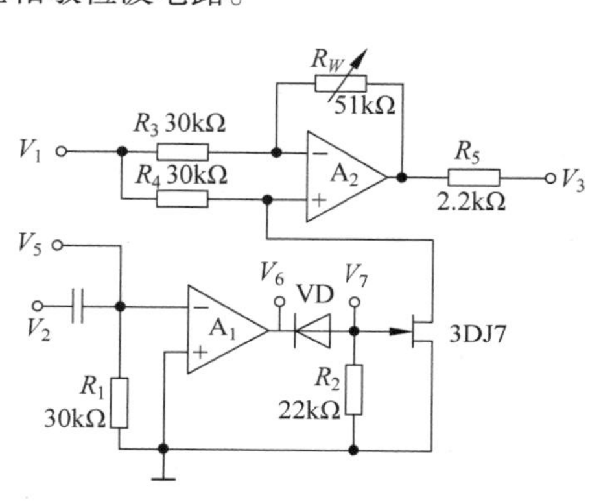

图3-14 开关型相敏检波器的电路原理

相敏检波器的工作原理可用图3-15的各点波形具体说明。V_1是相敏检波器输入；V_2是相敏检波参考信号；V_3是相敏检波器输出。图3-14所示电路的工作原理如下：相敏检波器输入信号V_1与参考信号V_2同相时如图3-15a所示。当V_2为正半周时，V_2信号由A_1反相，输出端V_6为负电平，二极管VD导通，3DJ7由于栅极电位变负而截止，此时运放A_2同相端与接地端断路，这时A_2相当于跟随器，输出信号V_3跟随输入V_1变化；当V_2输入信号为负半周时，经A_1反相，输出端V_6为正电平，二极管VD截止，3DJ7由于栅极电位升高而导通，A_2同相端相当于接地，这时A_2相当于倒相器，使输出电压V_3和输入电压V_1相位相反。无论信号正负，只要V_1与V_2同相位，相敏检波器都会输出正极性脉动波，经低通滤波后，输出端可获得正的最大输出。

当相敏检波器输入信号V_1与参考信号V_2反相时，如图3-15b所示。这时相敏检波器输出为负极性脉动波，经低通滤波后，输出端可获得负的最大值。

当相敏检波器输入信号V_1与参考信号V_2相差90°时，如图3-15c所示。这时相敏检波器输出经低通滤波后输出为零或最小，相位差90°为正交信号时，只起滤波作用。

根据上述原理，通常在电路调整时按照输入信号的极性调整相位(用示波器的两个通道观察)，使参考信号尽可能与其完全同相或反相，从而得到正、负极性的检波波形，使低通滤波器输出为正最大值或负最大值。

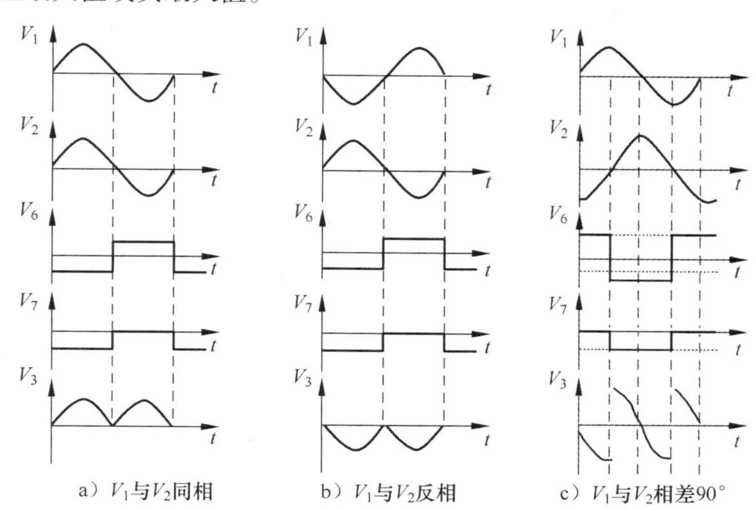

a）V_1与V_2同相　b）V_1与V_2反相　c）V_1与V_2相差90°

图 3-15　相敏检波器各点波形图

3.3　电阻式传感器的应用

3.3.1　测力与称重传感器

载荷和力传感器是工业测量中使用较多的一种传感器，传感器量程从几克到几百吨。测力传感器主要作为各种电子秤和材料试验的测力元件，或用于发动机的推动力测试、水坝坝体承载状况的监测等。力传感器的弹性元件有柱式、悬臂梁式、轮辐式、环式等，下面分别介绍前 3 种传感器。

1. 柱式测力传感器

柱式测力传感器如图 3-16 所示，有实心(柱式)和空心(筒式)，其结构是在弹性元件的圆筒或圆柱上按一定方式粘贴应变片，圆柱(筒)在外力作用下产生形变，实心圆柱因外力作用产生的应变为

$$\varepsilon = \frac{\Delta l}{l} = \frac{\sigma}{E} = \frac{F}{SE}$$

式中：l 为弹性元件长度；Δl 是弹性元件长度的变化量；S 为弹性元件横截面积；F 为外力；σ 为应力，$\sigma = F/S$；E 为弹性模量。

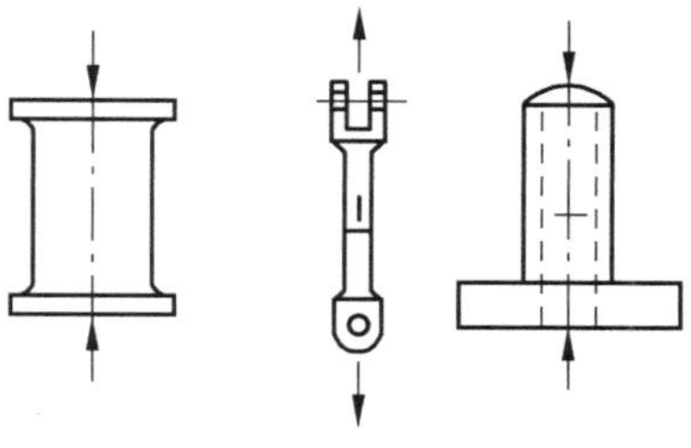

图 3-16　柱式测力传感器

由上式可见，减小横截面积可提高应力与应变的变换灵敏度，但 S 越小抗弯能力越差，易产生横向干扰，为解决这一矛盾，力传感器的弹性元件多采用空心圆筒。在同样横截面积情况下，空心圆筒的横向刚度更大。弹性元件的高度 H 对传感器的精度和动态特性会有影响，试验研究结果建议选用以下公式：

实心圆柱：　$H \geqslant 2D + L$

空心圆柱：　$H \geqslant Dd + L$

式中，H、D、L 分别为圆柱的高、外径、应变片基长，d 为空心圆柱的内径。

目前我国 BLR-1 型电阻应变式拉力传感器、BHR 型荷重传感器都采用空心圆柱，其量程为 0.1～100T（吨）。在火箭发动机承受载荷的试验台架试验时，多用空心结构的传感器，其额定荷重达数十吨。

柱式弹性元件上应变片的粘贴和桥路连接如图 3-17 所示，原则是尽可能地清除偏心和弯矩的影响，R_1 与 R_3、R_2 与 R_4 分别串联摆放在两对臂内，应变片均匀粘贴在圆柱表面中间部分，当有偏心应力时，一方受拉另一方受压，产生相反变化，可减小弯矩的影响。横向粘贴的应变片为补偿片，并且有 $R_5=R_6=R_7=R_8$，可提高灵敏度，减小非线性。

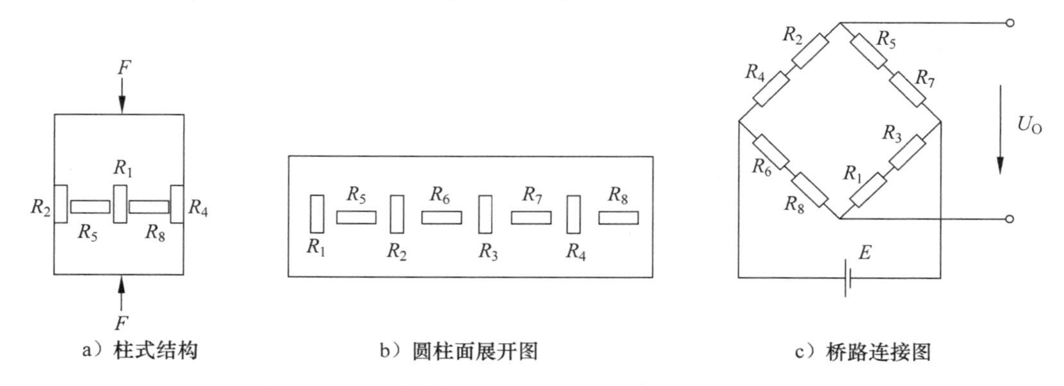

图 3-17　柱式弹性元件上应变片的粘贴和桥路连接

2. 悬臂梁式力传感器

悬臂梁式力传感器是一种高精度、性能优良、结构简单的称重测力传感器，最小可以测量几十克，最大可以测量几十吨的质量，精度可达 0.02%FS。悬臂梁式传感器采用弹性梁和应变片作为转换元件，当力作用在弹性元件（梁）上时，弹性元件（梁）与应变片一起形变，使应变片的电阻值变化，应变电桥输出的电压信号与力成正比。

悬臂梁主要有两种形式：等截面梁和等强度梁。结构特征为弹性元件一端固定、力作用在自由端，所以称悬臂梁。

（1）等截面梁

等截面梁的特点是，悬臂梁的横截面积处处相等，所以称等截面梁，其结构如图 3-18a 所示。当外力 F 作用在梁的自由端时，固定端产生的应变最大，粘贴在应变片处的应变为

$$\varepsilon=\frac{6Fl_0}{bh^2E}$$

式中，l_0 为梁上应变片至自由端的距离，b 和 h 分别为梁的宽度和梁的厚度。

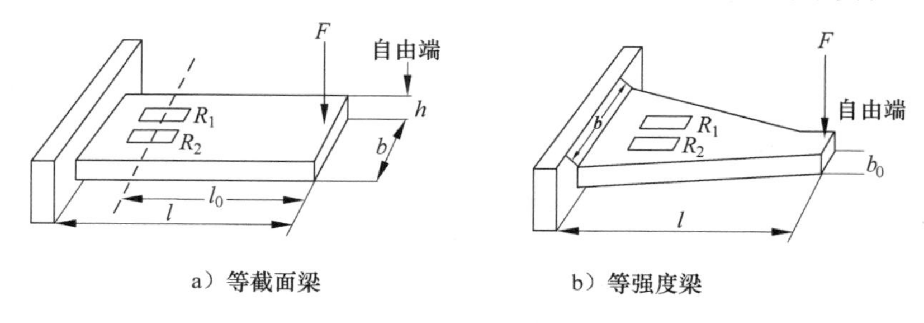

图 3-18　悬臂梁式传感器

使用等截面梁测力时，因为应变片的应变大小与力作用的距离有关，所以应变片应粘贴在距固定端较近的表面，顺梁的长度方向上下各粘贴两个应变片，四个应变片组成全桥。上面两个受压时，下面两个受拉，应变大小相等，极性相反。这种秤重传感器适用于测量500kg以下的荷重。

（2）等强度梁

等强度梁的结构如图3-18b所示，悬臂梁长度方向的截面积按一定规律变化，是一种特殊形式的悬臂梁。当力 F 作用在自由端时，距作用点任何位置的横截面上的应力都相等。应变片处的应变大小为

$$\varepsilon = \frac{6Fl}{bh^2E}$$

在力的作用下，整个梁表面上产生大小相等的应变，所以等强度梁对应变片的粘贴位置要求不高。另外，除等截面梁、等强度梁外，梁的形式还有较多，如平行双孔梁、工字梁、S形拉力梁等。图3-19分别为环式梁、双孔梁和S形拉力梁的结构形式。

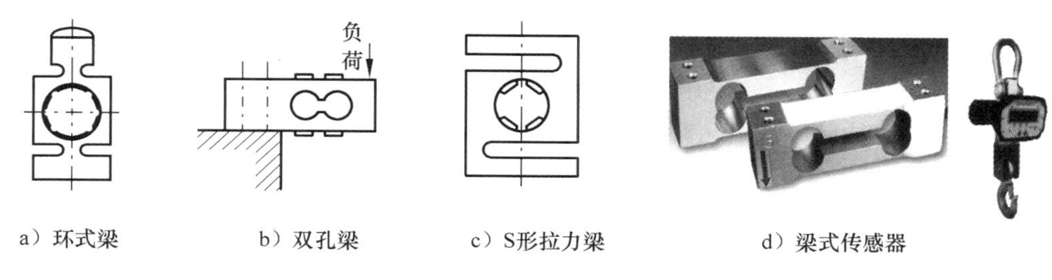

图3-19　梁式传感器

3. 轮辐式测力传感器

轮辐式测力传感器的结构如图3-20所示，主要由5个部分组成，轮毂、轮圈、轮辐条、受拉应变片和受压应变片。轮辐条可以是四根或八根，呈对称形状，轮毂由顶端的钢球传递重力，钢球的压头有自动定位的功能。当外力 F 作用在轮毂上端和轮圈下面时，矩形轮辐条产生平行四边形变形，轮辐条对角线方向上会产生45°的线应变。将应变片按 ±45°方向粘贴，8个应变片分别粘贴在四个轮辐条的正反两面，组成全桥。

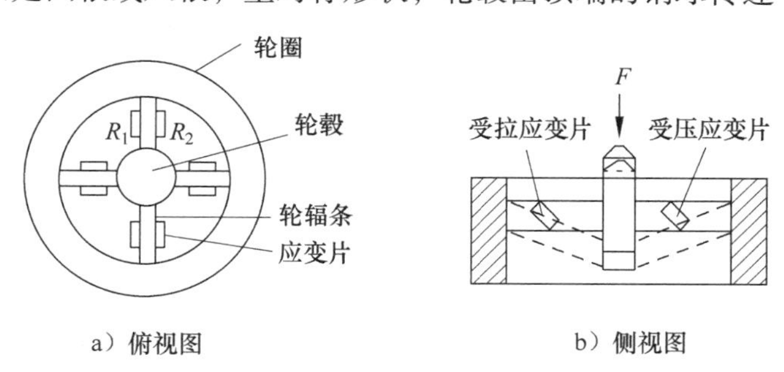

图3-20　轮辐式测力传感器的结构

轮辐式测力传感器有良好的线性，可承受大的偏心和侧向力，扁平外形的抗载能力强，广泛用于矿山、料厂、仓库、车站，测量行走中的拖车、卡车的负重，还可根据输出数据对超载车辆报警。

3.3.2　膜片式压力传感器

膜片式压力传感器主要用于测量管道内部的压力，如内燃机燃气的压力、压差、喷射力，发动机和导弹试验中脉动压力以及各种领域中的流体压力。这类传感器的弹性敏感元件是一个圆形的金属膜片，结构如图3-21a所示，金属弹性元件的膜片周边被固定，当膜片一

面受压力 P 作用时，膜片的另一面有径向应变 ε_r 和切向应变 ε_t，应力在金属膜片上的分布如图 3-21b 所示，径向应变和切向应变的应变值分别为

$$\varepsilon_r = \frac{3p}{8Eh^2}(1-\mu^2)(r^2-3x^2) \tag{3-15}$$

$$\varepsilon_t = \frac{3p}{8Eh^2}(1-\mu^2)(r^2-x^2) \tag{3-16}$$

式中：r、h 分别为膜片的半径、膜片厚度；x 为任意点离圆心距离；E 为膜片弹性模量；μ 为泊松比。

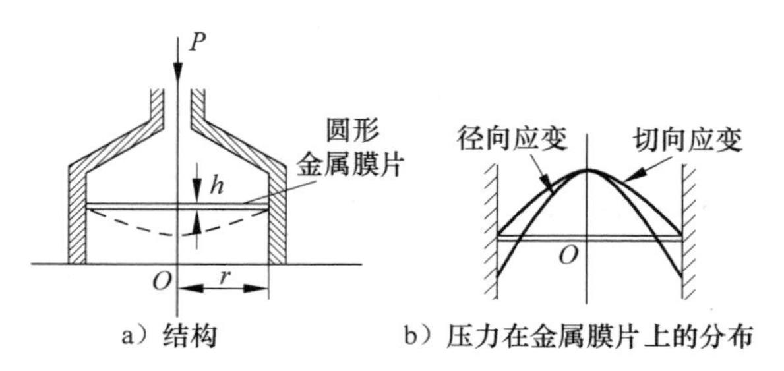

图 3-21　膜片式压力传感器的结构及特性

由膜片式传感器应变变化特性可见，膜片中心（即 $x=0$ 处），ε_r 与 ε_t 都达到正的最大值，这时切向应变和径向应变的大小相等，即

$$\varepsilon_{r\max} = \varepsilon_{t\max} = \frac{3p(1-\mu^2)}{8Eh^2}r^2$$

在膜片边缘 $x=r$ 处，切向应变 $\varepsilon_t=0$ 时，径向应变 ε_r 达到负的最大值

$$\varepsilon_{r\min} = -\frac{3p(1-\mu^2)}{4Eh^2}r^2 = -2\varepsilon_{r\max}$$

由此可找到径向应变为零，即 $\varepsilon_r=0$ 的位置，用式(3-16)可计算得到在距圆心 $x=r/\sqrt{3}\approx 0.58r$ 的圆环附近，径向应变为零。

传感器应根据应力分布区域粘贴四个应变片，如图 3-22 所示，两个粘贴在切向应变（正）的最大区域（R_2、R_3），两个贴在径向应变（负）的最大区域（R_1、R_4），应变片粘贴位置在径向应变 $\varepsilon_r=0$ 的内外两侧。R_1、R_4 测量径向应变 ε_r（负），R_2、R_3 测量切向应变 ε_t（正），四个应变片组成全桥。这类传感器一般可测量 $10^5\sim10^6$Pa 的气体压力。

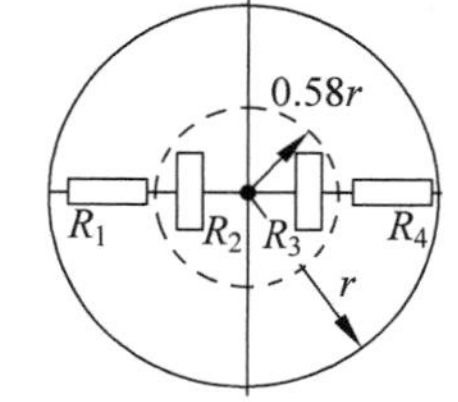

图 3-22　应变片的粘贴位置

3.3.3 应变式加速度传感器

应变式加速度传感器的基本结构如图 3-23 所示，主要由悬臂梁、应变片、质量块、机座外壳组成。悬臂梁的自由端固定质量块，壳体内充满硅油，产生必要的阻尼。基本工作原理是，当壳体与被测物体一起做加速度运动时，悬臂梁在质量块的惯性作用下反方向运动，使梁体发生形变，粘贴在梁上的应变片阻值发生变化。通过测量阻值的

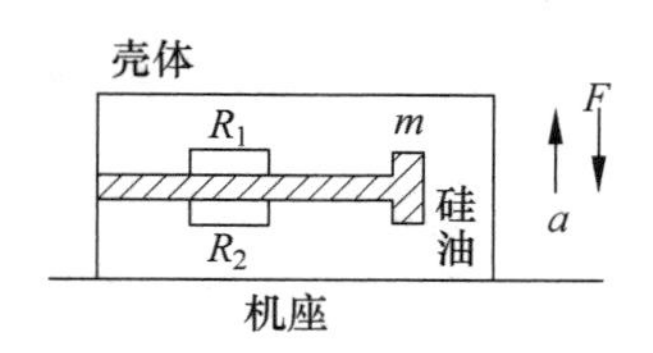

图 3-23　应变式加速度传感器

变化可求出待测物体的加速度。

已知加速度为 $a=F/m$，物体与质量块有相同的加速度，物体的加速度 a 与在其上产生的惯性力 F 成正比，应变由下式计算

$$\varepsilon = \frac{6ml}{Ebh^2}a$$

式中：m 为质量块的质量；l 为梁的长度；b 为梁的宽度；h 为梁的厚度。

惯性力的大小可通过测量悬臂梁上的应变片阻值变化得到，电阻变化引起电桥不平衡输出。在梁的上下可各粘贴两个应变片以组成全桥。应变片式加速度传感器不适用于测量较高频率的振动冲击，而常用于低频振动测量，范围一般为 10～60Hz。

3.3.4　电子秤

目前，多数电子秤主要采用电阻式测力传感器，如台秤、吊秤、液压叉车秤、行车秤、行李秤、汽车衡、皮带秤、钢包秤，在相关企业的自动化生产线上安装有称重料位计、自动给料秤、自动称重秤、定量包装机、灌装机等。不同称重系统的要求不同，电子秤的结构和电路原理有较大差别，尤其是自动化生产现场，除称重外，还需考虑其他各种参量。

图 3-24 为称重料位计，料位系统可根据进入料斗的物料重量，启动和关闭输送机或进行料位报警。

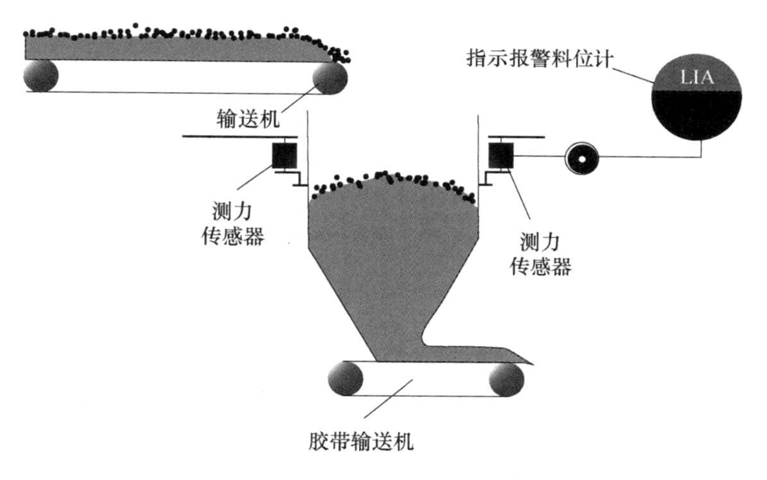

图 3-24　称重料位计

图 3-25 为自动电子皮带秤的称重原理示意，测量系统要求测量皮带运输机上传送固体物料的瞬时值和输出总量，原理如下：

1）系统需要通过测力和测速两套测试装置实现，由电阻式应变传感器测力，光敏传感器检测皮带速度（或电动机转速）；

2）若单位皮带长度的物料重 p，皮带的运行速度是 v，输送物料的瞬时量为单位时间重量 $q=p\times v$；

3）将该量对输送时间 t 积分，可得出输出总量 Q；

4）由式（3-10）可知，电桥输出电压为 $U_0 = K_u \times \Delta R/R$，放大器检波输出电压 U_0 正比于电阻的变化量 $\Delta R/R$ 和激励电压 U_i（激励电压与转速有关），即

$$U_0 \propto \Delta R/R \times U_i$$

瞬时显示重量为 $q = p \times v$；输出总量是瞬时重量对时间的积分，为

$$Q = \int_{t_2}^{t_1} q \cdot \mathrm{d}t$$

生产现场可采用大屏幕 LED 显示器显示瞬时值和输出总量。

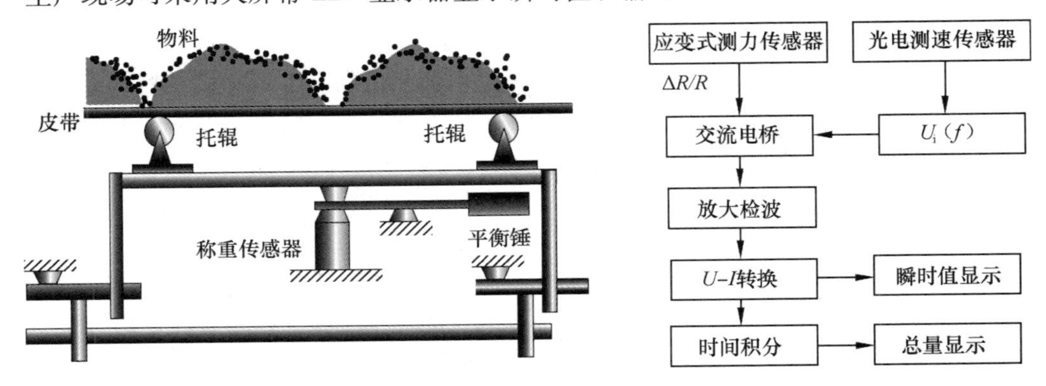

a）电子皮带秤的结构示意图　　b）电子皮带秤的电路及数据处理原理框图

图 3-25　电子皮带秤的称重原理示意

3.4　半导体压阻式传感器

压阻式传感器是利用半导体材料制作的电阻式应变传感器，主要用于压力测量。压力传感器是工业过程控制中应用较多的一种传感器，单片扩散硅压力传感器属于压阻式传感器。扩散硅压阻式传感器与金属膜片式传感器的测量原理基本相同，只是所使用的材料和工艺不同。

3.4.1　压阻效应

半导体电阻应变片是一种利用半导体材料的压阻效应的电阻型传感器。半导体材料在某一方向受到作用力时，它的电阻率会发生明显变化，这种现象被称为压阻效应，可由压阻系数表示。

由式(3-4)已知，金属电阻丝应变片的灵敏系数 k_0 主要由材料的几何尺寸决定。金属材料受力发生机械形变后会引起材料电阻率的相对变化，而与金属材料有所不同的是，半导体材料的电阻率主要取决于有限量载流子的迁移率，它使半导体的电阻率发生变化。

压阻系数 π 随应力的方向和电流方向的不同而不同，半导体的压阻效应具有明显的各向异性，可用矩阵表示，这里我们不讨论半导体的晶向表示方法，只使用结论，即施力方向和电流方向相同时，称纵向压阻系数 π_l；施力方向和电流方向垂直时，称横向压阻系数 π_e。严格地说，压阻系数共有四阶张量 $\pi(i、j、k、l)$，81 个分量。当硅膜很薄时，三维向量可简化为二维，如图3-26所示。应力作用下膜片电阻的变化近似只与纵向和横向应力有关，为

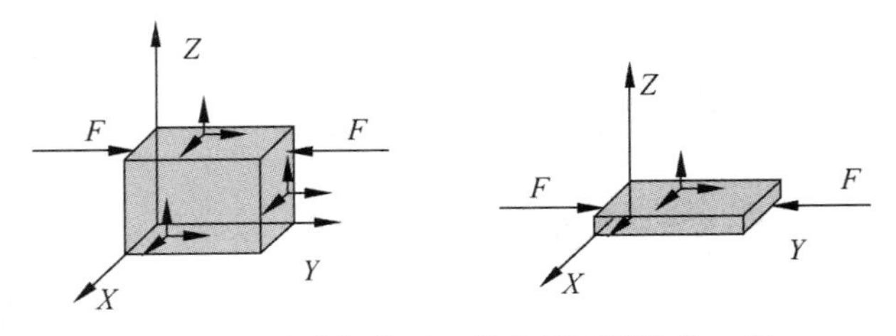

图 3-26　硅膜很薄时三维向量可简化为二维

$$\Delta R/R = \pi_1\sigma_1 + \pi_e\sigma_e$$

已知半导体的电阻取决于有限数量的载流子(空穴、电子)迁移率，加在一定单晶向的外应力可引起半导体能带变化，使载流子的迁移率发生大的变化，引起电阻率很大变化。电阻率的相对变化量与轴向所受力之比为一常数，半导体的电阻率变化与压阻系数 π 的关系可表示为

$$\Delta\rho/\rho = \pi\sigma = \pi E\varepsilon$$

式中：π 为半导体材料的压阻系数；E 为弹性模量。

将其代入式(3-2)中得

$$\frac{\Delta R}{R} = (1 + 2\mu + \pi E)\varepsilon \tag{3-17}$$

由此，半导体应变片的灵敏系数可表示为

$$k_0 = \frac{\Delta R/R}{\varepsilon} = (1 + 2\mu) + \pi E \tag{3-18}$$

由式(3-18)可以看出，半导体材料的灵敏系数 k_0 受两个因素的影响：一个是材料受力后几何尺寸的变化；另一个是材料受力后电阻率变化，即$(\Delta\rho/\rho)/\varepsilon = \pi E$，金属电阻丝的电阻率变化很小，可以忽略不计，而半导体材料受力后，几何形状的变化远小于电阻率的变化，即$(1+2\mu) \ll (\Delta\rho/\rho)/\varepsilon$。半导体材料的灵敏系数可近似表示为

$$k_0 \approx \frac{\Delta\rho/\rho}{\varepsilon} \tag{3-19}$$

实验证明，对于半导体材料，根据 $\pi = (40 \sim 80) \times 10^{-11}\,\mathrm{m^2/N}$，$E = 1.87 \times 10^{11}\,\mathrm{N/m^2}$，可计算出灵敏系数，近似为

$$k_0 \approx (\Delta\rho/\rho)/\varepsilon = \pi E \approx 50 \sim 100$$

由此可见，半导体材料的灵敏系数远大于金属电阻丝的灵敏系数。对于半导体材料，几何形状的变化可忽略不计，灵敏系数 k_0 主要是由电阻率变化决定的。

3.4.2 压阻式传感器

由半导体材料制作的应变式传感器又称压阻式传感器，其结构形式较多，工艺复杂。结构特征上，半导体式应变片有体型、薄膜型、扩散型、外延型、PN 结型等，结构较为简单的是由条状半导体硅膜片制作的半导体体型应变片，如图 3-27 所示。

利用半导体应变片制作的硅压阻式压力传感器的整体结构如图 3-28 所示，其由硅杯、硅膜片组成。传感器利用集成电路工艺，设置四个相等的电阻并使其扩散在硅膜片上，构成应变电桥。膜片两边有两个压力腔，分别为低压腔和高压腔，低压腔与大气相通，高压腔与被测系统相连接。当两边存在压差时，就有压力作用在膜片上，膜片上各点的应力分布与金属膜片式传感器相同(见图 3-21)。压阻式传感器的灵敏度比金属应变片大 50~100 倍，有时无须放大可直接测量。

压阻式传感器的优点是：工作频率高、动态响应好，工作频率可达 1.5MHz；体积小、耗电少；灵敏度高、精度好，可达到 0.1% 的精度；无运动部件，可靠性高；测量范围宽，有正、负两种符号的应力效应，易于微型化和集成化。

随着半导体技术的发展，压阻式传感器的应用领域越来越广泛。在航空工业中，用硅压阻式压力传感器测量机翼气流的压力分布、发动机进气口处的动压畸变；生物医学里将

10μm 厚的硅膜片注射到生物体内，可进行体内压力测量，插入心脏导管内可测量心血管，以及进行颅内、眼球内压力测量；在兵器工业中，可测量爆炸压力和冲击波以及枪、炮腔内压力；在防爆检测中，压阻式传感器所需电流小，在可燃气体许可值以下，是理想的防爆压力传感器。

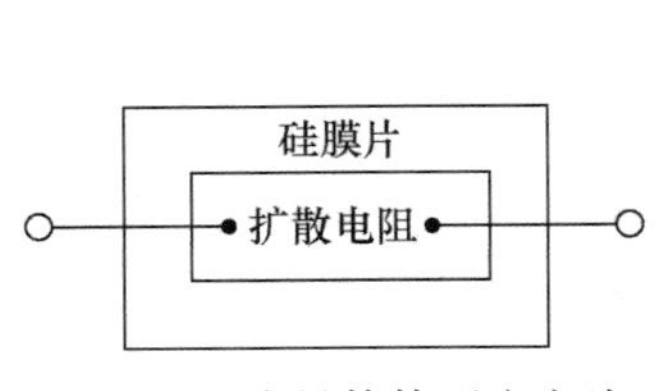

图 3-27　半导体体型应变片

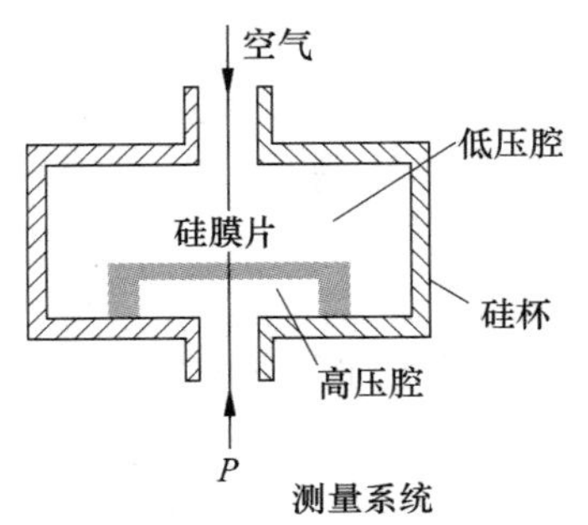

图 3-28　硅压阻式压力传感器

压阻式传感器的缺点主要是温度特性差，另外工艺较复杂。由于半导体元件对温度变化敏感，因此在很大程度上限制了半导体式应变片传感器的应用。

思考题

3.1　何为电阻应变效应？怎样利用这种效应制作应变片？

3.2　什么是应变片的灵敏系数？它与金属电阻丝的灵敏系数有何不同？为什么？

3.3　为什么增加应变片两端电阻条的横截面积便能减小横向效应？

3.4　金属应变片与半导体应变片在工作原理上有何不同？半导体应变片的灵敏系数范围是多少？金属丝应变片的灵敏系数范围是多少？为什么有这种差别，说明其优缺点。举例说明金属丝电阻应变片与半导体应变片的相同点和不同点。

3.5　一应变片的电阻 $R=120\Omega$，灵敏系数 $k=2.05$，用作应变为 800μm/m 的传感元件。求：1) ΔR 和 $\Delta R/R$ 的值；2) 若电源电压 $U=3\text{V}$，初始平衡时电桥的输出电压 U_0。

3.6　已知：有 4 个性能完全相同的金属丝应变片（应变灵敏系数 $k=2$），将其粘贴在梁式测力弹性元件上，如图 3-29 所示。在距梁端 l_0 处应变计算公式为 $\varepsilon=\dfrac{6Fl_0}{Eh^2b}$。设，$F=100\text{N}$，$l_0=100\text{mm}$，$h=5\text{mm}$，$b=20\text{mm}$，$E=2\times10^5\text{N/mm}^2$。求：1) 说明是一种什么形式的梁。在梁式测力弹性元件距梁端 l_0 处画出 4 个应变片粘贴位置，并画出相应的测量桥路原理图；2) 求出各应变片电阻的相对变化量；3) 当桥路电源电压为 6V 时，负载电阻为无穷大，求桥路输出电压 U_0。

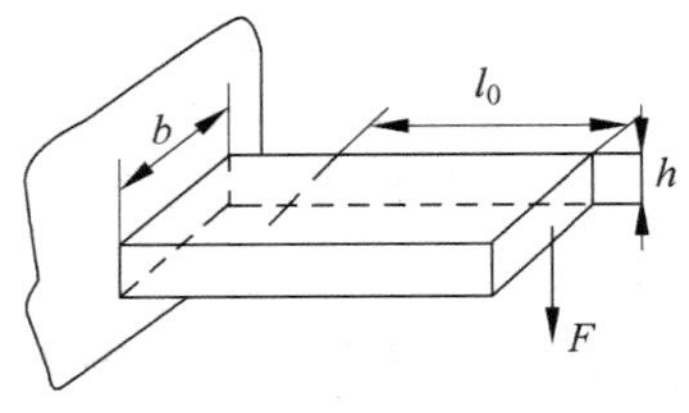

图　3-29

3.7　图3-30为一直流电桥，负载电阻 R_L 趋于无穷。图中 $E=4V$，$R_1=R_2=R_3=R_4=120\Omega$，试求：1) R_1 为金属应变片，其余为外接电阻，当 R_1 的增量为 $\Delta R_1=1.2\Omega$ 时，电桥输出电压 U_0 是多少？2) R_1、R_2 为金属应变片，感应应变大小、极性相同，其余为外接电阻，电桥输出电压 U_0 是多少？3) R_1、R_2 为金属应变片，如果感应应变大小不同、极性相反，且 $\Delta R_1=\Delta R_2=1.2\Omega$，电桥输出电压 U_0 是多少？

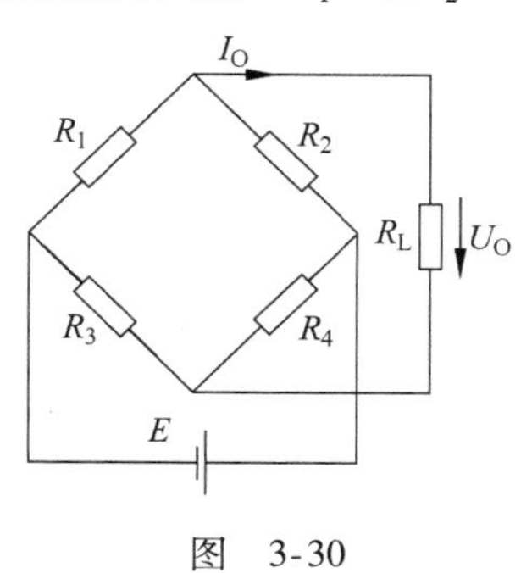

图　3-30

第 4 章　电容式传感器

近年来，电容式传感器的应用技术有了较大的进展，它不但广泛应用于位移、振动、角度、加速度等机械量的精密测量，而且还逐步应用于压力、差压、液面、成分含量等方面的测量。由于电容测微技术的不断完善，作为高精度非接触式测量工具，电容式传感器被广泛应用于科研和生产加工过程。随着电子工艺集成度的提高，电容式传感器在非电测量和自动检测中的应用越来越广泛。

从工程应用的角度看，电容式传感器的特点是：小功率、高阻抗；由于电容器的容量值很小，一般从几十微法到几百微法，因此具有很高的输出阻抗；由于电容式传感器极板间静电引力小，工作所需作用力很小，可动质量小，具有较高的固有频率，因此动态响应特性好；电容式传感器结构简单、适应性强，可以进行非接触测量。电容式传感器与电阻式传感器相比，优点是本身发热影响小，缺点是输出非线性。

4.1　电容式传感器概述

4.1.1　工作原理

电容式传感器是一个具有可变参量的电容器，将被测非电量变化成为电容量。多数情况下，电容传感器是指以空气为介质的两个平行金属极板组成的可变电容器，结构如图 4-1 所示，故电容式传感器的基本原理可以用平板电容器说明如下：

$$C = \frac{\varepsilon S}{\delta} = \frac{\varepsilon_0 \varepsilon_r S}{\delta} \tag{4-1}$$

式中：ε 为极板间介质的介电常数；$\varepsilon_r = \varepsilon / \varepsilon_0$，为相对介电常数，空气的相对介电常数 $\varepsilon_r \approx 1$，真空时 $\varepsilon = \varepsilon_0 = 8.85 \times 10^{-12}\mathrm{F/m}$；$S$ 为电容两极板的面积；δ 为两个平行极板间的距离。

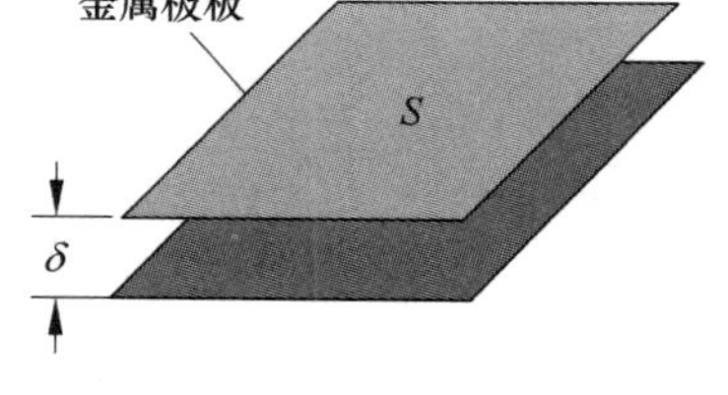

图 4-1　平板电容传感器原理结构

4.1.2　结构类型

根据式(4-1)可知，电容器式传感器可以通过改变极板的面积(S)、极板间距离(δ)或改变极板间介质(ε)来改变电容器 C 的电容值，如果固定其中两个参数不变，只改变某一个参数，就可以把该参数的变化转换为电容量的变化，这种传感器是通过检测电容的大小检测非电量的。实际应用时，电容传感器可分为以下 3 种结构形式：

1) 改变极板面积(S)的电容器，称变面积型电容式传感器，结构如图 4-2a 所示，其特点是测量范围较大，多用于测线位移、角位移；

2) 改变极板距离(δ)的电容器，称变极距型电容式传感器，结构如图 4-2b 所示，适宜做小位移测量；

3）改变极板介质（ε）的电容器，称变介质型电容式传感器，结构如图 4-2c 所示，普遍用于液面高度测量、介质厚度测量，可制成料位计等。

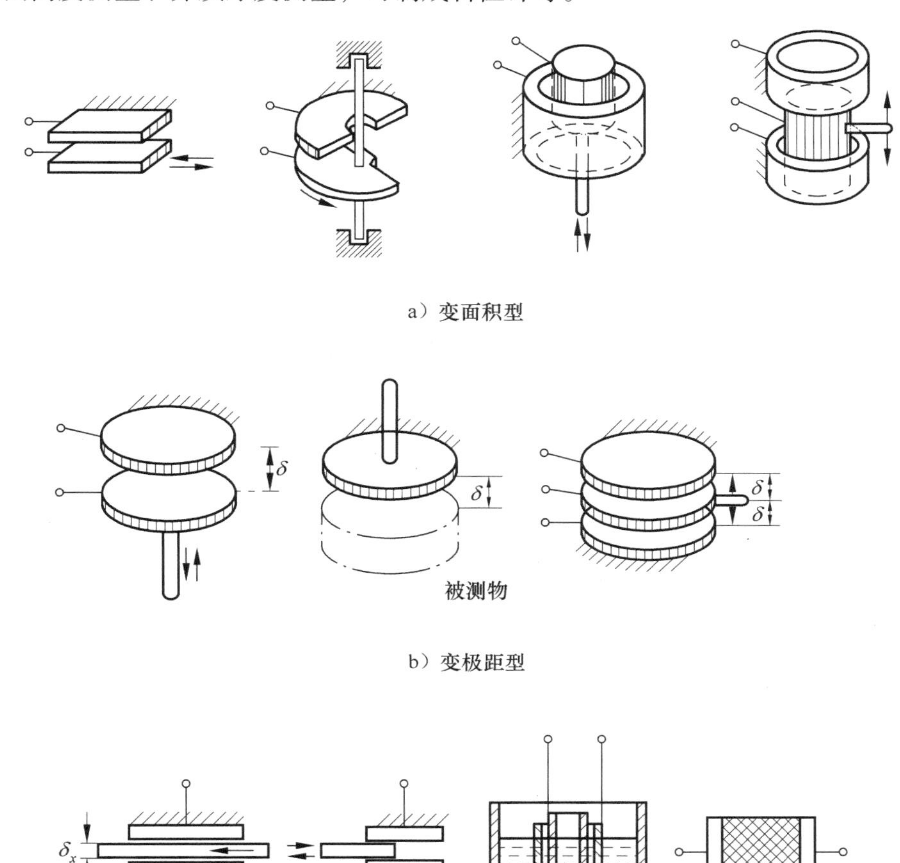

图 4-2　电容传感器结构类型

4.2　电容式传感器的输出特性

变极距型电容式传感器进行非电量测量时，其灵敏度要高于改变其他参数的电容式传感器灵敏度。以下分别讨论变极距型、平板变面积型、变介质常数型这三种形式电容式传感器的输出特性。

4.2.1　变极距型

由式（4-1）可见，电容器的电容量 C 与极板间极距 δ 成反比关系，这种传感器的输入输出关系是非线性的，变极距式电容传感器输出特性如图 4-3 所示。为使这种传感器能近似在线性条件下工作，可动极板被限制在一个较小的范围内变化。

设 δ_0 为初始极距，由式(4-1)可计算出平板电容的初始电容值为

$$C_0 = \frac{\varepsilon S}{\delta_0} = \frac{\varepsilon_0 \varepsilon_r S}{\delta_0} \tag{4-2}$$

当电容两极板间极距 δ 减小 $\Delta\delta$，电容器 C 增加 ΔC 时，即

$$\delta = \delta_0 - \Delta\delta, \quad C = C_0 + \Delta C$$

由式(4-2)可得出电容的增量，因为

$$C = \frac{\varepsilon S}{\delta_0 - \Delta\delta} = \frac{C_0}{1 - \Delta\delta/\delta_0}$$

所以

$$\Delta C = C - C_0 = \frac{\varepsilon S}{\delta_0 - \Delta\delta} - \frac{\varepsilon S}{\delta_0} = \frac{C_0}{1 - \Delta\delta/\delta_0} - C_0$$

电容的相对变化为

$$\frac{\Delta C}{C_0} = \frac{\Delta\delta/\delta_0}{1 - \Delta\delta/\delta_0}$$

当 $\Delta\delta/\delta_0 \ll 1$ 时，上式用泰勒级数展开成级数形式为

$$\frac{\Delta C}{C_0} = \frac{\Delta\delta}{\delta_0}\left[1 + \frac{\Delta\delta}{\delta_0} + \left(\frac{\Delta\delta}{\delta_0}\right)^2 + \left(\frac{\Delta\delta}{\delta_0}\right)^3 + \cdots\right] \tag{4-3}$$

对式(4-3)作线性处理(忽略高次项)，$\Delta\delta$ 与 ΔC 关系才能近似线性，即

$$\frac{\Delta C}{C_0} = \frac{1}{\delta_0}\Delta\delta$$

定义变极距式电容式传感器灵敏度为单位位移引起的输出电容相对变化量

$$k_0 = \frac{\Delta C/C_0}{\Delta\delta} = \frac{1}{\delta_0} \tag{4-4}$$

由式(4-3)和式(4-4)的结果可对变极距型电容传感器有如下结论：

1）要提高变极距式电容传感器灵敏度 k_0，应减小初始极距 δ_0，但电容极板间最小距离会受到击穿电压限制。实际应用中为避免电容击穿，可在极板间放置高介电常数的材料(如云母片、塑料薄膜)作介质，例如云母的相对介电常数 $\varepsilon_g = 7$，远大于空气的介电常数。

2）传感器输出特性的非线性随相对位移 $\Delta\delta/\delta_0$ 的增加而增加，为保证线性度，应限制相对位移的大小；

3）起始极距 δ_0 与灵敏度、线性度相矛盾，所以变极距式电容传感器只适合小位移测量；

4）为提高传感器的灵敏度和改善非线性关系，变极距式电容传感器一般采用差动结构(包括一个动片，两个静片)，差动式变极距型电容传感器结构如图4-4 所示。当一个电容量(C_1)增加时，另一个电容量(C_2)减小相同量值。

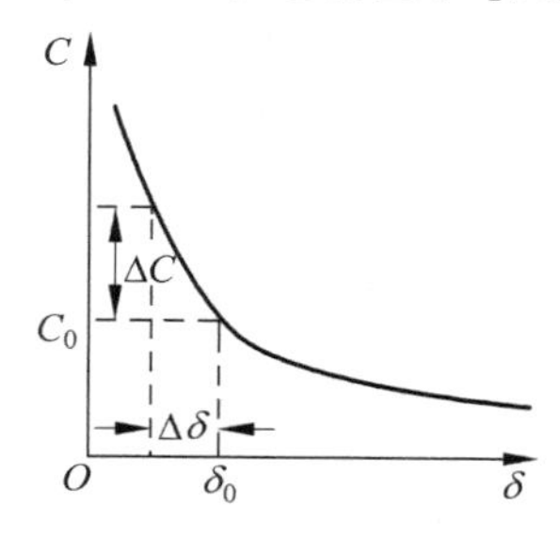

图4-3 变极距型电容传感器输出特性

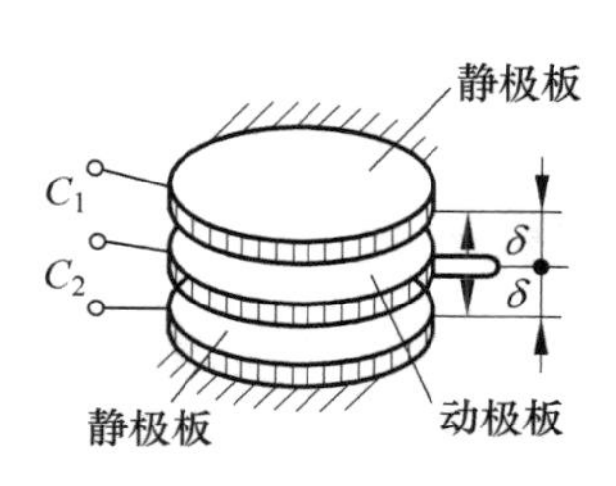

图4-4 差动式变极距型电容传感器结构

差动式变极距型电容传感器输出特性可由差动式两电容器的特征方程式获得，两电容可分别表示为

$$C_1 = C_0\left[1 + \frac{\Delta\delta}{\delta_0} + \left(\frac{\Delta\delta}{\delta_0}\right)^2 + \cdots\right]$$

$$C_2 = C_0\left[1 - \frac{\Delta\delta}{\delta_0} + \left(\frac{\Delta\delta}{\delta_0}\right)^2 + \cdots\right]$$

两电容的变化量分别为

$$C_1 = C_0 + \Delta C,\quad C_2 = C_0 - \Delta C$$

总的电容变化量为两电容之差

$$\Delta C = C_1 - C_2 = 2C_0\left[\frac{\Delta\delta}{\delta_0} + \left(\frac{\Delta\delta}{\delta_0}\right)^3 + \cdots\right]$$

总电容的相对变化量为

$$\frac{\Delta C}{C_0} = 2\frac{\Delta\delta}{\delta_0}\left[1 + \left(\frac{\Delta\delta}{\delta_0}\right)^2 + \left(\frac{\Delta\delta}{\delta_0}\right)^4 + \cdots\right] \tag{4-5}$$

忽略高次项，电容相对变化量近似为

$$\frac{\Delta C}{C_0} \approx 2\frac{\Delta\delta}{\delta_0}$$

差动式变极距型电容传感器灵敏度表示为

$$k_0 = \frac{\Delta C/C_0}{\Delta\delta} = 2\frac{1}{\delta_0} \tag{4-6}$$

相对非线性误差为

$$\gamma_L = \left(\frac{\Delta\delta}{\delta_0}\right)^2 \times 100\%$$

与式(4-3)比较，式(4-5)有很大变化，显然非线性误差减小了，并且由式(4-6)结果说明，差动式变极距型电容传感器比单个变极距型电容传感器灵敏度提高一倍。

【例 4-1】一单极板变极距型平板电容传感器，初始极距为 $\delta_0 = 1\text{mm}$，要求测量的线性度是 0.1%，求允许极距下所测量的最大变化量是多少。

解：单极板变极距型平板电容传感器线性输出近似为

$$\frac{\Delta C}{C_0} = \frac{\Delta\delta}{\delta_0}$$

由式(4-3)忽略高次项有

$$\frac{\Delta C'}{C_0} = \frac{\Delta\delta}{\delta_0}\left[1 + \frac{\Delta\delta}{\delta_0}\right]$$

线性度为

$$\gamma_L = \frac{\Delta C'/C_0 - \Delta C/C_0}{\Delta C/C_0} = \frac{\Delta\delta}{\delta_0}$$

测量的允许变化范围为 $\Delta\delta = \gamma_L\delta_0 = 0.001\text{mm}$。

4.2.2　平板变面积型

平板变面积型电容式传感器的工作原理如图 4-5 所示。设平板变面积型电容式传感器初

始电容值为

$$C_0=\frac{\varepsilon ab}{\delta}$$

当两极板相对移动 Δx 后，两极板间的电容量变化为

$$C=\frac{\varepsilon b(a-\Delta x)}{\delta}=C_0-\frac{\varepsilon b}{\delta}\Delta x=C_0-C_0\frac{\Delta x}{a}$$

电容的变化量可用相对位移表示为

$$\Delta C=C-C_0=-\frac{\varepsilon b}{\delta}\Delta x=-C_0\frac{\Delta x}{a}$$

电容相对变化量与位移 Δx 的关系为

$$\frac{\Delta C}{C_0}=-\frac{\Delta x}{a}$$

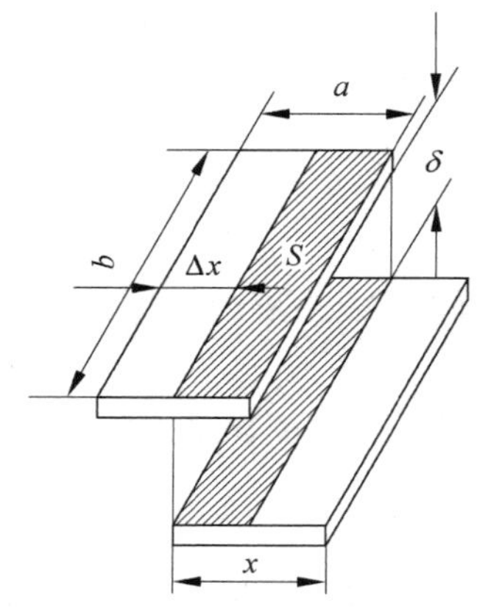

图 4-5 平板电容工作原理

平板变面积式电容传感器的灵敏度可用单位线位移引起的电容变化量表示为

$$k_0=\frac{\Delta C}{\Delta x}=-\frac{\varepsilon b}{\delta}$$

显然平板变面积式电容传感器的灵敏度是一常数。由上述传感器的输出特性可以得出以下结论：

1）变面积式电容传感器的电容变化与位移变化关系为线性关系，因此适合大位移测量；

2）灵敏度为常数，当电容面积增加、极距减小时，灵敏度会增加。

4.2.3 变介电常数型

变介电常数型电容传感器结构原理如图 4-2c 所示，变介电常数式电容传感器的测量原理与传感器结构有关，可以分几种情况：测介质(如纸张、薄膜)厚度，测位移，测介电常数(测液位、介质材料)，另外还有测温、容量、湿度(粮仓、木材湿度)等。电容量与介质参数之间的关系可表示为

$$C=\frac{\varepsilon_0 S}{\delta-d+d/\varepsilon_r}$$

式中：δ 为电容极板的距离；d 是介质 ε_r 的厚度；S 为极板面积；ε_0 设为空气介电常数。

1. 测量介电常数

图 4-6 中 d 为被测(运动)介质，当介质厚度 d 保持不变，而某种介质在两固定极板之间运动时，介电常数 $\varepsilon=\varepsilon_r\varepsilon_0$ 改变，电容值产生相对变化。已知 ε_0 为真空介电常数，介质(运动)变化后电容值变化与介质的位置有关，与介质的材料有关，电容值可用与几何形状大小的参数表示为

$$C_b=\frac{bl}{(\delta-d)/\varepsilon_0+d/\varepsilon_r\varepsilon_0}+\frac{b(a-l)}{\delta/\varepsilon_0}$$

式中，a、b 分别为电容极板的不同边长。

利用这种原理，根据极间介质的介电常数随温度、湿度、容量的变化而改变，可作为温度、湿度、液位的测量仪器，也可作为介电常数的测试仪器，如通过测量介电常数测量粮仓、木材的湿度变化，测量介质位移等。

2. 测量介质厚度

图4-7中d为被测介质，如果介电常数ε保持不变，而介质厚度d改变，通过测量电容变化量检测介质厚度，如纸张、薄膜厚度等，即电容的面积、极距、介质一定时，电容传感器又可作为测厚仪器。下式中电容的变化随介质厚度d的变化而变化。

$$C_a=\frac{S}{(\delta-d)/\varepsilon_0+d/\varepsilon_r\varepsilon_0}$$

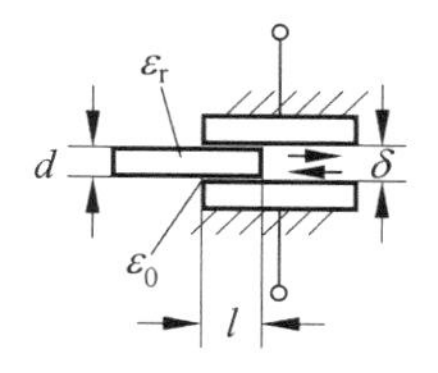

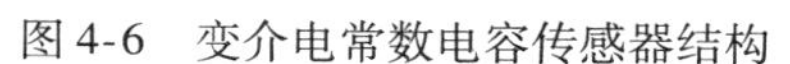
图4-6 变介电常数电容传感器结构

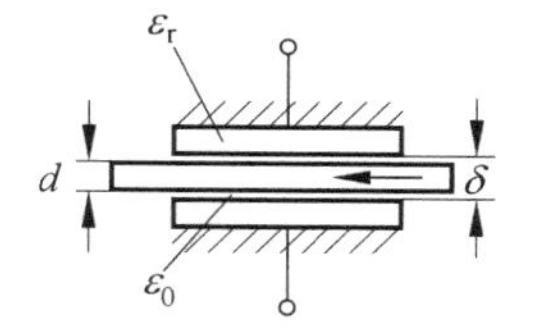

图4-7 变介质厚度电容传感器结构

3. 测量液位高度

图4-8是一种用于液位测量的圆筒形电容式传感器示意图，其原理是利用液位变化时，两极间介电常数的变化进行液位测量。实际应用时需根据液体容器的形状计算电容量大小，设图4-8中被测介质为ε，空气介电常数为ε_0，液面高度是h_X，传感器高度是h，内筒外径为d，外筒内径为D，此时传感器的电容与容器中所装介质的高度有关，电容值可用与容积有关的参数表示，即

$$C=\frac{2\pi\varepsilon h_X}{\ln(D/d)}+\frac{2\pi(h-h_X)\varepsilon_0}{\ln(D/d)}$$

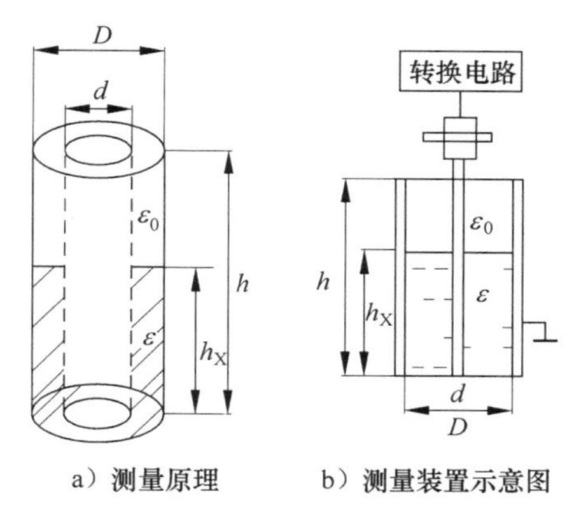

a）测量原理　b）测量装置示意图

图4-8 液位高度测量

或用传感器初始的静电容C_0表示

$$C=\frac{2\pi h\varepsilon_0}{\ln(D/d)}+\frac{2\pi h_X(\varepsilon-\varepsilon_0)}{\ln(D/d)}=C_0+\frac{2\pi h_X(\varepsilon-\varepsilon_0)}{\ln(D/d)}$$

由上式可见，传感器的电容增量正比于被测液位高度h_X。

4.3 测量电路

通常电容传感器中的电容值变化都很微小，感应被测量后其输出电信号很微弱，因此不能直接显示、记录，必须借助转换电路，将电容变化转换为电流、电压、频率等信号进行传输。以下介绍几种常用的信号调理电路。

4.3.1 电容式传感器等效电路

在介绍电容传感器信号转换电路之前，首先了解电容传感器的等效电路。电容式传感器的分布电容及等效电路如图4-9所示，等效电路中主要包括：传输线的电感L_0，电阻R（很小），传感器电容C_0，屏蔽导线A、B两端分布电容C_P，传感器极板间等效漏电阻R_g。

已知等效电路中容抗大小为$X_C=1/\omega C$。低频时容抗X_C较大，传输线的等效电感L_0和

电阻 R 可忽略，而高频时容抗 X_C 较小，等效电感和电阻不可忽略，通常工作频率 10MHz 以上就要考虑电缆线等效电感 L_0 的影响。这时等效电感接在传感器输出端相当于串联谐振电路，有一个谐振频率 f_0 存在，当工作频率 $f \approx f_0$ 时，串联谐振阻抗最小，电流最大，谐振对传感器的输出起破坏作用，使电路不能正常工作。

电容转换元件本身电容量很小(一般为几十皮法)，引出线屏蔽电缆的电容量较大(每米可达几百皮法)，该电容与传感器电容 C_0 并联后使电容的相对变化量大大降低，结果使传感器灵敏度降低。等效电路中分布电容 C_P 常常会比传感器电容 C_0 还大，在工程应用中，为克服分布电容 C_P 的影响，提高电容传感器的稳定性，克服寄生电容的耦合(不稳定值)，常采用屏蔽措施或采取双层屏蔽等电位传输技术。

1) 屏蔽措施是将电容转换元件(传感器)置于金属屏蔽罩内，引出线用屏蔽线，屏蔽罩(网)通过外壳接地，尽可能将前级测量电路紧靠传感器转换元件，最好将传感器与前置电路全部安装在屏蔽壳体内，避免信号通过长电缆传输，可消除外部静电场和交变磁场的影响。

2) "双层屏蔽等电位传输"技术或称"驱动电缆技术"，其电路原理如图 4-10 所示。连接电缆采用双层屏蔽，内屏蔽与被屏蔽的芯线电位相同。实际是一种等电位屏蔽法，跟随器 1 的输出与输入幅值相位相同，使传输电缆信号与内屏蔽层等电位，可消除芯线对内层屏蔽层的容性漏电，从而消除寄生电容的影响。此时，内外屏蔽之间的电容成了驱动放大器的负载，因此，驱动放大器是一个高输入阻抗，具有容性负载，放大倍数为 1 的同相放大器。屏蔽线上有一随传感器信号变化的电压，所以被称为"驱动电缆"。这种技术可以使传输电缆在十米时不影响传感器性能。外屏蔽线接大地，保证传感器电容值小于 1pF 时也能正常工作。

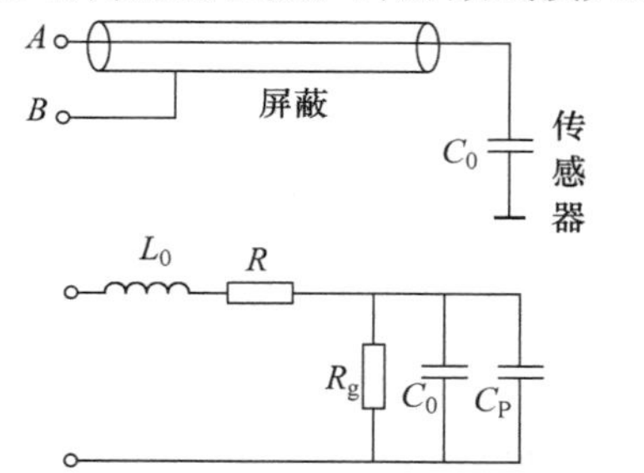

图 4-9　电容式传感器分布电容及等效电路

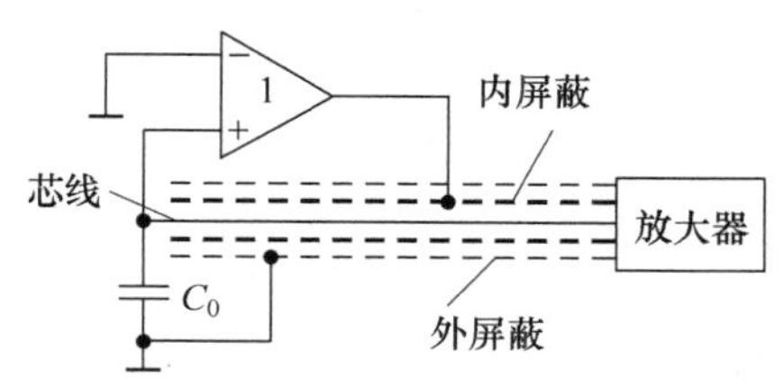

图 4-10　驱动电缆技术电路原理

4.3.2 转换电路

1. 交流电桥

图 4-11 为由电容转换元件组成的交流电桥测量系统，电桥的两个臂为传感器电容，另外两个臂是变压器的次级绕组。单臂电桥连接时，传感器 C 邻臂接一个固定电容 C_0 相匹配。按差动形式连接时，传感器电容 C_1、C_2 是电桥两个臂，当电容动极板在中间位置时，传感器电容相等，即 $C_1 = C_2$，由于变压器次级绕组对称，有 $\dot{U}_1/2 = \dot{U}_2/2 = \dot{U}/2$，因此输出 $U_O = 0$。

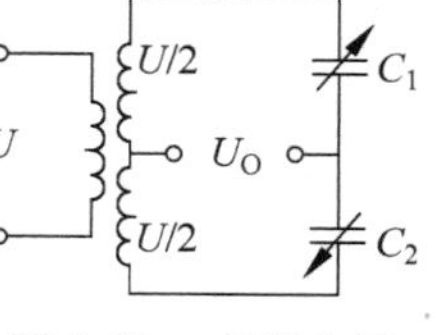

图 4-11　交流电桥

当交流电桥负载无穷大时，电桥输出为

$$\dot{U}_O = \frac{\dot{U}}{2} \cdot \frac{Z_1 - Z_2}{Z_2 + Z_1} \tag{4-7}$$

式(4-7)中，$Z_1=\frac{1}{\mathrm{j}\omega C_1}$，$Z_2=\frac{1}{\mathrm{j}\omega C_2}$，将其代入上式后电桥输出可表示为

$$\dot{U}_0=\frac{\dot{U}}{2}\cdot\frac{C_1-C_2}{C_2+C_1}\tag{4-8}$$

当电容动片上移(见图 4-4)使传感器两电容器一个增大一个减小时，它们分别变化为

$$C_1=\frac{\varepsilon S}{\delta_0-\Delta\delta},C_2=\frac{\varepsilon S}{\delta_0+\Delta\delta}$$

将 C_1、C_2 代入式(4-8)，两电容总的变化引起的电桥输出为

$$U_0=\frac{U}{2}\cdot\frac{\Delta\delta}{\delta_0}$$

可见，电桥输出电压与电容传感器的输入位移呈理想线性关系。

图 4-12 为电容传感器交流电桥的多种电路形式，实际应用中传感器可根据工程现场的具体情况采用不同连接方式。

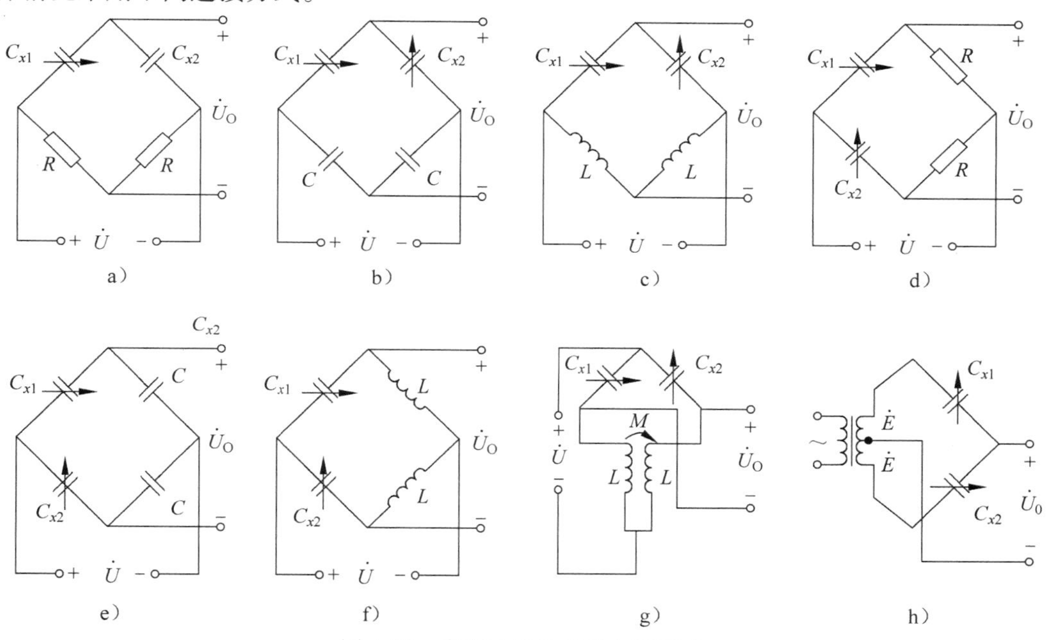

图 4-12　交流电桥的多种电路形式

2. 二极管双 T 型电路

二极管双 T 型电路如图 4-13 所示，U_E 为高频对称方波电源。VD_1、VD_2 是特性相同的二极管，C_1、C_2 是传感器的两个差动电容，R_1、R_2 为固定电阻，且 $R_1=R_2=R$，R_L 为负载电阻。工作原理等效电路如图 4-14 所示。

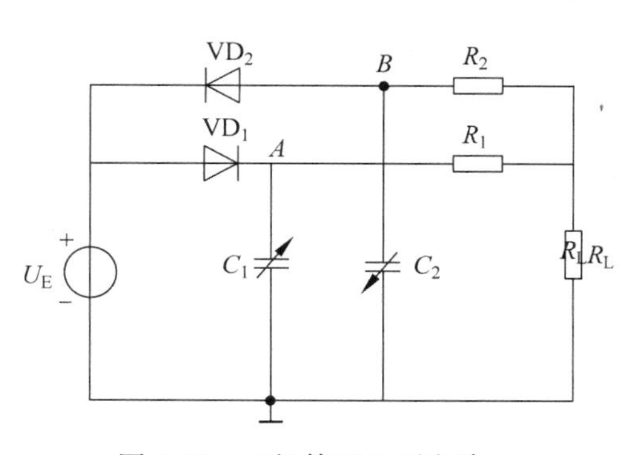

图 4-13　二极管双 T 型电路

设二极管正向电阻为零，反向电阻无穷大。当激励电压 U_E 为正半周时，如图 4-14a 所示，VD_1 导通，VD_2 截止，电容 C_1 很快充电至 U_E 峰值，电容上电压 $U_{C1}=E$，之后继续有电流 I_1 在电

阻 R_L 上产生压降，电流为正方向。当激励电压 U_E 为负半周时，如图 4-14b 所示，VD_1 截止，VD_2 导通，电容 C_2 很快充电至 U_E 峰值，电容上电压 $U_{C2}=-E$，之后电流继续有 I_2 在电阻 R_L 上产生压降，电流为负方向。

如图 4-14c 所示，当 $t=t_1$，激励电压信号在负半周时，C_2 充电，C_1 放电，放电电流 I'_1；当 $t=t_2$，激励电压信号在正半周时，C_1 再次充电，C_2 放电，放电电流 I'_2。当传感器电容 $C_1=C_2$ 时，回路中电流 $I_1=I_2$，放电电流 $I'_1=I'_2$，一个周期输出电压的平均值 $\overline{U}_{RL}=0$。

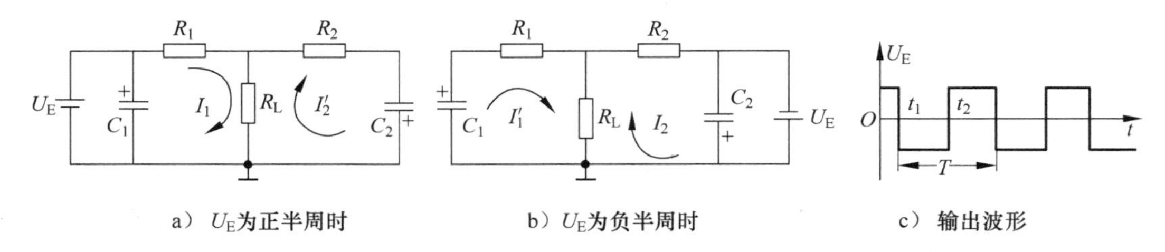

图 4-14 二极管双 T 型电路工作过程

而当电容变化 $C_1\neq C_2$ 时，回路中电流 $I'_1\neq I'_2$，此时在一个周期内负载电阻 R_L 上的平均值电压为

$$\overline{U}_{RL}=\frac{R(R+2R_L)}{(R+R_L)^2}R_LU_Ef(C_1-C_2)$$

由上式可见，负载电阻 R_L 上输出电压 U_{RL} 与电容的差值成正比，与电源电压 U_E 幅值、电源频率 f 有关。

3. 差动脉冲调宽电路

差动脉冲调宽电路原理框图如图 4-15 所示。A_1、A_2 为比较器，FF 为双稳态触发器，晶体二极管 VD_1、VD_2 与电阻 R_1、R_2 组成充放电回路，电容器 C_{x1}、C_{x2} 为传感器差动电容，U_f 是直流参考电压，A、B 为双稳态两输出端，直接将检测信号送低通滤波器获得直流输出电压。差动脉冲调宽电路各点波形如图 4-16 所示。

设电源接通时 $t\geqslant 0$，双稳态触发器 $Q(A)$ 端高电平，$\overline{Q}(B)$ 端低电平，U_A 点高电位通过电阻 R_1 向 C_{x1} 充电，当 U_C 点电位升高至参考电压 U_f 时，比较器 A_1 输出的极性改变，双稳态触发器翻转，A 点变低，B 点变高，使二极管 VD_1 导通，C_{x1} 放电；同时由于 B 点电位升高，使 U_B 通过电阻 R_2 向 C_{x2} 充电，当 U_D 点电位升高至参考电压 U_f 时，比较器 A_2 使触发器再一次翻转。

双稳态的两个输出端各产生一个调制脉冲，脉冲宽度受 C_{x1}、C_{x2} 调制；当传感器电容 $C_{x1}=C_{x2}$ 时，U_C 与 U_D 放电时间相同，A、B 两端平均电压 U_{AB} 为零，经滤波后无信号输出，此时电路各点输出波形如图 4-16a 所示；当传感器有信号输入 $C_{x1}\neq C_{x2}$ 时，若 $C_{x1}>C_{x2}$，则 U_C 与 U_D 分别对电容 C_{x1}、C_{x2} 的充放电时间不同，输出电压不再是零，这时输出电压与 U_A 和 U_B 的差值有关

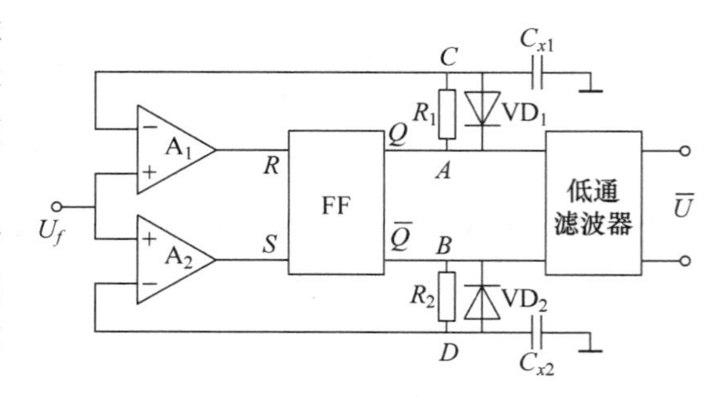

图 4-15 差动脉冲调宽电路

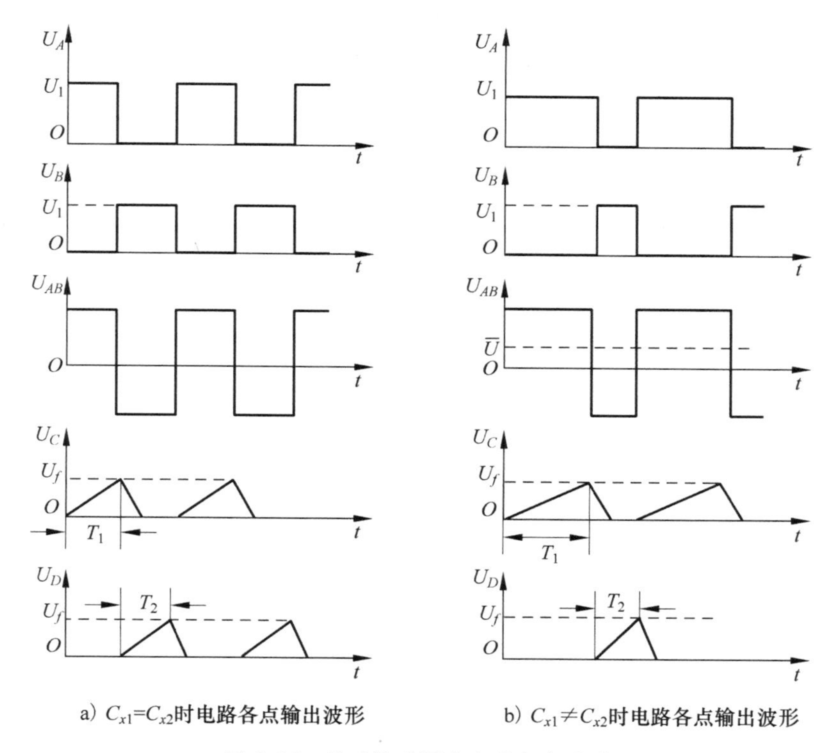

图 4-16　差动脉冲调宽电路各点波形

$$U_O=U_A-U_B=\frac{T_1}{T_1+T_2}U_1-\frac{T_2}{T_1+T_2}U_1=\frac{T_1-T_2}{T_1+T_2}U_1$$

式中：U_1 为触发器输出的高电平电压值；T_1、T_2 分别为 C_{x1}、C_{x2} 电容充电到参考电压 U_f 所需时间。低通滤波器输出的直流电平与电容的差值有关

$$\overline{U}=\frac{C_1-C_2}{C_1+C_2}U_1$$

如果是差动变极距型电容式传感器，输出电压可表示为

$$\overline{U}=\frac{\delta_1-\delta_2}{\delta_1+\delta_2}U_1=\frac{\Delta\delta}{\delta}U_1$$

若是差动变面积型电容式传感器，输出电压可表示为

$$\overline{U}=\frac{S_2-S_1}{S_1+S_2}U_1=\frac{\Delta S}{S}U_1$$

差动脉冲调制电路适用于任何差动电容传感器，并有理论线性度。与双 T 型电路相似的是，该电路不需加解调、检波，由滤波器直接获得直流输出，而且对矩形波纯度要求不高，只需稳定的直流电源。

4. 运算放大器式电路

运算放大器式电路原理如图 4-17 所示，图中 C_x 为传感器电容，C_0 是固定输入回路电容，$-K$ 为反相输出开环放大器。设运算放大器放大倍数趋于无穷，输入阻抗 Z_i 很高，为理想运放输入端，反向输入端 a 点为“虚地”点，放大器输入电流 $\dot{I}_i=0$，输入电压与电流可

表示为

$$\dot{U}_{\mathrm{i}} = \frac{\dot{I}_0}{\mathrm{j}\omega C_0} = \dot{I}_0 X_{C_0}$$

输出端电压为

$$\dot{U}_0 = \frac{\dot{I}_x}{\mathrm{j}\omega C_x} = \dot{I}_x X_{C_x}$$

由于 $\dot{I}_{\mathrm{i}}=0$，输入电流与反馈电容上电流大小相同方向相反，即 $\dot{I}_0 = -\dot{I}_x$，则有

$$\dot{U}_{\mathrm{o}} = -\dot{U}_{\mathrm{i}}\frac{C_0}{C_x}$$

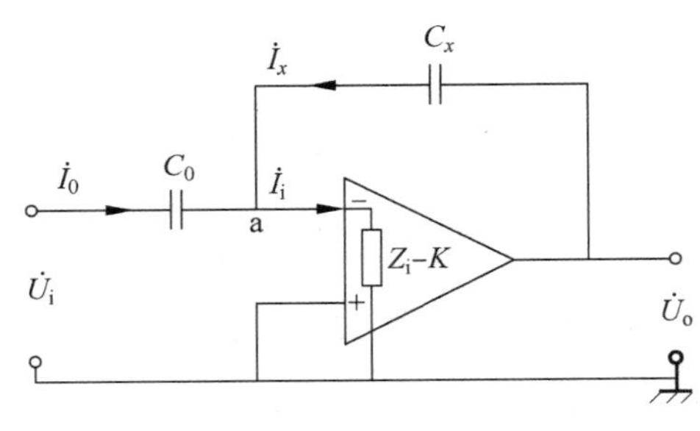

图 4-17 运算放大器式电路原理

将单极板平板电容传感器 $C_x=\varepsilon_0 S/\delta$，代入上式得

$$\dot{U}_{\mathrm{o}} = -\dot{U}_{\mathrm{i}}\frac{C_0}{\varepsilon_0 S}\delta$$

由上式结果可见，运算放大器输出电压 U_{o} 与电容动极板的机械位移 δ 呈线性关系，因此解决了单电容非线性的问题。以上输出结果是在放大倍数 K 趋于无穷，输入阻抗 Z_{i} 趋于无穷的理想条件下得到的，实际应用时 K、Z_{i} 是个有限值，所以这种测量电路仍有一定的非线性误差，但只要 K、Z_{i} 足够大，这种误差较小。这种电路结构不易采用差动测量。另外输出电压与固定电容 C_0 有关，因此要求 C_0 很稳定，信号源电压 U_{i} 也必须采取稳压措施，减小输出误差。

图 4-18 是采用运放电路实现的非接触式电容测微仪系统原理框图，由电容传感器、测量电路以及单片机系统组成，计算机接口可采用 USB 接口或 RS-232 接口通信。

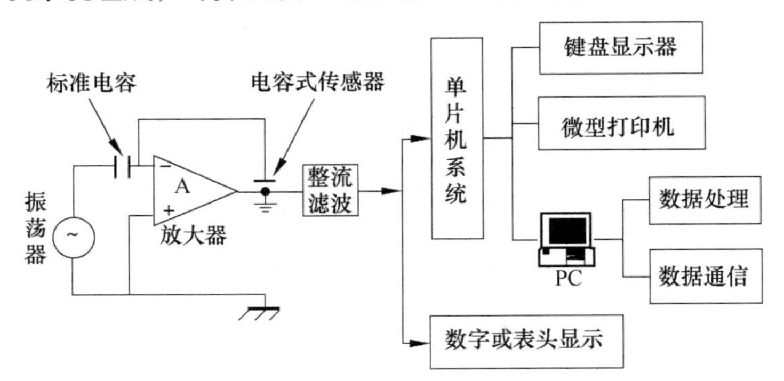

图 4-18 非接触式电容测微仪系统原理框图

4.4 应用举例

电容式传感器可用于测量直线位移、角位移、振动、压力、液位，还可用于测量转轴回转精度和轴心动态偏摆，应用实例如图 4-19 所示。与电感传感器相比，电容式传感器可以对非金属材料测量，如涂层、油膜厚度、电介质的湿度、容量、厚度等，还可检测塑料、木材、纸张、液体等电介质的相关参数。

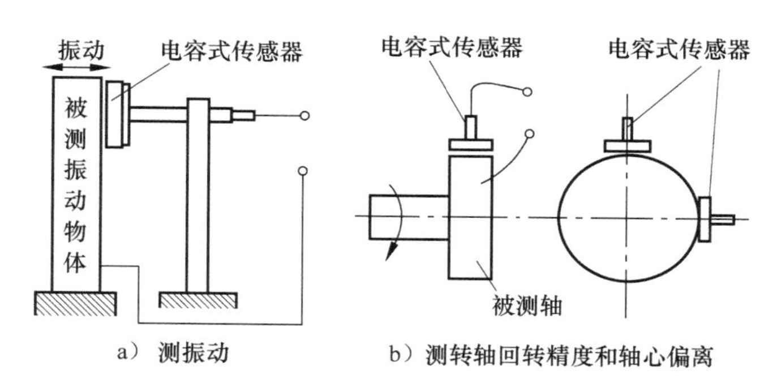

图4-19 电容式传感器应用实例

4.4.1 压差式电容压力传感器

压差式电容压力传感器结构如图4-20所示，其结构特征是弹性金属膜片作为差动电容器动片，两个完全相同的玻璃球面上镀有金属作为电容器定片，构成电容 C_1、C_2，将膜片两侧左右两球室中充满硅油。压差式电容压力传感器工作过程如下：

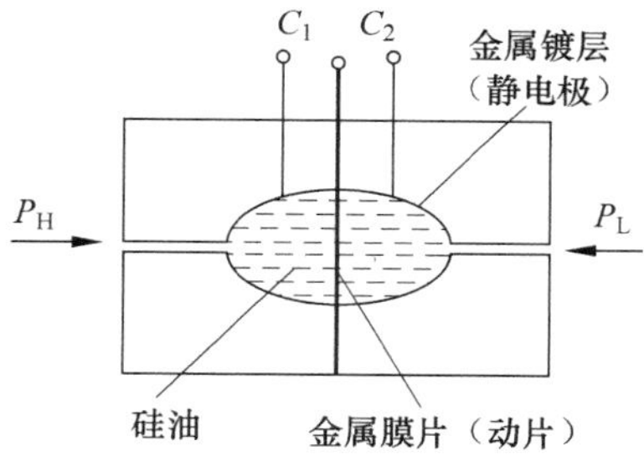

图4-20 压差式电容压力传感器

当两球室分别承受低压(P_L)和高压(P_H)时，由于硅油的不可压缩性和流动性能，将压差 $\Delta P = P_H - P_L$ 传递到测量金属膜片上，当高低压相等时($P_H = P_L$)，压差 $\Delta P = 0$，膜片处于中间位置，膜片(动片)与两个静电极距离相等，这时两电容值相等 $C_1 = C_2$；当有差压作用时，测量金属膜片产生形变，若 $P_H > P_L$，膜片向低压处弯曲，$C_1 < C_2$；若 $P_H < P_L$，膜片向高压处弯曲，$C_1 > C_2$。两个电容变化大小相同方向相反，传感器将这种电容的变化通过电路转换为电压的变化。分析并得到经验公式：

$$\frac{C_1 - C_2}{C_1 + C_2} = K(P_H - P_L)$$

式中，K 为常数，与传感器结构有关。

上式表示，两个电容的变化量与差压成正比，与介电常数 ε 无关。这类传感器也可以用来测量真空或微小绝对压力，传感器结构是把图4-20中一侧进气孔密封后抽成真空。

温度、压力、流量、液位是工业生产流程自动控制中的四大重要参量，如石油、钢铁、电力、化工、造纸等加工业的设备安全生产运转，对压力传感器的可靠性与稳定性提出较高要求。膜片式压力计是常用的一种，电容式膜片压力传感器的压力计测量范围在 $0.8 \sim 500 \times 10^5$Pa(帕)，使用温度范围为 $-40 \sim 100$℃。压力计可分为两种：

1）计示压力计，应用原理示意图如图4-21a，以大气压为基准，测量管道、箱内、罐中压力；

2）绝对压力计，应用原理示意图如图4-21b，以绝对真空为基准，测量蒸发罐、反应罐中压力。

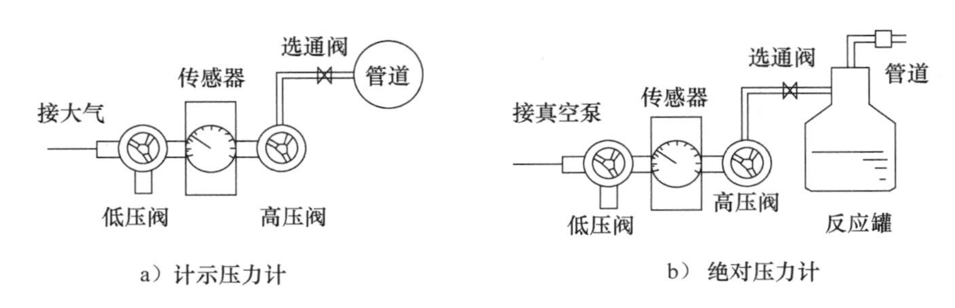

图 4-21 压力传感器应用原理示意图

4.4.2 电容测厚仪

电容测厚仪传感器结构原理如图 4-22a 所示。这种结构主要用于测量金属带材在轧制过程中的厚度变化。电容 C_1、C_2 的定极板安装在金属带材两边，金属带材是电容的动极板，总电容为 C_1+C_2，该电容作为电桥的一个桥臂，电容式板材在线测厚仪电路原理示意图如图 4-22b 所示。

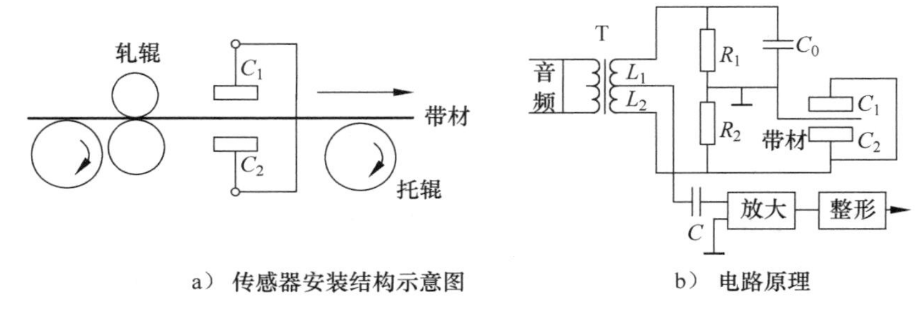

图 4-22 电容测厚仪

由于金属带材在生产加工过程中会有波动，如果带材只是上下波动，两个电容一个增加一个减少，增量相同，总电容量 $C_x=C_1+C_2$ 不会改变；如果带材的厚度发生变化，将引起总电容 C_x 的变化，电桥将该信号变化变换为输出电压，将随板材厚度变化的输出信号经放大、整形，然后送后续电路处理显示，或通过控制执行机构来调整钢板厚度。另外，工业现场要求抗干扰能力强、稳定性高，采用驱动电缆技术可使传感器信号的传输长度达 6.5m。

4.4.3 电容传声器测声

PC 上的麦克风是一个电容传声器，它的结构如图 4-23 所示。主要由振动膜片、刚性极板、电源和负载电阻等组成。它的工作原理是：当膜片受到声波的压力，并随着压力的大小和频率的不同而振动时，膜片和极板之间的电容量就发生变化，同时极板上的电荷随之变化，从而使电路中的电流也相应变化，负载电阻上也就有相应的电压输出，从而完成了声电转换。

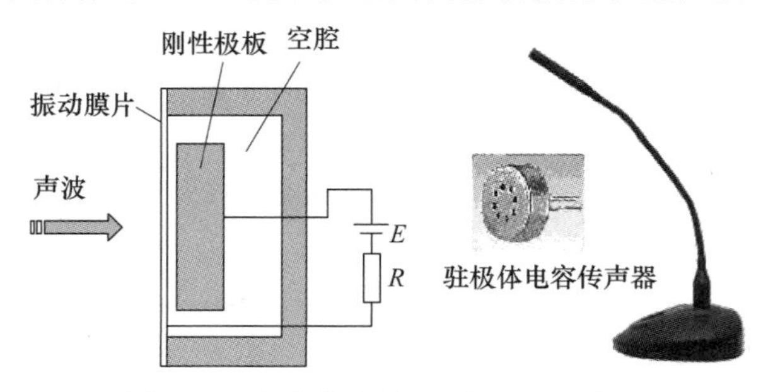

图 4-23 电容传声器及结构原理示意图

在计算机中一般使用的是驻极体电容

传声器，其工作原理和电容传声器相同，所不同的是，它采用一种聚四氟乙烯材料作为振动膜片。由于这种材料经特殊电处理后，表面被永久地驻有极化电荷，从而取代了电容传声器的极板，故名为驻极体电容传声器。其特点是体积小、性能优越、使用方便。

4.5　电容式集成传感器

从原理上讲，电容式集成传感器与传统的结构型电容传感器没有区别，只是电容式集成传感器采用了集成工艺制作，电容尺寸很小，并将电容器与信号处理电路集成在一起，芯片内采用温度补偿技术解决半导体受温度影响的问题。

4.5.1　硅电容式集成传感器

硅电容式集成传感器大体上由压力敏感电容器、转换电路和辅助电路3部分组成，其中压力敏感电容器是核心部件，它所传感的电容量信号经转换电路转换成电压信号，再由辅助（调理）电路处理后输出。

1. 硅电容式集成传感器结构原理

硅电容式集成传感器的核心部分是敏感电容器，其结构如图4-24所示，它是在玻璃基底上镀一层金属铝（Al）膜作为电容器的一个极板，在硅（Si）片上是电容器的另一个极板，硅膜厚几十微米。电容器电容量由两个电容极板的面积和间距 d 决定，极板间介质为空气，当硅膜片因为受力变形时电容的变化量 ΔC 与压力差 ΔP 大小有关。

硅压力敏感电容传感器的工作原理示意图如图4-25所示，它在一个硅膜上制作两个圆形电容器，电容尺寸相同，电容大小分别为 C_x、C_0，C_x 是受力电容，C_0 为参考电容，C_0 不受外力作用，只用于温度补偿。两个电容的硅膜片半径均为 a，极板半径为 b，电容极板间距为 d。

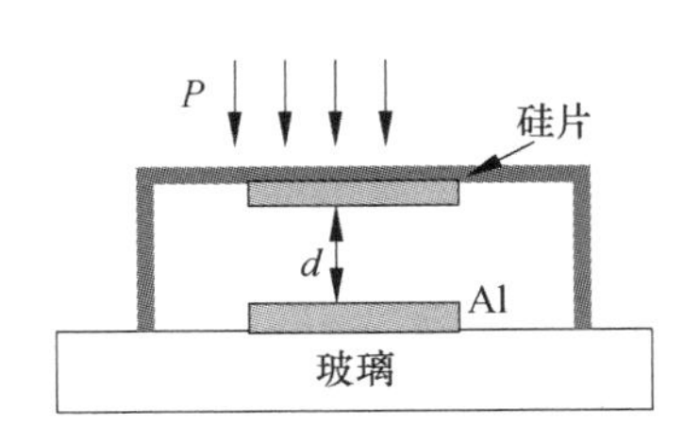

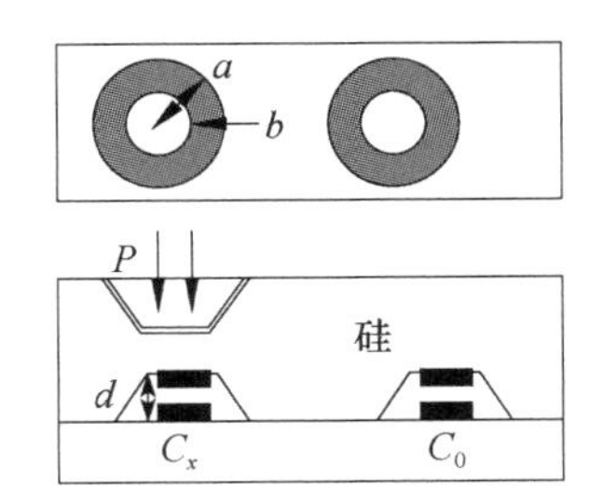

图4-24　硅电容式集成传感器结构示意图

图4-25　硅压力敏感电容传感器工作原理示意图

当硅膜片两侧因为压差而存在受力变形时，电容两极间距的变化引起电容量变化。理论证明，当硅膜片变形量小于两极板间距时，压差与变形量呈线性关系。双圆形硅膜的电容值和参考电容值分别为：

$$C_x = \frac{\pi\varepsilon_0 b^2}{d}\left[1+\left(1-g^2+\frac{1}{3}g^4\right)\frac{3(1-\mu^2)a^4}{16LEH^2}P\right]$$

$$C_0 = \frac{\pi\varepsilon_0 b^2}{d} = \frac{\varepsilon_0 S}{d} \tag{4-9}$$

当 $P=0$，$C_x=C_0$ 时，$C_x=C_0(1+MP)$。其中：M 是关于 a、b、H、E、μ 的函数，H 为硅膜

厚度，μ 为泊松系数，E 为弹性模量，半径比 $g=b/a$。另外，ε_0 为真空介电常数，L 为硅膜高度，d 为电容极板间距。

例如，根据下述条件

$$d=2\mu\text{m},\quad H=20\mu\text{m},\quad a=500\mu\text{m},\quad b=350\mu\text{m}$$
$$E=130\times10^3\text{MPa},\quad \mu=0.18,\quad P=100\text{kPa}$$

可计算出：$C_0=1.7\text{pF}$，$C_x=1.285C_0$，$\Delta C=0.485\text{pF}$。

根据压力灵敏度定义，单位压差引起的电容变化量为：$S_V=(1/\Delta P)/(\Delta C/C_0)$。

计算得出传感器灵敏度是：$S_V=285\times10^{-5}\text{kPa}^{-1}$。

扩散硅电容器的灵敏度是结构型电容传感器灵敏度的 10 倍。

2. 硅电容式集成传感器内部电路

硅电容式集成传感器内部电路采用二极管检波方式，电路原理如图 4-26 所示。由于扩散硅电容 C_x 小，压力作用产生的电容值变化 ΔC 很小，在 0.1 ~ 10pF 量级，因此需要测量电路有相当高的灵敏度和低零点漂移。因为分立元件的引线分布电容就有几十皮法，远大于传感器电容，所以不可能直接将电容接入测量电路，必须采用集成电路构成测量系统。

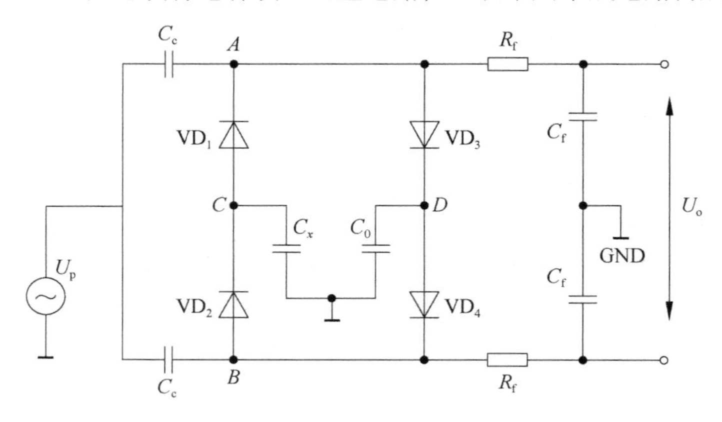

图 4-26 二极管检波电路

实际芯片是将 C_x、C_0 与二极管(VD_1 ~ VD_4)集成在一起，构成理想电容式压力传感器，电路将电容的变化转换为电压输出。电路由交流激励，输入是方波或正弦波，峰值电压为 U_p，电源交流激励通过耦合电容 C_c 提供电桥电压，再把压敏电容的变化转换成直流电压输出。压敏电容 C_x 由 4 个二极管隔离，使 4 个二极管之外的杂散电容不会对它产生影响。电路中 A 点和 B 点的信号是共模的(相差 180°)，耦合电容 $C_c\gg C_x$，若 C_c 较大，A 点和 B 点的信号幅值基本就是 U_p，C_f、R_f 为滤波电路的电容和电阻。

无外力作用时 $C_x=C_0$，交流激励的正半周期内，电荷从 B 点经 VD_2 对 C_x 充电，同时也有电荷从 A 点经 VD_3 对 C_0 充电；交流激励的负半周期内，C_x 上电荷经 VD_1 向 A 点放电，同时 C_0 经 VD_4 向 B 点放电；在一个周期内无外力作用时，电荷 Q_{BA} 从 B 点经 C_x 转移到 A 点，同时 Q_{AB} 从 A 点经 C_0 转移到 B 点；因为 $C_x=C_0$，转移的电荷量相等，A、B 两处电位相等，输出为零。

被测压力变化时，$C_x\neq C_0$，结果 $Q_{BA}\neq Q_{AB}$，使 A、B 点有静电荷积累。另外，两点的直流电位一个升高，一个降低，这种变动又使电荷的转移量一边减小，一边增加。经过若干周期后，A、B点的电势差平衡了电容的差别（即$\Delta C = C_x - C_0$）引起的效应。当一个周期内A、B点转移的电荷量相等时，电荷转移又达到动态平衡，电荷量$Q = CU$达到动态平衡后，设A、B点的直流电位差为U_o，A点直流电位为$U_o/2$，B点直流电位为$-U_o/2$，（电流方向相反）。两个直流电位分别叠加有交流的激励信号。该信号由R_f和C_f构成的低通滤波器滤掉交流激励的高频信号，最后只留下一个直流信号分量U_o。

若考虑C、D点寄生电容C_p的影响，通过适当选择C_0使压力为零时C_0与C_x值相等，可保证在初始状态的输出$U_o = 0$。这种电路性能较优越，但二极管正向压降会影响灵敏度，实际解决办法是将4个二极管换成四个MOS晶体管，MOS管导通压降小于普通二极管。

3. 硅电容式集成传感器应用

硅电容式集成传感器广泛用于气体压力和加速度测量。图4-27是一款MPXY8020A胎压监测智能集成传感器的内部电路，它由一个变容压力传感器元件、一个温度传感元件和一个界面电路（具有唤醒功能）组成，所有这三个元件都集成在单块芯片中。MPXY8020A可与遥控车门开关（RKE）系统结合使用，提供一个高度集成的低成本系统。

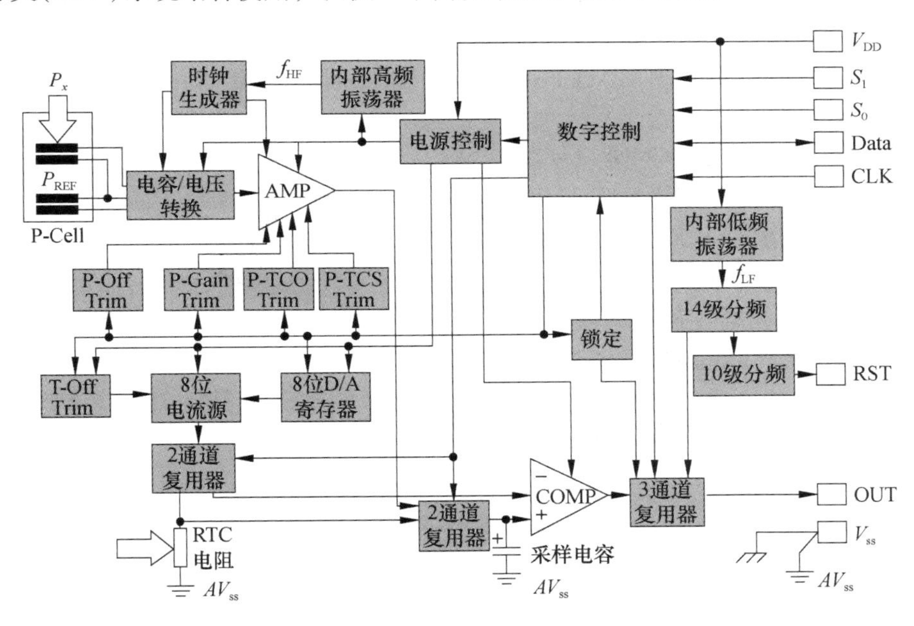

图4-27　胎压监测传感器MPXY8020A内部电路

4.5.2　新型电容式指纹传感器

由于指纹具有唯一性，使其成为个人身份识别的一种有效手段，将人的指纹采集下来输入计算机进行自动指纹识别。指纹图像的获取有两类方法，一是使用墨水和纸的传统方法；二是利用设备取像，这种方法又分为光学设备取像、晶体传感器取像和超声波取像。光学设备取像是指利用光的全反射原理并使用CCD来获得指纹的图像，其优点是图像效果较好，器件本身耐磨损，但缺点是成本高、体积大。晶体传感器分为电容式和压感式，用它可获取较好的图像质量，也可以采用自动获取控制技术和软件调整的方法来改善图像质量。晶体传感器的体积和功耗都比较小，成本也比光学设备低廉。

电容式指纹传感器是由著名的贝尔实验室联合 Intel 等公司投资几十亿美元，历经数十载才开发出来的，目前在国际晶体指纹传感器市场上占主要份额。电容式指纹传感器芯片具有体积小、成本低、安全性高等优点，可广泛应用于任何需要安全性认证的领域，如银行、计算机网络、指纹门禁、指纹考勤等许多方面。这无疑将取代原有的识别技术而成为 21 世纪识别技术应用的最新发展趋势，将在各个领域具有更广泛的应用前景和无比巨大的市场潜力。

1. FPSxxx 电容式指纹传感器

美国 Veridicom 公司是指纹传感器专业生产厂家，开发生产了第一代 CMOS 固态指纹传感器 FPS100、FPS100A；第二代 CMOS 固态指纹传感器 FPS110、FPS110B；第三代 CMOS 固态指纹传感器 FPS200。该系列指纹传感器属于由敏感阵列构成的集成化接触式指纹传感器，可广泛用于便携式指纹识别仪，网络、数据库工作站的保护装置，自动柜员机(ATM)、智能卡、手机、计算机等身份识别器。

现以 FPS110 为例，该器件表面集合了 300×300 个电容器，其外面是绝缘表面。当用户的手指放在上面时，由皮肤组成电容阵列的另一面，电容器的电容值由于导体间的距离而降低，这里指的是指纹脊(近)和谷(远)相对于另一极之间的距离，通过读取充放电之后的电容差值来获取指纹图像。

传感器的生产采用标准 CMOS 工艺，尺寸大小为 15mm×15mm，分辨率为 500DPI(每英寸的像素多少，指扫描精度)。FPS110 电容式指纹传感器提供 8 位与微处理器相连的接口，并且内置有 8 位高速 A/D 转换器，可直接输出 8 位灰度图像。芯片功耗小于 200mW。图 4-28 为 FPS110 电容式指纹传感器外形和采集的指纹图像。

图 4-28 FPS110 电容式指纹传感器和采集的指纹图像

2. FPS110 内部结构与接口电路

图 4-29 为 FPS110 的内部功能结构框图，主要包括：300×300 传感器阵列；多路转换器(MUX)；8 位 A/D；选择逻辑；带缓冲的 8 位双向数据总线；放电电流寄存器(DCR)；高位行地址寄存器(RAH)；低位行地址寄存器(RAL)；高位列地址寄存器(CAH)；低位列地址寄存器(CAL)；电阻检测寄存器(RSR)；放电时间寄存器(DTR)；振荡器；时钟输出电路等。传感器共有 80 个引脚，其中只使用 40 个引脚。

- A[2：0]——地址输入端。
- D[7：0]双向数据总线。
- XTAL1、XTAL1——分别为内部时钟输入、输出。
- TEST——测试端，仅供出厂测试用，平时接地。
- CE1、CE2——片选使能信号，低电平有效。
- RD、WR——分别为读、写使能端，低电平有效。
- ENKLC——时钟输出使能。
- CLKOUT——时钟输出。
- SETCUR——设置放电电流。

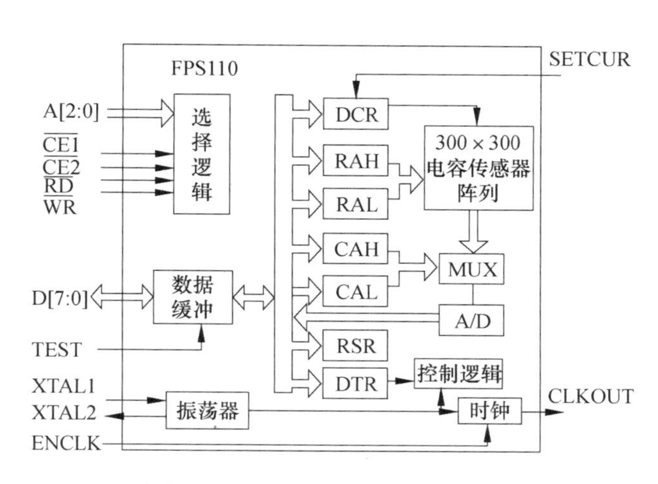

图 4-29　FPS110 内部功能结构框图

传感器的每一列都有两个采样 - 保持电路，一个用来存储放电前电容两端的电压，另一个用来存储放电后电容两端的电压。两个采样 - 保持电路的差值可以度量电容的变化，该传感器的灵敏度可以通过调整放电时间和放电电流来校正，而对放电时间和放电电流的修改又可以通过读写传感器内部的放电电流寄存器和放电时间寄存器来进行。

传感器阵列数据读出是以行为单位的，一行 300 个图像数据被同时读出，也可以通过编程来修改行高阶地址寄存器和行低阶地址寄存器中的数据以指定待读取的行，一行的数据采集完毕后，要对这些数据进行数/模转换。这就需要通过编程来改变列高阶地址寄存器和列低阶地址寄存器的值，以逐个读出每个单元的模拟量并送到内置的 8 位 A/D 器件进行处理。

3. 电容式指纹传感器的应用

指纹识别目前最常用的是电容式传感器，也称为第二代指纹识别系统，由于它的体积小、低成本、成像精度高、耗电量小等特点，因此它非常适合在消费类电子产品中使用。指纹识别主要分为四个阶段：读取指纹、提取特征、保存数据和比对确认。首先，通过指纹识别器的读取设备读取指纹图像。在获取指纹图像之后，识别芯片对图像进行初步处理，使之更加清晰可辨。然后指纹辨识软件建立指纹的“数字表示特征”数据，从指纹转换成特征数据。两枚不同的指纹会产生不同的特征数据。

每个人的十指指纹都不相同，每个指纹一般都有 70 ~ 150 个基本特征点，在两枚指纹中只要有 12 ~ 13 个特征点吻合，即可认定二者为同一指纹。而以此找出两枚完全一样的指纹需要 120 年，人类人口按 60 亿计算，大概需要 300 年才可能出现重复的指纹。因此，想找到两个完全相同的指纹几乎是不可能的。指纹特征一般分为总体特征和局部特征。总体特征包括纹形、特征点的分类、方向、曲率、位置。由于每个特征点都有大约 7 个特征，因此十个手指具有最少 4900 个独立可测量的特征。基于指纹的多样性特征和不可复制性，每个指纹都具有唯一性，利用指纹进行身份认证，可完全杜绝钥匙和 IC 卡被盗用或密码被破解等导致他人非法进入的现象。

美国 Veridicom 公司推出的 InstaMatch 开发包，提供了能够脱机使用的指纹模块的开发工具，这一整套开发工具包括 MatchBoard 开发板、一套示范程序以及一套完整的设计文档。开发板可直接运行 Veridicom 公司的指纹算法，包括处理指纹图像、对比指纹、直接存储板上指纹、提供“通过/失败”的结果和对比分析值，上述操作过程的时间小于 1 秒。用户可以在系统板上完成嵌入式指纹系统设计。设计者可查阅 Veridicom 公司指纹传感器和开发系统的相关资料。

思考题

4.1 如何改善单极式变极距型电容传感器的非线性？

4.2 为什么高频工作时的电容式传感器连接电缆的长度不能任意变化？

4.3 差动式变极距型电容传感器，若初始容量 $C_1=C_2=80\text{pF}$，初始距离 $\delta=4\text{mm}$，当动极板相对于定极板位移了 $\Delta d=0.75\text{mm}$ 时，试计算其非线性误差。若改为单极平板电容，初始值不变，其非线性误差有多大？

4.4 电容式传感器有哪几类测量电路？各有什么特点？差动脉冲宽度调制电路用于电容传感器测量电路具有什么特点？

4.5 一平板式电容位移传感器如图 4-5 所示，已知：极板尺寸 $a=b=4\text{mm}$，极板间隙 $\delta=0.5\text{mm}$，极板间介质为空气。求该传感器静态灵敏度；若极板沿 x 方向移动 2mm，求此时电容量。

4.6 已知：圆盘形电容极板直径 $D=50\text{mm}$，间距 $\delta_0=0.2\text{mm}$，在电极间置一块厚 0.1mm 的云母片（$\varepsilon_r=7$），空气（$\varepsilon_0=1$）。求：①无云母片及有云母片两种情况下电容值 C_1 及 C_2 分别是多少？②当间距变化 $\Delta\delta=0.025\text{mm}$ 时，电容相对变化量 $\Delta C_1/C_1$ 及 $\Delta C_2/C_2$ 是多少？

4.7 压差传感器结构如图 4-30a 所示，传感器接入二极管双 T 型电路，电路原理示意图如图 4-30b 所示。已知电源电压 $U_E=10\text{V}$，频率 $f=1\text{MHz}$，$R_1=R_2=40\text{k}\Omega$，压差电容 $C_1=C_2=10\text{pF}$，$R_L=20\text{k}\Omega$。试分析，当压力传感器有压差 $P_H>P_L$ 使电容变化 $\Delta C=1\text{pF}$ 时，一个周期内负载电阻上产生的输出电压 U_{RL} 平均值的大小与方向。

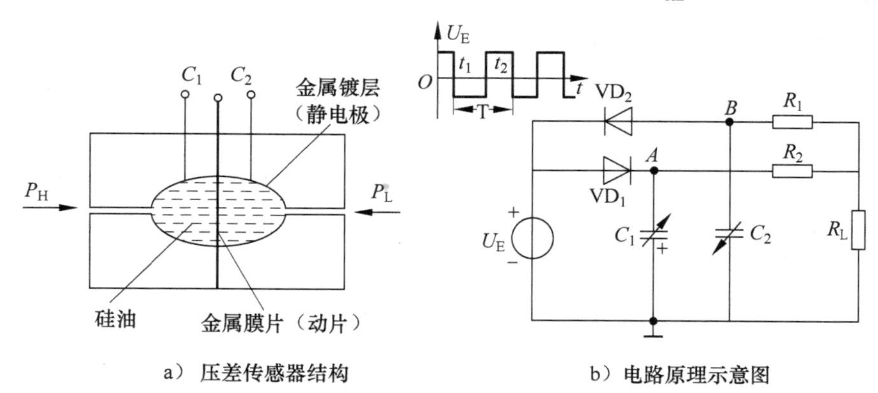

图 4-30 题 4.7 图

4.8 硅电容式集成传感器有什么特点？与传统的结构型电容传感器有哪些不同？硅电容式集成传感通常可以用于那些物理量的测量？查找这种结构的传感器的产品或型号。

4.9 目前指纹式传感器主要分为哪些类型？电容式指纹传感器的结构特点是什么？请利用 FPSxxx 系列指纹传感器设计一身份识别装置。

第 5 章　电感式传感器

电感式传感器是利用线圈自感和互感的变化实现非电量电测的一种装置，传感器利用电磁感应定律将被测非电量转换为电感或互感的变化。它可以用来测量位移、振动、压力、应变、流量、密度等参数。电感式传感器是一种机-电转换装置，特别是在自动控制设备中广泛应用。

电感式传感器种类很多，根据原理可分为自感式和互感式两大类；根据结构可分为变磁阻式、变压器式和涡流式三种。电感式传感器与其他传感器相比具有以下特点：结构简单可靠、分辨力高，能测量 0.1μm 甚至更小的机械位移，能感受 0.1 角秒的微小角位移，零点漂移少、线性度好、输出功率大，即使不用放大器一般也有 0.1～0.5V/mm 的输出，缺点是响应时间较长，不宜进行频率较高的动态测量。

5.1　变磁阻式传感器(自感式)

变磁阻式传感器是利用被测量改变磁路的磁阻，使线圈的电感量发生变化。变磁阻式传感器属自感式传感器。

5.1.1　工作原理

变磁阻式传感器结构原理如图 5-1 所示，它是由线圈 L、铁心 A、衔铁 B 三部分组成。在铁心和衔铁之间存有气隙，间隙厚度为 δ。传感器运动部分与衔铁相连，衔铁移动时，间隙厚度 δ 发生变化，引起磁路的磁阻 R_m 变化，使电感线圈的电感量变化。

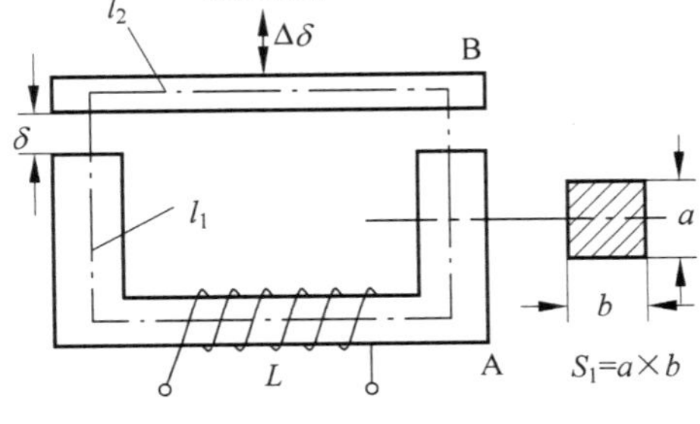

图 5-1　变磁阻式传感器结构

根据磁路的相关知识，磁路总磁阻 R_m 为铁心、衔铁和间隙磁阻之和，故有

$$R_m = \frac{l_1}{\mu_1 S_1} + \frac{l_2}{\mu_2 S_2} + \frac{2\delta}{\mu_0 S_0} \tag{5-1}$$

式中：δ 为气隙厚度；μ_1、μ_2 和 μ_0 分别为铁心、衔铁和空气的磁导率；l_l 和 l_2 分别为磁通经过铁心和衔铁的长度；S_1、S_2 和 S_0 分别为铁心、衔铁和空气的截面积。

因为导磁材料的磁导率远大于空气气隙的磁导率，μ_1、μ_2 均比 μ_0 大上千倍，故式(5-1)忽略前两项，磁路磁阻可近似表示为

$$R_m \approx \frac{2\delta}{\mu_0 S_0}$$

若传感器线圈匝数为 N，流入线圈的电流为 I，由磁路欧姆定律可得出磁路的磁通为

$$\Phi = IN/R_m$$

根据自感的定义式 $L=N\Phi/I$，线圈自感系数 L 可按下式计算：

$$L = \frac{N^2}{R_m} = \frac{N^2\mu_0 S_0}{2\delta} \tag{5-2}$$

自感式传感器的基本公式定义表示：当线圈匝数 N 为常数时，电感 L 仅仅是磁路中磁阻 R_m 的函数，只要改变气隙厚度 δ 或气隙截面积 S_0 就可以改变电感 L。因此变磁阻式又可分为变气隙式传感器（变气隙厚度式）和变截面积式（变间隙截面积式）传感器。

5.1.2 输出特性

以变间隙式传感器为例。改变衔铁与铁心的间隙厚度，变磁阻式传感器输出特性曲线如图 5-2 所示，由图可见，L 与 δ 之间的关系是非线性关系。

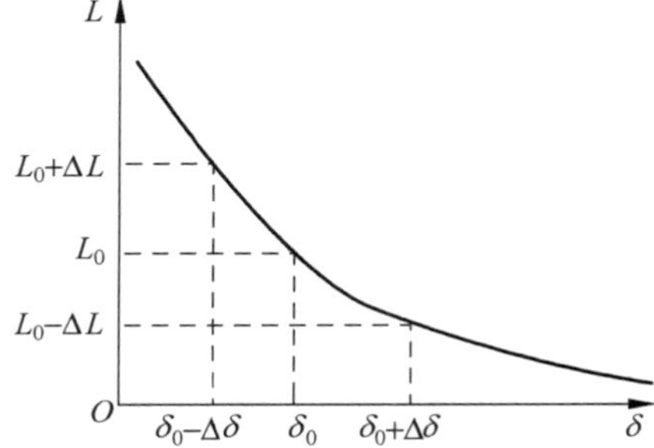

图 5-2 变磁阻式传感器输出特性曲线

设传感器的衔铁位移量引起的气隙变化量为 $\Delta\delta$，与之相对应的电感变化量为 ΔL，若传感器初始气隙为 δ_0，初始电感量为

$$L_0 = \frac{N^2\mu_0 S_0}{2\delta_0}$$

当衔铁下移 $\Delta\delta$ 时，间隙减小 $\Delta\delta$，即 $\delta=\delta_0-\Delta\delta$，则传感器输出的电感值为

$$L = L_0 + \Delta L = \frac{N^2\mu_0 S_0}{2(\delta_0-\Delta\delta)} = \frac{N^2\mu_0 S_0/2\delta_0}{(1-\Delta\delta/\delta_0)} = \frac{L_0}{1-\Delta\delta/\delta_0}$$

当 $\Delta\delta/\delta \ll 1$ 时，可将上式用泰勒级数展开为级数形式

$$L = L_0 + \Delta L = L_0\left[1 + \frac{\Delta\delta}{\delta_0} + \left(\frac{\Delta\delta}{\delta_0}\right)^2 + \left(\frac{\Delta\delta}{\delta_0}\right)^3 + \cdots\right]$$

由上式可求得电感增量或相对增量的表达式，得出衔铁下移时电感的相对增量为

$$\frac{\Delta L}{L_0} = \frac{\Delta\delta}{\delta_0}\left[1 + \frac{\Delta\delta}{\delta_0} + \left(\frac{\Delta\delta}{\delta_0}\right)^2 + \cdots\right] = \frac{\Delta\delta}{\delta_0} + \left(\frac{\Delta\delta}{\delta_0}\right)^2 + \left(\frac{\Delta\delta}{\delta_0}\right)^3 + \cdots \tag{5-3}$$

同理可得到衔铁上移时电感的相对增量

$$\frac{\Delta L}{L_0} = \frac{\Delta\delta}{\delta_0}\left[1 - \frac{\Delta\delta}{\delta_0} + \left(\frac{\Delta\delta}{\delta_0}\right)^2 - \cdots\right] = \frac{\Delta\delta}{\delta_0} - \left(\frac{\Delta\delta}{\delta_0}\right)^2 + \left(\frac{\Delta\delta}{\delta_0}\right)^3 - \cdots \tag{5-4}$$

对式（5-3）或式（5-4）进行线性处理，假设 $\Delta\delta/\delta \ll 1$，忽略高次项可得

$$\frac{\Delta L}{L_0} = \frac{\Delta\delta}{\delta_0}$$

定义变间隙厚度式电感传感器灵敏度是单位间隙变化引起的电感的相对变化量，即

$$k_0 = \frac{\Delta L/L_0}{\Delta\delta} = \frac{1}{\delta_0}$$

对上述结果有这样几点结论：

1）变气隙厚度式电感传感器测量范围 $\Delta\delta$、灵敏度 k_0 和线性度 $\Delta\delta/\delta$ 相“矛盾”，传感器位移 $\Delta\delta$ 增加时，灵敏度 k_0 下降，非线性项 $\Delta\delta/\delta$ 增加使线性度变差；

2）变间隙式电感传感器只有在 $\Delta\delta/\delta \ll 1$ 时，高次项将迅速减小，非线性可以得到改善，电感变化量才与间隙位移变化量近似成比例关系，由此可见，传感器的非线性限制了间隙的变化量范围；

3）这种结构的传感器用于小位移测量比较精确，一般取测量范围在 $\Delta\delta = 0.1 \sim 0.2$mm 较适宜。为减小非线性误差，实际测量中多采用差动变间隙式传感器。

5.1.3　差动变间隙式传感器的结构原理

差动变间隙式自感传感器结构原理如图 5-3 所示，它是由两个相同的电感线圈（L_1、L_2）和磁路组成，测量时，衔铁 B 通过导杆与被测物体相连。当被测量使衔铁发生左右位移时，两个铁心 A_1、A_2 回路中磁阻 R_m 发生大小相等、方向相反的变化，使一个线圈电感量增加，另一个线圈电感量减小，形成差动形式。

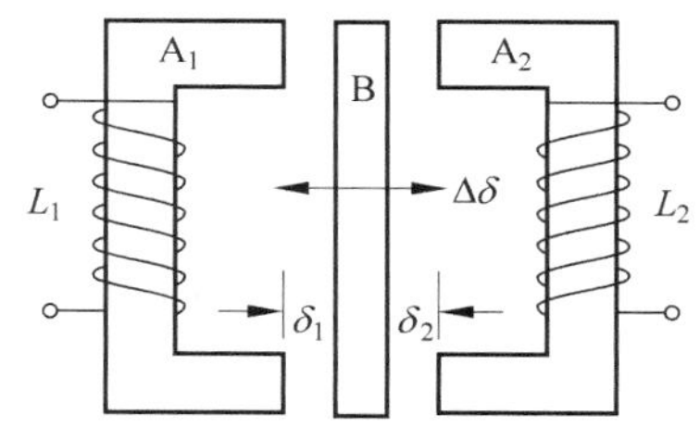

图 5-3　差动变间隙式电感传感器结构原理

若衔铁左移 $\Delta\delta$ 时，线圈电感 L_1 间隙减小，电感量增加；线圈电感 L_2 间隙增大，电感量减小，即有

$$\delta_1 = \delta_0 - \Delta\delta, \quad L_1 = L_0 + \Delta L$$

$$\delta_2 = \delta_0 + \Delta\delta, \quad L_2 = L_0 - \Delta L$$

将式（5-3）和式（5-4）分别用 L_1、L_2 代入，差动变间隙式自感传感器总的电感量变化为两个电感变化量的和，即

$$\Delta L = \Delta L_1 + \Delta L_2 = 2L_0 \frac{\Delta\delta}{\delta_0}\left[1 + \left(\frac{\Delta\delta}{\delta_0}\right)^2 + \left(\frac{\Delta\delta}{\delta_0}\right)^4 + \cdots\right]$$

对上式进行线性处理，并忽略高次项得

$$\frac{\Delta L}{L_0} = 2\frac{\Delta\delta}{\delta_0} \tag{5-5}$$

故灵敏度定义为

$$k_0 = \frac{\Delta L / L_0}{\Delta\delta} = \frac{2}{\delta_0}$$

比较单线圈结构形式，差动变间隙式电感传感器有如下结论：

1）差动变间隙式结构比单线圈结构灵敏度提高一倍；

2）差动变间隙式非线性项多乘了一个（$\Delta\delta/\delta_0$）因子，并且不存在偶次项，因为非线性项 $\Delta\delta/\delta_0$ 进一步减小，所以差动结构的线性度得到明显改善；

3）差动形式的两个电感结构还可抵消温度、噪声干扰的影响。

为使两个线圈完全对称，差动结构的传感器在尺寸、材料、电器参数等方面应尽量保持一致。

5.1.4　测量转换电路

电感式传感器的测量电路形式较多，主要有交流电桥、变压器式交流电桥、谐振式等。

1. 交流电桥

交流电桥的结构形式与等效电路如图 5-4 所示。传感器在差动结构使用时，两个电感线圈连接成交流电桥的相邻桥臂，两个桥臂分别由线圈组成阻抗 Z_1、Z_2，另外两个桥臂为电阻 R_3、R_4，其桥路输出电压可直接表示为

$$\dot{U}_0 = \frac{\dot{U}_{AC}}{2} \cdot \frac{\Delta Z}{Z} = \frac{\dot{U}_{AC}}{2} \cdot \frac{j\omega\Delta L}{R_0 + j\omega L_0} \approx \frac{\dot{U}_{AC}}{2} \cdot \frac{\Delta L}{L_0} \tag{5-6}$$

式中，R_0 为线圈的铜阻。

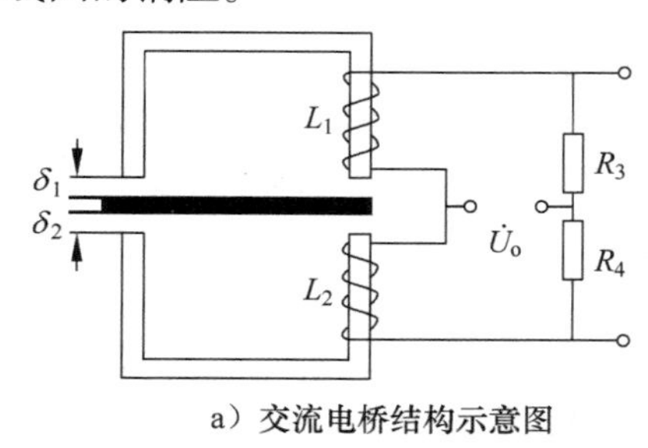

a）交流电桥结构示意图

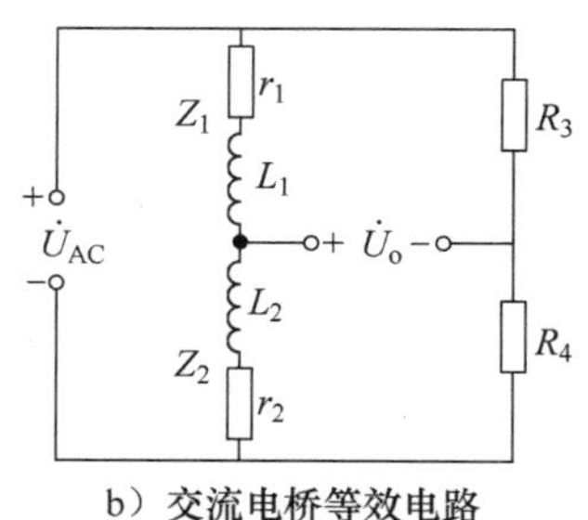

b）交流电桥等效电路

图 5-4　交流电桥

将式(5-5)代入式(5-6)得到桥路输出电压：

$$\dot{U}_O = \dot{U}_{AC}\frac{\Delta\delta}{\delta_0}$$

交流电桥的特点是：

1）电桥输出与气隙变化量 $\Delta\delta$ 有关，并有正比关系；

2）桥路输出与电桥电压 $\dot{U}_{AC}$ 有关，桥压 $\dot{U}_{AC}$ 升高，输出 $\dot{U}_O$ 增加；

3）桥路输出与初始气隙 δ_0 有关，初始间隙越小，输出越大。

2. 变压器式交流电桥

变压器式交流电桥如图 5-5 所示，两个桥臂是电感传感器线圈的阻抗臂 Z_1、Z_2，另外两个桥臂是交流变压器的次级线圈绕组，其匝数比为 1/2，电路由交流电压 $\dot{U}_S$ 供电。当负载无穷大时，桥路输出电压为

$$\dot{U}_O = \frac{\dot{U}}{Z_1 + Z_2}Z_1 - \frac{\dot{U}}{2} = \frac{Z_1 - Z_2}{Z_1 + Z_2}\frac{\dot{U}}{2}$$

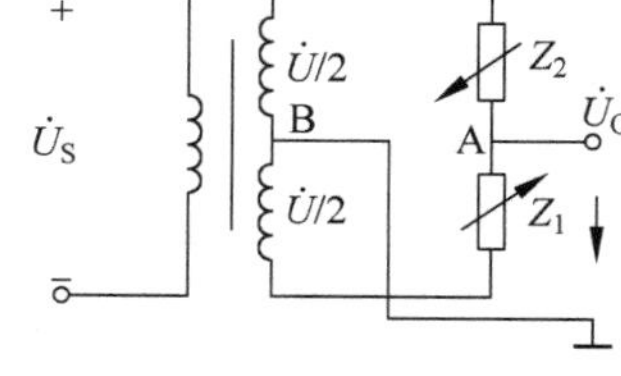

图 5-5　变压器式交流电桥

当衔铁位移处于中间位置，即 $Z_1 = Z_2 = Z$ 时，显然电桥输出电压为零，$\dot{U}_O = 0$；

当衔铁偏移时阻抗变化为：$Z_1 = Z + \Delta Z$，$Z_2 = Z - \Delta Z$；桥路输出电压为

$$\dot{U}_O = \frac{\dot{U}}{2}\cdot\frac{\Delta Z}{Z} \approx \frac{\dot{U}}{2}\cdot\frac{\Delta L}{L}$$

当衔铁偏向另一方向时，桥路输出电压为

$$\dot{U}_O = -\frac{\dot{U}}{2}\cdot\frac{\Delta L}{L}$$

变压器式交流电桥的特点是：

1）衔铁上下移动相同距离时，输出电压大小相等，方向相反，相差 180°。要判断衔铁方向，就是判断信号相位，判断位移的方向可用相敏检波器解决。

2）该电路最大特点是输出阻抗较小，其输出阻抗为 $Z = \sqrt{R^2 + (\omega L)^2}/2$。

3. 谐振式(调幅、调频)

谐振式调幅电路原理如图 5-6a 所示，传感器电感线圈 L、电容器 C 与变压器初级绕组串联，组成串联谐振回路。当有交流电压输入时，变压器次级电压输出为 $\dot{U}_O$，输出幅度随电感值 L 的大小变化。图 5-6b 为谐振式调幅电路输出特性，图中 L_0 表示发生谐振时的电感值。

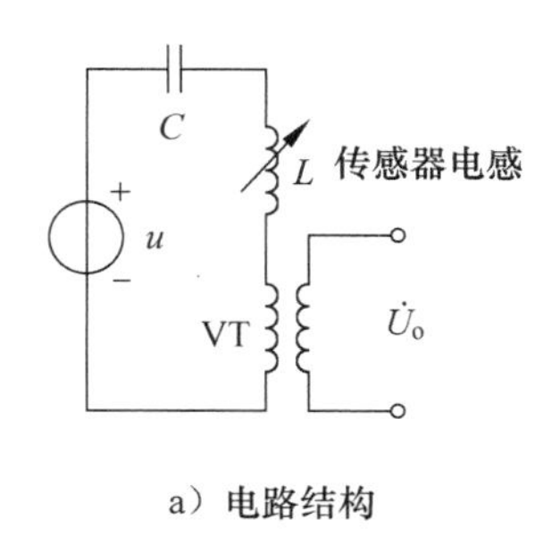

a）电路结构

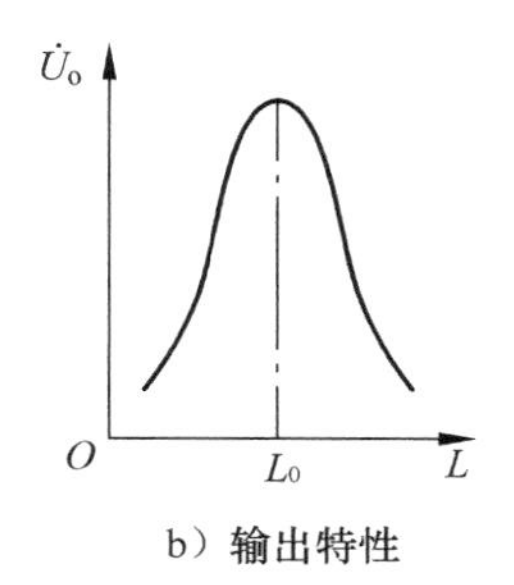

b）输出特性

图5-6　谐振式调幅电路

谐振式调频电路原理如图5-7a所示，电路的传感器电感L与电容C并联组成振荡回路。谐振频率为

$$f_0 = \frac{1}{2\pi\sqrt{LC}}$$

电路输出频率变化与传感器的电感值变化有如下关系

$$\Delta f = -(f/2)(\Delta L/L)$$

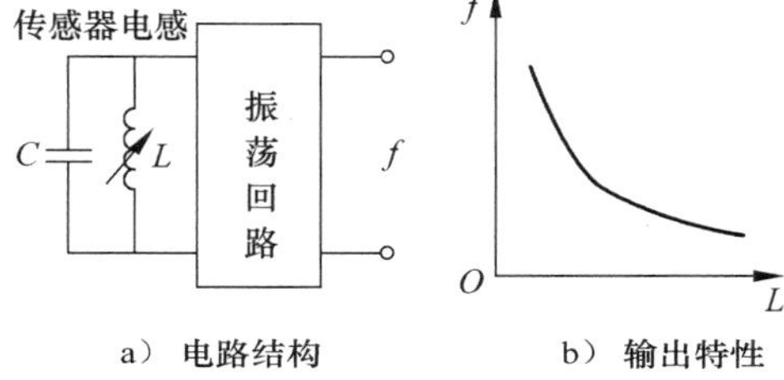

a）电路结构　　b）输出特性

图5-7　谐振式调频电路原理

由图5-7b可以看出，谐振式调频电路输出特性有严重的非线性，这种传感器限制在动态范围较小的情况下使用。因此调频电路只有在谐振频率较大情况下才能达到较高精度。

5.1.5　变磁阻式传感器的应用

1. 压力传感器

图5-8为1943年Welter叙述的第一个导管端血压传感器结构。C形弹簧管作为第一次换能元件将压力变化转换为位移的大小变化，衔铁作为第二次换能元件将位移大小转换为电压的变化。

测量电路使用变压器交流电桥，当被测压力P变化时，弹簧管的自由端产生位移，带动自由端刚性连接的衔铁位移变化，当差动式线圈中有一个阻抗增加时，另一个阻抗减少，电桥输出的电压大小和极性与压力状态有关。传感器将被测压力经位移和电压两次转换输出。

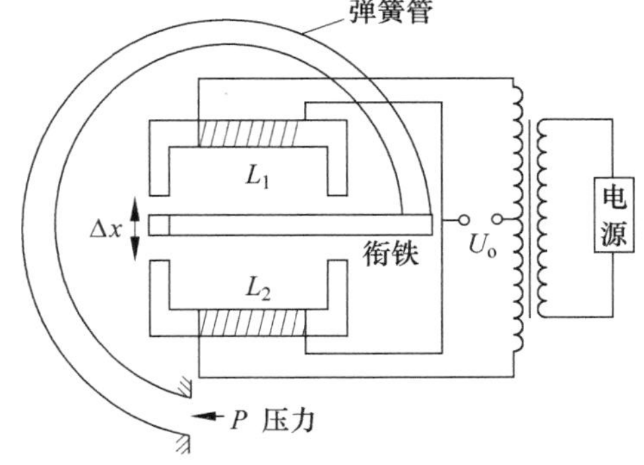

图5-8　变磁阻式压力传感器结构

2. 测量工具

传统的机械测量工具是游标卡尺和千分尺，游标卡尺分辨率为0.02mm，千分尺分辨率为0.01mm。现代化机械加工要求，测量工具的分辨率达0.01μm，远远优于要求公差。图5-9为新型的数字式游标卡尺，图5-9a为标准数字显示卡尺，图5-9b、图5-9c分别为内径和外径测量头的结构示意图。这种新型量具的设计思想是将传统测量方法与电感传感器相结合，主体结构是由卡尺演变而来，不测量时弹簧使测量头接触间隙为δ_0，测量时测量臂张开$\Delta\delta$，通过测量工作直径可计算出测量的尺寸，测量工作直径为：$\delta_1 = \delta_0 + \Delta\delta$。

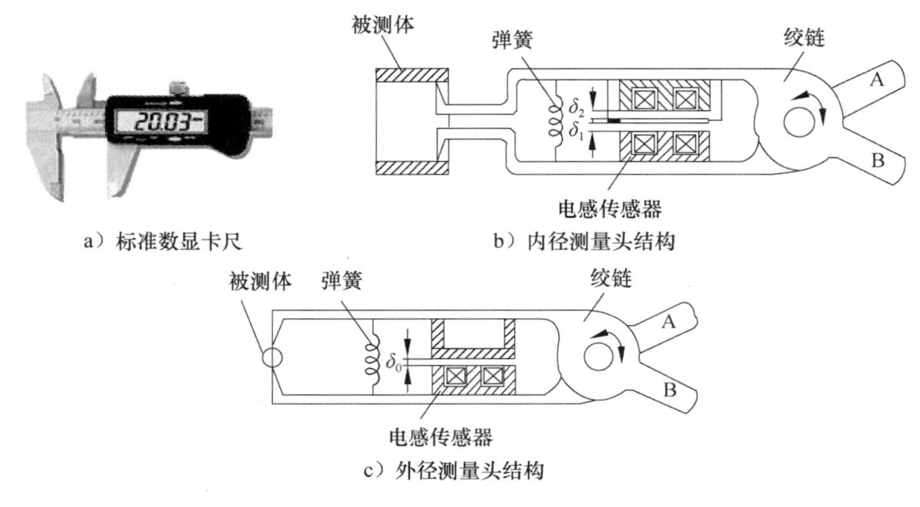

图 5-9　新型数字式游标卡尺

5.2　差动变压器式传感器(互感式)

把被测的非电量变化转换成为线圈互感量的变化的传感器称为互感式传感器。差动变压器式传感器是一种常用的互感式传感器，其一次和二次绕组互感随衔铁位移变化而变化。差动变压器传感器根据变压器的基本原理制成，并将二次绕组用差动形式连接，所以称为差动变压器式传感器。

差动变压器和一般变压器有所不同，一般变压器是闭合磁路，而差动变压器是开磁路系统，前者一次、二次互感为常数，后者一次侧、二次侧间的互感随衔铁移动而变化。差动变压器也有变气隙式、变面积式和螺管式不同类型，应用最多的是螺线管式差动变压器。

5.2.1　螺线管式差动变压器的工作原理

二次侧 一次侧 二次侧 衔铁 ΔX 骨架

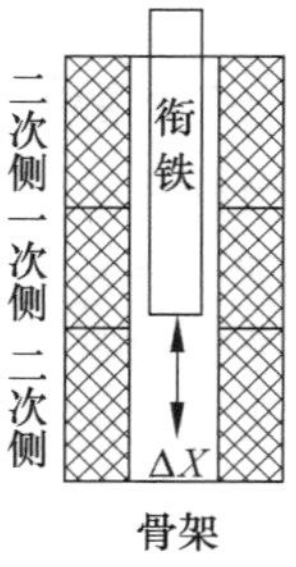

图 5-10　螺线管式差动变压器的传感器结构

螺线管式差动变压器的传感器结构如图 5-10 所示。骨架中间绕制一个一次绕组，两个二次绕组分别绕在一次绕组两边，铁心在骨架中间可上下移动，根据传感器尺寸大小，可测量 1～100mm 范围内的机械位移。

螺线管式差动变压器的结构形式较多，但主要是由绕组、铁心和衔铁三部分组成。根据绕组排列方式不同，有一节式、二节式、三节式、四节式和五节式等，各种绕组排列方式如图 5-11 所示。本小节以三节式为例介绍螺线管式差动变压器的工作原理，通过等效电路分析其原理和特性。

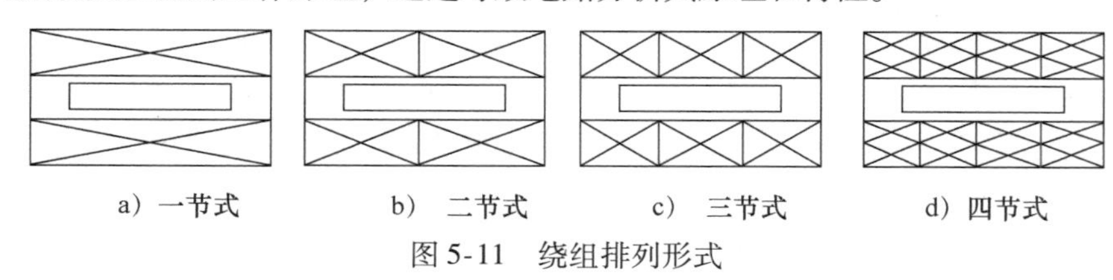

图 5-11　绕组排列形式

差动变压器等效电路如图5-12所示，已知差动变压器一次绕组匝数为N_1，二次绕组匝数为N_{2a}、N_{2b}，并且两侧的二次绕组匝数相同，有$N_{2a}=N_{2b}$，同时两个二次绕组必须反相连接(同名端相接)，以保证差动形式。

当一次绕组加激励电压U_i时，二次绕组会产生感应电动势E_{2a}、E_{2b}。假设差动变压器线圈完全对称，衔铁处于中间位置时两线圈互感系数相等($M_a=M_b$)，则二次感应电动势相等($E_{2a}=E_{2b}$)，此时差动输出为零，即

$$\dot{U}_O = E_{2a} - E_{2b} = 0$$

当衔铁移动时，由于磁通量的变化，使变压器的互感M_a和M_b大小向反方向变化，输出电压$\dot{U}_O$的峰值电压U_{PP}随衔铁位移大小变化，螺线管式差动变压器的输出特性如图5-13所示。

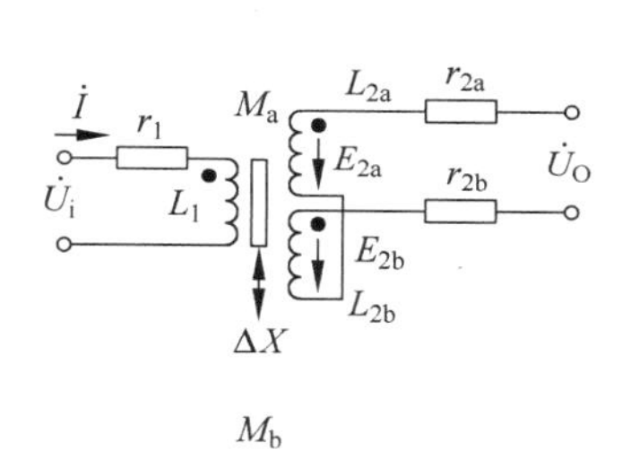

图5-12　差动变压器等效电路

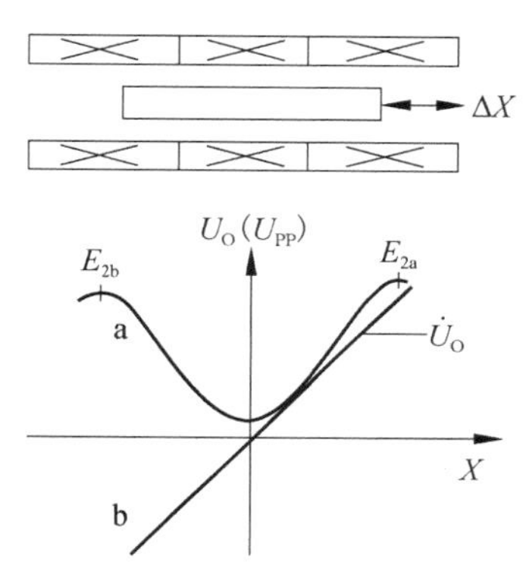

图5-13　差动变压器输出特性

衔铁上移(右移)时，二次感应电动势E_{2a}上升，E_{2b}下降，因$E_{2a}>E_{2b}$，差动输出与E_{2a}同极性；若衔铁下移(左移)时，二次感应电动势E_{2a}下降，E_{2b}上升，使$E_{2a}<E_{2b}$，差动输出与E_{2b}同极性。由此可见，输出电压大小和符号反映了铁心位移的大小和方向。

5.2.2　基本特性

由差动变压器等效电路可得出，当二次侧开路时一次侧回路方程可表示为

$$\dot{I} = \frac{\dot{U}_i}{(r_1 + j\omega L_1)}$$

根据电磁感应定律，次级感应电动势分别为：$E_{2a} = -j\omega M_a I_1$，$E_{2b} = -j\omega M_b I_1$，二次侧差动输出为

$$\begin{aligned}\dot{U}_O &= E_{2a} - E_{2b} = -j\omega M_a I_1 - (-j\omega M_b I_1)\\ &= -j\omega(M_a - M_b)I_1 = -j\omega(M_a - M_b)\frac{\dot{U}_i}{(r_1 + j\omega L_1)}\end{aligned}$$

其有效值为

$$U_O = \frac{\omega U_i(M_a - M_b)}{\sqrt{r_1^2 + (\omega L_1)^2}}$$

由上式可见，次级差动输出电压与互感差值有关，若衔铁位于中间位置，$M_a=M_b=M$，

$U_O=0$；若衔铁右移(向上)，$M_a=M+\Delta M$，$M_b=M-\Delta M$，$M_a-M_b=2\Delta M$，二次侧差动输出为

$$\dot{U}_O=-2j\omega\Delta MI_1=-2j\omega\frac{\dot{U}_i}{(r_1+j\omega L_1)}\Delta M$$

有效值为

$$U_O=\frac{2\omega U_i\Delta M}{\sqrt{r_1^2+(\omega L)^2}}$$

若衔铁左移(向下)，$M_a=M-\Delta M$，$M_b=M+\Delta M$，$M_a-M_b=-2\Delta M$，二次侧差动输出为

$$\dot{U}_O=-2j\omega(-\Delta M)I_1=2j\omega\frac{\dot{U}_i}{(r_1+j\omega L_1)}\Delta M$$

有效值为

$$U_O=-\frac{2\omega U_i\Delta M}{\sqrt{r_1^2+(\omega L)^2}}$$

上述结果说明，差动变压器式传感器测量位移时有以下特点：

1）衔铁向上(右)移时输出与 E_{2a} 同极性；衔铁向下(左)移时输出与 E_{2b} 同极性。

2）输出电压的幅值与互感 ΔM 成正比，互感的大小取决于衔铁在绕组中移动的距离，而输出电压 U_O 与输入电压 U_i 的相位由衔铁的移动方向决定。

3）输出正负电压的结果，经相敏检波后反行程旋转，曲线由 a 变换为 b，可转换为过零点的直线，输出特性曲线如图 5-13 所示。

4）输出电压 U_O 与初级激励电压 U_i 和电流 I 有关，希望激励电压电流尽可能大，输出电压 U_O 还与激励信号频率成正比，一般应用在 400～1000Hz 范围。

差动变压器式传感器灵敏度可达 0.1～1.5V/mm。工厂测定灵敏度时，将传感器接入转换电路，并规定：电源电压 1V，衔铁位移 1μm，输出电压 U_O 的单位为(mV/μm·V)。

5.2.3 零点残余电压

从理论上讲，差动变压器式传感器的铁心处于中间位置时，输出电压应为零，而实际上差动变压器传感器的铁心处于中间位置时，输出电压并不等于零，即 $U_0\neq0$，理想与实际输出特性曲线比较如图 5-14 所示。在图中零点附近总有一个最小的输出电压 ΔU_0，将这个铁心处于中间位置时，最小不为零的电压称为零点残余电压。

产生零点残余电压的原因较多，其主要原因是两个二次绕组的电气系数(如互感 M、电感 L、内阻 R)不完全相同，几何尺寸也不完全相同，工艺上很难保证完全一致。用示波器观察残余电压的波形成分比较复杂，主要由频率、幅值不同的基波、谐波成分组成，一般在几十毫伏以上。零点残余电压过大会使灵敏度下降，非线性误差增大，信号在放大器末级饱和而使输出不能真实反映被测量，因此由零点残余电压引起的误差大小是决定电感传感器质量好坏的重要参数。

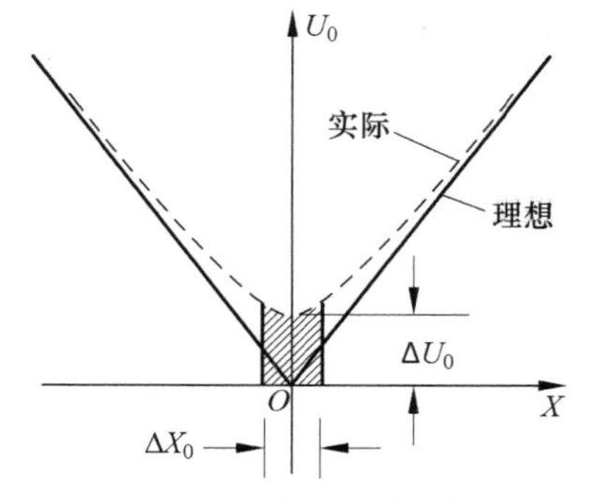

图 5-14 差动变压器理想与实际输出特性比较

为减小零点残余电压的影响，除工业上采取措施外，一般要用电路进行补偿。电路补偿的方法较多，图 5-15 为

不同形式的零点残余电压补偿电路。基本方法是：①串联电阻，消除两个二次绕组基波分量幅值上的差异，如图5-15a、c所示；②并联电阻、电容，消除基波分量的相位差异，减小谐波分量，如图5-15b、d所示；③加反馈支路，一次侧、二次侧间加入反馈，减小谐波分量；④另外，相敏检波电路对零点残余误差有很好的抑制作用。

以上电路补偿可以单个使用，也可综合使用，必须经过具体试验，并通过实际测量得到最佳效果。

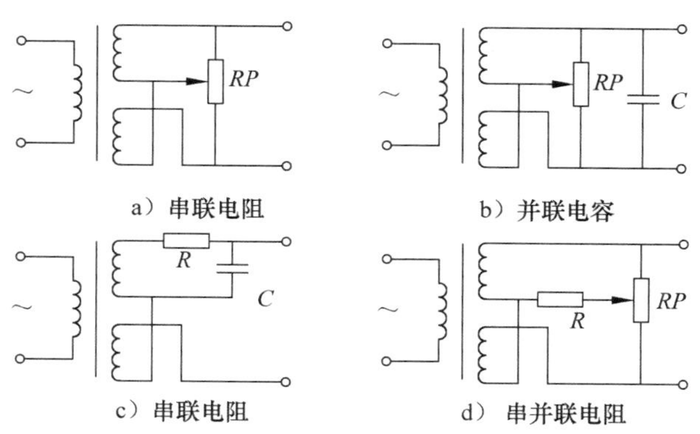

图5-15　零点残余电压补偿电路

5.2.4　测量电路

差动变压器输出交流信号，为正确反映衔铁位移的大小和方向，常常采用差动整流电路和集成相敏检波电路。

1. 差动整流电路

图5-16a为差动整流电路原理图，电路把差动变压器的两个二次绕组的输出电压分别进行整流，无论二次侧输出的瞬时电压极性如何，滤波电容 C 上的电流总是从节点2流向节点4、从节点6流向节点8，差动整流电路的输出为 $U_0=U_{24}-U_{86}$。当衔铁T在中间位置时，$U_{24}=U_{68}$，$U_0=0$；当衔铁T上移时，$U_{24}>U_{68}$，$U_0>0$；当衔铁T下移时，$U_{24}<U_{68}$，$U_0<0$。

由此可见，铁心的位移信号通过差动整流电路后，输出电压 U_Z 不仅反映了位移的大小，并且反映了位移的方向。差动整流电路的特点是：结构简单、受分布电容的影响小。电路中负载电阻 R_0 可用于调整零点残余电压。差动整流电路输出电压波形如图5-16b所示。

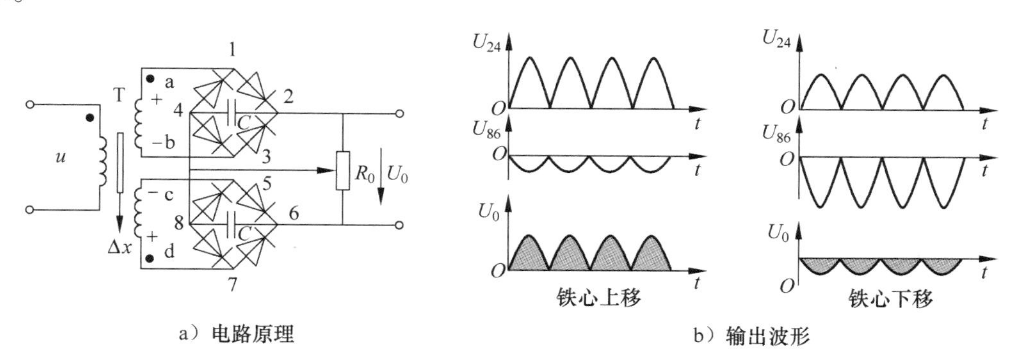

图5-16　差动整流电路

2. 集成相敏检波电路

图5-17为集成相敏检波电路原理示意图，OSC振荡器为差动变压器提供交流电压源，并为检波器提供相位信号；A_1 为第一级运放；差动放大器 A_2 为反相输入、A_3 为同相输入，二极管 $VD_1\sim VD_4$ 对 A_2、A_3 的输入信号进行相位检波；A_4 为差动放大器（减法），可抵消同相的共模振荡信号，放大输出差动变压器传感器检测的差动信号。

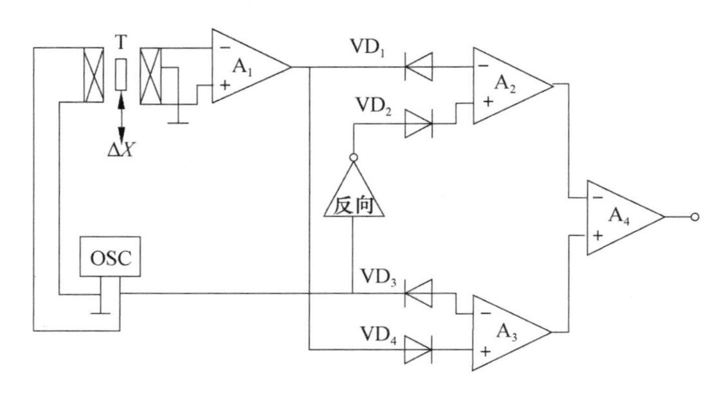

图 5-17 集成相敏检波电路原理示意图

5.2.5 应用举例

差动变压器式传感器可直接用于位移测量(测微仪)，也可以用来测量与位移有关的任何机械量，如振动、加速度、应变等。下面是几个应用实例。

1. 电感测厚仪

电感测厚仪传感器结构原理如图 5-18a 所示，差动变压器铁芯与测厚滚轮相连，板材正常厚度值时调整差动变压器输出为零，变压器电动势输出大小的变化反映了被测板材厚度变化的大小，极性表示厚度是增加还是减小。

电感测厚仪电路原理如图 5-18b 所示，L_1、L_2 是电感传感器的两个线圈，作为两个相邻桥臂；电容 C_1、C_2 是另外两个桥臂；四只二极管 VD_1 ~ VD_4 组成相敏整流器；RP_1 是调零电位器，RP_2 可调整电流表 M 的满度值；电容 C_3 起滤波作用；变压器 T 提供桥压，接在 a、b 两端；变压器初级与 R、C_4 组成磁饱和交流稳压器。

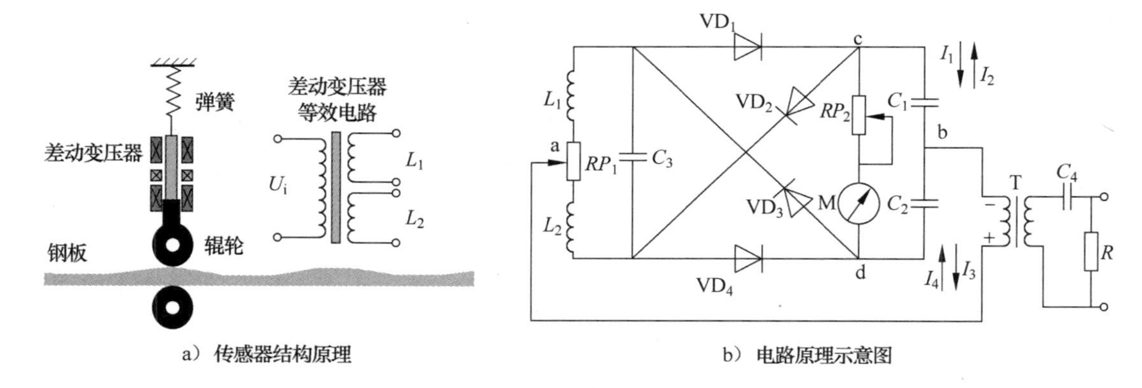

图 5-18 电感测厚仪

被测厚度正常时，电桥平衡，电流表 M 中无电流流过，当被测厚度变化时，电感量发生变化，$L_1 \neq L_2$，假设 $L_1 > L_2$，此时 $Z_1 = Z + \Delta Z$，$Z_2 = Z - \Delta Z$，分析电路可知，无论电源极性如何，在 a(+)、b(−)时，VD_1、VD_4 导通；在 a(−)、b(+)时，VD_2、VD_3 导通；可见 d 点电位总是高于 c 点电位，即始终有 $u_d > u_c$；同理，当 $L_1 < L_2$ 时，$Z_1 < Z_2$，有 $u_d < u_c$。根据测量时电流方向或电压极性，可确定钢板厚度的变化。后续电路可采用微处理器进行数据处理，以控制执行机构调整板材厚度。

2. 电感测微仪

差动变压器式电感传感器常用来测量位移，如长度、内径、外径、不平度、不垂直度、偏心、椭圆等；还可用来测量零件的膨胀伸长、应变、移动等。电感测微仪常采用差动变压器，桥路输出的不平衡电压与衔铁位移成正比，相敏输出与交流放大器输出信号成正比，相位反映位移的方向。电感测微仪电路框图如图 5-19 所示。

3. 压差计

图 5-20 为电感压差计结构示意图，当压差 P_1、P_2 变化时，腔内膜片产生位移，使差动变压器铁芯产生位移，从而使次级感应电动势发生变化，因为输出电压与位移成正比，即与压差成正比，所以通过输出电压的变化可检测压差的大小。

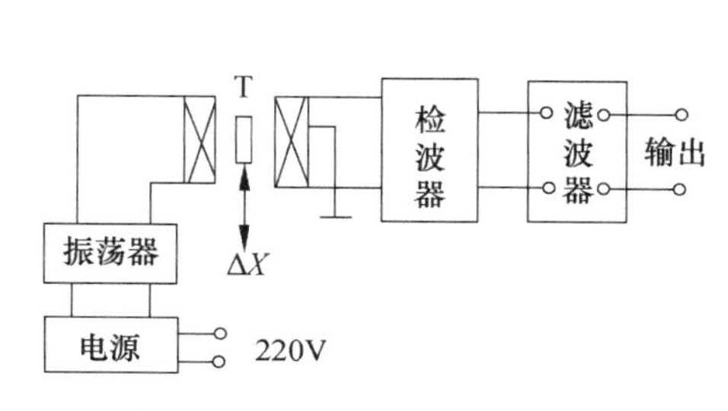

图 5-19　电感测微仪电路框图

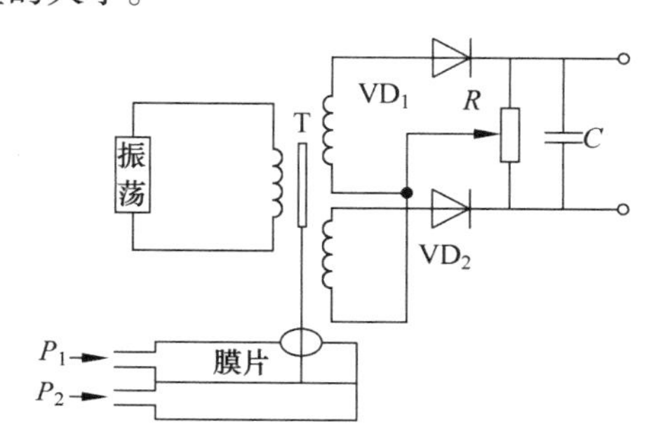

图 5-20　电感压差计结构示意图

5.3　电涡流式传感器

由法拉第电磁感应原理可知：一个块状金属导体置于变化的磁场中或在磁场中切割磁力线运动时，导体内部会产生闭合的电流，这种电流像水中漩涡，故称为电涡流，这种现象叫作电涡流效应。

根据电涡流效应制作的传感器称电涡流传感器。电涡流传感器的最大特点是能够对被测量进行非接触测量。

5.3.1　工作原理

形成涡流必须具备两个条件：第一，存在交变磁场；第二，导体处于交变磁场中。电涡流式传感器原理如图 5-21 所示，传感器线圈通电后，周围产生交变磁场，金属导体置于线圈附近。当线圈中通以交变电流 I_1 时，线圈周围空间产生交变磁场 H_1，当金属导体靠近交变磁场中时，导体内部就会产生涡流 I_2，这个涡流同样产生交变磁场 H_2。H_2 与 H_1 的方向相反(H_2 反抗 H_1)，由于 H_2 的反作用使线圈的等效电感和等效阻抗发生变化，使流过线圈的电流大小和相位都发生变化。

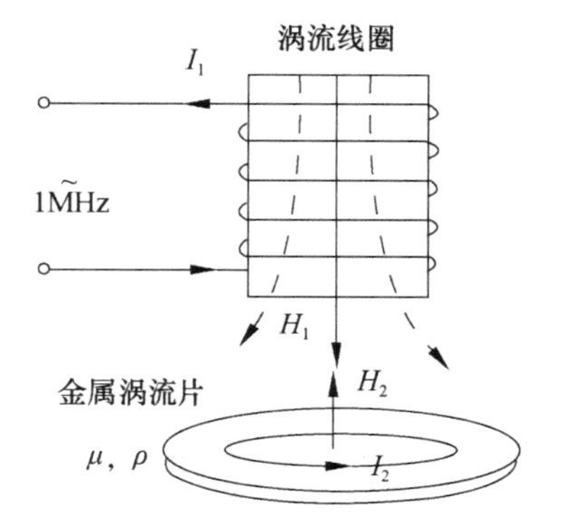

图 5-21　电涡流式传感器原理图

5.3.2　等效电路分析

涡流线圈(传感器)结构虽然简单，但要定量分析是很困难的，一般可根据实际情况建立一个模型，求出模型的等效电路。根据涡流的分布，可以把涡流所在范围近似看成一个单匝短路线圈，单匝线圈的尺寸近似为内径 $r_b=0.0025r_{os}$，外径 $r_a\approx1.30r_{os}$，r_{os}是激励线圈外径。在图5-22等效电路中，R_2、L_2 分别为单匝短路线圈的等效电阻和等效电感。当传感器线圈远离被测体时，相当于次级开路，一次绕组的电感和电阻分别为 L_{10}、R_{10}，电路的总阻抗为

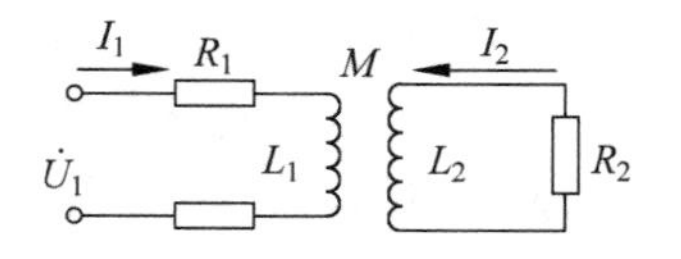

图5-22 电涡流式传感器等效电路

$$Z_{10}=R_{10}+j\omega L_{10}$$

当线圈靠近金属导体时，导体中产生涡流 I_2，并产生磁场 H_2 对涡流线圈产生反作用，次级通过互感 M 对初级作用。设电流为正方向，根据基尔霍夫第二定律，可写出等效电路的两个回路方程为

$$\begin{cases}R_{10}\dot{I}_1+j\omega L_{10}\dot{I}_1-j\omega M\dot{I}_2=\dot{U}_1\\-j\omega M\dot{I}_1+R_2\dot{I}_2+j\omega L_2\dot{I}_2=0\end{cases}$$

解方程得到传感器的等效阻抗为

$$Z_1=\frac{\dot{U}_1}{\dot{I}_1}=R_{10}+\frac{\omega^2M^2R_2}{R_2^2+(\omega L_2)^2}+j\omega\left[L_{10}-\frac{\omega^2M^2L_2}{R_2^2+(\omega L_2)^2}\right]$$

式中，$Z_1=R_1+j\omega L_1$。

等效电阻为

$$R_1=R_{10}+\frac{\omega^2M^2R_2}{R_2^2+(\omega L_2)^2}$$

等效电感为

$$L_1=L_{10}-\frac{\omega^2M^2L_2}{R_2^2+(\omega L_2)^2}$$

以上对等效电路的讨论可得出以下结论：

1）凡是能引起 R_2、L_2、M 变化的物理量，均可以引起传感器线圈 R_1、L_1 的变化；

2）被测体（金属）的电阻率 ρ，磁导率 μ，厚度 d，线圈与被测体之间的距离 x，激励线圈的角频率 ω 等都可通过涡流效应和磁效应与线圈阻抗 Z 发生关系，使 R_1、L_1 变化；

3）传感器线圈的等效阻抗与这些参数有函数关系为

$$Z=f(\rho,\mu,x,d,\omega)$$

若控制某些参数不变，只改变其中一个参数，便可使阻抗 Z 成为这个参数的单值函数。

5.3.3 涡流的分布和强度

因为金属存在趋肤效应，电涡流只存在于金属导体的表面薄层内，或者说存在一个涡流区。实际上涡流的分布是不均匀的，涡流区内各处的涡流密度不同，存在径向分布和轴向分布。

径向分布：涡流范围与涡流线圈外径有固定比例关系，线圈外径确定后，涡流范围也就确定了。电涡流密度径向分布如图5-23所示。

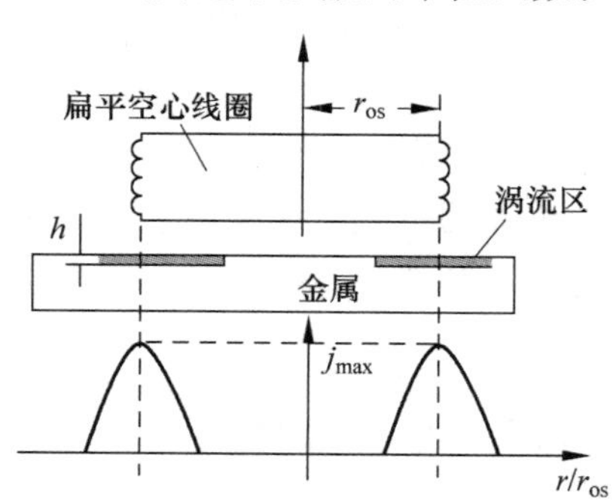

图5-23 电涡流密度径向分布

线圈外径 $r=r_{os}$处，金属涡流密度最大；线圈中心 $r=0$ 处，涡流为零；在 $r\leqslant 0.4r_{os}$时，基本没有涡流；线圈外径 $r=1.8r_{os}$处涡流密度衰减到最大值的 5%，$j=0.05j_{max}$。所以涡流密度的最大值j_{max}只在线圈外径附近一个狭窄区域内。

轴向分布：由于趋肤效应涡流只在表面薄层存在，电涡流轴向分布如图 5-24 所示。可见沿磁场方向(轴向)电涡流也是分布不均匀的，按指数规律衰减：

$$j_z = j_0 e^{-z/h}$$

式中：j_z 为金属表面距离 Z 处的涡流；j_0 为 $Z=0$ 处，金属表面涡流密度；h 为趋肤深度；Z 为金属中某点距表面距离。

当线圈与被测体距离 x 发生改变，电涡流密度发生变化时，电流强度也会变化，根据导体系统的电磁作用得到电流强度的关系为

$$I_2 = I_1\left[1-\frac{x}{\sqrt{x^2+r_{os}^2}}\right]$$

由上式和图 5-25 可见，金属导体表面的电涡流强度 I_2 与被测体之间距离 x 的关系是非线性的，即随 x/r 的上升而下降。因此涡流传感器做位移检测时，只有在$(x/r)<1$，即$(x/r)=0.05\sim0.15$ 范围内，电涡流强度才能有较好线性和灵敏度。要增加测量范围，必须增大电涡流线圈的直径。

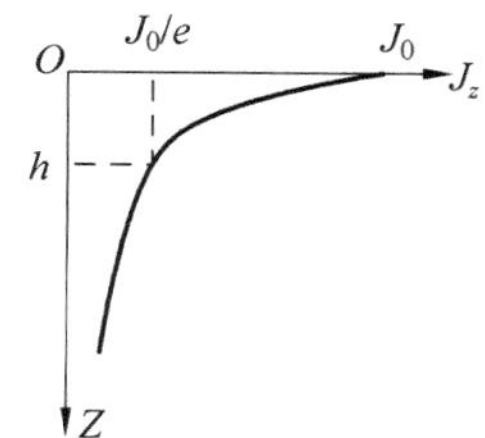

图 5-24 电涡流密度轴向分布曲线

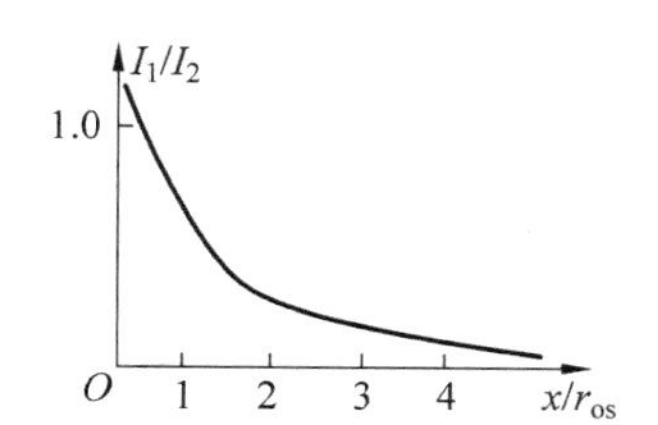

图 5-25 电涡流强度与距离归一化曲线

5.3.4 测量电路

根据电涡流传感器的工作原理，被测量可以由传感器变换成涡流线圈的等效电感 L_1 以及等效电阻 R_1 的变化，实际应用中又是如何将这些变化转换为电压、电流或频率等电参量呢？以下是几种转换电路形式。

1）调幅式：电容 C 与传感器 L 组成并联谐振，电路结构如图 5-26 所示。

2）调频式：电路结构如图 5-27 所示。LC 回路中电感 L 的变化使振荡频率发生变化，传感器通过检测频率 f 的变化测量非电量。

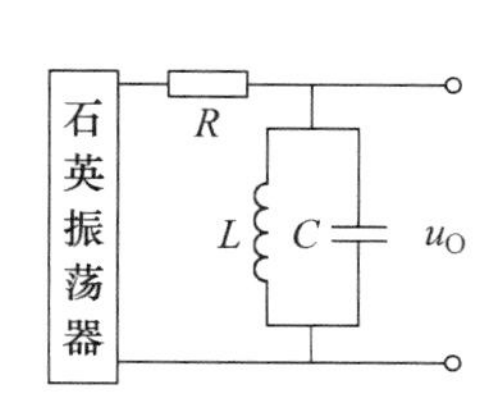

图 5-26 调幅式电路

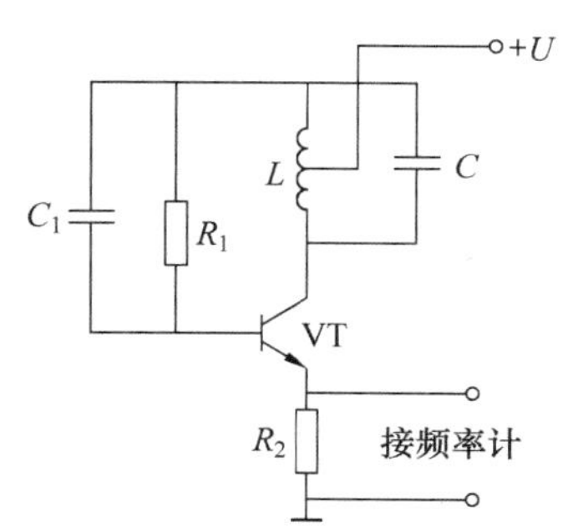

图 5-27 调频式电路

3）变频调幅式：电路结构原理如图 5-28 所示。变频调幅式电路是目前应用较多的一种转换电路。图 5-28 是一典型的变频调幅式电路形式，它由三极管构成一个电容三点式振荡电路，其中传感器是振荡回路的一个电感线圈。由谐振回路方程可得到输出信号的频率为

$$f=\frac{1}{2\pi\sqrt{L(x)C}}$$

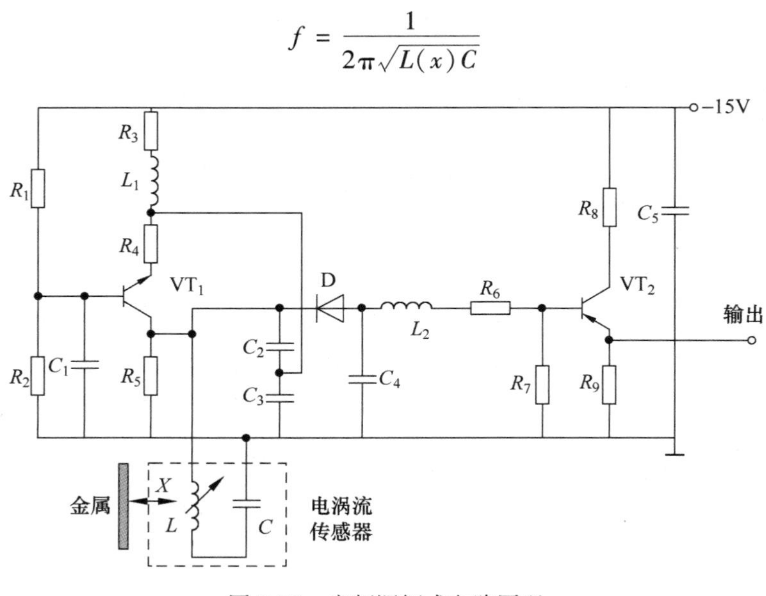

图 5-28　变频调幅式电路原理

变频调幅式的谐振曲线如图 5-29a 所示，输出特性由图 5-29 可以说明。当传感器远离被测体时，回路谐振于 f_0，此时 Q 值最高，频带窄，选择性最好，输出 u_0 最大。当传感器靠近非磁性导体时，电感 L 下降，谐振频率 f 升高，等效电阻 R 增加，品质因素 Q 下降，谐振峰变宽，输出电压 u 幅值下降，谐振峰右移。当传感器靠近磁性导体时，电感 L 增大，谐振频率 f 下降，等效电阻 R 增大，品质因素 Q 下降，输出电压 u 也会下降，峰值左移。

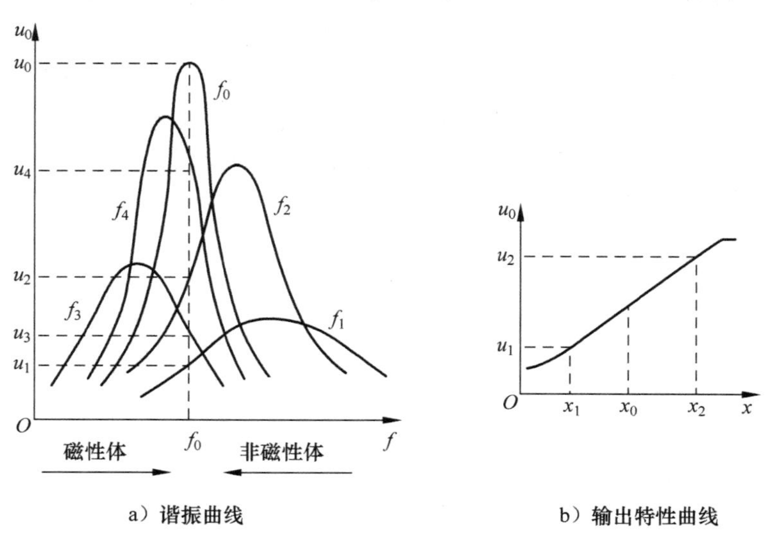

a）谐振曲线　　b）输出特性曲线

图 5-29　变频调幅式的输出特性

在检测中，我们不关心频率的变化，只讨论幅值变化，仅用检波器即可检出幅值变化。通过比较电路，可以设计制作成接近开关、金属探测器等。还可以作位移检测、热膨胀、钢水液位等测量。

5.3.5 电涡流传感器的应用

电涡流传感器的最大特点是可以做非接触式测量。电涡流传感器目前主要应用于检测位移、测振动(振幅)、测转速、测厚度、测材料、测温度、电涡流探伤、电涡流缓速器(用于汽车转动轴)等。图5-30为一体化的电涡流传感器的产品外形。

1. 测厚

低频透射式涡流厚度传感器测量原理如图5-31所示，输入激励 U_1 加低频电压，产生交变的磁场 φ_1；无金属板时，φ_1 直接耦合到线圈 L_2 产生感应电动势 U_2，有金属板放入后，L_1 产生的磁场在金属板上产生电涡流，磁能受损，到达 L_2 磁场减弱至 φ_1'，感应电动势 U_2 下降，金属板越厚，涡流损失越大，U_2 下降越多。因此可以根据 U_2 大小计算金属板厚度变化。测量范围可达1～100mm，分辨率可达0.1μm，线性度为1%。

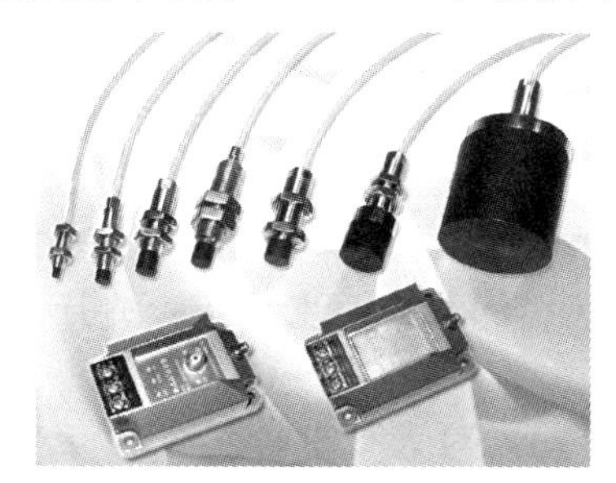

图5-30 一体化电涡流传感器产品

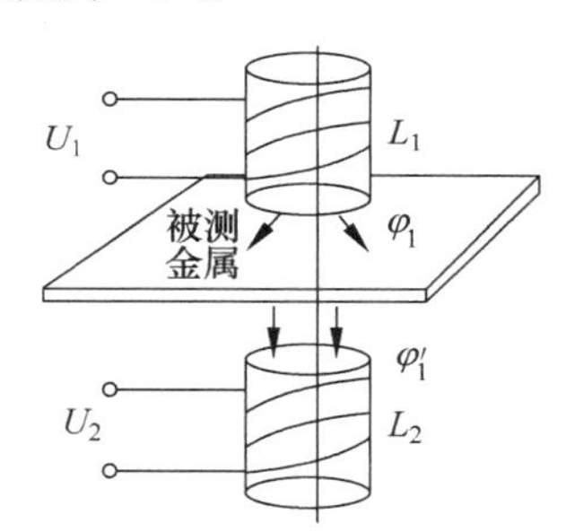

图5-31 低频透射式涡流测厚

高频反射式涡流测厚系统示意图如图5-32所示。测厚时为了克服带材不平整或运行过程中上下波动的影响，常采用差动形式，测量装置是上下两个对称的涡流传感器 S_1、S_2。距带材表面距离为 x_1、x_2，带材厚度为 δ。厚度不变时，(x_1+x_2) 为常数，输出电压为 $2U$；厚度变化 $\Delta\delta$ 时，输出电压为 $2U+\Delta U(\Delta\delta)$，$\Delta U$ 放大后经终端显示，给定值 δ 与变化值 $\Delta\delta$ 的代数和就是被测带材厚度。

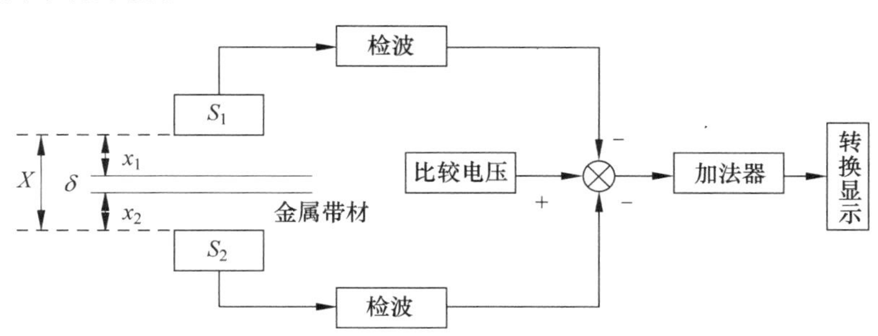

图5-32 高频反射式涡流测厚系统示意图

2. 测转速

检测转速的方式较多，图5-33所示的测量方法是在旋转体上加工或安装一个齿轮状金属，旁边安装涡流传感器，旋转体旋转时，传感器线圈与被测体距离发生周期性变化，变化

量为$(x_0+\Delta x_2)$，电涡流传感器将周期性地改变信号输出，由频率计数求出转速，即

$$N=\frac{f}{n}\cdot 60$$

式中：f是频率；n是齿数；N是每分钟转速。

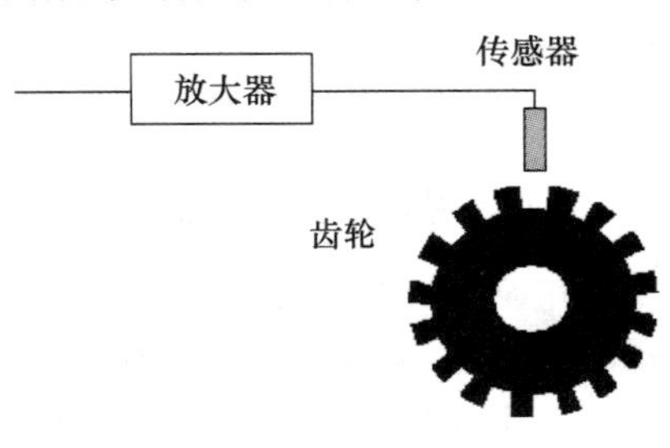

图 5-33　电涡流传感器转速测量

3. 测振动

图 5-34 和图 5-35 是利用电涡流传感器测量振动的两种方法。可对汽轮机两侧、空气压缩机旋转轴的径向振动，对汽轮机叶片的振动进行检测。可研究轴的振动形状，画出振型图。测量方法是用多个传感器安置在轴的侧面，当轴旋转时，多道记录仪可获得每个传感器各点的瞬间振幅值，并画出轴振型图。

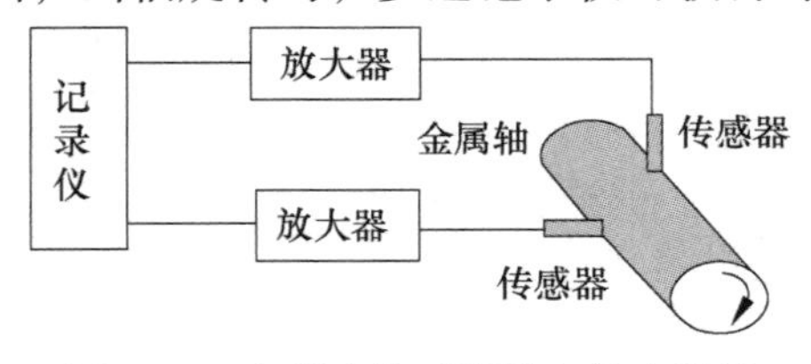

图 5-34　电涡流传感器轴心轨迹测量

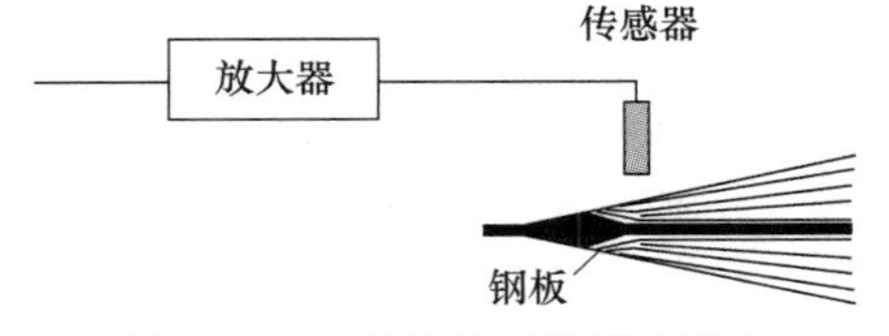

图 5-35　电涡流传感器振动测量

4. 电涡流探伤

金属表面裂纹、热处理裂纹、焊接处质量探伤，统称探伤。探伤时，传感器与被测金属保持距离不变，如果有裂纹出现，导体电阻率会产生变化，涡流损耗改变，从而引起输出电压的变化。

图 5-36 是涡流传感器探伤的典型应用，利用涡流传感器对火车车轮裂纹进行检测。传感器安装在火车车轮经过的测试现场，在车轮宽度位置上排列摆放多个电涡流传感器，并在沿周长方向上也连续放置多个传感器，目的是可以保证火车车轮旋转一周时，使车轮表面的每个部位上都能被传感器检测到。当传感器经过车轮上有裂纹的部位时，有脉冲信号输出。

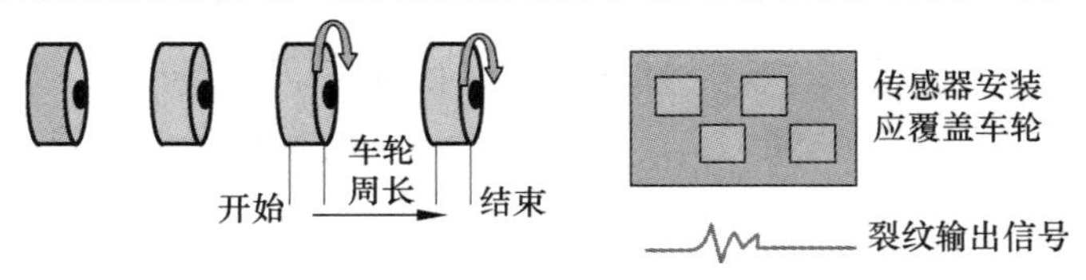

图 5-36　火车车轮裂纹检测

图 5-37 为电涡流传感器信号检测电路原理框图，电路可接入 A/D 转换器、微处理器，对信号进行处理，获得图形输出或数据输出。

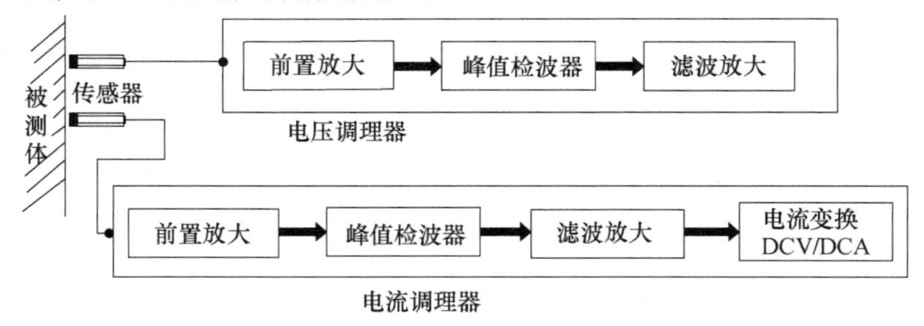

图 5-37　电涡流传感器信号检测电路原理框图

思考题

5. 1　何谓电感式传感器？电感式传感器分为哪几类？各有何特点？

5. 2　提高电感式传感器线性度有哪些有效的方法？

5. 3　说明单线圈和差动变间隙式电感传感器的结构、工作原理和基本特性。

5. 4　说明产生差动电感式传感器零位残余电压的原因及减小此电压的有效措施。

5. 5　为什么螺线管式电传感器比变间隙式电传感器有更大的测位移范围？

5. 6　电感式传感器测量电路的主要任务是什么？变压器式电桥和带相敏整流的交流电桥在电感式传感器测量电路中各可以发挥什么作用？采用哪种电路可以获得理想输出？

5. 7　概述变间隙式差动变压器的结构、工作原理和输出特性，试比较单线圈和差动螺线管式电传感器的基本特性，说明它们的性能指标有何异同。

5. 8　差动变压器式传感器的测量电路有几种类型？试述差动整流电路的组成和基本原理，为什么这类电路可以消除零点残余电压？

5. 9　概述差动变压器式传感器的应用范围，并说明用差动变压器式传感器检测位移大小和方向的基本原理。

5. 10　什么叫电涡流效应？说明电涡流式传感器的基本结构与工作原理。电涡流式传感器的基本特性有哪些？它是基于何种模型得到的？

5. 11　电涡流式传感器可以进行哪些物理量的检测？能否可以测量非金属物体？为什么？

5. 12　试用电涡流式传感器设计一个用于在线检测的计数装置，被测物体为钢球。请画出检测原理框图和电路原理框图。

第 6 章　磁电与磁敏式传感器

本章介绍的主要内容有两类：一类是利用电磁感应定律的磁电感应式传感器，磁电感应式传感器是利用电磁感应原理，将运动速度、位移转换成线圈中的感应电动势输出，是工业现场最经典的位移速度传感器之一；另一类是利用某些材料的磁电效应做成的对磁场敏感的传感器，如霍尔元件、磁阻元件、磁敏二极管、磁敏三极管等，这类传感器除用于测量和感受磁场外，还广泛用于位移、振动、速度、转速、压力等多种非电量测量。

磁电效应主要有霍尔效应和磁阻效应，而霍尔效应是磁电效应的基础，所以本章重点介绍以霍尔效应为基础的霍尔传感器。

6.1　磁电感应式传感器(电动式)

磁电感应式传感器是典型的有源传感器，其特点是输出功率大、稳定可靠、结构简单，可简化二次仪表，工作时无须外加电源，可直接将被测物体的机械能转换为电量输出，工作频率在 10～500Hz，适合做机械振动测量和转速测量。但传感器尺寸大，而且比较重，频率响应低。

6.1.1　工作原理和结构形式

磁电感应式传感器利用导体和磁场发生相对运动时会在导体两端输出感应电动势。根据法拉第电磁感应定律可知，导体在磁场中运动切割磁力线，或者通过闭合线圈的磁通发生变化时，在导体两端或线圈内将产生感应电动势，电动势的大小与穿过线圈的磁通变化率有关。当导体在均匀磁场中，沿垂直磁场方向运动时(如图 6-1 所示)，导体内产生的感应电动势为

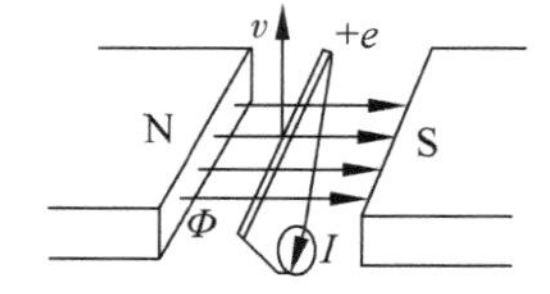

图 6-1　磁电感应式传感器原理

$$e = -N\frac{\mathrm{d}\Phi}{\mathrm{d}t}$$

这就是磁电感应式传感器的基本工作原理。根据这一原理，磁电感应式传感器有恒磁通式和变磁通式两种结构形式。

1. 恒磁通式

图 6-2 为恒磁通式磁电感应传感器结构示意图。磁路系统产生恒定的磁场，其感应电动势是由线圈相对永久磁铁运动时切割磁力线而产生的。运动部件可以是线圈或是磁铁，因此结构上又分为动圈式和动钢式两种。

图 6-2a 中，永久磁铁与传感器壳体固定，线圈相对于传感器壳体运动，称动圈式。图 6-2b中，线圈组件与传感器壳体固定，永久磁铁相对于传感器壳体运动，称动钢式。

动圈式和动钢式的工作原理相同，感应电动势大小与磁场强度、线圈匝数以及相对运动

速度有关，若线圈和磁铁有相对运动，则线圈中产生的感应电动势与磁场强度、线圈导体长度、线圈匝数以及线圈切割磁力线的速度成比例关系，为

$$e = -BlNv \tag{6-1}$$

式中：B 为磁感应强度；N 为线圈匝数；l 为每匝线圈长度；v 为运动速度。

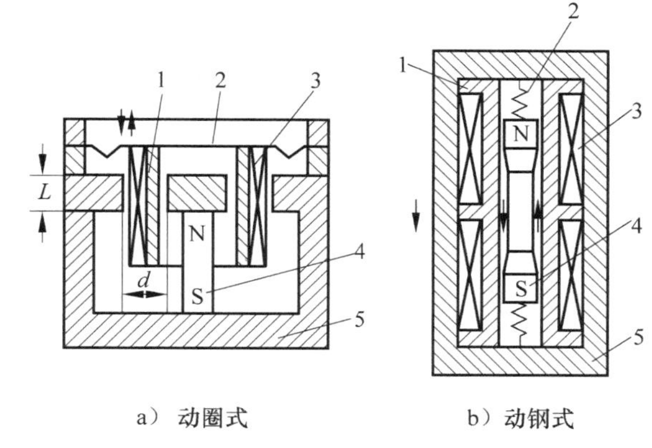

图6-2　恒磁通式磁电感应传感器结构示意图
1—金属骨架；2—弹簧；3—线圈；4—永久磁铁；5—壳体

2. 变磁通式

变磁通式磁电感应传感器转速测量原理示意图如图6-3所示，由图中结构可见线圈和磁铁都静止不动，感应电动势是由变化的磁通产生的。由导磁材料组件构成的被测体运动时，如转动物体引起磁阻变化，从而在线圈中产生感应电动势，所以这种传感器也称为变磁阻式。根据磁路系统结构的不同又分为开磁路和闭磁路两种。

图6-3a是开磁路变磁通式转速传感器，安装在被测转轴上的齿轮旋转时与软铁的间隙(即气隙)随之变化，使线圈中产生感应电动势。感应电动势的频率取决于齿轮的齿数 z 和转速 n，测出频率 f 就可求得转速，即 $f=z \cdot n$。

图6-3b是闭磁路变磁通式转速传感器，其中内齿数和外齿数相同。连接在被测转轴上的转轴转动时，外齿轮2不动，内齿轮1转动，由于内外齿轮存在相对运动，使磁路间隙发生变化，在线圈中产生交变的感应电动势。

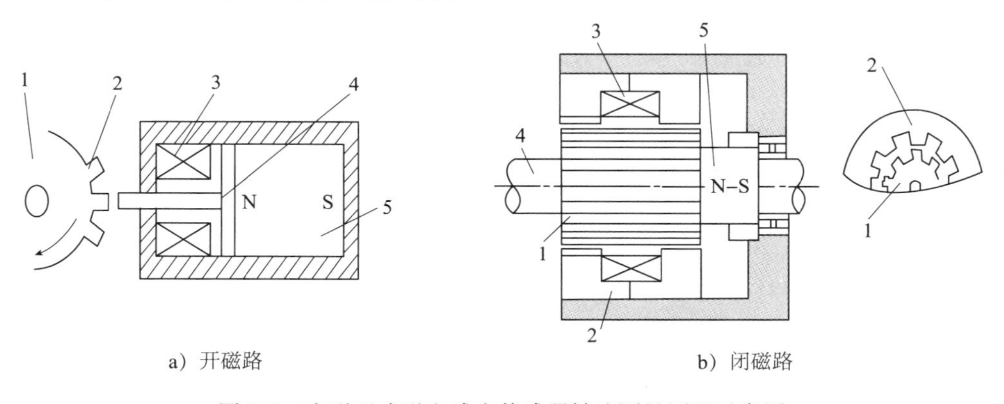

图6-3　变磁通式磁电感应传感器转速测量原理示意图
1—内齿轮；2—外齿轮；3—线圈；4—软铁；5—永久磁铁

6.1.2　基本特性

传感器的结构尺寸确定后，式(6-1)中的 B、l、N 均为常数。传感器输出电动势可表示为

$$e = -NBlv = sv$$

式中，s 为传感器灵敏度，传感器输出电动势正比于运动速度 v。

显然，为提高灵敏度，可设法增大磁场强度 B、每匝线圈长度 l 和线圈匝数 N。但在选择参数时要综合考虑传感器的材料、体积、重量、内阻和工作频率。

图 6-4 为电动式磁电感应式传感器的灵敏度特性。由式(6-1)得出的理论特性是一条直线，而实际的灵敏度特性是非线性关系。当运动速度 $v < v_a$ 时，运动速度太小不足以克服构件内的静摩擦力，因此没有感应电动势输出；当运动速度 $v > v_a$ 时，传感器才能克服静摩擦力开始做相对运动；当运动速度 $v > v_c$ 时惯性太大，超过传感器弹性形变范围，输出曲线开始弯曲。传感器运动速度通常工作在(v_b，v_c)范围之间，保证有足够的线性范围。

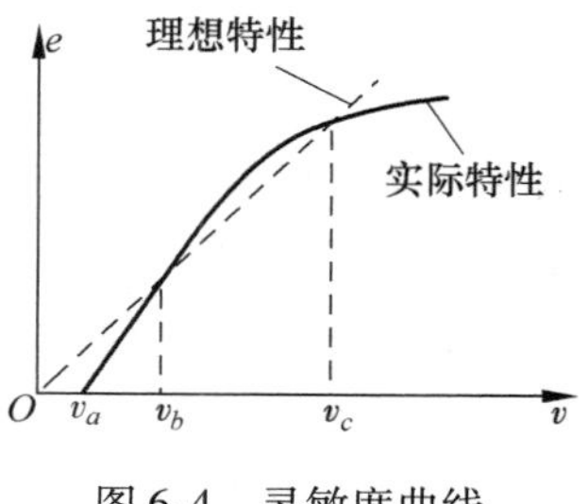

图 6-4　灵敏度曲线

6.1.3　测量电路

磁电感应式传感器可直接输出感应电势，而且具有较高的灵敏度，对测量电路无特殊要求。一般用于测量振动速度时，能量全被弹簧吸收，磁铁与线圈之间相对运动速度接近振动速度，磁路气隙中的线圈切割磁力线时，产生正比于振动速度的感应电动势，直接输出速度信号。如果要进一步获得振动位移和振动加速度，可分别接入积分电路和微分电路，将速度信号转换为与位移和加速度有关的电信号输出。

图 6-5 是磁电感应式传感器测量电路原理框图，为便于阻抗匹配，将积分电路和微分电路置于两级放大器之间，磁电感应式传感器的输出信号直接经主放大器输出，该信号与速度成比例。前置放大器分别接积分电路或微分电路，接入积分电路时，感应电动势输出正比于位移信号；接入微分电路时，感应电动势输出正比于加速度信号。

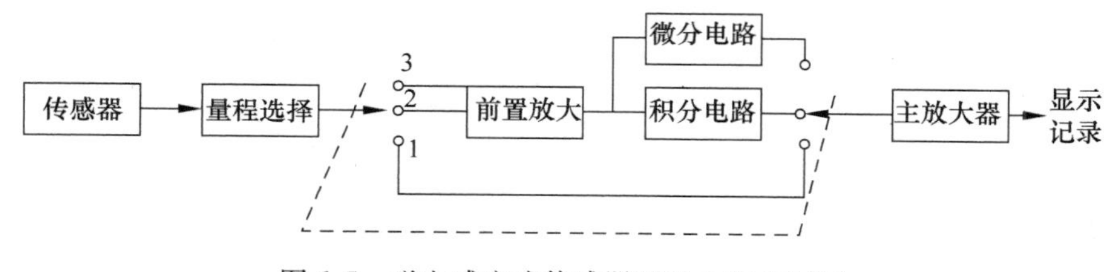

图 6-5　磁电感应式传感器测量电路方框图

1. 积分电路

已知速度和位移、时间关系为

$$v = \mathrm{d}x/\mathrm{d}t \text{ 或 } \mathrm{d}x = v\mathrm{d}t$$

设传感器输出电压为积分放大器输入电压：$U_{\mathrm{i}} = e = sv$，通过积分电路(如图 6-6a 所示)输出电压为

$$U_{\mathrm{o}}(t) = -\frac{1}{C}\int i\mathrm{d}t = -\frac{1}{C}\int\frac{U_{\mathrm{i}}}{R}\mathrm{d}t = -\frac{1}{RC}\int U_{\mathrm{i}}\mathrm{d}t \tag{6-2}$$

式中，RC 为积分时间常数。

式(6-2)结果表示，积分电路的输出电压 U_{o} 正比于输入信号 U_{i} 对时间的积分值，即正比于位移 x 的大小。

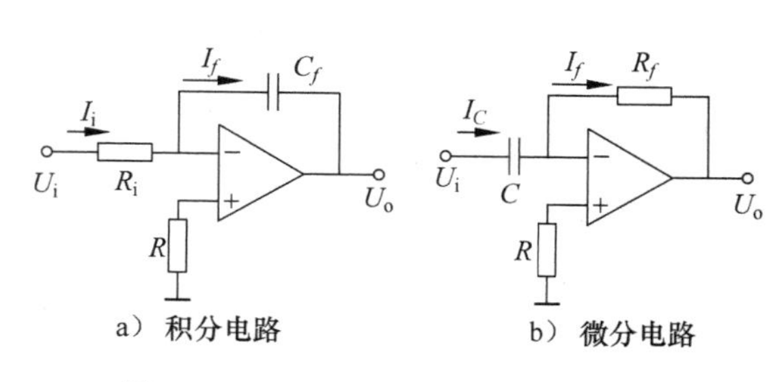

图 6-6　磁电感应式传感器测量电路

2. 微分电路

已知加速度和速度、时间关系为

$$a = \mathrm{d}v/\mathrm{d}t$$

同样设传感器输出电压为微分放大器输入电压：$U_\mathrm{i} = e = sv$，通过微分电路(如图6-6b所示)输出电压为

$$U_\mathrm{o}(t) = -Ri = -RC\frac{\mathrm{d}U_\mathrm{i}(t)}{\mathrm{d}t} \tag{6-3}$$

式(6-3)结果表示，微分电路的输出电压 U_o 正比于输入信号 U_i 对时间的微分值，即正比于加速度 a。

6.1.4　应用举例

磁电感应式传感器是惯性传感器，其突出特点是不需要静止的基准参考信号，可直接安装在被测体上。这是一种典型的发电型传感器，工作时可不加电压，直接将机械能转化为电能输出，电动式磁电传感器从根本上讲是速度传感器。电磁式传感器输出阻抗低，通常为几十欧~几千欧，对后置电路要求低，干扰小，通常用来做机械振动测量。

图6-7是CD-1型振动速度传感器结构原理示意图。永久磁铁3中间有一小孔，孔芯轴架起线圈6，芯轴5两端通过弹簧片1与外壳7连接，工作时由于弹簧较软，当壳体随被测体一起振动时，架空的芯轴、线圈和阻尼环2因惯性而不随之振动。换句话说，只要振动频率大于固有频率，由于运动部件质量较大，惯性会很大，线圈来不及振动几乎静止。因而，传感器外壳和永久磁铁的振动引起气隙中的线圈切割磁力线而产生正比于振动速度的感应电动势。该传感器主要技术指标有：灵敏度600mV/(cm/s)；可测最大位移±1mm；可测最大加速度50m/s^2；频率范围10~500Hz；线性度5%；固有频率12Hz；线圈内阻1.9kΩ；CD-1型传感器属于绝对振动传感器。

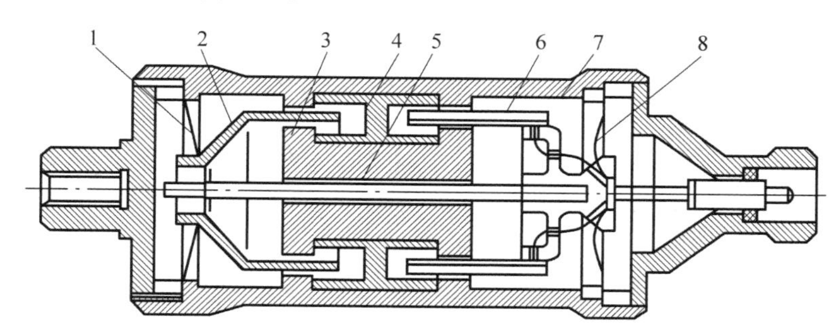

图6-7　CD-1型振动速度传感器结构原理示意图

1—弹簧片；2—阻尼环；3—磁铁；4—铝支架；5—芯轴；6—线圈；7—壳体；8—引线

磁电感应式振动传感器应用十分广泛，例如在兵器工业中，火炮发射要产生振动，由于发射后振动要持续一段时间，若振动未停仍连续发射，将造成第二次发射产生偏离，降低命中率。坦克行进中的振动研究，主要针对行进中发射炮弹减小振动，受振后如何恢复平静等问题。在民用工业上，机床、车辆、建筑、桥梁、大坝、大型电机、空气压缩机等都需要监测振动状态。

航空工业中，由于飞机发动机运转不平衡时，空气动力作用会引起飞机各部件振动，振

动过大会损坏部件，因此设计时需在地面进行振动试验。机械振动监视系统是监测飞机在飞行中发动机振动变化趋势的系统。具体方法是将磁电式振动传感器固定在发动机上，直接感受发动机的机械振动，并输出正比于振动速度的电压信号。传感器接收飞机上各种频率的振动信号，必须经滤波电路将其他频率信号衰减后，才可能准确测量出发动机的振动速度。当振动量超过规定值时发出报警信号，飞行员可随时采取紧急措施，避免事故发生。

6.2 霍尔传感器

霍尔传感器属于磁敏元件，磁敏式传感器是把磁学物理量转换成电信号，广泛应用于自动控制、信息传递、电磁测量、生物医学等领域。随着半导体技术的发展，磁敏式传感器正向薄膜化、微型化和集成化的方向发展。

实际应用中磁敏元件主要用于检测磁场，而与人们相关的磁场范围很宽，一般的磁敏式传感器检测的最低磁场只是 10^{-6}高斯。磁场范围不同时需要选择不同的检磁元件：利用电磁感应作用检测较强磁场的传感器，如磁头、机电设备转速、磁性标定、差动变压器等；利用霍尔元件、磁敏电阻、磁敏二极管等磁敏元件进行小磁场检测，并利用这些磁敏器件作为控制元件；利用核磁共振的传感器做弱磁检测，包括有光激型、质子型；利用超导效应传感器检测超弱磁场，如 SQVID 约瑟夫元件。另外，利用磁作用的器件还有磁针(指南针)、表头、继电器等。主要磁敏元件的工作原理及磁场强度分布情况可参考表 6-1。

表 6-1 主要磁敏元件工作原理及磁场强度分布

名 称	工作原理	工作范围	主要用途
霍尔效应器件	霍尔效应	$10^{-7}\sim10$T	磁场测量，电流、电压传感
半导体磁敏电阻	磁阻效应	$10^{-3}\sim1$T	旋转和角度测量
磁敏二极管	电流的磁场调制	$10^{-6}\sim10$T	位置、速度、电流、电压传感
磁敏晶体管	漏极电流的磁场调制	$10^{-6}\sim10$T	位置、速度、电流、电压传感
载流子畴器件	载流子畴磁场调制	$10^{-6}\sim1$T	磁强计
金属膜磁敏电阻器	磁敏电阻的各向异性	$10^{-3}\sim10^{-2}$T	磁读头、旋转编码器
巨磁电阻器	磁耦合多层膜或自旋阀	$10^{-3}\sim10^{-2}$T	高密度磁读头
非金属磁传感器	电感随磁场强度变化	$10^{-9}\sim10^{-3}$T	磁读头、旋转编码器
巨磁阻抗传感器	巨磁阻抗或巨磁感应	$10^{-10}\sim10^{-4}$T	旋转、位置，大电流传感
磁性温度传感器	居里点变化	$-50\sim250$℃	热磁开关，温度检测
磁致伸缩传感器	磁致伸缩效应		各种力学量测量
磁电感应传感器	法拉第电磁感应效应	$10^{-3}\sim100$T	磁场测量及位置速度传感
磁通门磁强计	材料的 B-H 饱和特性	$10^{-11}\sim10^{-2}$T	磁场测量
核磁共振磁强计	核磁共振	$10^{-12}\sim10^{-2}$T	磁场精度测量
磁光传感器	法拉第或磁致伸缩效应	$10^{-10}\sim10^{2}$T	磁场及电流、电压测量
超导量子干涉器件	约瑟夫逊效应	$10^{-14}\sim10^{-8}$T	生物磁场测量

6.2.1 霍尔效应

1879 年，美国物理学家霍尔首先发现金属中的霍尔效应，因金属中的霍尔效应太弱而没有得到应用。随着半导体技术的发展，人们开始用半导体材料制成霍尔元件，发现半导体材料的霍尔效应非常明显，并且体积小、功耗低，有利于微型化和集成化。利用霍尔效应制成的元件称为霍尔元件，还可将霍尔元件与测量电路集成在一起，制成集成霍尔传感器。

霍尔效应的原理如图 6-8 所示。把一个长度为 L，宽度为 b，厚度为 d 的导体或半导体薄片两端通以控制电流 I，在薄片垂直方向施加磁感强度 B 的磁场，在薄片的另外两侧将会产生一个与控制电流 I 和磁场强度 B 的乘积成比例的电动势 U_H。换句话说，通电的导体(半导体)放在磁场中，电流方向与磁场方向垂直，在导体另外两侧会产生感应电动势，这种现象称霍尔效应。

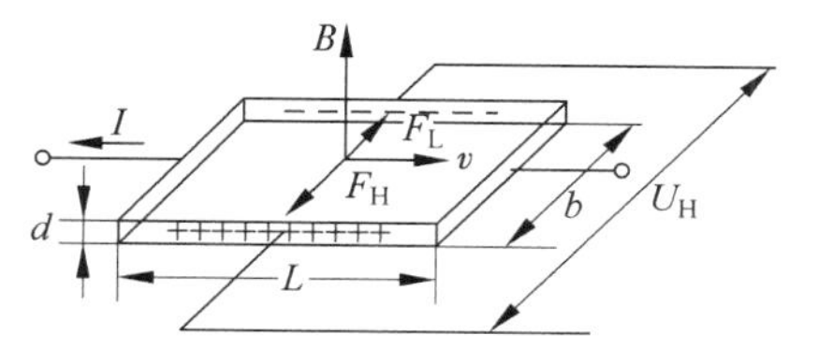

图 6-8　霍尔效应原理

设薄片为 N 型半导体，其多数载流子——电子的运动方向与电流方向相反。在磁场 B 中，导体自由电子在磁场的作用下做定向运动，每个电子受洛仑兹力 F_L 作用

$$F_L = evB$$

式中：e 为电子电荷量；v 是电子运动速度。

由于洛仑兹力 F_L 的作用，电子向导体的一侧偏转，使两侧形成电荷积累。电子运动的结果使导体基片两侧积累电荷形成静电场 E_H，E_H 称为霍尔电场强度。可见电子除了受到洛仑兹力 F_L 的作用外，还受到霍尔电场力 F_H 的作用。霍尔电场力 F_H 与洛仑兹力 F_L 方向相反，霍尔电场力 F_H 阻止电子偏转，其大小与霍尔电势 U_H 有关，有

$$F_H = eE_H = e\frac{U_H}{b} \tag{6-4}$$

当霍尔电场力与所受洛仑兹力相等时，即 $F_H = F_L$，电荷不再向两边积累，该过程达到某种动态平衡。这时 $eE_H = evB$，据此有

$$E_H = vB$$

霍尔电势为

$$U_H = vBb \tag{6-5}$$

设(半)导体薄片的电流为 I，载流子浓度为 n(金属代表电子浓度)，电子运动速度为 v，薄片横截面积为 $d \times b$，有电流关系式：$I = -nevbd$。其中

$$v = -\frac{I}{nedb} \tag{6-6}$$

将式(6-6)代入式(6-5)得

$$U_H = vBb = -\frac{IB}{ned} = R_H\frac{IB}{d} = K_H IB \tag{6-7}$$

令 R_H 为霍尔常数，有

$$R_H = -\frac{1}{ne}$$

定义霍尔元件的灵敏度为

$$K_H = \frac{R_H}{d} \tag{6-8}$$

设 N 型半导体的电阻率为 ρ，$\rho = -1/(\mu en)$，电子迁移率为 $\mu(\mu = v/E)$，因此霍尔常数又可用电阻率表示为 $R_H = \rho\mu$。

由式(6-8)可见，(半)导体薄片厚度 d 越小，霍尔元件灵敏度 K_H 越大，因此霍尔元件做得较薄(一般在 1μm 左右)，霍尔元件的击穿电压较低。R_H 是由霍尔元件材料性质决定的一个常数，任何材料在一定条件下都能产生霍尔电势，但不是都可以制造霍尔元件的。绝缘材料电阻率 ρ 极高，电子迁移率 μ 很小；金属材料电子浓度 n 很高，但电阻率很小，所以霍尔电势 U_H 很小；只有半导体材料的电子迁移率 μ 和载流子浓度 n 适中，适于制作霍尔元件。又因一般电子迁移率大于空穴的迁移率，所以霍尔元件多采用 N 型半导体制造。

6.2.2 霍尔元件

霍尔元件外形为矩形薄片，有四根引线，两端加激励电流，称激励电极，另外两端为输出引线，称霍尔电极，外面用陶瓷或环氧树脂封装。霍尔元件的几种电路符号表示方法如图 6-9所示，国产霍尔元件用 H 表示，后面字母代表元件材料，数字代表产品序号。

图 6-10 为霍尔元件的基本测量电路，电源 E 提供激励电流 I，电位器 R_p 可调节激励电流的大小。负载电阻 R_L 可以是放大器输入阻抗，磁场 B 与元件面垂直，磁场方向相反时霍尔电势方向反向。实测中可以把 $I\times B$ 作为输入，也可把 I 或 B 单独作为输入，各函数关系可通过测量霍尔电势输出获得结果。

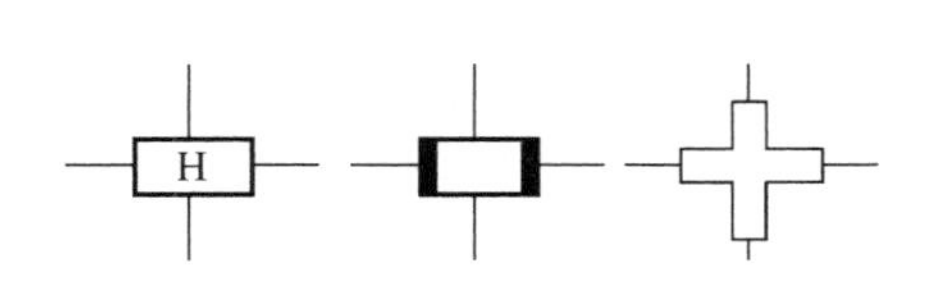

图 6-9 霍尔元件电路符号

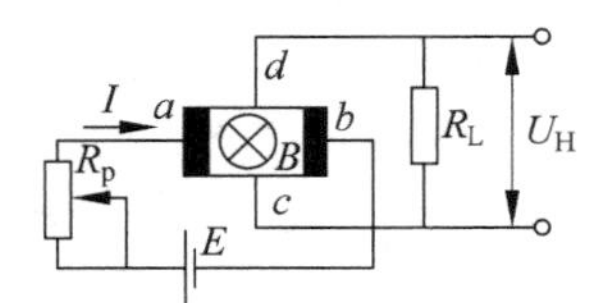

图 6-10 霍尔元件基本测量电路

在要求较高的情况下，要考虑霍尔元件的测量误差，霍尔元件产生误差的主要原因是温度影响和不等位电势的影响，为确保测量精度，需要进行温度补偿和不等位电势补偿。

1. 霍尔元件不等位电势的补偿

由式(6-7)可知，当霍尔元件通以激励电流 I 时，若磁场强度为零，霍尔电势应该为零，但此时霍尔电势输出会不等于零，这时测得的空载电势称不等位电势。霍尔电势不为零的原因是：霍尔引出电极安装不对称，不在同一等电位面上，如图 6-11a 所示；激励电极接触不良，半导体材料不均匀造成电阻率不均匀，如图 6-11b 所示。

不等位电压可以表示为 $U_{H0}=r_0I_H$，r_0 称为不等位电阻。分析不等位电势时，可以把霍尔元件等效为一个电桥，所有能使电桥达到平衡的方法都可以用来补偿不等位电阻。图 6-12为霍尔元件等效电路，极间分布电阻可以看成桥臂的 4 个电阻，分别是 R_1、R_2、R_3、R_4，理想情况下不等位电势应该为零，即 $R_1=R_2=R_3=R_4$。存在不等位电势时，说明 4 个电阻不等，电桥不平衡，不等位电压相当于桥路的初始不平衡输出，可以采用桥路平衡的方法进行补偿。为使电桥平衡，可在阻值大的桥臂上并联电阻或在两个桥臂上同时并联电阻，调节 R_W 的阻值，使不等位电势为零或最小。

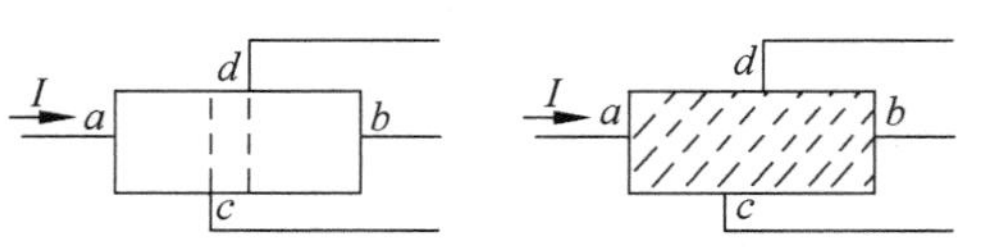

a）电极安装位置不对称　b）半导体材料不均匀

图 6-11 霍尔元件不等位电势

2. 温度误差及补偿

霍尔元件是用半导体材料制作的元件，因此它的许多参数与温度有关。当温度变化时，载流子浓度有 1%/℃的温度系数，电阻率大约有 1%/℃的温度系数，将造成霍尔系数 R_H、霍尔灵敏度 K_H、输入电阻和输出电阻随温度变化。霍尔元件的温度误差补偿有多种方式，较为简单的方式是通过外接温度敏感元件进行补偿。图 6-13 给出了两种最基本的连接方式。图中 R_T 为温敏电阻，R_i 为电压源内阻。下面以图 6-13a 为例说明补偿原理。

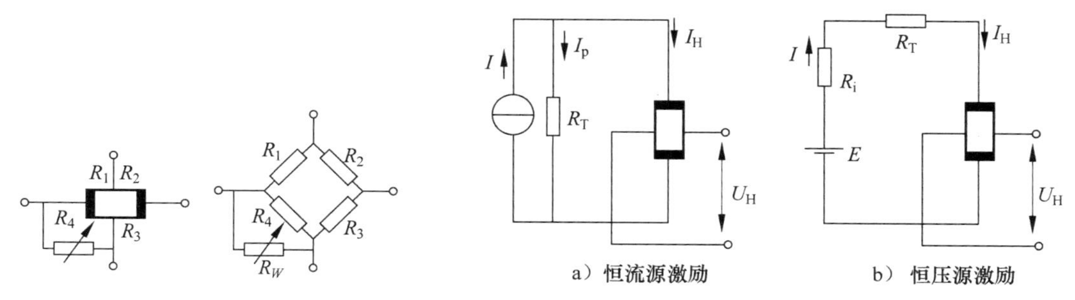

图 6-12　霍尔元件等效电路

图 6-13　温度补偿电路

据 $U_H = K_H IB$ 可知，恒流源供电是保证电流恒定使 U_H 稳定的有效方法，但是霍尔元件的灵敏度系数 K_H 也是温度的函数，温度变化时，载流子浓度和电阻率都会变化，霍尔灵敏度 K_H 也随之变化。设霍尔电势温度系数为 α，温度在 T_0 时的霍尔电势灵敏度为 K_H，当温度变化 ΔT 以后，霍尔电势灵敏度为

$$K_{Ht} = K_{H_0}[1 + \alpha(T - T_0)] = K_{H_0}[1 + \alpha\Delta T] \tag{6-9}$$

对正温度系数的霍尔元件，$U_H = K_H IB$ 会随温度升高使霍尔电势灵敏度增加 $(1 + \alpha\Delta T)$ 倍。这时如果让激励电流减小，保持 $K_H I$ 乘积不变，抵消灵敏系数的增加，才能使输出的霍尔电势 U_H 保持稳定。

具体补偿方法是：在霍尔元件上并联一个电阻 R_T 分流，当温度升高时，霍尔元件输入电阻 R_{IN} 增大使霍尔电势 U_H 增大，引起电流 I_H 减小。根据分流原理，由于恒流源作用，I_H 的减小引起 I_p 增大，R_T 自动增加分流，而 I_p 增大使 I_H 下降，最终达到霍尔电势 U_H 保持不变的目的。温敏补偿电阻 R_T 可选择负温度系数，稳定效果更佳。

6.2.3　霍尔元件的应用

霍尔元件具有体积小、外围电路简单、动态特性好、灵敏度高、频带宽等许多优点，因此广泛应用于工业测量、自动控制等领域。

在霍尔元件确定后，霍尔灵敏度 K_H 为定值，其中控制 U_H、I、B 三个变量之一就可以通过测量电压、电流、磁场来检测非电量，如力、压力、应变、振动、加速度等，所以霍尔元件应用有三种方式：1）激励电流不变，霍尔电势正比于磁场强度，可以进行位移、加速度、转速测量；2）激励电流与磁场强度都为变量，传感器输出与两者乘积成正比，可测量乘法运算的物理量，如功率；3）磁场强度不变时，传感器输出正比于激励电流，可检测与电流有关的物理量，并可直接测量电流。霍尔元件的外形结构形式如图 6-14 所示。

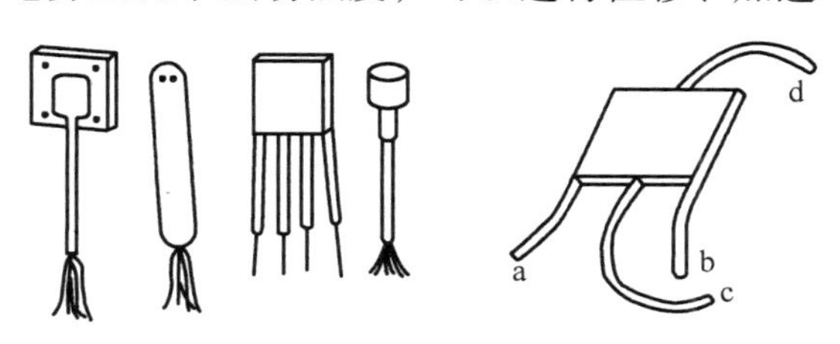

图 6-14　霍尔元件外形结构

1. 霍尔元件测位移

霍尔位移传感器工作原理如图 6-15a 所示，霍尔元件测位移是由一对极性相反的磁极共同作用，形成一梯度磁场。由电磁学理论可知，在磁铁中心位置磁场强度为零时霍尔电势为零，可作为坐标原点。霍尔元件沿 x 轴方向移动时，其感应电势是位移的函数。霍尔电势的大小、符号分别表示位移变化的大小和方向，其输出特性如图 6-15b 所示。这种测量方式的特点是，磁场的梯度越均匀，输出线性越好。由于霍尔电势的大小正比于电流和磁场强度，因此磁场越大，梯度越大，灵敏度越高。这种测量结构特别适合测量 ±0.5mm 小位移的机械振动，分辨率可达到 10^{-6}m。

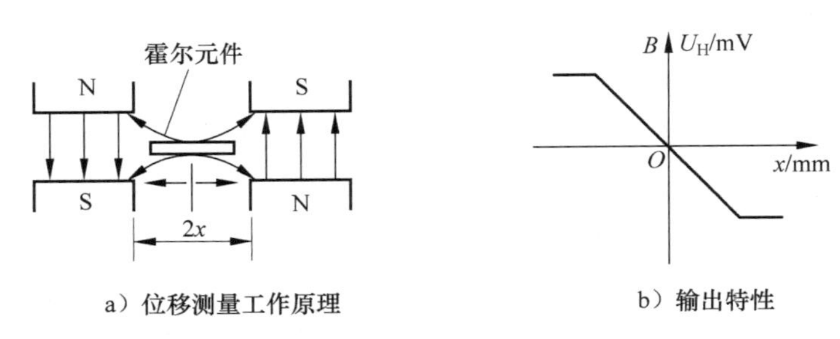

a）位移测量工作原理　　b）输出特性

图 6-15　霍尔位移传感器

2. 霍尔元件磁电编码器

图 6-16 是霍尔元件测量转速的结构示意图。图 6-16a 是利用金属齿轮或磁性齿轮的远近变化测量转速。小磁铁固定安装在霍尔元件一侧，当转盘随转轴转动时，每转一周（或经过一个齿纹）霍尔元件上的磁场变化一次，便检测出一个脉冲，若已知齿数便可计算出单位时间的脉冲数，从而求出测量的转速。另外也可通过检测磁转子进行转速测量，转子在轴的周围等距离嵌有永久磁铁，相邻磁极的极性相反，霍尔传感器垂直安装在磁极附近的位置上，见图 6-16b。轴旋转时霍尔电压就是与转数成正比的脉冲信号电压，磁极变化使霍尔电压的极性变化，转速变化时，霍尔元件输出脉冲有周期性变化，通过测量信号频率检测转速。

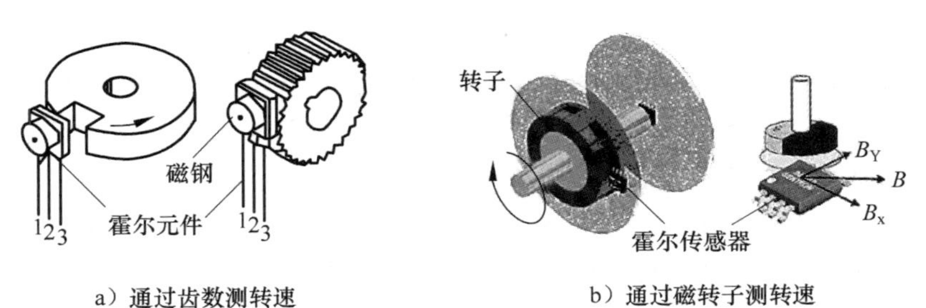

a）通过齿数测转速　　b）通过磁转子测转速

图 6-16　霍尔元件测转速

图 6-17a 是利用霍尔元件实现的编码计数电路原理示意图，由霍尔元件和运算放大器组成，a、b 为传感器激励电极，c、d 为传感器输出端，IC 采用差动放大，A 是放大器输出端。随磁鼓上永久磁体的极性（N、S）变化，霍尔元件 c、d 端输出电压的极性（正、负）也发生变化，通过整形输出，获得近似于矩形的脉冲信号，输出脉冲波形如图 6-17b 所示。根据磁鼓上永久磁体数量多少，可获得磁鼓旋转一周的脉冲数目，从而进行与旋转有关的参数测量和控制。

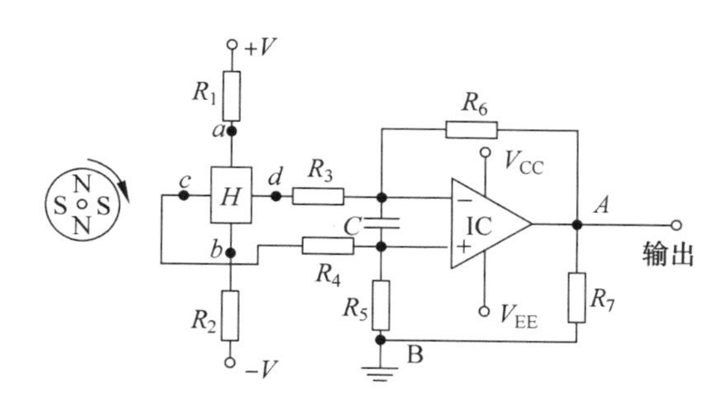

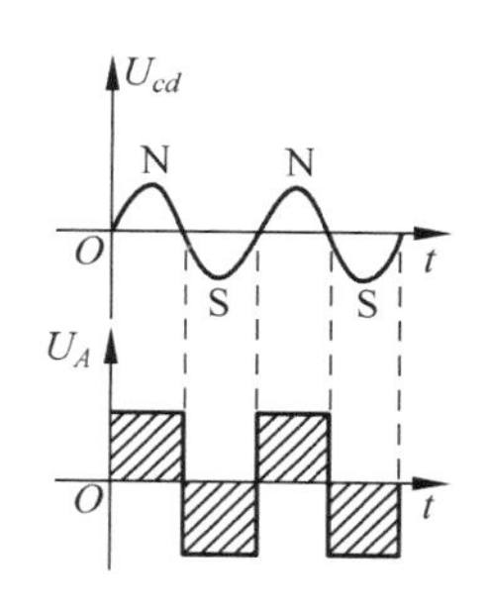

a）电路原理示意图　　b）输出波形

图 6-17　霍尔器件磁电编码器

3. 霍尔元件测压力、压差

图 6-18 为霍尔压力传感器的结构原理示意图。霍尔式压力、压差传感器一般由两部分组成：一部分是弹性元件，用来感受压力，并把压力转换成为位移量；另一部分是霍尔元件和磁路系统，通常把霍尔元件固定在弹性元件上，当弹性元件产生位移时，将带动霍尔元件在具有均匀梯度的磁场中移动，从而产生霍尔电势的变化，完成将压力(或压差)变换成电量的转换过程。

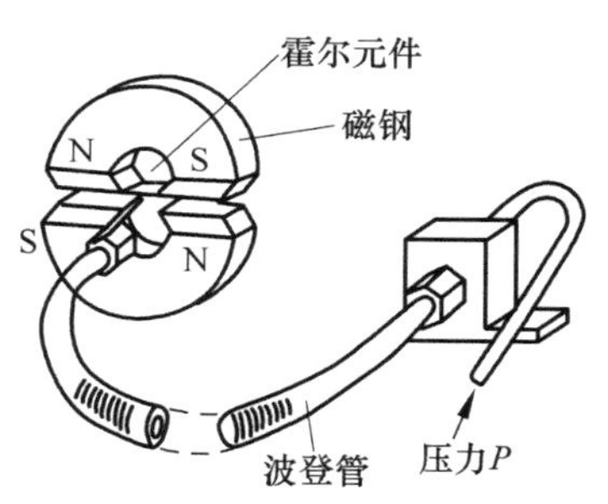

图 6-18　霍尔压力传感器结构原理

6.2.4　集成霍尔传感器

集成霍尔传感器是将霍尔元件、放大器及调理电路等集成在一个芯片上，霍尔集成器件主要由霍尔元件、放大器、触发器、电压调整电路、失调调整及线性度调整电路等几部分组成。目前市场主要分为两类：线性型和开关型。封装形式有三端 T 型单端输出(外形结构与晶体三极管相似)、八脚双列直插型双端输出等不同形式。

1. 线性型

线性型集成霍尔传感器电路内部框图如图 6-19a 所示，特点是输出电压 U_{OUT} 在一定范围内与磁感应强度呈线性关系，有单端输出和双端差动输出两种形式。当没有磁场时，输出偏移电压的典型值为 $V_{CC}/2$，传感器无论检测到正磁场或负磁场时，输出电压都为正值。工业上定义正磁通和磁铁 S 极相连，负磁通和磁铁 N 极相连。

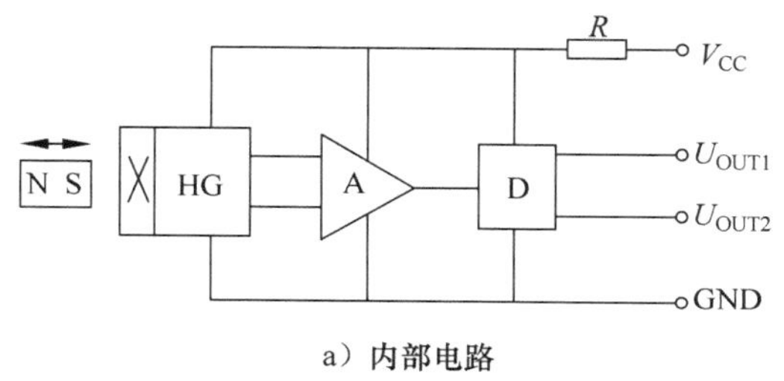

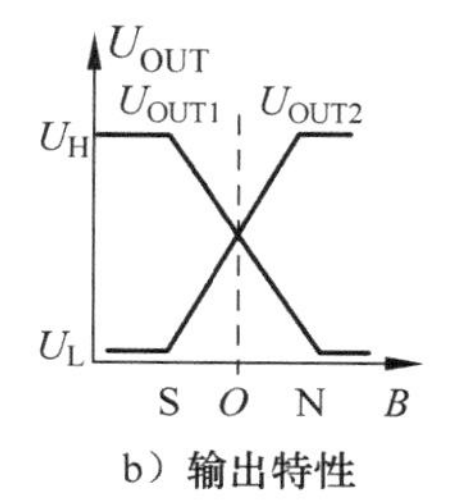

a）内部电路　　b）输出特性

图 6-19　线性集成霍尔传感器

线性型集成霍尔传感器的线性工作区磁场在几百高斯以内，再高的磁场强度下输出饱和，不再是线性。由于磁场不会损坏元件，霍尔器件本身不会饱和，只是放大器饱和。线性霍尔传感器输出特性如图 6-19b 所示。这种器件可以感受很小的磁场变化，广泛用于磁场检测以及位移、振动测量。

2. 开关型

开关数字式集成霍尔传感器内部电路框图如图 6-20a 所示。开关型集成霍尔电路有单稳态输出和双稳态输出两种形式，也有单端输出和双端输出。单极性开关的输出特性如图 6-20b所示，开关型集成霍尔元件输出高低(H、L)两种状态，高、低电平转变所对应的磁感应强度 B 值不同，在 $B'\to B''$之间形成切换回差，这是位置式传感器的特点。切换回差特征可防止干扰引起的误动作。这种传感器可作无触点开关，利用磁场进行开关工作，如测转速、计数、开关控制、判断磁极性等。

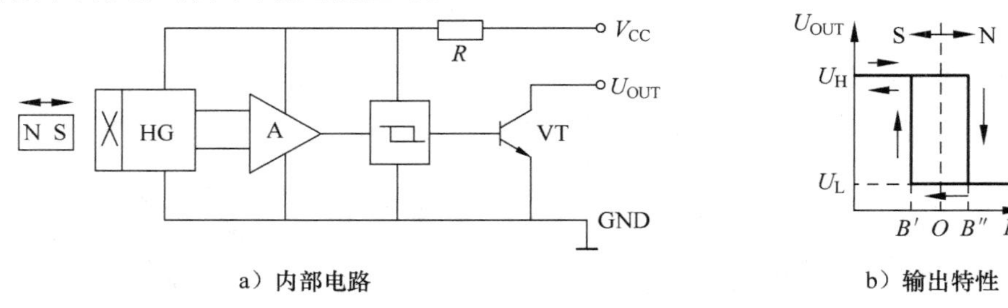

a）内部电路　　b）输出特性

图 6-20　开关型集成霍尔传感器

开关型集成霍尔传感器与线性集成霍尔传感器的内部电路和性能有所不同，由集电(漏)极输出并提供输出电流或发射(源)极输出吸入电流，图 6-21a 为集电极输出型集成霍尔开关输出电路引脚。开关型集成霍尔传感器应用时必须接入上拉电阻，提供输出电流。上拉电阻的阻值大小应根据负载的要求选择，与 TTL、CMOS、LED 器件连接的接口电路典型值分别见图 6-21b、图 6-21c、图 6-21d。

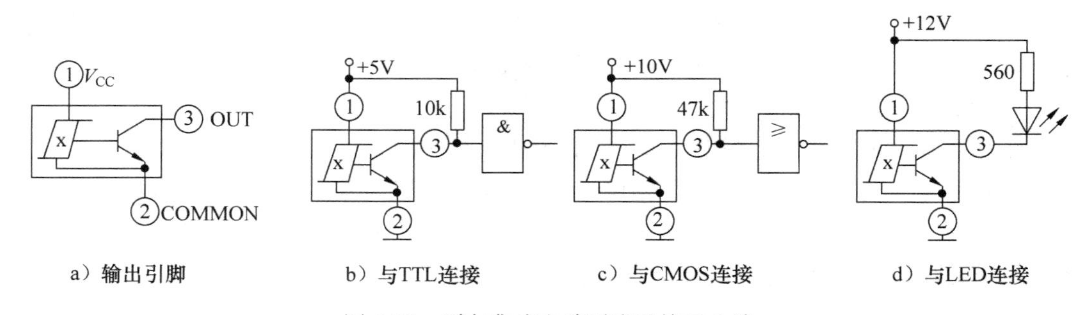

a）输出引脚　b）与TTL连接　c）与CMOS连接　d）与LED连接

图 6-21　霍尔集成电路引脚及接口电路

3. 霍尔集成传感器的应用

(1) 霍尔无触点开关

图 6-22 中 HG3040 是开关型霍尔元件，当磁钢接近霍尔器件或磁场方向变化时，霍尔开关输出端的开关管导通或截止变化时，输出高电平或低电平，可控制电路中灯的亮灭，HG3040 输出端导通时，SSR 固态继电器 3－4 端有电流通过，继电器吸合接通220V 电压，灯被点亮；HG3040 输出端截

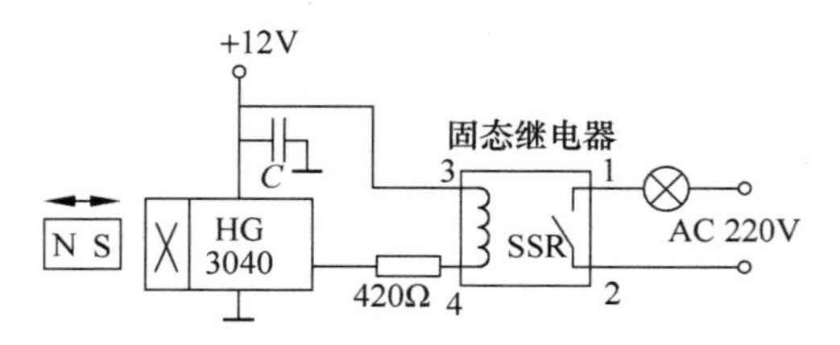

图 6-22　霍尔传感器作无触点开关

止时，3－4端无电流流过，SSR继电器释放，电压被切断灯熄灭。420Ω为输出上拉电阻。这种开关是一种无抖动无触点开关，工作频率可达100kHz，可用于大电流开关控制。

（2）导磁产品计数装置

霍尔元件可对黑色金属进行计数检测，图6-23a为一种导磁产品计数装置设计示意图。在霍尔元件一侧放置一定磁场强度的磁钢，让金属物体（图中为钢球）从霍尔元件的另一侧通过，钢球经过霍尔元件时，该传感器可输出峰值为20mV的脉冲电压，电路原理如图6-23b所示。传送带上的导磁产品经过磁钢时，磁钢端面上的霍尔元件感受到磁场的变化，输出信号经LM741运放放大整形后驱动三极管VT工作，输出端直接将脉冲信号送计数器计数一次，数据处理电路可采用微处理器实现自动计数和显示。

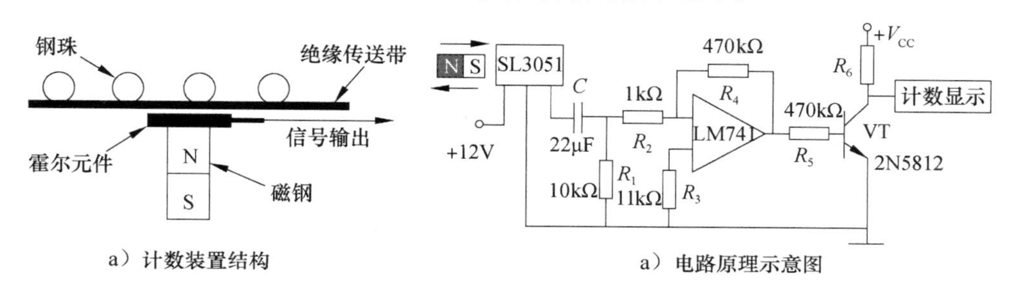

图6-23　导磁产品计数

6.3　磁敏元件

磁敏元件与霍尔元件类似，也是基于磁电转换原理，20世纪60年代西门子公司研制了第一个磁敏元件，1968年索尼公司成功研制磁敏二极管，目前磁敏元件已获得广泛应用。磁敏式传感器主要有磁敏电阻、磁敏二极管、磁敏三极管等，霍尔元件也属磁敏感式传感器。

6.3.1　磁敏电阻器

磁敏电阻也是一种纯电阻性的两端元件，与普通电阻不同的是它的电阻值随磁场的变化而变化。磁敏电阻是一种根据几何磁阻效应原理制造的器件。

1. 磁敏电阻工作原理和结构

（1）磁阻效应

载流导体置于磁场中，除了产生霍尔效应外，导体中载流子因受洛仑兹力作用要发生偏转，而载流子运动方向的偏转使电子流动的路径发生变化，起到了加大电阻的作用，磁场越强，载流子偏转越厉害，增大电阻的作用越强。外加磁场使（半）导体电阻随磁场增加而增大的现象称为磁电阻效应，简称磁阻效应。利用这种效应制成的元件称磁敏电阻。一般金属中的磁阻效应很弱，半导体中较明显，用半导体材料制作磁敏电阻更便于集成。下面以半导体材料为例说明其原理。

影响半导体电阻改变的原因首先是载流子在磁场中运动受到洛仑兹力作用，另一个作用是霍尔电场，由于霍尔电场作用会抵消电子运动时受到的洛伦兹力作用，磁阻效应被大大减弱，但仍然存在。磁敏电阻的磁阻效应可表示为

$$\rho_B = \rho_0(1 + 0.273\mu^2 B^2) \tag{6-10}$$

式中：ρ_0 为零磁场电阻率；μ 为磁导率；B 为磁场强度。

式(6-10)表示磁导率为 μ 的磁敏电阻，其电阻率 ρ_B 随磁场强度 B 变化的特性。

(2) 磁敏电阻结构

磁阻元件的阻值与制作材料的几何形状有关，称为几何磁阻效应。

1) 长方形样品，如图6-24a所示。由于电子运动的路程较远，霍尔电场对电子的作用力部分(或全部)抵消了洛仑兹力作用，即抵消磁场作用，电子行进路线基本还为直线运动，电阻率变化很小，磁阻效应不明显；

2) 扁条状长方形，如图6-24b所示。因为扁条形状，其电子运动的路程较短，霍尔电势 E_H 作用很小，洛仑兹力引起的电流磁场作用使电子经过的路径偏转厉害，磁阻效应显著；

3) 圆盘样品(Corbino圆盘)，如图6-24c所示。这种结构与以上两种不同，它将一个电极焊在圆盘中央，另一个电极焊在外圆，无磁场时电流向外围电极辐射，外加磁场时中央流出的电流以螺旋形路径指向外电极，使电子经过的路径增大，电阻增加。这种结构的样品在圆盘中任何地方都不会积累电荷，因此不会产生霍尔电场，磁阻效应最明显。

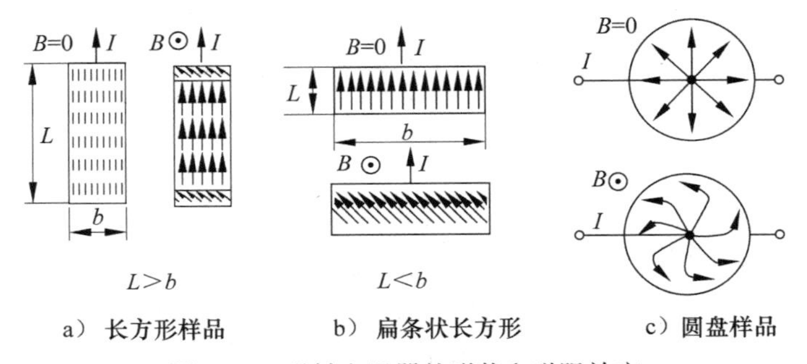

图6-24 磁敏电阻器的形状和磁阻效应

为了消除霍尔电场影响，并获得大的磁阻效应，通常将磁敏电阻制成圆形或扁条长方形，实用价值较大的是扁条长方形元件，当样品几何尺寸 $L < b$ 时，磁阻效应较明显。

磁阻元件主要有两种材料：半导体磁阻元件，如锑化铟(InSb)和共晶型的(InSb-NiSb)磁阻元件；另一种是强磁性金属薄膜磁阻元件。图6-25为几种InSb磁敏电阻结构及等效电路。

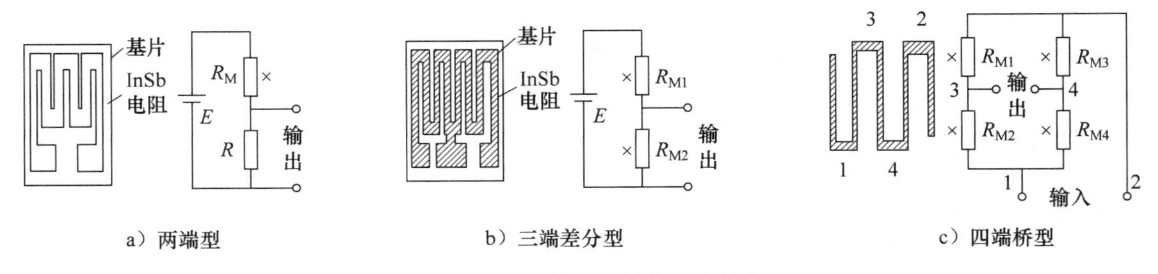

图6-25 InSb磁敏电阻结构及等效电路

2. 磁敏电阻的输出特性

磁敏电阻与霍尔元件属同一类，都是磁电转换元件，两者本质不同是磁敏电阻没有判断极性的能力，只有与辅助材料(磁钢)并用，才具有识别磁极的能力。

无偏置磁场时磁敏电阻的输出特性如图6-26所示。磁敏电阻在无偏置磁场情况下检测磁场时与磁极性无关，磁敏电阻只有大小的变化，不能判别磁极性，无偏置磁场时磁敏电阻的磁场强度与磁阻关系为

$$R = R_0(1 + MB^2)$$

式中：R_0 为零磁场内阻；M 为零磁场系数；B 为磁通密度。

磁敏电阻在外加偏置磁场时，相当于在检测磁场中外加了偏置磁场，其输出特性如图6-27所示。由于偏置磁场的作用，工作点移到线性区，这时磁场灵敏度提高，磁极性也作为电阻值的变化表现出来。磁敏电阻在附加偏置磁场时的阻值变化可表示为

$$R = R_B(1 + MB)$$

式中：R_B 是加入偏置磁场时电阻；M 为加入偏置磁场时的系数。

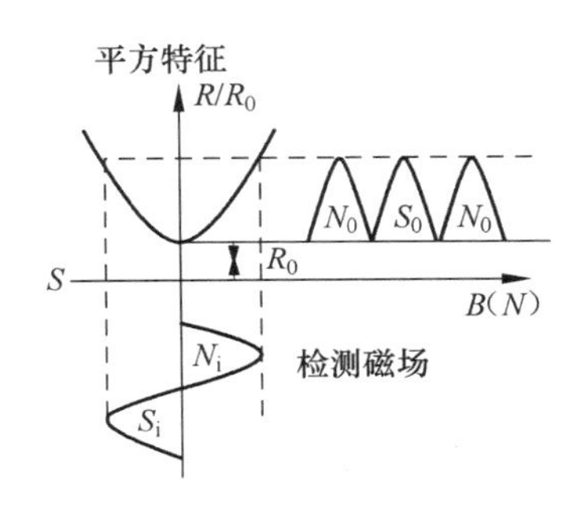

图6-26　无偏置磁场时的磁阻特性

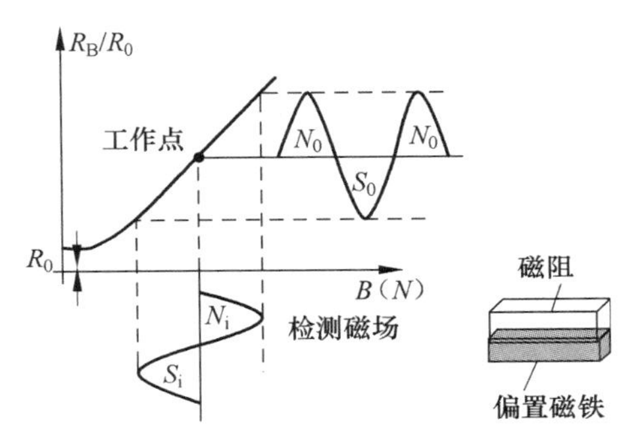

图6-27　加偏置磁场时磁敏电阻特性

3. 磁敏电阻的应用

磁阻式传感器可由磁阻元件、磁钢及放大整形电路构成。可作为转速测量传感器、线位移测量传感器，加入偏置磁场可用于磁场强度测量。利用磁敏电阻由磁场改变阻值的特性，可应用于无触点开关、磁通计、编码器、计数器、电流计、电子水表、流量计、可变电阻、图形识别等。部分国内、外磁阻元件技术指标性能比较见表6-2。

表6-2　德国、日本、中国部分磁阻元件技术指标性能比较

型　号	标称值/Ω	R_B/R_0 (B=0.3T)	工作电压/V	对称性	外形尺寸
FP412D250	370~630	≥2.8	5	30%	6mm×4mm×0.4mm
FP412L100	300~500	>1.7	5	10%	6mm×4mm×0.4mm
MS-D	500~1000	≥1.8	5	10%	6mm×4mm×0.4mm
MR-18	100~400	≥3.2	5	30%	6mm×4mm×0.4mm
MR-1	200~700	≥1.8	5	10%	4mm×3mm×0.4mm
FP420L90	160~280	>1.7	5	5%	6mm×4mm×0.35mm
FP425L90	160~280	>1.7	5	5%	6mm×4mm×0.35mm
MR-2	300~800	>1.7	5	6%	4mm×3mm×0.4mm

在自动检测技术中，有许多微小磁信号需要测量，如录音机、录像机的磁带，防伪纸币、票据、信用(磁)卡上用的磁性油墨等。利用三端差分型磁敏电阻做成磁头检测微弱信号，又称为图形识别器。图6-28中MS-F-06型磁敏式传感器为日本产InSb(锑化铟)图形识别传感器的等效电路与外部结构，图6-29为MS-F-06型磁敏电阻传感器的电阻值与磁感应

强度关系曲线。由图中可见R_0为0.8kΩ，当磁感应强度B为0.3T时，磁敏电阻R_B约为2.4kΩ，有较好的磁灵敏度，这种传感器主要用于识别磁性墨水的图形和文字。

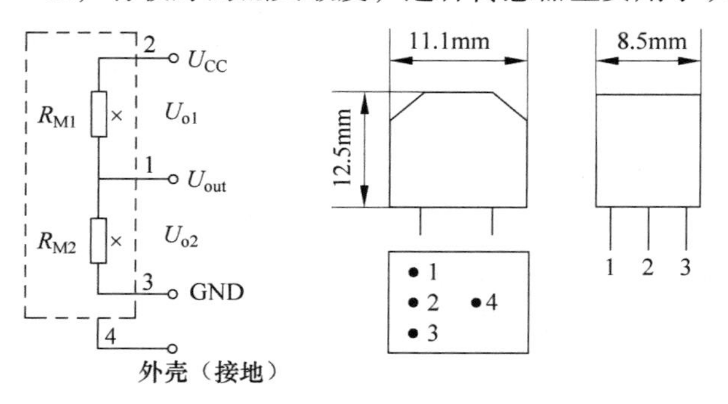

a）等效电路（三端差分型电路）　　b）外部结构

图6-28　MS-F-06型磁敏式传感器

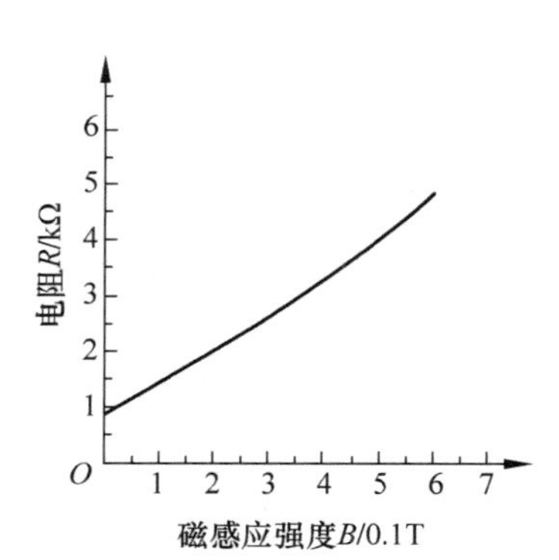

图6-29　电阻值与磁感应强度关系曲线

磁迹信号阅读电路原理示意图如图6-30所示。磁图形识别传感器由磁敏元件R_{M1}、R_{M2}和放大器组成。TL072是两级高增益放大整形检测电路，7805为三端稳压器，为传感器提供高稳定度的5V直流电压源。磁敏电阻工作电压为5V，输出电压为0.3～0.8V，被检测物体的距离为3mm。

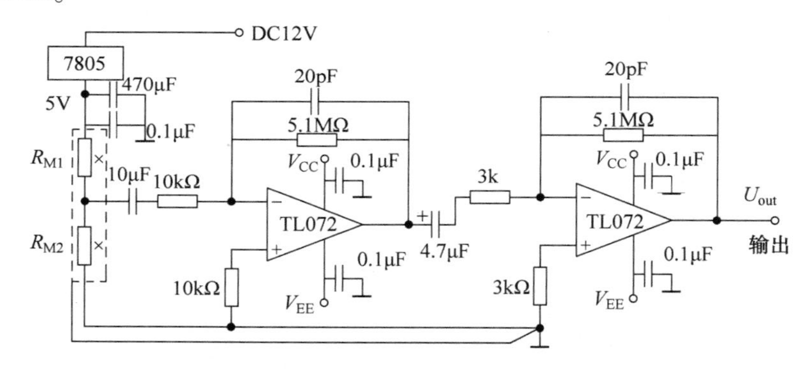

图6-30　磁迹信号阅读电路原理图

由于磁墨的磁场强度较弱，根据磁阻元件特性需要加偏置磁场，使磁敏电阻工作在线性区域，如图6-27所示。磁敏电阻应用时一般采用恒压源驱动，分压输出，三端差分型电路有较好的温度特性。这种磁敏式传感器呈纯电阻特性，输出信号的变化按字迹间距变化出现，可测磁性齿轮、磁性墨水、磁性条形码、磁带，可识别有机磁性(自动售货机)等。磁敏电阻传感器技术性能指标参见表6-3。

表6-3　磁性墨水文字图形识别传感器性能对比

型　号	标称阻值/kΩ	工作电压/V	输出电压/mV	检幅/mm	工作温度/℃
BS-05N	0.5～5	5	≥0.235	3	-30～+70
BS05KFA	0.6～15	5	0.3～0.8	10	-30～+70
MS-F06	0.5～5	5	0.16～0.42	3	-30～+70
MS-G06	0.5～5	5	0.4～1.1	3	-30～+70
MRH	0.5～5	5	≥0.2	3	-30～+70

6.3.2　磁敏晶体管

磁敏晶体管是在霍尔元件和磁敏电阻之后发展起来的磁电转换器件，具有很高的磁灵敏度，灵敏度量级比霍尔元件高出数百甚至数千倍，可在弱磁场条件下获得较大的输出，这是霍尔元件和磁敏电阻所不及的。它不但能够测出磁场大小，还能测出磁场方向，目前已在许多方面获得应用。

1. 磁敏二极管

磁敏二极管与普通晶体二极管相似，也有锗管(2ACM)和硅管(2DCM)，它们都是长“基区”(I区)的P^+-I-N^+型二极管结构。由于注入形式是双注入的，因此也称双注入长基区二极管，特点是P-N为掺杂区，本征区(I区)为高纯度锗，长度较长，构成高阻半导体。磁敏二极管结构及工作原理如图6-31所示，磁敏二极管的结构特征是，在长“基区”的一个侧面用打磨的方法设置了复合区r面，r面是个粗糙面，载流子复合速度非常高，r区对面是复合率很小的光滑面，一般基区长度要比载流子的扩散长度大5倍以上。

磁敏二极管工作过程如下：无外加磁场情况下，当磁敏二极管接入正向电压时，如图6-31a所示，P区的空穴，N区的电子同时注入I区，大部分空穴跑向N区，电子跑向P区，从而形成电流，只有少部分电子和空穴在I区复合。

当外加一个正向磁场时，如图6-31b所示。磁敏二极管受磁场作用，由于洛伦兹力使空穴、电子偏向高复合区(r区)，并在r区很快复合，这时本征区(I区)载流子减少，相当I区电阻增加电流减少，结果外加电压在I区的压降增加了，而在P-I和N-I结的电压却减小了。所以载流子注入效率减少，进一步使I区的电阻增加，一直达到某种稳定状态。

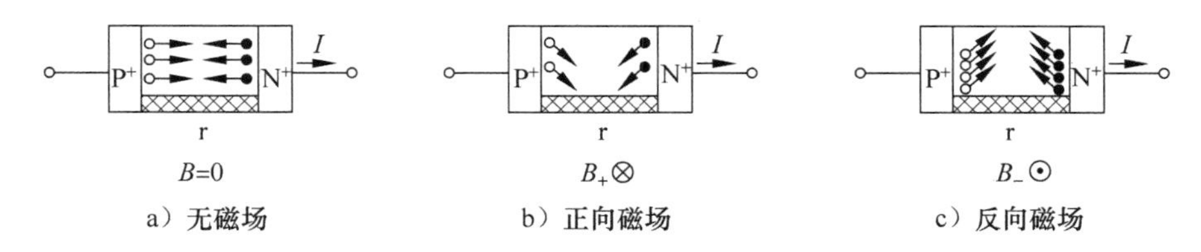

图6-31　磁敏二极管工作原理

当外加一个反向磁场时，如图6-31c所示。由于磁敏二极管受反向磁场作用时，空穴和电子受到洛伦兹力向r区对面的光滑面偏转，使电子和空穴复合明显减少，I区载流子密度增加，电阻减少电流增加，结果使I区电压降减少，而加在P-I和N-I结的电压却增加了，促使载流子进一步向I区注入，直到电阻减小到某一稳定状态为止。磁敏二极管反向偏置时，流过的电流很小，几乎与磁场无关。

上述结果说明，磁敏二极管是采用电子与空穴双重注入效应及复合效应原理工作的，具有较高的灵敏度。

磁敏二极管在弱磁场情况下可获得较大的输出电压，这是磁敏二极管与霍尔元件和磁敏电阻所不同之处。在一定条件下，磁敏二极管的输出电压与外加磁场的关系叫磁敏二极管的磁电特性，如图6-32所示。在磁场作用下，磁敏二极管灵敏度大大提高，并具有正向、反向磁灵敏度，这是磁阻元件所欠缺的。单个使用时，正向磁灵敏度大于反向磁灵敏度，互补使用时，曲线正反向特征可基本对称。

磁敏二极管温度特性较差，使用时一般要进行补偿。温度补偿电路可以是一组两只，二组四只，按反磁性组合，磁敏感面相对，图 6-33 所示为补偿电路，电路除进行温度补偿外还可以提高灵敏度。图 6-33a 为差分式温度补偿电路，若输出电压不对称可适当调节 R_1、R_2。图 6-33b 为全桥温度补偿电路，具有更高的磁灵敏度。工作点选择在小电流区，有负阻现象的磁敏二极管不采用这种电路。

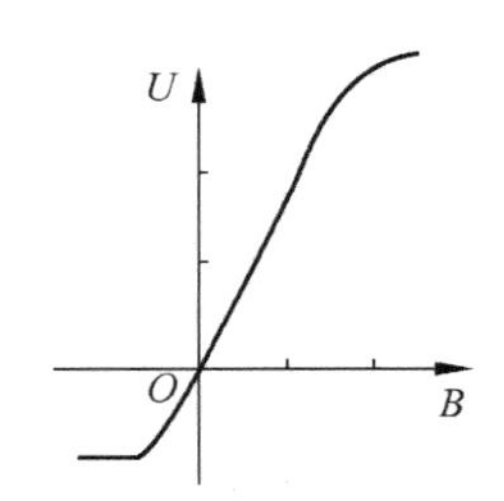

图 6-32　磁敏二极管磁电特性

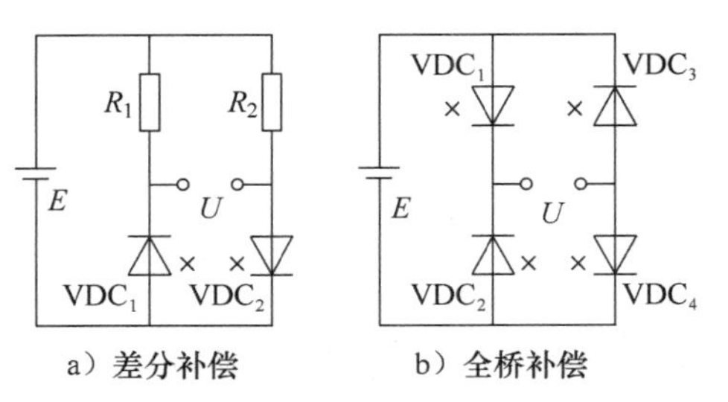

图 6-33　磁敏二极管温度补偿电路

磁敏二极管可用来检测交、直流磁场，特别是弱磁场。可用作无触点开关、电流计、对高压线不断线测电流、小量程高斯计、漏磁仪、磁力探伤仪等设备装置。

2. 磁敏三极管

磁敏三极管基于磁敏二极管的工艺技术，它也有 NPN 型和 PNP 型，分为硅磁敏晶体管和锗磁敏晶体管两种。以 NPN 型锗磁敏晶体管为例，普通晶体管基区很薄，磁敏三极管的基区长得多，它也是以长基区为特征，有两个 P-N 结，发射极与基极之间的 P-N 结由长基区二极管构成，有一个高复合基区。磁敏三极管结构原理图如图 6-34 所示，集电极的电流大小与磁场有关。

无磁场作用时，如图 6-34a 所示，从发射结注入的载流子除少部分输入集电极形成集电极电流外，大部分受横向电场的作用，通过 e-I-b 形成基极电流。显然，磁敏三极管的基极电流大于集电极电流，所以发射极电流增益 $\beta<1$。

当受到正方向磁场作用时，如图 6-34b 所示，由于洛伦兹力作用，载流子偏向基极的高复合区，使集电极 I_c 明显下降，电流减小，基极电流增加。另一部分电子在高复合区与空穴复合，不能达到基极，又使基极电流减小。基极电流既有增加又有减小的趋势，平衡后基本不变。但集电极电流下降了许多。

当受到负方向磁场作用时，如图 6-34c 所示，由于洛伦兹力作用，载流子背向高复合区，向集电结一侧偏转，使集电极 I_c增加。

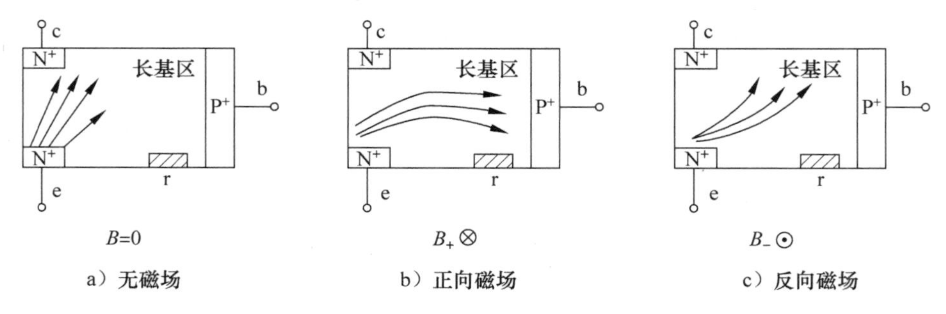

图 6-34　磁敏三极管工作原理

可见，当基极电流 I_b 恒定，靠外加磁场同样改变集电极电流 I_c，这是与普通三极管不同之处。由于基区长度大于扩散长度，而集电极电流有很高的磁灵敏度，因此电流放大系数 $\beta = I_c/I_b < 1$。普通晶体管由 I_b 改变集电极电流 I_c，磁敏晶体管主要由磁场改变集电极电流。

磁敏三极管电路符号如图 6-35 所示。磁敏三极管主要应用于这样几个方面：磁场测量，特别适于 10^{-6}T 以下的弱磁场测量，不仅可测量磁场的大小，还可测出磁场方向；电流测量，特别是大电流不断线地检测和保护；制作无触点开关和电位器，如计算机无触点电键、机床接近开关等；漏磁探伤及位移、转速、流量、压力、速度等各种工业控制中参数测量。

3. 磁敏晶体管的应用

（1）测位移

图 6-36 为磁敏二极管位移测量原理示意图，其中 4 只磁敏二极管 $VDC_1 \sim VDC_4$ 组成电桥，磁铁处于磁敏元件之间。假设磁敏二极管为理想二极管，有结电阻 $R_{M1} = R_{M2} = R_{M3} = R_{M4}$，电桥平衡时输出 $U_O = 0$。当位移变化 Δx 时，磁敏元件感受磁场强度不同，结电阻 $R_{M1} \sim R_{M4}$ 的阻值发生变化，流过二极管电流不同，使电桥失衡，在磁场作用下输出与位移大小和方向有关，位移方向相反时，输出的极性发生变化，可判别位移方向。

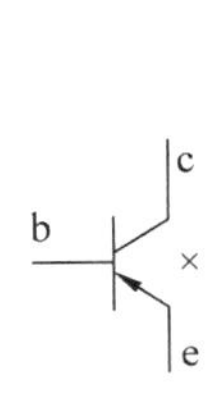

图 6-35　磁敏晶体管电路符号

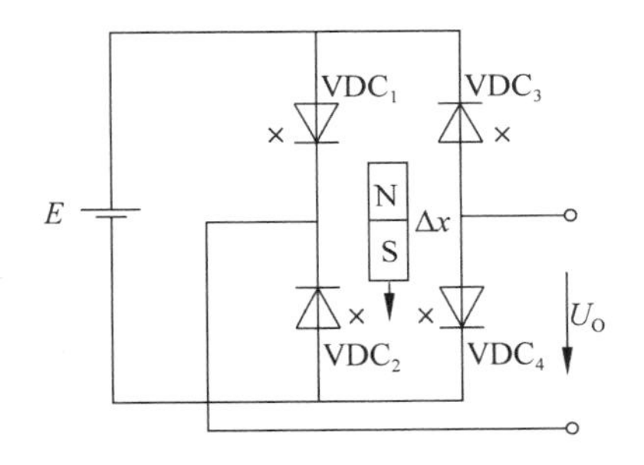

图 6-36　磁敏二极管位移测量原理图

（2）涡流流量计

图 6-37a 为磁敏晶体管涡流流量计结构原理图，传感器安装在齿轮上方，齿轮必须采用磁性齿轮，液体流动时涡轮转动，流速与涡轮转速成正比。磁敏二极管或三极管感受磁铁周期性远近变化时输出电流大小变化，输出波形近似正弦信号，经整形输出为方波，输出波形如图 6-37b 所示，其信号频率与齿轮的转速成正比。因转速正比于流量，频率正比于转速，即频率正比于流量。经电路整形放大、计算后将计数转换成流量。

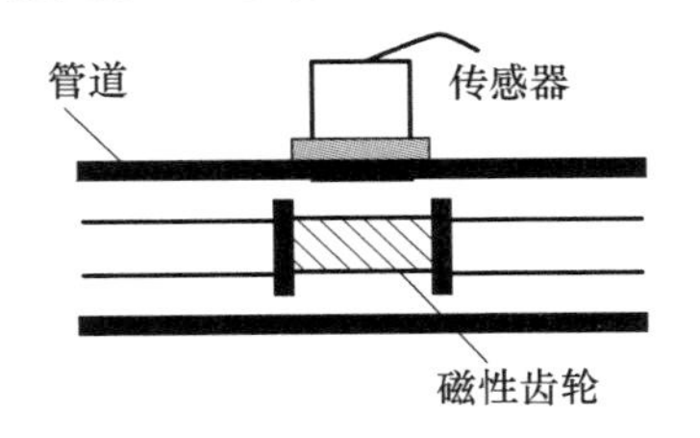

a）涡流流量计结构示意图

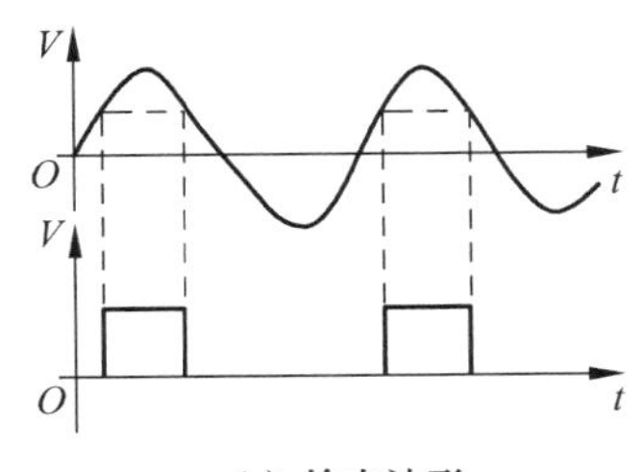

b）输出波形

图 6-37　磁敏晶体管涡流流量计原理

思考题

6.1 试述磁电感应式传感器的工作原理和结构形式。

6.2 说明磁电感应式传感器产生误差的原因及补偿方法。

6.3 为什么在工作频率较高时，磁电感应式传感器的灵敏度将随频率增加而下降?

6.4 什么是霍尔效应?

6.5 霍尔元件常用材料有哪些? 为什么不用金属作为霍尔元件材料?

6.6 霍尔元件不等位电势产生的原因有哪些?

6.7 某一霍尔元件尺寸为 $L=10\text{mm}$，$b=3.5\text{mm}$，$d=1.0\text{mm}$，沿 L 方向通以电流 $I=1.0\text{mA}$，在垂直于 L 和 b 的方向加有均匀磁场 $B=0.3\text{T}$，灵敏度为 22V/(A·T)，试求输出霍尔电势及载流子浓度。

6.8 试分析霍尔元件输出接有负载 R_L 时，利用恒压源和输入回路串联电阻 R_T 进行温度补偿的条件。

6.9 霍尔元件灵敏度 $K_H=40\text{V}/(\text{A}\cdot\text{T})$，控制电流 $I=3.0\text{mA}$，将它置于 $1\times10^{-4}\sim5\times10^{-4}\text{T}$ 线性变化的磁场中，它输出的霍尔电势范围有多大?

6.10 列举1~2个霍尔元件的应用例子。查找1~2个应用磁敏电阻制作的产品实例。

6.11 磁敏电阻温度补偿有哪些方法? 磁敏二极管温度补偿有哪些方法? 有哪些特点?

6.12 比较霍尔元件、磁敏电阻、磁敏晶体管，它们有哪些相同之处和不同之处? 简述其各自的特点。

第7章　压电式传感器

压电式传感器是一种典型的发电型传感器，其工作原理以电介质的压电效应为基础，在外力作用下电介质表面产生电荷，从而实现非电量测量。

压电元件是一个有源的机-电转换元件，压电式传感器体积小、质量小、结构简单、工作可靠，适用于测量动态力学量的物理量，不适用于测量频率太低的物理量，更不能测量静态量。压电式传感器可以对各种动态力、机械冲击和振动进行测量，在声学、医学、力学、导航方面都得到广泛的应用。目前压电式传感器多用于加速度和动态力或振动压力测量，除此之外，最典型的应用是超声波传感器、水声换能器，也普遍应用于拾音器、滤波器、压电引信、煤气点火具等方面。

7.1　压电效应

从物理学中我们知道，在自然界32种晶体点阵中，有中心对称和非对称两大类。在非中心对称的21种晶体点阵中，有20种具有压电效应。因此压电现象是晶体缺乏中心对称引起的。

7.1.1　正压电效应

某些电介质(晶体)，如图7-1所示，当沿着一定方向施加力变形时，内部会产生极化现象，同时在它的两个表面会产生符号相反的电荷，当外力去掉后，又重新恢复为不带电状态，这种现象称压电效应。当作用力方向改变后，电荷的极性也随之改变。对于中心对称的晶体，无论如何施力，正负电荷中心重合，极化强度(电矩矢量)等于零，不显极性。对于非对称的晶体，当没有作用力时，晶体正负电荷中心重合，对外不显极性，但在外力作用改变时，正负电荷中心分离，电矩不再为零，晶体表现出极性。

7.1.2　逆压电效应

压电效应是可逆的，当在介质极化的方向施加电场时，电介质会产生形变，这种现象称"逆压电效应"，这里是将其电能转化成机械能。压电效应的相互转换作用示意图如图7-2所示，既可以将机械能转化成电能，也可以将电能转化成机械能。

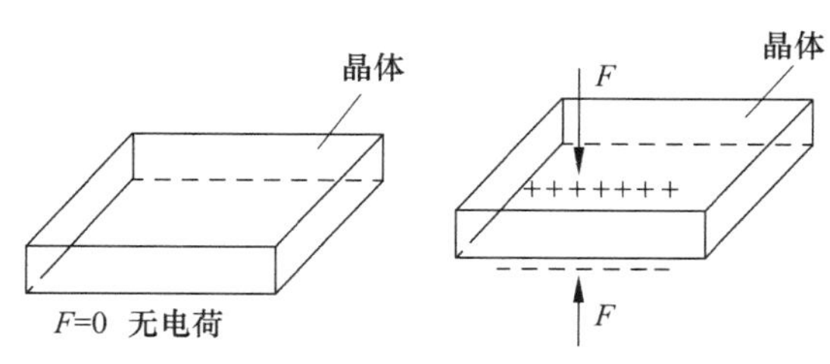

图7-1　压电效应原理

图7-2　压电效应的转换

7.2 压电材料

自然界许多晶体具有压电效应，但都十分微弱，研究发现石英晶体、钛酸钡、锆钛酸铅是优能的压电材料，压电材料又可以分为多种类型：压电晶体、压电陶瓷、高分子乙烯、半导体等。衡量压电材料的主要参数指标有：压电常数、弹性常数、介电常数。以下主要介绍应用较多的两种常见的压电材料——压电晶体和压电陶瓷。

7.2.1 石英晶体

天然石英晶体和人工石英晶体都属于单晶体，化学式为 SiO_2，外形结构呈六面体，沿各方向特征不同。图 7-3a 为石英晶体切割方向和各轴向示意图，x 方向称为电轴，y 方向称为机械轴，z 方向称为光轴。从晶体上沿轴线切下的一片平行六面体晶体称为压电晶片，如图 7-3b所示。实际压电晶片如图 7-3c 所示。

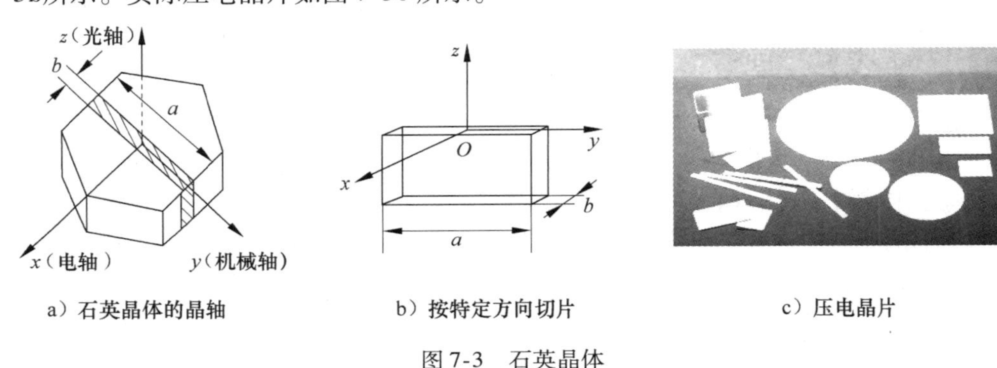

a）石英晶体的晶轴　　b）按特定方向切片　　c）压电晶片

图 7-3　石英晶体

石英晶体按特定方向切片后，沿 x 方向（电轴）的力作用时产生电荷的压电效应称“纵向压电效应”；沿 y 方向（机械轴）的力作用时产生电荷的压电效应称“横向压电效应”；沿 z 方向（光轴）的力作用时不会产生压电效应。石英晶体的压电特性可以用矩阵表示。

压电元件受力后，表面电荷与外力成正比关系，即

$$Q = dF$$

式中：d 为压电系数；F 为外作用力。

当晶片受到 x 轴方向压力 F_x 时，晶片产生厚度变形并发生极化现象。在晶体的线性弹性范围内，在 x 轴面所产生的电荷与作用力成正比，垂直 x 轴面上产生电荷大小为

$$q_x = d_{11}\sigma_x$$

式中：σ_x 为 x 轴方向应力；d_{11}为 x 轴向压电系数。

同一晶片，当受到 y 轴方向压力 F_y 时，仍在垂直 x 轴面上产生极性方向相反的电荷，其电荷大小与 y 方向作用力成正比，即

$$q_y = d_{12}\frac{b}{a}\sigma_y$$

式中：σ_y 为 y 轴方向应力；d_{12}为 y 轴向压电系数；a、b 分别为晶体切片的长度和厚度。

以上的压电系数均为常数，根据石英晶体轴的对称条件，x 与 y 两个方向有压电系数大小相同，电荷极性相反的特征，即

$$d_{11} = -d_{12}$$

石英晶体的上述特征与内部分子结构有关，按石英晶体分子式，每个晶格单元中含有硅离子和氧离子，硅离子和氧离子成正六边形排列，图 7-4a 是它们在垂直 z 轴的 x、y 坐标平面投影。图中“(+)”代表硅离子，“(-)”代表氧离子。当石英晶体没有受到外力作用时，正负离子分布在六边形顶角，形成三个大小相等、互成 120°夹角的电偶极矩 p_1、p_2、p_3，电偶极矩的大小为

$$p = ql$$

式中：q 为电荷量；l 为正负电荷间的距离。

由于 3 个电偶极矩 $p_1 = p_2 = p_3$ 矢量和等于零，即 $p_1 + p_2 + p_3 = 0$，因此晶体表面不产生电荷，石英晶体呈中性。

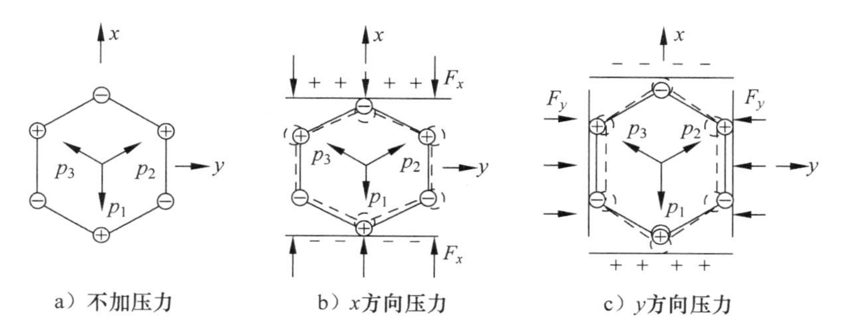

图 7-4　石英晶体压电效应机理示意图

当晶体受沿 x 轴方向作用力 F_x 时，晶体沿 x 方向压缩形变，使正负离子的相对位置随之改变，正负电荷中心不重合，如图 7-4b 所示。由于 p_1 减小，p_2、p_3 增大，电偶极矩在 x 轴方向的分量不再等于零而是大于零，即$(p_1 + p_2 + p_3) > 0$，而是在 x 轴的正方向出现正电荷，在 x 轴的负方向出现负电荷。由于电偶极矩在 y 轴和 z 轴方向分量仍为零，因此 y 轴和 z 轴晶体表面不会出现电荷。

当晶体受沿 y 轴方向的作用力 F_y 时，晶体沿 y 方向压缩形变，如图 7-4c 所示。由于 p_1 增大，p_2、p_3 减小，这时电偶极矩在 y 轴方向的分量小于零，即$(p_1 + p_2 + p_3) < 0$，在 x 轴的正方向出现负电荷，而在 x 轴的负方向出现正电荷，电偶极矩在 y 轴和 z 轴方向分量仍为零，不出现电荷。

当晶体受沿 z 轴方向有压缩应力或拉伸应力时，晶体沿 x、y 方向产生相同变形，正负电荷中心处于重合状态，电偶极矩在 x 轴和 y 轴方向的分量均等于零。因此沿 z 轴方向施加作用力时，石英晶体不产生压电效应。

同理，如果上述情况沿 x、y 轴方向施加相反方向的作用力时，x 轴的正负方向出现的电荷极性与上述情况相反。

7.2.2　压电陶瓷

与石英晶体不同，压电陶瓷是人工制造的多晶体压电材料，材料的内部晶粒有许多自发极化的电畴，这些电畴具有一定的极化方向。压电陶瓷在未进行极化处理时，不具有压电效应，是非压电体。压电陶瓷极化后才具有压电特性，并且它的压电效应非常明显，具有很高的压电系数，是石英晶体的几百倍。

压电陶瓷的电畴结构见图 7-5a。它与铁磁材料磁畴结构类似，晶体极化前，每个自发形成的小区域都有一定的极化方向，从而存在一定的电场。无电场作用时，电畴在晶体中是杂乱分布的，极化被相互抵消，晶体呈中性，不产生压电效应。

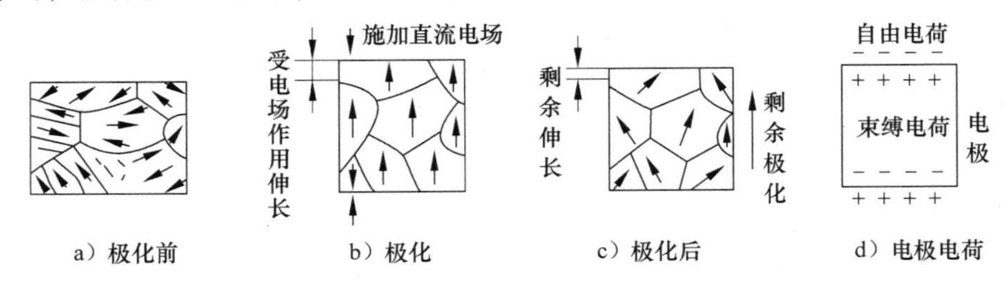

图 7-5 压电陶瓷极化过程示意图

为使压电陶瓷具有压电效应，必须在一定条件下对其进行极化处理，给压电陶瓷施加外加电场使电畴规则排列，使其具有压电特性。外加电场的方向是压电陶瓷的极化方向，如图 7-5b 所示。施加外电场时，电畴的极化方向发生转动，所以电畴趋向外电场方向排列，外电场越强，转向外电场的电畴越多，外电场强度达到饱和程度时，所有的电畴与外电场一致。外电场去掉后，电畴极化方向基本保持原极化方向不变，压电陶瓷的极化强度不为零，而是存在很强的剩余极化强度，如图 7-5c 所示。这时，在与极化方向垂直的两个端面上将分别出现正、负极性的束缚电荷，它们吸附空气中的自由电荷后对外不显电性，如图 7-5d 所示。此时，若晶体电极受沿极化方向压缩力作用时，产生压缩变形，束缚电荷间距离变小，电畴发生偏移，引起剩余极化强度变化(变小)，表面自由电荷有部分释放呈现放电现象，在极化面上产生电荷的变化，这就是压电陶瓷产生压电效应的原因。当作用力撤销后，恢复原状。压电陶瓷产生电荷量大小与外作用力成正比关系，外应力与电荷的关系可近似表示为

$$q = d_{33}\sigma$$

式中：σ 为外应力；d_{33}是压电陶瓷的纵向压电常数，$d_{33}=190\times10^{-12}$(C/N)。

压电陶瓷独立的压电系数有 3 个，即

$$d_{33}=190\times10^{-12}\,(\text{C/N})$$

$$d_{31}=d_{32}=-0.41d_{33}=-78\times10^{-12}\,(\text{C/N})$$

$$d_{15}=250\times10^{-12}\,(\text{C/N})$$

比较石英晶体 d_{12}、d_{11}，压电陶瓷的纵向压电常数 d_{33}大得多，所以压电陶瓷制作的传感器灵敏度高。目前人造晶体逐渐被淘汰，压电传感器更多采用压电陶瓷，常用的优能压电陶瓷是锆钛酸铅(PZT)，它具有很高的介电常数，工作温度可达 250℃。常用压电材料主要性能参数对比见表 7-1。

表 7-1 压电材料的主要性能参数

性能参数 \ 压电材料	石英	钛酸钡	锆钛酸铅 PZT—4	锆钛酸铅 PZT—5	锆钛酸铅 PZT—8
压电系数/(pC/N)	$d_{11}=2.31$ $d_{14}=0.73$	$d_{15}=260$ $d_{31}=-78$ $d_{33}=190$	$d_{15}\approx410$ $d_{31}=-100$ $d_{33}=230$	$d_{15}\approx670$ $d_{31}=185$ $d_{33}=600$	$d_{15}=330$ $d_{31}=-90$ $d_{33}=200$
相对介电常数(ε_r)	4.5	1200	1050	2100	1000

（续）

性能参数＼压电材料	石英	钛酸钡	锆钛酸铅 PZT—4	锆钛酸铅 PZT—5	锆钛酸铅 PZT—8
居里点温度/℃	573	115	310	260	300
密度/(10^3kg/m^3)	2.65	5.5	7.45	7.5	7.45
弹性模量/(10^9N/m^2)	80	110	83.3	117	123
机械品质因数	10^5 ~ 10^6		≥500	80	≥800
最大安全应力/(10^5N/m^2)	95 ~ 100	81	76	76	83
体积电阻率/(Ω·m)	$>10^{12}$	10^{10}(25℃)	$>10^{10}$	10^{11}(25℃)	
最高允许温度/℃	550	80	250	250	
最高允许湿度/%	100	100	100	100	

另外，极化后的压电陶瓷由于受温度影响，又使压电特性减弱。刚刚极化后的压电陶瓷特性不是很稳定，经两三个月 d_{33}才近似常数，经两年后，d_{33}又会下降，所以这种传感器要注意校准修正。

7.2.3 聚偏氟乙烯压电材料

石英晶体和压电陶瓷是性能较好的压电材料，但共同的缺点是，密度大、质地硬、易碎、不耐冲击、难以加工。目前利用新型高分子压电材料，例如聚偏二氟乙烯(PVF_2)、聚氟乙烯(PVF)、聚氯乙烯(PVC)制作的压电薄膜能很好地克服这一缺陷。

高分子材料的分子链中 C-F 键具有极性，有一定的偶极矩。通常晶胞内的极矩相互抵消整体不显极性，没有压电效应，必须经过特殊处理，经过拉伸和极化过程才会具有良好的压电效应。聚偏氟乙烯的分子结构和极化过程示意图分别见图 7-6a ~ d。利用这些材料可以做成轻小柔软的压电元件，它们的压电灵敏度高，如 PVF_2 压电薄膜压电灵敏度比 PZT 压电陶瓷大 17 倍。

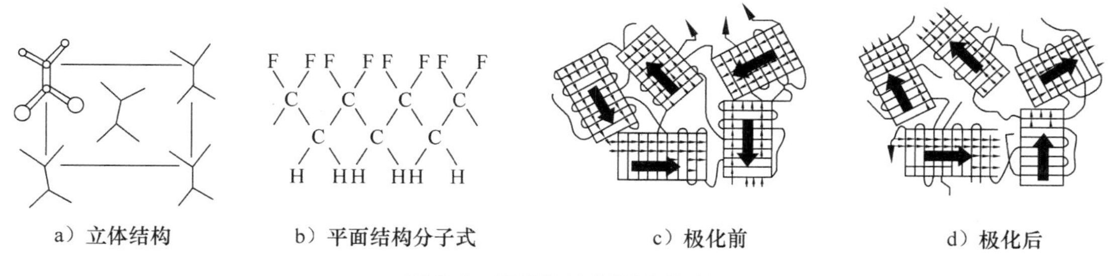

a）立体结构　b）平面结构分子式　c）极化前　d）极化后

图 7-6　聚偏氟乙烯压电效应

7.3 测量电路

7.3.1 压电元件结构

在实际应用中，为提高压电元件的灵敏度，使表面有足够的电荷，压电传感器中的压电片不是一片，常常把两片(或四片)压电晶片组成在一起使用。由于压电片的电荷具有极性，因此存在连接方式。

双片连接时，单片晶片受拉或受压时表面电荷极性不同(相反)。若按不同极性⊕⊖⊕⊖粘贴，如图 7-7a 所示，内外分别用引线引出输出电极。当压电片受力变形时，上片受拉力，下片受压力，两压电晶片上负电荷集中在中间电极上，正电荷聚集在两外电极上，相当于两个压电片(电容)并联。引线电极的输出电容为单电容的两倍，极板上电荷量是单片的两倍，但输出电压与单片相等，这种方式连接的电容、电荷、电压可分别表示为

$$C' = 2C,\quad Q' = 2Q,\quad U' = U$$

如果按相同极性⊕⊖⊖⊕粘贴，如图 7-7b 所示，两片晶体的外表面引线作为输出电极，当压电片受力时，两晶体上电荷均为上正下负，中间极板正负电荷抵消呈中性，相当于两个压电晶片(电容)串联。引线电极上输出总电容为单片电容的一半，输出电荷与单片电荷相等，输出电压是单片的两倍，这种方式连接的电容、电荷、电压可分别表示为

$$C' = C/2,\quad Q' = Q,\quad U' = 2U$$

为改善机电耦合性能，两陶瓷片之间用导电胶粘连，通常采用金属薄片胶合在一起。

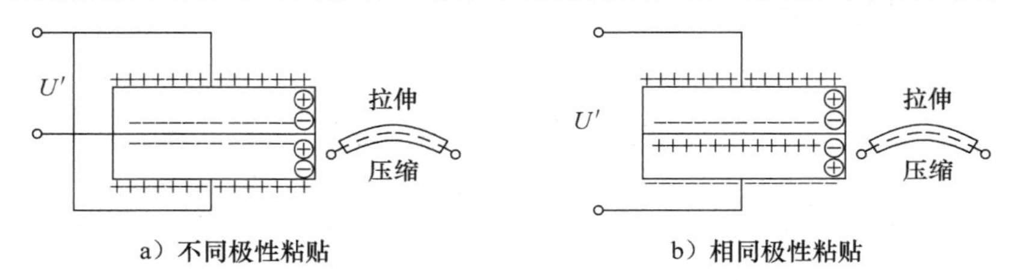

图 7-7　压电片的连接方式

7.3.2　压电传感器等效电路

压电传感器的压电元件在受到外力作用时，会在一个电极表面聚集正电荷，在另一个表面聚集负电荷，因此压电式传感器可以看成一个电荷发生器或者一个电容器。若已知压电片面积为 S，压电片厚度为 b，压电材料的相对介电常数为 ε，等效电容器的电容值应写为

$$C_a = \frac{\varepsilon S}{b}$$

压电元件两侧电荷的开路电压可等效为一电压源与电容串联，或等效为一电荷源和电容并联。电容上的电压 U、电荷 Q 与等效电容 C_a 三者关系为

$$U = \frac{Q}{C_a}$$

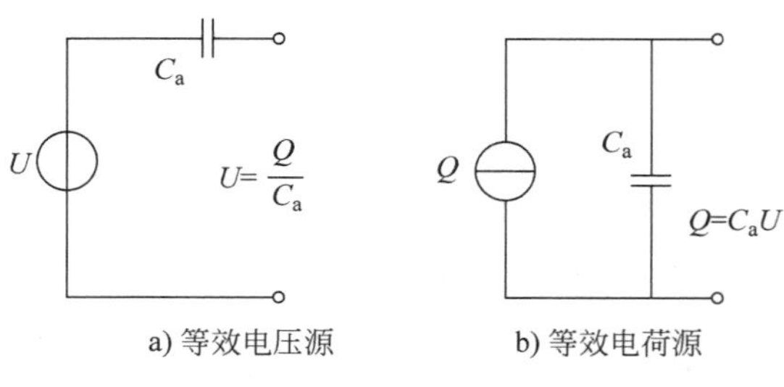

图 7-8　压电传感器等效电路

压电元件作为压力传感器使用时，有两种等效电路形式，如图 7-8 所示。图 7-8a 为电压源等效电路，图 7-8b 是电荷源等效电路。从等效电路可知，只有在外电路负载 R_L

无穷大，且内部无漏电时，受力产生的电荷或电压才能长期保存下来，如果负载不是无穷大（$R_L \neq \infty$），电路将以 $R_L C_a = \tau$ 时间将按指数规律放电，若输出电路的响应时间过长，必然带来测量误差。实际上传感器内部不可能没有泄漏，负载也不可能无穷大，只有在工作频率较高时，传感器电荷才能得以补充。从这个意义上说，压电式传感器不适宜做静态信号测量。

实际应用中，压电式传感器在连接测量电路时，还要考虑连接电缆的等效电容 C_c、前置放大器输入电阻 R_i、输入电容 C_i 以及传感器泄漏电阻 R_a 的影响。压电传感器泄漏电阻 R_a 与前置放大器输入电阻 R_i 并联，为保证传感器具有一定的低频响应，要求传感器的泄漏电阻在 $10^{12}\Omega$ 以上，使 $R_L C_a$ 足够大。与此相适应，测试系统应有较大的时间常数 τ，要求前置放大器有相当高的输入阻抗。图7-9为压电式传感器电压源与电荷源的实际等效电路。

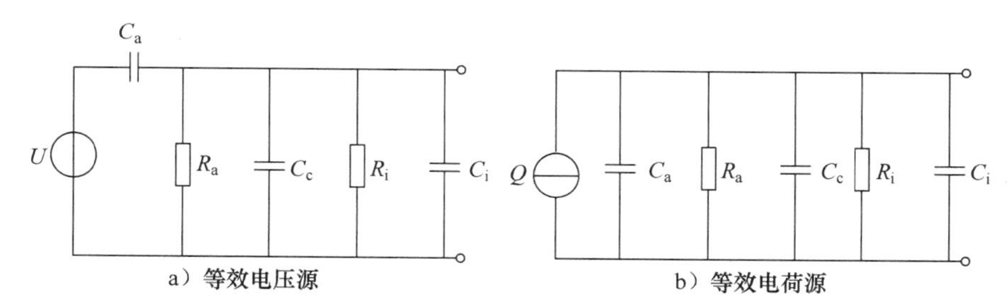

图7-9　压电传感器实际等效电路

既然压电传感器可以等效为电压源或电荷源，那么传感器的灵敏度也应该有两种表示方式。电压灵敏度为单位外力作用下压电元件产生的电压，即 $K_u = U/F$；电荷灵敏度为单位外力作用下压电元件产生的电荷，即 $K_q = Q/F$。电压灵敏度与电荷灵敏度之间的关系可写为 $K_u = K_q/C_a$ 或 $K_q = K_u C_a$。

7.3.3　压电传感器测量电路

压电传感器的输出信号很弱，内阻很高，需要低噪声电缆传输，要求前置放大器有相当高的输入阻抗。前置放大电路有两个作用，一是放大微弱的信号，二是阻抗变换（将传感器高阻输出变换为低阻输出）。根据等效电路，压电元件输出可以是电压源，也可以是电荷源，因此，前置放大器也有两种形式，即电压放大器和电荷放大器。

1. 电压放大器（阻抗变换器）

压电传感器与电压放大器连接的等效电路如图7-10所示。

如果压电元件沿电轴为正弦作用力变化时，即 $F = F_m \sin\omega t$（F_m 为作用力幅值，ω 为工作频率），所产生的电荷与电压也按正弦规律变化为

$$u = \frac{dF_m}{C_a}\sin\omega t$$

其电压幅值为 $U_m = dF_m/C_a$，放大器输入端电压 U_i 用向量形式表示为

$$\dot{U}_i = dF_m \frac{j\omega R}{1 + j\omega R(C_a + C_c + C_i)}$$

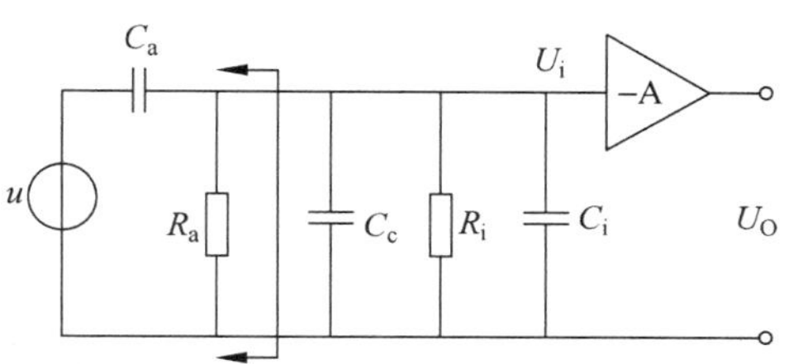

图7-10　电压放大器等效电路

输入信号的幅值为

$$U_{\mathrm{im}}(\omega)=\frac{dF_{\mathrm{m}}\mathrm{j}\omega R}{\sqrt{1+\omega^{2}R^{2}(C_{\mathrm{a}}+C_{\mathrm{c}}+C_{\mathrm{i}})^{2}}}$$

输入信号电压与作用力之间的相位差为

$$\varphi(\omega)=\frac{\pi}{2}-\arctan\omega(C_{\mathrm{a}}+C_{\mathrm{c}}+C_{\mathrm{i}})R$$

式中，$R=R_{\mathrm{a}}//R_{\mathrm{i}}$，当 $\omega R(C_{\mathrm{a}}+C_{\mathrm{c}}+C_{\mathrm{i}})\gg 1$ 或 $\omega\to\infty$ 时的理想情况条件下，输入电压幅值可写为

$$U_{\mathrm{im}}(\infty)\approx\frac{dF_{\mathrm{m}}}{C_{\mathrm{a}}+C_{\mathrm{c}}+C_{\mathrm{i}}}$$

传感器的电压灵敏度可表示为

$$K_{\mathrm{u}}=\frac{U_{\mathrm{im}}}{F_{\mathrm{m}}}=\frac{d}{C_{\mathrm{a}}+C_{\mathrm{c}}+C_{\mathrm{i}}}$$

电压放大器实际输入的电压与理想的输入电压的比值称相对幅频特性，由此来表征传感器输出对输入的相应特性，即

$$\frac{U_{\mathrm{im}}(\omega)}{U_{\mathrm{im}}(\infty)}=\frac{\omega R(C_{\mathrm{a}}+C_{\mathrm{c}}+C_{\mathrm{i}})}{\sqrt{1+\omega^{2}R^{2}(C_{\mathrm{a}}+C_{\mathrm{c}}+C_{\mathrm{i}})^{2}}}$$

令 τ 为电压放大器输入回路的时间常数

$$\tau=R(C_{\mathrm{a}}+C_{\mathrm{c}}+C_{\mathrm{i}})$$

相对幅频特性表示为

$$\begin{cases}\dfrac{U_{\mathrm{im}}(\omega)}{U_{\mathrm{im}}(\infty)}=\dfrac{\omega\tau}{\sqrt{1+(\omega\tau)^{2}}}\\[2ex]\varphi=\dfrac{\pi}{2}-\arctan(\omega\tau),\quad\varphi<(90^{\circ}-70^{\circ})\end{cases}$$

对上述结果讨论如下：

1）当输入信号频率 $\omega=0$ 时，电压放大器输入信号为零，即 $U_{\mathrm{i}}=0$；所以压电传感器不能测量静态物理量。

2）当 $\omega R(C_{\mathrm{a}}+C_{\mathrm{c}}+C_{\mathrm{i}})\gg 1$ 时，放大器的输入信号幅值逐渐接近理想条件，一般认为当 $\omega\tau\geqslant 3$ 时，可近似看作输入信号 U_{i} 与作用力 F 的频率无关，说明电压的放大器高频响应好，动态特性好，这是电压放大器的突出优点。

3）若下限工作频率已确定，设下限工作频率 $f_{\mathrm{L}}=3/(2\pi R_{\mathrm{i}}C_{\mathrm{i}})$，时间常数应满足 $\tau\geqslant 3/\omega_{\mathrm{L}}$，提高低频响应的办法是增大 τ，但传感器的电压灵敏度与电容成反比关系，所以不能单靠增加输入电容解决问题。实际办法是增大前置输入回路电阻 R_{i}，R_{i} 增大后可改善低频响应，所以电压放大器要求具有高输入阻抗。

4）从式 $K_{\mathrm{u}}=d/(C_{\mathrm{a}}+C_{\mathrm{c}}+C_{\mathrm{i}})$ 可见，连接电缆的分布电容 C_{c} 影响传感器灵敏度，仪器使用时只要更换电缆就要重新标定传感器，测量系统对电缆长度变化很敏感，这是电压放大器的缺点。

电压放大器实例如图7-11所示，图7-11是用场效应管实现的高阻抗匹配放大自举反馈电路，实质是一个阻抗变换电路。VT场效应管构成跟随器，R_1、R_2 分压经输入电阻 R_g 耦合作场效应管偏置。观察 R_g 两端电压，信号经 C_1 耦合到 R_g 的A端，由于场效应管的跟随作用，使S(源)G(栅)间电压大小近似相等并且相位相同，输入信号经 C_2 耦合到 R_g 的B端，这时 R_g 两端电压近相等，R_g 上的电流很小，意味着场效应管的输入阻抗并没有因分压电路而降低。

2. 电荷放大器

为解决压电式传感器电缆分布电容对传感器灵敏度的影响和低频响应差的缺点，可采用电荷放大器与传感器连接。压电式传感器与电荷放大器连接的等效电路如图7-12所示。

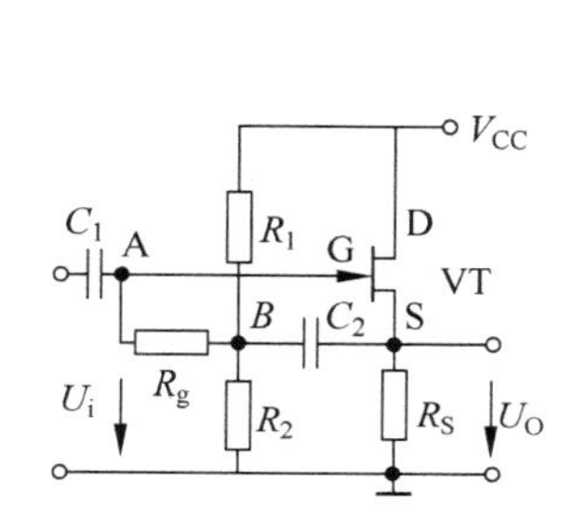

图7-11　电压放大器自举电路

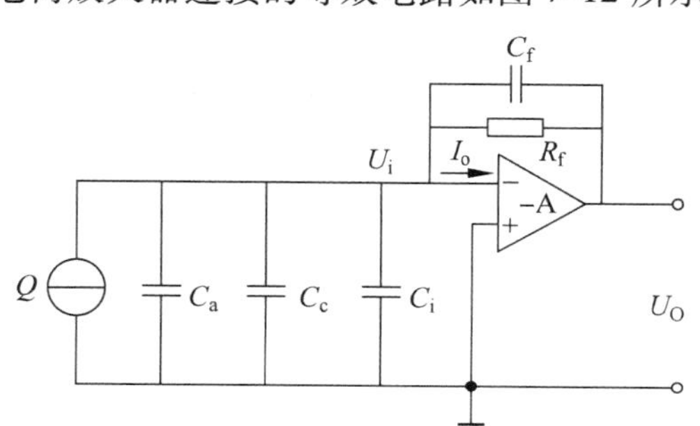

图7-12　电荷放大器等效电路

电荷放大器实际上是一个具有深度负反馈的高增益运算放大器。图中 C_f 和 R_f 分别为电荷放大器的反馈电容和反馈电阻。理想情况下，放大器的输入电阻和反馈电阻都等于无穷大。因此可以忽略 R_a、R_i、R_f，电荷放大器输出电压近似为反馈电容上电压，即

$$U_O = -U_iA \approx U_{C_f}$$

C_f 的作用相当于改变了输入阻抗，根据密勒定理也可将放大器反馈电容折合到输入端，即可等效为 $C_f' = (1+A)C_f$，该电容与 $(C_a+C_c+C_i)$ 相并联，求得电荷放大器输出电压为

$$U_O \approx -\frac{-AQ}{C_a + C_c + C_i + (1+A)C_f}$$

通常放大器增益 $A = 10^4 \sim 10^8$，满足 $(1+A)C_f > 10(C_a+C_c+C_i)$，因此可认为电荷放大器输出电压近似为反馈电容上电压，即

$$U_O \approx -Q/C_f$$

上式说明，电荷放大器的输出电压直接与传感器电荷量 Q 成正比，与电容 C_f 成反比。并且输出电压 U_O 与电缆电容 C_c 无关，电缆电容变化不影响传感器灵敏度，这是电荷放大器的优点，使用电荷放大器时电缆长度变化影响可忽略，并允许使用长电缆。但实际的电荷放大器电路复杂、价格较贵。

7.4 压电传感器的应用

目前应用较多的压电式传感器主要有加速度传感器、压电式力传感器和压力传感器。压电元件的电路符号如图7-13所示。

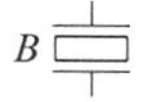

图7-13　压电元件电路符号

7.4.1 压电加速度计传感器

各种压电式加速度计传感器原理结构如图 7-14 所示。压电加速度计传感器主要由压电元件、质量块、基座及外壳等组成。传感器固定安装在壳内，当传感器和被测物体一起受到振动时，压电元件受质量块惯性的作用，根据牛顿第二定律，惯性力是加速度的函数。惯性力作用在压电元件上，产生正比于加速度的电荷，当传感器选定后，质量 m 为常数，输出电荷为 $q = dF = dma$，电荷大小与加速度成正比。根据电荷或电压就可知道加速度的大小。

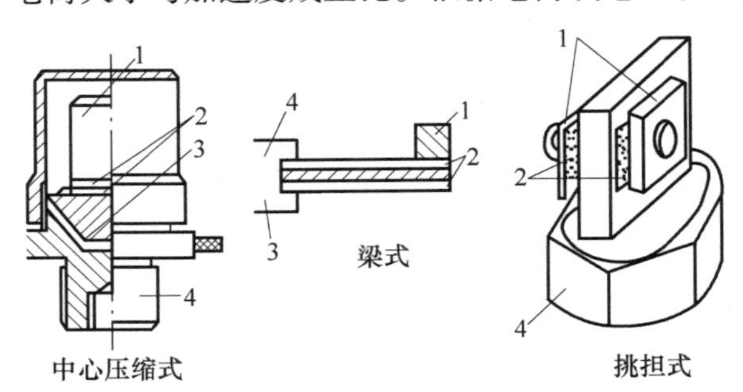

图 7-14 压电加速度计原理结构
1—质量块；2—晶体；3—引线；4—基座

7.4.2 压电式玻璃破碎报警器

BS-D2 压电式玻璃破碎传感器的外形及内部电路如图 7-15a 所示。BS-D2 压电式传感器是专门用于检测玻璃破碎的一种传感器，它利用压电元件对振动敏感的特性来感知玻璃受撞击和破碎时产生的振动波。传感器的最小输出电压为 100mV，最大输出电压为 10V，内阻抗为 15 ~ 20kΩ。压电式玻璃破碎报警器电路原理框图如图 7-15b 所示，传感器把振动波转换成电压输出，输出电压经放大、滤波、比较等处理后提供给报警系统。

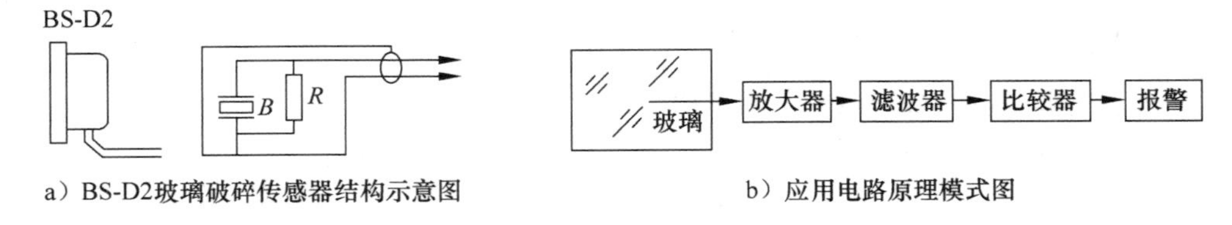

图 7-15 BS-D2 压电式玻璃破碎传感器

使用时传感器粘贴在玻璃上，然后通过电缆和报警电路相连。为了提高报警器的灵敏度，信号经放大后，需带通滤波器进行滤波，要求它对选定的频带的衰减要小，而频带外衰减要尽量大。由于玻璃振动的波长在音频和超声波的范围内，这就使滤波器成为电路中的关键。只有当传感器输出信号高于设定的阈值时，才会输出报警信号驱动报警执行机构工作。玻璃破碎报警器可广泛用于文物保管、贵重商品保管及智能楼宇中的防盗报警装置。

7.4.3 压电引信

压电引信是利用压电元件制成的弹丸起爆装置。它的特点是：触发度高、安全可靠、不需要安装电源系统，常用于破甲弹电路装置上。压电引信对弹丸的破甲能力起着极重要的作用。破甲弹上的引信结构如图7-16a所示，引信由压电元件和起爆装置两部分组成，压电元件安装在弹丸的头部，起爆装置在弹丸的尾部，通过引线连接。

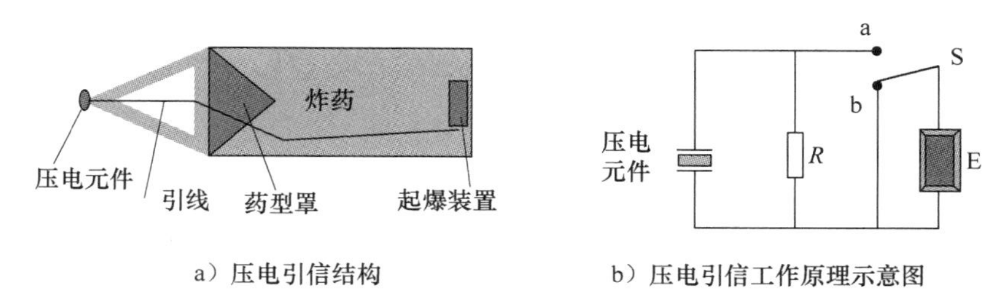

a）压电引信结构　　b）压电引信工作原理示意图

图7-16　破甲弹上的压电引信结构

工作原理如图7-16b所示，平时电雷管(E)处于短路保险安全状态，压电元件即使受压，产生的电荷也会通过电阻(R)释放，不会触发雷管引爆。而弹丸一旦发射，起爆装置将解除保险状态，开关(S)从断开状态处b转换至接通状态a，处于待发状态。当弹丸与装甲目标相遇时，碰撞力使压电元件产生电荷，通过导线将电信号传给电雷管使其引爆，并引起弹丸爆炸，能量使药型罩融化形成高温高速的金属流，将钢甲穿透。

思考题

7.1　什么是压电效应？什么是正压电效应和逆压电效应？

7.2　石英晶体和压电陶瓷的压电效应有何不同之处？为什么说PZT压电陶瓷是优能的压电元件？比较几种常用压电材料的优缺点，并说出它们各自适用于什么场合。

7.3　压电传感器能否用于静态测量？试结合压电陶瓷加以说明。

7.4　压电元件在使用时常采用多片串联或并联的结构形式。试述在不同接法下输出电压、电荷、电容的关系，它们分别适用于何种应用场合。

7.5　电压放大器和电荷放大器本质上有何不同，电荷放大器和电压放大器各有何特点？它们各自适用于什么情况？

7.6　已知电压前置放大器输入电阻及总电容分别为$R_i=1\mathrm{M\Omega}$，$C_i=100\mathrm{pF}$，求与压电加速度计相配，测1Hz振动时幅值误差是多少。

7.7　已知电压式加速度传感器阻尼比$\xi=0.1$。若其无阻尼固有频率$f_0=32\mathrm{kHz}$，要求传感器输出幅值误差在5%以内，试确定传感器的最高响应频率。

7.8　某压电加速度计，供它专用电缆的长度为1.2m，电缆电容为100pF，压电片本身电容为1000 pF。出厂标定电压灵敏度为100V/g，若使用中改用另一根长2.9m电缆，其电容量为300pF，其电压灵敏度如何改变？

7.9　为什么压电器件一定要高阻抗输出？

7.10　用石英晶体加速度计及电荷放大器测量加速度，已知：加速度计灵敏度为5PC/g，电荷放大器灵敏度为50mV/PC，当机器加速度达到最大值时，相应输出电压幅值为2V，试求该机器的振动加速度。

第 8 章　光电效应及光电器件

光电技术是将传统光学技术与现代微电子技术和计算机技术紧密结合在一起的高新技术，是获取光信息或者借助光来提取其他信息，如力、温度、位移、速度等物理量的重要手段。光敏传感器好比人的眼睛，是所有传感器应用较广泛的一种，当前光电管、光电池、光敏管、固体成像器件、光导纤维等光电器件在各个领域的广泛使用就是光电技术迅速发展的标志。

光敏传感器是将被测量的变化通过光信号(如光强、光频率等)变化转换成电信号。光电式传感器具有非接触、快速、结构简单、性能可靠等优点，广泛应用于自动控制、智能设备、导航系统、广播电视等各个领域。近年来，半导体光敏传感器由于体积小、重量轻、低功耗、灵敏度高、便于集成的特点，越来越受到重视。

本章在阐述光电效应和各种光电现象的基础上，着重介绍常用光敏传感器的结构原理与特性参数。为联系光电器件在实际中的应用，本章较详细地介绍了光电信号的输出方式和应用实例。

8.1　光电效应

光电器件的工作原理是利用各种光电效应。光照射在某些物质上，使该物质吸收光能后，电子的能量和电特性发生变化，这种现象称为光电效应。光电效应可分为两大类，即外光电效应和内光电效应，内光电效应又分为光电导效应和光生伏特效应两种，具有检测光信号功能的材料称为光敏材料，利用这种材料做成的器件称光敏器件。

8.1.1　外光电效应

在光线作用下，物体内的电子逸出物体表面向外发射的现象称为外光电效应。向外发射的电子叫作光电子。光子是具有能量的基本粒子，光照射物体时，可以看成具有一定能量的光子束轰击这些物体。每个光子具有的能量可由下式确定

$$E = h\nu$$

式中：$h = 6.626\times10^{-34}$(J·s)为普朗克常数；ν(s^{-1})为光的频率。

根据爱因斯坦假设：一个光子的能量只能给一个电子，要使电子逸出物体表面，需对其做功以克服对电子的约束。设电子质量为 m，电子逸出物体表面时的速度为 v_0，一个光电子逸出物体表面时具有的初始动能为 $mv_0^2/2$，根据能量守恒定律，光子能量与电子的动能有如下关系

$$E = h\nu = \frac{1}{2}mv_0^2 + A_0$$

式中，A_0 为电子的逸出功。

如果光子的能量 E 大于电子的逸出功 A_0，超出的能量部分则表现为电子逸出的动能。

电子逸出物体表面时产生光电子发射，并且光的波长越短，频率越高，能量大。光电子能否逸出物体表面产生光电效应，取决于光子的能量是否大于该物体表面的电子逸出功。

不同的物质具有不同的逸出功，这表示每一种物质都有一个对应的光频阈值，称为红限频率或长波限。光线频率如果低于红限频率，其能量不足以使电子逸出，光强再大也不会产生光电子发射；反之，入射光频率如果高于红限频率，即使光线很微弱也会有光电子射出。当入射光的频谱成分不变时，产生的光电流与光强成正比，光强愈强，入射光子的数目越多，逸出的电子数目也就越多。由于光电子逸出物体表面具有初始动能，因此光电管(外光电器件)在不加阳极电压时也会有光电流产生，为使光电流为零，必须给器件加反向的或负的截止电压。

8.1.2　内光电效应

光在半导体中传播时具有衰减现象，即产生光吸收。理想半导体在绝对温度时，价带完全被电子占满，价带的电子不能被激发到更高的能级，电子能级示意图如图 8-1 所示。当一定波长的光照射到半导体时，电子吸收足够能量的光子，从价带跃迁到导带形成电子-空穴对。

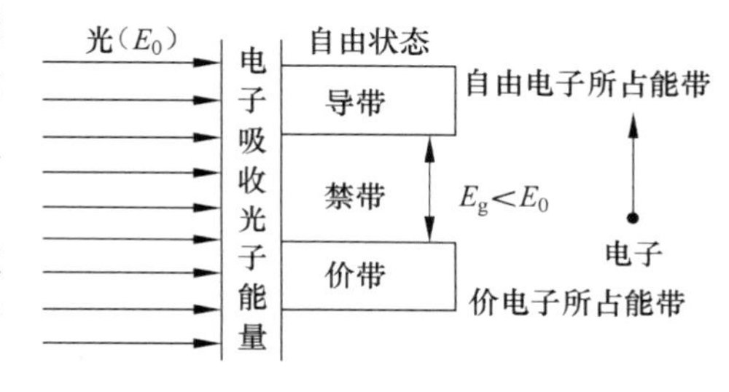

图 8-1　电子能级示意图

当光线照在物体上，使物体的电导率发生变化或产生光生电动势的现象叫作内光电效应，所以内光电效应又分为光电导效应和光生伏特效应。

1. 光电导效应

入射光强改变物质导电率的物理现象称光电导效应。几乎所有高电阻率半导体都有光电导效应，这是由于在入射光线作用下，电子吸收光子能量，电子从价带被激发到导带上，过渡到自由状态，同时价带也因此形成自由空穴，使导带的电子和价带的空穴浓度增大，电阻率减少。为使电子从价带激发到导带，入射光子的能量 E_0 应大于禁带宽度 E_g。基于光电导效应的光电器件有光敏电阻。

2. 光生伏特效应

光照时物体中能产生一定方向电动势的现象叫光生伏特效应。光生伏特效应是半导体材料吸收光能后，在 P-N 结上产生电动势的效应。那么为什么 P-N 结会因光照产生光生伏特效应呢？为说明问题，我们把光生伏特效应分为以下两种情况讨论。

（1）不加偏压的 P-N 结

如图 8-2 所示，当 P-N 结不加偏压，光照射在 P-N 结时，如果入射光子的能量大于半导体禁带宽度，使价带中电子跃迁到导带，可激发出光生的电子-空穴对，在 P-N 结阻挡层的内电场作用下被光激发的空穴移向 P 区，电子移向 N 区，结果使得 P 区带正电，N 区带负电，形成一定强度的电场，这个电场产生的电压就是光生伏特效应产生的光生电动势。基于这种效应的器件有光电池。

（2）处于反偏的 P-N 结

如图 8-3 所示，P-N 结处于反向偏置。无光照时 P 区电子和 N 区空穴很少，反向电阻很大，反向电流很小；当有光照时，光生电子-空穴对在 P-N 结内电场作用下，P 区电子穿过 P-N结会移向 N 区，N 区空穴穿过 P-N 结进入 P 区，各自向反方向运动，光生的载流子在外电场作用下形成光电流，电流方向与反向电流方向一致，并且光照越大，光电流越大。具有这种性能的器件有光敏二极管和光敏三极管。从原理上讲，不加偏压的光敏二极管就是光电池。

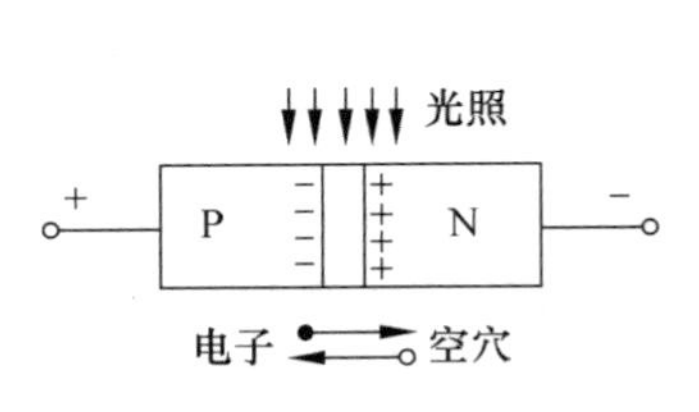

图 8-2　不加偏压的 P-N 结

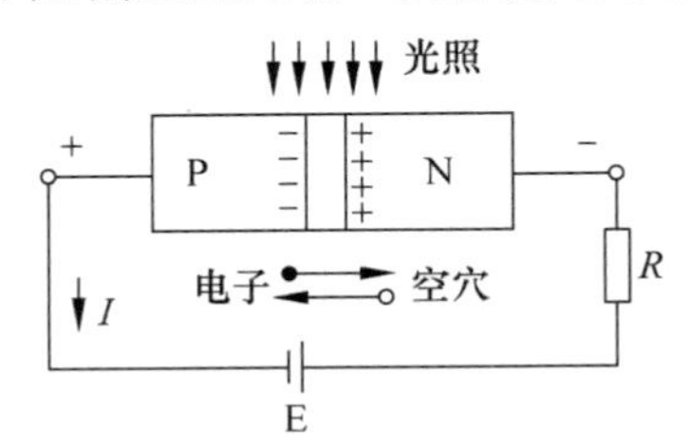

图 8-3　处于反向偏压的 P-N 结

8.2　光电器件

光电器件种类很多，基于外光电效应的器件有光电管、光电倍增管等；基于内光电效应的光敏器件有光敏电阻、光敏二极管、光敏三极管、光电池等。下面分别介绍基于这两种效应的普通光电器件。

8.2.1　光电管

光电管是一个抽成真空或充满惰性气体的玻璃管，内部有光阴极和阳极，光阴极涂有光敏材料。光电管的基本工作原理、外形结构及电路符号如图 8-4 所示。

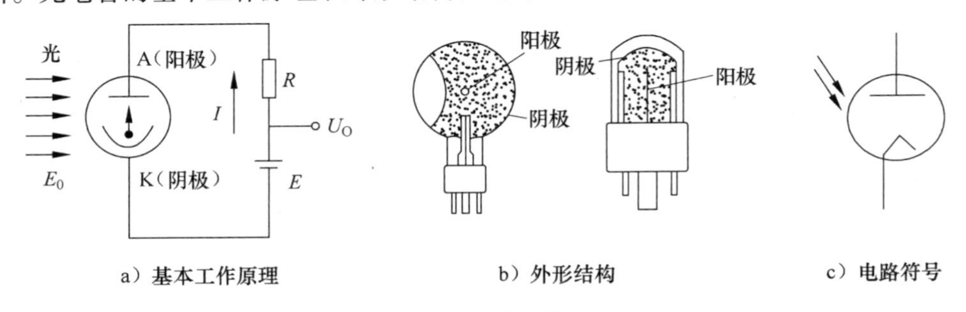

图 8-4　光电管

当光线照射在光敏材料上时，如果光子的能量大于电子的逸出功，就会有电子逸出产生电子发射。电子被带有正电的阳极吸引加速，在光电管内形成电子流，电流在电阻上产生正比于光电流大小的压降。因此负载电阻上输出电压与光强成正比。目前光电管主要用于各种光学自动装置，光电比色计等分析仪器。

8.2.2　光电倍增管

光照很弱时，光电管从光阴极发射出的光电子产生的电流很小，在某些应用场合，为提高灵敏度常常使用光电倍增管。如核探测仪器中的闪烁探测器，就是使用光电倍增管作为光电传感元件。

1. 光电倍增管结构

光电倍增管外形分为侧面探测窗和顶部探测窗，如图 8-5a 所示。光电倍增管由光阴极、阳极、倍增极组成，结构原理如图 8-5b 所示。光电倍增管与普通光电管不同，它在光阴极和阳极之间加了许多倍增极，通常为 12～14 级，多的可达 30 级。光电倍增极上涂有一种材料(锑化铯、氧化银镁合金等)，可使倍增极在电子轰击下放射出更多“次级电子”。阳极的作用是收集倍增极末级发射的二次电子，并向外输出电流。

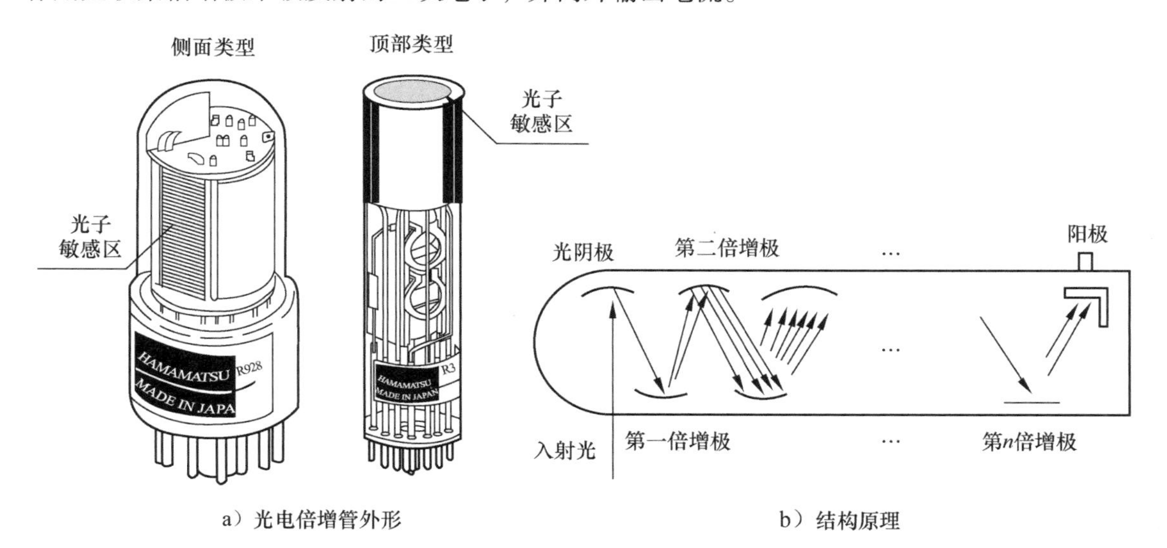

a）光电倍增管外形　　b）结构原理

图 8-5　光电倍增管

2. 光电倍增管工作原理

光电倍增管电路工作原理如图 8-6 所示，它利用二次电子释放效应，将光电信号在管内进行放大。所谓二次电子释放是指高速电子撞击固体表面，再发出二次电子的现象。

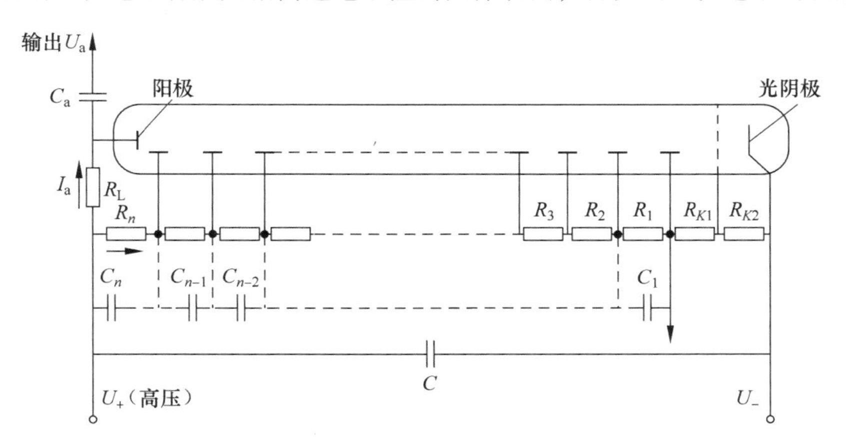

图 8-6　光电倍增管电路工作原理图

光电倍增管通常工作在几百至上千伏的高压下，一般电压为 1000～2500V，光阴极电压最低，阳极电压最高。每个相邻倍增极间分压加有 100～200V 电位差，通过分压电阻向各极提供电压。光照很弱时，从光阴极发出的光电子产生的电流很小，在电场的加速作用下，电子打在金属电极上引起倍增极的二次电子发射，第一级每个电子能从倍增极上打出 3～6 个次级电子，在高压作用下倍增极使电子再次加速倍增，电子流逐渐升高，最后到达阳极的

电流增益在 $10^5 \sim 10^6$ 数量级，相当于一个电子激发出十万个到百万个电子数目。光电倍增管可将阴极的光电流放大几万至几百万倍，所以光电倍增管的灵敏度比普通光电管高得多。

3. 光电倍增管主要参数

光电倍增管的放大性能用倍增系数 K 衡量，倍增极外加电压 U_d 与增益 G 关系近似表示为

$$G = KU_d^N$$

式中，N 是光电倍增管倍增极数，N 个倍增极之间的电压差 U_d 相等。

光电倍增管的增益变化量为

$$\Delta G/G = N(\Delta U_d/U_d)$$

由上式可见，外加电压 U_d 的变化会引起光电倍增管增益的变化，如果外加电压波动，增益也会产生波动，对输出的影响很大，因此系统对供给光电倍增管的工作电源电压要求较高，必须有极好的稳定性。

实际应用时，光电倍增管的光阴极前配装一块闪烁体就构成闪烁计数器。闪烁体接收宇宙射线的照射后，光电倍增管会有电流信号输出，这个电流称为暗电流，计数值称为本底脉冲。由于暗电流和本底脉冲的存在，光电倍增管受环境温度、热辐射等其他因素的影响很大。图 8-7 为环境温度变化时，闪烁计数器检测某一能量射线的谱线漂移情况，因此，在核探测技术中，“稳谱”是一个重要内容，它与光电倍增管的指标、参数密切相关。

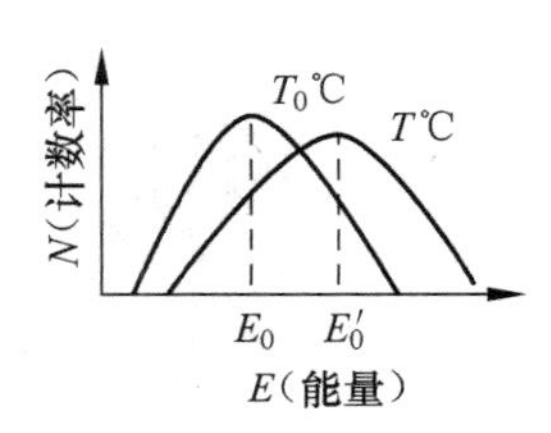

图 8-7 温度变化引起的谱线漂移

光电倍增管受温度的影响是比较复杂的，温度影响程度与入射光线的波长有关，同一只光电倍增管波长不同时，同样温度条件下影响也不同。

特别要注意的是，由于光电倍增管电流增益很大，不允许将裸露的光电倍增管器件在加高压的情况下暴露在日光下测量可见光，以免造成损坏。作为射线传感器使用时，光电倍增管通常要放置在密闭的金属罩中进行避光和磁场屏蔽处理。

8.2.3 光敏电阻

光敏电阻又称光导管，工作原理基于光电导效应。其结构、外形及电路符号如图 8-8 所示。光敏电阻是在玻璃底板上涂一层对光敏感的半导体物质，两端有梳状金属电极，然后在半导体上覆盖一层漆膜或压入塑料封装体内，就制成一只光敏电阻。

把光敏电阻 R_g 连接到如图 8-9 所示电路中，在外加电压的作用下，回路中电流 I 随光敏电阻变化而变化，通过光照强弱可以改变电路中电流的大小。光敏电阻 R_g 在受到光照时，由于光电导效应使其导电性能增加，电阻下降，流过负载电阻 R_L 的电流增加，引起输出电压变化。光照越强回路电流越大，当光照停止时电阻恢复原值，光电效应消失。

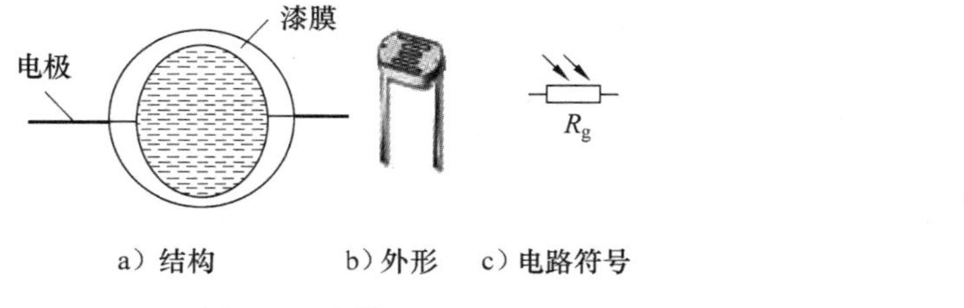

图 8-8 光敏电阻

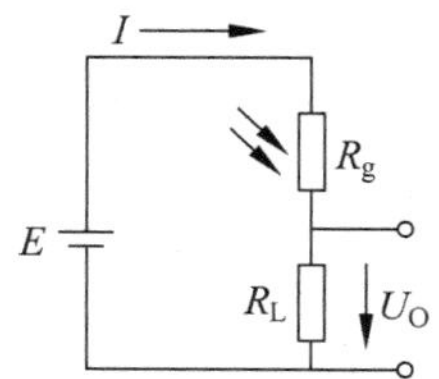

图 8-9 光敏电阻基本电路

1. 光敏电阻的光照特性

1）光敏电阻无光照时，内部电子被原子束缚，具有很高的电阻值；

2）光敏电阻有光照时，电阻值随光强增加而降低；

3）光照停止时，自由电子与空穴复合，电阻恢复原值。

2. 光敏电阻的主要参数

1）无光照时的电阻为暗电阻，暗电阻一般为 0.5 ~ 200MΩ；

2）无光照时的电流为暗电流，在给定工作电压流过暗电阻时的电流；

3）受光照时的电阻、电流称为亮电阻、亮电流，亮电阻的阻值一般为 0.5 ~ 20kΩ；

4）亮电流与暗电流之差称为光电流。

3. 光敏电阻的基本特性

（1）伏安特性

光敏电阻的伏安特性如图 8-10 所示。在给定偏压情况下，光照越大，光敏电阻的光电流越大；给定光照度（光照度为单位面积的光通量）时，电压越大，光电流越大。

光敏电阻的伏安特性曲线不弯曲，无饱和趋势，但光敏电阻正常使用时也有最大额定功耗、最大工作电压和最大额定电流限制，不能超过这些额定值。

（2）温度特性

光敏电阻的温度特性如图 8-11 所示，温度变化将影响光敏电阻的灵敏度、暗电流和光谱响应。温度上升，波长变短，相对灵敏度向波长短的方向移动。

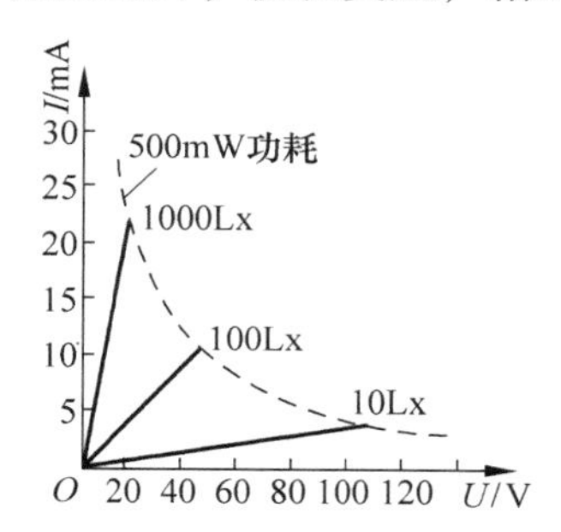

图 8-10 光敏电阻伏安特性

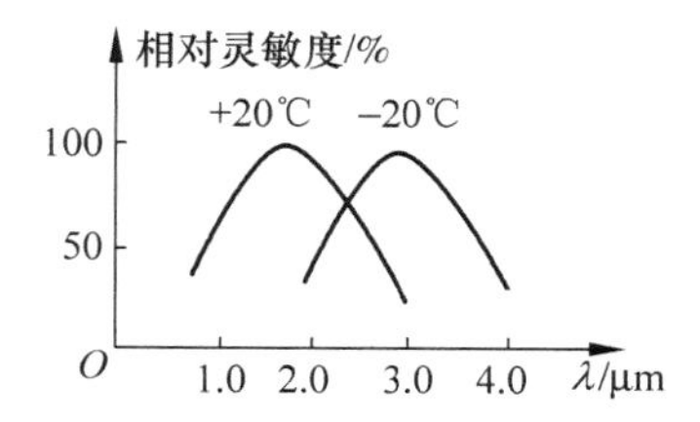

图 8-11 光敏电阻温度特性

（3）光谱特性

光敏电阻灵敏度与入射波长有关，光敏电阻的光谱特性如图 8-12 所示，不同波长照射时，光敏电阻相对光谱灵敏度不同。光敏电阻灵敏度与半导体掺杂的材料有关，不同材料的光敏电阻灵敏度峰值波长不同。几种材料的光敏电阻灵敏度如表 8-1 所示。

表 8-1 不同材料的光敏电阻灵敏度峰值波长

光敏电阻掺杂材料	相对灵敏度峰值位置波长(λ)
硫化镉(CdS)	0.3 ~ 0.8μm
硫化铊(TlS)	0.8 ~ 1.2μm
硫化铅(PbS)	1.0 ~ 3.5μm
锑化铟(InSb)	1.0 ~ 7.3μm

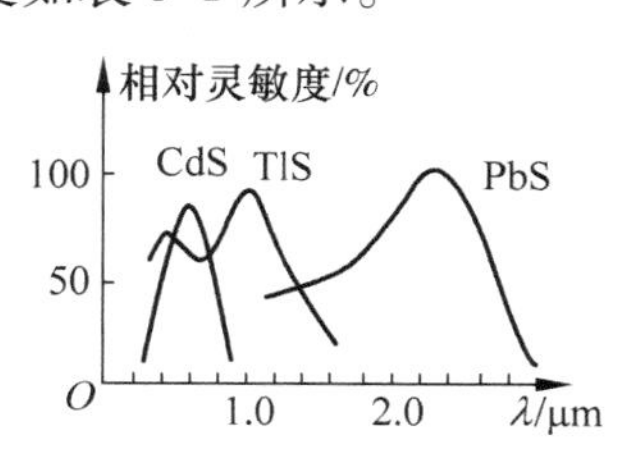

图 8-12 光敏电阻光谱特性

8.2.4 光敏二极管和光敏三极管

光敏晶体管工作原理主要基于光生伏特效应。光敏晶体管是重要的光敏器件，与光敏电阻相比有许多优点，尤其是光敏二极管，响应速度快、灵敏度高、可靠性高，广泛应用于可见光和远红外探测以及自动控制、自动报警、自动计数装置等。

1. 光敏二极管

光敏二极管结构、电路符号与外形特征如图 8-13 所示。光敏二极管结构与一般二极管相似，它们都有一个 P-N 结，并且都是单向导电的非线性元件。但作为光敏元件，光敏二极管在结构上有特殊之处，一般光敏二极管封装在透明玻璃外壳中，P-N 结在管子的顶部，可以直接受到光的照射，为了提高转换效率，增大受光面积，P-N 结的面积比一般二极管大。

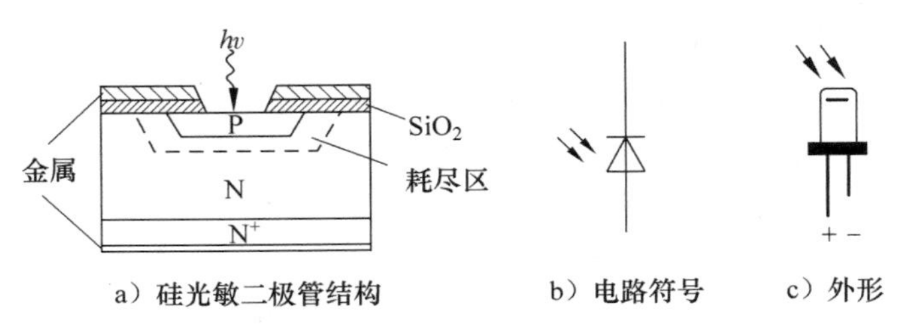

图 8-13　光敏二极管

光敏二极管工作原理如图 8-14 所示。光敏二极管在电路中一般处于反向偏置状态，无光照时反向电阻很大，反向电流很小，此反向电流称为暗电流。当有光照在 P-N 结时，P-N 结处产生光生电子－空穴对，光生电子－空穴对在反向偏压和 P-N 结内电场作用下作定向运动，形成光电流，光电流随入射光强度变化，光照越强，光电流越大。因此，光敏二极管在不受光照射时，处于截止状态；受光照射时，光电流方向与反向电流一致。

光敏二极管的性能与以下基本特性有关。

（1）光照特性

图 8-15 是硅光敏二极管在小负载电阻下的光照特性。可见，光敏二极管的光电流与照度呈线性关系。

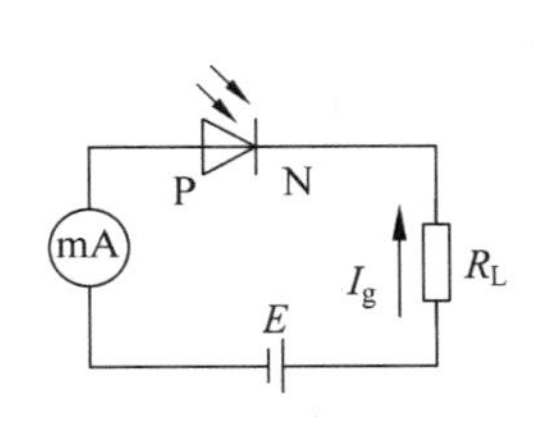

图 8-14　光敏二极管工作原理

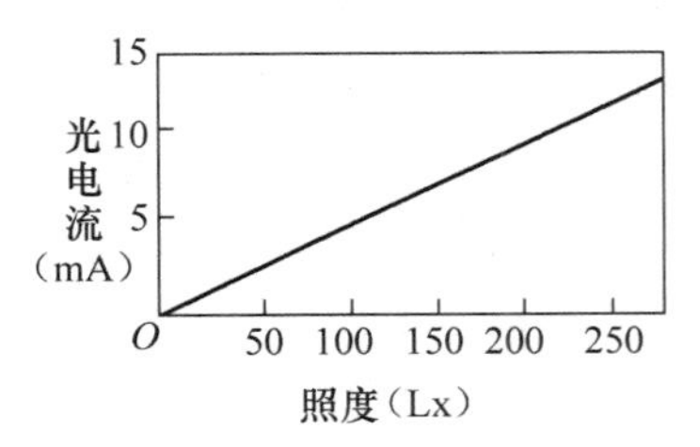

图 8-15　硅光敏二极管光照特性

（2）光谱特性

图 8-16 为硅光敏二极管的光谱响应特性，图中实际特性与理论值相差较大，有严重的非线性。当入射波长 $\lambda > 900\text{nm}$ 时，因波长较长，光子能量小于禁带宽度，不能产生电子－空穴对，灵敏度响应下降。对于相同材料，由于波长短的光穿透深度小，又使光电流减小，

因此当入射波长 $\lambda<900\mathrm{nm}$ 时，响应也逐渐下降。

（3）伏安特性

在保持某一入射光频谱成分不变的条件下，光敏二极管的端电压与光生电流之间的关系如图 8-17 所示。这是光敏二极管在反向偏压下的伏安特性。当反向偏压较低时，光电流随电压变化比较敏感，这是由于反向偏压加大了耗尽层的宽度和电场强度。随反向偏压的加大，对载流子的收集达到极限，光生电流趋于饱和，这时光生电流与所加偏压几乎无关，只取决于光照强度。

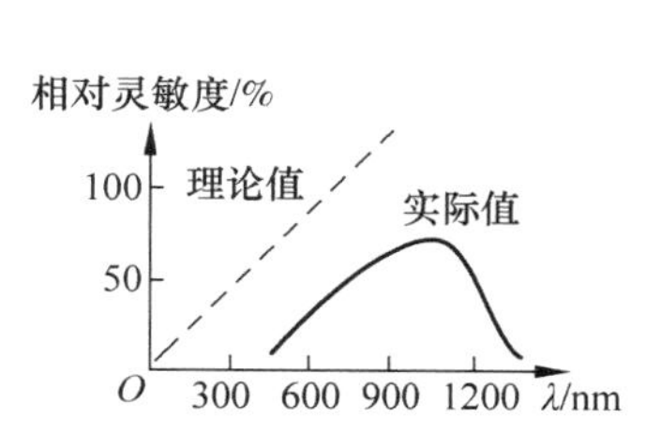

图 8-16　硅光敏二极管光谱响应

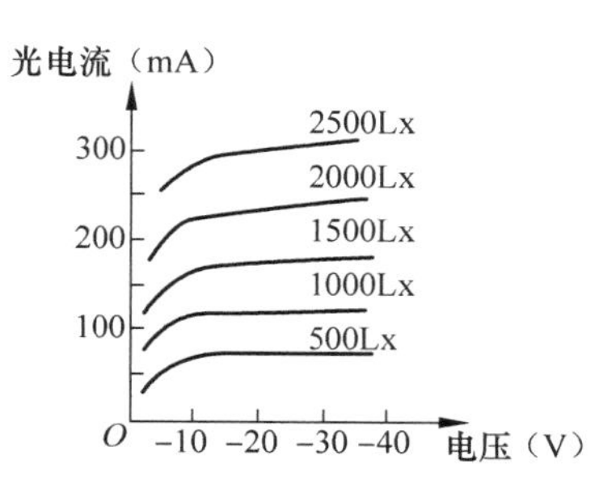

图 8-17　光敏二极管反向偏压伏安特性

（4）温度特性

光敏二极管暗电流与温度关系如图 8-18 所示，由于反向饱和电流与温度密切相关，因此光敏二极管的暗电流对温度变化很敏感。

（5）频率响应

光敏管的频率响应是指具有一定频率的调制光照射时，光敏管输出的光电流随频率的变化关系。光敏管的频响与本身的物理结构、工作状态、负载以及入射光波长等因素有关。图 8-19 为光敏二极管频率响应曲线，该曲线说明调制频率高于 1000Hz 时，硅光敏晶体二极管灵敏度急剧下降。

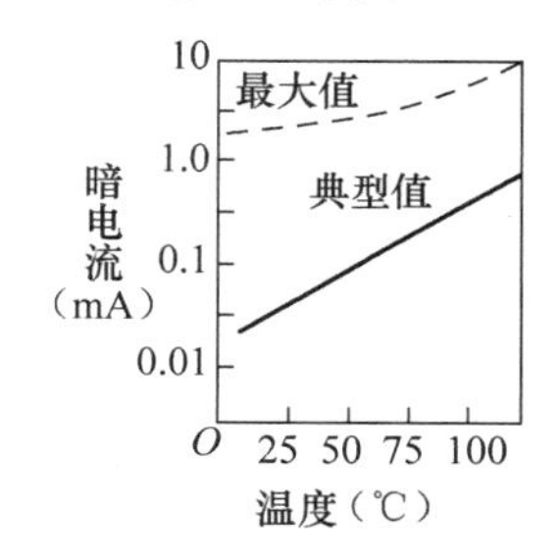

图 8-18　暗电流与温度关系

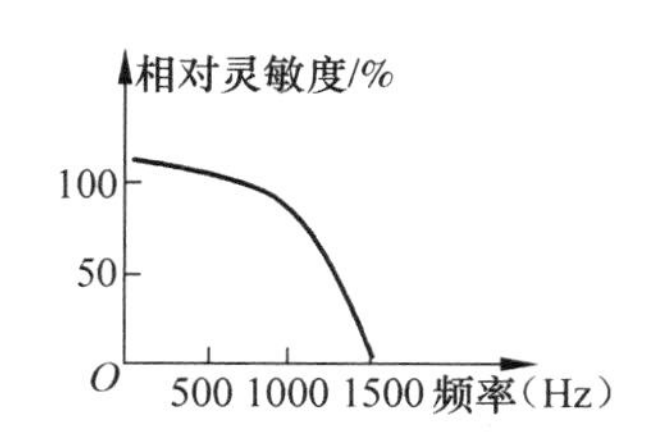

图 8-19　光敏二极管频率响应曲线

2. 发光二极管

这里特别要强调的是，发光二极管与光敏二极管不是同一种功能的器件，发光二极管的工作原理是利用固体材料的电致发光，半导体掺杂材料不同时，发光二极管发出的光颜色不同，它是一种将电能转换为光能的器件。在 P-N 结加正向电压时，电子与空穴结合过程中发射一定频率的光信号。与光敏管不同的是，发光二极管工作时加正向电压。光敏二极管加反向电压。发光二极管又称 LED，电路符号如图 8-20 所示。

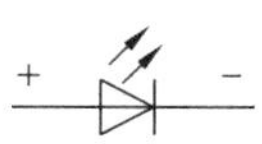

图 8-20　发光二极管电路符号

3. 光敏三极管

光敏三极管是把光敏二极管产生的光电流进一步放大，是具有更高灵敏度和响应速度的光敏传感器。光敏三极管结构如图 8-21 所示，光敏三极管在结构上与一般三极管相似，也有 NPN 型、PNP 型。与普通三极管不同的是，光敏三极管是将集电结作为光敏二极管，无论是 NPN 型还是 PNP 型都用集电结作为受光结。大多数光敏三极管的基极无引线，集电结加反向偏置。玻璃封装上有个小孔，让光照射到基区，结构上有单体型和集合型。

硅(Si)光敏三极管一般都是 NPN 结构，基极开路，集电极加反向偏压，光敏三极管电路符号与等效电路如图 8-22 所示。当光照射在集电结上时，集电极结附近产生光生电子-空穴对，在外电场作用下光生电子被拉向集电极，基区留下正电荷(空穴)，相当于三极管基极电流，同时使基极与发射极之间的电压升高，发射极便有大量电子经基极流向集电极，形成三极管输出电流，使晶体管具有电流增益，从而在集电极回路中得到一个放大了的信号电流。该电流信号在负载电阻上的输出电压为

$$U_O = \beta i_g R_L$$

式中：β 为三极管电流放大系数；i_g 是集电结二极管电流源电流；R_L 为负载电阻。

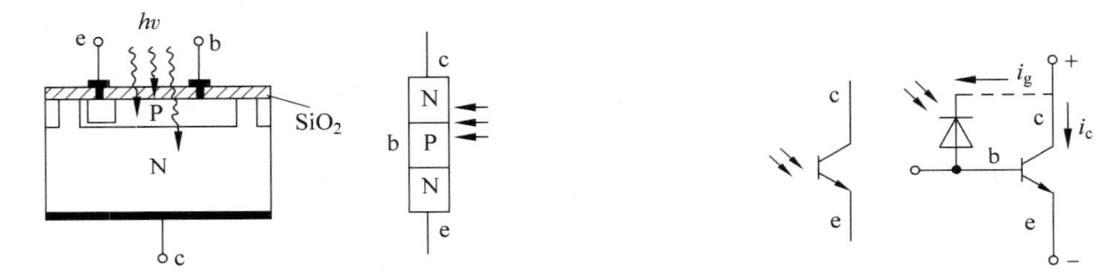

图 8-21 光敏三极管结构　　图 8-22 光敏三极管电路符号及等效电路

光敏三极管的性能与以下基本特性有关。

(1) 伏安特性

与二极管相比，光敏三极管集电极信号电流是光电流的 β 倍，所以光敏三极管具有放大作用。由于输入电流 i_g 不同时，电流增益 β 不同，而 β 的非线性使光敏三极管的输出信号与输入信号之间没有严格的线性关系，这是光敏三极管的不足之处。光敏三极管伏安特性曲线如图 8-23 所示。

(2) 光谱特性

光敏三极管的光谱特性如图 8-24 所示。由曲线可以看出，硅材料的光敏管峰值波长在 0.9μm(可见光)附近时，灵敏度最大，锗材料的光敏管峰值波长约为 1.5μm(红外光)时，灵敏度最大，当入射光的波长增加或减少时，相对灵敏度下降。一般来说，锗管的暗电流较大，因此性能较差，所以在可见光或探测赤热状物体时，一般都用硅管。但对红外光进行探测时用锗管较适宜。

(3) 温度特性

光敏三极管的温度特性是指暗电流、光电流与温度的关系，温度对光电流影响较小，对暗电流(无光照)影响较大，在电路中应对暗电流进行温度补偿。

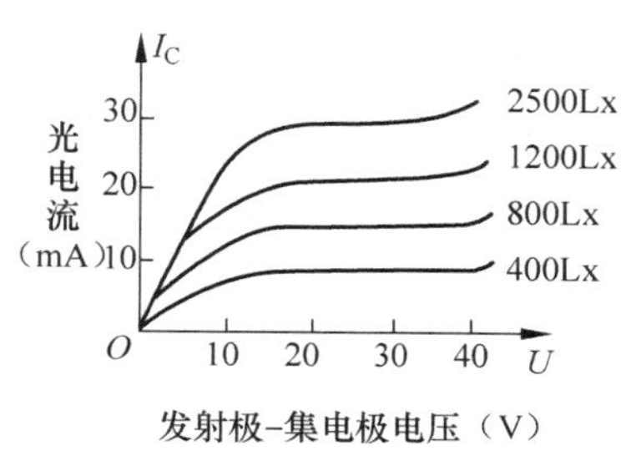

图 8-23　光敏三极管伏安特性

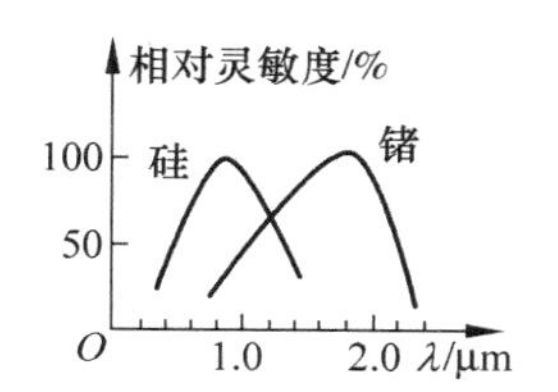

图 8-24　光敏三极管的光谱特性

8.2.5　光电池

光电池工作原理也是基于光生伏特效应，光电池是可直接将光能转换成电能的器件，是典型的有源器件，有光线作用时就是电源。由于光电池常用于将太阳能转换为电能(见图 8-25)，因此又称太阳能电池，广泛用于宇航电源。另有一类用于检测和自动控制等设备中。

1. 光电池特征与工作原理

光电池种类很多，有硒光电池、锗光电池、硅光电池、硫化砣光电池、砷化镓光电池、氧化铜光电池等。其中硅光电池转换效率高、价格低廉、寿命长，是使用最广泛的一种光电池。另外，硒光电池虽然转换效率低、寿命短，但光谱响应与人眼的视觉范围相符，适于接受可见光，所以是很多分析仪器和测量仪表常用器件。砷化镓光电池光谱响应与太阳光谱吻合，耐高温、耐宇宙射线，是宇航光电池首选材料。

光电池结构与电路符号如图 8-26 所示。光电池实质是一个大面积 P-N 结，上电极为栅状受光电极，栅状电极下涂有抗反射膜，用以增加透光减小反射，下电极是一层铝衬底。当光照射在 P-N 结的一个面时，光生的电子-空穴对迅速扩散，在 P-N 结电场作用下建立一个与光照强度有关的电动势。光电池短路电流检测原理如图 8-27 所示，用于检测的普通光电池一般可产生 0.2 ~0.6V 电压，50mA 电流。

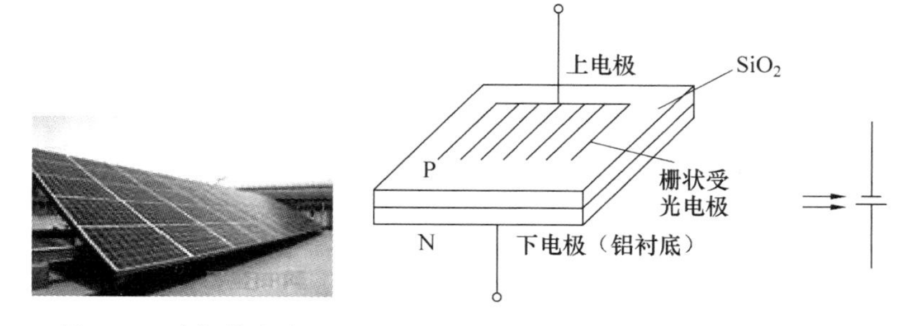

图 8-25　太阳能电池　　图 8-26　光电池结构与电路符号　　图 8-27　光电池工作原理

2. 光电池的基本特性

(1) 光照特性

硅光电池的光照特性如图 8-28 所示。该特性主要用短路电流、开路电压两个特征描述。从特性曲线可以看出，短路电流与光照强度成正比，有较好的线性关系，而开路电压随光照强度变化是非线性的。

短路电流 I_{SC}是指外接负载电阻 R_L 相对于光电池内阻很小时的光电流值。短路电流 I_{SC} 与照度 E_V 之间关系称为短路电流曲线，短路电流曲线在很大范围内与光照度呈线性关系，因此光电池作为测量元件使用时，一般不作电压源使用，而作为电流源的形式应用。

光生电动势 U_{OC}与照度 E_V 之间关系为开路电压曲线，开路电压与光照度关系呈非线性关系，在照度为 2000Lx 以上趋于饱和，通常作电压源使用时利用这一特性。但曲线上升部分灵敏度高，因此适于作开关元件。

实验证明，负载电阻 R_L 越小，曲线线性越好，线性范围越宽，图 8-29 为光电池的光照强度与负载的关系特性曲线，通常情况选择负载电阻在 100Ω 以下为好，此时光电池可作为线性检测元件。

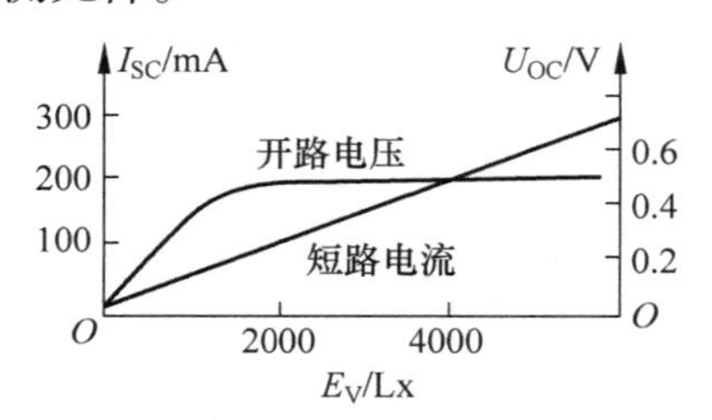

图 8-28 光电池光照特性

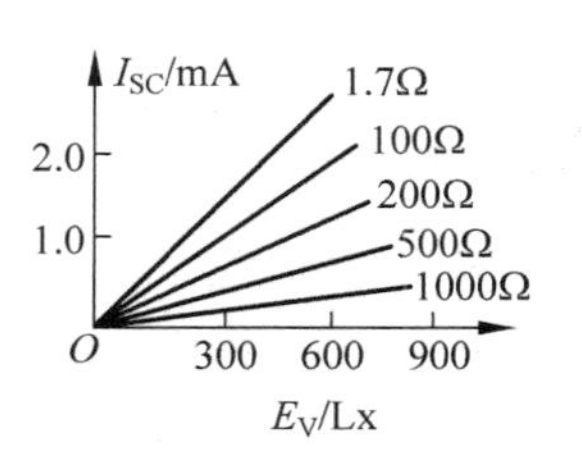

图 8-29 光电池光照与负载的关系

（2）光谱特性

光电池对不同波长的光灵敏度也是不同的，图 8-30 分别为硅光电池、硒光电池和锗光电池的光谱特性曲线。由图 8-30 可见，不同材料的光电池光谱响应的最大灵敏度峰值所对应的入射波长不同，硅光电池的光谱响应峰值在 0.8μm 附近，波长范围在 0.4～1.2μm，硒光电池光谱响应峰值在 0.5μm 附近，波长范围 0.38～0.75μm。其中硅光电池适于接受红外光，可以在较宽的波长范围内应用。

（3）频率特性

光电池频率特性指相对输出电流与光的调制频率之间的关系。由图 8-31 中可见，硅、硒光电池的频率特性大不相同，硅光电池有较好的频率响应特性，这是它最为突出的优点。在一些测量系统中，光电池常作为接收器件，测量调制光（明暗变化）的输入信号，所以高速计数器的转换一般采用硅光电池作为传感器元件。

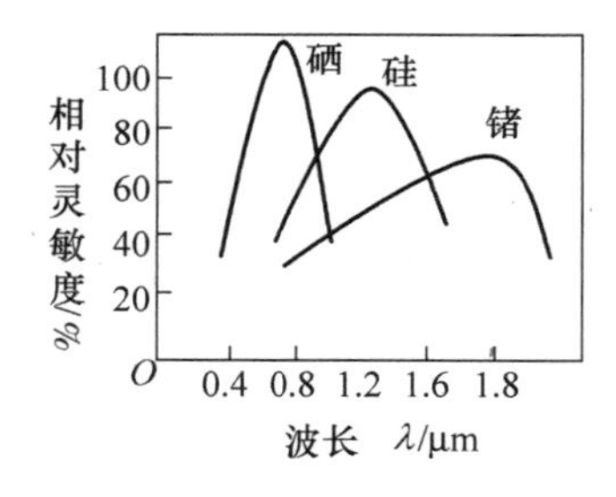

图 8-30 光电池光谱特性

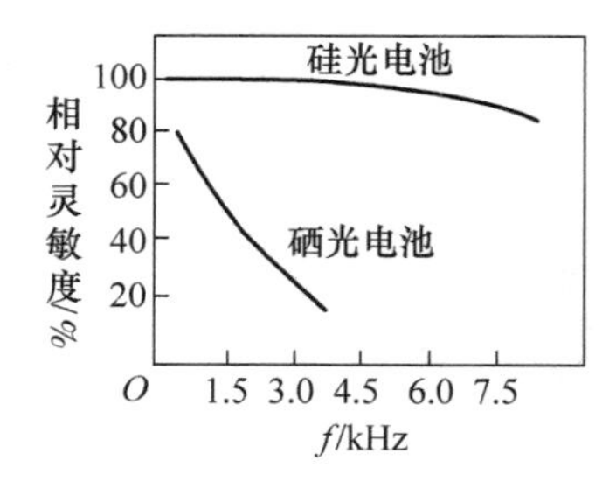

图 8-31 光电池频率特性

3. 光电池的电路连接

图 8-32 为光电池电路连接方法。光电池作为控制元件时通常要接非线性负载（如晶体管），由于锗光电池、硅光电池特性不同，连接时需要特别注意。因为锗晶体管的发射结导通压降为 0.2～0.3V，硅光电池开路电压可达 0.5V，所以可直接将硅光电池接入晶体管的基极，控制晶体管工作，如图 8-32a 所示。光照度变化时，硅光电池上电压变化引起基极电流 I_b变化，引起集电极电流发生 β 倍的变化，电流 I_C与光照有近似的线性关系。

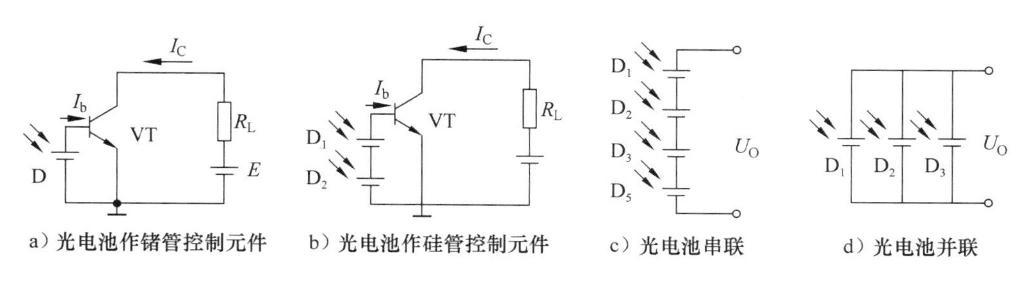

图 8-32 光电池电路连接

硅晶体管的发射结导通电压为0.6～0.7V，光电池的0.5V电压对基极无法起到控制作用，这时可以将两个光电池串联后接入晶体管基极，如图8-32b所示，或者采用偏压电阻和二极管产生附加电压。光电池作为电源使用时，应根据使用要求进行连接。需要高电压时应将光电池串联使用，如图8-32c所示；需要大电流时可将光电池并联使用，连接方法如图8-32d所示。

8.2.6 其他特性的光电器件

1）PIN型硅光敏二极管。这是一种高速光敏二极管，响应时间达1ns，适宜用于遥控设备等装置。

2）雪崩式光敏二极管。它具有高速响应和放大功能，有较高的电流增益，相当于电子倍增管，可有效读取微弱光线，用于0.8μm范围的光纤通信、光磁盘受光元件装置。

3）光电闸流晶体管（光激晶闸管）。由入射光线触发导通的晶闸管元件。

4）达林顿光敏晶体管又称光电复合晶体管。输入极是光敏晶体管，输出极是普通晶体管，电流增益很大，电路原理如图8-33所示。

5）光敏场效应晶体管。这种器件基本可以看成光敏二极管与具有高输入阻抗和低噪声场效应晶体管的组合，具有灵敏度高、线性动态范围大、光谱响应范围宽、输出阻抗低、体积小、价格便宜等优点，广泛用于对微弱信号和紫外光的检测。

6）光耦合器件（简称光耦）。“光耦”又称光隔离器，器件由发光元件和接收光敏元件（受光元件可以是光敏电阻、光敏二极管、光敏三极管等）集成在一起。电路及封装如图8-34所示。LED辐射可见光或红外光，受光器件在光辐射作用下控制输出电流大小。通过电-光、光-电两次转换进行输入与输出间耦合。“光耦”集成器件的特点是，输入输出完全隔离，有独立的输入输出阻抗，输入与输出间绝缘电阻在10^{11}～$10^{12}\Omega$，器件有很强的抗干扰能力和隔离性能，可避免振动和噪声干扰，特别适宜做数字电路的开关信号传输、逻辑电路隔离器、计算机测量、控制系统中的无触点开关等。

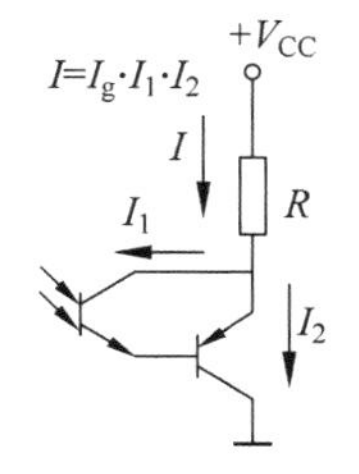

图 8-33 达林顿光敏晶体管

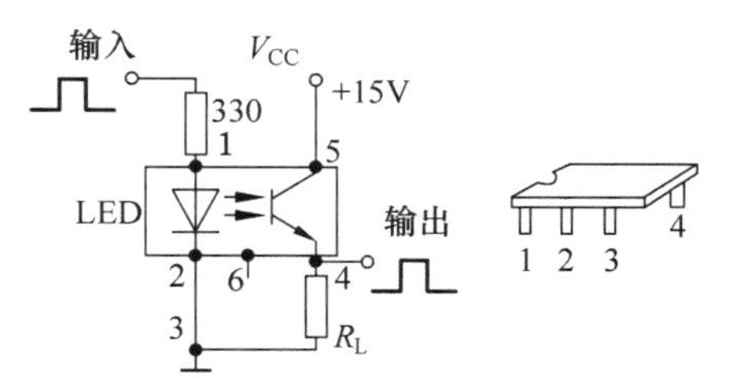

图 8-34 光耦合器件电路结构与封装

7）光电开关。它也是将光敏器件与发光器件集成在一起的。与光耦合器件不同的是，光电开关的光检测信号由被测非电量控制。该器件按工作方式有透射式和反射式两种形式，透射式原理结构如图 8-35a 所示，工作时光电开关的发射与接收器件的光轴在一条直线上，当不透明物质位于它们中间时，光路会被阻断，接收光电器件随物体有无产生电信号输出的高低变化，所以又称光电断路器。反射式如图 8-35b 所示，光电开关的发射与接收器件的光轴交汇处在同一平面上，以某一角度相交，交点处为待测点，当有物体经过待测点时，接收元件接收到物体表面反射的光线，产生电信号输出。光电开关基本电路原理如图 8-35c 所示。

a）透射式　b）反射式　c）基本电路

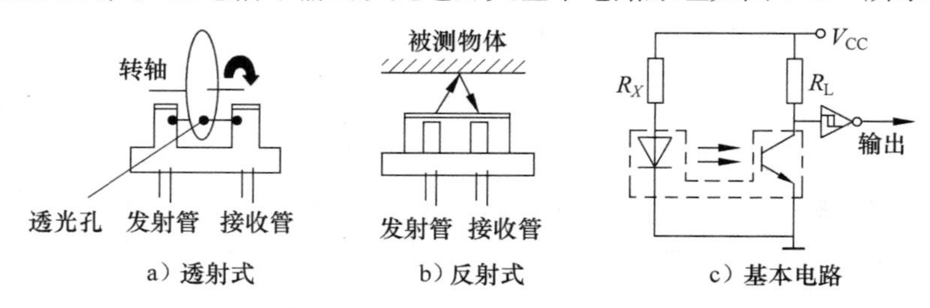

图 8-35　光电开关工作原理与基本电路

8.2.7 半导体色敏传感器

半导体色敏传感器是一种半导体光敏器件，工作原理基于光电效应，是可将光信号转换为电信号的光辐射探测器。一般光电器件是检测在一定波长范围内的光强度或光子数目，而色敏器件可以直接测量从可见光到近远红外波段内单色辐射波长。

半导体色敏传感器相当于两只结构不同的光敏二极管，为 P^+-N-P 结构。半导体色敏传感器实际不是晶体管，而是两个深浅不同的 P-N 结，又称光电双结二极管。色敏传感器结构与等效电路示意图如图 8-36 所示。

当有光照射时，P^+、N、P 三个区域光子吸收效果不同，器件对紫外光部分吸收系数大，穿透距离短；红外部分吸收系数小，穿透距离长，构成可以测定波长的半导体色敏传感器。浅结的光敏二极管对紫外光灵敏度高，深结的光敏二极管对红外光灵敏度高；波长短的光子衰减快，穿透深度浅，波长较长的光子衰减较慢，能穿透硅片较深区域。这一特征为色敏器件提供了识别颜色的可能。

检测光波长（颜色）处理电路原理示意图如图 8-37 所示，彩色信号处理电路用二极管 P-N结作为反馈元件，利用二极管正向导通的伏安特性成指数规律变化，构成对数运算放大器电路。色敏传感器检测电路由对数电路 OP_1、OP_2 和运放 OP_3 组成。

a）内部结构　b）等效电路

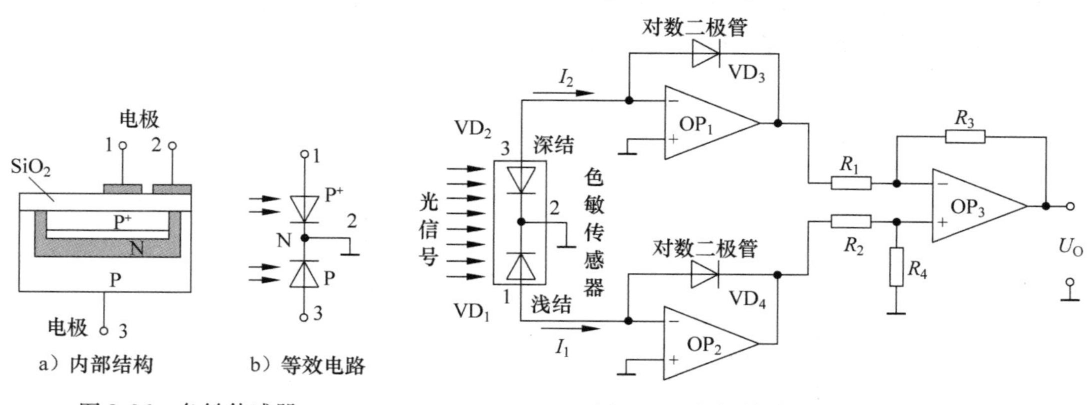

图 8-36　色敏传感器

图 8-37　色敏传感器检测电路

I_1 是浅结二极管的短路电流，它在短波区电流较大；I_2 是深结二极管的短路电流，它在长波区电流较大。电流较小时二极管两端电压存在近似对数关系。OP_1、OP_2 输出分别与 $\ln I_1$、$\ln I_2$ 成比例，由 OP_3 取出电压差值

$$U_O = C(\ln I_2 - \ln I_1) = C\ln(I_2/I_1)$$

式中，C 为比例常数。

该电压可经后续 A/D 转换电路处理后输出显示波长或颜色信号。色敏器件是测定不同波长时两只光敏二极管的短路电流比值的器件，具体应用时需要对器件进行标定，通过判别两只光敏二极管光电流的大小来判别颜色。由于两种色敏二极管的光谱特性不同，如图 8-38 所示，色彩识别须获得两个光敏二极管的短路电流比，由此确定二者比值与入射波长的关系，短路电流比与波长关系特性如图 8-39 所示。

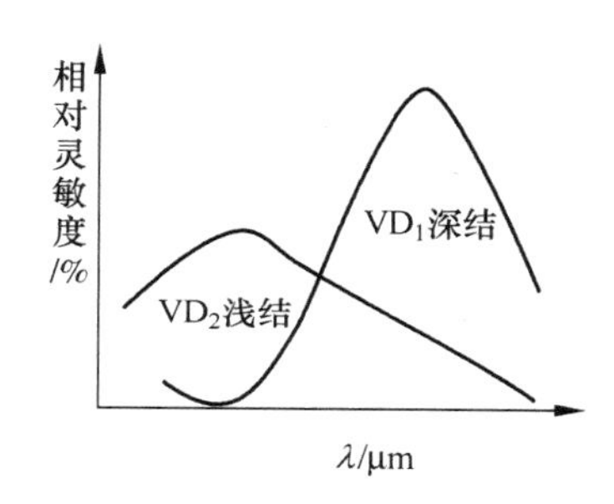

图 8-38　两种色敏管的光谱特性

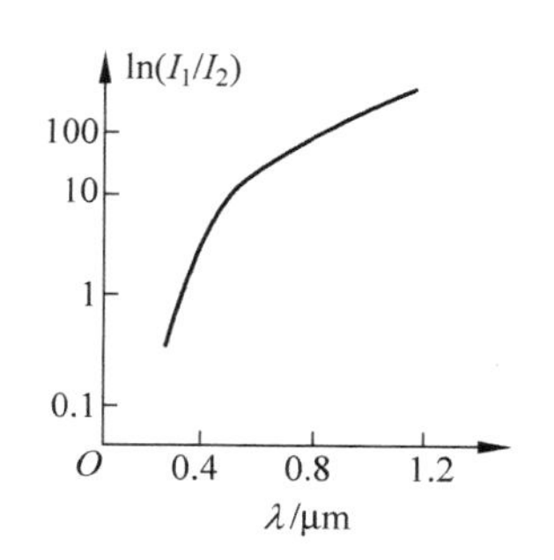

图 8-39　短路电流比 - 波长特性

8.3　光电器件应用实例

8.3.1　遥控器检测电路

遥控器检测电路如图 8-40 所示。已知 VDL 为红外光敏二极管，VL 为发光二极管，VT 为复合管，它们均为硅管，供电电源为 3V。根据晶体管的知识可知，硅管导通压降为 0.7V，VT 与 VL 同时导通有 1.5V 压降，电阻 R_2 电流不超过 15mA，$(E - 1.5\text{V})/100\Omega = 15\text{mA}$。

检测时开关 S 闭合，用遥控器对准光敏二极管按电视遥控器按键，如果遥控器正常，光敏管接收到光信号，VT 基极电位升高，复合管导通，VL 点亮；若遥控器有问题，光敏二极管无光信号，复合管无基极电流截止，VL 不发光。

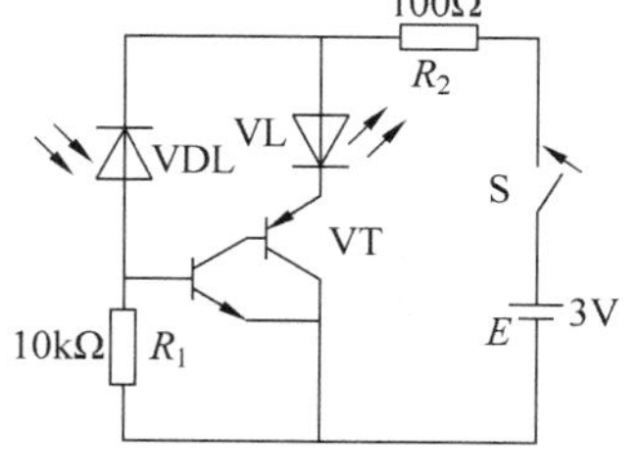

图 8-40　电视遥控器检测电路

8.3.2　光敏电阻脉搏测量计

当心脏跳动时，一个压力波会沿着动脉血管以每秒几米的速度传递。我们触摸手腕可以感觉到它，通常称为脉搏。这个压力波也会引起人体组织毛细血管中血流量的变化，可以用脉波测量出来。

光学测量法是，在一个夹子的两边分别装一个红外发光管和一个光敏电阻，测量装置结构如图 8-41 所示，测量时将检测元件夹在耳垂上，心脏压力波引起的人体组织毛细血管中

血流量的变化导致耳垂的透光率不同，从而使光敏电阻的阻值变化，阻值的变化周期就是每秒心跳的次数，测量的信号脉冲波形如图 8-42 所示。

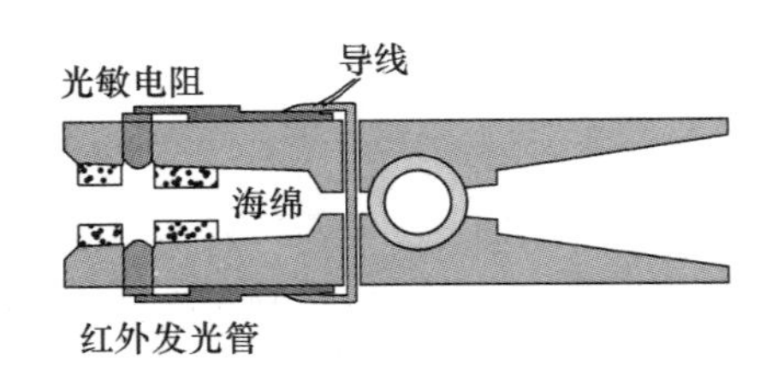

图 8-41　心跳检测夹

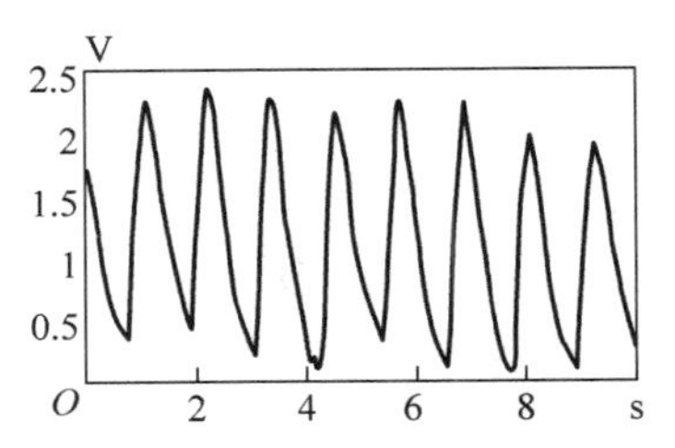

图 8-42　心跳检测输出波形

图 8-43 为光敏电阻检测电路原理图，由光敏电阻检测到的血流脉动信号经 LM358 放大整形输出。按照电路图接线，制作出传感器的检测电路，然后可以用它测量自己的心脏跳动频率。

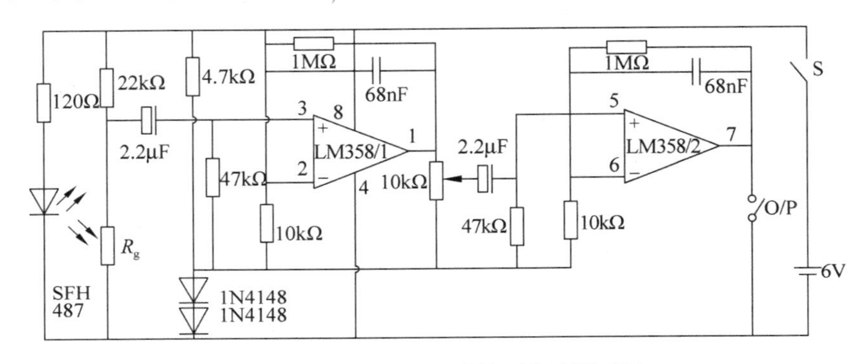

图 8-43　光敏电阻心跳检测电路原理图

8.3.3　光电鼠标

图 8-44 给出了光电鼠标的结构原理图。光电鼠标主要由四部分的核心组件组成，这四部分分别是发光二极管、透镜组件、光学引擎(Optical Engine)以及控制芯片和 PS/2 或 USB 接口。

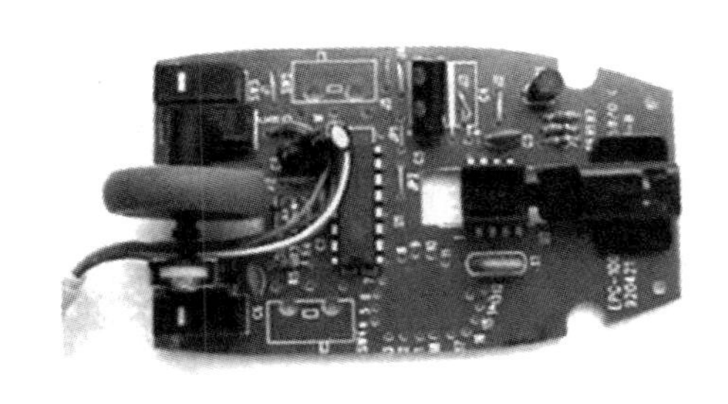

a）鼠标电路板结构

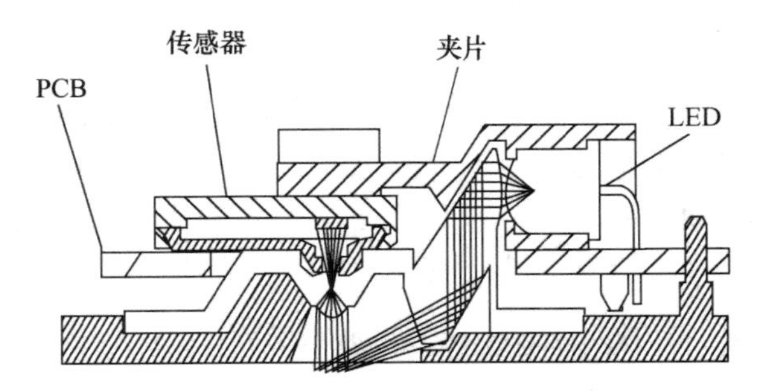

b）光学跟踪引擎部分横界面示意图

图 8-44　光电鼠标的结构原理图

光敏传感器是光电鼠标的核心。在光电鼠标内部有一个发光二极管可以发出光线，通过发光二极管产生鼠标工作时所需要的光源，照亮光电鼠标底部表面(这就是鼠标底部总会发光的原因)。然后将光电鼠标底部表面反射回的一部分光线，经过一组光学透镜，传输到一个光感应器件(微成像器)内成像。当光电鼠标移动时，其移动轨迹便会被记录为一组高速拍摄的连贯图像。最后利用光电鼠标内部的一块专用图像分析芯片(光感应器主要由CMOS光学感光元件和DSP组成，如安捷伦公司的H2000-A0214)对移动轨迹上摄取的一系列图像进行分析处理，通过对这些图像上特征点位置的变化进行分析，来判断鼠标的移动方向和移动距离，从而完成光标的定位。

光电鼠标通过底部的LED，灯光以30°角射向桌面，照射出粗糙的表面所产生的阴影，然后再通过平面的折射透过另外一块透镜反馈到传感器上。当鼠标移动的时候，成像传感器录得连续图案，然后通过数字信号处理器对每张图片的前后进行对比分析处理，以判断鼠标移动的方向以及位移，从而得出鼠标 x、y 方向的移动数值。再通过串行外围设备接口(Serial Peripheral Interface，SPI)传给鼠标的微型控制单元(Micro Controller Unit，MCU)。鼠标的处理器对这些数值处理之后，传给电脑主机。传统的光电鼠标采样频率约为3000 Frames/sec(帧/秒)，也就是说它在一秒钟内只能采集和处理3000张图像。

由以上所述光电鼠标工作原理我们可以了解到影响鼠标性能的主要因素。1)成像传感器：成像的质量高低，直接影响数据的进一步加工处理。2)DSP处理器：DSP处理器输出的 x、y 轴数据流，影响鼠标的移动和定位性能。3)SPI与MCU之间的配合：数据的传输具有一定的时间周期性(称为数据回报率)，而且它们之间的周期也有所不同，SPI基本协议主要有四种工作模式，另外鼠标采用不同的MCU，与电脑之间的传输频率也会有所不同，例如125MHz-8毫秒、500MHz-2毫秒，我们可以简单地认为MCU可以每8毫秒向电脑发送一次数据，目前有三家厂商(罗技、Razer、Laview)使用了2毫秒的MCU，全速USB设计，因此数据从SPI传送到MCU，以及从MCU传输到主机电脑，传输时间上的配合尤为重要。

激光鼠标其实也是光电鼠标，只不过是用激光代替了普通的LED光。其优点是可以通过更多的表面，因为LED光是非相干光(Incoherent Light)，而激光则是相干光(Coherent Light)，几乎是单一的波长，即使经过长距离的传播依然能保持其强度和波形。

8.3.4　光电开关用于智能电动小车

图8-45a是成都理工大学学生课外活动设计的自动寻迹小车外形结构，小车基于MCS-51系列单片机，通过控制两个直流电机，可自动完成寻迹、避障、里程记录存储等功能。其中直流电机控制，寻迹、避障的功能均采用红外反射式光敏传感器完成，红外反射式光敏传感器具有较好的灵敏度和抗干扰能力。图8-45b、c分别为反射式红外传感器检测电机转速，寻迹、避障方法原理示意图。

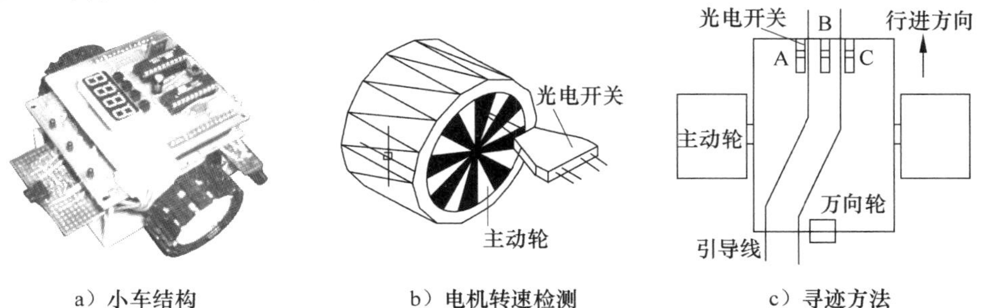

a）小车结构　　b）电机转速检测　　c）寻迹方法

图8-45　自动寻迹小车及检测电机转速和寻迹方法原理示意图

小车的转速，寻迹、避障均采用红外光电开关检测，图 8-46 为光敏传感器检测电路原理，U_1 是反射式红外发射接收对管，LM324 为比较器，R_2 可调节比较器基准电压。当有物体经过或有不同颜色面反射时，光敏管接收到不同光强的反射信号时，光敏管输出电流不同。如小车沿图 8-47 上的“引导线”行进，引导线吸收强反射弱，电流小，LM324 同相端电压升高，图中白色背景区域吸收小，电流大，同相端电压降低，若同相端电压小于反相端基准电压时，比较器输出低电平，VL_1 导通点亮，同时将信号送单片机控制小车电机的运动方向和速度。

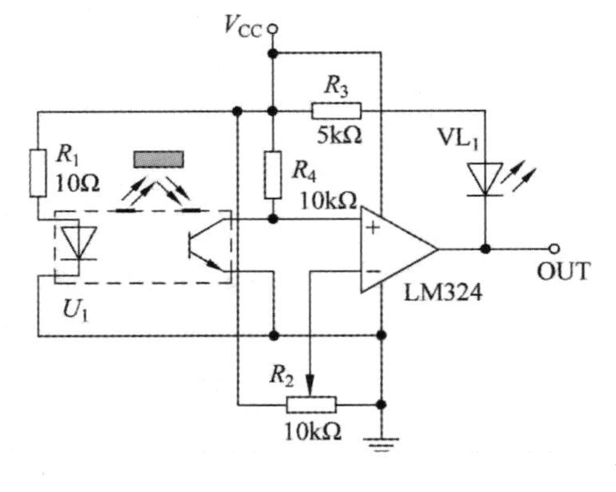

图 8-46 反射式光电传感器电路原理

图 8-47 是 2003 年全国大学生电子设计大赛题目“简易智能电动车”行进线路图。题目要求：沿黑色“引导线”寻迹；自动记录直道上金属钢板的数目；弯道区按要求半径行驶；自动躲避障碍行驶出障碍区；小车准确进入车库。该设计中寻迹、避障、测速均可采用红外反射式光敏传感器(光电开关)，反射式光电开关体积小、价廉、性能稳定、灵敏度满足设计要求。金属板检测可采用电涡流传感器(电感式接近开关)。

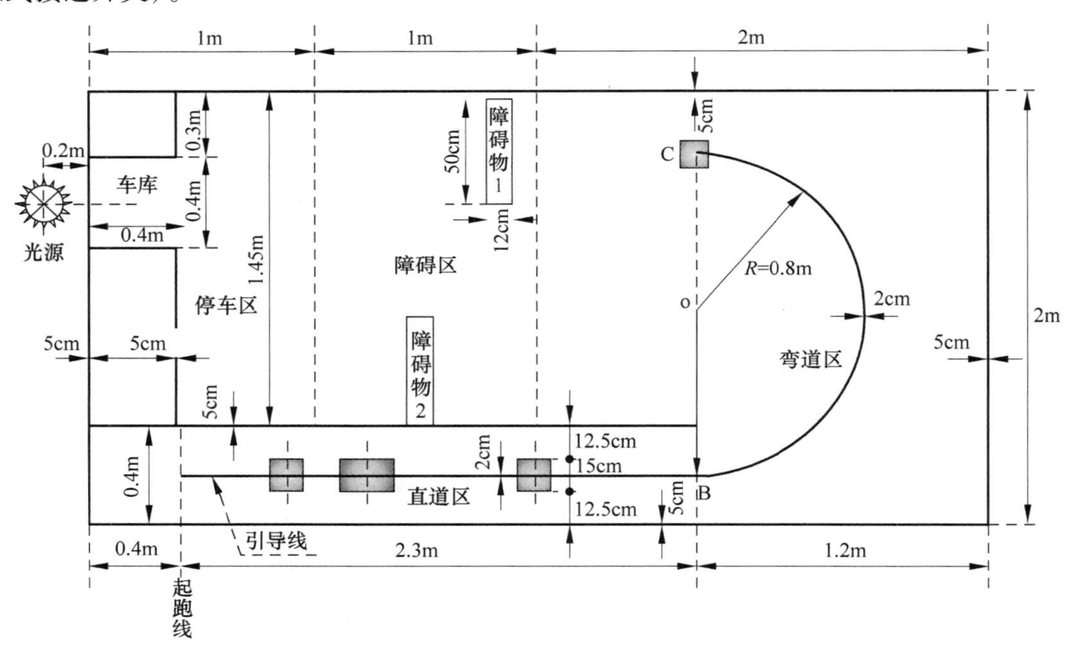

图 8-47 “简易智能电动车”行进路线图

8.3.5 红外防盗报警器

日常生活中常见的红外传感器应用实例有红外防盗报警器、自动门、干手机、自动水龙头等。红外传感器有热电型(见第 12 章)和光电式两种，图 8-48 是一种光电型红外报警电路。

目前误报是监控报警系统的难题之一，为防止防盗报警系统的误报，监控系统不仅严格场地要求，还需通过各种监测方式多方位进行监测。电路中两只串联的LED发射红外光束，另外两只并联的红外光敏器件VDL_1、VDL_2接收红外光束，每对管子的间距为75mm（小于人体的厚度）。光敏管可测到由VL_1和VL_2发射的光信号，只有当两条光束同时被遮挡阻断时，接收器才触发报警，也就是说只有在大于75mm的物体遮挡时才输出报警信号。该电路设计可防止蚊虫、飞蛾导致的误报。

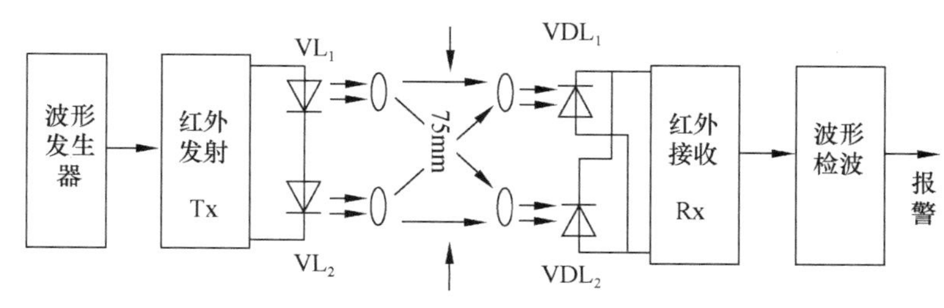

图8-48 光电型红外报警电路

思考题

8.1 什么是内光电效应？什么是外光电效应？说明其工作原理，并指出相应的典型光电器件。

8.2 普通光电器件有哪几种类型？各有何特点？利用光电导效应制成的光电器件有哪些？利用光生伏特效应制成的光电器件有哪些？

8.3 普通光电器件都有哪些主要特性和参数？

8.4 什么是光敏电阻的亮电阻和暗电阻？暗电阻电阻值通常在什么范围？

8.5 试述光敏电阻、光敏二极管、光敏三极管和光电池的工作原理。如何正确选用这些器件？举例说明。

8.6 光敏二极管由哪几部分组成？它与普通二极管在使用时有什么不同？请说明原理。

8.7 光敏晶体管与普通晶体管的输出特性是否相同？主要区别在哪里？

8.8 何为光电池的开路电压及短路电流？为什么作为检测元件时要采用短路电流输出形式，作为电压源使用时采用开路电压输出形式？

8.9 光电池的结构特征是什么？它是如何工作的？

8.10 采用波长为0.8~0.9μm的红外光源时，宜采用哪种材料的光电器件？为什么？

8.11 反射式光敏传感器常见的有哪些类型？有什么特点？应用时要注意哪些影响？

8.12 举出日常生活中的两个光敏传感器的应用例子，并说明原理。

8.13 试拟定一光电开关用于自动装配流水线上工件计数检测系统（用示意图表示出装置结构），画出计数电路原理示意图，并说明其工作原理。

8.14 试叙述智能小车设计中，如何利用反射式光敏传感器实现“寻迹”功能，并设计出光敏传感器检测电路原理图。

8.15 光敏传感器控制电路如图8-49所示，试分析电路工作原理：

1）GP-IS01是什么器件？图上是由哪两种器件组成？

2）当用物体遮挡光路时，LED有什么变化？

3）R_1 是什么电阻，在电路中起到什么作用？如果 VD 的最大额定电流为 60mA，R_1 应该如何选择？

4）如果 GP-IS01 中 VD 反向连接，电路状态如何？VT、VD 如何变化？

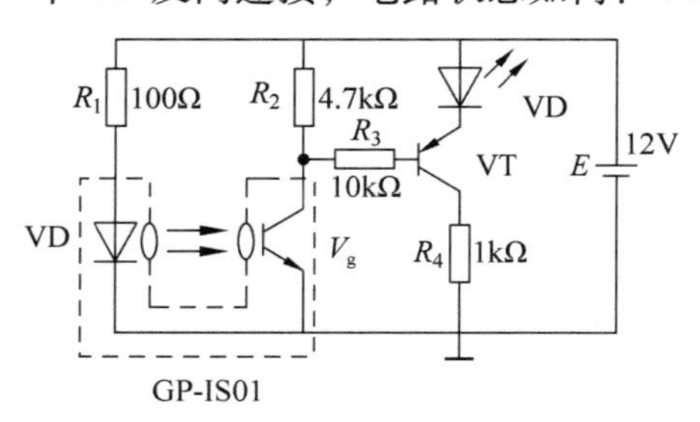

图 8-49　光敏传感器控制电路

第 9 章　光电式传感器

随着现代科学技术特别是半导体技术的迅猛发展，以及许多新效应、新材料不断被发现，新的加工工艺不断发展和完善，进一步促进了新型光电式传感器的研究与开发。所谓新型传感器是指最近 30 年研究开发出来的、已经或正在走向实用化的传感器。本章重点介绍 CCD(电荷耦合器件)、光纤传感器和光栅式传感器。

9.1　电荷耦合器件

电荷耦合器件(Charge-Coupled Device，CCD)又称图像传感器，是一种大规模集成电路光电器件，是在 MOS 集成电路技术基础上发展起来的新型半导体传感器。该技术的发展促进了各种视频装置的普及和微型化，应用遍及航天、遥感、天文、通信、工业、农业、军用等各个领域。与普通的 MOS、TTL 电路一样，电荷耦合器件属于一种集成电路，只不过它具有多种独特功能，归纳起来，CCD 具有以下一些特点：

1）集成度高、体积小、重量轻、功耗低(直流工作电压范围为 7 ~ 12V)、可靠性高、寿命长。

2）空间分辨率高。例如线阵 CCD 可达 7000 像元、分辨能力可达 7μm，面阵 CCD 已有 4096 × 4096 像元的器件，整机分辨能力在 1000 电视线以上。

3）光电灵敏度高、动态范围大，目前 CCD 的灵敏度可达 0.01Lx，动态范围为 10^6:1，信噪比为 60 ~ 70dB。

4）可任选模拟、数字等不同输出形式，可与同步信号、I/O 接口及微机兼容组成高性能系统，供在不同条件下使用，也便于和计算机连接。

CCD 是使用最广泛的固体摄像器件，按照结构可分为两大类——线阵和面阵器件，它们的工作原理基本相同，但结构各有特点。在测量领域，线阵 CCD 应用得最多。

9.1.1　CCD 的工作原理及特性

1. CCD 电极结构

CCD(电荷耦合器件)是在半导体硅片上制作成百上千(万)个光敏元，一个光敏元又称一个像素，在半导体硅平面上光敏元按线阵或面阵有规则地排列，如图 9-1 所示。当物体通过物镜成像照射在光敏元上时，会产生与照在它们上面的光强成正比的光生电荷图像，同一面积上的光敏元越多，分辨率越高，得到的图像越清楚。

CCD 的基本结构由两部分组成：MOS 光敏元阵列和读出移位寄存器。CCD 的电极就是 MOS 结构的栅极，CCD 的金属栅极是一个个紧密排列的电极，若干电极为一组，构成一“位”，每位有多少个电极就对应地有多少个独立的驱动时序，称作“相”。根据相数的不同，可将电极结构分为二相、三相、四相等类型。另外，根据电极的制造特点，也可将电极结构分为单层、二层和三层等。

CCD 电极都在同一个平面上时称为单层电极结构，这种结构的势阱是对称的，传输方向(向右或向左)是通过改变三相时钟脉冲的时序来控制的，并且在任一时刻总有一个电极为低电平，以防止信号电荷倒流。电荷耦合器件具有自扫描能力，能将光敏元上产生的光生电荷依次有规律地串行输出，输出的幅值与对应的光敏元件上的电荷量成正比。

2. 电荷存储转移原理

(1) 电荷存储

MOS 光敏元结构如图 9-2 所示，它是在半导体(P-Si)基片上生成一个具有介质作用的(SiO_2)氧化物，又在上面沉积一层金属电极构成 MOS(金属-氧化物-半导体)光敏元。当在金属电极 V_G 上加正电压时，由于电场作用，电极下 P 型硅区里的空穴被排斥入地，形成耗尽区，对电子而言，这是势能很低的区域，称“势阱”。有光线入射到硅片上时，光子被半导体吸引，产生光生电子-空穴对，多数载流子空穴被排斥出耗尽区流入硅衬底内，而电子被附近势阱吸引并俘获到较深的势阱中。我们把一个 MOS 结构光敏元的势阱所收集的光生电子称为一个“电荷包”。

a）显微镜下CCD的MOS光敏元

b）CCD芯片

图 9-1 CCD(电荷耦合器件)

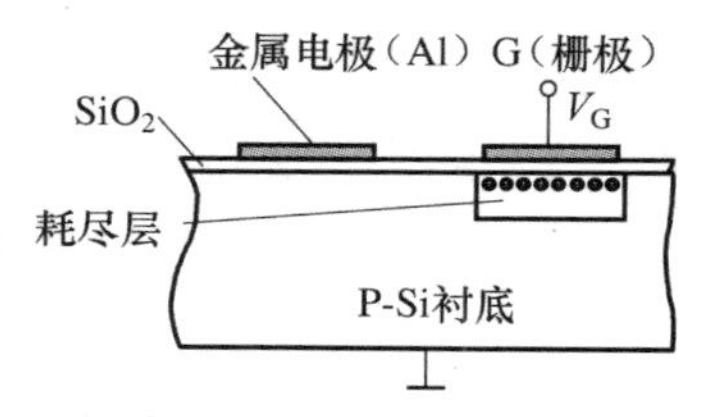

图 9-2 一个 MOS 光敏元结构

CCD 的硅片上有成百上千个相互独立的 MOS 光敏元，每个金属电极被施加电压后，会形成成百上千个势阱，此时势阱吸收的光子数与光强度成正比，如果照射在光敏元上的是一幅明暗起伏的图像，这些光敏元就会感生出一幅与光照强度相对应的光生电荷图像。这就是电荷耦合器件的光电物理效应基本原理。

(2) 电荷转移

CCD 是以电荷为信号的，而不是以电压、电流为信号的，光敏元上的电荷需要经过电路进行输出。负责电荷输出的是读出移位寄存器，它也是 MOS 结构，每个电极也叫一个像元，同样是由金属电极-氧化物-半导体三部分组成。它与 MOS 光敏元的区别是，它在半导体的底部覆盖了一层遮光层，以防止外来光线的干扰。

简单的三相读出移位寄存器结构如图 9-3 所示。有三个十分邻近的电极组成一个耦合单元或传输单元，每个单元的第一个电极都连接在一起，第二个电极和第三个电极也如此连接。CCD 的电荷转移是由电极下势阱的规律变化实现的，在各势阱下施加一系列有规律变化的电压(称驱动时序)，就可以控制电极下电荷包的存储位置和移动方向。下面以三相时序为例详细介绍电荷的传输过程。

在三个电极上分别施加三相时钟脉冲波 φ_1、φ_2、φ_3，三相时钟脉冲波形如图 9-4 所示。假设信号电荷已存入第一位的第一个栅极下的势阱中，可依照不同的时间 t 分析信号电荷的传输过程。

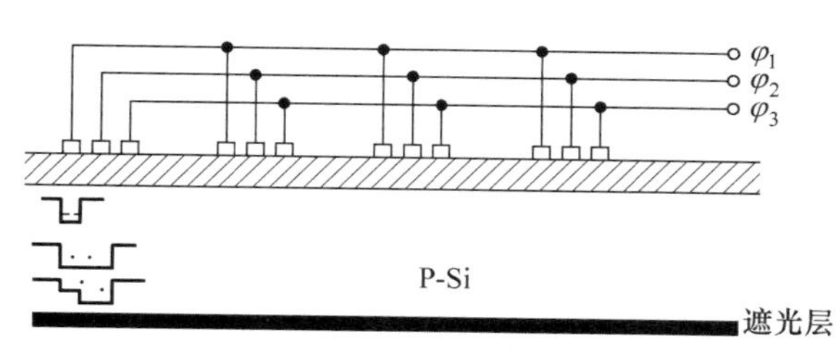

图9-3 三相读出移位寄存器的结构

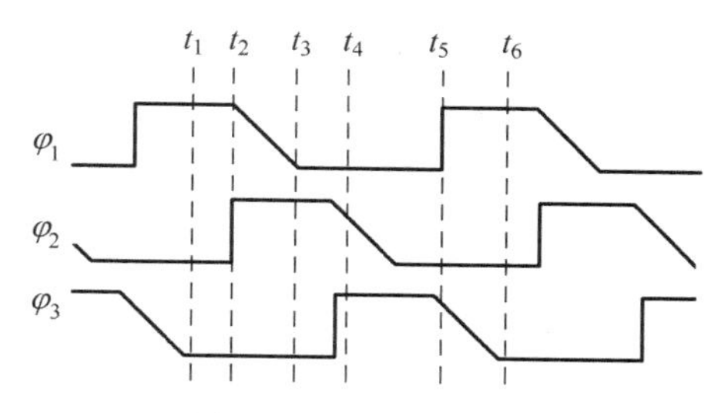

图9-4 三相时钟脉冲

当 $t=t_1$ 时刻，φ_1 高电平，φ_2、φ_3 低电平，φ_1 电极下出现势阱，存入光电荷；

当 $t=t_2$ 时刻，φ_1、φ_2 高电平，φ_3 低电平，φ_1、φ_2 电极下势阱连通，由于电极之间靠得很近，两栅极下面的贯通势阱内存入光电荷；

当 $t=t_3$ 时刻，φ_1 电位下降，φ_2 保持高电平，因 φ_1 电位下降而使电极下势阱变浅，电荷逐渐向 φ_2 控制的电极势阱转移，随 φ_1 电位下降至零，φ_1 下的势阱中的电荷被完全传输到 φ_2 栅极下的势阱中；

当 $t=t_4$ 时刻，φ_1 低电平，φ_2 电位开始下降，φ_3 保持高电平，φ_2 电极下电荷向 φ_3 电极势阱转移；

当 $t=t_5$ 时刻，φ_1 再次高电平，φ_2 低电平，φ_3 高电平逐渐下降，使 φ_3 电极下电荷向下一个传输单元的 φ_1 控制的势阱转移。

至此，信号电荷从上一位 φ_1 控制栅极的势阱传输到了下一位 φ_1 电极控制栅极的势阱内，完成一位信号电荷传输。读出移位寄存器的电荷转移全过程如图9-5所示，CCD通过时钟脉冲的驱动完成信号电荷的传输，这一传输过程依次进行下去，信号电荷按设计好的方向，在三相时钟脉冲控制下，从寄存器的一端转移到另一端。这样一个传输过程实际上是一个电荷耦合过程，所以CCD又称电荷耦合器件，担任电荷传输的单元称移位寄存器。

3. 信号输出方式

CCD的输出结构有多种形式，信号电荷的输出方式主要有电流输出和电压输出两种。以图9-6为例，通常是在CCD阵列的末端制作(扩散)一个 N^+ 区，形成反向偏置二极管，它通过收集信号电荷控制A点的电位变化。扩散二极管加反向偏置，形成一个深势阱，使末极转移栅电极下的电荷包能够越过输出栅(OG)，从而导致电荷流入二极管深势阱中，在输出电路负载上形成输出电流，该电流与电荷成正比。

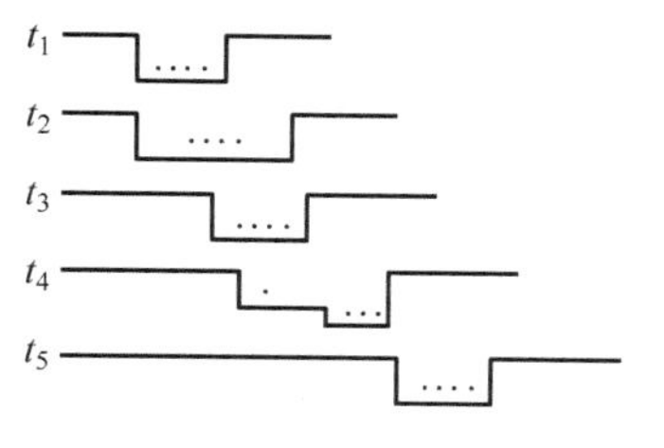

图9-5 电荷转移过程

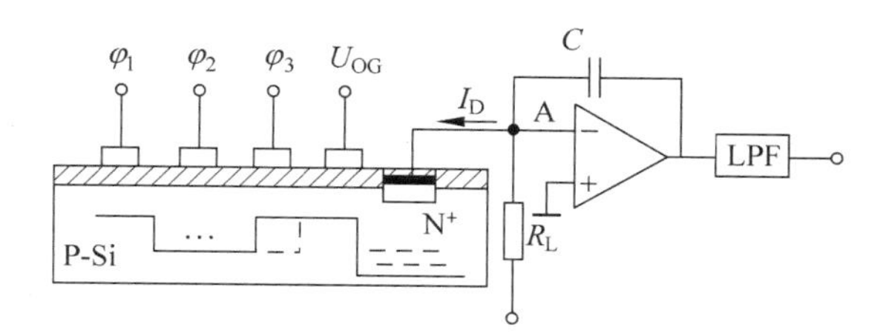

图9-6 电流输出型

(1) 电流输出型

常用的电流输出型CCD的结构如图9-6所示，由输出栅 U_{OG} 和输出端(P型硅衬底和 N^+ 扩散区)反向二极管以及片外放大器组成。栅极 φ_3 下面的电荷包传输至输出栅 U_{OG} 后，φ_3 的控制脉冲从高电平变为低电平，同时提升二极管的电压，使其表面电势升高以收集 U_{OG} 栅下的输出信号电荷，形成反向电流，再通过负载电阻 R_L 流入片外放大器。由于输出扩散结是完全的电荷转移过程，本质上是无噪声的，因此输出的信号噪声主要取决于片外放大器的噪声。

（2）电压输出型

电压输出型 CCD 有浮置扩散放大器(FDA)和浮置栅放大器(FGA)等方式。浮置扩散放大器的结构如图 9-7 所示。与电流输出型结构不同，它是在 CCD 芯片上集成了两个 MOSFET，即复位管 VF_1 和放大管 VF_2。在 φ_3 电极下的势阱未形成之前加复位脉冲 φ_R，使复位管 VF_1 导通，把浮置扩散区中上一周期的剩余电荷通过 VF_2 的沟道抽走。当信号电荷到来时，复位管 VF_1 截止，由浮置扩散区收集的信号电荷来控制放大管 VF_2 的栅极电位。

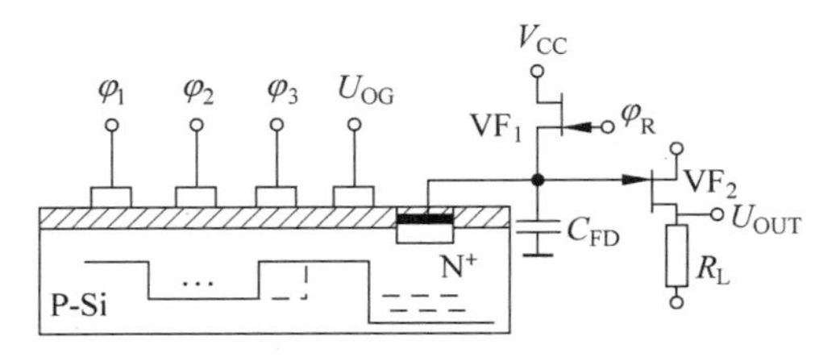

图 9-7　电压输出型

读出 ΔU_{OUT}之后，再次加复位脉冲 φ_R，直到下一时钟周期的信号电荷到来，如此循环。由于这种电压输出结构的所有单元都在同一硅片衬底上，因此抗噪声性能比电流输出方式好。具体结构及工作原理可参考有关书籍，这里不再赘述。

9.1.2　CCD 的结构

CCD 分为线阵 CCD 和面阵 CCD，实际 CCD 的光敏区和转移区是分开的，结构上有多种不同形式，如单沟道 CCD、双沟道 CCD、帧转移结构 CCD、行间转移结构 CCD 等。

1. 线阵 CCD

线阵 CCD 由一列 MOS 光敏元和一列移位寄存器并行构成。光敏区通过其一侧的转移栅与 CCD 移位寄存器相连，光敏区是一系列直线排列的由光栅控制的光敏元，光敏元实际上是掺杂多晶硅-二氧化硅的 MOS 电容器，彼此之间被沟阻隔离开来。每个光敏元与 CCD 转移单元一一对应，二者之间由转移栅隔离。光敏元和移位寄存器之间有一个转移控制栅，其驱动脉冲信号的波形示意图如图 9-8 所示。

光敏元曝光(光积分)时，金属电极加正脉冲电压 φ_P，光敏元吸收光生电荷，光积累过程很快结束；当转移栅加转移脉冲 φ_T 时，转移栅被打开，光敏元俘获的光生电荷经转移栅耦合到移位寄存器，转移快速结束后转移栅关闭，这是一个并行转移过程。接着，时钟脉冲开始工作，读出移位寄存器的输出端 *Ga* 一位位输出信息，这一过程是一个串行输出过程。CCD 输出的信号是一系列串行脉冲，脉冲幅度取决于光敏元上的光强，最后将输出信号送前置电路处理。

（1）单沟道线阵 CCD

图 9-9 为单沟道线阵 CCD 的结构，例如 1024 位线阵，它由 1024 个光敏元和 1024 个读出移位寄存器组成。根据各种应用要求，一般以读出移位寄存器的转移损失率下降到 50% 作为极限。为了得到较好的传递性能，每次转移的损失率必须小于 10^{-4}。一个三相 2048 单元的 CCD 移位寄存器，离输出端最远的信号电荷包要转移 6144 次，其转移损失率达到 50%，显然过大了。因此这种单沟道线阵结构只适用于光敏元较少的摄像器件，如 256 单元 CCD。

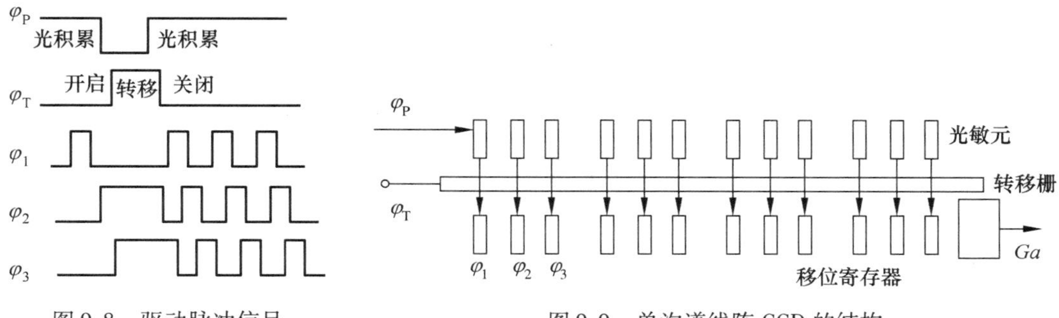

图 9-8 驱动脉冲信号 图 9-9 单沟道线阵 CCD 的结构

（2）双沟道线阵 CCD

双沟道线阵 CCD 具有两列移位寄存器，它们平行地配置在光敏区两侧，如图 9-10 所示。光敏区用沟阻分割成两组感光单元，呈叉指状。在转移栅的配合控制下，这两组光敏元积累的信号电荷包在积分期结束后分别进入上下两侧的移位寄存器，奇数元进入一侧，偶数元进入另一侧。对于二相或四相 CCD，从两列移位寄存器出来的信号脉冲序列在输出端合拢，便能保持正确的相位关系。例如在二相器件中，两个移位寄存器分别将 φ_1 电极和 φ_2 电极作为接收单元，它们在输出端合并后，将给出两倍于时钟频率的数据率。

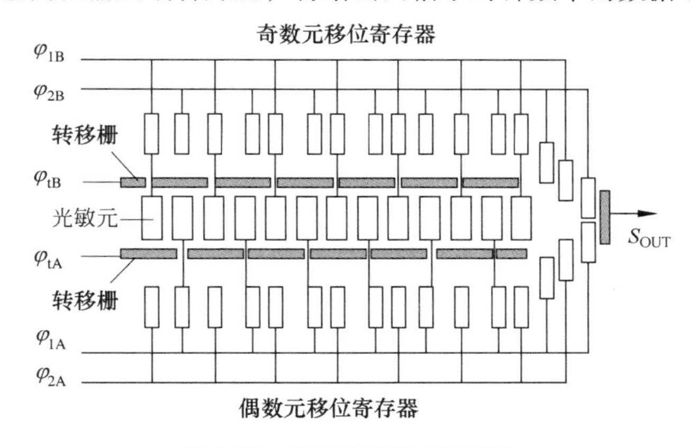

图 9-10 双沟道线阵 CCD 结构

双沟道线阵 CCD 的电荷积分、转移和传输过程与单沟道线阵 CCD 基本相似。显然，有相等数量光敏单元的双沟道线阵 CCD 要比单沟道线阵 CCD 的转移次数少近一半，总的等效转移效率大大提高。故一般多于 256 单元的线阵 CCD 摄像器件都采用双沟道型 CCD。

2. 面阵 CCD

面阵 CCD 是把光敏元件排列成矩阵形式，传输读出模块的结构有不同类型。基本构成有帧转移型 CCD、行间转移型 CCD 等。

（1）帧转移式(Frame Transfer，FT)

帧转移摄像器件(FT CCD)的结构包括三部分：光敏区、存储区和转移区(输出寄存器)。光敏区由并行排列的垂直的电荷耦合沟道组成，各沟道之间用沟道隔离，水平电极条覆盖在各沟道上。假如有 M 个转移沟道，每个沟道有 N 个光敏元，则光敏区共有 $M \times N$ 个感光单元(即像元)。存储区的结构与光敏区相同，只不过上面覆盖金属层遮光。输出寄存器要有 M 个转移单元，每个转移单元对应一列垂直的电荷耦合沟道，输出寄存器也用金属层覆盖遮光。帧转移摄像器件宜采用三相转移电极结构形式。

帧转移面阵 CCD 还分为帧转移式(FT)和帧间转移式(FIT)，它们的结构和工作方式分别如图 9-11a、b 所示。

(2) 行间转移式(Interline Transfer，IT)

行间转移面阵摄像器件结构如图 9-11c 所示。光敏单元呈二维排列，每列光敏单元的右边是一个垂直移位寄存器，光敏元与转移单元一一对应，二者之间由转移栅控制。底部仍然是一个水平输出寄存器，其单元数等于垂直寄存器个数。光积分结束时，转移栅电位变化，信号垂直进入寄存器，然后一次一行地输出视频信号。

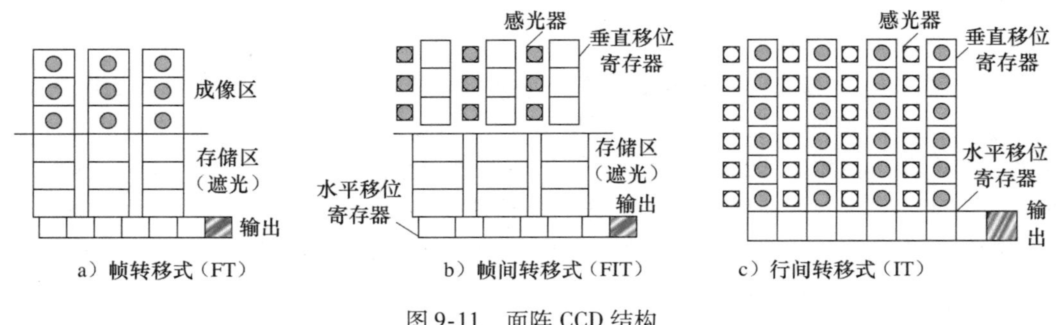

a）帧转移式（FT） b）帧间转移式（FIT） c）行间转移式（IT）

图 9-11 面阵 CCD 结构

与帧转移结构相比，行间转移结构的工艺复杂，分辨率低，总的响应率基本上一样，拖影效应没有那么严重，热噪声基本上差不多，但图案噪声要小些。

3. 典型的 CCD

前面介绍了线阵和面阵 CCD 的工作原理，对不同型号的 CCD 而言，其工作机理是相同的，不同型号的 CCD 具有完全不同的外形结构和驱动时序，在实际使用时必须加以注意。我们可以直接跟器件供货商或生产厂家索取相关资料，了解 CCD 如何使用。

线阵 CCD 的型号一般与生产厂家以及像元数的多少有关，CCD 的像元数范围为 128 ~ 5000 位，最高可达 7000 位或更高。CCD 是按照一定时序脉冲驱动实现对电荷的读出，这时需要 CCD 芯片的外围具有相应的驱动电路。下面以 TCD142D 型 CCD 为例进行简要介绍，其他型号的器件大同小异。

TCD142D 是一种具有 2048 位像元的两相线阵 CCD，其基本结构如图 9-12 所示。图中的光敏区里 2110 个像元构成线型阵列，其中 D_n 表示“哑元”，共有 62 个(前 51 个、后 11 个)，被铝膜遮盖用于暗电流检测。S_n 表示中间 2048 个像元，用以感光。像元之间的中心间距是 14μm，光敏像元阵列的总长为 28672μm。光敏元两边是转移栅电极 φ_{SH}，转移栅的两侧为 CCD 移位寄存器，其输出部分由信号输出单元和补偿输出单元构成。φ_{1A}、φ_{2A}、φ_{1B}、φ_{2B}均为时钟信号输入端，φ_{SH}为转移栅输入脉冲，φ_{RS}为复位栅，OS 为信号输出端，DOS 为补偿输出端，OD 为电源端，SS 为接地端，NC 是空闲引脚。

TCD142D 需在时序驱动电路下工作，驱动电路可分为两部分，一部分是脉冲产生电路，另一部分是驱动电路。TCD142D 驱动脉冲的波形如图 9-13 所示，脉冲电路产生 φ_{SH}、φ_1、φ_2、φ_{RS}四路脉冲，当 φ_{SH}脉冲高电平到来时，$\varphi_{1A,B}$为高电平，$\varphi_{2A,B}$为低电平。移位寄存器中的所有 φ_1 电极下均形成深势阱，φ_{SH}的高电平使 φ_1 电极下的深势阱与像元的 MOS 电容储存势阱沟通，信号电荷包迅速向上下两列模拟移位寄存器 φ_1 电极转移。当 φ_{SH}由高变低时，

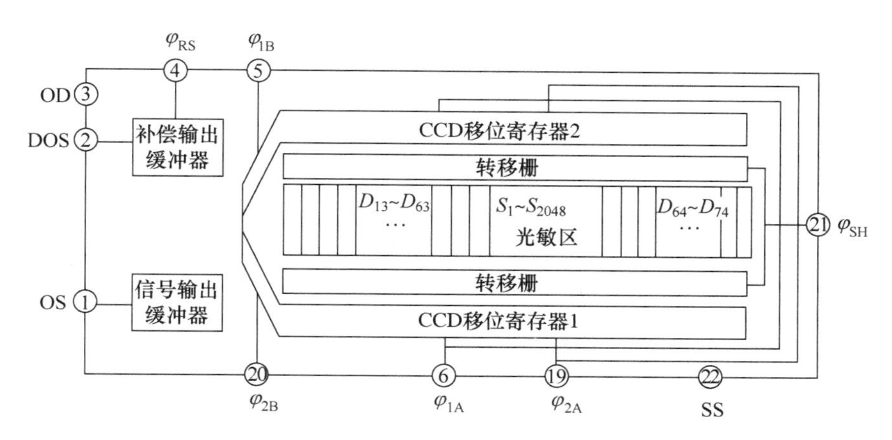

图 9-12　TCD142D 型 CCD 的结构示意

φ_{SH}低电平形成势垒，使光敏区的 MOS 电容与 φ_1 电极隔离。然后，φ_1 与 φ_2 交替变化，从而将 φ_1 电极下的信号电荷包顺序地转移，并经输出电路由 OS 电极输出。

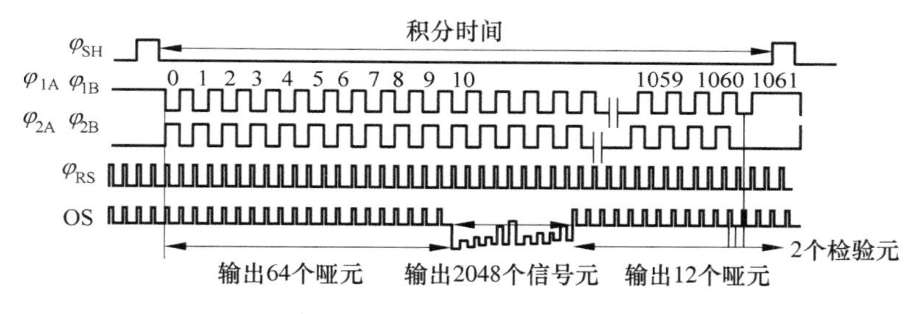

图 9-13　TCD142D 驱动脉冲波形

根据结构，OS 端输出 12 个虚设单元的脉冲，再输出 51 个暗电流脉冲后，才连续输出 2048 个信号脉冲。输出第 2048 个信号脉冲后，再输出 11 个暗电流脉冲，接下去可输出多余的无信号脉冲。由于该器件的两列并行传输，因此在一个 φ_{SH}周期中至少要有 1061 个 φ_1 脉冲。复位脉冲 φ_{RS}复位一次，输出一个光电信号。DOS 端是补偿输出端，用于检取驱动脉冲(尤其是复位脉冲)对输出电路的容性干扰信号。

驱动电路如图 9-14 所示。驱动脉冲可由 *RC* 振荡器、门控逻辑及放大电路构成，输出 4MHz 频率的方波，再经 JK 触发器分频得到频率为 2MHz 的方波后，将 4MHz 与 2MHz 脉冲相“与”，形成频率为 2MHz 的复位 φ_{RS}脉冲。再将 φ_{RS}分频产生频率为 1MHz 的 φ_1 脉冲，此脉冲经译码电路产生周期 $T_{SH}>1061\mu s$ 的转移脉冲 φ_{SH}信号。将 φ_{SH}和 φ_1 相“与”得到 $\varphi_1=-\varphi_2$ 的脉冲。至此，就产生了四路驱动脉冲信号。将这四路脉冲经反相器反相，再经阻容加速电路送至 H0026 驱动器，放大后用以驱动 TCD142D。

4. CCD 的选择

被检测对象通过光学系统在 CCD 的光敏元上形成光学图像，CCD 输出与被测对象相关的视频信号。视频信号为离散的电压脉冲序列，各离散脉冲电压的大小对应着该光敏像元所接收光强的强弱，而信号输出的时序则对应 CCD 光敏元位置的顺序。

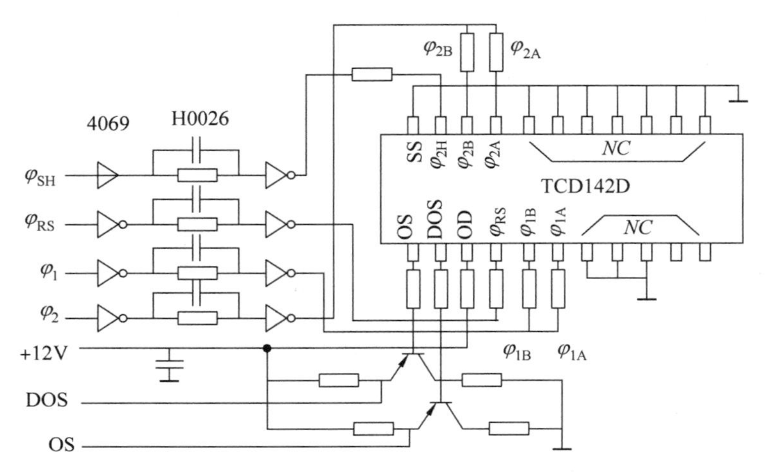

图 9-14 TCD142D 驱动电路

按照采样定理的要求，如果已知图像的最大空间频率为 k(即每毫米的线数)，则抽样频率应大于图像最大空间频率 2 倍。例如，设图像的最大空间频率为每毫米 40 条线，则抽样频率应大于或等于每毫米 80 条线，对应的抽样尺寸为 1mm/80 = 12.5μm，CCD 的像元尺寸应小于 12.5μm。抽样尺寸是选择 CCD 的指标之一，它与 CCD 的分辨率有关。

另外，要确保图像的亮度值处于 CCD 转换特性允许的动态范围之内，这样才可以保证转换后的图像信息不失真。如果 CCD 的动态响应的截止频率为 f，那么所测量的图像光强随时间而变化的频率不得大于 $2f$。

9.1.3 CCD 的应用

应用 CCD 时是将不同光源与透镜、镜头、光导纤维、滤光镜及反射镜等各种光学元件结合，以装配轻型摄像机、摄像头、工业监视器。CCD 应用技术是光、机、电和计算机相结合的高新技术，作为一种非常有效的非接触检测方法，CCD 被广泛用于在线检测尺寸、位移、速度、定位和自动调焦等方面。

1. 尺寸测量

CCD 诞生后，首先在工业检测中被制成测量长度的光敏传感器。利用 CCD 测量几何量的原理是，物体通过物镜在 CCD 光敏元上造成影像，用 CCD 输出的脉冲个数表征测量工件的尺寸或缺陷。

利用 CCD 测量几何尺寸是 CCD 在测量领域中最早、最为成熟的用途之一。例如，测量拉丝过程中丝的线径、轧钢的直径、机械加工的轴类或杆类的直径等。这里以玻璃管直径与壁厚的测量为例，介绍 CCD 在管径几何尺寸测量方面的应用方法。

(1) 测量原理

在荧光灯的玻璃管生产过程中，总是需要不断测量玻璃管的外圆直径及壁厚，并根据检测结果对生产过程进行调节，以便提高产品质量。可利用 CCD 配合适当的光学系统，对玻璃管相关尺寸进行实时监测，其测量原理如图 9-15a 所示。设玻璃管的平均外径为 12mm，壁厚为 1.2mm，要求测量精度为外径 ±0.1mm，壁厚 ±0.05mm。

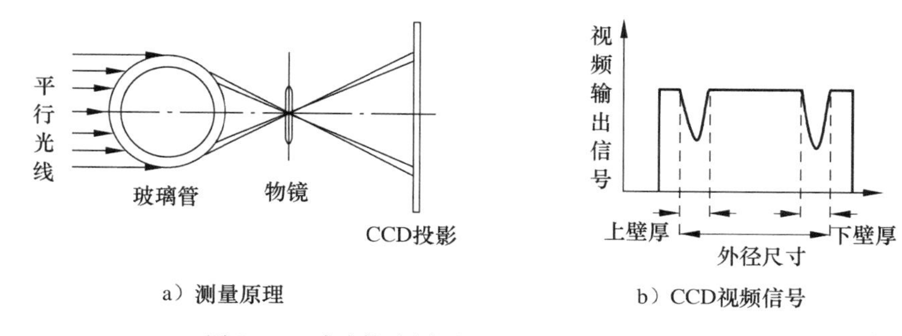

图 9-15　玻璃管壁厚测量原理及 CCD 视频信号

用平行光照射待测玻璃管，玻璃管经物镜成像将影像投射在 CCD 光敏像元阵列上。由于玻璃管的透射率分布不同，因此在边缘处会形成两条暗带，中间部分的透射光相对较强，形成亮带。玻璃管的两条暗带最外的边界距离为玻璃管外径成像的大小，中间亮带反映了玻璃管内径像的大小，而暗带则是玻璃管的壁厚像，视频输出信号如图 9-15b 所示。将该视频信号中的外径尺寸部分和壁厚部分进行二值化处理后，由计算机采集这两个尺寸所对应的实际间隔(例如脉冲计数值)，经数据处理便可得到待测玻璃管的尺寸及偏差值。

设成像物镜的放大倍率为 β，CCD 的像元尺寸为 t，上壁厚、下壁厚、外径尺寸的脉冲数(即像元个数)分别为 n_1、n_2、N，则上壁厚 d_1、下壁厚 d_2、外径尺寸 D 可分别表示为

$$d_1 = n_1 t/\beta; \quad d_2 = n_2 t/\beta; \quad D = N \cdot t/\beta$$

(2) CCD 的选择

测量范围和测量精度是选择 CCD 的主要依据。根据已知假设条件和要求精度，选择光学系统的放大率 β 为 0.8 倍，玻璃管的像大小为 9.6mm。而玻璃管的外径及壁厚测量精度要求反映在像面上，分别为($\pm 0.1\text{mm} \times \beta =$) ± 0.08mm 及($\pm 0.05\text{mm} \times \beta =$) ± 0.04mm。根据 CCD 测量灵敏度的需要，两个 CCD 光敏像元的空间尺寸必须小于 0.04mm。

根据分析，选择 TCD132D 型号 CCD 可满足上述测量范围和精度的要求。TCD132D 是 1024 像元的线阵 CCD，光敏像元的空间尺寸为 14μm，小于 40μm，像元总宽度为($1024 \times 0.014\text{mm} =$) 14.3mm。其内部具有采样保持电路以及脉冲发生器和驱动器，所需要的外围电路十分简单。TCD132D 只需三路脉冲，另外需要为采样保持电路提供一个参考电位，即 12V 电源供电。

2. CCD 信号的二值化

对于从 CCD 视频信号中提取的信息，必须首先进行二值化处理，然后再对这些信号进行数据分析输出。因此，二值化电路是视频信号变换中的关键电路。

二值化处理是把图像和背景作为分离的二值图像对待。光学系统使被测对象成像在 CCD 光敏面上，由于被测物与背景的光强变化十分分明，反映在 CCD 视频信号中所对应的图像尺寸边界处会有明显的电平急剧变化。通过二值化处理把 CCD 视频信号中图像尺寸部分与背景部分分离成二值电平。普遍采用的 CCD 视频信号二值化处理电路是电压比较器，电路原理如图 9-16a 所示。比较器的反相端接一个参考电平(或称阈值电平)。显然，视频信号电平高于阈值电平的部分均输出高电平，而低于阈值电平部分均输出低电平，因此在比较器的输出端就可得到只有高低两种电平的二值信号，二值化处理信号如图 9-16b 所示。

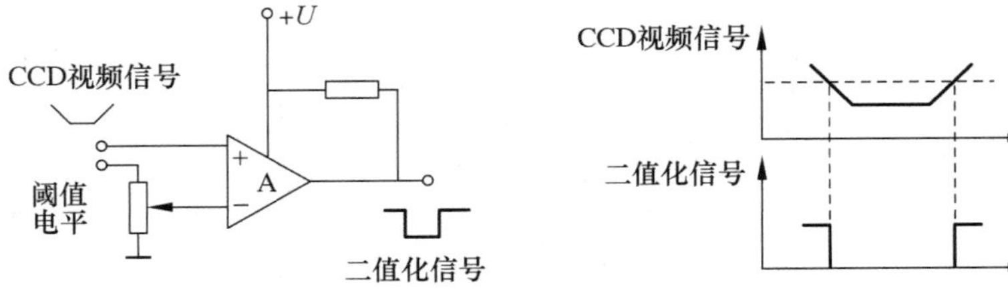

a）电路原理

b）信号特征

图 9-16 二值化处理

当然，由于 CCD 像元之间有一定的距离，像元也有一定尺寸，故测量精度受 CCD 空间分辨能力的限制，测量精度比较低，在两个边缘位置不能准确确定的情况下，每边有一个以上的像元距离的分辨误差。为了提高 CCD 的测量精度，要求能找到代表真正边界的特征点，再依照它去形成二值化信号，可以利用二值化信号宽度内的时钟脉冲个数进行计数，从而可将 CCD 的测量精度提高近一个数量级。由于图像边界在 CCD 视频信号里存在过渡区，如何确定真实边界、选取阈值将是影响测量精度的重要因素。

9.2 光纤传感器

2009 年，诺贝尔物理学奖被授予英国华裔科学家高锟以及两位美国科学家，理由是：光在纤维中的传输已用于光学通信。光在玻璃光纤中的传输会剧烈衰减，经 1 公里衰减到 1/100 亿。高锟在 1966 年 7 月发表论文证明，玻璃光纤中离子杂质对光的衰减起决定性作用，只要光纤每公里的光衰减量小于 20 分贝(即保留 1%)，就可以用于通信。美国康宁公司在 1970 年发明了一种特殊玻璃制造工艺，首次使光导纤维的衰减率迈过“20 分贝/公里”门槛。现在的光纤每公里衰减被控制在 5%。

光导纤维(Optical Fiber)简称光纤，是 20 世纪后半叶人类的重要发明之一。它与激光器、半导体光电探测器一起构成了新的光电技术。光纤最早用于通信，随着光纤技术的发展，光纤传感器得到进一步发展。目前，发达国家正投入大量人力、物力、财力对光纤传感器进行研制与开发。与其他传感器相比较，光纤传感器具有灵敏度高、响应速度快、动态范围大、防电磁干扰、超高电绝缘、防燃、防爆、体积小、材料资源丰富、成本低等特点，因此，运用前景十分广阔。

光纤作为传感器部件的突出优点有：不受电磁干扰，防爆性能好，不会漏电打火，可以弯曲，可根据需要做成各种形状，另外可以用于高温、高压的场合，绝缘性能好、耐腐蚀。同时，光纤传感器的应用与光电技术密切相关，因而光纤传感器也成为光电检测技术的重要组成部分。

本节首先介绍光纤的结构和传光原理，其次介绍光纤传感器的性能和调制技术，最后举例叙述光纤传感器的一些典型应用。

9.2.1 光纤的结构和传光原理

1. 光纤结构

光纤结构如图 9-17 所示，主要由三部分组成：中心——纤芯；外层——包层；护套——尼龙塑料。光纤的基本材料多为石英玻璃，有不同掺杂。光纤的导光能力取决于纤芯和包层的性质，即光导纤芯的折射率 N_1 和包层折射率 N_2，N_1 略大于 N_2（即 $N_1 > N_2$）。

2. 光纤的传光原理

光在空间是直线传播的，光被限制在光纤中，并能随光纤传递到很远的距离。光纤传光原理如图 9-18 所示（N_0 为光在空气中的折射率）。

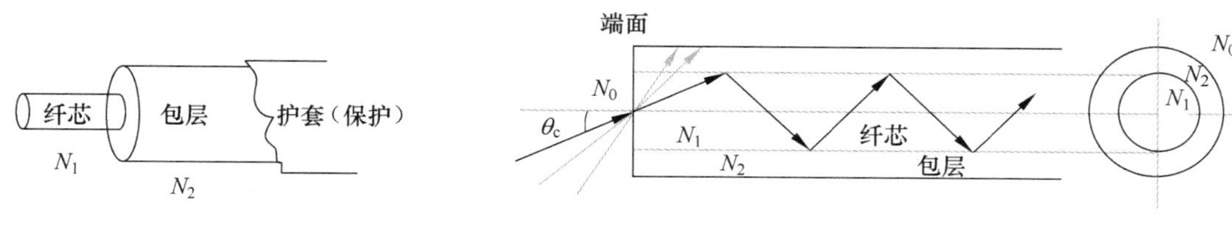

图 9-17　光纤结构　　　　图 9-18　光纤传光示意图

光纤的传播基于光的全反射原理，当光线以不同角度入射到光纤端面时，在端面发生折射后进入光纤。光进入光纤后，入射到纤芯（光密介质）与包层（光疏介质）交界面，一部分透射到包层，一部分反射回纤芯。当入射光线在光纤端面中心的入射角减小到某一角度 θ_c 时，光线全部被反射。光被全反射时的入射角 θ_c 称临界入射角，只要满足入射角 $\theta < \theta_c$，入射光就可以在纤芯和包层界面上反射，经若干次反射向前传播，最后从另一端面射出。

为保证光在光纤端面入射时是全反射，必须满足全反射条件，即入射角 $\theta < \theta_c$。由斯乃尔（Snell）折射定律可导出光线从折射率为 N_0 的介质处射入纤芯时，发生全反射的临界入射角为

$$\theta_c = \arcsin\left(\frac{1}{N_0}\sqrt{N_1^2 - N_2^2}\right) \tag{9-1}$$

外介质一般为空气，在空气中 $N_0 \doteq 1$ 时，上式可表示为

$$\theta_c \doteq \arcsin(\sqrt{N_1^2 - N_2^2}) \tag{9-2}$$

可见，光纤临界入射角的大小是由光纤本身的性质（N_1、N_2）决定的，与光纤的几何尺寸无关。

9.2.2　光纤的性能

光纤的性能主要由以下几个重要参数描述，它们反映了光纤的集光能力、导光能力和损耗大小。

1. 数值孔径

将临界入射角 θ_c 的正弦函数定义为光纤的数值孔径 NA，即

$$NA = \sin\theta_c = \frac{1}{N_0}\sqrt{N_1^2 - N_2^2} \tag{9-3}$$

当 $N_0 \doteq 1$ 时

$$NA \doteq \sqrt{N_1^2 - N_2^2} \quad (N_1 \geqslant N_2)$$

数值孔径讨论：NA 表示了光纤的集光能力，无论光源的发射功率有多大，只有在 $2\theta_c$ 张角之内的入射光才能被光纤接收、传播。若入射角超出这一范围，光线会进入包层，导致漏光。一般来说，NA 越大，集光能力越强，光纤与光源间的耦合会更容易发生，但 NA 越大，光信号畸变越大，所以要适当选择。出厂的光纤产品标签上通常不会给出折射率 N，只

标示出数值孔径 NA，石英光纤的数值孔径一般为0.1～0.5。

2. 光纤模式

光纤模式是指光波沿光纤传播的途径和方式，不同入射角度下的光线在界面上反射的次数不同，光波之间的干涉产生的强度分布也不同。光纤模式值定义为

$$V=\frac{2\pi\alpha}{\lambda_0}(NA) \tag{9-4}$$

式中：α 为纤芯半径；λ_0 为入射光波长。

模式值讨论：光在光纤内反射传播，反射中相位变化 2π 整数倍的光波形成驻波，只有驻波才能在光纤中传播(称模)，光纤只能传播一定数量的模，模式值越大，允许传播的模式值越多。在信息传播中希望模式数越少越好，若同一光信号采用多种模式，会使光信号以不同时间到达，导致合成信号畸变。模式值小就是纤芯半径 α 值小，只能传播一种模式时称单模光纤，单模光纤的性能最好，畸变小、容量大、线性好、灵敏度高，但制造连接较困难。除单模光纤外，还有多模光纤(阶跃多模、梯度多模)，单模和多模光纤是当前光纤通信技术中最常用的普通光纤。图9-19是几种光纤模式的结构形式，图中 d 为光纤包层直径。

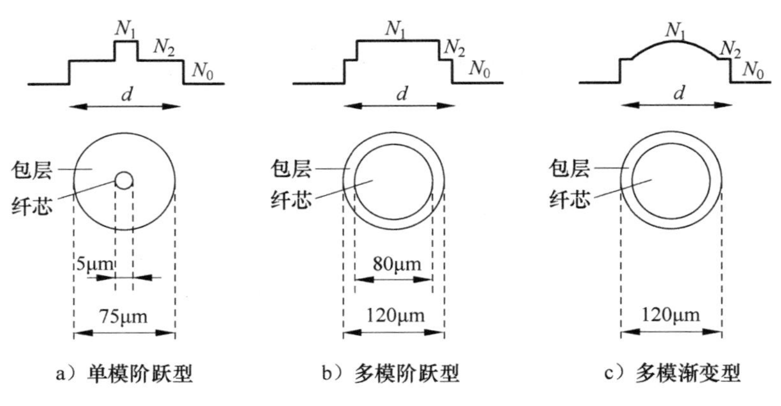

a）单模阶跃型　b）多模阶跃型　c）多模渐变型

图9-19　光纤模式

常用光纤类型及参数见表9-1。

表9-1　常用光纤类型及参数

类　型	折射率分布	纤芯直径(μm)	包层直径(μm)	数值孔径(NA)
单模		2～8	80～125	0.10～0.15
多模阶跃光纤(玻璃)		80～200	100～250	0.10～0.30
多模阶跃光纤(玻璃/塑料)		200～1000	230～1250	0.18～0.50
多模梯度光纤		50～100	125～150	0.10～0.20

3. 传播损耗

由于材料的吸收、散射和弯曲处的辐射损耗影响，光纤在传播时不可避免地要有损耗，

光纤传播损耗大小用衰减率 A 表示为

$$A = \frac{10}{L}\lg\left(\frac{P_{in}}{P_{out}}\right)(\mathrm{dB/km}) \tag{9-5}$$

式中：P_{in}为入射光功率；P_{out}为出射光功率；L 为光纤长度。

式(9-5)表示光纤每公里的衰减率，传播损耗的大小是评定光纤优劣的标志之一。一根衰减率为10dB/km 的光纤，表示当光在光纤中传输一公里后，光强下降到入射光强的1/10。目前光纤传播损耗可达0.16dB/km 或更小，长度超过50km 的线路可无中继。

4. 光纤耦合

光纤的耦合分为强耦合和弱耦合。光纤的强耦合是使光纤在纤芯间形成直通，光纤的弱耦合是通过光纤的弯曲或使耦合处变成锥状。常用的耦合方式如下：

1）光纤埋入玻璃的弧形槽，将两根光纤拼接在一起，耦合方式如图9-20a 所示；

2）将两根光纤扭绞，用火对耦合部位加热，熔融过程拉伸光纤，两根光纤包层合并在一起，纤芯变细，构成弱耦合，耦合方式如图9-20b 所示；

3）去掉局部外套和包层，将两根光纤纤芯通过光纤耦合器(如图9-20c)紧紧连接在一起。

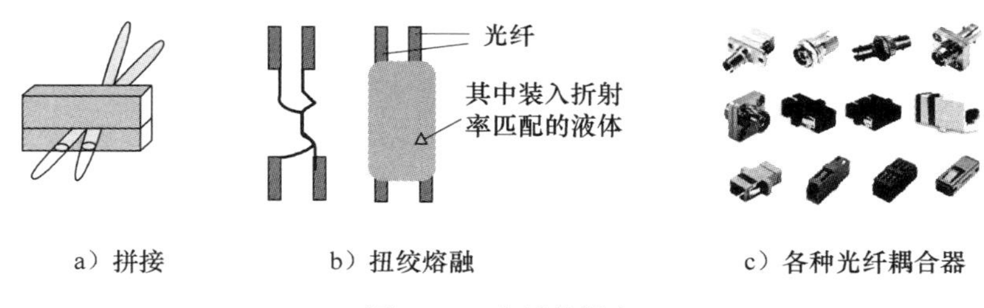

a）拼接　　b）扭绞熔融　　c）各种光纤耦合器

图9-20　光纤的耦合

9.2.3　光波调制技术

电参量传感器中，通常是由被测量引起电阻、电容、电感等电参量的变化，再将这些电参量转换为电流、电压的变化进行检测。光纤传感器通过调制器使光的某些特性受被测量的作用，如光强、偏振方向、颜色、波长、相位等。光波的这些特征参数主要以光强度和光颜色两个最直观的特征表现出来，目前光电器件只能测量光的强度和颜色，其他物理量是通过这两个量间接测量的。下面分别讨论对光的强度、相位、频率的调制方法。

1. 光的强度调制

利用外界物理量改变光纤中的光强度，通过测量光强的变化测量被测信息。根据光纤传感器探头的结构形式，调制方式可分为透射、开关、反射等。

(1) 透射式强度调制

透射式强度调制原理如图9-21a 所示，光纤端面为平面，入射光纤不动，出射光纤可横向、纵向、旋转移动，出射光强受位移信号的调制。对于单模光纤，径向位移 x 与光功率耦合系数 T 之间的关系为高斯型曲线：

$$T = \exp(x^2/s_0^2) \tag{9-6}$$

式中，s_0 为光斑尺寸。

接收光强与透过纤芯两圆的交叠面积有关。为获得线性和灵敏度，测量工作点应选择

图 9-21b 所示高斯曲线上的 A。

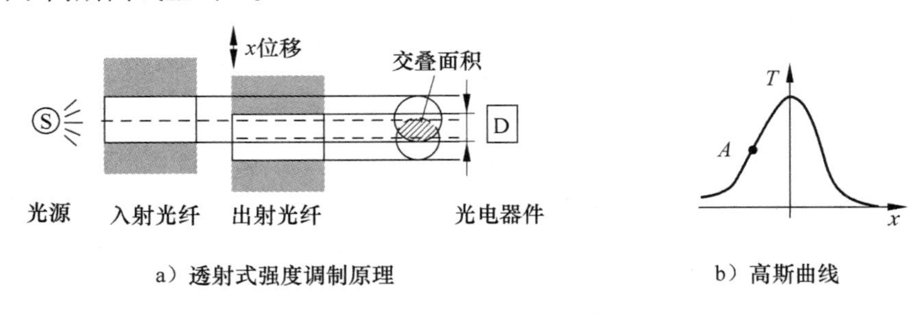

图 9-21　透射式强度调制

（2）开关调制

典型的开关调制如图 9-22 所示。入射、接收光纤固定不动，当两光纤端面有物体运动时，出射光纤的光强变化。测量时，遮光屏物与其他敏感元件相连，图中弹性膨胀元件受压力 P 作用时由位移调制光强变化。

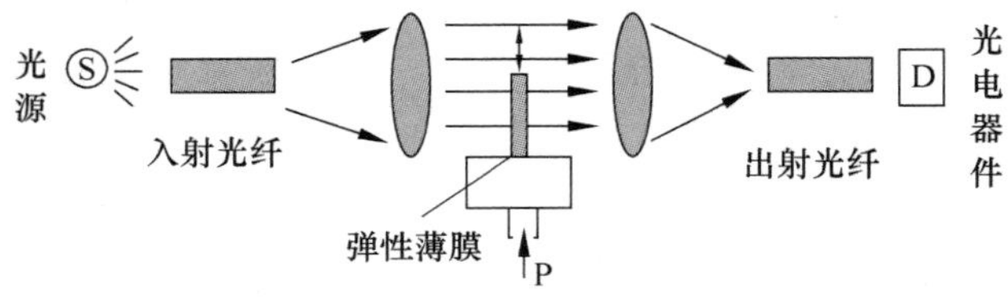

图 9-22　开关调制

图 9-23a 所示为光栅调制的原理示意图，结构上光栅尺一个固定，另一个移动，当光栅做相对运动时，通过光栅间的光强度发生变化。假设栅距和栅宽都为 5μm，当动栅相对移动 10μm 时，光强变化一个周期，光栅调制的输出特性如图 9-23b 所示，输出特性曲线在位移 2. 5μm 和 7. 5μm 处的灵敏度最大。

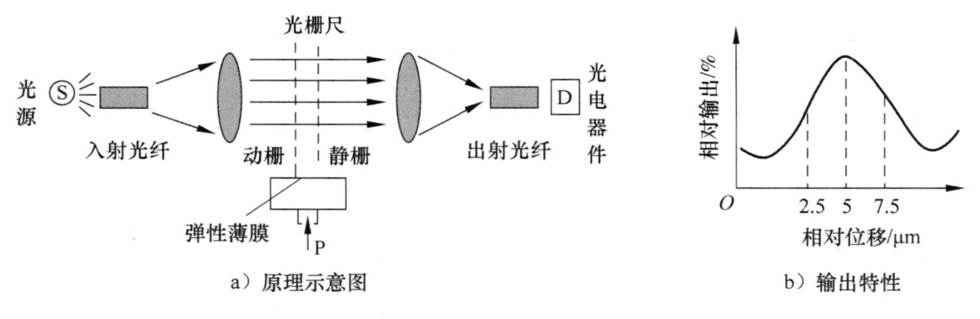

图 9-23　光栅调制

（3）反射式强度调制

图 9-24 为反射式强度调制原理示意图。由多根光纤束组成发射光纤和接收光纤，被测物体将光束反射回光纤，经反向传输后由光敏器件接收。光强的大小随被测物体的特征不同而不同，特征包括：被测物体与光纤端面的距离，被测物体表面的光洁度（反射率）、相对倾角等。反射式强度调制的特点是非接触、探头小、线性度好、频响高，测量范围在 100μm 以内呈线性变化。

2. 相位调制

一般压力、张力、温度可以改变光纤的几何尺寸（长度），同时由于光弹效应，光纤折射率也会由于应变而改变，这些物理量可以使光纤输出端产生相位变化，借助干涉仪可将相位变化转换为光强的变化。干涉系统的种类很多，可根据具体情况采用不同的干涉系统。

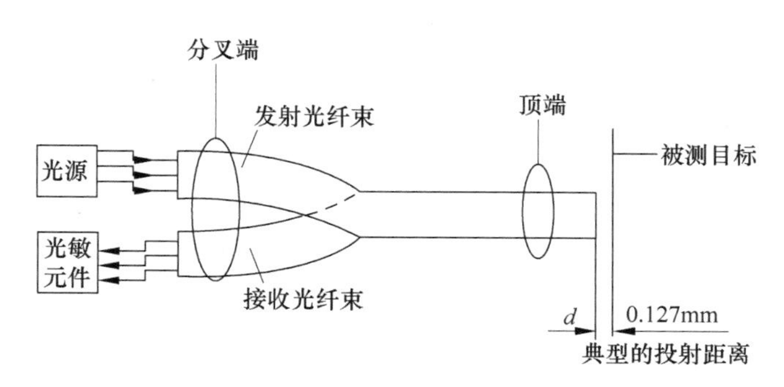

图 9-24　反射式强度调制

（1）马赫-泽德干涉仪

最常见的马赫-泽德(Mach-Zehnder)干涉仪的工作原理如图 9-25 所示。分束器 1 把激光器的光束分成两部分，经上、下光路的传输后又重新合路，使其在分束器 2 的光电检测器处互相干涉。当移动平面镜位移时，合成光的干涉强度随之发生变化。这种干涉仪的灵敏度很高，可精确到 10^{-13}nm。虽然空气光路系统有大的动态范围，但实现非常困难，因此限制了它只能在实验室工作条件下应用。

（2）光纤干涉仪

如果在上面的装置中，用光纤代替空气光路，情况就大不相同了，光纤可避免对光路长度的严格限制，光路中不存在尘埃污染，几公里光路对光纤是容易实现的。光纤干涉仪的原理示意图如图 9-26 所示，用光纤耦合器(光电桥)替代分束器，再配以其他敏感元件，可构成小型光纤相位型传感器。光纤耦合器将激光器的光束分成两部分，再将两路传输后的光信号又重新合路。在光源和检测器之间，干涉仪只含光纤元件，换能器利用集成和光电技术可把所有元件装入一个很小装置内与光纤对接耦合。图 9-26 中的 3dB 耦合器是最常用的光纤耦合器。

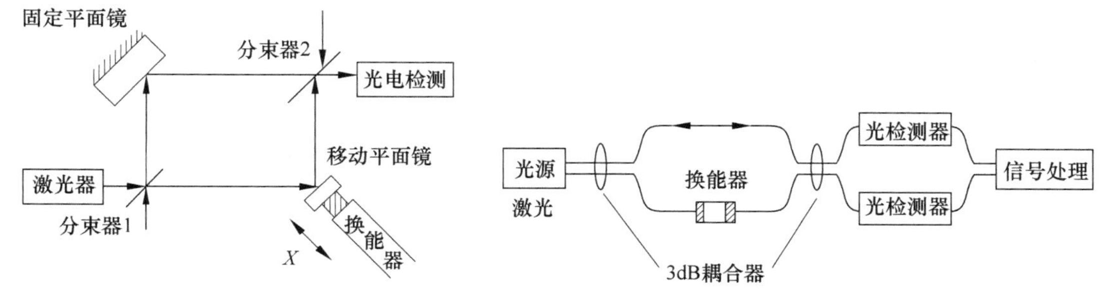

图 9-25　马赫-泽德干涉仪工作原理

图 9-26　光纤干涉仪的原理示意图

3. 频率调制

频率调制测量原理是，当光敏器件与光源之间有相对运动时，光敏器件接收到的光频率 f_s 与光源频率 f 不同，这种现象称为光的“多普勒效应”。设光敏器件相对光源的运动速度为 v，接收的光频率可表示为

$$f_s = f/(1 - v/c) \approx (1 + v/c)f \tag{9-7}$$

式中：c 为光速；v 为运动速度；f 为光源频率。

频率调制方法可以用于测量运动物体(流体)的速度、流量等，测量装置的原理示意图如图 9-27a 所示。管道中流体运动时会带有一定的微小颗粒物，被测微小颗粒物在光线照射下产生光的散射。激光器光束经分束器 1 分为两路，一路是调制光 ω_R 作为参考光源送入光敏探测器，另一路将频率为 ω_0 的光信号通过分束器 2 经透镜送入检测光纤并射入管道照射流体。如图 9-27b 所示，流体速度为 v，流体中的微粒被照亮时产生反射光，反射光通过检测光纤返回。多普勒效应使反射光产生频移 $\Delta\omega$，形成的光频率为测量光 $\omega_s = \omega_0 \pm \Delta\omega$，测量光与参考光在探测器混频（拍频 $\omega_p = \omega_s - \omega_R$）后形成振荡信号，振荡频率为 $\omega_1 \pm \Delta\omega$，由频谱仪分析 $\Delta\omega$ 的频率变化，可获得流体速度。

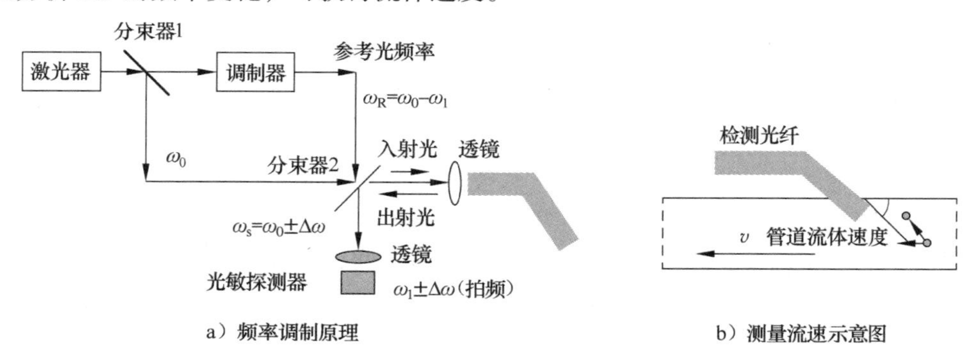

图 9-27 频率调制器

9.2.4 光纤传感器的应用

光纤传感器的类型较多，大致可分为功能型和非功能型两大类，它们的基本组成相似，有光源、入射光纤、调制器、出射光纤、光敏器件。

1. 功能型

功能型光纤传感器（function fiber optic sensor）又称传感型，图 9-28 为功能型光纤传感器示意图。这类传感器利用光纤本身对外界被测对象具有敏感能力和检测功能，光纤不仅起到传光作用，而且在被测对象作用下使光强、相位、偏振态等光学特性得到调制，调制后的信号携带了被测信息。如果存在外界作用时，光纤传播的光信号会发生变化，光的路程和相位会改变，接收处理这种信号后，可以得到与被测信号相关的变化电信号。

2. 非功能型

非功能型光纤传感器（non-function fiber optic sensor）又称传光型，非功能型光纤传感器的工作原理如图 9-29 所示。这时光纤只作为传播光媒介，待测对象的调制功能是由其他转换元件实现的，光纤的状态是不连续的，光纤只起传光作用。

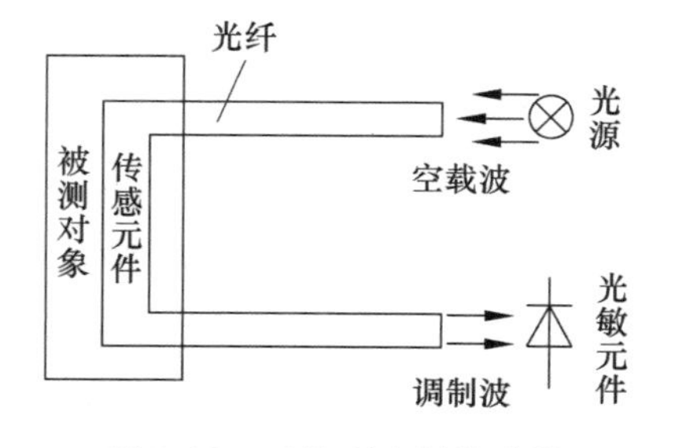

图 9-28 功能型光纤传感器

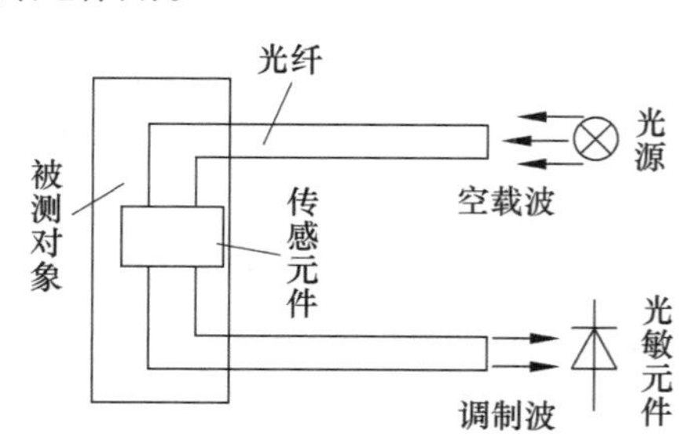

图 9-29 非功能型光纤传感器

3. 光纤传感器的应用

（1）光纤温度传感器

光纤温度传感器的结构和工作原理如图 9-30a 所示，它利用半导体材料的能量隙随温度几乎呈线性变化这一特性进行温度检测。光纤温度传感器的敏感元件是一个半导体光吸收器，光纤用来传输光信号。当光源的光以恒定的强度经光纤达到半导体薄片时，透过薄片的光强受温度的调制，被调制的透过光由光纤传送到光敏探测器。当温度升高时，半导体的能带宽度下降，材料吸收光波长向长波移动，半导体薄片透过的光强度变化。透过半导体薄片的光强与温度的关系曲线如图 9-30b 所示。

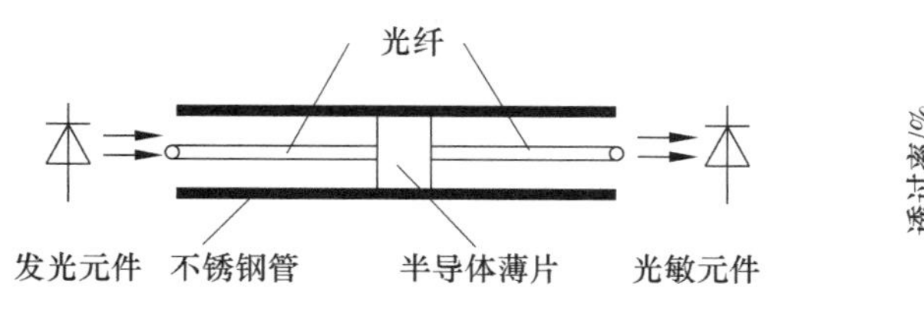

a）光纤温度传感器结构

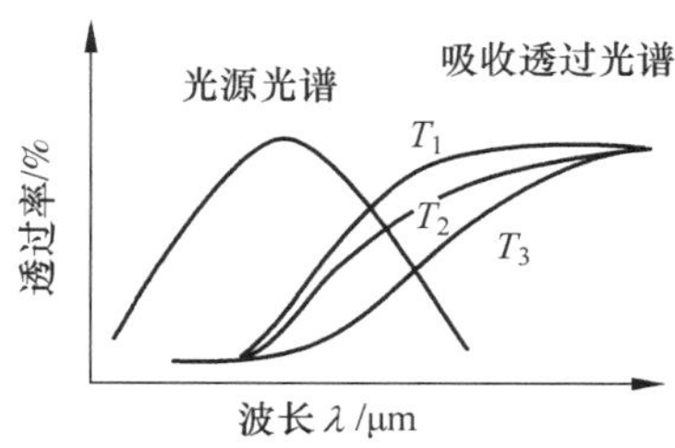

b）透过的光强与温度的关系（$T_1 < T_2 < T_3$）

图 9-30　光纤温度传感器

（2）反射式光纤位移传感器

我们常常将机械量转换成位移来检测，利用光纤可对这类机械量实现非接触测量。反射式光纤位移传感器的工作原理如图 9-31a 所示，光源经发射光纤将光信号传送至末端部，并照射到被测物体上。接收光纤接收反射的光信号，并通过光纤传送到光敏元件上。被测物体与光纤之间的距离变化时，反射到接收光纤上的光通量发生变化，再通过光敏器件检测出光强的变化，从而实现位移测量。

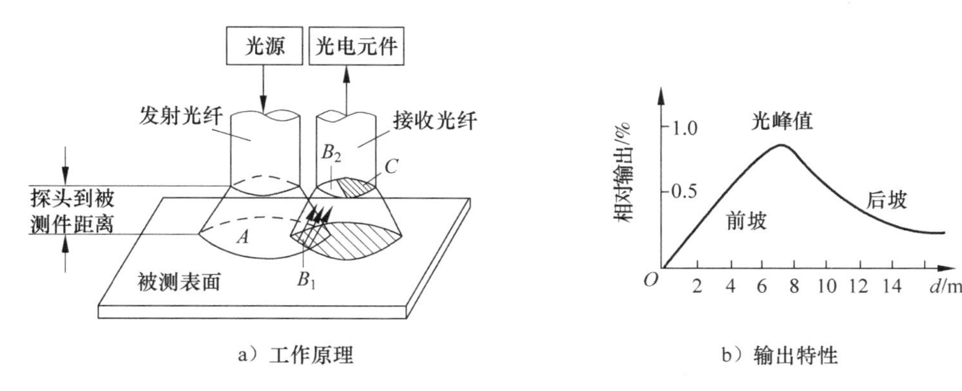

a）工作原理　　b）输出特性

图 9-31　反射式光纤位移传感器

其输出特性如图 9-31b 所示，由于光纤有一定的数值孔径，当光纤探头端紧贴被测物体时，发射光纤中的光信号不能反射到接收光纤中，接收光敏元件无光电信号；当被测物体逐渐远离光纤时，锥形光纤像投影在被测物体上，发射光纤的光纤像与接收光纤的光纤像的重叠面积 B_1 越来越大，接收光纤被照亮的区域 B_2 也越来越大，这时为输出特性曲线的“前坡”区；当整个接收光纤被照亮时，输出达到最大，相对位移输出曲线达到光峰值；被测体继续远离时，光强开始减弱，部分光线被反射，输出光信号开始减弱，输出特性曲线下降进入“后坡”区。有关反射式光纤位移传感器的输出特性讨论如下：

1）前坡区输出信号的强度增加快，这一区域的位移输出曲线有较好的线性关系，可进行小位移测量(微米级)；

2）后坡的区信号随探头和被测体之间的距离增加而减弱，该区域可用于距离较远而灵敏度、线性度要求不高的较大位移测量(毫米级)；

3）光峰区信号有最大值，值的大小决定被测表面的状态，光峰区域可用于表面状态测量，如工件的光洁度或光滑度。

反射式光纤位移传感器一般是将发射和接收光纤捆绑组合在一起，端面分布形态的组合形式不同，有半分式、共轴式、混合式。不同形式会影响位移测量的范围和灵敏度，反射式光纤的组合形式及输出特性如图 9-32 所示。分布形态一般有四种：R 型半分式(半圆分布)；H 型混合式(随机分布)；CII 共轴式(内发射分布)；CDT 共轴式(外发射分布)。混合式的灵敏度高，半分式的测量范围大。

实际应用时，光纤传感器不是两根光纤，而是多股光纤捆绑组合形成的，标准的位移传感器由 600 根直径 $\varphi=0.762\text{mm}$ 的光纤组成，光纤内芯是折射率为 1.62 的火石玻璃，包层折射率为 1.52 的玻璃。

(3) 干涉型光纤加速度传感器

干涉型光纤加速度传感器如图 9-33 所示。加速度通过一定质量的物体，在平衡力的反作用下可产生位移、形变、旋转等。惯性系统的质量块质量为 M，顺变体质量为 MC，顺变体是一空心圆柱体，并且 $M>MC$；当系统中以加速度运动的质量块对顺变体施加轴向力 $F=ma$ 时，在力的作用下顺变体产生轴向应变和径向应变。设 E 为弹性模量；d 为顺变体直径；μ 为泊松比；A 为顺变体截面积。光纤总的长度变化为

$$\Delta L = 4\mu Nma/Ed$$

式中，N 为光纤匝数，顺变体的径向应变将作用力传递给绕在柱体上的光纤，使光纤的长度发生变化，利用光纤的长度变化通过干涉系统测量出光的相位变化，从而实现加速度测量。

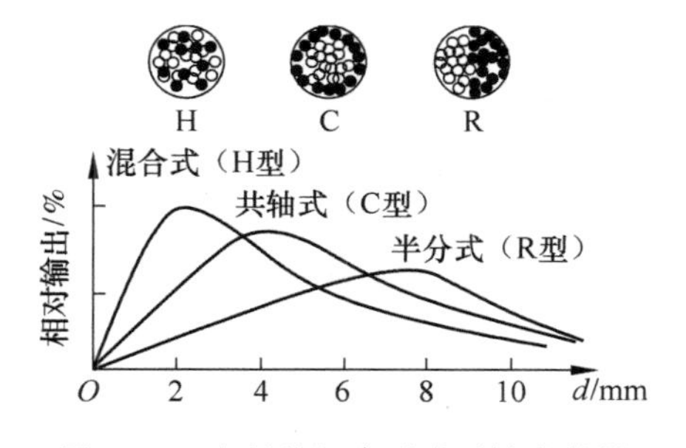

图 9-32 光纤的组合形式及输出特性

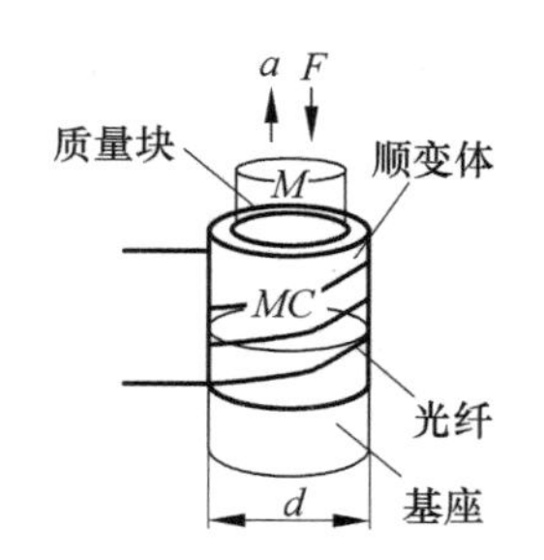

图 9-33 干涉型光纤加速度传感器

(4) 埋入式光纤传感器

机械敏感材料和机敏结构是光纤传感器的典型应用。光纤用于机敏材料和结构是将光纤埋入复合材料，用于探测复合材料的内应力、应变以及结构损伤，这已成为一种新型的无损检测技术，这种技术越来越多地应用于航空、航天、飞行器的在线动态监测，机器人的神经网络系统，建筑、桥梁、高速公路的灾害检测和报警等。如桥梁、水坝、核电站这类可靠性

要求很高的混凝土建筑结构，内部状态参数直接反映内部应力、应变变化，内部裂缝的发生与发展情况。如果在混凝土构件内埋设光纤传感器，在应力、应变、内部裂缝导致传感器机械特性变化时，光强输出会变化，从而可监测结构的变化。

埋入式光纤传感器有干涉型和偏振型两种形式，干涉型埋入式光纤传感器的结构如图9-34所示。参考臂不受应力作用，测量臂置于主体材料内部，主体材料内部有应变时将引起测量臂和参考臂之间的相位差变化。

偏振型埋入式光纤传感器的结构原理如图9-35所示。光源发出的光分为两路，一路由光电器件 PIN_1 接收，监测光源的稳定性，另一路由准直透镜、起偏器 P_1 接收，产生平行偏振光，透镜 Q_1 将偏振光聚焦耦合至光纤，偏振光在光纤中传输，从另一端面出射的光信号经透镜 Q_2、检偏器 P_2 将被调制后的光源信号送光敏器件 PIN_2，进而转换成电信号。如果主体材料无应力作用，光纤中传输的光保持原有的偏振方向，调节 P_2 可使光强达到最大值，有应力作用时偏振模式发生分裂，射出的偏振方向与初始方向偏转了一个角度，使输出光功率（光强）发生变化。

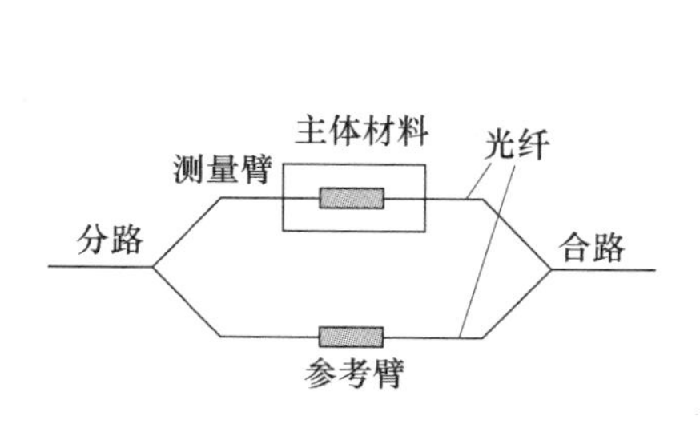

图9-34　干涉型埋入式光纤传感器

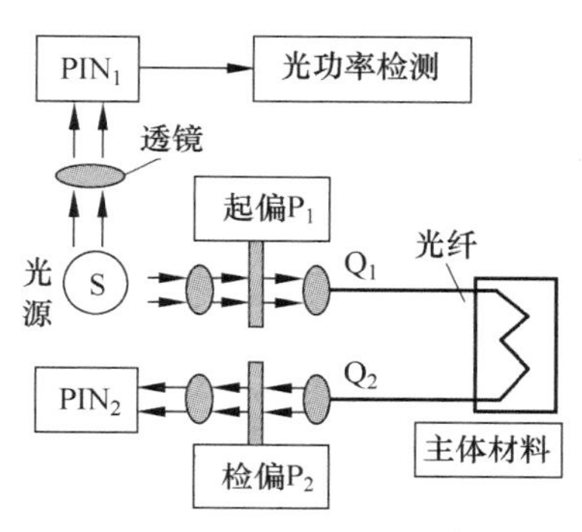

图9-35　偏振型埋入式光纤传感器的结构原理

埋入式光纤传感器的安装有一定的方法和规范要求。钢筋混凝土是当今世界最流行的建筑材料，混凝土的主要成分是砂石、水泥，如果要将光纤置入混凝土，无论从哪个方向引线都会有碎石阻拦，此外，各种机械运动（灌浆、捣实）可能引起机械破坏，因此要采用正确方法，下面是两种可行的方法：

1）将光纤放在金属管内埋入混凝土，再将金属管抽出；

2）将光纤埋在小型预置构件中，再将构件作为大型构件的一部分。

9.3　光栅式传感器

光栅是一种在基体（玻璃或金属）上有等间距均匀分布刻线的光学元件，用于测量的光栅称为计量光栅。光栅式传感器又称光栅式读数头，主要由标尺光栅、指示光栅、光路系统和光电元件等组成。

9.3.1　莫尔条纹

1. 光栅

光栅是光栅尺的简称。光栅尺是一把尺子，尺面上刻有排列规则和形状规则的刻线。如

图 9-36a 所示，设其中不透光线宽为 a，透光缝宽为 b，一般情况下，光栅的透光缝宽等于不透光线宽，即 $a=b$。图中 $W=a+b$ 称为光栅栅距，也称光栅节距或光栅常数。光栅栅距是光栅尺的一个重要参数，根据光栅用途的不同，可将光栅尺分为长光栅和圆光栅，长光栅用作线值测量，如图 9-36 所示。圆光栅盘用作圆分度测量，如图 9-37 所示。对于圆光栅盘(尺)来说，除了参数栅距之外，更多的是使用栅距角(也称节距角)。栅距角是指圆光栅盘上相邻两刻线所夹的角。根据光栅尺对光线是透射还是反射，光栅可分为透射光栅和反射光栅。

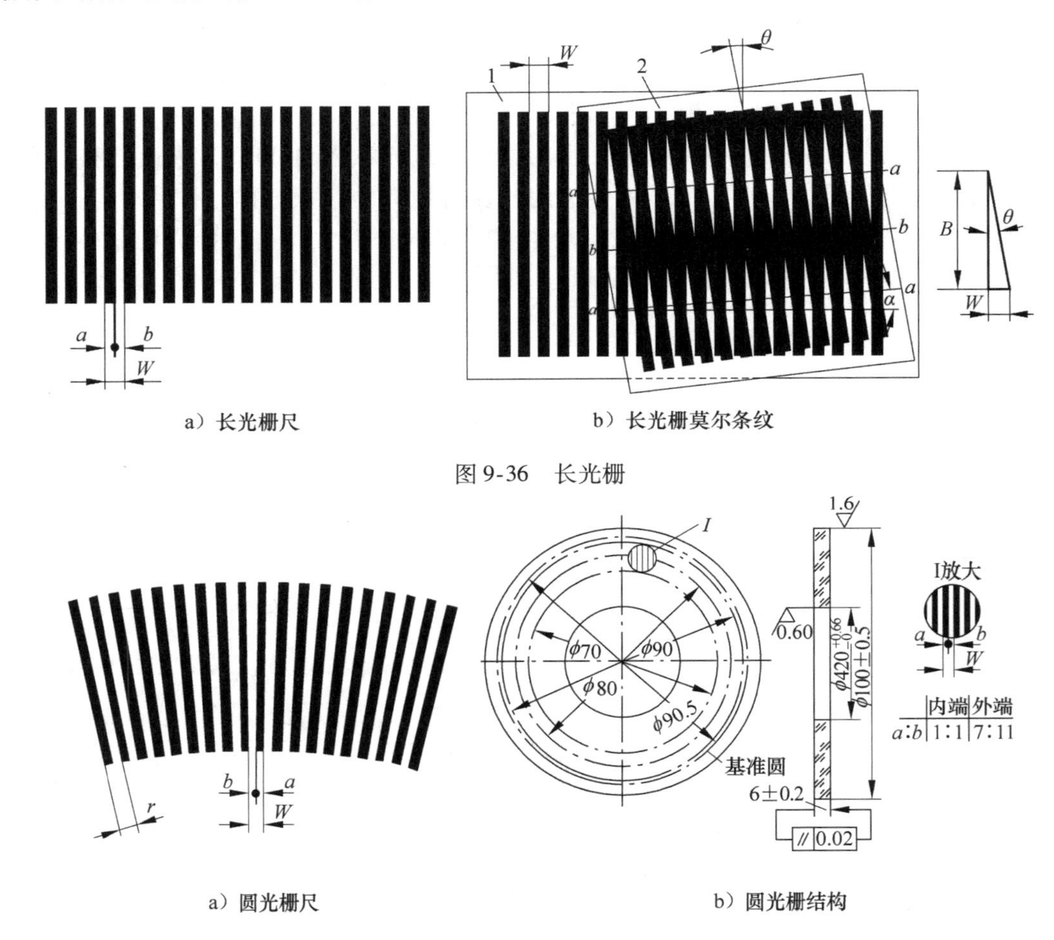

a）长光栅尺　　b）长光栅莫尔条纹

图 9-36　长光栅

a）圆光栅尺　　b）圆光栅结构

图 9-37　圆光栅

在一对光栅中，其中一块光栅尺作为测量基准，该尺称为标尺光栅，另一块光栅尺则称为指示光栅。在光栅测量系统中的指示光栅一般固定不动，标尺光栅随测试工作台(或主轴)一起移动(或转动)。但在使用长光栅尺的数控机床中，标尺光栅往往固定在机床上不动，而指示光栅随拖板一起移动。在测长系统中，标尺光栅的长度一般由测量范围来确定，而指示光栅一般则只做成一小块，只要能获得足够的莫尔条纹区域即可。

2. 莫尔条纹的光学原理

莫尔条纹通常是由两块光栅叠合而成的，为了避免摩擦，光栅之间留有间隙，对于栅距较大的振幅光栅，可以忽略光的衍射。图 9-36b 为两光栅以很近的距离重叠的情况，两光栅的栅线透光部分叠加，光线通过透光部分形成亮带；两光栅不透光部分分别与另一光栅不透

光部分叠加，互相遮挡，光线透不过，形成暗带，这种由光栅重叠形成的光学图案称为莫尔条纹。长光栅莫尔条纹的周期可表示为

$$B = \frac{W_1 W_2}{\sqrt{W_1^2 + W_2^2 - 2W_1 W_2 \cos\theta}}$$

式中：W_1、W_2 分别为标尺光栅1和指示光栅2的光栅常数；θ 为两光栅栅线的夹角。

莫尔条纹的移动量、移动方向与光栅尺的位移量、位移方向具有对应关系，这是莫尔条纹的两个重要特性。在光栅测量中，莫尔条纹的移动量与光栅尺的位移量之间有严格的对应关系。在两块光栅尺的栅线夹角 θ 一定的条件下，莫尔条纹的移动方向与光栅尺的位移方向之间也有严格的对应关系。因此，在实际测量中，不仅可以根据莫尔条纹的移动量来判定光栅尺的位移量，而且还可以根据莫尔条纹的移动方向来判定标尺光栅的位移方向。莫尔条纹有两个重要特征：

1）莫尔条纹间距对光栅栅距具有放大作用。在两光栅尺的栅线夹角 θ 较小且它们的光栅常数相等的情况下，即 $W_1 = W_2$，莫尔条纹周期 B 和光栅常数 W、栅线夹角 θ 之间有下列近似关系

$$B \approx \frac{W}{\theta}$$

令 $W = 0.02\text{mm}$，$\theta = 0.0017\text{rad}$，则 $B = 11.46\text{mm}$。即光栅尺移过一个栅距0.02mm时，莫尔条纹移动一个条纹周期11.46mm，这说明莫尔条纹间距对光栅栅距有放大作用。

2）莫尔条纹对光栅栅距局部误差具有误差平均效应，莫尔条纹的大栅线对光栅的刻画误差有平均作用。在光栅测量中，光电元件接收的是一个区域内所含众多的栅线所形成的莫尔条纹，假设光栅栅距 $W = 0.02\text{mm}$，接收元件若采用探测面为10mm×10mm的硅光电池，则在硅光电池10mm宽度范围内，将有500条栅线参与工作。显然，在这一区域内个别栅距误差，或者个别栅线的断裂、其他疵病，对整个莫尔条纹的位置及形状的影响很小。

9.3.2　光栅测量装置

光栅测量装置或称为光栅测量系统，是指利用光栅原理对输入位移量进行转换、显示的整个测量装置。光栅测量装置包含三大部分：光栅光学系统；实现细分、辨向和显示等功能的电子系统；相应的机械结构。

1. 光栅光学系统

光栅光学系统是指形成和拾取莫尔条纹信号的光学系统及其光电接收元件。它的作用是把标尺光栅的位移转换成光电元件的输出信号。光栅光学系统是光栅测量装置中的重要组成部分。实际应用中，光栅光学系统有很多类型，但是不论哪一种类型，都有几个基本部分。以下用图9-38a所示的光栅光学系统为例说明其组成。

光源放在聚光透镜的焦面上，光线经聚光镜成平行光投向光栅。光栅包括标尺主光栅及指示光栅，两者在平行光照射下形成莫尔条纹。整个测量装置的精度主要由光栅的精度来决定。计量光栅的种类很多，可按不同的特征进行分类。根据是对入射光波的振幅进行调制还是对相位进行调制，可将光栅分为振幅光栅和相位光栅。光电接收元件把由光栅形成的莫尔条纹的明暗强弱的变化转换为电量，在光栅测量的过程中，根据标尺光栅读出移动工件的位移量与移动方向。

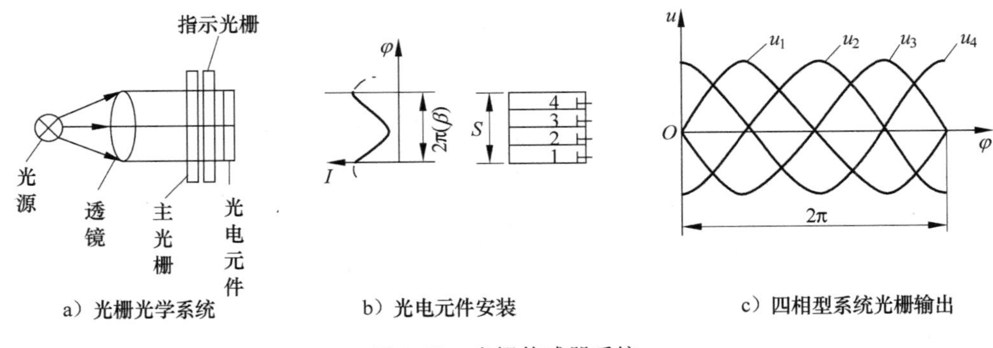

图 9-38 光栅传感器系统

反射式直接接收式光学系统一般用在数控机床的检测系统中，其中标尺光栅用金属制成，用钢带或钢尺做基体，尺面先经过抛光，然后涂上光刻胶，再经过光刻而获得。在数控机床中采用金属光栅尺的好处是光栅尺不易碰碎，坚固耐用。光栅尺线的膨胀系数与机床基体的膨胀系数相近，有利于克服加工中出现的较大的温度波动对定位精度的影响。

2. 光栅读数头

光栅读数头主要由标尺光栅、指示光栅、光路系统和光电元件组成，标尺光栅的有效长度即为测量范围。指示光栅比标尺光栅短得多，但两者一般刻有同样的栅距，使用时两光栅互相重叠，两者之间有微小的空隙。指示光栅相对于光电元件固定。

莫尔条纹的两条暗带中心线之间的光强变化是从最暗到渐暗，到渐亮，一直到最亮，又从最亮经渐亮到渐暗，再到最暗的渐变过程。主光栅移动一个栅距，光强变化一个周期 B，若用光电元件接收莫尔条纹移动时光强的变化，则可将光信号转换为电信号，其接近于正弦周期函数。如果为电压输出，可表示为

$$u_o = U_o + U_m \sin\left(\frac{\pi}{2} + \frac{2\pi x}{W}\right)$$

式中：u_o为光电元件输出的电压信号；U_o 为输出信号的平均直流分量；U_m 是输出信号正弦交流分量的幅值。

直接接收式光学系统可以很容易地装调成四相型系统。对于横向莫尔条纹，为了获得四相信号，相距 $B/4$ 处放置四个光电元件，图 9-38b 中的光电元件（1 ~ 4）可采用四极硅光电池或光敏二极管制成，调整莫尔条纹的宽度可使其和四极硅光电池的宽度 S 相同。当条纹自上向下移过一个条纹周期 B 时，条纹便依次扫过四极硅光电池的 1、2、3、4 极片，这四个极片产生四路在相位上分别是 0°、90°、180°、270°的信号，即在相位上依次相差 90°的信号，光电接收系统输出的四相信号，如图 9-38c 所示。图 9-38 所示的直接接收式四相型光学系统是目前长、圆光栅测量系统广泛应用的一种典型结构。

3. 光栅测量电路

光栅读数头实现了将位移量由非电量转换到电量，但光电器件接收到的图 9-38c 所示位移信号是一个向量，因此对位移量的检测除了确定大小外，还需确定位移的方向。为了辨别位移方向，提高测量精度，实现数字显示，必须把读出的信号做进一步处理。光栅读出的位移信号处理电路主要由整形放大电路、细分电路、辨向电路以及数字显示电路组成。

辨向电路的逻辑电路原理如图 9-39a 所示。在相隔 $B_H/4$ 间距的位置上放置两个光电元

件(1和2)，电路由微分电阻电容、与门 Y_1、Y_2 和反相器H组成。由光电信号输出可得到两个相位差π/2的电信号 u_1 和 u_2(图9-39b中的波形是消除直流分量后的交流分量)，对其整形后可得两个方波信号 u_1' 和 u_2'。当光栅沿 A 方向移动时，u_1' 经微分电路后产生的脉冲，正好发生在 u_2' 的“1”电平时间内，从而经 Y_1 输出一个计数脉冲；而 u_1' 经反相并微分后产生的脉冲则与 u_2' 的“0”电平相遇，与门 Y_2 被阻塞，无脉冲输出。在光栅沿 $\bar{A}$ 方向移动时，u_1' 的微分脉冲发生在 u_2' 为“0”电平时，与门 Y_1 无脉冲输出；而 u_1' 的反相微分脉冲发生在 u_2' 的“1”电平时，与门 Y_2 输出一个计数脉冲。

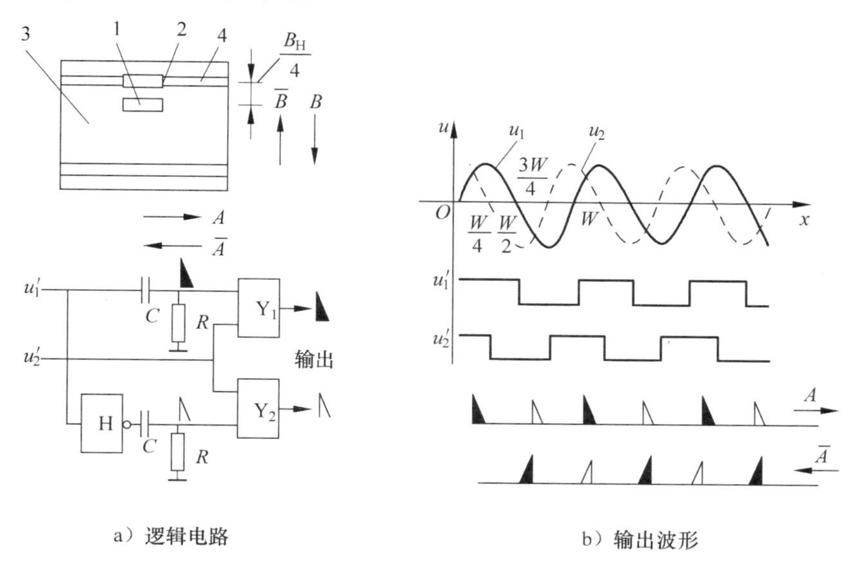

图9-39 辨向电路逻辑原理

1、2—光电元件；3、4—光栅；$A(\bar{A})$—光栅移动方向；$B(\bar{B})$—莫尔条纹及相对移动方向

用 u_2' 的电平状态作为与门的控制信号，来控制在不同的移动方向下 u_1' 所产生的脉冲输出。这样就可以根据运动方向正确地给出加计数脉冲或减计数脉冲，再将其输入可逆计数器，便可实时显示出相对于某个参考点的位移量。辨向电路的总体原理框图如图9-40所示。

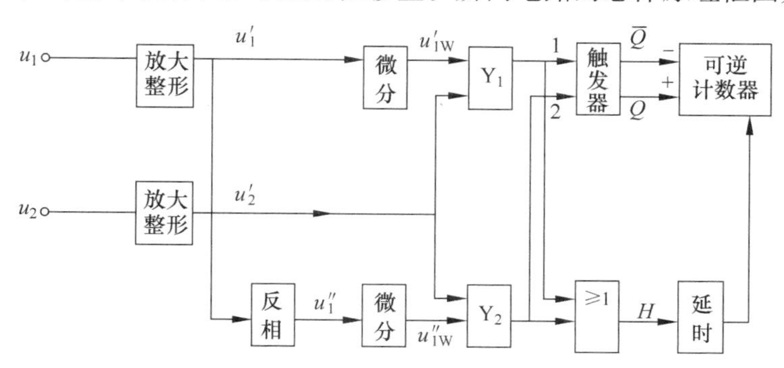

图9-40 辨向电路的总体原理框图

由于篇幅原因，有关辨向电路的原理及细分电路技术，请查阅相关书籍，这里不做详细叙述。

思考题

9.1 CCD 主要由哪两个部分组成？试描述 CCD 输出信号的特点。

9.2 试述 CCD 的光敏元和读出移位寄存器的工作原理。

9.3 用 CCD 做几何尺寸测量时，应该如何由像元数确定测量精度？

9.4 CCD 信号二值化处理电路主要有哪种电路形式，可起到什么作用？

9.5 说明光纤传感器的结构和特点，试述光纤的传光原理。

9.6 当光纤的折射率 $N_1=1.46$，$N_2=1.45$ 时，如光纤外部介质 $N_0=1$，求最大入射角 θ_c 的值。

9.7 什么是光纤的数值孔径？其物理意义是什么？不同 NA 取值有什么作用？有一光纤，其纤芯折射率为 1.56，包层折射率为 1.24，求数值孔径为多少。

9.8 光纤传感器有哪两大类型？它们之间有何区别？

9.9 图 9-24 为 Y 结构型光纤位移测量原理图，光源的光经光纤的一个分支入射，经物体反射后，光纤的另一分支将信号输出到光探测器上。光探测器的输出信号与被测距离有什么关系？试说明其调制原理，画出位移相对输出光强的特性曲线。

9.10 光纤可以通过哪些光的调制技术进行非电量的检测，说明原理。

9.11 埋入式光纤传感器有哪些用途？举例说明它们可以解决哪些工程问题。

9.12 光栅传感器的基本原理是什么？莫尔条纹是如何形成的？有何特点？为什么光栅传感器具有较高测量精度？

9.13 某光栅的栅线密度为 100 线/mm，要形成宽度为 10mm 的莫尔条纹，栅线夹角 θ 应该是多少？

第10章　波与辐射式传感器

本章重点介绍超声波、微波、红外热释电的概念与特征，超声波传感器、微波传感器和红外传感器的工作原理及应用实例。

10.1　超声波传感器

超声波传感器是压电式传感器最典型的应用，利用压电元件的特性产生超声波和接收超声波。超声波技术研究的是产生、传输及接收超声波的物理过程，是一门以物理、电子、机械及材料学为基础的通用技术，该技术对提高产品质量、保障生产和设备安全运作、降低生产成本、提高生产效率有很大作用。因此，我国对超声波技术和超声波传感器的研究十分活跃。

10.1.1　超声波及其物理性质

超声波传感器是利用压电元件制作的一种声波传感器，它利用压电元件的压电特性实现超声波的发射和接收。

1. 超声波传播

声波频率界限如图10-1所示。人耳听见的声波称机械波，频率在16Hz～20kHz，一般人说话的频率范围在100Hz～8kHz之间；低于20Hz频率的波称次声波；高于20kHz频率的波称超声波；频率在300MHz～300GHz之间的波称为微波。超声波频率范围在几十千赫兹到几十兆赫兹，超声波是一种人耳无法听到的声波。

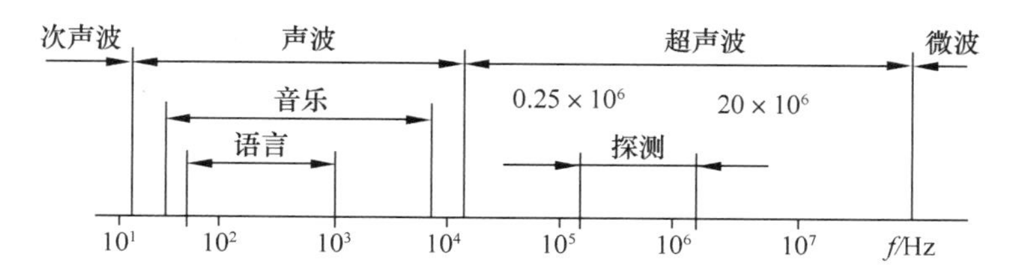

图10-1　声波频率界限

超声波具有聚束、定向、反射、透射、频率高、波长短等特性。超声波为直线传播方式，频率越高绕射越弱，但反射能力越强，利用这种性质可以制成超声波测距传感器。超声波在液体、固体中衰减很小，穿透能力较强，特别是在不透光的固体中，超声波能穿透几十米。当超声波从一种介质入射到另一种介质时，在界面上会产生反射、折射和波形转换。由于超声波的这些特性，使它在检测技术中获得广泛应用，例如超声波测距、测厚、测流量、无损探伤、超声成像等。由于超声波对密度大的物体反射能力强，如金属、木材、玻璃、混凝土、橡胶和纸张可近乎反射100%的超声波，因此容易对这些物体进行检测。而棉花、布、绒毛等物体吸收超声波，因此很难用超声波检测。

2. 超声波传播速度

超声波在空气中传播速度较慢，环境温度为20℃时，超声波的速度约为344m/s(电磁波的传播速度为3×10^8m/s)，速度低、波长短，这意味着超声波可以获得较高的距离方向分辨力，这一特征使得超声波应用变得非常简单，可以通过测量波的传播时间测量距离、厚度等。

超声波的传播速度与介质密度和弹性特性有关，超声波在气体和液体中传播时，由于不存在剪切应力，因此仅有纵波的传播。超声波在液体中传播速度为900～1900m/s，其传播速度可用介质密度表示为

$$v = \sqrt{1/(\rho B_{\alpha})} \tag{10-1}$$

式中：v为超声波在液体中的传播速度；ρ为介质密度；B_{α}为绝对压缩系数。

上述的ρ、B_{α}都是温度的函数，这使得超声波在介质中的传播速度随温度的变化而变化，声速在74℃时达到最大值，大于74℃后，声速随温度的增加而减小。此外，水质、压强也会引起声速的变化。

在固体中，纵波、横波及其表面波三者的声速有一定关系，通常横波声速为纵波声速的一半，表面波声速为横波声速的90%。液体中纵波声速在900～1900m/s，气体中纵波声速为344m/s。

3. 超声波的衰减

声波在介质中传播时，能量的衰减决定于声波的扩散、散射和吸收。在理想介质中，声波的衰减仅来自声波的扩散，即随声波传播距离增加而引起声能的减弱。散射衰减是指超声波在介质中传播时，固体介质中的颗粒界面或流体介质中的悬浮粒子使声波产生散射，其中一部分声能不再沿原来传播方向运动，而形成散射。吸收衰减是由于介质黏滞性使超声波在介质中传播时造成质点间的内摩擦，从而使一部分声能转换为热能，通过热传导进行热交换导致声能的损耗。声波在介质中传播时随距离的增加能量逐渐衰减，衰减规律可用声压和声强两个能量描述

声压

$$P_x = P_0 e^{-\alpha x} \tag{10-2}$$

声强

$$I_x = I_0 e^{-2\alpha x} \tag{10-3}$$

式中：x为声波与声源之间距离；α为衰减系数，单位为Np/m(奈培/米)；P_0、I_0分别为$x=0$处的声压和声强。

可见声波随着与声源之间距离x的增加，声能P_x、I_x由于扩散吸收而减弱，而且超声波频率越高，衰减越快。

10.1.2 超声波传感器的结构原理

1. 超声波传感器结构

超声波传感器形式较多，主要结构由压电晶片、吸收块(阻尼)、保护膜、引线、金属外壳组成，几种类型结构示意图如图10-2所示。压电晶片两面镀银，为圆形薄片。超声波频率与压电晶片厚度成反比，极板用导线引出。阻尼块吸收声能降低机械品质，避免无阻尼时电脉冲停止后晶片继续振荡，结果导致脉冲宽度加长使分辨率变差。

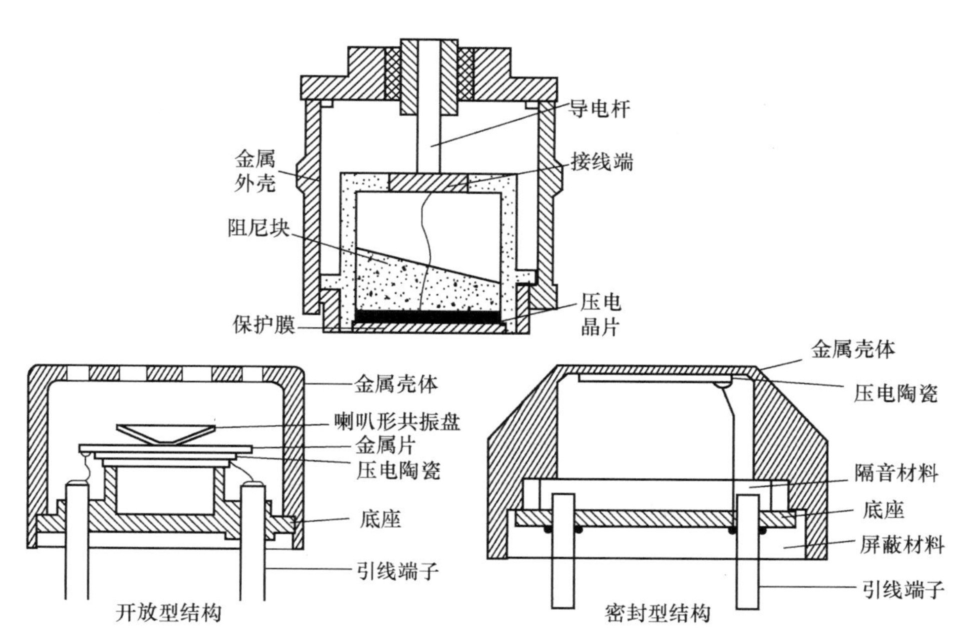

图 10-2　超声波传感器结构

超声波传感器主要利用压电材料（晶体、陶瓷）的压电效应。其中超声波发射器利用逆压电效应制成发射元件，将高频电振动转换为机械振动产生超声波；超声波接收器利用正压电效应制成接收元件，将超声波机械振动转换为电信号。

2. 超声波传感器等效电路

压电元件可等效为一个 RLC 串并联谐振电路，等效电路如图 10-3a 所示。图 10-3b 为超声波传感器电抗特性，由图可见，器件随频率变化的输出特性在 f_r 与 f_a 之间呈电感性，大于 f_a 及小于 f_r 则表现为电容性。这是超声波传感器所特有的，其中在频率 f_r 处为 RLC 串联谐振频率，在频率 f_a 处为 LCC 并联谐振频率。超声波传感器在串联谐振频率时阻抗最小。

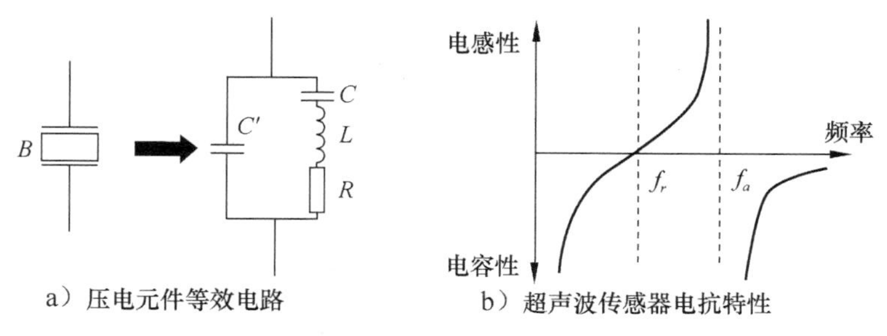

图 10-3　超声波传感器等效电路与电抗特性

10.1.3　超声波传感器的应用

超声波传感器又称换能器，主要功能是产生超声波信号和接收超声波信号。目前市场销售的简单超声波传感器有专用型和兼用型两种，如图 10-4 所示。兼用型传感器是将发送（TX）和接收（RX）元件制作在一起，如图 10-4a 所示，器件可同时完成超声波的发射与接收。专用型传感器的发送（TX）和接收（RX）器件各自独立，如图 10-4b、c 所示。超声波传感器上一般标有中心频率（如，23kHz、40kHz、75kHz、200kHz、400kHz），表示传感器工作频率。

利用超声波传感器检测时也有两种方式，即反射式和直射式。反射式是将发送的超声波通过被测物体反射后由探头接收，这种工作方式下发送器件和接收器件放置在被测物体的同一侧，方法如图 10-4a、b 所示。直射式工作方式时，是将发射与接收传感器分别放置在被测物体的两侧，如图 10-4c 所示。

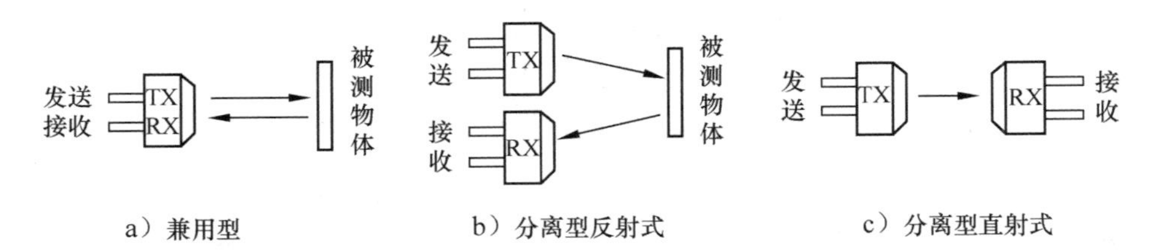

a）兼用型　b）分离型反射式　c）分离型直射式

图 10-4　超声波传感器的不同形式

超声波传感器的应用领域较广泛，部分应用原理和方法可参见表 10-1。

表 10-1　超声波传感器的典型应用

作用方法	工作原理（T 为发送器，R 为接收器）	应　用
检测连续波的信号电平	信号输入 信号输出 T R 物体	计数器 接近开关 停车计时
测量脉冲反射时间	信号输入 T R 物体 T 信号输出	自动门 液面检测 交通信号转换 汽车倒车声呐
利用多普勒效应	信号输入 T R 物体 信号输出 移动方向	防盗报警系统
测量直接传播时间	信号输入 T R T 信号输出	浓度计 流量计
测量卡门涡流	障碍物 T R 信号输入 信号输出	流量、流速检测

1. 超声波传感器基本电路

超声波传感器基本电路主要由振荡发射电路和接收检测电路两部分组成，超声波传感器的发射接收工作原理示意图如图 10-5 所示，在发送器双振子端施加一定频率的电压，传感器发送出疏密不同的超声波信号，接收探头将接收到的信号放大处理后输出显示。

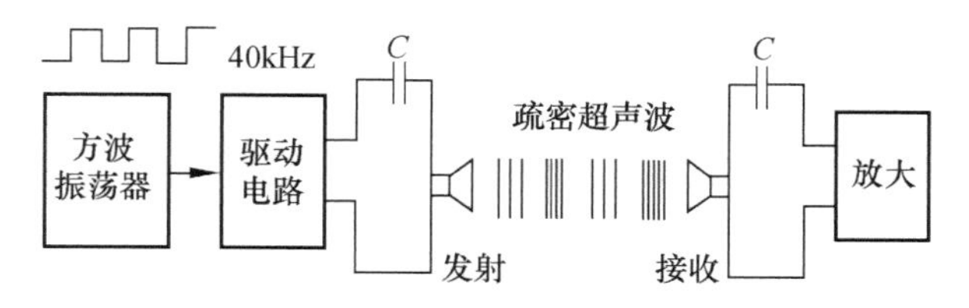

图 10-5 超声波传感器的发射接收工作原理示意图

图 10-6a 为超声波发射电路，电路由门电路组成 RC 振荡器，振荡信号经功率放大输出，通过电容器 C_P 耦合传送给超声波振子产生超声波发射信号。电容器 C_P 为隔直流电容，由于超声波振子长期加入直流电压会使超声波传感器特性变差，因此工作时一般不加直流电压。图 10-6b为超声波接收电路，由于反射的超声波信号极微弱，需要高增益的放大电路用于检测接收到的反射波信号放大，运算放大器需要完成对毫伏级信号的放大处理，放大输出的高频信号电压可经检波、放大、比较电路输出显示或报警。

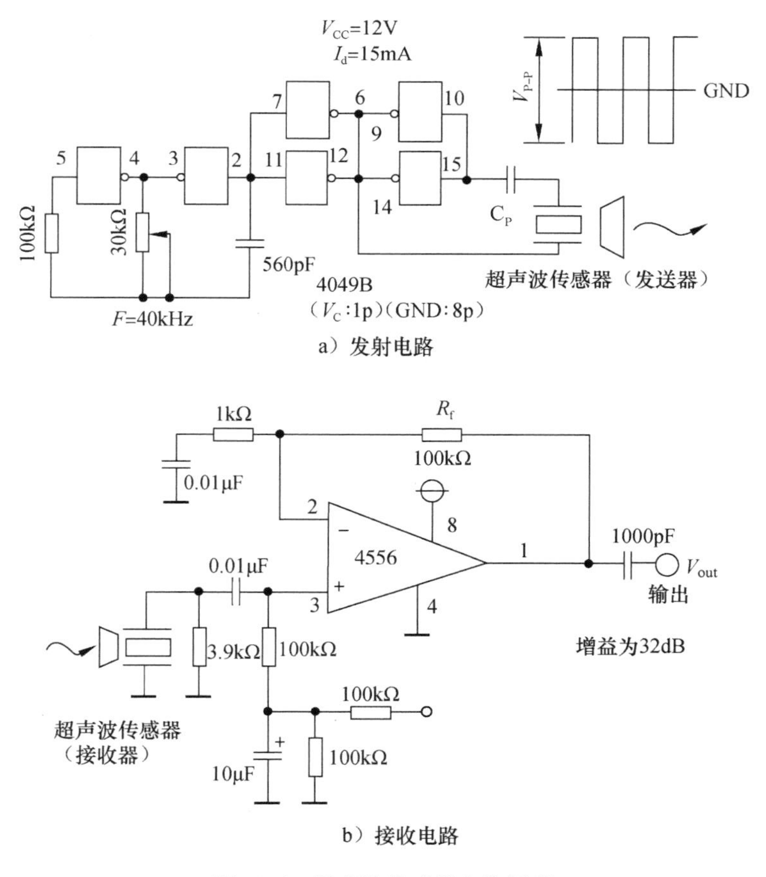

图 10-6 超声波传感器电路原理

2. 超声波物位检测

超声波物位传感器是利用超声波在两种介质分界面上的反射特性实现物位高度检测，只要检测出发射超声脉冲到接收反射波为止的时间间隔，就可以求出分界面的位置。图 10-7 给出了超声物位传感器的结构示意图，根据发射和接收换能器的功能，传感器可分为单换能器(兼用型)和双换能器(专用型)。

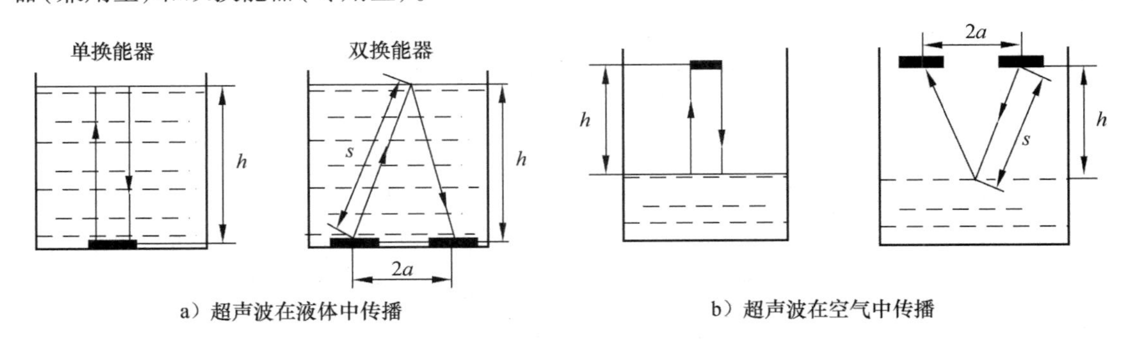

图 10-7　超声波物位检测原理示意图

超声波发射和接收换能器可安装在液体介质中，让超声波在液体介质中传播，如图10-7a 所示。由于超声波在液体中衰减比较小，因此即使发射的超声脉冲幅度较小也可以传播。但这种方法对传感器及电路的密封要求较高，尤其要考虑传感器安装在腐蚀性较强的液体介质中的使用寿命。超声波换能器也可以安装在液面的上方，让超声波在空气中传播，如图10-7b 所示。这种方式便于安装和维修，但超声波在空气中比在液体中衰减更快，需提高传感器的检测灵敏度。

对于单换能器超声波，从发射器到液面，又从液面反射到换能器的时间为

$$t = 2h/v$$

则有

$$h = vt/2$$

式中：h 为换能器到液面的距离；v 是超声波在介质中的传播速度。

对于双换能器，设超声波传感器至液面反射点的距离为 s，超声波从发射到接收所经过的路程为 $2s$，两换能器之间的直线距离为 $2a$，而 $s = vt/2$，因此液位高度可表示为

$$h = \sqrt{s^2 - a^2} = \frac{1}{2}\sqrt{(vt)^2 - 4a^2} \tag{10-4}$$

可见，只要测得超声波脉冲从发射到接收的时间间隔 t 和超声波在介质中的传播速度，便可以求得待测的物位。超声波传感器具有精度高和使用寿命长的特点，但若液体中有气泡或液面发生波动，便会产生较大的误差。

3. 超声波测距

超声波传感器测距电路的形式较多，目前市场上实用型的超声波传感器测距模块也较多，如 SONY 公司生产的 CX20106A 集成电路等。这些模块主要是通过定时控制电路、触发逻辑电路、放大检波电路及数据处理电路，将检测的超声波信号变换为与距离有关的信号而实现的。关键利用时钟脉冲对发送和接收之间的延迟时间进行计数，计数值与每个计数脉冲的周期时间的乘积就是超声波的传播时间。

图 10-8 为超声波测距集成模块电路框图，该模块可测量最大距离为 600cm，最小距离为 2cm，超声波发送电路由 EN555 构成多谐振荡器产生 40kHz 的等幅波，送功率放大器输出发射超声波。接收电路由放大器、检波电路、信号处理组成。电路首先根据被测物体的距离范围设定反射脉冲时间间隔，调整振荡器触发时间。定时器提供触发电路和门电路的控制信号。

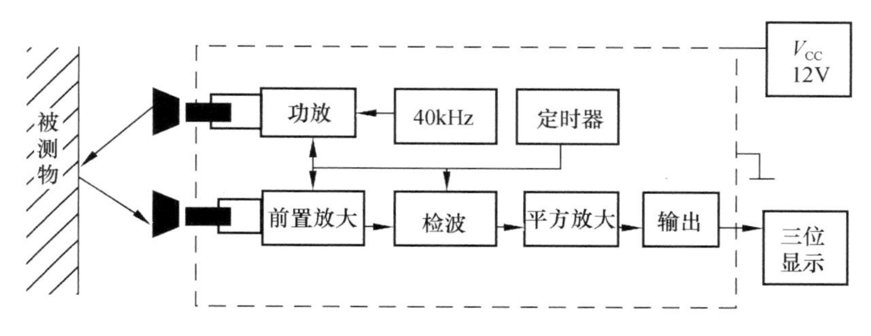

图 10-8　超声波测距集成模块电路框图

图 10-9 为超声波测距电路脉冲时序。振荡器分别输出高频、低频两个振荡信号，高频振荡信号频率 40kHz，低频振荡信号频率 20Hz，低频信号触发单稳态电路改变 20Hz 周期信号的占空比，该信号和 40kHz 相“与”，将信号调制成频率 40kHz，周期 20Hz(50ms)的短脉冲群后向外发送。发送的超声波脉冲群时间间隔为 $T=1/20\text{Hz}=50\text{ms}$，由此设计出超声波传感器探测的最大往返距离为 $50\text{ms}\times340\text{m/s}=17\text{m}$，单程距离为 $17\text{m}/2=850\text{cm}$。可满足器件检测的最大距离为 600cm 的要求。为避免发射与接收换能器之间的直射干扰，接收超声波的信号开门时间需延迟一个时间间隔(称屏蔽时间)，超声波的反射信号在屏蔽时间结束后开始接收。具体可采用双稳态电路控制计数器开门信号，从发送的第一个脉冲开启，到接收反射的第一个脉冲关闭，由发射和接收的时间段所记录的脉冲个数 n 计算超声波传播的距离。已知每个时钟周期为 $T=1/40\text{kHz}=25\mu\text{s}$，超声波往返距离 $S_2=(n\times25\mu\text{s})340\text{m/s}$，单程距离 $S_1=S_2/2$。

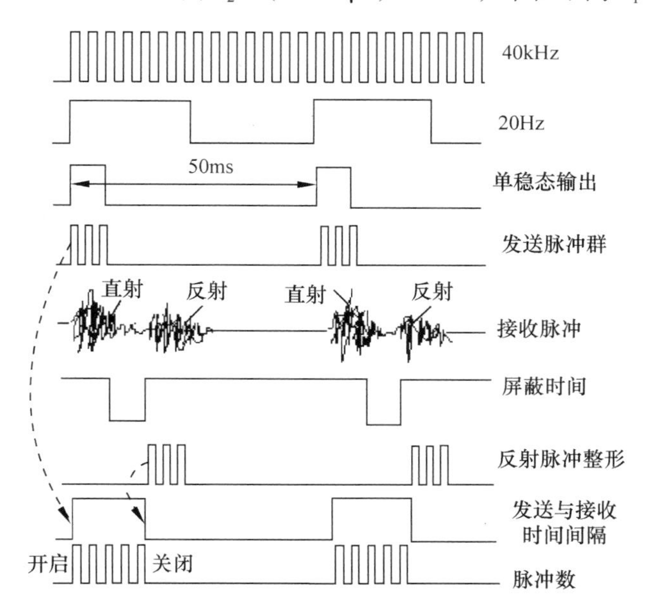

图 10-9　超声波距原理及时序波形图

4. 超声波测流量

超声波流量传感器的测定有多种方法，如传播速度变化法、波速移动法、多普勒效应法等，但目前应用较广的主要是超声波传播时间差法。超声波在流体中传播时，在静止流体和流动流体中的传播速度是不同的，利用这一特点可以求出流体的速度，再根据管道流体的截面积，便可知道流体的流量。

（1）时间差法测流量

由于超声波在静止流体和流动流体中的传播速度不同，测流速时通常在流体中放两个超声波传感器，分别放置在上游和下游，两个传感器既发送又接收，原理如图 10-10a 所示。顺流和逆流的超声波传播时间与流体流速有关。

顺流方向

$$t_1 = L/(c + v)$$

逆流方向

$$t_2 = L/(c - v)$$

两个传感器接收信号的时间差为

$$\Delta t = t_2 - t_1 = \frac{2Lv}{c^2 - v^2} \tag{10-5}$$

式中：c 为超声波速度；v 是流体速度；L 为两个传感器之间的距离。

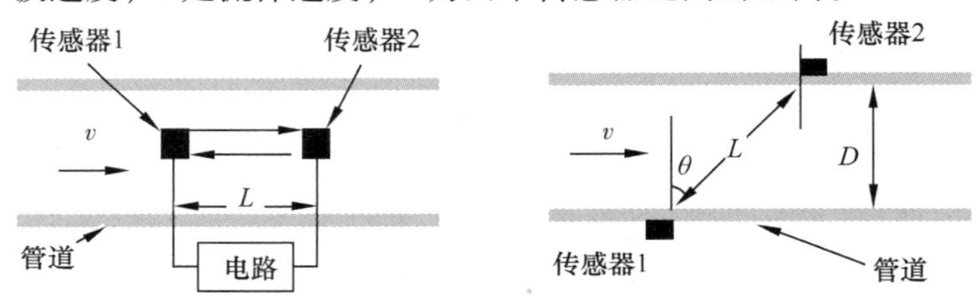

a）超声波传感器安装在管道内　　b）超声波传感器安装在管道外

图 10-10　超声波测流量原理图

因为流体流速 v 远小于超声波在流体中的传播速度 c，即 $v \ll c$，化简后可近似求出流速为

$$v = \frac{c^2}{2L}\Delta t \tag{10-6}$$

实际应用中，传感器通常安装在管道外，对应的流速检测装置示意图如图 10-10b 所示。

平均流速为 v 的流体沿超声波传播方向的平均流速为

$$v' = v\cos\theta$$

式中，θ 为超声波传播方向与流体运动（流动）方向之间的夹角。

如果管道的直径为 D，传感器 1 和传感器 2 接收到的超声波传播时间分别为 t_1、t_2。

当传感器 1 为发射探头，传感器 2 为接收探头时，超声波传播速度为 $(c + v\cos\theta)$，顺流方向传播时间 t_1 为

$$t_1 = \frac{D/\cos\theta}{c + v'} = \frac{D/\cos\theta}{c + v\cos\theta} = \frac{L}{c + v\cos\theta} \tag{10-7}$$

当传感器 2 为发射探头，传感器 1 为接收探头时，超声波传播速度为 $(c - v\cos\theta)$，逆流方向传播时间 t_2 为

$$t_2 = \frac{D/\cos\theta}{c - v'} = \frac{D/\cos\theta}{c - v\cos\theta} = \frac{L}{c - v\cos\theta} \tag{10-8}$$

时间差为

$$\Delta t \approx t_2 - t_1 = \frac{2Lv\cos\theta}{c^2 - v^2\cos^2\theta} \tag{10-9}$$

由于 $v \ll c$，上式可近似为

$$\Delta t \approx \frac{2Lv\cos\theta}{c^2}$$

流体平均流速为

$$v \approx \frac{c^2}{2L\cos\theta}\Delta t \tag{10-10}$$

该测量方法的精度取决于 Δt 的测量时间。

（2）频率差法测流量

用时间差法求出时间 t 时，必须准确求出声速 c，否则会引入误差，而频率差法可避免这个问题。如图 10-10b 所示，当传感器 1 为发射探头，传感器 2 为接收探头时，超声波重复频率 f_1 为

$$f_1 = \frac{c + v\cos\theta}{L}$$

当传感器 2 为发射探头，传感器 1 为接收探头时，超声波重复频率 f_2 为

$$f_2 = \frac{c - v\cos\theta}{L}$$

频率差为

$$\Delta f = f_1 - f_2 = \frac{2v\cos\theta}{L} \tag{10-11}$$

流体的平均流速为

$$v = \frac{L}{2\cos\theta} \cdot \Delta f \tag{10-12}$$

当管道结构尺寸 L 和探头安装位置 θ 一定时，上式中流速 v 直接与 Δf 有关，而与声速 c 无关。可见，这种方法可以获得较高的测量精度。

超声波流量传感器具有不阻碍流体流动的特点，可测的流体种类很多，不论是导电或非导电的流体，只要是能传输超声波的流体，都可以进行测量。超声波流量计可用来对自来水、工业用水、农业用水、河流流速等进行测量。

10.2　微波传感器

微波传感器是利用微波特性检验某些物理量的器件或装置。微波是介于红外线与无线电波之间的一种电磁波，其波谱图见图 10-11。微波的频率范围在 300MHz ~ 300GHz 之间，比无线电波频率高，是波长在 1mm ~ 1m 之间的电磁波。微波在微波通信、卫星通信、雷达无线电通信领域得到广泛应用。另外，微波具有电磁波的所有性质，微波传感器是利用微波与物质相互作用所表现出来的特性研究制作的传感器，主要用于工业现场的非接触式无损检测。

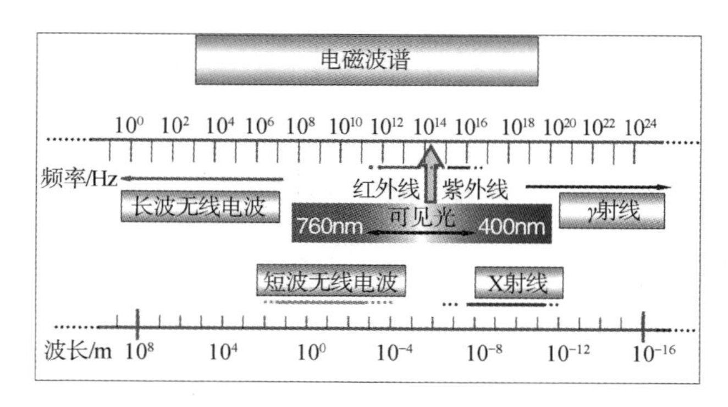

图 10-11　电磁波波谱图

10.2.1　测量原理及分类

微波作为一种电磁波，其能量比通常的无线电波大得多，而且微波碰到金属就会发生反射，金属不吸收也不传导微波，但微波可以穿透玻璃、陶瓷、塑料等绝缘材料，并且不会消耗能量，含有水分的食物会吸收微波能量，微波炉正是利用微波的这些特性设计制作的典型应用。

微波传感器可感应物体的存在，检测物体的运动速度、距离、角度等。由发射天线发出的微波，遇到被测物体时将被吸收或反射，使功率发生变化。若利用接收天线接收通过被测物体或由被测物体反射回来的微波，并将它转换成电信号，再由测量电路处理，就实现了微波检测。

微波信号的特点是：①需要定向辐射装置；②反射能力强，绕射能力弱；③输出特性好，不易受烟雾、灰尘等因素影响；④介质对微波的吸收能力与介电常数成正比(如水对微波的吸收能力最强)。根据这些特点，微波传感器的工作原理可分为反射式和遮断式两种。

1. 反射式微波传感器

反射式微波传感器通过检测由被测物体反射回来的微波功率或经过的时间间隔来测量物体位置、位移、厚度等参数。

2. 遮断式微波传感器

遮断式微波传感器通过检测接收天线收到的微波功率的大小来判断发射天线和接收天线之间有无被测物体，或测量被测物体的厚度、含水量等参数。

10.2.2　传感器结构

微波传感器通常由微波振荡器(即微波发生器)、微波天线、微波检测器三部分组成。

1. 微波振荡器

微波振荡器是产生微波的装置。由于微波波长很短，频率很高(300MHz ~ 300GHz)，因此要求振荡电路使用非常微小的电容、电感，不能使用普通的电子管、晶体管构成微波振荡器。通常构成微波振荡器的器件有速调管、磁回控管或某些固体元件。由微波振荡器产生的振荡信号需用波导管(管长要求 10cm 以上，可以用同轴电缆)传输，并通过天线发射出去。

2. 微波天线

为了使发射的微波具有一致的方向性，天线应具有特殊的构造和形状。天线的方向性是指天线向一定方向辐射电磁波的能力。通常它由方向图、方向系数和天线增益等许多参数一起决定。常用的天线有喇叭形和抛物面型(如图 10-12、图 10-13 所示)，抛物面天线是目前使用较为广泛的一种微波天线。大家经常可以在大厦的屋顶或铁塔上、电视转播车上、偏僻山村的居民屋顶上以及在气象站的大楼上看到这种竖立起来的锅盖似的天线，由于它的曲面符合数学上的抛物面方程，因此得名为“抛物面天线”。

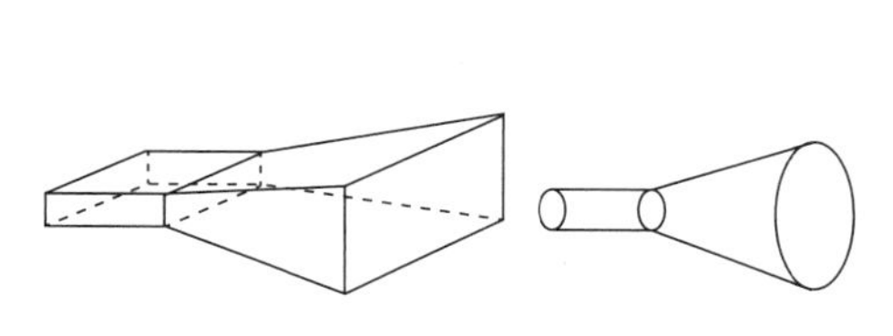

图 10-12　喇叭形微波天线

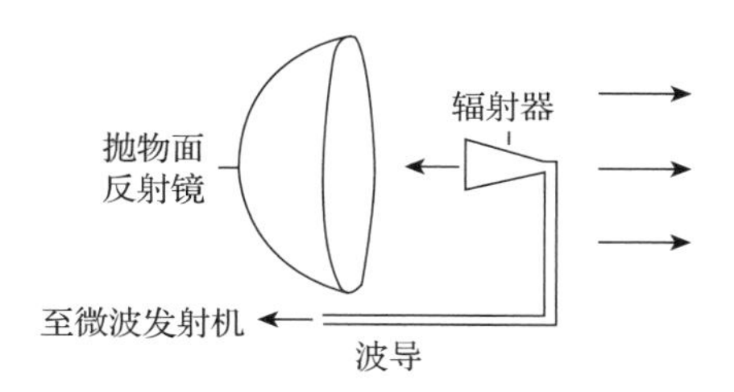

图 10-13　抛物面型微波天线原理示意图

实际上，它是由辐射器和抛物面反射镜两部分组成的。反射镜一般采用导电性能很好的金属板制成，它几乎可以把入射到它面上的电磁波全部反射出去，结构原理如图 10-13 所示。

与昆虫触须不同的是，各种天线不仅可用于接收外界或远距离的微弱信号，还可用来向外面发射无线电信号。也就是说，天线是互易的、可逆的。用于发送和接收时，其性能是相同的，这是天线的一大特点。

3. 微波检测器

电磁波作为空间的微小电场变动而传播，所以通常采用电流-电压特性呈现非线性的电子元件作为探测器的感应探头。与其他传感器相比，传感器探头在其工作频率范围内必须有足够快的响应速度。要满足非线性特性，几兆赫兹频率以下的可选用半导体 PN 结，需要比较高的频率时可选用肖特基结。在灵敏度特性要求较高的情况下，可选用超导材料的约瑟夫逊结检测器、SIS 检测器等超导隧道结元件，而在接近光的频率区域时可选择由金属-氧化物-金属构成的隧道结。

微波检测器的性能参数有：频率范围、灵敏度-波长特性、检测面积、FOV(视角)、输入耦合率、电压灵敏度、输出阻抗、响应时间、噪声、工作温度特性、极化灵敏度、可靠性等。

10.2.3　微波传感器的应用

从原理上讲，由发射天线发出的微波，遇到被测物体时将被吸收或反射，使功率发生变化。可以利用接收天线接收通过被测物体或由被测物体反射回来的微波，并将它转换成电信号，再由测量电路进行处理，从而实现微波检测。

1. 微波医疗诊断和微波手术刀

微波诊断是微波在医学上的主要应用之一，包括有源诊断和无源诊断两大类型。

有源诊断：有源诊断法是利用人工微波源辐射的微波照射人体后进行测量诊断。人体组织或器官的病变将导致微波的介电特性发生改变，从而使射向组织或器官的微波传输特性随之发生变化。人们可通过微波的反射或透射情况来获得有关病变的医学信息。例如微波心图仪、重病微波呼吸检测仪等均属于有源微波诊断仪器。

无源诊断：无源诊断法是利用人体本身辐射的微波来进行疾病的诊断，因不需要外加人工微波辐射源，故称无源诊断法，也称被动测定法。利用人体热辐射的微波波段获取热像图来诊断疾病的方法就是一种无源诊断法。目前的微波热像仪主要用来获取人体体表的微波热像图，利用它可发现红外热像仪所不能发现的某些疾病。

在外科手术中，利用微波的能量切开组织的装置称为微波手术刀。微波的热效应可使切口附近的组织温度升高直至血液凝固。利用微波手术刀，切口无须缝合，可减少失血并缩短手术时间。

2. 人体微波感应传感器

人体微波感应的工作原理如图 10-14 所示，图 10-15 展示了微波专用微处理器的电路控制原理。微波感应控制器使用直径为 9cm 的微型环形天线进行微波探测，其天线在轴线方向产生一个半径为 0 ~ 5m(可调)的空间微波戒备区，当人体活动时其反射的回波和微波感应控制器发出的原微波场(或频率)相干涉而发生变化，这一变化量经微波专用微处理器 HT7610A 进行检测、放大、整形、多重比较以及延时处理后由白色导线输出电压控制信号。

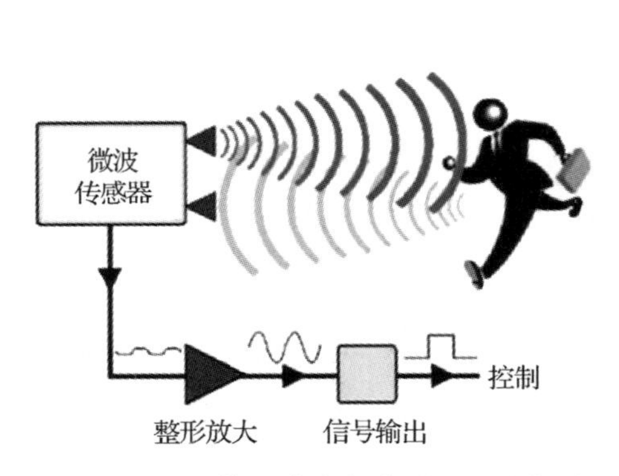

图 10-14　人体微波感应检测原理示意图

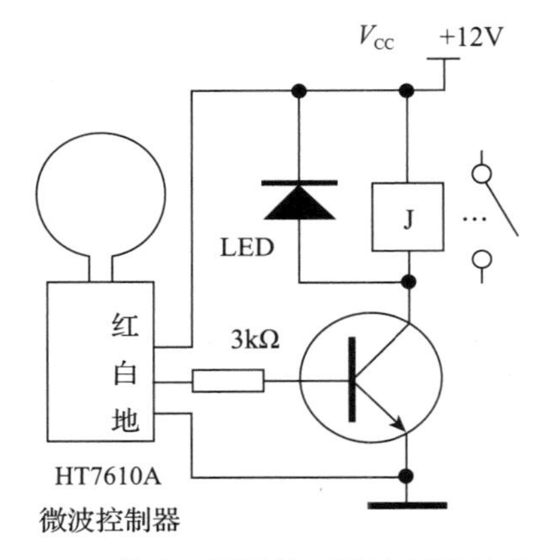

图 10-15　微波专用微处理器控制原理示意图

高可靠微波感应控制器内部由环形天线和微波晶体管组成一个工作频率为 2.4GHz 的微波振荡器，环形天线既可作为发射天线，也可接收由于人体移动而反射的回波。内部微波晶体管的半导体 PN 结混频后差拍检出微弱的频移信号(即检测到人体的移动信号)，微波专用微处理器 HT7610A 首先去除幅度太小的干扰信号，只将一定强度的探测频移信号转换成宽度不同的等幅脉冲，电路只识别脉冲足够宽的单体信号，如对于人体、车辆其鉴别电路才被触发，或者 2s 内有 2 ~ 3 个窄脉冲，如防范边沿区人走动 2 ~ 3 步鉴宽电路也被触发，从而启动延时控制电路。如果是较弱的干扰信号，如小体积的动物、远距离的树木晃动、高频通信信号、远距离的闪电和家用电器开关产生的干扰，将予以排除。最后当 HT7610A 鉴别出大物体移动信号时，控制电路被触发，输出 2s 左右的高电平，并有 LED 同步显示，输出方式为电压方式，有输出时为高电平(4V 以上)，没有输出时为低电平。装置面板上设置有灵敏度调整孔，可以使监控距离在 1 ~ 7m 范围内可调(顺时针转动距离变远，逆时针转动距离变近）。高可靠微波感应控制器电源电压为 12～16V 的整流变换器供电，静态耗电量在 5mA 左右。输出形式为电压方式，有输出时为高电平（4V 以上），静态时为低电平。

高可靠微波感应控制器的工作非常可靠，一般没有误报，是红外线、超声波、热释电元件组成的报警电路以及常规微波电路所无法比拟的，常用于安全防范和自动监控，适合在仓库、商场、博物馆或者金融部门使用，具有安装隐蔽、监控范围大、系统成本低的优点。

3. 微波自动感应灯

该自动感应灯可以自动识别周围环境光的亮度，能够实现人来灯亮、人走灯灭，不会误动作，可靠性高，而且电路的工作状态不受自身灯光的干扰，可以广泛地运用在走廊、卫生间、庭院等场合实现自动照明。

自动感应灯的电路如图 10-16 所示，由 C1、C2、R1、DW、D1 组成典型的电容降压电路，向高可靠微波感应控制器和 CD4011BP 提供 11V 直流工作电压，CD4011BP 是四与非门，当微波感应控制器检测到有人活动时，白线输出下拉电平 10s，A 点变成低电平经 F1 反相后变成高电平。

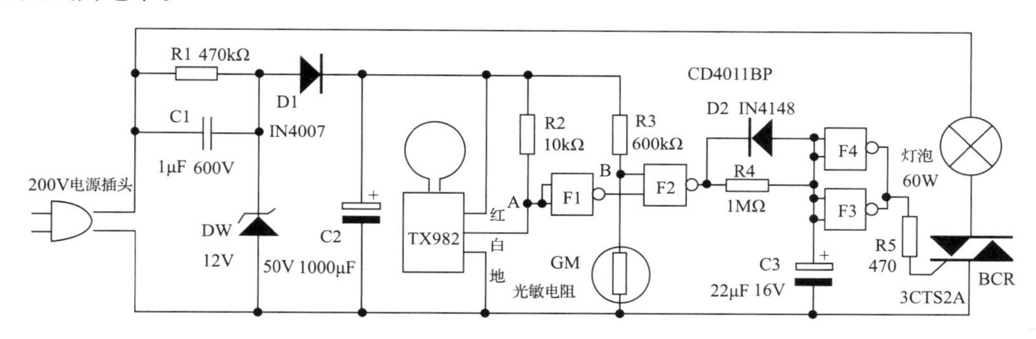

图 10-16　微波自动感应灯的电路原理图

R3 和光敏电阻 GM 组成光控电路。白天 GM 阻值较小，B 点经分压后低于 1/2 电源电压，为低电平，与非门 F2 封锁并输出高电平，通过 R4 使 C3 上的电压充至电源电压；夜晚 GM 的阻值较大，B 点为高电平，此时如果有人在监控范围内活动，F1 输出高电平，共同使 F2 开通并输出低电平，经 F3、F4 反相后变成高电平，通过 R5 使双向可控硅 BCR 导通，灯泡点亮。

如果人员离开监控范围，TX982 停止输出，A 点重新变成高电平，经 F1 反相后变成低电平，F2 封锁，输出的高电平通过 R4 向 C3 缓慢充电，约 30s 后 C3 上的电压大于 1/2 电源电压时 F3、F4 翻转，BCR 截止，灯泡熄灭。该电路有较高的可靠性。

4. 微波传感器定位测量

图 10-17 为微波传感器定位测量原理示意图。微波振荡器产生的微波信号，通过环形器经微波天线发射出去。当小孔没有物料遮挡时反射信号很少，电路没有信号输出；当被测物料遮挡小孔后反射信号突然增加，该信号触发转换电路输出电压信号，电压信号可送至控制器以控制执行器工作，也可送至终端显示器以进行显示。

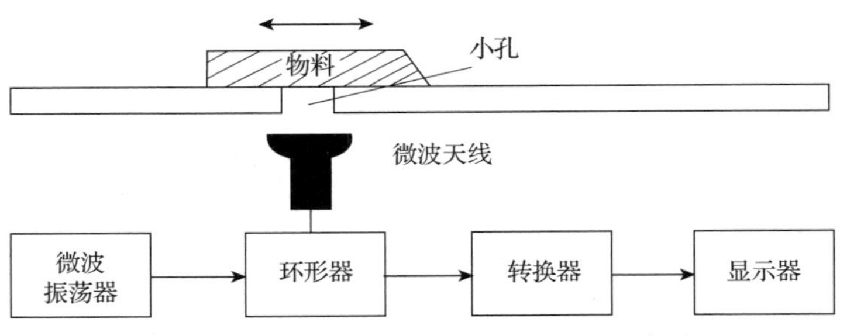

图 10－17　微波传感器定位测量原理示意图

10.3　红外传感器

红外传感器可分为红外热成像遥感技术、红外搜索(跟踪目标、确定位置、红外制导)、红外辐射测量、通信、测距、红外测温等。在科学研究、军事工程和医学方面都有着广泛的应用。

红外传感器主要由红外辐射源和红外探测器两部分组成，有红外辐射的物体就可以视为红外辐射源；红外探测器是指能将红外辐射能转换为电能的器件或装置。

10.3.1　红外辐射

参见图 10-11 的电磁波波谱图。红外辐射是介于可见光和微波之间的电磁波，由于红外线的波长比无线电波的波长短，因此红外仪器的空间分辨率比雷达高；另外，红外波长比可见光的波长长，因此红外线透过阴霾的能力比可见光强。红外辐射俗称红外线，是一种不可见光，其光谱位于可见光中的红色以外，所以称红外线，波长为 0.75～1000μm。工程上根据红外线在电磁波谱中的位置(波段)分为近红外、中红外、远红外、极远红外四个波段。

红外线和电磁波一样，以波的形式在空间传播，因为在空气中氮、氧、氢不吸收红外线，使大气层对不同的波长红外线存在不同吸收带，所以红外线在通过大气层时，有 2～2.6μm、3～5μm、8～14μm 三个波段通过率最高，这三个波段对红外探测技术非常重要，红外探测器一般工作在这三个波段。

红外辐射的物理本质是热辐射，人、动物、植物、火、水都有热辐射，只是波长不同而已，一个炽热的物体向外辐射能量大部分是通过红外线辐射出来的，温度越高，辐射红外线越多，辐射能越强。根据辐射源的几何尺寸、距离远近可视为点源和面源，红外辐射源的基准是黑体炉。

10.3.2　红外探测器

红外探测器是能将红外辐射能转换为电能的热电或光电器件，它是红外探测系统的关键部件，也称为红外传感器。红外探测器主要有两大类型：①热探测器(热电型)，包括热释电、热敏电阻、热电偶；②光子探测器(量子型)，利用某些半导体材料在红外辐射的照射下产生光电效应，使材料的电学性质发生变化，其中有光敏电阻、光敏晶体管、光电池等。

热电式红外探测器件工作的物理过程是：当器件吸收辐射能时温度上升，温升引起材料各种有赖于温度的参数变化，检测其中一种性能的变化，即可探知辐射的存在和强弱。量子型红外探测器是能将红外辐射的光能直接转换为电能的光敏器件，热探测器与光子探测器的性能比较见表 10-2。

表 10-2　热探测器与光子探测器的性能比较

参数	热探测器	光子探测器
波长范围	所有波长	只对狭小波长区域灵敏度高
响应时间	ms 以上	ns 级
探测性能	与器件形状、尺寸、工艺有关	与器件形状、尺寸、工艺无关
适用温度	无须冷却	多数需要冷却

量子型红外光子探测器与第 8 章的普通光电器件的内光电效应器件原理相同，这里不再详细阐述。本小节重点介绍热释电红外探测器。

1. 热释电效应

热探测器主要是利用红外辐射的热效应，当探测器吸收辐射能后引起温度升高，使其材料的物理量变化，如热释电电荷、热敏电阻阻值、热电偶电势、气体浓度变化等。热释电效应首先将光辐射能变成材料自身的温度，利用器件温度敏感特性将温度变化转换为电信号，这一过程包括了光→热→电的两次信息变换过程，而对波长频率没有选择，这一点与光电器件不同。在光→热→电转换过程中，光→热阶段，物质吸收光能，温度升高；热→电阶段，利用某种效应将热转换为电信号。

热释电材料有晶体、陶瓷、塑料等铁电体，热释电晶体结构与热释电效应如图 10-18a 所示。热释电晶体是把具有热释电效应的晶体薄片两面镀上电极(类似电容)，将透明电极涂上黑色膜使晶体吸收红外线。晶体本身具有一定极化强度 P，当红外辐射照射到已经极化的铁电体薄片表面时，薄片温度升高，使极化强度降低，表面电荷减少，释放部分电荷，所以称热释电。

热释电元件温度特性如图 10-18b 所示。温度一定时因极化产生的电荷被附集在外表面的自由电荷慢慢中和掉，不显电性，要让热释电材料显现出电特性，必须用光调制器使温度变化，如图 10-19 所示。

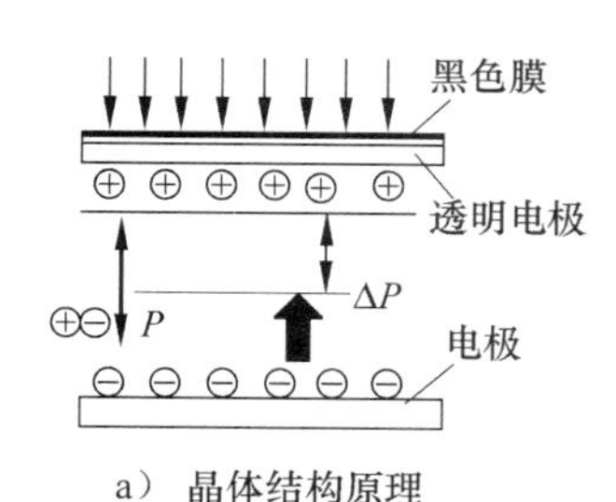

a）晶体结构原理

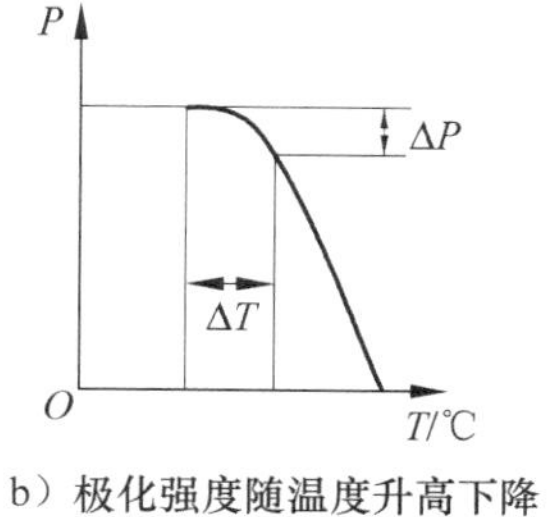

b）极化强度随温度升高下降

图 10-18　热释电效应

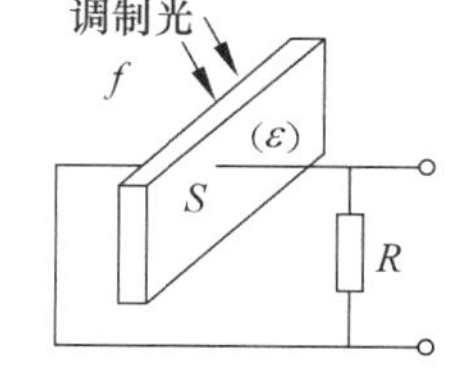

图 10-19　调制光使温度变化

已知热释电元件电荷中和的平均时间为：

$$\tau = \frac{\varepsilon(\text{介质})}{\sigma(\text{电导率})}$$

调制器的入射光频率 f 必须大于电荷中和时间的频率，即：

$$f > \frac{1}{\tau}$$

热释电材料表面电荷极化随温度变化状况如图 10-20 所示，铁电体在温度变化时，极化强度发生变化，无论温度上升还是下降，介质从带电到不带电有一个中和时间 τ，为使电荷不被中和掉，必须使晶体处于冷热交替变化的工作状态，使电荷表现出来，表面才能产生电荷。由图 10-20 可见，当温度上升或下降时，电荷极性相反。

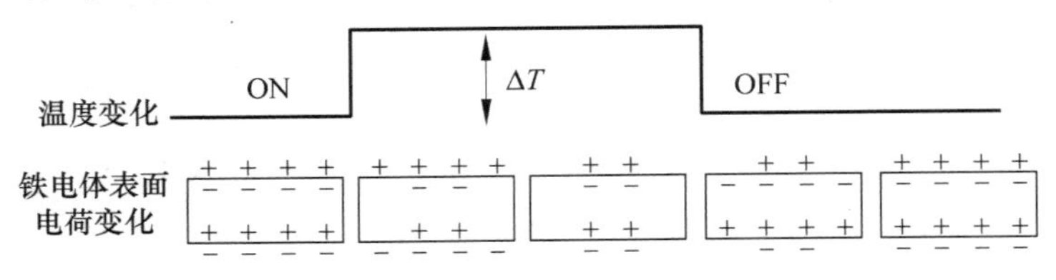

图 10-20　热释电材料表面电荷随温度变化过程

2. 热释电元件等效电路

热释电元件是电荷存储元件，传感器可视为电流源，电流大小与温度随时间的变化率有关，即

$$I = S\frac{\mathrm{d}P}{\mathrm{d}t} = S \cdot g \cdot \frac{\mathrm{d}T}{\mathrm{d}t} \tag{10-13}$$

式中：S 为元件面积；P 为极化强度；g 为热释电系数。

式(10-13)说明，热释电材料只有在温度变化时才产生电流、电压，其输出电压为

$$U_O = S\frac{\mathrm{d}P}{\mathrm{d}t}Z \tag{10-14}$$

式中：Z 为热释电元件的等效阻抗。

热释电元件结构如图 10-21a 所示，市场购买的普通热释电元件已经将前极的 VF 和输入电阻 R_d 安装在管壳中，VF 起到阻抗变换的作用。热释电传感器等效电路如图 10-21b 所示。T 为热释电晶体，R_d 是输入绝缘电阻，R_L 为外接负载电阻。由于热释电传感器绝缘电阻很高，高达几十至几百兆欧，容易引入噪声，使用时要求有较高的输入电阻。

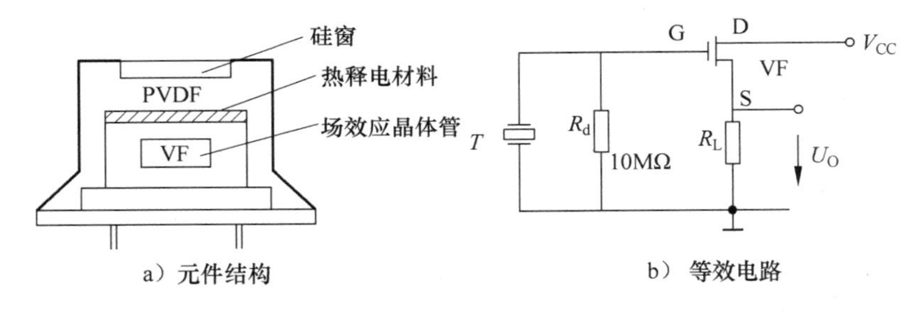

图 10-21　热释电元件结构和等效电路

热释电元件工作过程是通过吸收光产生热量，因此与红外线照射的波长无关，对光的波长没有选择性，所以在元件的窗口选用不同材料做滤光器，通过选择波长使器件具有一定波长选择范围，窗口材料有铌酸锶钡、钽酸锂等。热释电传感器工作温度在 -40 ~ +85℃范围，工作视角一般为 85°。

3. 光子探测器

光量子型是利用光电效应，通过改变电子能量的状态引起电学现象，光量子型红外传感器主要有：

- 光电导型(PC)——利用光敏电阻受光照后引起电阻变化；
- 光电型(PV)——由于光照产生光生电子-空穴对，形成光生电动势；
- 光电磁型(PEM)——器件利用光电磁效应，加电场和磁场的同时产生与光照成正比

的感应电荷；

- 肖特基型(ST)——利用金属与半导体接触形成肖特基势垒随光照而变化。

光子探测器与热释电传感器在性能上最大的区别是，光量子型红外光电探测器探测的波长较窄，而热探测器几乎可以探测整个红外波长范围。

10.3.3　红外传感器的应用

红外传感器普遍用于红外测温、遥控器、红外摄像机、夜视镜等，红外摄像管成像，电荷耦合器件(CCD)成像是目前较为成熟的红外成像技术。另外工业上的红外无损检测是通过测量热流或热量来检测鉴定金属或非金属材料的质量和内部缺陷。许多场合人们不仅需要知道物体表面平均温度，更需要了解物体的温度分布情况，以便分析研究物体的结构内部缺陷和状况，红外成像技术就是将物体的温度分布以图像的形式直观地显示出来。

1. 工业红外热成像仪

工业现场利用热成像技术进行实时检测是最新的测量技术之一。其特点是非接触测量，可用于安全距离检测；可快速扫描设备及时发现故障；可测量移动中目标物体。工业红外热像仪应用实例如下：

(1) 高炉炉衬检测

当耐火材料出现裂缝、脱落、局部缺陷时，高炉表面的温度场分布不均匀，造成安全隐患。利用红外热像仪可以测量出过热(缺陷)区的温度、位置以及分布面积的大小。

(2) 检查轴承

当电机轴承出现故障时，电机温度会升高，润滑剂开始分解。红外热像仪可以在设备运行时进行热成像检查，捕获热图像，进行故障分析和判断。

(3) 储罐物位液位检测

通常储物罐有物位检测传感器，但一旦检测系统出现故障，将造成泄漏和事故使生产中断。利用热像仪可以定时、定期直接在表面拍摄出物位线，帮助设备维护人员及时发现检测系统故障，避免潜在的危险。图 10-22 是热像仪检测储罐物位液位的拍摄效果图。

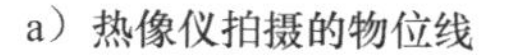

a) 热像仪拍摄的物位线

b) 储罐物外形

图 10-22　热像仪检测储罐物位液位效果

2. 红外测温

红外测温原理如图 10-23 所示，它是一个包括光、机、电一体化的红外测温系统，图中的光学系统是一个固定焦距的透射系统，可选择滤光片材料只允许通过 8 ~ 14μm 的红外辐射能。步进电机带动调制盘转动，将被测的红外辐射调制成交变的光信号。红外探测器一般为钽酸锂热释电探测器，透镜的焦点落在热释电元件的光敏面上。被测目标的红外辐射通过透镜聚焦在红外探测器上，红外探测器将红外辐射变换为电信号输出。

红外测温仪的电路比较复杂，包括前置放大、选频放大、温度补偿、线性化处理电路等。目前利用单片机可大大简化硬件电路，提高了仪表的稳定性、可靠性和准确性。红外测温是目前较先进的测温方法，其特点如下：

1）远距离、非接触测量，适应于高速、带电、高温、高压检测；

2）反应速度快，不需要达到热平衡过程，反应时间在 μs 量级；

3）灵敏度高，辐射能与温度 T 成正比；

4）准确度高，应用范围广泛，精度可达0.1℃内，检测温度在零下至上千摄氏度温度范围。

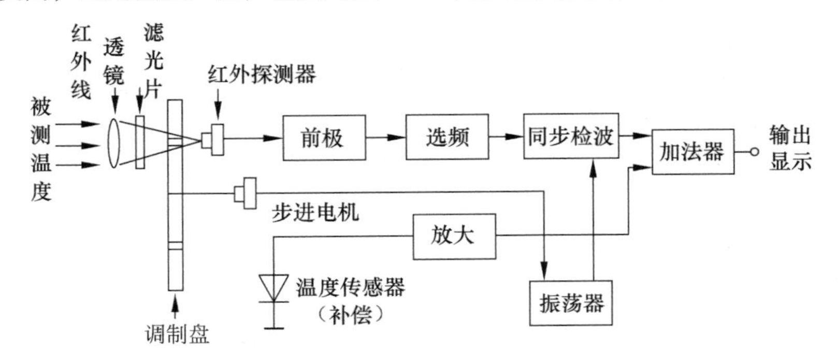

图 10-23 红外测温原理框图

3. 红外监控

日常生活中常见的红外传感器应用实例有红外防盗报警器、自动门、干手机、自动水龙头等。红外传感器有热电型和光电型两种，光电型红外报警电路可参见第 8 章的图 8-48。

目前误报是防盗报警系统的难点之一，为防止防盗报警系统的误报，监控系统不仅严格要求场地，还需通过各种监测方式多方位进行监测。图 10-24 是热释电元件构成的红外报警控制电路，正常状态下，人体辐射红外线波长在 6～12μm 范围，人体温度为 36～37℃，人活动的频率一般在 0.1～10Hz 之间，热释电元件可检测到距离 10m 左右、水平视角 85°的范围。

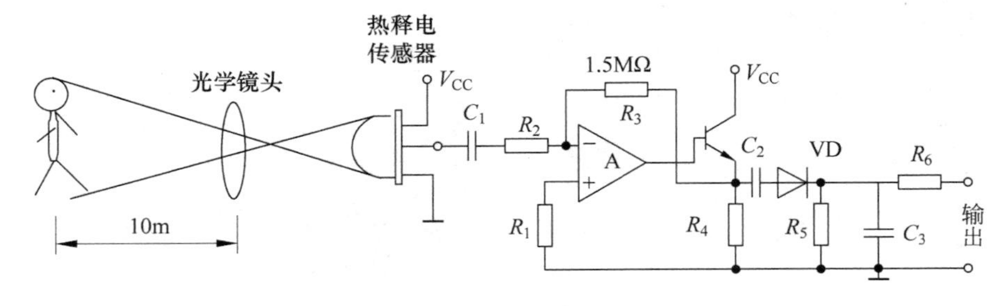

图 10-24 热释电红外报警控制电路原理示意图

为提高灵敏度，通常在探测器前端安装有光学系统（聚焦镜头），当有人体经过或移动时，人体辐射的红外线经光学透镜传递给热释电元件。传感器将热-电转换信号送放大器放大，1.5MΩ 反馈电阻可调节放大器的放大倍数，VD 与电阻、电容组成低通滤波器，当信号幅值达到某一限定值时，可用比较器控制输出驱动蜂鸣器告警。热释电元件电流较小，所以电路工作所需电流很小。

热释电传感器只能检测变化的信号，检测时辐射源必须晃动才有信号输出。通常采用菲涅尔透镜对移动信号进行放大，菲涅尔透镜相当于光栅作用可放大移动信号。菲涅尔透镜在很多时候相当于红外线及可见光的凸透镜，与一般的放大镜不同，它的表面布满了微小的条纹，在它旋涡状条纹中包含着许多凸透镜（简称圆环状），使得穿过它的光线弯曲即产生衍射现象，从而形成放大的影像。

图 10-25 为成都理工大学测控技术与仪器系的同学毕业设计完成的报警系统，系统可通过手机 App 程序接收到报警信号。入侵探测器采用的是无线热释电红外探测器和无线门磁并存的方式。无线方式增加了检测距离，热释电红外探测器通过探测人体或动物发出的特定波长的红外线进行工作，但红外探测器对外界环境温度的变化比较敏感，而无线信号不受外界温、湿度变化的影响，只对物体的震动和位移做出反应。设计中无线热释电红外探测器用来探测窗户是否被入侵，而无线门磁和无线热释电红外探测器配合使用探测房门是否被入侵，系统安装示意图如图 10-26 所示。如果房门从外边打开，则启动报警和摄像机，如果房门从屋内打开则不做任何变化。通过这种双重的检测方式能够更好地减小外界的干扰，降低报警信号误报的发生率。

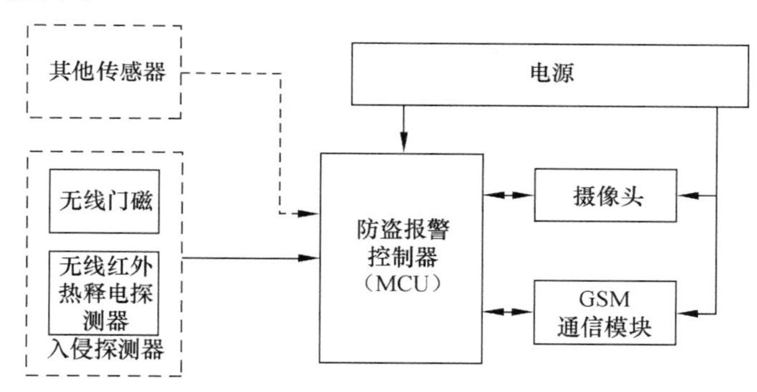

图 10-25　系统结构框图

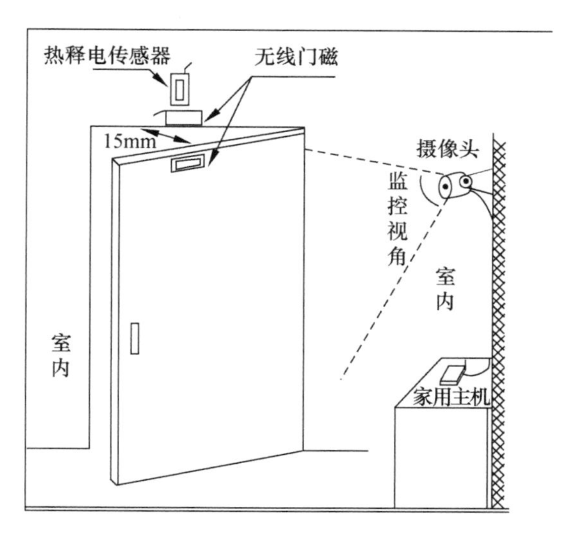

门磁和红外热释电传感器安装
（室内安装）

图 10-26　门磁和红外热释电传感器室内安装示意图

思考题

10.1 什么是超声波？其频率范围是多少？

10.2 超声波在通过两种介质界面时，将会发生什么现象？

10.3 超声波传感器的发射与接收分别利用什么效应？检测原理是什么？常用的超声波传感器(探头)有哪几种形式？简述超声波测距原理。

10.4 利用超声波测厚的基本方法是什么？已知超声波在工件中的声速为5640m/s，测得的时间间隔 t 为22μs，试求工件厚度。

10.5 利用EN555集成器件，自行设计一个超声波传感器控制的遥控开关发射电路，传感器中心频率为40kHz，遥控距离为10m，绘出电路原理图，并说明电路工作原理。

10.6 微波传感器有哪些特征？有哪些优缺点？

10.7 分析微波传感器的结构和电路组成，并说明各部分的功能原理。

10.8 红外辐射探测器分为哪两种类型？这两种探测器有哪些不同？试比较它们的优缺点。

10.9 叙述热释电效应，热释电元件如何将光信号转变为电信号输出？热释电探测器为什么只能探测调制辐射？

10.10 简述干手器、自动水龙头的工作原理，可采用哪种传感器。

10.11 试设计一个红外传感器控制的电扇开关自动控制电路，并叙述其工作原理。

10.12 图10-27为热释电元件内部结构图，请说明图中VF是什么元件，R_g 与VF在传感器电路中起到什么作用？

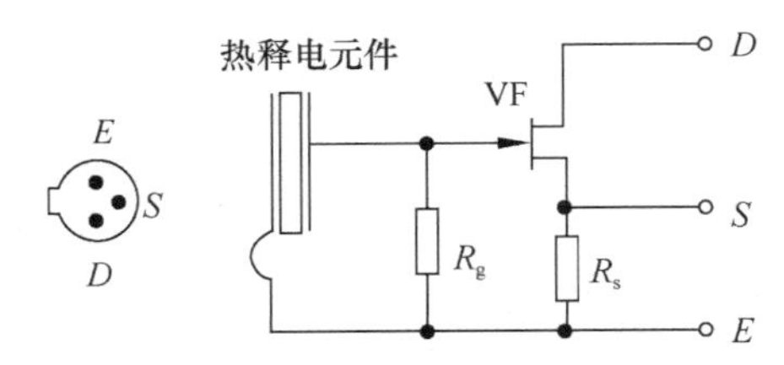

图10-27 热释电元件内部结构图

第 11 章　射线式传感器

射线式传感器也称核辐射探测器，它是利用放射性同位素发出射线，根据被测物质对放射线的吸收、反射、散射或射线对被测物质的电离激发作用而进行工作的。核辐射测量方法是一种完美的测量方法，在放射物通过被测物时会伴随着能量的损失，只要得到确切的损失量，就可以准确地了解到被测物的特征。核辐射传感器是将入射核辐射(粒子)的全部或部分能量转化为可观测的电流、电压信号的装置。

自 1895 年由伦琴发现 X 射线以来，射线传感器已经有近 100 年的历史，不仅形成了一整套的完整理论与方法，并且构成了分析领域一个专门学科。核辐射探测器也称为射线式传感器，它是利用放射性同位素发出射线，根据被测物质对放射线的吸收、反射、散射或射线对被测物质的电离激发作用进行厚度、物位、密度等检测的。核辐射探测器的应用领域非常宽泛，如现场无损检测(见图 11-1a)、炉前分析、元素定量分析、在线监测、环境监测(见图 11-1b)、CT(Computed Tomograhy)断层扫描(工业 CT、医疗 CT)、探伤、太空探测(见图 11-1c)等。

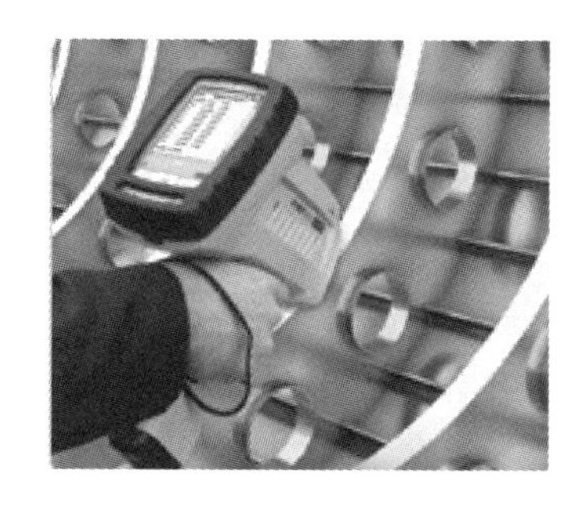

a）现场无损检测

b）建材放射性监测

c）费米伽马射线太空望远镜

图 11-1　核辐射探测器的应用

11.1　核辐射的物理基础

辐射可分为非电离辐射和电离辐射：

1）非电离辐射，包括紫外线、红外线、微波等，能量在几个电子伏特(~eV)量级，这些粒子虽能够同物质发生一定作用，但都不能使物质发生电离效应，如移动电话的频率为 800~1800MHz，而能量(<0.01eV)较小，所以没有电离作用。

2）电离辐射，直接或间接使介质发生电离效应的(能量>keV)带电或不带电的射线或粒子称电离辐射，如 α、β、γ、x、n、p、(裂变碎片)π 介子等，其来源主要有放射性物质(人造、天然)、加速器、反应堆、宇宙射线、地球环境。

11.1.1 放射性同位素

具有确定质子数和中子数的原子核称为核素，凡是原子序数相同，原子质量不同的元素，在元素周期表中占同一位置，故称之为同位素。表11-1为核素符号及表示方法。当原子没有外因作用时，同位素的原子核会自动产生核结构的变化，这种现象称为核衰变。具有核衰变性质的同位素，在自动衰变过程中会放出射线，这种同位素就称“放射性同位素”。根据实验可得出放射性衰减规律成指数变化

表 11-1 核素符号及表示方法

核素	质子数	中子数	质量数	符号
氦-4	2	2	4	^{4}He
碳-12	6	6	12	^{12}C
碳-13	6	7	13	^{13}C
碳-14	6	8	14	^{14}C

$$\alpha = \alpha_0 e^{-\lambda t} \tag{11-1}$$

式中：α_0 为初始时 $t=0$ 的原子核数；α 为 t 时刻原子核数；λ 是衰减常数。

不同同位素 λ 值不同，元素衰变的速度决定于 λ 的量值，λ 愈大则衰变愈快。

由式(11-1)可知，放射性同位素的原子核数随时间按指数规律衰减，习惯上常用一个常数即半衰期 $T_{1/2}$表示原子核数衰减速度。半衰期是指放射性同位素的原子核数 α_0 衰减到一半 $\alpha_0/2$ 时所经历的时间，一般用半衰期表示同位素的寿命，可求出半衰期为

$$T_{1/2} = \frac{\ln 2}{\lambda} = \frac{0.693}{\lambda}$$

可见，半衰期 $T_{1/2}$和衰减常数 λ 是不受外界影响并与时间无关的恒量，不同的放射性元素具有不同的半衰期 $T_{1/2}$。

11.1.2 核辐射与物质间的相互作用

放射性同位素衰变时放出一种特殊的带有一定能量的粒子或射线，这种现象称放射性或核辐射。放射性同位素在衰变过程中能放出α、β、γ三种射线，其中α射线由带正电的α粒子组成(如^4_2He氦核)；β射线由带负电的β粒子组成，β粒子就是高速运动的电子；γ射线是一种电磁波，由中性不带电的高速光子流组成。

1. 核辐射强度

放射性的强弱称为放射性强度，一般用单位时间内发生衰变的次数来表示，也称核辐射强度。放射性强度随时间按指数规律而减小，可表示为

$$I = I_0 e^{-\lambda t} \tag{11-2}$$

式中：I_0 为初始的放射性强度；I 为经过时间 t 后的放射性强度。

放射性强度单位用Bq(贝可)表示

$$1Bq = 1(\text{次核衰变})/\text{秒}$$

Ci(居里)与Bq(贝可)有如下关系

$$1Ci = 3.7\times10^{10}Bq(\text{发生核衰变次数}/\text{秒})$$

$$1Ci = 10^{3}mCi(\text{毫居})$$

2. 核辐射与物质的相互作用

核辐射与物质间的相互作用主要是电离、吸收与反射作用。

（1）电离

具有一定能量的带电粒子在穿透物质时会产生电离作用，在它们经过的路程上电离后形成许多离子对。电离作用是带电粒子和物质相互作用的主要形式。其中：

α 粒子由于能量、质量、电荷大，电离作用最强，但射程较短，射程是带电粒子在物质中穿行的直线距离；

β 粒子质量小，电离能力较同样能量的 α 粒子弱，因为 β 粒子容易产生散射，所以穿过物质的路径是弯曲的折线；

γ 粒子几乎没有直接电离作用。

（2）吸收、散射和反射

在 α、β、γ 三种射线穿透物质时，由于磁场作用，原子中电子会产生共振，振动的电子在其周围形成散射的电磁波源，在穿透物质的过程中，一部分粒子和射线能量被吸收和衰减，一部分粒子能量被散射掉。粒子或射线穿过一定厚度物质时其能量也是按指数规律衰减，可用吸收系数表示为

$$I = I_0 e^{-\mu h} \tag{11-3}$$

式中：I_0、I 分别为射线穿过吸收体前后的辐射强度；h（单位 cm）为穿过物质厚度；μ 为物质的线性吸收系数。

比值 μ/ρ（ρ 为物质密度）称质量吸收系数，常用 μ_ρ 表示。实验证明，质量吸收系数 μ_ρ 几乎与吸收体的化学成分无关，设质量厚度 $x = h\rho$，此时式（11-3）可改写为

$$I = I_0 e^{-\mu_\rho \rho h} = I_0 e^{-\mu_\rho x} \tag{11-4}$$

式（11-4）是核辐射仪器设计的基础。

图 11-2 为 1 MeV 粒子穿透物质能力的示意图。可见三种射线中 α 射线穿透能力最弱；β 射线次之，穿行时易改变方向产生散射形成反射；γ 射线穿透能力最强，能穿透几十厘米厚的固体物质，在气体中可穿透几百米，因此 γ 射线广泛用于金属探伤。

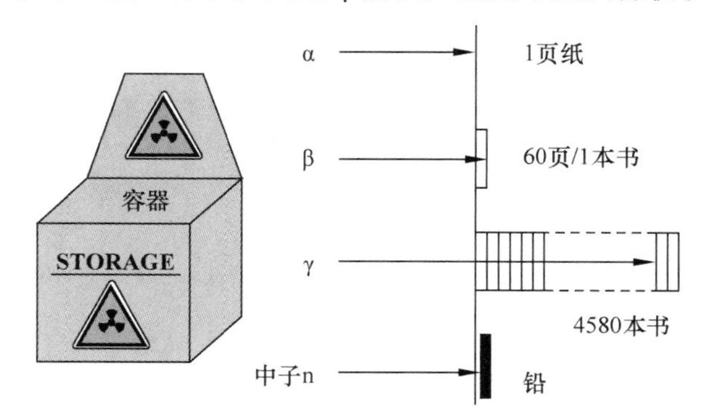

图 11-2　1MeV 粒子穿透物质能力的示意图

11.2　射线式传感器

目前，射线式传感器应用非常广泛，种类和形式也很多。用于现场快速测量的射线式传感器有两种主要探测方式，一种方式是测量天然或自然的放射线，如图 11-3a 所示；另一种方式如图 11-3b 所示，它是利用放射性测量技术来检测非放射性物质，根据被测物质对射线

的吸收、反射或散射进行检测。后一种方式的探测器结构主要由放射源和射线探测器组成。

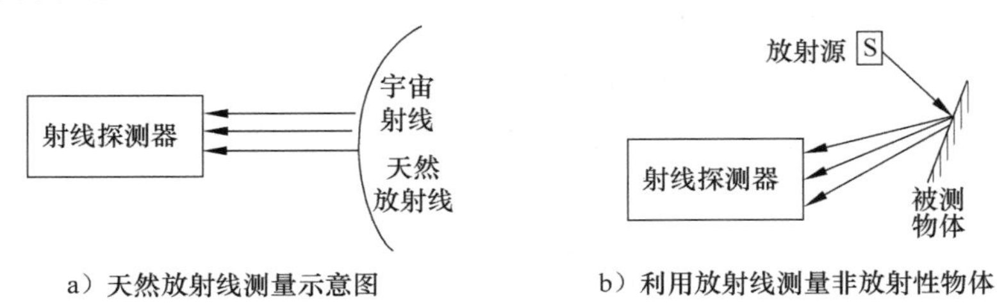

a）天然放射线测量示意图　　b）利用放射线测量非放射性物体

图 11-3　射线式传感器探测方式

11.2.1　辐射源

利用放射线进行测量时，必须有辐射源放射出 α、β、γ 射线。辐射源的种类很多，表 11-2是几种常用的同位素源，图 11-4a 为辐射源结构示意图，图 11-4b 为不同形状结构的同位素源。放射源密封在铅容器中，为防止灰尘进入，并防止放射源污染对人体造成损伤，测量面有耐辐射薄膜(γ 源用铍窗或铅窗)覆盖。辐射源的结构应使射线从测量方向射出，其他方向应尽量减少剂量以减少对人体的危害。其他方向可以用铅进行屏蔽，铅有极强的抗辐射穿透能力。

表 11-2　几种放射源特征

放射源	半衰期(年)	射线种类	能　量
$^{137}C_S$(铯)	33.2	β、γ	0.6614MeV
^{241}Am(镅)	470	α、γ	5.48MeV27keV
^{238}Pu(钚)	86	X	12 ~ 21keV
^{60}Co(钴)	5.26	β、γ	0.31，1.17，1.33MeV
^{90}Sr(锶)	19.9	β	0.54，2.24MeV
^{55}Fe(铁)	2.7	X	5.9keV

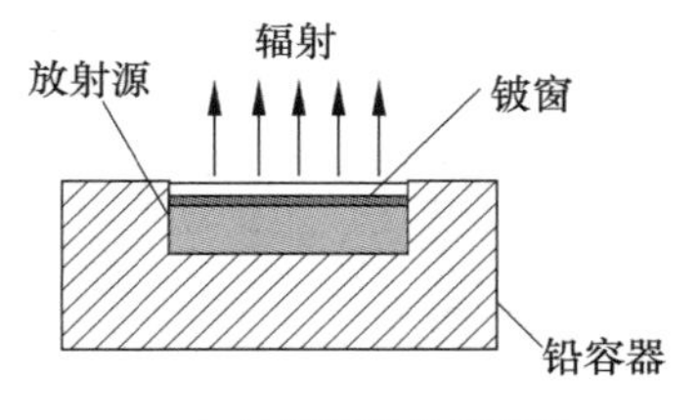

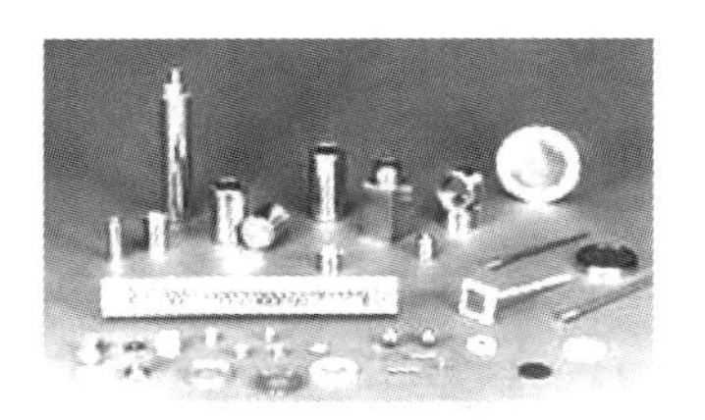

a）放射源结构示意图　　b）不同结构类型的同位素源

图 11-4　辐射源

射线源的形式很多，γ 辐射源结构一般为丝状、圆柱状、圆片状，β 辐射源一般为圆盘状。尽管放射源种类很多，但用于射线测量的同位素源只有 20 多种。设计系统时为降低成本避免经常更换放射源，一般选用半衰期较长的同位素，强度合适的辐射源，原则是在安全条件下尽量提高检测灵敏度，减小统计误差。

11.2.2　核辐射探测器

核辐射探测器是辐射的接收器，常用的有电离室、闪烁计数器、盖格计数管、正比计数器、半导体探测器等，设计时可根据不同要求和测量对象进行选择。

1. 气体探测器

气体电离探测器是以气体作为入射射线产生电离或激发的介质。在气体电离空间有两个电极，电极外加电场保持一定的电位。当入射射线穿过气体时与气体分子轨道上的电子发生碰撞，使气体分子产生电离而形成离子对，在电场中电子移向正极，正离子移向负极，最后被两个电极收集，使输出电路上引起瞬时电压(脉冲)变化，电脉冲被仪器记录。

在相同射线的照射下，脉冲的大小(又称脉冲的高度)是随着两个电极间的电压大小而改变的，不同气体探测器的电离能力各不相同，电离电流与外加电压的特性和它们间的变化关系如图 11-5 所示。

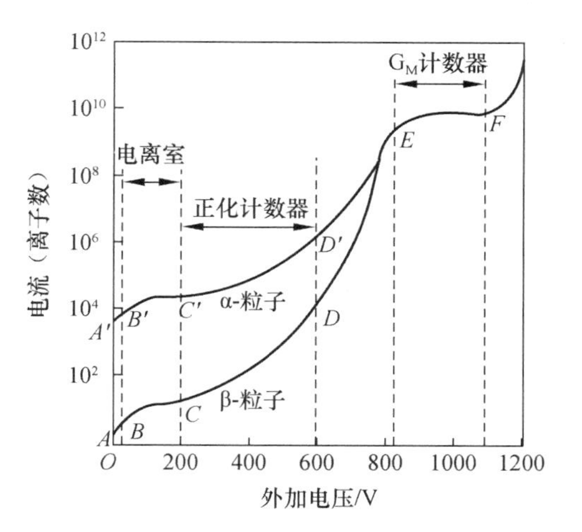

图 11-5　气体探测器外加电压与电离电流曲线

(1) 电离室

电离室结构原理如图 11-6a 所示。电离室是在空气中或充有惰性气体的装置中，设置一个平行极板电容器，在极板间加几百伏高压。高压在极板间产生电场，当粒子或射线射向两极板之间的空气(气体)时，在电场作用下，正离子趋向负极板，电子趋向正极板，在回路中产生电离电流。若在外电路接一电阻，就可形成响应电压，电阻 R_L 上的电压降代表辐射的强度。

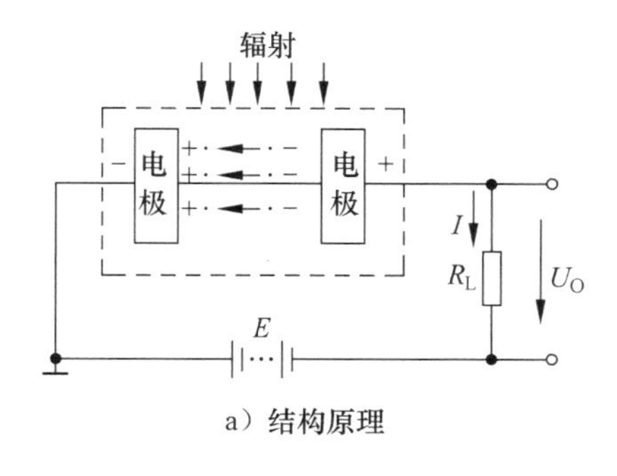

a）结构原理

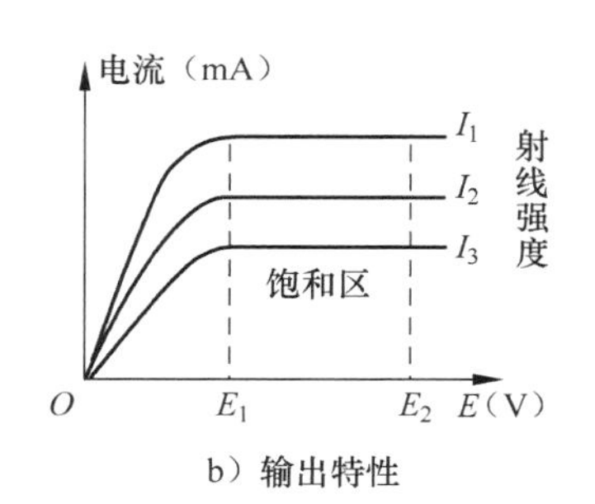

b）输出特性

图 11-6　电离室结构及输出特性

电离室输出特性如图 11-6b 所示，当电离室外加电压继续增大时，电流趋于饱和。电离室一般工作在饱和区，该区域的输出电流与外加电压无关，输出电流只正比于射线到电离室的辐射强度。电离室的优点是成本低寿命长，缺点是检出电流很小。电离室主要用于探测 α、β 射线，α、β、γ 的电离室不能通用，不同粒子在相同条件下效率相差很大。γ 射线没有直接电离“本领”，主要靠打出二次电子电离作用，γ 射线的电离室必须密闭使用。

典型的平板型电离室结构原理和输出信号形式分别如图 11-7a、b 所示。假设，每一对离子产生后将立即使探测器产生一输出信号：$S=f(\tau)$，若单位时间内射入电离室灵敏体积内的带电粒子的平均值为 n，每个入射带电粒子平均在灵敏体积内产生 N 个离子对，而且这两个值均不随时间变化。在任一时刻，探测器的总输出信号是此时刻以前在探测器内产生的各个离子对所产生信号在此时的所取值的叠加。

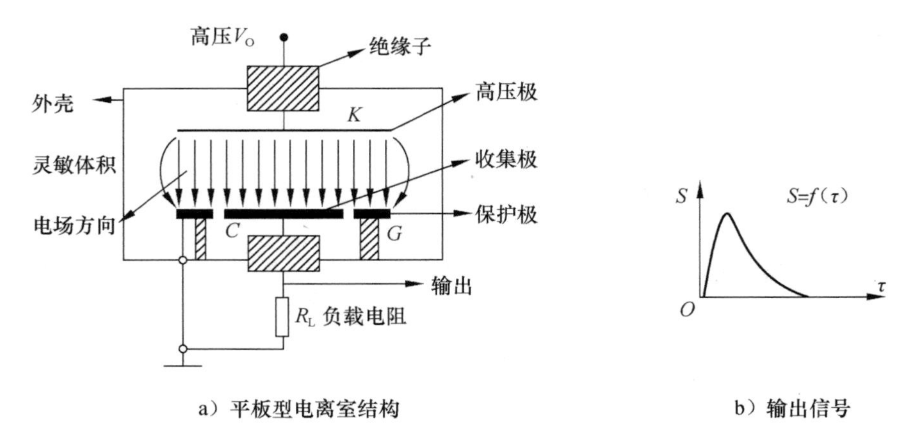

a）平板型电离室结构　　b）输出信号

图 11-7　平板型电离室结构原理和输出信号

（2）盖格计数管

盖格-弥勒计数管简称盖格计数管，盖格计数管也称气体放电计数器。盖格计数管结构原理示意图如图 11-8a 所示，在一个密封玻璃管中间是阳极，阳极用钨丝材料制作，玻璃管内壁涂一层导电物质或是一个金属圆管作阴极，内部抽空充惰性气体(氖、氦)、卤族气体。当射线进入计数管后，气体被电离，负离子由阳极吸引移向阳极时，离子又与其他气体分子碰撞后产生次级电子，次级电子又碰撞气体分子产生新的次级电子，快到阳极时次极电子急剧倍增，产生雪崩现象。雪崩引起阳极整条线上雪崩发生放电，放电后空间电子又被中和，剩下许多正离子包围阳极，形成正离子鞘。正离子鞘和阳极间的电场因正离子的存在而减弱，不再产生离子增殖，原始电离的放大过程停止。

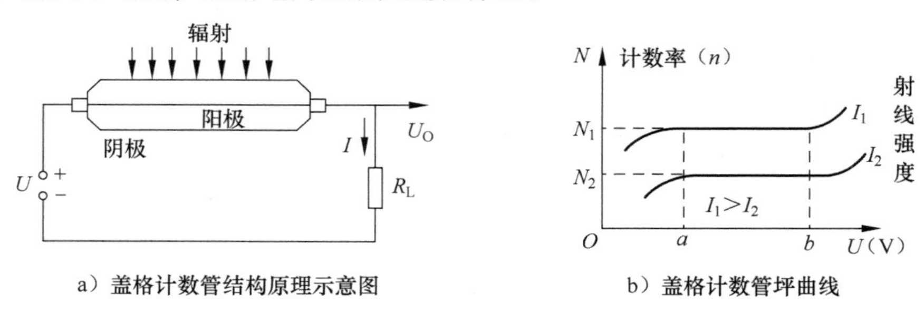

a）盖格计数管结构原理示意图　　b）盖格计数管坪曲线

图 11-8　盖格计数管

在电场作用下，正离子鞘向阴极移动形成电流，该电流在负载电阻上产生电压脉冲，其大小决定于正离子鞘的总电荷。此时若有电子运动到该区域，也会产生雪崩放电，这段时间不能计数，称“死时间”。正离子打到阴极时会打出电子，电子被电场加速又引起计数管放电产生正离子鞘，这一过程循环出现，从而形成连续放电。为了避免正离子鞘在阴极产生次级电子使放电自动停止，在计数管内加入有机分子蒸汽或卤素气体。

图 11-8b 为盖格计数管的坪曲线，I_1、I_2 代表核辐射强度，$I_1>I_2$。计数管上电压一定时，入射射线越强电流越大，输出脉冲数 n 越多，$a\sim b$ 段称“坪”，计数管工作在这个电压范围，该区域的输出与外加电压无关，只与入射射线强度成比例。盖格计数管主要用于探测 β 粒子和 γ 射线，特点是工作电压低输出电流大。

盖格计数管主要有圆柱形和钟罩形两种。圆柱形主要用于 γ 射线测量，而钟罩型由于有入射窗，主要用于 α、β 射线的测量。盖格计数管的典型结构类型如图 11-9 所示。

图 11-9　盖格计数管的典型结构类型

（3）正比计数器

正比计数器内部结构和外形结构如图 11-10 所示。正比计数器是一种充气型辐射探测器，工作在气体电离放电伏安特性曲线的正比区，为获得好的能量分辨率，大多数采用圆筒形、鼓形，有均匀的电场分布，可使射线入射窗做得很大。阳极丝加正高压，金属壳为阴极，面对入射窗设置一个出射窗，好让未被气体吸收的光子穿出。

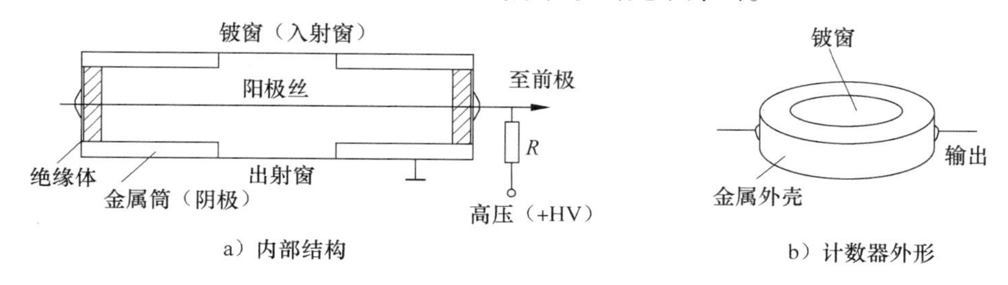

图 11-10　正比计数器

正比计数器接收一个 X 射线或 γ 光子后就输出一个电脉冲，电流脉冲的幅度与光子能量成正比，输出脉冲的大小正比于入射产生的电子和正离子对数目，电子和正离子对数目正比于气体吸收的放射线的能量。放射线能量越大，电离电子获得能量大，碰撞产生的离子对越多，输出电流脉冲幅度越大。

2. 闪烁计数器

闪烁计数器结构原理示意图如图 11-11 所示，闪烁计数器由闪烁体和光电倍增管组成。闪烁体内部是一种受激发光物质，可分为有机和无机两大类，无机闪烁体对入射粒

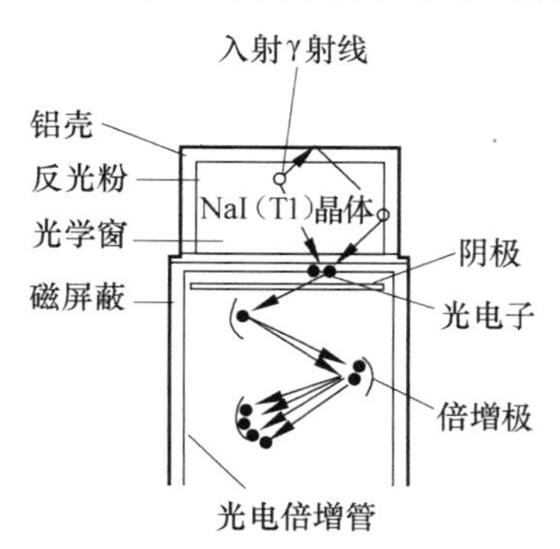

图 11-11　闪烁计数器结构

子的阻止能力强，发光效率高。例如，铊激活的碘化钠（NaI）晶体用来探测 γ 射线的效率高达 20% ~30%。有机闪烁体容易制成大体积但发光时间短，有机闪烁体常用于探测 β 粒子。

当闪烁体受到辐射时闪烁体的原子受激发光，光透过闪烁体通过导光物质（硅油）送到光电倍增管的光阴极 K 上激发出光电子，光电子在光电倍增管中倍增，在阳极 A 上形成电流脉冲，由后续电路（脉冲幅度分析器、计数器）可以记录 X 射线或 γ 射线的能量和强度大小。光电倍增管结构原理和前极电路信号输出示意图如图 11-12 所示。

3. 半导体探测器

半导体探测器是利用半导体材料制成的射线传感器，主要应用类型有：结型、面垒型、锂漂移型和高纯锗等。图 11-13 为结型半导体探测器结构示意图，它实质是一个大面积、大体积的晶体二极管（0.01 ~200cm^3）。半导体材料上设置了一个阴极（高掺杂的 P^+ 层）和一个阳极（高掺杂的 N^+ 层）。荷电粒子入射到半导体探测器时会产生电子-空穴对，X 射线和 γ 射线由于光电效应、康普顿效应、电子对生成等产生二次电子，这些电子-空穴对在电场作用下形成正比于入射射线能量的电流。通常在半导体探测器加有高压，3000 ~4000V 以上，电子-空穴对在该电压作用下加速，形成高速二次电子产生更多电子-空穴对，使电子流倍增放大。

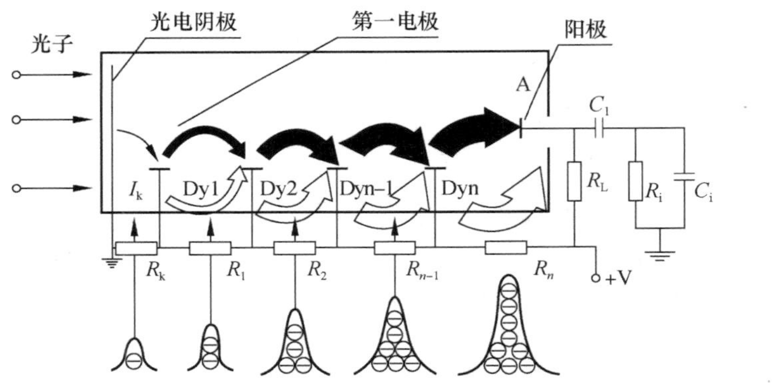

图 11-12　光电倍增管结构原理和前极电路信号输出示意图

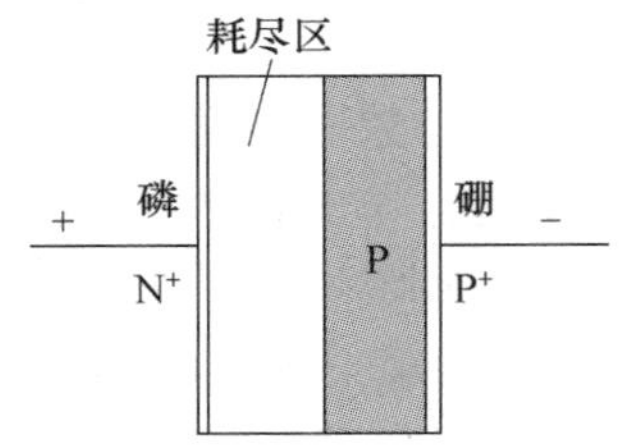

图 11-13　结型半导体探测器结构示意图

图 11-14 是 P-N 结区（势垒区）的形成的过程。多数载流子扩散时，空间电荷形成内电场并形成结区。结区内存在着势垒，结区又称为势垒区。势垒区内为耗尽层，无载流子存在，实现高电阻率，可达 10^{10}Ω/cm，远高于本征电阻率。在 P-N 结上加反向电压，由于结区电阻率很高，电位差几乎都降在结区。反向电压形成的电场与内电场方向一致。外加电场使结区宽度增大，反向电压越高，结区越宽，结区变宽的同时反向电流增大。

半导体探测器的输出电路如图 11-15 所示，P-N 结可等效为电流源，R_i，C_i 为测量电路的等效输入电阻和电容。前置电路将电荷转换为电脉冲信号输出，脉冲的幅值反映入射射线的能量（代表元素），脉冲数目代表含量的多少。半导体探测器的特点是输出信号小、分辨率高。由于半导体的温度效应对测量结果影响很大，半导体探测器需要置于恒温环境下工作，通常用液氮制冷或电制冷方法对探测器进行温度控制。

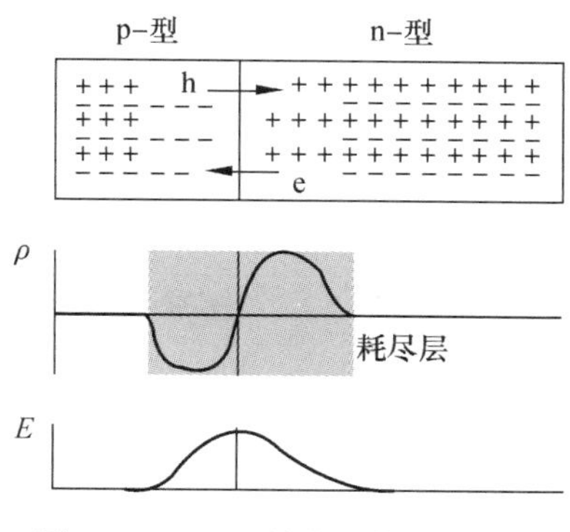

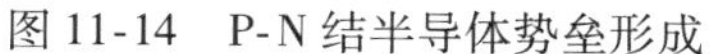

图 11-14　P-N 结半导体势垒形成

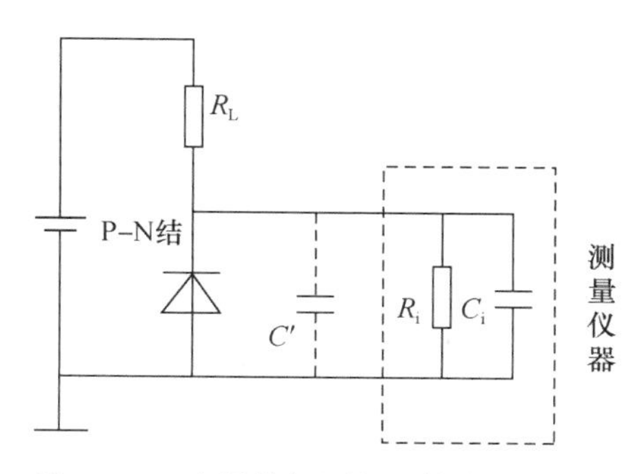

图 11-15　半导体探测器的等效输出回路

由于在半导体中产生一个电子-空穴对所需能量极小，约为 3eV（如 β 射线在空气中产生一对离子所需能量为 30eV），因此半导体探测器比其他射线探测器分辨率高，这是半导体探测器得到蓬勃发展的主要原因。

11.3　射线式传感器的应用

实际应用中射线式传感器是根据被测物质对放射线的吸收、反射、散射过程，或者利用射线对被测物质的电离激发作用进行厚度、物位、密度等检测。利用 α 射线的电离现象实现气体分析或流量测量；利用 β 射线进行带材厚度、密度检测；利用 γ 射线探测材料缺陷、位置、物质密度与厚度等。

除以上的工业检测技术外，核辐射探测器更广泛的应用领域是：断层扫描（Computed Tomography，CT）（工业 CT、医疗 CT）、无损检测、炉前分析、现场元素分析、在线监测、环境监测、探伤等。

11.3.1　测厚

1. 透射式测厚

图 11-16 为透射式测厚原理示意图，透射式测厚时放射源 S 与探测器在被测物的两侧。透射式测厚常用电离室作为探测器，输出电流与辐射强度成正比。在辐射穿过物质时，由于物体吸收作用损失部分能量，能量的强度随厚度按指数规律变化。已知 μ 为物质的吸收系数时，式(11-3)可用质量厚度 $x=h\rho$ 表示

$$I = I_0 e^{-\mu x}$$

根据质量厚度 x 可得出被物体厚度 h。实际测量时，在检测未知厚度之前用标准厚度进行标定，由工作曲线求出待测厚度。

2. 散射测厚

图 11-17 为散射式测厚结构原理示意图。散射测厚时，放射源与探测器在被测物体同一侧，利用核辐射被物体后向散射的效应。其散射强度与被测距离、物质成分、密度、厚度表面状态等因素有关

$$I_{散射} = I_{饱和}(1 - e^{-k\rho h})$$

式中，ρ 是质量系数，k 是与射线能量有关的常数。

这种方式可用于测薄板厚度、镀层厚度等。

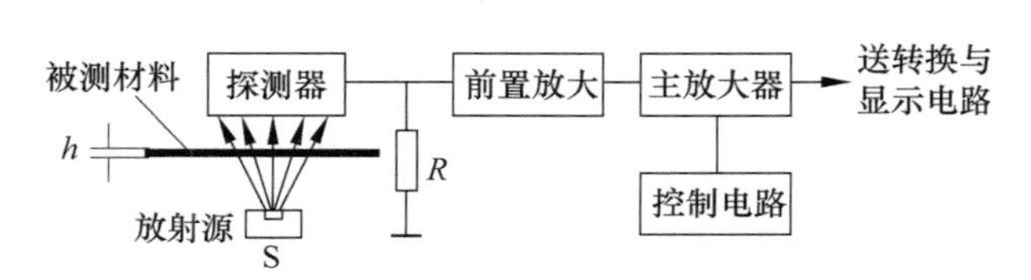

图 11-16 透射式测厚结构原理示意图

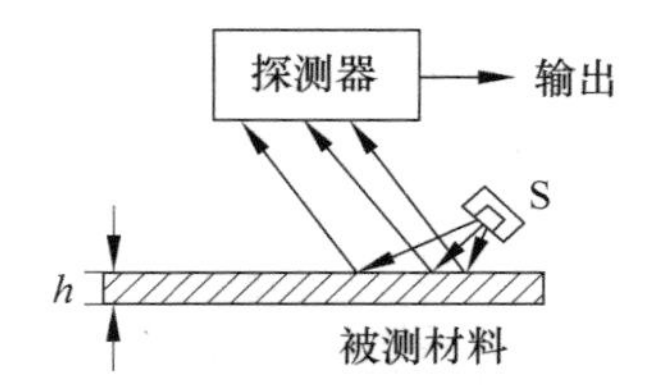

图 11-17 散射式测厚结构原理示意图

11.3.2 物位测量

可利用介质对γ射线的吸收作用，进行液位测量。不同介质对γ射线的吸收能力不同，固体吸收能力最强，液体居中，气体最弱。几种利用射线测量物位的原理与方法如图 11-18 所示，辐射源与被测介质一定，被测介质高度 H 与穿过被测介质的射线强度成正比关系，即

$$H = \frac{1}{\mu}\ln I_0 + \frac{1}{\mu}\ln I$$

式中：I_0 为入射射线强度；I 为穿透物质后射线强度；μ 为被测体吸收系数。

核辐射方法测量液位、物位可用于火车车皮装煤量、油罐车装油量、炼钢炉钢水量以及煤气罐气量等自动化工业检测装置。

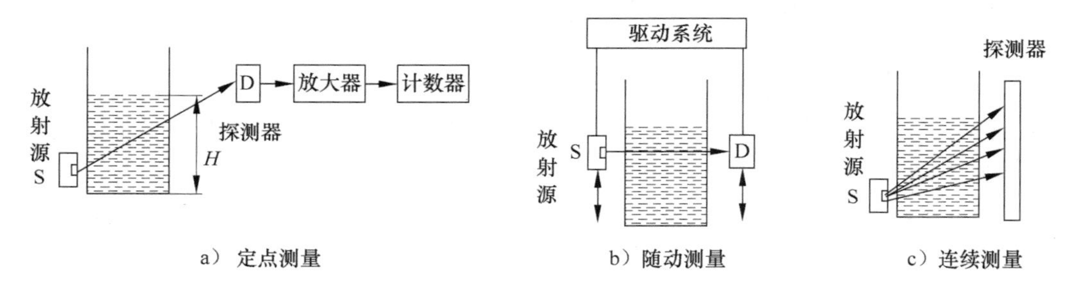

图 11-18 射线传感器物位测量原理

11.3.3 烟雾报警器(电离室)

离子感烟传感器的结构原理及等效电路如图 11-19 所示。电离室由 H_1 和 H_2 两个电极组成，电极之间有一放射性同位素镅 - 241 (^{241}Am) 源，可放射出α射线，α射线在两电极之间发生电离，在外加电压 E 作用下形成电离电流。

烟雾传感器的两个电离室设计为内、外电离室串联连接方式，内电离室是密封的无烟雾离子进入，离子电流恒定；外电离室等效电阻随烟雾数量变化，可等效为可变电阻 R_p，而内电离室电阻 R 不变。当外电离室有烟雾进入时，离子被吸附到烟雾颗粒上，由于烟雾颗粒比离子大 1000 倍左右，故在电场中的移动速度比原来的速度慢，而且在移动过程中离子中和的机会增多，最终使离子电流相应减小。烟雾数量越多浓度越高，离子电流越小，相当等效电阻增加。

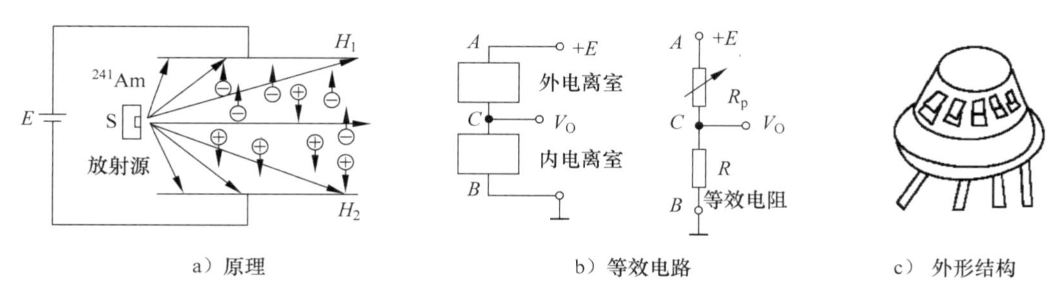

图 11-19　烟雾传感器原理结构及等效电路

11.3.4　探伤

核辐射传感器探伤原理示意图如图 11-20 所示。一种方法是探测器与放射源放在管道内，沿平行管道焊接缝与核探测器同步移动，当焊缝存在问题时，穿透管道的 γ 射线会产生突变，正常时输出曲线趋于直线，探测器将接收到的射线信号变换为电信号，经放大处理后送显示记录，记录曲线中有波动处表示管道焊接缝存在问题。这种方法也可用于 X 射线探伤。另一种方法是管道外检测，利用放射性气体对地下管道检漏，当地下管道有泄漏时，地表探测器可检测到计数值增大的趋势。

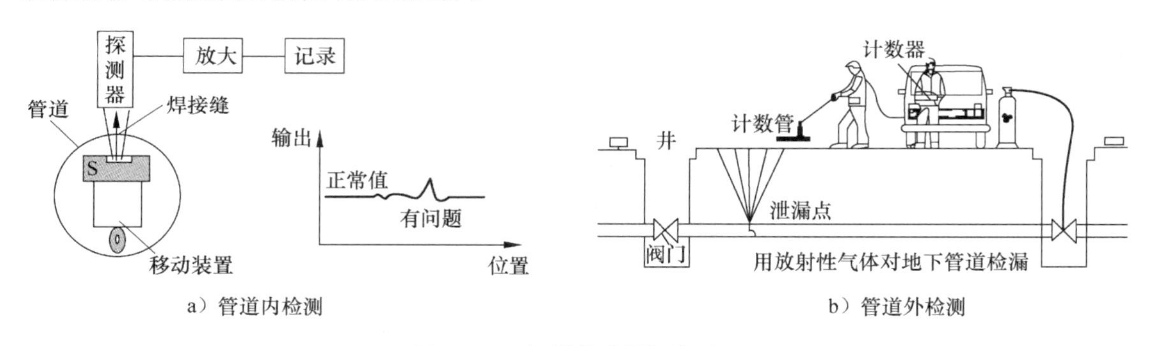

图 11-20　辐射传感器探伤原理

11.3.5　X 射线荧光分析

X 射线荧光分析是一种仪器分析方法，与化学分析相比有速度快、成本低、人为因素小、无须取样的非破坏性（无损）检测等特点，可在现场直接进行多元素分析，为在线监测、载流过程分析和自动控制提供了一种非常方便的检测方法。目前，同位素 X 射线荧光方法已经为我国的地质普查找矿、矿山选冶中（原、精、尾矿）的品位监测；井下现场的巷壁快速测定、产量计算；钢铁厂的炉前分析；水泥厂的钙、铁元素分析等领域提供了一种准确可靠的测量手段。如图 11-21 为野外现场的 X 射线荧光快速测量应用实例。

X 射线荧光测量的辐射探测器基于光电效应，根据放射线的检测方式 X 射线荧光测量又分为波长色散和能量色散两种。因 X 荧光射线的能量和强度与物质的成分、厚度、密度有关，探测信号的脉冲幅度与元素的特征 X 射线能量成正比，元素特征射线能量越大，脉冲幅度越高，通过幅度分析器（甄别器）实现元素的定性分析；脉冲的多少与被测样品的含量成正比，通过单位时间的计数率鉴定样品的含量，实现元素的定量分析。

同位素激发(能量色散)的X射线荧光分析方法原理框图如图11-22所示，目前X射线荧光分析仪器的射线传感器可根据测量对象，采用闪烁探测器、正比计数器或带电制冷的半导体探测器，半导体探测器的能量分辨率最好，测量精度最高。探测器接收从样品中被放射源激发出来的特征X荧光射线，并将光信号转换为电脉冲，经前置电路、放大器、脉冲幅度分析器，再经A/D转换为数字信号，送微处理器做数据处理，最后显示出计数率或能谱图。图11-23为手持式X射线荧光谱仪。它操作灵活，使用方便，是许多行业中的理想测量工具。

图11-21　野外现场X射线荧光快速测量

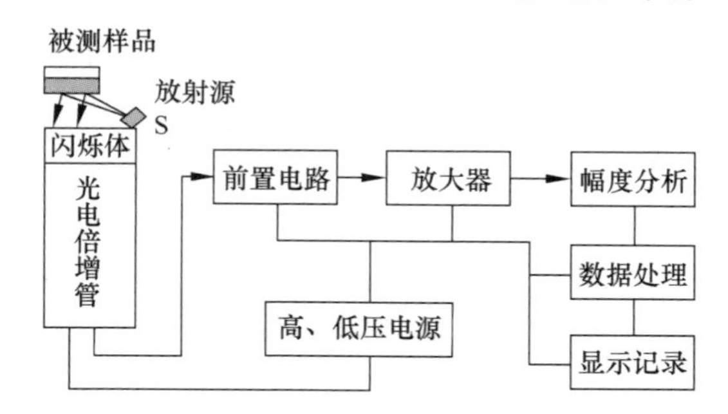

图11-22　X射线荧光分析仪原理框图

图11-23　手持式X射线荧光谱仪

11.3.6　CT技术

CT(Computer Tomography)的含义是计算机X射线断层扫描(造影术)，也称计算机层析照相。它是根据计算机断层扫描二维重建方法的基本原理，将物体横断面的投影数据经过计算机处理后得到横断面图像，是一种从数据到图像的重建技术。如医院里常规X射线摄影是利用透射原理，把三维的人体投影显示在一个二维的平面上，这就使得图像失去纵深方向的分辨能力，前后结构互相重叠，引起图像混淆，容易造成误诊和漏诊。如果把人体分成一系列薄片，单独对每一切片(二维图像)进行观察，就能消除临近各层的影响，没有重叠混淆，容易辨别细微的异常结构。

射线CT装置主要由射线源和探测器组成，结构原理如图11-24所示。射线源一般为X射线或γ射线，射线透过被测物体后被探测器接收，检测信号通过电路处理后送计算机显示存储。射线CT工作原理如图11-25所示，并排着的射线源发射一定强度的X线或γ射线，把通过物体的射线用与射线源平行排列的探测器接收。测量时射线源和探测器以体轴为中心一点点步进旋转，在扫描一次结束后机器转动一个角度再进行下一次扫描，反复进行同样的操作。这样求得在各个角度上的投影数据，再由计算机重建得到剖面和立体图像。

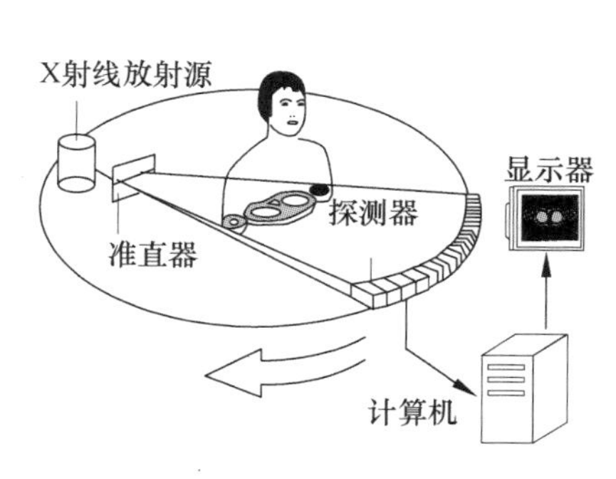

图 11-24　射线 CT 装置结构示意图

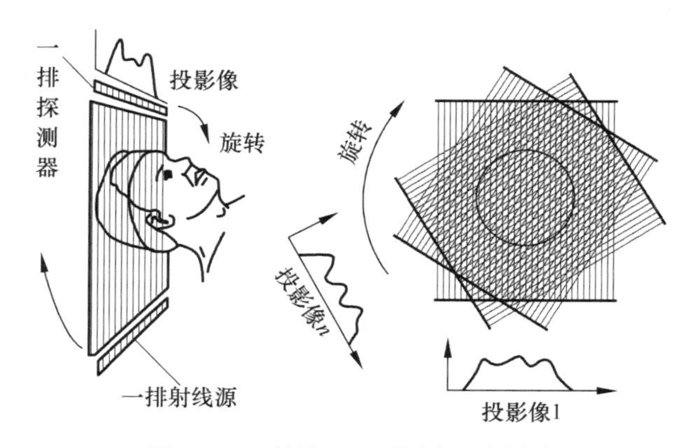

图 11-25　射线 CT 工作原理示意图

X 射线层析技术是一种投影式层析摄影，方法是确定每个单元内的吸收系数 μ，用矩阵求解法可以简明扼要地说明测量原理。为简单起见，用图 11-26 矩阵设物体为 2×2 大小像素物体，各部分的衰减系数都是未知的，根据投影 X 射线成像的原理，当入射强度为 I_0 时，X 射线通过物体之后，检测器获得的射线强度为

$$I = I_0 e^{-\int \mu dx}$$

式中：$\int \mu dx = \ln(I_0/I)$；μ 为吸收系数；x 为厚度变量；I_0 为入射射线强度；I 为穿透物体后探测器接收的射线强度。

各位置吸收系数与射线强度关系用联立方程组表示：

$$\begin{cases} \mu_1 + \mu_2 = \ln(I_0/I_1) \\ \mu_3 + \mu_4 = \ln(I_0/I_2) \\ \mu_2 + \mu_4 = \ln(I_0/I_3) \\ \mu_1 + \mu_3 = \ln(I_0/I_4) \end{cases}$$

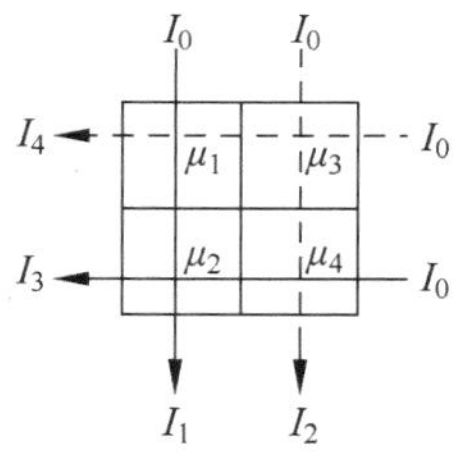

图 11-26　矩阵求解法测量原理

通过求解方程即可解出物体各个部分的衰减系数。利用所有计算所得的吸收系数值，通过计算机处理就能重建投影图像。图像的清晰度在很大程度取决于单元划分的大小，而单元划分的大小则与 X 射线束的宽度有关。

射线 CT 技术首先在医学领域得到应用，并获得诺贝尔奖。目前英、美、日、德发达国家竞相开发研究工业 CT 装置，20 世纪 80 年代末期已完成第五代 CT，研制出近千种 CT 产品，适用于航空航天、材料科学、核科学与工程、生物医学、控制工程、机械工业等行业。其中主要内容包括射线源的类型与强度、探测器、扫查器、数据采集技术、图像重建技术、图像处理技术和扫描传动机构等各个方面。

目前，XCT与正电子发射断层(Position Emission Tomography，PET)成像技术结合，即正电子-CT(PET)发展使投影图像重建技术又有新的突破，PET是功能成像技术，可以在肌体的结构形态改变之前发现异常，在肿瘤诊断方面具有独特优势。

11.3.7 核子秤

核子秤是根据物质对γ射线的吸收原理来进行工作的，是现代核技术与计算机技术结合的高新技术成果，它是由源部件(γ射线源及防护铅罐)、A型支架、电离型γ射线探测器、前置放大器、前放电源、测速传感器、核子秤主机系统等组成。它的主要特点是，理想的非接触式在线连续称重计量控制设备，测控精度高、长期稳定性好，克服了其他称重设备因机械变异(皮带跑偏、磨损、张力变化、物料冲击)等因素引起的测量误差。适用于水泥、煤炭、炼焦、钢铁、矿山、发电、轻工、化工、食品等行业。

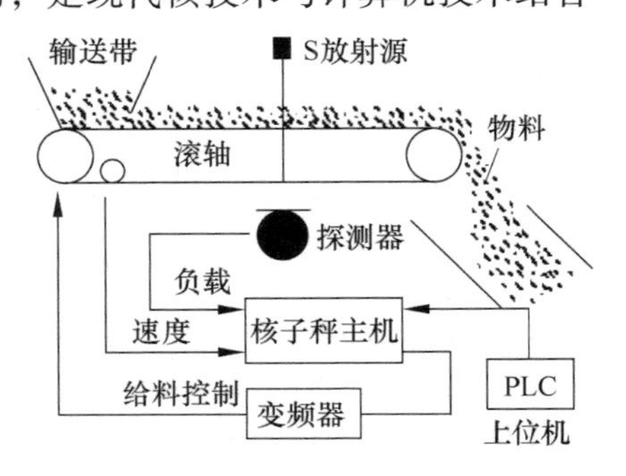

图11-27　核子秤原理示意图

核子秤原理示意图如图11-27所示，射线源与探测器在被测负载两侧，物质吸收不同时检测的射线强度不同，通过被测物质比重、给料的转速以及射线强度进行标定来确定荷重。标准核子秤应用如图11-28所示，γ射线源采用同位素铯(^{137}Cs)和钢壳结构的屏蔽铅罐，射线源强度40mCi，半衰期为30.1年，活度为1.48GBq。

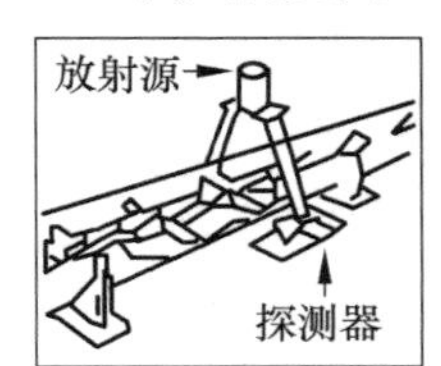

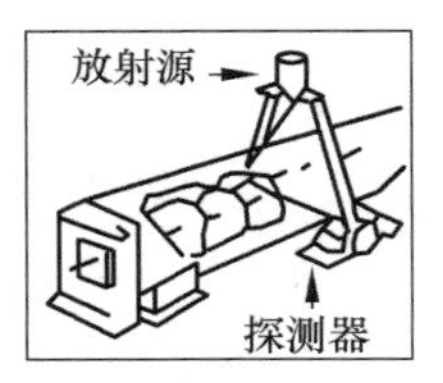

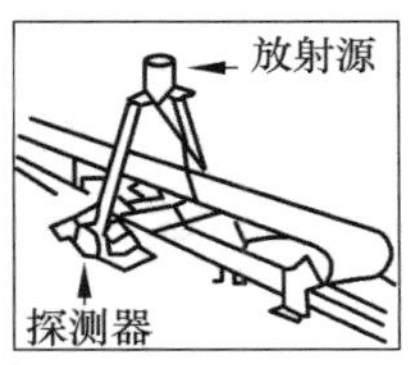

图11-28　标准核子秤应用图例

思考题

11.1　什么是放射性核素?

11.2　如何定义放射性核素的半衰期?

11.3　利用放射性方法可以进行哪些测量?这种测量方法有哪些特点和优势?为什么说放射性测量是一种最完美的测量方法?

11.4　什么是放射源?利用放射性测量方法进行工程检测时，为什么特别需要注意安全问题?

11.5　核辐射探测器有哪几种主要探测器?各有什么特点?

11.6　核辐射探测器的主要应用领域有哪些?

11.7　试用核辐射测量方法设计一个测厚仪器系统，请画出测量系统结构原理示意图，试说明射线测量物厚的原理。

11.8　什么是X射线荧光技术?

11.9　什么是CT技术?

11.10　比较辐射探测器和红外探测器检测烟雾时各有哪些优缺点。

第 12 章　热电式传感器

温度是工业生产和科学实验中非常重要的参数，许多物理现象和化学性质都与温度有关，许多生产过程都必须在一定的温度范围内进行。温度是诸多物理现象中具有代表性的物理量，现代生活中准确的温度是不可缺少的信息内容，如电冰箱、空调、微波炉都少不了温度传感器。因此温度传感器的广泛应用对温度测量的准确度提出了越来越高的要求，随着测温技术的发展，新型测温传感器不断出现，如红外、光纤、微波、核磁共振等温度传感器在不同领域获得广泛应用。

热电式传感器是一种将温度变化转换为电量变化的传感器，它利用测温敏感元件的电参数随温度变化的特性，通过测量电量变化来检测温度。具体地说，就是将温度变化转化为电量变化并输出的装置，如将温度转化为电阻、电势或磁导等变化，再通过适当的测量电路就可由这些电参数的变化来表达所测温度的变化。

本章主要介绍热电偶、热敏电阻和半导体集成温度传感器以及热释电传感器的测温原理及应用。

12.1　温度传感器的分类及温标

12.1.1　温度传感器的分类方法

根据所用测温物质和测温范围的不同，有各种不同的温度传感器，表 12-1 列出了不同温度传感器的测温方法及测量原理。温度传感器的种类很多，按温度传感器工作原理主要可分为以下类型：

1）热电偶——利用金属的温差电动势测温，有耐高温、精度高的特点；

2）热电阻——利用导体电阻随温度变化测温，结构简单，测量温度比半导体温度传感器高；

3）热敏电阻——利用半导体材料随温度变化测温，体积小、灵敏度高、稳定性差；

4）集成温度传感器——利用晶体管 P-N 结的电流、电压随温度变化测温，有专用集成电路，体积小、

表 12-1　温度传感器及测量方法

测温方法	测温原理	温度传感器
接触式	固体热膨胀	双金属温度计
	液体热膨胀	玻璃管液体温度计
	气体热膨胀	气体温度计、压力温度计
	电阻变化	金属电阻温度传感器
		半导体热敏电阻
	热电效应	贵金属热电偶
		普通金属热电偶
		非金属热电偶
	频率变化	石英晶体温度传感器
	光学特性	光纤温度传感器；液晶温度传感器
	声学特性	超声波温度传感器
非接触式	亮度法	光学高温计
	热辐射-全辐射法	全辐射高温计
	比色法	比色高温计
	红外法	红外温度传感器
	气流变化	射流温度传感器

响应快、价廉，通常测量150℃以下温度。

5）红外温度传感器——利用物体红外辐射能，先将光转换为热，再将热转换为电信号。可以进行非接触式测量，动态误差小，响应时间短。

如果按价格和性能大致可分为：

1）热膨胀式温度传感器，如液体、气体的玻璃式温度计、体温计等，结构简单，应用广泛；

2）家电、汽车上使用的温度传感器，价格便宜，用量大，成本低，性能差别不大；

3）工业上使用的温度传感器，性能价格差别比较大，因为传感器的精度直接关系到产品质量和控制过程，通常价格比较昂贵。

在各种热电式传感器中，以把温度量转换为电势和电阻的方法最为普遍，其中将温度转换为电势大小的热电式传感器叫作热电偶，将温度转换为电阻值大小的热电式传感器叫作热电阻，目前这两种传感器在工业中被广泛使用。另外利用半导体P-N结与温度的关系，可制成P-N结型温度传感器。近年来，随着计算机技术和半导体技术的发展，智能型数字式集成温度传感器也越来越被广泛应用。

12.1.2 温度单位

为定量描述温度的高低，必须建立温度标尺(温标)，各种温度计和温度传感器的温度数值均由温标确定。热力学温度是国际上公认的基本温度，我国目前实行的是1990年国际温标(ITS—90)。同时定义国际开尔文温度为T_{90}，单位是K(开尔文)；国际摄氏温度为t_{90}，单位是℃(摄氏度)。两者关系可表示为

$$t_{90}/℃ = T_{90}/\mathrm{K} - 273.15$$

或

$$t/℃ = T/\mathrm{K} - 273.15$$

12.2 热电偶

热电偶是工业上应用最广泛的温度传感器，具有结构简单、使用方便、准确度高、热惯性小、稳定性好等优点，它利用金属温差电动势进行温度检测，有耐高温、适于信号的远距离传输特点，在工业生产的自动控制系统中占有重要的地位。热电偶外形结构如图12-1所示。

图12-1 热电偶外形结构

12.2.1 工作原理和热电效应

热电偶测温原理如图12-2a所示，两种不同类型的金属导体两端分别接在一起构成闭合回路，当两个结点温度不等，即有温差时($T>T_0$)，导体回路里有电流流动，会产生热电势，这种现象称为热电效应(即塞贝克效应)。利用这种效应，只要知道一端结点温度，就可以测出另一端结点的温度。固定温度结点T_0称为基准点(冷端)，恒定在某一标准温度；待测温度结点T称测温点(热端)，置于被测温度场中。这种将温度转换成热电动势的传感器称为热电偶，金属称为热电极。

热电偶中热电势的大小与两种导体的材料性质和结点温度有关。实际应用时，不是测量

回路电流，而是测量基准端开路电压，热电偶标定方法如图 12-2b 所示。将基准端装入冰水，根据所测电压值求测点温度。热电偶中热电势主要是由接触电势和温差电势两部分组成。

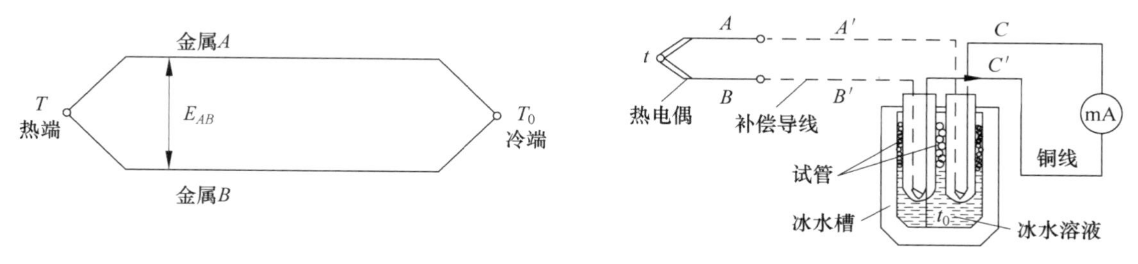

a）热电效应原理示意图　　b）热电偶冷端冰点的温度标定方法

图 12-2　热电偶测温示意图

1. 两种导体的接触电势

因不同金属的自由电子密度不同，当两种金属接触在一起时，在结点处会发生电子迁移扩散，如图 12-3 所示。电子从浓度大的一侧向浓度小的一侧金属扩散，浓度高的一侧失去电子显正电，浓度低的那一侧得到电子显负电，当扩散达到某种动态平衡时，得到一个稳定的接触电势，在金属接触处形成电位差，此电位差称为接触电势，其大小与两种导体的性质、结点温度有关。当温度为 T 时，热端接触电势可表示为

$$e_{AB}(T) = \frac{KT}{e}\ln\frac{N_A}{N_B} \tag{12-1}$$

冷端接触电势表示为

$$e_{AB}(T_0) = \frac{KT_0}{e}\ln\frac{N_A}{N_B} \tag{12-2}$$

式中：A、B 分别代表不同材料；K 是玻尔兹曼常数；e 为电子电荷量；T、T_0 分别为热端和冷端温度；N_A、N_B 为导体 A、B 材料的自由电子浓度。

在热电偶闭合回路中，总的接触电势可由式(12-1)和式(12-2)获得

$$e_{AB}(T) - e_{AB}(T_0) = \frac{K}{e}(T - T_0)\ln\frac{N_A}{N_B} \tag{12-3}$$

2. 单一导体的温差电势(汤姆逊电势)

对于单一金属，如果两边温度不同时，导体两端也会产生电势，产生该电势的原因是由于导体内高温端自由电子相对于低温端具有较大的动能，高温端自由电子向低温端迁移扩散，如图 12-4 所示。由于导体高温端失去电子带正电位，低温端得到电子带负电位而形成电势，该电势称为温差电势。

图 12-3　两种导体接触电势　　图 12-4　单一导体的温差电势

单一导体的温差电势大小与导体材料和两端温度有关，导体 A 两端温度分别为 T、T_0 时的温差电势可表示为

$$e_A(T,T_0) = \int_{T_0}^{T} \sigma_A \mathrm{d}T$$

导体 B 两端温差电势为

$$e_B(T,T_0) = \int_{T_0}^{T} \sigma_B \mathrm{d}T$$

A、B 两导体构成闭合回路的总的温差电势为

$$e_A(T,T_0) - e_B(T,T_0) = \int_{T_0}^{T} (\sigma_A - \sigma_B)\mathrm{d}T \tag{12-4}$$

式中，σ_A、σ_B 分别为 A、B 导体的温度系数（又称汤姆逊系数），它表示单一导体的两端温差为 1℃时所产生的温差电势。

如图 12-5 所示，根据两导体的接触电势和单一导体温差电势，热电偶总的热电势由两部分组成，为式(12-3)和式(12-4)之和，可表示为

$$E_{AB}(T,T_0) = \frac{\mathrm{K}}{e}(T - T_0)\ln\frac{N_A}{N_B} + \int_{T_0}^{T}(\sigma_A - \sigma_B)\mathrm{d}T \tag{12-5}$$

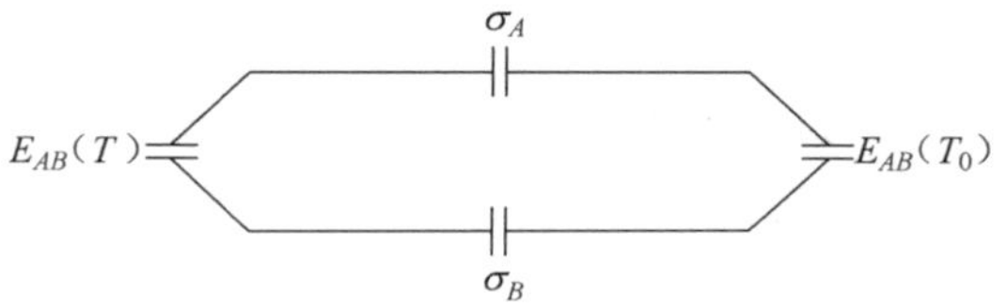

图 12-5　热电偶总的热电势

由式(12-5)可说明，热电偶的热电势 $E_{AB}(T, T_0)$ 是 T、T_0 两个结点温度的函数，由此对热电偶的热电势有以下结论：

1）热电偶两个电极材料相同，即 $N_A = N_B$ 时，无论两端点温度如何变化，总的热电势为零；

2）如果热电偶两结点温度相同，即 $T = T_0$ 时，无论导体 A、B 材料相同或不同，回路的总电势也为零；

3）热电偶必须用不同材料做电极，在 T、T_0 两端必须有温度梯度，这是热电偶产生热电势的必要条件；

4）由于热电偶的热电势是两个结点温度的函数，因此必须固定参考端（冷端）的温度，才能确定热电势与被测温度 T 的对应关系。

各个国家都有自己的工业标准，一般规定：以 $T = 0$℃为基准端温度的条件下，给出测量端的温度与该温差电动势的电压数值对照表，称分度表，参见表 12-2。实际应用时可根据实测出的热电势，通过查找对应材料的分度表得到所测的温度值。

12.2.2　热电偶基本定律

利用热电偶作为传感器进行温度检测时，必须在热电偶输出回路中引入转换电路和显示电路才能构成记录仪表，而如何正确选择和使用热电偶就显得非常重要，下面的基本定律将有助于我们正确使用热电偶。

表 12-2　镍铬-镍硅热电偶(K 型)分度表(参考端温度为 0℃)

温度/℃	0	10	20	30	40	50	60	70	80	90
	热电动势/mV									
0	0.000	0.397	0.798	1.203	1.611	2.022	2.436	2.850	3.266	3.681
100	4.095	4.508	4.919	5.327	5.733	6.137	6.539	6.939	7.338	7.737
200	8.137	8.537	8.938	9.341	9.745	10.151	10.560	10.969	11.381	11.793
300	12.207	12.623	13.039	13.456	13.874	14.292	14.712	15.132	15.552	15.974
400	16.395	16.818	17.241	17.664	18.088	18.513	18.938	19.363	19.788	20.214
500	20.640	21.066	21.493	21.919	22.346	22.772	23.198	23.624	24.050	24.476
600	24.902	25.327	25.751	26.176	26.599	27.022	27.445	27.867	28.288	28.709
700	29.128	29.547	29.965	30.383	30.799	31.214	31.629	32.024	32.455	32.866
800	33.277	33.686	34.095	34.502	34.909	35.314	35.718	36.121	36.524	36.925
900	37.325	37.724	38.122	38.519	38.915	39.310	39.703	40.096	40.488	40.879
1000	41.269	41.657	42.045	42.432	42.817	43.202	43.585	43.968	44.349	44.729
1100	45.108	45.486	45.863	46.238	46.612	46.985	47.356	47.726	48.095	48.462
1200	48.826	49.192	49.555	49.916	50.276	50.633	50.990	51.344	51.697	52.049
1300	52.398	52.747	53.093	53.439	53.782	54.125	54.466	54.807	—	—

1. 三种导体的热电回路(中间导体定律)

当热电偶回路接入第三种金属导体 C，只要金属导体 C 与金属导体 A、B 的两个结点处于同一种温度，则此导体对回路总的热电势没有影响，导体 C 称中间导体。图 12-6 为三种导体的热电回路，如果将热电偶的 T_0端断开，接入第三导体 C，回路中电势为三个结点热电势之和，即

$$E_{ABC}(T,T_0) = E_{AB}(T) + E_{BC}(T_0) + E_{CA}(T_0) \tag{12-6}$$

假设 $T=T_0$，$E_{ABC}(T_0)=0$ 时，则式(12-6)可表示为

$$E_{BC}(T_0) + E_{CA}(T_0) = -E_{AB}(T_0) \tag{12-7}$$

因此有

$$E_{ABC}(T,T_0) = E_{AB}(T) - E_{AB}(T_0) = E_{AB}(T,T_0) \tag{12-8}$$

中间导体定律表示，当热电偶回路引入第三导体 C 时，只要 C 导体两端温度相同，回路总电势不变。根据这一定律，可将导体 C 作为测量仪器接入回路，由此可以由总电势求出工作端温度，而测量回路的接入对热电偶的热电势没有影响，条件是保证连接导线或显示仪表与热电偶两端温度保持一致。中间导体定律对热电偶的实际应用有十分重要的意义。

2. 中间温度定律(参考电极定律)

图 12-7 为中间温度定律原理示意图，在热电偶回路中如果 A、B 分别连接导线 a、b，其结点温度分别为 T、T_C和 T_C、T_0，则回路的总电势 $E_{ABab}(T, T_C, T_0)$等于热电偶热电势 $E_{AB}(T, T_C)$与连接导线的热电势 $E_{ab}(T_C, T_0)$的代数和。连接导体的中间温度定律其原理可用下式表示

$$E_{AB}(T,T_0) = E_{AB}(T,T_C) + E_{ab}(T_C,T_0) \tag{12-9}$$

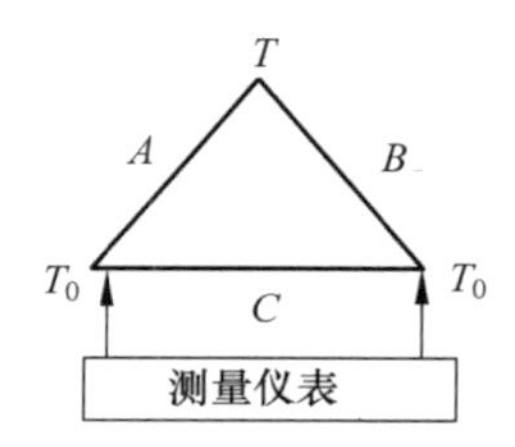

图 12-6 三种导体的热电回路

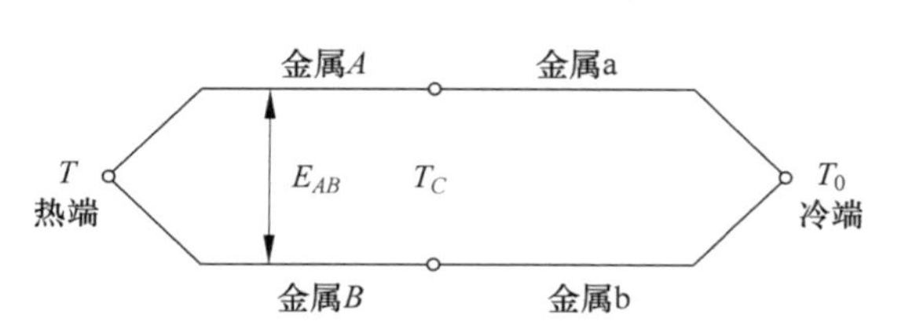

图 12-7 中间温度定律原理示意图

当 A 和 a，B 和 b 的材料分别相同，各结点温度仍为 T、T_C 和 T_C、T_0 和时，总的热电势为

$$E_{AB}(T,T_C,T_0) = E_{AB}(T,T_C) + E_{AB}(T_C,T_0) \tag{12-10}$$

中间温度定律表明，结点温度为 T、T_0 时的热电势，等于结点温度为 T、T_C（中间温度）以及结点温度为 T_C、T_0 两支同性质热电偶热电势的代数和。

利用这一性质，实际测量时可对参考端温度不为零度时的热电势进行修正。因为热电偶的分度表均是以参考端 $T_0=0℃$ 为标准的，而实际应用的热电偶参考端往往 $T_0\neq0℃$，一般高于零度的某个数值，如 $T_0=25℃$，此时可利用中间温度定律对检测的热电势值进行修正，以获得被测的真实温度。

12.2.3 热电偶的分类和结构

1. 热电偶分类

热电偶分为标准化与非标准化两大类，非标准化热电偶只在标准化热电偶满足不了要求的情况下选用，一般较少使用。标准化热电偶是指国家标准规定了其热电势与温度关系及允许误差，并有统一标准分度表的热电偶。这类热电偶属国家定型的产品，可直接与仪表配套使用。热电偶种类很多，标准化热电偶类型主要按制作热电偶的材料划分，有贵金属热电偶，普通金属热电偶，铜-康铜热电偶等，常用热电偶型号、测温范围及允许误差见表 12-3。

表 12-3 常用热电偶型号及测温范围

名称	型号	分度表	测温范围/℃		允许偏差			
			长期	短期	温度/℃	偏差	温度/℃	偏差
铂铑-铂铑	WRLL	B	0～1600	0～1800	1000～1500	±0.5%	>1500	±7.5%
铂铑-铂	WRLB	S	0～1300	0～1600	0～600	±2.4%	>600	±0.4%
镍铬-镍硅	WREU	K	0～1000	0～1300	0～300	±4%	>400	±1%
镍铬-考铜	WREA	E	0～600	0～800	0～300	±4%	>300	±1%
铜-康铜		T	0～600 0～1000	0～900 0～1200 0～400				

国际电工委员会（International Electro Technical Commission，IEC）推荐 8 种标准化热电偶，已列入工业标准化文件。标准化热电偶具有统一的分度表，表 12-2 已经给出了镍铬-镍

硅热电偶(K 型)分度表，下述为几种常用的热电偶及测温范围。

1）贵金属热电偶：铂铑-铂铑，测温范围 600 ~ 1700℃；铂铑-铂，测温范围 0 ~ 1600℃；

2）普通金属热电偶：镍铬-镍硅，测温范围 -200 ~ 1200℃；镍铬-镍铜，测温范围 -40 ~ 750℃；铁-康铜，测温范围 0 ~400℃。

2. 热电偶结构

热电偶的结构主要是针对检测对象和应用场合的特征所设计的，常见的热电偶结构形式主要有普通热电偶、薄膜热电偶、铠装热电偶、表面热电偶等，如图 12-8 所示。

1）普通热电偶如图 12-8a 所示，棒形结构。主要用于测量气体、蒸汽、液体等介质的温度检测；

2）薄膜热电偶如图 12-8b 所示，结构较薄，产品有片状和针状。其特点是热容量小，响应速度快，可直接贴附于被测表面，常用于火箭、飞机喷嘴的温度测量；

3）铠装热电偶如图 12-8c 所示，结构细长、可弯曲，用于测量狭小对象；

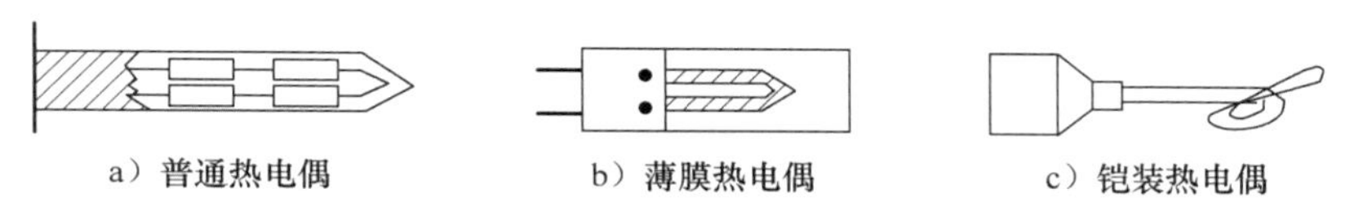

图 12-8　热电偶的结构类型

4）表面热电偶，专门用于各种固体表面物体测温的热电偶；

5）消耗式热电偶，主要用于钢水、铝水、铜水及熔融合金的温度测量，其特点是可直接插入液融态金属中进行测量。

热电偶可以测量上千度高温，并且精度高、性能好，这是其他温度传感器无法替代的。

12.2.4　热电偶测量电路及其应用

因为热电偶输出电压极小(几十微伏)，通常需要采用低失调电压运算放大器作为转换输出。某 K 型热电偶的测量电路如图 12-9 所示，电路主要由热电偶、高增益低失调运算放大器 OP07、零点调节电阻器 RP_0 与增益调节电阻器 RP_2 组成。通过调节 RP_0 和 RP_2，使系统在 0 ~600℃温度检测范围输出 0 ~6V 电压。调节方法较简单，通过查表可得 K 型热电偶在T_0 =0℃时产生的热电势为 0mV，用电压表观测放大器输出端电压，调整零输出电位器 RP_0，使运放输出为零；T =600℃时，热电偶热电势应为 24. 902mV，调节反馈电阻 RP_2，当放大器增益为 240. 94 时，可得到满量程输出 6V。这一范围可以视为测温工作曲线，利用工作曲线可以测量待测温度值。

查找热电偶分度表可得知热电偶产生的热电势，如果实际应用中参考端温度不为 0℃，而被测工作端温度为 T 时，可先由分度表查出 $E_{AB}(T, 0)$，再通过参考电极定律计算出实际温度值。

【例】 用镍铬-镍硅 K 型热电偶测量加热炉温，测温系统示意图如图 12-10 所示。已知冷端(C, D)温度 T =30℃，测得热电势 $E_{AB}(T, T_0)$ 为 33. 29mV，求加热炉的温度。

解： 查镍铬-镍硅 K 型热电偶分度表得知 $E_{AB}(T_0, 0) = E_{AB}(30℃, 0) = 1.203\text{mV}$。

由中间温度定律可求得：$E_{AB}(T, 0) = E_{AB}(T, T_0) + E_{AB}(T_0, 0)$，即

$$E_{AB}(T,0) = 33.29\text{mV} + 1.203\text{mV} = 34.493\text{mV}$$

查 K 型热电偶分度表在 34.493mV 的温度值，得到炉温为 $T=829.5℃$。

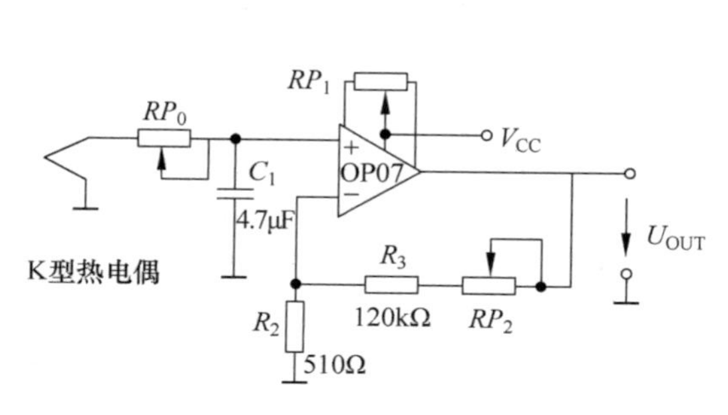

图 12-9 热电偶测量电路

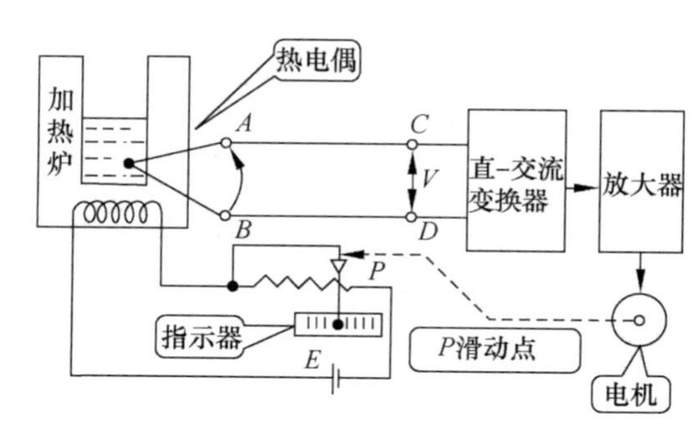

图 12-10 热电偶测温系统示意图

12.3 热电阻与热敏电阻

12.3.1 热电阻

热电阻一般采用纯金属作为材料，它利用金属热电阻的电阻值随温度变化呈一定函数关系的特性进行温度测量。金属热电阻广泛用于测量 −200 ~ +850℃ 温度范围，少数可以测量 1000℃。普通金属热电阻一般用于 −200 ~ +500℃ 的温度测量，金属热电阻材料多为纯铂金属丝，也有铜、镍金属。热电阻结构很简单，它是将 0.03 ~ 0.05mm 金属芯线绕制在云母板、玻璃或陶瓷线圈架上构成热电阻，热电阻结构形式如图 12-11 所示。

以铂热电阻为例，按照 IEC（国际电工委员会）的标准，铂热电阻阻值与温度变化之间的关系按照正温度和负温度范围有两个不同的表达式，分别近似为

$$-200 \sim 0℃\ 负温度范围, R_t = R_0[1 + AT + BT^2 + C(T - 100)T^3] \tag{12-11}$$

$$+0 \sim 850℃\ 正温度范围, R_t = R_0(1 + AT + BT^2) \tag{12-12}$$

式中：R_0、R_t 分别为温度 0℃ 和温度 T 时的电阻值，其电阻值与温度的关系可通过实验的方法获得；A、B、C 为分度系数，国际温标 ITS—90 标准中常数 A、B、C 规定为

$$A = 3.96847 \times 10^{-3}/℃$$

$$B = -5.84 \times 10^{-7}/℃^2$$

$$C = -4.22 \times 10^{-12}/℃^3$$

金属热电阻的阻值与 R_0 有关，要确定热电阻 R_t 与温度 T 的关系，首先要确定电阻 R_0 的值，R_0 为金属热电阻在 0℃ 时的标称值。R_0 不同，R_t 与温度 T 的关系特性不同。目前，我国规定工业用铂热电阻有两种公称值，即 $R_0 = 10\Omega$ 和 $R_0 = 100\Omega$，分度号分别为 PT10 和 PT100。表 12-4 为铂热电阻分度表，分度号为 PT100。

铂热电阻的温度特性如图 12-12 所示。金属热电阻的特点是，温度越高电阻越大。普通金属热电阻元件测温范围通常在 500℃ 以下。

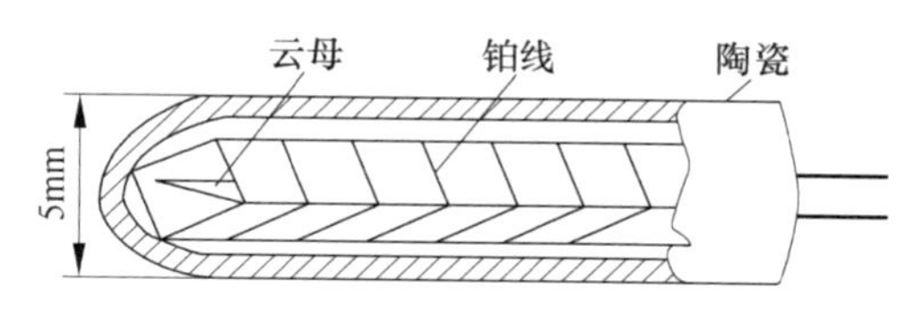

图 12-11　带保护管的铂丝热敏电阻结构

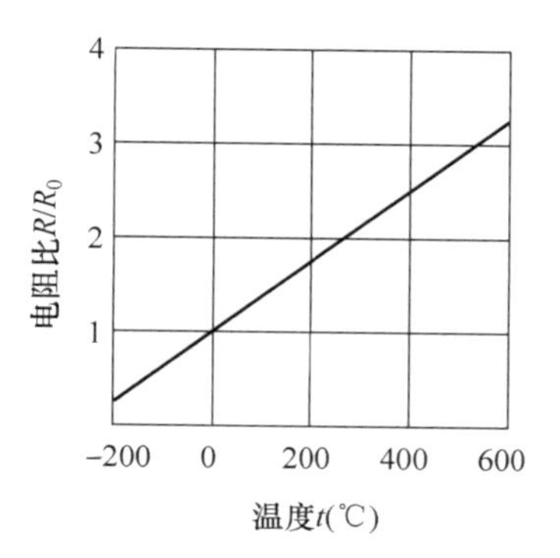

图 12-12　铂热电阻温度特性

表 12-4　铂热电阻 PT100 分度表(ITS—90)

分度号：PT100　　　　R(0℃) = 100. 00Ω

t(℃)	-200	-190	-180	-170	-160	-150	-140	-130	-120	-110	-100
R(Ω)	18. 52	22. 83	27. 10	31. 34	35. 54	39. 72	43. 88	48. 00	52. 11	56. 19	60. 26
t(℃)	-90	-80	-70	-60	-50	-40	-30	-20	-10	0	
R(Ω)	64. 30	68. 33	72. 33	76. 33	80. 31	84. 27	88. 22	92. 16	96. 09	100. 00	
t(℃)	0	10	20	30	40	50	60	70	80	90	100
R(Ω)	100. 00	103. 90	107. 79	111. 67	115. 54	119. 40	123. 24	127. 08	130. 90	134. 71	138. 51
t(℃)	110	120	130	140	150	160	170	180	190	200	210
R(Ω)	142. 29	146. 07	149. 83	153. 58	157. 33	161. 05	164. 77	168. 48	172. 17	175. 86	179. 53
t(℃)	220	230	240	250	260	270	280	290	300	310	320
R(Ω)	183. 19	186. 84	190. 47	194. 10	197. 71	201. 31	204. 90	208. 48	212. 05	215. 61	219. 15
t(℃)	330	340	350	360	370	380	390	400	410	420	430
R(Ω)	222. 68	226. 21	229. 72	233. 21	236. 70	240. 18	243. 64	247. 09	250. 53	253. 96	257. 38
t(℃)	440	450	460	470	480	490	500	510	520	530	540
R(Ω)	260. 78	264. 18	267. 56	270. 93	274. 29	277. 64	280. 98	284. 30	287. 62	290. 92	294. 21
t(℃)	550	560	570	580	590	600	610	620	630	640	650
R(Ω)	297. 49	300. 75	304. 01	307. 25	310. 49	313. 71	316. 92	320. 12	323. 3	326. 48	309. 64
t(℃)	660	670	680	690	700	710	720	730	740	750	760
R(Ω)	332. 79	335. 93	339. 06	342. 18	345. 28	348. 38	351. 46	354. 53	357. 59	360. 64	363. 67
t(℃)	770	780	790	800	810	820	830	840	850		
R(Ω)	366. 70	369. 71	372. 71	375. 70	378. 68	381. 65	384. 60	387. 55	390. 84		

12. 3. 2　热敏电阻

热敏电阻由半导体材料制成。热敏电阻用途很广，近年来几乎所有的家用电器产品都装有微处理器，温度控制完全实现了智能化，这些温度传感器多使用热敏电阻。热敏电阻外形大小与电阻的功率有关，差别较大，热电阻和热敏电阻的电路符号均可采用图 12-13a 所示的符号。

1. 热敏电阻的特点

热敏电阻利用半导体热电阻的电阻值与温度呈一定函数关系的原理制成温度传感器。与热电阻相比，热敏电阻的特点是电阻温度系数大(约为热电阻的 10 倍)，因此灵敏度高，使用寿命长。另外，热敏电阻结构简单、体积小、热惯性小，可进行点温检测，利用半导体掺杂技术，可测量 40～100K 的温度范围，因此热敏电阻是一种重要的低温传感器。热敏电阻最大的缺点是产品一致性差、互换性不好，因此一般不在石油、钢铁、制造业上使用。

2. 热敏电阻的结构形式

热敏电阻是用半导体-金属氧化物材料复合，掺入一定的黏合剂成形，再经高温烧结而成。主要材料有 Mn、Co、Ni、Cu、Fe 氧化物，采用不同形式封装，有珠状、圆片状、片状、杆状等封装形式，结构分为二端、三端、四端、直热式、旁热式。热敏电阻封装结构形式如图 12-13b 所示。

3. 热敏电阻的主要特性

热敏电阻按温度特性有三种类型，主要类型为正温度系数(PTC)型热敏电阻和负温度系数(NTC)型热敏电阻，另外一种是在特定温度条件下，电阻值会发生突变的临界温度热敏电阻。

多数半导体热敏电阻具有负温度系数，即温度升高，电阻下降。负温度系数型热敏电阻特性曲线如图 12-14 所示。热敏电阻随温度上升而电阻下降的同时，灵敏度也有所下降，热敏电阻的这一特性限制了它在高温下使用，目前热敏电阻温度上限约 300℃。

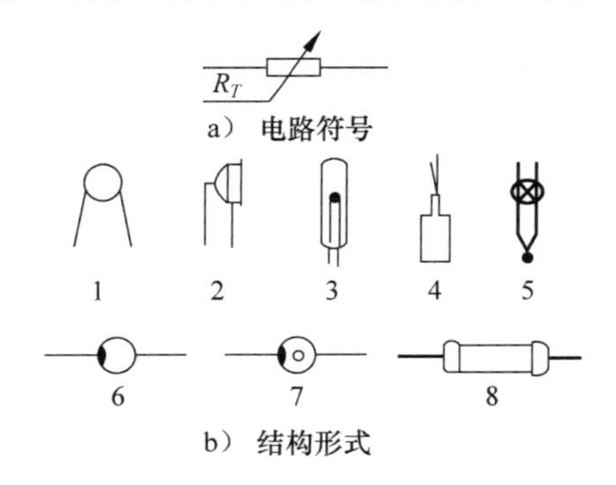

图 12-13 热敏电阻

1—圆片形；2—薄膜形；3—管形；4—平板形；
5—珠形；6—扁圆形；7—垫圈形；8—杆形

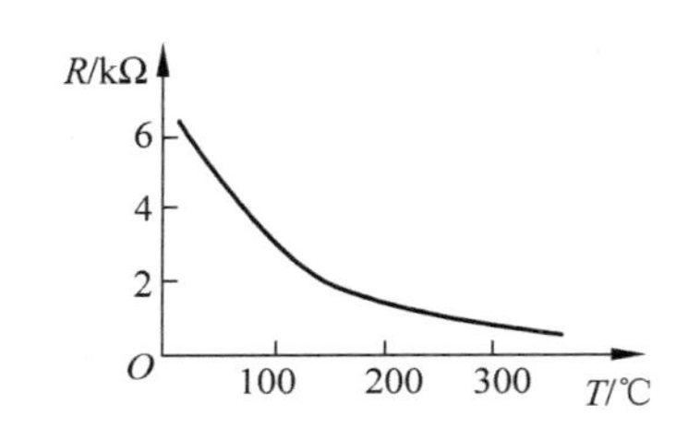

图 12-14 负温度系数型热敏电阻特性曲线

负温度系数热敏电阻的电阻值与温度关系特性曲线可用经验公式表示为

$$R_T = A(T-1)\exp(B/T) \tag{12-13}$$

式中：R_T为温度为 T 时的电阻值；A 与材料和形状有关；B 为常数。

热敏电阻的标称电阻值 $R_{25}(\Omega)$，表示热敏电阻在 25℃时的阻值，用温度系数表示为

$$R_{25} = R_T/[1+\alpha_{25}(t-25)] \tag{12-14}$$

式中，α_{25}是热敏电阻在 25℃时的电阻温度系数。

12.3.3 应用举例

图 12-15a 是利用热敏电阻实现的具有滞回特性的恒温控制电路，A 为比较器，R_T为负温度系数热敏电阻。当环境温度达到 T℃时，可由输出信号触发升、降温设备执行机构实现自动调温控制。电路中比较器 A 的同相输入端由电阻 R_2、R_3和电位器 RP_1分压比确定。RP_1可调节比较器的比较电平，从而调节所需控制的温度。当温度 T 升高时，负温度系数热敏电阻 R_T阻值下降，比较器反相输入端电压 U_a 下降，当 U_a 下降至小于或等于同相端电位 U_b时，比较器输出电压 U_0翻转为高电平。比较器将输出至驱动电路控制开关继电器打开降温设备。

当温度下降时热敏电阻 R_T 阻值上升，U_a 上升到某一值时，比较器再次跳变为低电平，关闭降温设备。图 12-15b 为电路滞回特性，比较器门限电压为 V_{b1}、V_{b2}，传输特性通过电阻 R_4 正反馈效应使转换部分特性变陡，当 $V_a > V_{b1}$ 时，U_O 由正翻转为负；当 $V_a < V_{b2}$ 时，U_O 由负翻转为正。

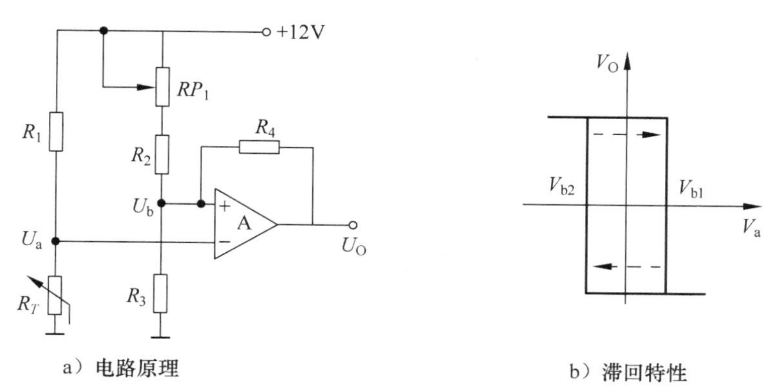

a）电路原理　　b）滞回特性

图 12-15　热敏电阻控制电路

12.4　集成温度传感器

在研究二极管温度特性的同时，人们发现晶体管发射极的温度特性与二极管温度特性相似，但比二极管有更好的线性和互换性。晶体管温度传感器在 20 世纪 70 年代就已实用化，集成温度传感器是 20 世纪 80 年代问世的半导体集成器件，它是把热敏晶体管和放大器、偏置电源及线性电路集成在同一芯片上，可以完成温度测量及模拟信号输出的专用 IC 器件。

集成温度传感器利用晶体管 P-N 结的电流、电压特性与温度的关系进行温度测量，由于 P-N 结受耐热性能的限制，一般测量温度范围在 150℃ 以下。集成温度传感器具有体积小、反应快、线性好、价格低等优点，目前获得普遍的应用。集成温度传感器有 AD590、AD592、TMP17、LM135 等，模拟可编程集成温度控制开关模块有 LM56、AD22105 等。

12.4.1　测温原理

理论上，把两个结构和性能完全相同的晶体管置于同一温度下，使其分别在恒定的集电极电流 I_1、I_2 下工作，那么两管基极-发射极电压之差 ΔV_{BE} 与温度保持理想的线性关系：

$$\Delta V_{BE} = \frac{KT}{q}\ln\frac{I_1}{I_2}$$

集成温度传感器多采用匹配的差分对管作为温度敏感元件，根据绝对温度比例关系，利用两个晶体管发射极的电流密度在恒定比率下工作时，一对晶体管的基极与发射极之间电压差 ΔV_{BE} 与温度呈线性关系进行温度测量。在一个管心上用集成工艺做成非常对称的对管是十分容易的。

图 12-16 是绝对温度比例（Proportional To Absolute Temperature，PTAT）电路，VT_1、VT_2 是两只互相匹配的温敏晶体管，I_1、I_2 是集电极电流，由恒流源提供，电阻 R 上的电压就是两个晶体管的发射极和基极之间电压差 ΔV_{BE}，它与温度的关系可表示为

$$\Delta V_{BE} = V_{BE1} - V_{BE2} = \frac{KT}{q}\ln\frac{I_1}{I_2}\gamma \tag{12-15}$$

式中：K 为玻尔兹曼常数；q 为电子电荷量；T 为绝对温度；γ 为 VT_1、VT_2 发射极的面积比。

由式(12-15)可见，ΔV_{BE}正比于绝对温度 T，只要保证电流比 I_1/I_2 恒定，就可以使结电压 ΔV_{BE}与绝对温度 T 为单值函数，因此称为绝对温度比例电路。

因为集电极电流比可以等于集电极电流密度比，只要保证两只晶体管的集电极电流密度比不变，电压 ΔV_{BE}就正比于热力学温度 T。该电路的核心是使 VT_1、VT_2 两只晶体管的集电极电流密度之比不随温度变化。实际制作时，特意将 VT_1、VT_2 发射结面积做得不相等，如图 12-17所示，VT_2 的发射结设计成条形，VT_1 用同样大小的 n 条并联，使两只管子发射结面积比为 n，这样可严格控制发射结的面积，两只管子的面积比变为简单的条数比，电阻 R 上的电压差 ΔV_{BE}取决于发射结面积比 n，可得到

$$\Delta V_{BE} = \frac{KT}{q}\ln(n)$$

电路输出的总电流可用条数比表示为

$$I_O = 2\frac{\Delta V_{BE}}{R} = 2\frac{KT}{qR}\ln(n) \tag{12-16}$$

由式(12-16)可见，电路输出的总电流与温度系数 T 有关，与电流 I_1、I_2 无关，而面积比 n 的大小决定了电路输出灵敏度大小。

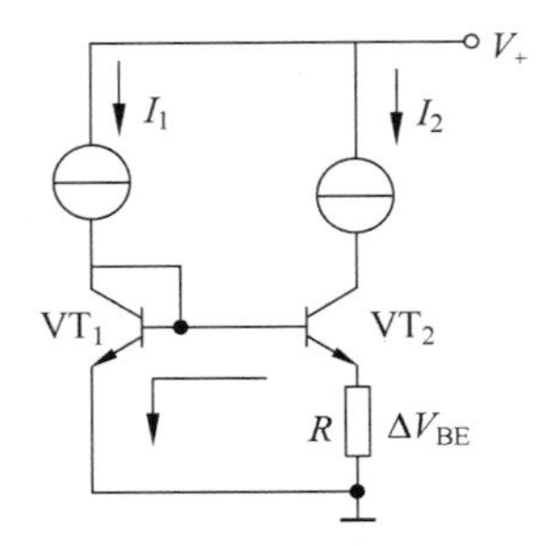

图 12-16 集成温度传感器基本原理

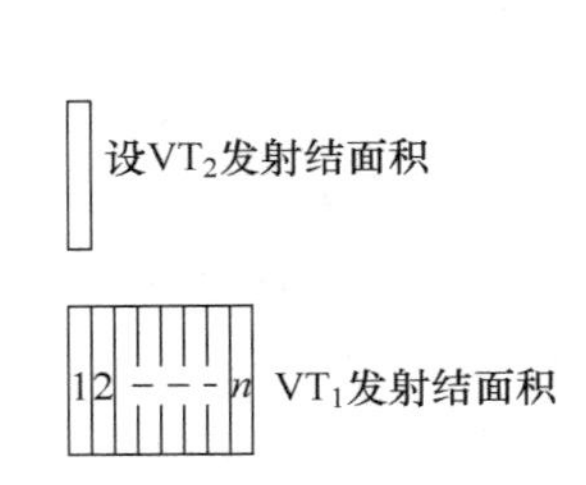

图 12-17 两只晶体管面积比变为条数比

12.4.2 PTAT 信号输出方式

1. 电压输出型

电压输出型 PTAT 集成温度传感器是输出电压正比于绝对温度的温度传感器，基本电路原理如图 12-18 所示，为 VT_1、VT_2 为温敏晶体管，其发射极结面积比为 1∶β，电路特点是输出电压 U_O正比于绝对温度 T。已知 VT_1、VT_2 的发射结电压为

$$\Delta V_{BE} = \frac{KT}{q}\ln\beta$$

该电压全部降落在电阻 R_1 上，并且流过 R_1 上的电流和流过 R_2 上的电流近似相等，所以流过 R_1 上的电流为

$$I_{R1} = \frac{KT}{qR_1}\ln\beta$$

流过 R_1 上电流和流过 R_2 上的电流近似相等，于是电路的输出电压为

$$U_O = \frac{R_2}{R_1}\frac{KT}{q}\ln\beta \tag{12-17}$$

电压型集成温度传感器线性度好，输出电压 U_O 大小与绝对温度 T 成正比关系，与 R_2、R_1 电阻比有关，可认为输出是一个恒定电压加上一个较小的温度敏感信号，使用时需从输出电压中减去这个恒定值，这给器件使用带来不便。

2. 电流输出型

电流输出型 PTAT 集成温度传感器是恒流型器件，输出电流正比于绝对温度，基本电路原理如图 12-19 所示。它是由结构对称的晶体管 VT_1、VT_2 和 VT_3、VT_4 组成，VT_1、VT_2 作为恒流源负载，VT_3、VT_4 是测温用晶体管，VT_3 管发射结面积是 VT_4 管发射结面积的 8 倍（$n=8$），流过电路的总电流为

$$I_T = 2I_1 = \frac{2\Delta V_{BE}}{R} = \frac{2KT}{qR}\ln(n) \tag{12-18}$$

若取电阻 $R=358\Omega$，可获得电流输出型电路输出温度系数为

$$C_T = \frac{dI_T}{dT} = \frac{2K}{qR}\ln(n) = 1\mu A/K \tag{12-19}$$

式(12-19)表示，温度变化 1 度（开尔文）时，温敏晶体管输出电流为 1μA。

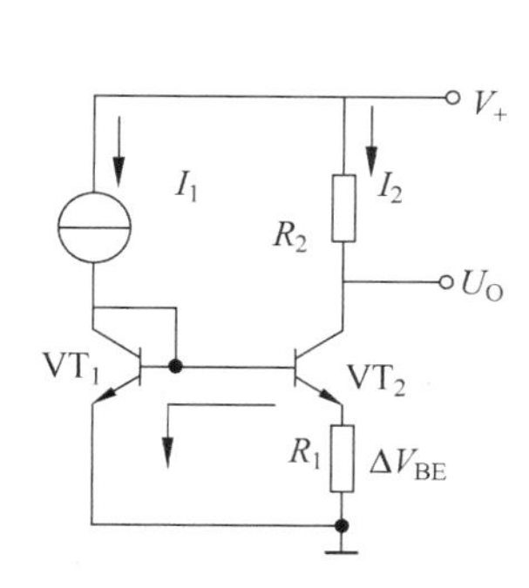

图 12-18 电压输出型传感器基本电路原理图

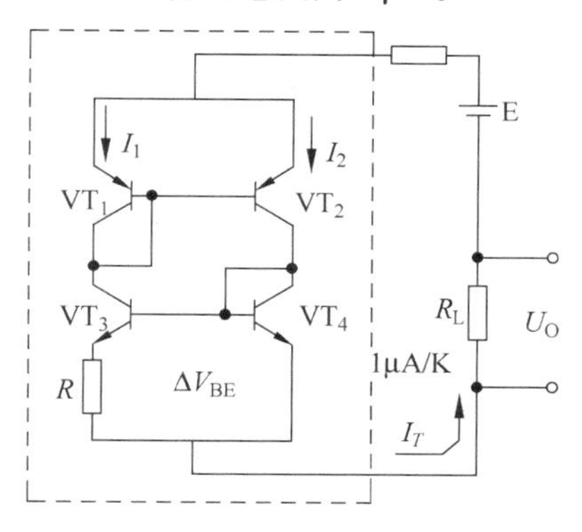

图 12-19 电流输出型传感器电路原理

假设电阻 R 与温度无关，则输出电流 I_T 正比于绝对温度 T，由于晶体管基极的相互连接，输出电流与偏置电流无关。由于 PTAT 温度传感器采用匹配的晶体管对作为温敏元件，因此补偿了许多不利因素，但与单个晶体管温度传感器相比，输出信号电平较低。

3. AD590 集成温度传感器

美国 AD 公司生产的 AD590 是典型的电流输出型集成温度传感器，国内同类产品有 SG590，器件封装、引脚、电路符号如图 12-20 所示。该器件工作电源电压为 4～30V，测温范围是 -50～+150℃。

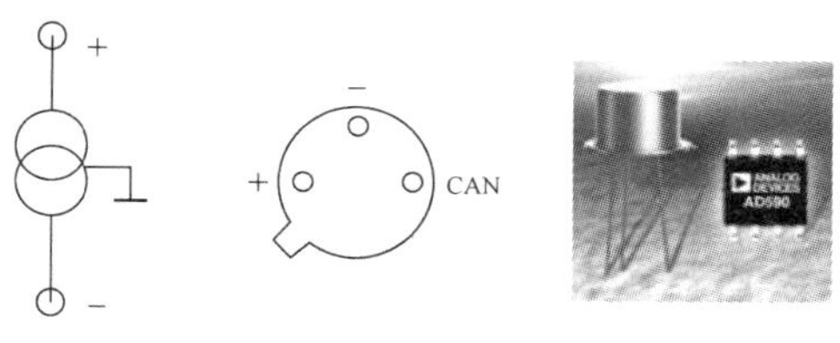

图 12-20 AD590 电路的符号、引脚和封装图

AD590 在温度为 25℃(298.15K)时，理想输出为 298.15μA，但实际存在误差，通过调整可使输出电压满足 1mV/K 的关系。AD590 的定标方法有一点电位标定和两点电位标定。

一点校正法如图 12-21 所示，基本电路仅对某点温度进行校准，输出电阻 $R=1\text{k}\Omega$ 时每 1℃对应于 1mV 输出电压，若 AD590 在 25℃时输出电流并非 298.15μA，调节 100Ω 电阻，可使输出值为 298.15mV。

两点校正法如图 12-22 所示，首先对 AD590 在 0℃温度时调节 R_1，使输出 $V_{\text{OUT}}=0\text{V}$；再将 AD590 置于 100℃的温度中，调节反馈电阻 R_2 使 $V_{\text{OUT}}=10\text{V}$，可使输出电压温度系数值为 100mV/℃。

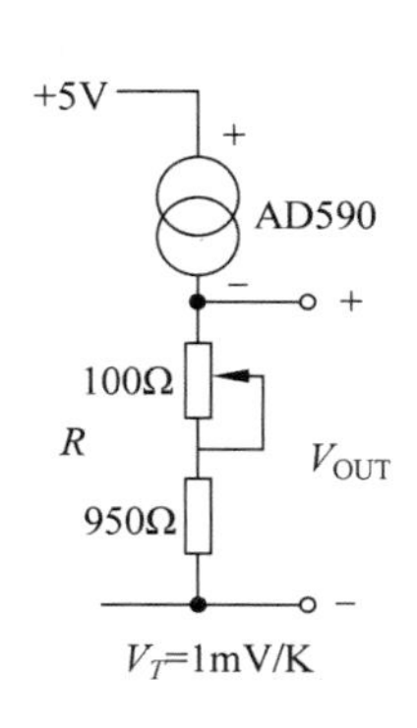

图 12-21　一点校正法基本电路

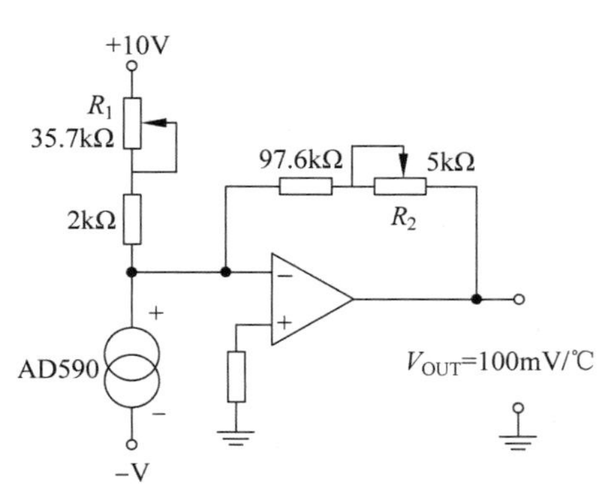

图 12-22　两点校正法基本电路

图 12-23 是 AD590 温度传感器的典型应用电路，该电路是温度控制电路。AD590 可视为电流源，电阻 R_1 上流过的电流随温度变化而变化，使 LM311 输入电压变化；LM311 为比较器，温度达到限定值时，比较器输出端电压极性翻转，控制复合晶体管 VT 导通或截止，从而控制加热器电流变化；调节电阻 R_w 可以改变比较器的比较电压值，调整控制温度的阈值范围。

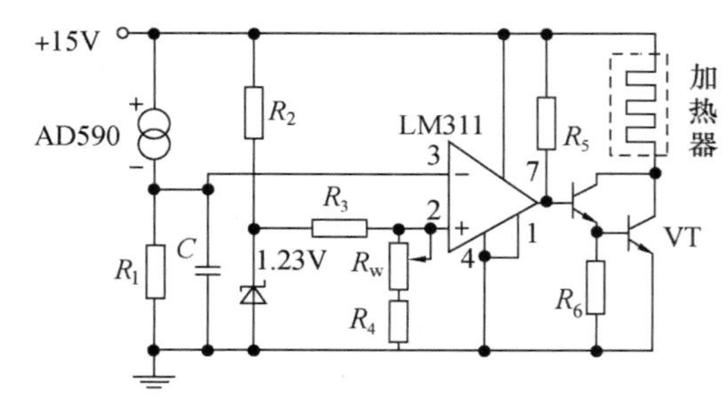

图 12-23　AD590 典型应用电路

思考题

12.1　什么是热电效应？热电偶测温回路的热电动势由哪两部分组成？由同一种导体组成的闭合回路能产生热电势吗？

12.2　为什么热电偶的参比端在实际应用中很重要？对参比端温度处理有哪些方法？

12.3　解释下列有关热电偶的名词：热电效应、热电势、接触电势、温差电势、热电极、测量端、参比端、分度表。

12.4　试比较热电偶、热电阻、热敏电阻三种热电式传感器的特点。

12.5　某热电偶灵敏度为 0.04mV/℃，把它放在温度为 1200℃处的温度场，若指示表（冷端）处温度为 50℃，试求热电势的大小。

12.6　某热电偶的热电势在 600.0℃时，输出 $E=5.257\text{mV}$，若冷端温度为 0℃时，测某炉温输出热电势 $E=5.267\text{mV}$。试求该加热炉实际温度是多少。

12.7　已知铂热电阻温度计0℃时，电阻为100Ω，100℃时电阻为139Ω，当它与某热介质接触时，电阻值增至281Ω，试确定该介质温度。

12.8　用分度号为K型镍铬-镍硅热电偶测温度，在未采用冷端温度补偿的情况下，仪表显示500℃，此时冷端为60℃。试问实际测量温度为多少摄氏度？若热端温度不变，设法使冷端温度保持在20℃，此时显示仪表指示多少摄氏度？

12.9　什么是集成温度传感器？P-N结为什么可以用来作为温敏元件？

12.10　AD590是哪一种形式输出的温度传感器，可以测量的温度范围是多少？叙述图12-23的电路工作原理。

12.11　用AD590设计一可测量温度范围0～100℃的数字温度计，画出电路原理图。

第 13 章　半导体式化学传感器

半导体式传感器是典型的物理型传感器，半导体传感器的特征是利用某些材料的电特征的变化实现被测量的直接转换，如改变半导体内载流子的数目。凡是用半导体材料制作的传感器都属于半导体传感器，其中包括前面有关章节介绍的光敏电阻、光敏晶体管、磁敏元件、压阻元件等。

本章主要对半导体式化学传感器进行详细介绍，包括气敏、湿敏、离子传感器。这些用半导体材料制作的化学传感器，是 20 世纪 70 年代后期诞生的新型传感器，这类传感器主要是以半导体作为敏感材料，解决了早期化学传感器因利用化学反应而造成的不稳定，从而给实际应用带来的困难。但由于化学传感器转换机理复杂，目前半导体式化学传感器远不及物理量传感器成熟。

半导体传感器的优点是：

1）半导体传感器基于物理变化，因而没有相对运动部件，结构简单；

2）灵敏度高，动态性能好，直接输出电物理量；

3）半导体材料容易实现集成化、智能化，低功耗。

缺点是：

1）易受温度影响，需采用补偿措施；

2）线性范围窄，性能参数离散性大。

13.1　气敏传感器

气敏传感器也称为气体传感器，可用来测量气体的类型、浓度和成分，是一种能把气体中的特定成分检测出来，并将成分参量转换成电信号的器件或装置，以便提供有关待测气体的存在及其浓度大小的信息。能实现气-电转换的气敏传感器的种类很多，按构成气敏传感器的材料可分为半导体和非半导体两大类。早期对气体的检测主要采用电化学和光学方法，其检测速度慢、设备复杂、使用不方便，自研究出金属氧化物半导体传感器以来，由于其灵敏度高、体积小、使用方便，已广泛用于检测、分析领域。目前实际中使用最多的是半导体气敏传感器。

最初的气敏传感器用于可燃性气体和瓦斯（煤气混合气体）泄漏报警。后来推广应用于有毒气体的检测，容器或管道泄漏的检漏，环境监测（粉尘、油雾）等，近年来在空气净化、家电用品、宇宙探测等方面使用逐渐增多。目前半导体元件组成的气敏传感器主要用于工业上的天然气、煤气、石油化工等部门的易燃、易爆、有毒等有害气体的检测预报和自动控制。

气敏传感器通常是暴露在含有各种成分的气体中使用的，由于检测现场温度、湿度的变化很大，并存在大量粉尘和油污等，因此其工作条件较恶劣，而且气体对传感元件的材料会产生化学反应物，附着在元件表面，往往会使其性能变差。因此，对恶劣环境下使用的气敏元件要求具有长期稳定好、重复性好、响应速度快、共存物质产生的影响小等特性。

由于气体种类很多，性质各不相同，不可能用同一种气体传感器测量所有的气体，半导体气敏传感器的检测对象和应用范围参见表 13-1。按半导体的物理特性，气敏传感器可分为电阻型气敏传感器和非电阻型气敏传感器。

表 13-1　半导体气敏传感器的各种检测对象气体

分类	检测气体	应用范围
爆炸性气体	液化气、煤气 甲烷 可燃性煤气	家庭、食堂 煤矿 工厂、加气站
有毒气体	一氧化碳（不完全燃烧的煤气） 硫化氢、含硫有机化合物 卤素、卤化物、氨气等	煤气灶 工厂、化验室 工厂、化验室
环境气体	氧气（缺氧检测） 二氧化碳（缺氧检测） 水蒸气（露点检测） 大气污染（SO_x，NO_x）	家庭、办公场所 家庭、办公场所 汽车、电子设备 室内
工业气体	氧气（控制燃烧、调节空气燃料比） 一氧化碳（不完全燃烧） 水蒸气（食品加工）	锅炉、发电机 锅炉、发电机 食堂
乙醇	酒后驾车时的呼出气体	交警

13.1.1　电阻型半导体气敏传感器

电阻型气敏传感器是利用气体在半导体表面的氧化和还原反应，导致敏感元件阻值变化。图 13-1 为 N 型半导体与气体接触时的氧化还原反应过程时的电阻值变化。氧气等具有负离子吸附倾向的气体，被称为氧化型气体（电子接收性气体），氢、碳氧化合物、醇类等具有正离子吸附倾向的气体，被称为还原型气体（电子供给性气体）。

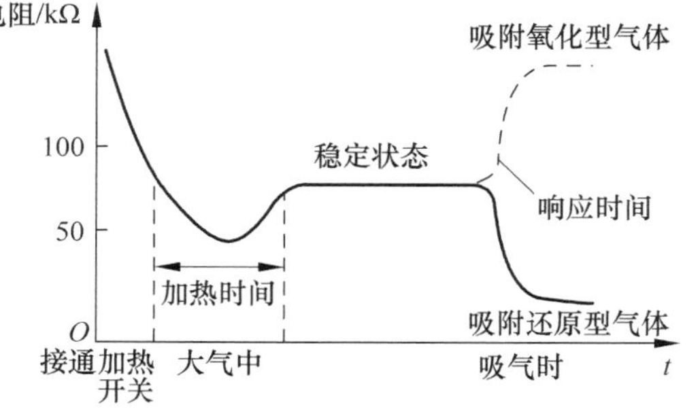

图 13-1　N 型半导体与气体接触时的氧化还原反应

- 当氧化型气体吸附到 N 型半导体上，半导体的载流子减少电阻率上升；
- 当氧化型气体吸附到 P 型半导体上，半导体的载流子增多电阻率下降；
- 当还原型气体吸附到 N 型半导体上，半导体的载流子增多电阻率下降；
- 当还原型气体吸附到 P 型半导体上，半导体的载流子减少电阻率上升。

1. 气敏传感器特性和工作机理

电阻型气敏传感器是目前使用较广泛的一种气敏元件。电阻型传感器主要由敏感元件、加热器、外壳三部分组成。按制造工艺分为烧结型、薄膜型和厚膜型。气敏电阻的材料是金属氧化物，合成时加敏感材料和催化剂烧结，金属氧化物有 SnO_2、Fe_2O_3、ZnO、TiO 等 N 型半导体，CoO_2、PbO、MnO_2、CrO_3 等 P 型半导体氧化物材料。这些金属氧化物在常温下是绝缘的，制成半导体后才显示气敏特性。半导体是一种多晶材料，晶粒大小约为 10^{-6}cm，结构特征如图 13-2 所示。器件是由许许多多小颗粒组成，在晶粒连接处形成许多晶粒间界，正是这些晶粒间界的性质决定着多晶材料的导电特性，整个半导体块的电导由这些间界的导电性能决定。

检测还原气体的气敏元件，一般由 N 型氧化半导体制成，通常器件工作在空气中，由于氧化的作用，空气中的氧被半导体材料的电子吸附，结果半导体材料的传导电子减少，电阻增加，使器件处于高阻状态。当气敏元件与被测气体接触时，会与吸附的氧发生反应，将束缚的电子释放出来，敏感膜表面电导增加，使元件电阻减小。

可以用一句话描述电阻型气敏传感器导电机理：利用半导体表面因吸附气体引起半导体元件电阻值变化，根据这一特性，从阻值的变化检测出气体的种类和浓度。

2. 电阻型气敏器件结构特征

金属氧化物半导体气敏传感器灵敏度高、响应速度快，但是性能特性受工作温度和环境温度影响较大。电阻型气敏元件通常在加热状态下工作，工作温度为 200 ~ 450℃，当加热电源接通后，气敏传感器的阻值迅速下降，经过一段时间后开始上升，最后达到恒定阻值，这一过程称为初始稳定过程，可参见图 13-1。气敏传感器温度特性如图 13-3 所示，这是由于半导体气敏元件对氧的吸附与温度有很强的依赖关系，对于每个气敏传感器，其灵敏度都存在最佳工作温度，即峰值处温度。如 SnO_2 气敏传感器最佳灵敏度为 450℃，ZnO 气敏传感器最佳灵敏度为 300℃。实际应用中应选择工作温度低、灵敏度高的气敏传感器。

电阻型气敏传感器加热的目的有两个方面的因素，一是为了加速气体吸附和上述的氧化还原反应，提高灵敏度和响应速度，另外使附着在传感器元件壳面上的油雾、尘埃烧掉。因为在常温下，电导率变化不大，达不到检测目的，所以以上结构的气敏元件都有电阻丝加热器，加热时间为 2 ~ 3 分钟，加热电源一般为 5V。

n-SnO_2气敏传感器是目前工艺最成熟的气敏器件，这种传感器以多孔质 SnO_2 陶瓷为基本材料，添加不同催化剂，采用传统制陶方法进行烧结。烧结前埋入加热丝和测量电极，最后将加热丝和测量电极引线焊在管座上，并盖上不锈钢网制成传感器，外形结构如图 13-4 所示。n-SnO_2 气敏传感器主要用于测量 CH_4、CO、H_2、H_2S、C_2H_5OH 等可燃性气体，最佳工作温度为 200 ~ 400℃，加热方式分为直热式和旁热式。

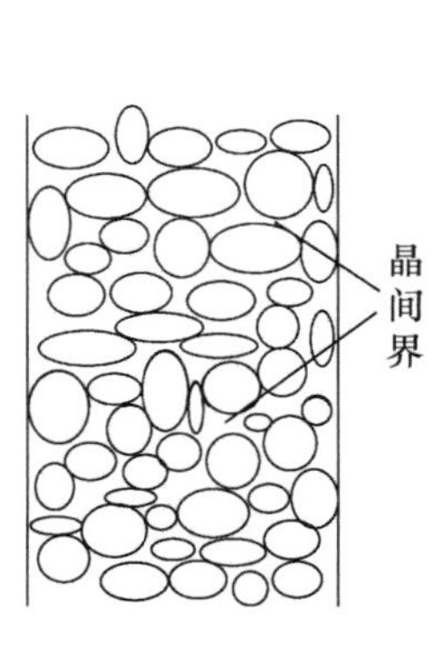

图 13-2 气敏材料敏感机理

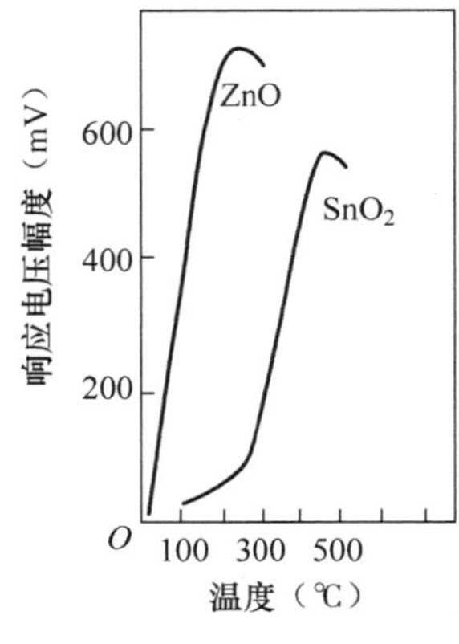

图 13-3 气敏传感器灵敏度与温度关系

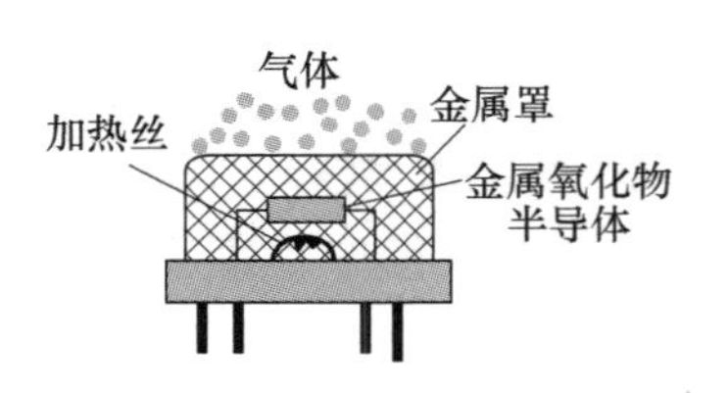

图 13-4 电阻型气敏传感器外形结构

直热式如图 13-5a 所示，直热式器件是将加热丝和测量电极一起直接埋入 SnO_2 材料内，加热丝通电加热时，测量电极作为电阻值器件随气体浓度变化。直热式的优点是工艺简单、成本低、功耗小，可以在较高回路电压下使用，缺点是测量回路与加热回路间没有隔离，互相影响引入附加电阻，易受环境气流的影响。国内同类产品有 QN 型和 MQ 型。

旁热式气敏传感器的结构如图 13-5b 所示，它的特点是在陶瓷管的管芯内放入高阻加热丝，管外涂梳状金电极作测量电极，在金电极的外面再涂 SnO_2 材料。旁热式气敏传感器结构克服了直热式的缺点，测量回路与加热回路间隔离，加热丝不与气敏材料接触，避免了测量回路和加热回路间的相互影响。器件热容量大，降低了环境因素对器件加热温度的影响，所以旁热式与直热式相比，有更好的稳定性和可靠性。国产 QM-N5 型，日本产 TGS#812、TGS#813 都属于这类产品，均采用旁热式。

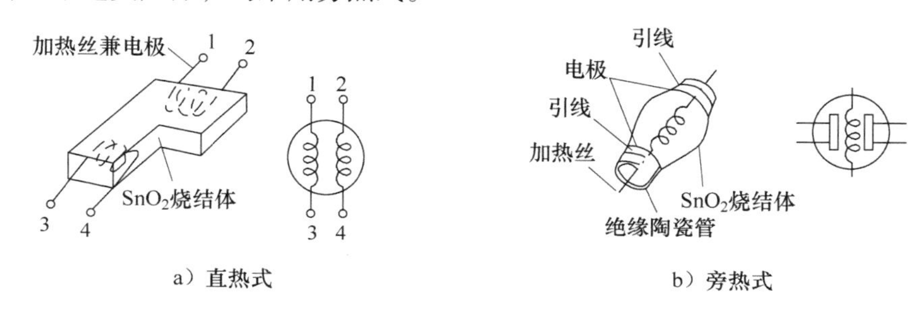

图 13-5　电阻型气敏传感器加热方式

3. 特性参数

（1）固有电阻 R_a

常温下电阻型气敏元件在洁净空气中的电阻值称为固有电阻，固有电阻值 R_a 一般在几十千欧到数几百千欧姆范围内。

（2）灵敏度

表征气敏元件的灵敏度通常有下列 3 个参数。

电阻灵敏度，气敏元件的固有电阻 R_a 与在规定气体浓度下气敏元件的电阻 R_g 之比为电阻灵敏度，即

$$k = R_a / R_g$$

气体分离度，气体浓度分别为 g_1、g_2 时，气体元件的电阻 R_{g1}、R_{g2}之比为气体分离度，可表示为

$$\alpha = R_{g1} / R_{g2}$$

电压灵敏度，气敏元件在固有电阻值时的输出电压 U_a 与在规定浓度下负载电阻的两端电压 U_g 之比为电压灵敏度，表示为

$$K_u = U_a / U_g$$

（3）分辨率

气敏传感器的分辨率反映气体元件对被测气体的识别以及对干扰气体的抑制能力，即

$$s = \frac{U_g - U_a}{U_{gi} - U_a}$$

式中，U_{gi}在规定浓度下，元件在第 i 种气体中负载电阻上的电压。

（4）时间常数 τ

从气敏元件与某一特定浓度的气体接触开始，到元件的阻值达到此浓度下稳定阻值的63.2%为止所需要的时间称为元件在该浓度下的时间常数。

（5）恢复时间 t_r

由气敏元件脱离某一浓度的气体开始，到气敏元件的阻值恢复到固有电阻 R_a 的 36.8%为止，所需要的时间称为元件的恢复时间 t_r。

4. 基本测量电路

电阻型气敏传感器测量电路如图 13-6 所示。实际的电阻型气敏器件有 6 个引脚，A、A'端和 B、B'端两只引脚内部分别连接在一起。测量电路包括气敏元件的加热回路和测试回路两部分，A、B 端为传感器测量电极回路，F、F′引脚为加热回路。半导体气敏元件是电阻性元件，其阻值随被测浓度的变化而变化，因此其测量电路的任务是将电阻的变化转化成电压、电流的变化。加热电极 F、F′电压 $U_H=5V$；直流电源提供检测回路工作电压 U，电极 A、B 之间等效为电阻 R_S，负载电阻 R_L 兼作取样电阻，负载电阻上输出电压为

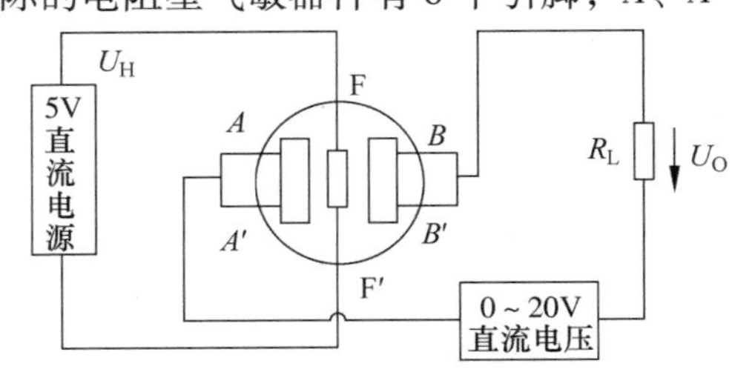

图 13-6　电阻型气敏传感器测量电路

$$U_O=\frac{R_L}{R_S+R_L}U \text{ 或 } R_S=\frac{R_L}{U_O}U-R_L$$

由上式可见，输出电压 U_O与气敏元件电阻 R_S 具有对应关系，当 R_S 因气体浓度上升阻值降低时电压 U_O 增高，反之亦然。因此只要测量出电阻 R_L 上的电压降，即可测得气体浓度变化。

13.1.2　非电阻型半导体气敏器件

非电阻型气敏传感器有不同类型，如利用 MOS 二极管的电容－电压特性变化；利用 MOS 场效应管的阈值电压的变化；利用肖特基金属半导体二极管的势垒变化进行气体检测。

1. MOS 二极管气敏元件

MOS 二极管气敏元件结构如图 13-7a 所示。MOS 二极管气敏元件是在 P 型硅上集成一层二氧化硅(SiO_2)层，在氧化层上蒸发一层钯(Pd)金属膜作电极。MOS 二极管气敏元件等效电路如图 13-7b 所示，氧化层(SiO_2)电容 Ca 固定不变，而硅片与 SiO_2 层电容 C_S 是外加电压的功函数，因此传感器总电容 C 也是偏压的函数，MOS 二极管的等效电容 C 随偏压 U 变化，C-U 特性曲线如图 13-7c 所示。由于金属钯(Pd)对氢气(H_2)特别敏感，当 Pd 电极有氢气吸附时，Pd 的功函数下降，使 MOS 管 C-U 特性向左平移。利用这一特性可测定氢气的浓度。

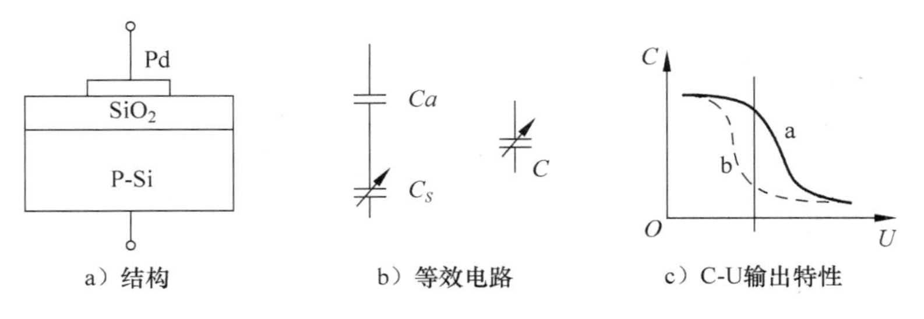

a）结构　b）等效电路　c）C-U输出特性

图 13-7　MOS 二极管气敏元件

2. MOSFET 气敏元件

钯(Pd)-MOSFET 管与普通的 MOS 场效应管相似，不同的是在栅极上蒸镀了一层钯金属，结构如图 13-8 所示。MOSFET 管工作原理如图 13-9a 所示。Pd 对 H_2 吸附性很强，H_2 吸附在 Pd 栅上，引起 Pd 功函数的降低，场效应管的阈值 U_T 电压大小与金属半导体的功函数有关。当栅源电压 $U_{GS} < U_T$时，沟道没形成无漏源电流，$I_{DS}=0$；当加正向偏压 $U_{GS} > U_T$时，栅极氧化层下的硅从 P 变为 N 型，形成导电沟道，MOSFET 进入工作状态，若在 S-D 间加漏源电压 U_{DS}，S-D 间则有电流 I_{DS}流过，I_{DS}随 U_{DS}和 U_{GS}变化。MOSFET 管阈值电压与漏源电流关系特性如图 13-9b 中的曲线 a 所示。氢气扩散到钯-硅介质边界时形成电偶层，从而使 MOS 场效应管的阈值电压 U_T 下降，特性曲线左移如图 13-9b 中的曲线 b 所示。当渗透到钯中的氢气被释放逸散时，阈值电压恢复常态。Pd-MOSFET 器件就是利用 H_2 在钯栅电极吸附气体后改变功函数使 U_T 下降，在栅源电压 U_{GS}不变时，由气体变化改变漏源电流实现氢气浓度检测。

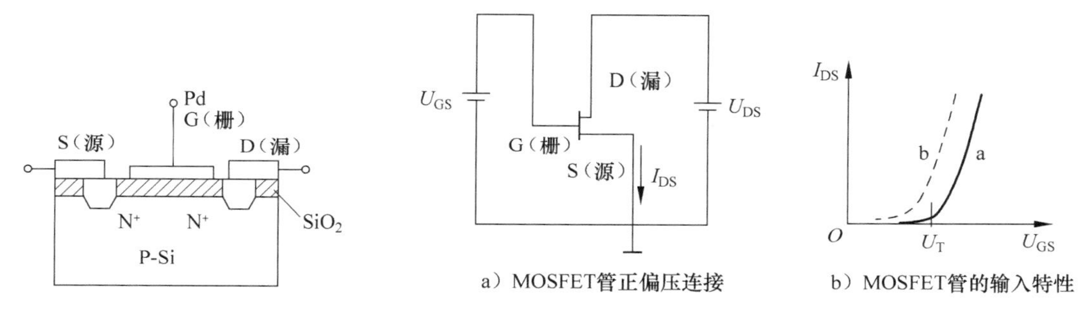

图 13-8　钯(Pd)-MOSFET 管

图 13-9　MOSFET 管测量气体原理

3. 肖特基二极管气敏元件

利用金属和半导体接触的界面会形成肖特基势垒，构成金属-半导体二极管。肖特基二极管具有整流特征，二极管加正偏压时半导体金属的电子流增加，加负偏压时几乎无电流。当金属与半导体界面处吸附某种气体时，气体将影响半导体的禁带宽度或者金属的功函数降低，使整流特性发生变化，即电流变化。例如 Pd-TiO_2 氢敏器件，当 TiO_2 和 Pd 界面吸附了还原性气体(如 H_2)，Pd 的功函数减小使肖特基势垒下降。在同样正向偏压条件下，H_2 气体浓度增大，正向电流增大，输出负载上电压增大。测试电流或电压值就可检测 H_2 气体浓度。实验证明，Pd-TiO_2二极管在 60℃ 以下只对氢有响应，所以广泛应用于常温下 H_2气体检测。

非电阻型半导体气敏传感器主要用于氢气浓度测量。

13.1.3　气敏传感器的应用

半导体气敏元件由于具有灵敏度高，响应时间和恢复时间短，使用寿命长和成本低等优点，已广泛应用于工厂、矿山、家庭、宾馆、娱乐场所，可检测易燃、易爆、有毒、有害的各种气体，相关部门已开发研制出来各种检测仪器，如气体成分检验仪、气体(瓦斯)报警器、环境空气净化器等。

1. 气体浓度检测

图 13-10 为气体浓度检测电路原理图，电路采用 LED(bargraph)条状图形显示器，配刻

度尺，根据发光段长度或位数确定被测气体浓度，可直观地定性或半定量指示出气体浓度变化情况。电路中 10 个发光二极管为条状 LED 图形器件，条状图形 LED 显示器元件如图 13-11所示。LM3914 为 LED 显示驱动器(参见 LM3914 器件手册)，在 LM3914 驱动器内部有 10 个相同的电压比较器，比较器同相端经分压电阻获得从小到大的阶梯参考电压，该电压从小到大均匀分压至 10 个比较器输入端，相邻两比较器的输入参考电压差为 V_{RF}(参考电压)/10，当输入电压$U_{IN} > U_{10}$(最高位比较器比较电压)时，LED 显示器全部被点亮；当输入电压 $U_{IN} < U_1$(最低位比较器比较电压)时，LED 全部熄灭。空气中传感器 A、B 两端为高阻状态，当传感器接触到还原型气体并检测到气体浓度变化时，A、B 两端电阻值变化，气体浓度升高，电阻减小电流增加，使 LM3914 输入端(5 脚)电压升高，LED 点亮的个数增加。这种简单方法可实现气体定性或半定量测量。

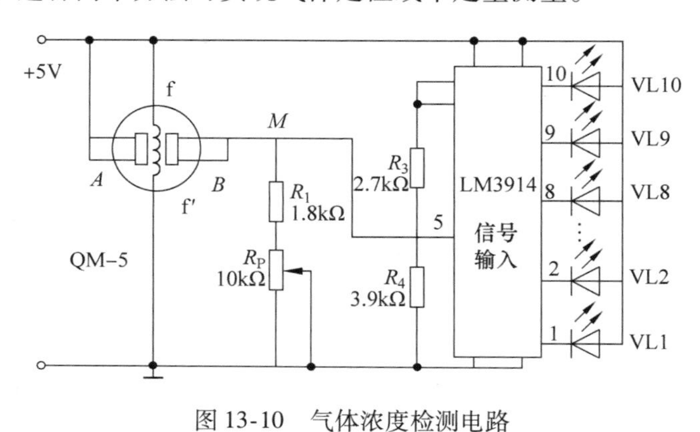

图 13-10 气体浓度检测电路

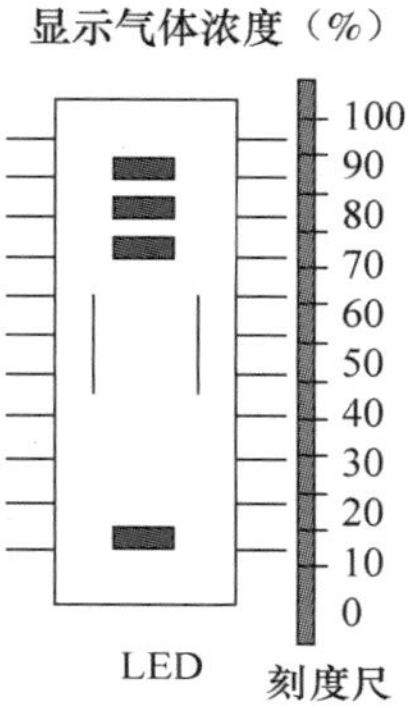

显示气体浓度（%）

100 90 80 70 60 50 40 30 20 10 0

LED 刻度尺

图 13-11 条形 LED 显示器

2. 矿井瓦斯超限报警

图 13-12 为简易矿井瓦斯超限报警电路。气敏传感器与 R_1 和 R_P组成瓦斯气体检测电路，晶闸管 VT 作为触点电子开关，LC179、R_2 和扬声器 B 组成警笛声驱动电路。当无瓦斯或瓦斯浓度很低时，气敏传感器的极间导电率很小，电位器 R_P 滑动触点电位小于 0.7V，V_D 不被触发，处于截止状态，警笛声电路无电源电压不发声，当瓦斯气体超过限定安全标准时，气敏传感器极间导电率迅速增大电流增加，R_P 滑动触点电压大于 0.7V 时，VT 触发导通，电源接通警笛声电路驱动扬声器 B 发声告警。

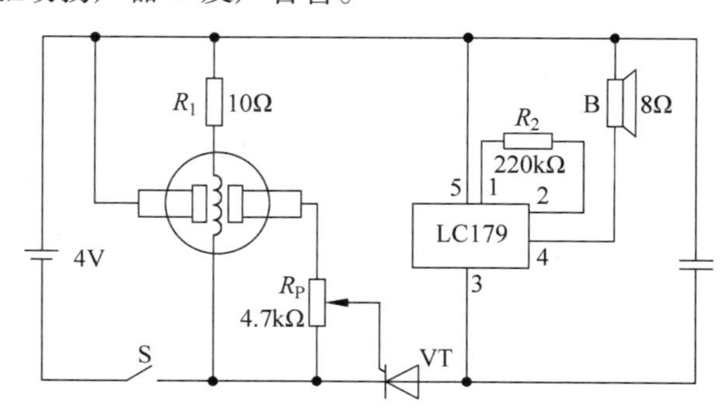

图 13-12 矿井瓦斯超限报警电路

3. 防酒后驾车汽车点火电路

防酒后驾车汽车点火电路原理如图 13-13 所示。QM-J1 是对乙醇敏感的气敏传感器，继

电器 J_{1-1}、J_{1-2}为常开结点，J_{2-1}为常闭结点，J_{2-2}常接 VL_1发光管(绿灯)，有酒精时接通 VL_2(红灯)。继电器 J_1 接通气敏传感器加热回路。

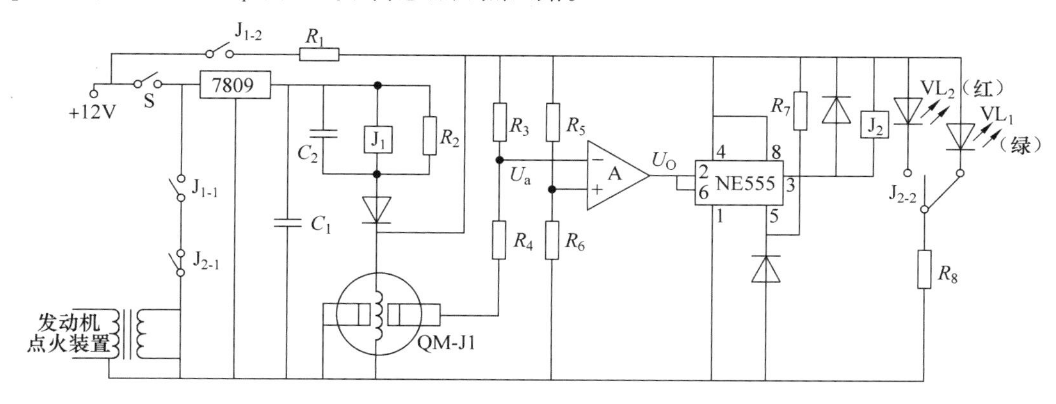

图 13-13　防酒后驾车汽车点火电路

无酒精气味时，S 闭合，J_1 闭合，汽车点火器正常工作，继电器 J_{2-2}接通 VL_1。由于气敏传感器处于高阻状态，比较器 A 的反向端 U_a 高电位，U_O低电平输出时 NE555 输出为高，J_2 无电流；当驾驶员有酒精气味时，气敏传感器电阻迅速下降，比较器 U_a 电位变低，U_O输出高电平 NE555 输出为低，继电器 J_2 吸合(J_{2-1}常闭结点断开，J_{2-2}接通 VL_2)，汽车点火器不工作，并点亮红灯，汽车无法启动。此时若司机欲拔出气敏传感器启动汽车，结果引起继电器 J_1 开路电源被切断，虽然 J_{2-1}闭合，但结点 J_{1-1}断开，输出线圈已被切断，汽车点火器不工作。

4. MOSFET 气敏传感器应用实例

3DOH1 氢敏 MOS 场效应管传感器只对氢气敏感，下限灵敏度约 1000×10^{-6}，对其他气体表现为惰性，可用于检测氢气含量和管道煤气(其中含有近 50% 的氢气)泄漏。由于钯栅 MOS 管灵敏度会随工作温度的升高而升高，因此器件在同一芯片上加有热电阻和测温二极管，内部结构如图 13-14a 所示，工作温度最佳在 100℃左右，温度再高会影响传感器使用寿命。

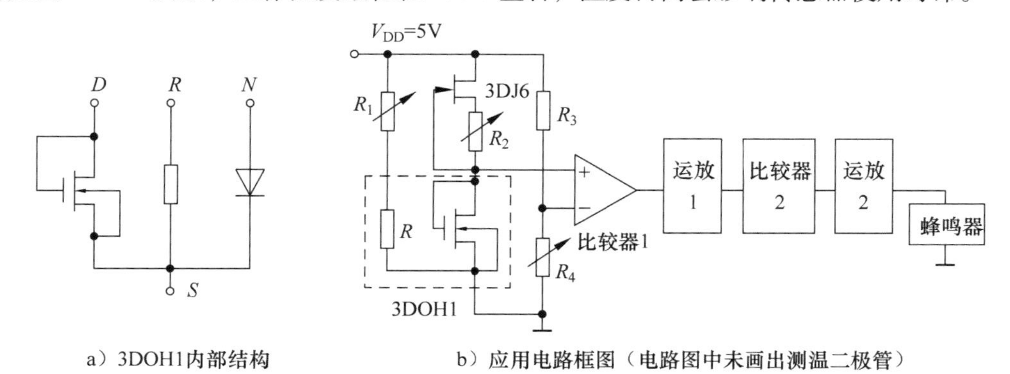

a）3DOH1内部结构　　b）应用电路框图（电路图中未画出测温二极管）

图 13-14　3DOH1 型传感器内部结构与典型应用

3DOH1 氢敏传感器的典型应用电路示意图见图 13-14b。结型场效应晶体管 3DJ6 和可调电阻 R_2构成 100μA 恒流源作为 3DOH1 的偏置电流，R_1调节加热电流，电阻 R_3、R_4 提供比较器基准电压，运放 2 为跟随器，与运放 1 和比较器 2 组成放大整形电路。当检测到微量氢气时，经过30s左右时间蜂鸣器发出报警信号，提醒人们切断气源。

13.2 湿敏传感器

湿敏传感器也称为湿度传感器，是能够感受外界湿度变化，并通过湿敏材料的物理或化学性质变化将湿度大小转化为电信号的器件。现在，湿度检测已广泛应用于工业、农业、国防、科技、生活等各个领域。

早期的湿敏传感器有毛发湿度计、干湿球湿度计等，但这些传感器的响应速度、灵敏度、准确度等都不高。随着现代工农业的发展，湿度的检测与控制成为生产和生活中必不可少的手段。如在大规模集成电路生产车间，相对湿度低于30%时容易产生静电，影响产品质量；仓库、军械库，以及农业育苗、种菜、水果保鲜、食用菌保鲜技术、室内环境湿度、气象监测等场合，都要对湿度进行检测或控制。

湿度检测较其他物理量的检测更为困难。这首先是因为空气中水蒸气含量很少，此外，液态水会使一些高分子材料和电解质材料溶解，一部分水分子电离后与融入空气中的杂质结合成酸或碱，使湿敏材料受到不同程度的腐蚀和老化，从而丧失其原有的性质；再者，湿度信息的传递必须靠水对湿敏器件直接接触来完成，因此湿敏器件只能直接暴露于待测环境中不能密封。通常，对湿敏器件特性有如下要求：在各种气体环境下稳定性好、响应时间短、寿命长、有互换性、耐污染和受温度影响小等。微型化、集成化及廉价是湿敏器件的发展方向。

13.2.1 湿度及其表示方法

在自然界中凡是有水和生物的地方，在其周围的大气里总是含有或多或少的水汽，大气中含有水汽的多少表明了大气的干湿程度，通常用湿度来表示。湿度是指大气中的水蒸气含量多少的物理量，常采用绝对湿度、相对湿度和露点三种方法表示。

1. 绝对湿度

绝对湿度指单位体积空气内所含水汽的质量，也就是指空气中水汽的密度，严格指在一定温度和压力下，单位空间所含水蒸气的绝对含量或浓度，用符号 A_H 表示。一般用一立方米空气中所含水汽的克数表示

$$A_H = \frac{m_V}{V}(\text{g/m}^3)$$

式中：m_V 为待测空气中水汽的质量，单位为g(克)；V 为待测空气的总体积，单位为 m^3(立方米)。

2. 相对湿度

相对湿度是指被测气体中，实际所含水汽蒸汽压和该气体在相同温度下饱和水蒸气压的百分比，一般用符号%RH(Relative Humidity)表示，无量纲。一般使用的湿度量程为0~100% R_H。相对湿度给出了大气中所含水蒸气的潮湿程度，可表示为

$$H_T = \left(\frac{P_W}{P_N}\right)_T \times 100\%\text{RH}$$

式中：H_T为空气相对湿度；P_W为待测空气温度为 T 时的水汽分压；P_N为相同温度下饱和水汽的分压。

表13-2给出了在标准大气压下不同温度时水的饱和水汽压的数值。如果已知空气的温

度和空气的水气分压 P_W，利用表 13-2 可以查得温度为 T 时的饱和水气压 P_N，利用相对湿度表达式就能计算出此时空气相对湿度的水气分压。

表 13-2　不同温度时水的饱和水气压（×133Pa）

T/℃	P	T/℃	P	T/℃	P	T/℃	P
-20	0.77	-9	2.13	2	5.29	22	19.83
-19	0.85	-8	2.32	3	5.69	23	21.07
-18	0.94	-7	2.53	4	6.1	24	22.38
-17	1.03	-6	2.76	5	6.54	25	23.78
-16	1.13	-5	3.01	6	7.01	30	31.82
-15	1.24	-4	3.28	7	7.51	40	55.32
-14	1.36	-3	3.57	8	8.05	50	92.5
-13	1.49	-2	3.88	9	8.61	60	149.4
-12	1.63	-1	4.22	10	9.21	70	233.7
-11	1.78	0	4.58	20	17.54	80	355.7
-10	1.95	1	4.93	21	18.65	100	760

3. 露点

用什么方法可以测得空气的水气分压呢？为此需要引入另一个与湿度相关的重要物理量——露点温度，简称露点。由表 13-2 可知，水的饱和水气压是随空气温度的下降而逐渐减小的，也就是说，在同样的水气分压下，空气的温度越低，空气的水气分压与在同一温度下的水的饱和水气压差值就越小，当空气的温度下降到某一温度时，空气的水气分压将与同温度下水的饱和水气压相等，此时空气中的水气就有可能转化为液相而凝结成露珠，这一特定温度称为空气的露点或露点温度。由此可见，通过对空气露点温度的测定就可以测得空气的水气分压，因为空气的水气分压也就是该空气在露点温度下水的饱和水气压，所以只要知道待测空气的露点温度，通过表 13-2 就可查知在该露点温度下水的饱和水气压，这个饱和水气压也就是待测空气的水气分压。

综上所述，绝对湿度、相对湿度和露点温度，都是表示空气湿度的物理量。

13.2.2　氯化锂湿敏电阻

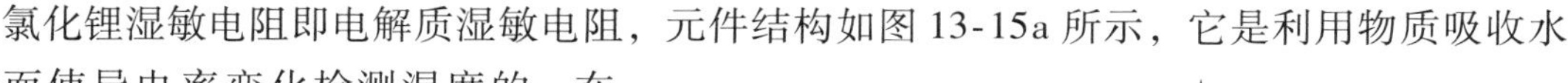

氯化锂湿敏电阻即电解质湿敏电阻，元件结构如图 13-15a 所示，它是利用物质吸收水分子而使导电率变化检测湿度的。在氯化锂（LiCl）溶液中，Li 和 Cl 以正负离子的形式存在，锂离子（Li^+）对水分子的吸收力强，离子水合成度高，溶液中的离子导电能力与溶液浓度有关。当溶液置于一定湿度场中，若环境相对湿度上升，溶液吸收水分子使浓度下降；反之湿度下降，使溶液脱水浓度上升；通过测量溶液的电阻值实现对环境湿度测量。图 13-15b 为氯化锂

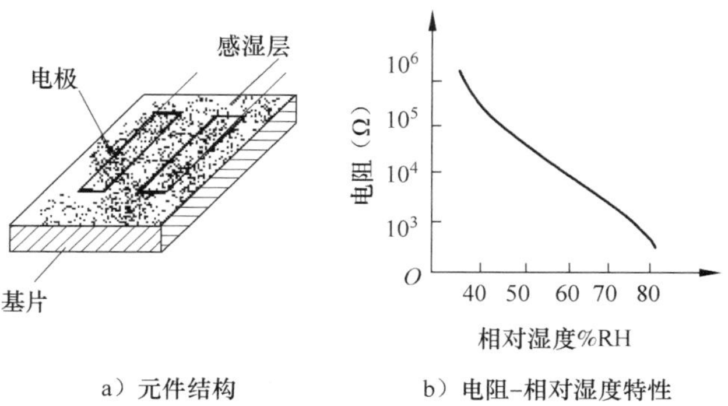

a）元件结构　　b）电阻-相对湿度特性

图 13-15　氯化锂湿敏电阻

湿敏电阻–相对湿度特性曲线。

13.2.3 半导体陶瓷湿敏电阻

半导体湿敏电阻通常用两种以上的金属–氧化物–半导体烧结成多孔陶瓷，多孔陶瓷表面吸收水分的情况如图 13-16 所示，可以分为三个阶段，图 13-16a 所示的第一阶段是陶瓷在低湿区域或刚接触水汽；图 13-16b 所示的第二阶段是进一步吸收水分子或中等湿度环境；图 13-16c 所示的第三阶段大量水汽存在使晶粒界充满水分子。

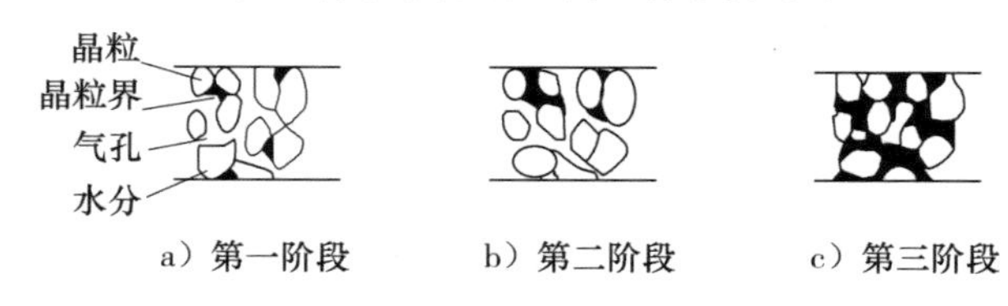

图 13-16 多孔陶瓷表面吸收水分的情况

典型的半导瓷湿敏传感器结构如图 13-17 所示，陶瓷片的两个面涂有多孔金电极，金电极与引线烧结在一起，陶瓷片外有加热丝可对器件的污染物加热清洗，整个器件安装在陶瓷基片上。

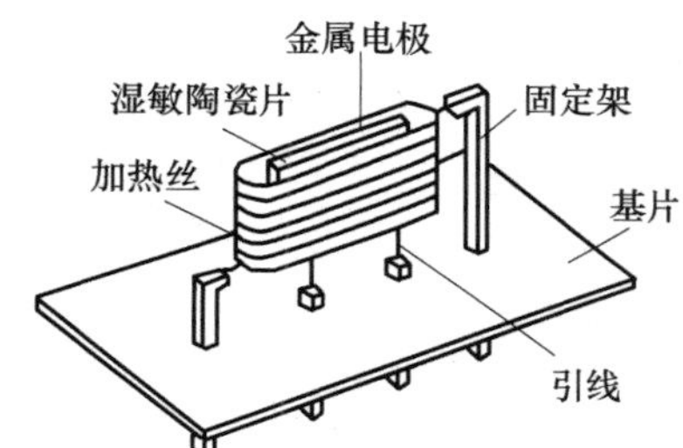

图 13-17 典型的陶瓷湿敏传感器结构

半导瓷湿敏传感器有正特性和负特性两种。负特性半导体瓷湿敏电阻的电阻值随湿度增加而下降，如($MgCr_2O_4$-TiO_2)氧化镁复合氧化物–二氧化钛湿敏材料，$MgCr_2O_4$ 为 P 型半导体，电阻率低，阻值–湿度特性好。由于水分子中(H_2)氢原子具有很强的正电场，当水分子在半导体瓷表面吸附时可能从半导体瓷表面俘获电子，使半导体表面带负电，相当于表面电势变负，(P 型半导体电势下降，N 型半导体出现反型层)电阻率随湿度增加而下降，输出特性如图 13-18a 所示。正特性半导体瓷湿敏电阻(如 Fe_3O_4，四氧化三铁)材料结构，其电子能量状态与负特性不同，输出特性如图 13-18b 所示，总的电阻值升高没有负特性阻值下降得明显。

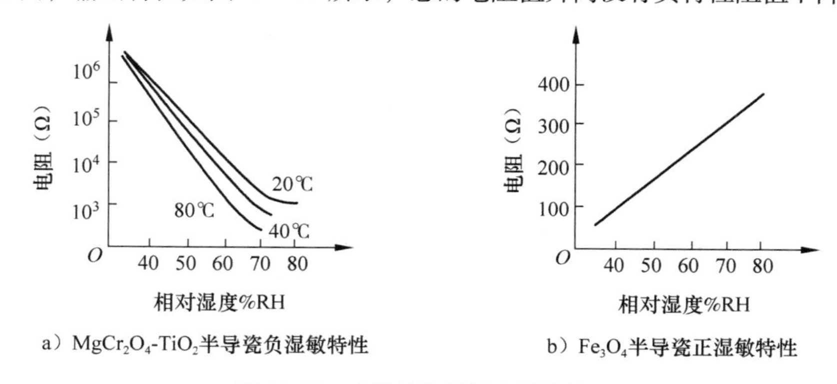

图 13-18 半导体瓷湿敏电阻特性

13.2.4 湿度传感器的特性参数

湿度传感器是基于其功能材料能发生与湿度有关的物理效应或化学反应的基础上制造

的。湿度传感器主要有如下几种特性参数。

1. 湿度量程

在生产实践中，不同的生产或生活条件要求湿度敏感器件在不同的相对湿度范围内工作，例如木材的干燥系统中，湿度敏感器件工作的湿度范围主要在(0～40%)RH；而在室内的空气调节系统中，湿度敏感器件工作的湿度范围主要在(40%～70%)RH。因此，湿度敏感器件的湿度量程是表示器件使用范围的特性参数。不同环境所需湿度不同，测量方法很多，但普遍湿度测量的精度不高，目前世界上最高水平湿度测量精度在±0.01%左右，理想测湿量程应是0～100%RH，量程越大，实用价值越大。

2. 感湿特性曲线

湿度敏感器件都有其自身的感湿特征量，诸如电阻、电容、击穿电压、沟道电阻等。湿度敏感器件的感湿特征量随环境相对湿度(或绝对湿度)的变化曲线，称为器件的感湿曲线。图 13-19 是二氧化钛-五氧化二钒湿度敏感器件的感湿曲线，表示器件的感湿特征量随环境相对湿度的变化规律。从感湿特性曲线可以确定器件的最佳适用范围及其灵敏度，性能良好的湿度敏感器件的感湿特性曲线应当在整个相对湿度范围内连续变化。斜率过小则曲线平坦，灵敏度降低；斜率过大则曲线太陡，测量范围减小，也将造成测量上的困难。

3. 灵敏度

在器件感湿特性曲线是直线的情况下，用直线的斜率来表示湿度敏感器件的灵敏度是可行的。但大多数湿度敏感器件的灵敏度是非线性的，在不同的相对湿度范围内曲线具有不同的斜率，造成表示器件灵敏度的困难。但较为普遍采用的方法是用器件在不同环境湿度下的感湿特征量之比表示器件灵敏度。日本生产的 $MgCr_2O_4$-TiO_2湿敏传感器的灵敏度是用一组湿敏器件的电阻比，例如：$R_{1\%}/R_{20\%}$、$R_{1\%}/R_{40\%}$、$R_{1\%}/R_{60\%}$、$R_{1\%}/R_{80\%}$及$R_{1\%}/R_{100\%}$，分别表示为相对湿度在20%、40%、60%、80%及100%时的器件电阻值。

13.2.5　湿度传感器的应用

湿度传感器广泛应用于各种场合的湿度监测、控制与报警装置。

1. 房间湿度控制器

利用湿度传感器制作的房间湿度控制器如图 13-20 所示。图中传感器的相对湿度

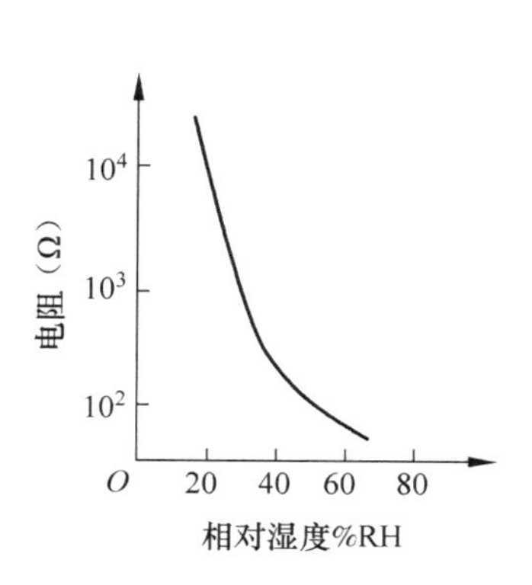

图 13-19　二氧化钛-五氧化二钒湿度敏感器件的感湿曲线

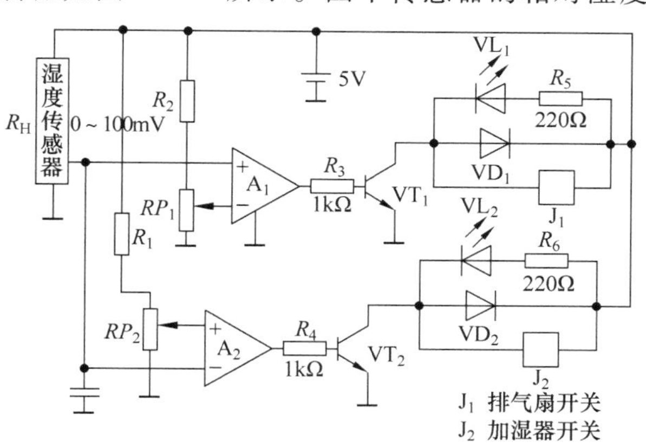

图 13-20　房间湿度控制器

(0～100%)RH 所对应的输出信号为 0～100mV，A_1和 A_2为开环应用作电压比较器，传感器输出信号分成两路，分别接在 A_1的同相输入端与 A_2的反相输入端，将 RP_1和 RP_2调整到适当位置。设相对湿度下降时传感器输出电压值也随之下降，当下降到设定值时 A_2的输出电位突然升高，使晶体管 VT_2导通 VL_2点亮，表示空气干燥，继电器 J_2触点吸合，接通加湿器。当湿度上升时，传感器输出电压值也随着上升，升到一定值时 J_2释放，断开加湿机。当相对湿度值继续上升，如超过设定值时，A_1的输出升高，使 VT_1导通，同时 VL_1发光，表示空气太潮湿，J_1吸合，接通排气扇排出空气中的潮气，当相对湿度下降到一定数值时，J_1释放，排气扇停止工作。室内的相对湿度就可以控制在一定范围之内。

2. 湿度控制

湿度控制电路原理如图 13-21 所示。R_H 为负特性湿敏电阻，当湿度上升时湿敏电阻 R_H 阻值下降，电阻上电压下降，VD_1电流减小，晶体管 VT_3 截止，VT_4 导通，继电器 J_2触点接通干燥设备 VL_2点亮；同时晶体管 VT_2截止，VT_1截止，J_1触点失去电流释放，关闭增湿设备；当湿度下降时湿敏电阻 R_H 阻值上升，其电压增加，当升高到一定值时晶体管 VT_3导通，VT_4截止，继电器 J_2触点失去电流释放 VL_2熄灭。同时 VT_2、VT_1导通，J_1触点接通增湿设备，VL_1 点亮。电位器 RP_1、RP_2 可调节控制湿度的范围。

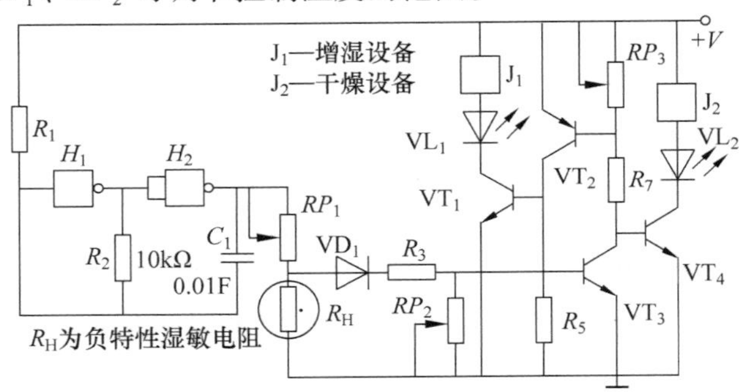

图 13-21 湿度控制电路原理

3. 土壤湿度测量

土壤湿度测量电路原理如图 13-22 所示，可检测土壤含水量范围。电路由检测、放大、稳压源组成，温度 25℃时响应时间小于 5 秒，湿敏电阻 R_H可改变晶体管 VT 偏流大小。将传感器 R_H 插入土壤，感受湿度不同时湿敏电阻阻值不同，引起基极电流变化使晶体管发射极电流 I_e 变化，在电阻 R_2 上转换为电压变化送运放 A 放大。

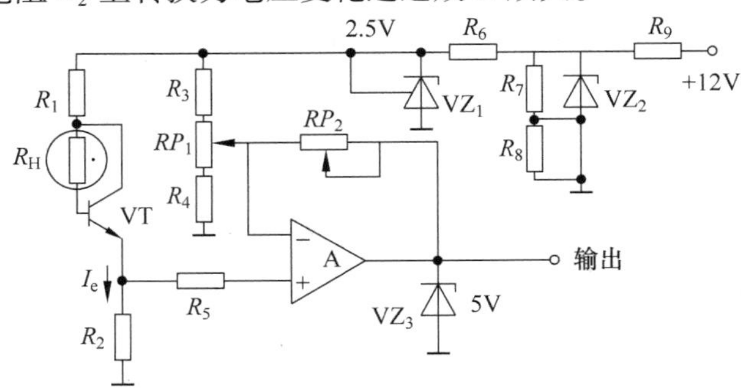

图 13-22 土壤湿度测量电路原理

实际应用时，要先对电路系统进行标定，较简单的标定方法是先将湿敏电阻 R_H 放在水中，让湿度为 100%RH，调节 RP_2 增益使输出 5V，标定出满量程输出。再将湿敏电阻 R_H 擦(吹)干使湿度为 0%RH，调节 RP_1 使输出为 0V，标定出 0 输出。以此来作为测量未知湿度的工作曲线。

13.3　离子敏传感器

除纯净的水外，水中总会有溶解或悬浮的其他物质，因此快速、准确地测出水中的某些物质含量对我们生存起着重要作用。离子敏传感器就是用来检测水中氰、钾、钠、钙、氯、溴、碘、氢等各种离子浓度(活度)的传感器。溶液中离子浓度是指含离子的多少，单位是 mol(摩尔)/L(升)或 ppm。氢离子浓度对化学生物反映起着支配作用，为判断水中氢离子浓度(活度)，用一个特殊的量值"pH 值"来表示。

离子敏传感器是一种对离子具有选择敏感作用的场效应晶体管，由离子选择电极(ISE)与金属-氧化物-半导体(MOSFET)组成，简称 ISFET-离子场效应晶体管，是用来测量溶液(体液)中离子浓度的微型固态电化学器件。离子选择电极(离子传感器)是通过测定溶液与电极的界面电位来检测溶液中离子浓度，它与普通 MOSFET 管结构不同之处是它没有金属栅极，在绝缘栅极上制作一层敏感膜，测量时将绝缘栅膜直接与被测溶液接触。

13.3.1　MOSFET

离子敏传感器与普通场效应管原理相似，但结构上有所不同，其结构原理如图 13-23a 所示。P 型硅做衬底，硅片上扩散两个 N^+ 区，分别为源(S)极和漏(D)极，在 S-D 之间用溶液代替栅极(G)。

MOSFET 转移特性曲线如图 13-23b 所示，其阈值电压 V_T 的定义是，源-漏间电压 $V_{DS}=0$ 时使漏-源之间形成沟道所需的栅-源电压 V_{GS}，因此漏-源电流 I_{DS} 的大小与阈值电压 V_T 有关。转移特性是指漏-源电压 V_{DS} 一定时，漏-源电流 I_{DS} 与栅-源电压 V_{GS} 之间的关系。由转移特性曲线说明，I_{DS} 的大小随 V_{DS} 和 V_{GS} 的大小变化，线性区 $V_{DS}<(V_{GS}-V_T)$；饱和区 $V_{DS}\geqslant(V_{GS}-V_T)$，这时 I_{DS} 的大小不再随 V_{DS} 的大小变化，$V_{GS}\geqslant V_T$ 时 MOSFET 开启，这时漏-源电流 I_{DS} 随栅极偏压 V_{GS} 增加而加大。离子敏传感器就是利用溶液浓度变化时参比电极界面电位使阈值电压 V_T 随被测溶液变化检测离子浓度的。

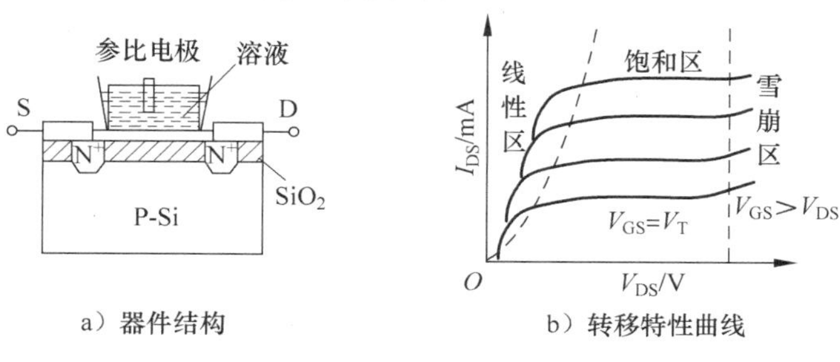

图 13-23　离子敏传感器

13.3.2 离子敏传感器的工作原理

离子敏传感器基本电路如图 13-24 所示，将普通 MOSFET 的金属栅去掉，让绝缘氧化层直接与溶液相接触，栅极用铂金属膜作引线，在铂膜上涂一层离子敏感膜，构成离子敏场效应管 ISFET。ISFET 没有金属栅极，而是在绝缘栅上制作了一层敏感膜。敏感膜种类很多，不同敏感膜检测离子种类不同，具有离子选择性，如：Si_3N_4-氮，SiO_2、Al_2O_3(无机膜)可测 H_+(氢)、pH。器件在 SiO_2 层与栅极间无金属电极，而是待测溶液，溶液与参比电极同时接触充当栅极构成场效应管，工作原理与场效应管相似。当离子敏场效应管 ISFET 插入溶液时，被测溶液与敏感膜接触处就会产生一定的界面电势，这个电势大小取决于溶液中被测离子的浓度。

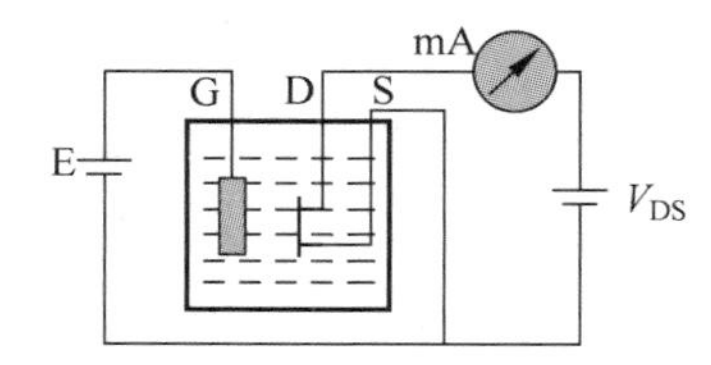

图 13-24 离子敏传感器基本电路

任何一种金属处于盐溶液中都会产生电极电位，电位大小与金属电极的属性有关，另外与溶液中同名离子的活度不同有关，电极电位可表示为

$$V = C + S\lg\alpha$$

式中：α 为响应离子浓度；当器件、溶液一定时，C、S 是常数。

界面电势直接影响场效应管的阈值电压 V_T 值，已知 $V_T = C + S\lg\alpha$。阈值电压 V_T 与被测溶液离子浓度 α 的对数呈线性关系，该电压可对沟道起调节作用，结果使源极电流随离子浓度变化。

13.3.3 离子敏传感器的测量电路

用离子敏场效应管 ISFET 敏感器件测量 pH 值或离子浓度时，基本设备都是由测量电极、参考电极、测量电路组成。反馈补偿输入电路原理示意图如图 13-25 所示。电路将 ISFET 和参考电极组成高内阻器件，接入放大器 A 作为反馈电路器件，可获得较高的闭环增益。电路的特点是，只要 V_S 稍有变化 V_O 可有较大输出。调节电阻器 R_W 使电路中 ISFET 敏感器件满足 $V_{DS} > (V'_{GS} \sim V_T)$，工作在饱和区。运放输入端为零时 $V_S \approx V_f$，V_f 为放大器 A 同相端调整电压。因为电流 $I_{DS} = V_S/R_S$ 不变，所以输出电压

$$V_O = V_{GS}' - EM + V_S$$

式中，EM 是参比电极电位，代表一定浓度，只要检测出 V_O，即可知道 EM 变化。电路中 V_O 变化实际补偿了由于 EM 变化引起的 I_{DS} 变化部分，最终能使 I_{DS} 恒定，所以称反馈补偿输入电路。

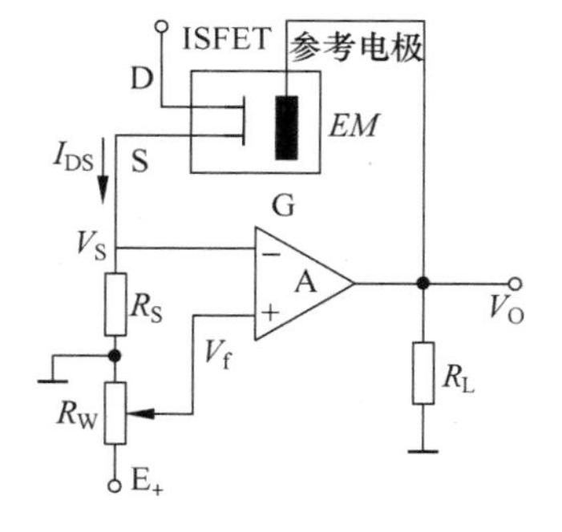

图 13-25 反馈补偿输入电路原理示意图

13.3.4 离子敏传感器的应用

离子敏传感器的应用越来越广泛，现在已有利用检测生物体液中无机离子进行确诊，如临床医学、生理学，检测人、动物的体液(血液、汗液、尿液、脊髓液、脑髓液)，体液中无机离子的微量变化与身体器官的病变有关。在环境保护监测中，通过检测雨水中的多种离

子浓度可以了解大气对江、河、湖、海的水污染和土壤污染(如酸雨)。另外，它还应用于实验室中平衡常数、活度系数、溶解度研究，原子能核燃料再处理液的氟离子的定量，氯离子的泄漏检测，照相行业的卤离子、银离子定量测量，食品、造纸、钢铁、制药、洗涤液成分测量等。

思考题

13.1　什么是化学传感器？举例说明其应用领域与实际意义。

13.2　半导体气体传感器有哪些基本类型？气体传感器的发展动态如何？

13.3　半导体气体传感器主要有哪几种结构？各种结构气体传感器的特点如何？

13.4　如何提高半导体气体传感器的选择性？根据文献举例说明，目前实用气体检测方法常用哪些气敏传感器？它们各有什么特点？

13.5　半导体气体传感器为什么要在高温状态下工作？加热方式有哪几种？加热丝可以起到什么作用？

13.6　查找文献说明近年有哪些新型的气体传感器。

13.7　什么是绝对湿度？什么是相对湿度？表示空气湿度的物理量有哪些？如何表示？

13.8　湿度传感器的种类有哪些？主要参数有哪些？简述氯化锂湿度传感器的感湿原理。

13.9　简述半导体湿敏陶瓷的感湿机理。半导体陶瓷湿敏传感器有哪些特点？

13.10　离子选择电极是如何分类的？离子选择电极分析法有什么特点？试述离子选择电极的结构与测量原理。

第 14 章　生物传感器

生物传感器(Biosensor)起源于 20 世纪 60 年代，随着生物医学工程的迅猛发展，在 20 世纪 80 年代得到了公认，并作为传感器的一个分支应用于食品、制药、化工、临床检验、生物医学、环境监测等方面。

生物传感器是现代生物技术及微电子技术与电化学、光学、声学、医学等学科交叉结合的产物。生物传感器利用酶、抗体、微生物等作为敏感材料，并将其产生的物理量、化学量的变化转换为电信号，用以检测与识别生物体内的化学成分。

本章主要介绍生物传感器的概念、分类、特点，以及各类常见生物传感器的原理与应用等内容。

14.1　概述

生物传感器是利用各种生物或生物物质(如酶、抗体、微生物等)作为敏感材料，并将其产生的物理量、化学量的变化转换为电信号的一类传感器。生物传感器通常将生物敏感材料固定在高分子人工膜等载体上，当被识别的生物分子作用于人工膜(生物传感器)时，将会产生变化的信号(电、热、光等)输出，然后采用电化学法、热测量法或光测量法等测出输出信号。

生物传感器是在基础传感器上再耦合一个生物敏感膜而形成的，是一类特殊的传感器，它以生物活性单元(如酶、抗体、核酸、细胞等)作为生物敏感单元，对目标测定具有高度的选择性。生物传感器技术是一门由生物、化学、物理、医学、电子技术等多种学科互相渗透成长起来的高新技术。因其选择性好、灵敏度高、分析速度快、成本低，可以在复杂的体系中进行在线连续监测，特别是它具有高度自动化、微型化与集成化的特点，所以在近几十年它获得蓬勃而迅速的发展。在国民经济的各个部门(如食品、制药、化工、临床检验、生物医学、环境监测等方面)有广泛的应用前景。生物传感器的研究开发已成为世界科技发展的新热点，是 21 世纪新兴的高技术产业的重要组成部分，具有重要的战略意义。

14.1.1　生物传感器的工作原理

以分子识别部分去识别被测目标的是可以引起某种物理变化或化学变化的主要功能元件。分子识别部分是生物传感器选择性测定的基础。换能器是研制高质量生物传感器的另一重要环节。敏感元件中光、热、化学物质的生成或消耗等会产生相应的变化量。根据这些变化量，可以选择适当的换能器。

生物传感器的基本工作原理如图 14-1 所示，主要由敏感膜(分子识别元件)和敏感元件(信号转换元件)两部分构成。待测物质经扩散进入生物敏感膜层，经分子识别，发生生物学反应(物理、化学变化)，产生物理、化学现象或产生新的化学物质，由相应的敏感元件转换成可定量、可传输与处理的电信号。

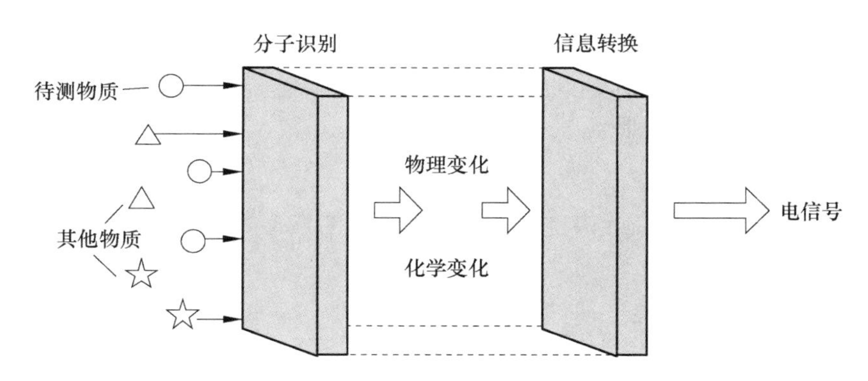

图 14-1 生物传感器的基本工作原理

生物敏感膜又称分子识别元件，是利用生物体内具有奇特功能的物质制成的膜，它与待测物质相接触时会伴有物理、化学反应，可以进行分子识别，即选择性地“捕捉”自己感兴趣的物质，如图 14-2 所示。当生物传感器上的敏感膜与待测物质相接触时，敏感膜上的某种功能性或生物活性物质就会从众多的化合物中挑选出自己喜欢的分子并产生作用。正是由于这种特殊的作用，生物传感器具有选择性识别能力。生物敏感膜是生物传感器的关键元件，直接决定了传感器的功能与性能。根据生物敏感膜选材的不同，可以制成酶膜、全细胞膜、组织膜、免疫膜、细胞器膜、复合膜等。各种膜的生物物质如表 14-1 所示。

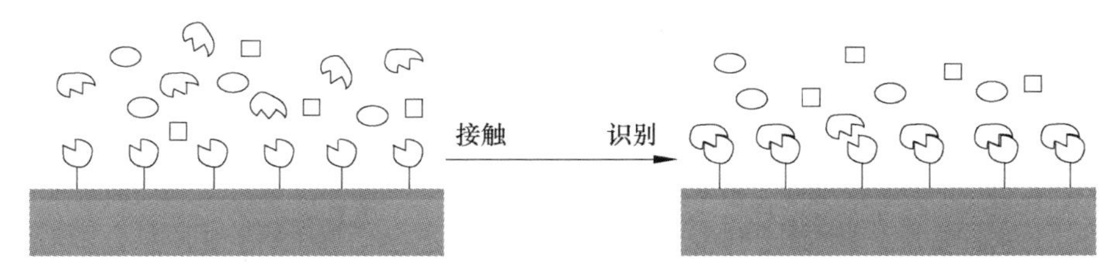

图 14-2 敏感膜对生物分子的选择性作用

表 14-1 生物传感器的生物敏感膜

生物敏感膜	生物活性材料
酶膜	各种酶类
全细胞膜	细菌、真菌、动植物细胞
组织膜	动植物组织切片
免疫膜	抗体、抗原、酶标抗原等
细胞器膜	线粒体、叶绿体
具有生物亲和力的物质膜	配体、受体
核酸膜	寡聚核苷酸
模拟酶膜	高分子聚合物

生物分子识别元件与换能器的不同组合，可以构建出适用于不同用途的生物传感器类型。从理论上来说，任何生物分子功能单位均可作为生物识别元件，用于生物传感器的构建，但是目前发展相对成熟的生物识别元件主要包括以下生物活性物质：酶、抗体(抗原)、核酸、受体和离子通道，以及细胞或组织。生物分子被识别后，敏感物质与待测物质反应的产物一般不能直接被解读，需要将其转换为电流、电压、电导率、电阻、荧光、频率、质量

和温度等能够记录和进一步处理的信息，传感器中具有此功能的部分或元件称为换能器。常用的有电化学、光化学、半导体、声波、热学等类型的换能器。生物传感器包含的分子识别元件和换能器类型如图 14-3 所示。

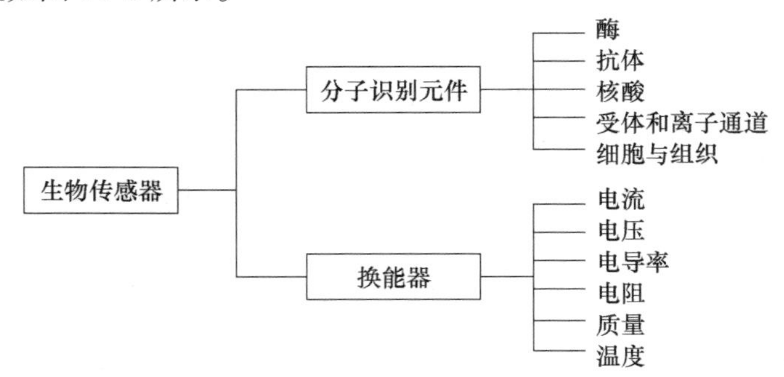

图 14-3　生物传感器的分子识别元件和换能器

14.1.2　生物传感器的分类

生物传感器的分类有很多种，生物学工作者习惯于将生物传感器以敏感膜所用材料的种类进行分类，而工程学方面的工作者常常根据敏感元件的工作原理进行分类。

（1）根据生物识别元件进行分类

按照敏感膜的材料，生物传感器可以分为酶传感器、免疫传感器、细胞传感器、微生物传感器、组织传感器和 DNA 传感器等，如图 14-4 所示。

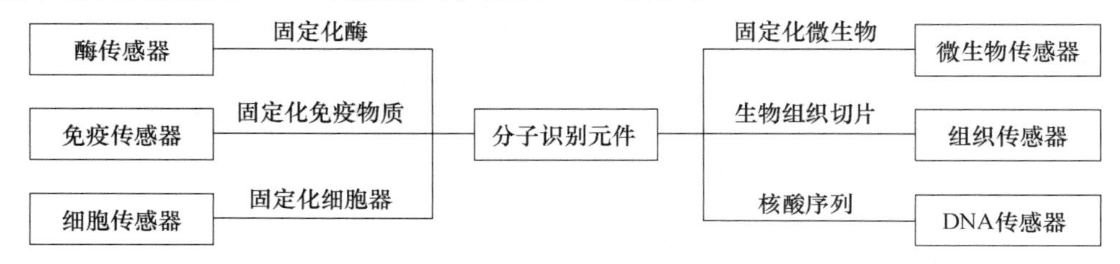

图 14-4　生物传感器按分子识别元件进行分类

（2）根据换能器信号转换的方式进行分类

按照换能器的工作原理，生物传感器又可分为电化学生物传感器、介体生物传感器、热生物传感器、压电晶体生物传感器、半导体生物传感器、光生物传感器等，如图 14-5 所示。在本章后续内容中，若不加特殊说明，讨论的生物传感器均为电化学生物传感器。

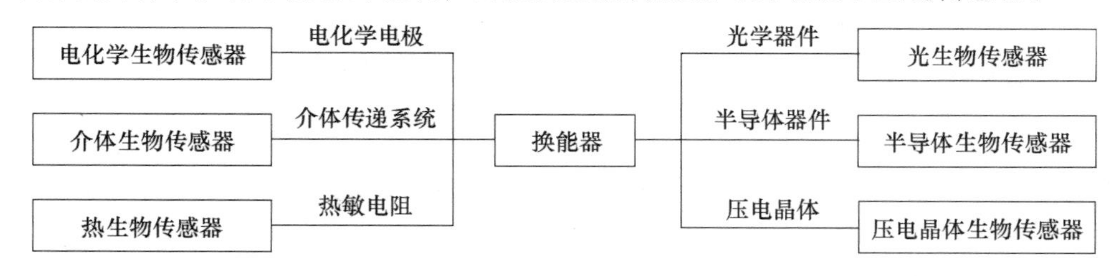

图 14-5　生物传感器按照换能器工作原理分类

随着生物传感器技术的不断发展，还出现了其他新的分类方法。如：直径在微米级甚至更小级别的生物传感器统称为微型生物传感器；以分子之间的识别和结合为基础的生物传感器统称为亲和生物传感器；由两种以上不同分子敏感膜材料组成的生物传感器统称为复合生物传感器，如多酶复合传感器；能够同时测定两种以上参数的生物传感器统称为多功能传感器，如味觉传感器、嗅觉传感器、鲜度传感器等。

14.1.3　生物传感器的特点

与传统的分析检测手段相比，生物传感器具有以下特点。

1）根据分子识别特征的多样性，生物传感器应用范围较广。

2）生物传感器是由具有高度选择性的生物材料构成敏感(识别)元件的，一般情况下，检测时不需要另加其他试剂，也不需要进行样品的预处理。

3）生物传感器体积小、分析速度快、准确度高，容易实现在线检测和自动分析。

4）生物传感器操作相对简单、成本低、易于推广应用。

5）生物传感器在制造工艺上较难，并且使用的是具有生物活性的酶等材料，其使用寿命较短。

目前，随着生物技术与微电子技术的不断发展，生物传感器已经进入全面应用时期，各种微型化、集成化、智能化的生物传感器与系统越来越多。如图 14-6 所示，生物传感器主要应用于食品工业、环境监测、发酵工业和医疗检验等几大领域。

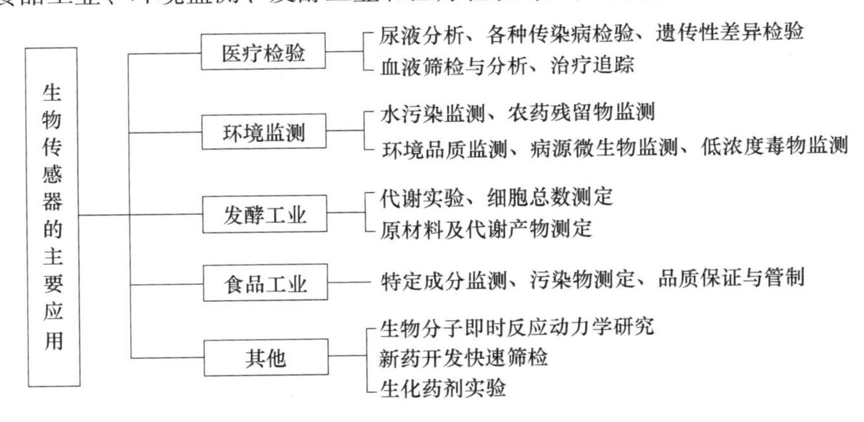

图 14-6　生物传感器的主要应用

14.2　酶传感器

酶传感器是最早研发出来的生物传感器，20 世纪 80 年代就有了一次性酶传感器，这揭开了无试剂分析的序幕。酶传感器是利用被测物质与各种生物活性酶在化学反应中产生或消耗的物质量，通过电化学装置转换成电信号，从而选择性地测出某种成分的器件。酶传感器具有操作简单、体积小、便于携带和现场测试等优点。目前，产品化酶传感器已有 200 余种，广泛应用于检测血糖、血脂、氨基酸、青霉素、尿素等物质的含量。

14.2.1　酶的特性

酶是由生物体内产生并具有催化活性的一类蛋白质，此类蛋白质表现出特异的催化功能，因此，酶也称为生物催化剂。酶在生命活动中起着极其重要的作用，它参与新陈代谢过程中的所有生化反应，并以极高的速度维持生命的代谢活动，包括生长、发育、繁殖与运动等。目前，已鉴定出来的酶有2000余种。

酶与一般催化剂有相同之处，即相对浓度较低时，仅能影响化学反应的速度，而不改变反应的平衡点。酶与一般催化剂的不同之处有以下几点。

1）酶的催化效率比一般催化剂要高 $10^6\sim10^{13}$ 倍。

2）酶催化反应条件较为温和，在常温、常压条件下即可进行。

3）酶的催化具有高度的专一性，即一种酶只能作用于一种或一类物质，产生一定的产物，而非酶催化剂对作用物没有如此严格的选择性。

4）酶的催化过程是一种化学放大过程，即物质通过酶的催化作用能产生大量产物。

14.2.2 酶传感器的结构及原理

酶传感器是由生物酶膜与各种电极(如离子选择电极、气敏电极、氧化还原电极等)组合而成，或将酶膜直接固定在基体电极上制成的一类生物传感器，也可称为“酶电极”。其工作原理是通过电化学装置(电极)，把被测物质与各种生物活性酶在化学反应中产生或消耗的物质量转换成电信号，从而选择性地测出某种成分。酶具有分子识别和催化反应的功能，选择性高，能够有效放大信号。同时，电极测定具有响应速度快、操作简单的优点，因此，酶传感器能够快速测定样品中某一特定样品目标的浓度，并且只需要很少的样品量。酶传感器的基本原理示意图如图14-7所示。

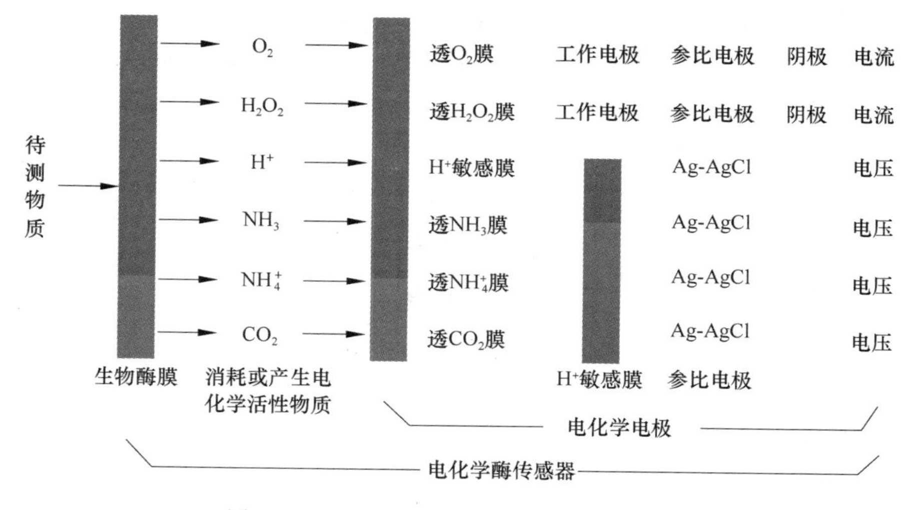

图14-7 电化学酶传感器的基本原理示意图

根据输出信号，酶传感器可分为电流输出型和电压输出型两种。电流型酶传感器通过与酶催化反应有关物质电极反应所得到的电流来确定反应物质的浓度，一般采用氧电极、H_2O_2 电极等。而电压型酶传感器通过测量敏感膜的电位来确定与催化反应有关的各种物质的浓度，一般采用 NH_3 电极、CO_2 电极、H_2 电极等。表14-2列出了两类传感器的异同。比如，电流型酶传感器以氧或 H_2O_2 作为检测方式，而电压型酶传感器则以离子作为检测方式。

表 14-2　酶传感器的分类

检测方式		被测物质	酶	检测物质
电流型	氧检测方式	葡萄糖	葡萄糖氧化酶	O_2
		过氧化氢	过氧化氢酶	
		尿酸	尿酸氧化酶	
		胆固醇	胆固醇氧化酶	
	过氧化氢检测方式	葡萄糖	葡萄糖氧化酶	H_2O_2
		L-氨基酸	L-氨基酸氧化酶	
电位型	离子检测方式	尿素	尿素酶	NH_4^+
		L-氨基酸	L-氨基酸氧化酶	NH_4^+
		D-氨基酸	D-氨基酸氧化酶	NH_4^+
		天门冬酰胺	天门冬酰胺酶	NH_4^+
		L-酪氨酸	酪氨酸脱羧酶	CO_2
		L-谷氨酸	谷氨酸脱羧酶	NH_4^+
		青霉素	青霉素酶	H^+

14.2.3　酶的固化技术

酶的固定是酶生物传感器研究的关键环节，它能保持生物活性单元的固有特性，避免自由活性单元应用上的缺陷。酶的固化技术决定了酶传感器的稳定性、灵敏性和选择性等主要性能。目前，已有的固化技术有吸附法、化学交联法、共价键合法、物理包埋法，如图 14-8 所示。

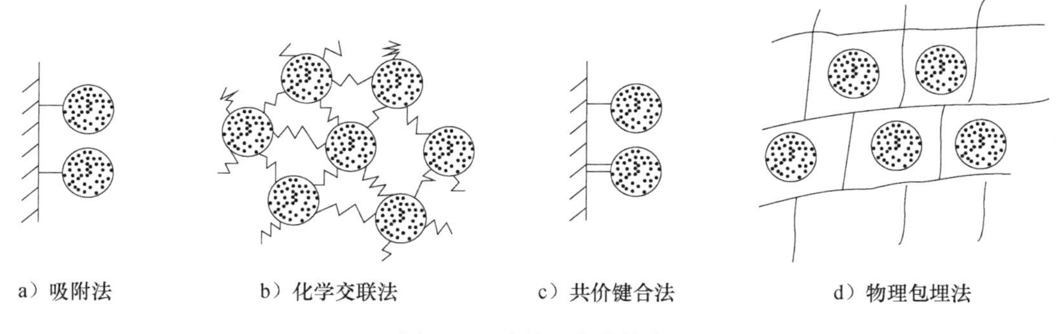

a）吸附法　b）化学交联法　c）共价键合法　d）物理包埋法

图 14-8　酶的固定化技术

（1）吸附法

吸附法是指用非水溶性固相载体物理吸附或离子结合，使蛋白质分子固定化的方法，如图 14-8a 所示。该方法通过酶的分子极性键、氢键、疏水键作用，把酶吸附到不溶性传感器载体表面。载体种类较多，包括活性炭、高岭土、硅胶、玻璃、纤维素、离子交换体等。吸附法具有酶活性中心不易被破坏和酶的高级结构变化少的优点，因此酶的活性损失少，但有酶与载体相互作用力弱、易脱落等缺点。吸附的牢固程度与溶液的 pH 值、离子强度、温度、溶剂性质和种类以及酶浓度有关。所以，为了得到最好的吸附并保持最高的活性，控制实验条件十分重要。

（2）化学交联法

化学交联法依靠双功能团试剂使蛋白质结合到惰性载体或蛋白质分子彼此交联成网状结构，如图14-8b所示。双功能试剂具有两个功能基团，能与蛋白质中赖氨酸的ε-氨基、N-末端的α-氨基、酪氨酸的酚基或半胱氨酸的-SH发生共价交联。该方法广泛应用于酶膜和免疫分子膜制备，操作简单，结合牢固。该方法存在的问题是在进行固定化时需要严格控制pH值，一般在蛋白质的等电点附近操作，交联剂浓度也需要小心调整，如戊二醛本身能使蛋白质中毒，通常以2.5%（体积比）浓度为宜。在交联反应中，酶分子会不可避免地部分失活。

（3）共价键合法

共价键合法是指使生物活性分子通过共价键与固相载体相结合固定的方法，如图14-8c所示。共价键合法分为两种：一种是将载体有关基团活化，然后与酶有关的基团发生偶联反应；另一种是在载体上接上一个双功能试剂，然后将酶偶联上去。蛋白质分子中能与载体形成共价键的基团有游离氨基、羧基、巯基、酚基和羟基等。该方法的优点是结合牢固，生物活性分子不易脱落，载体不易被生物降解，使用寿命长；缺点是实现固定化较烦琐，酶活性可能因发生化学修饰而降低。

（4）物理包埋法

物理包埋法是指把生物活性材料包埋并固定在高分子聚合物三维空间网状结构基质中，如图14-8d所示。常用的凝胶有聚丙烯酰胺、明胶、聚乙烯醇、丝素蛋白胶，也可将酶包埋在类脂层中。该方法的优点是一般不产生化学修饰，对生物分子活性影响较小，膜的孔径和几何形状可任意控制，被包埋物不易渗漏，底物分子可以在膜中任意扩散；缺点是分子量大的底物在凝胶网格中的扩散较为困难，因此不适合大分子底物的测定。

另外，电化学聚合法和分子自组装等方法在酶的固定化研究中也有应用。

14.2.4 酶传感器的应用

（1）Clark氧电极

商业上最成功的生物传感器是基于安培法的葡萄糖传感器，这类传感器在市场上有许多不同的样式，如葡萄糖测试笔及葡萄糖显示器等。历史上最早的葡萄糖生物传感器实验是由Leland C. Clark开始的。图14-9为使用铂（Pt）电极进行氧的检测。

Clark氧电极是使用最广泛的液相氧传感器，用于测定溶液中溶解氧的含量。其基本结构由一个阳极和一个阴极电极浸入溶液所构成。氧通过一个通透膜扩散进入电极表面，在阳极减少，并产生一个可测量的电流。酶促反应以及微生物呼吸链中的氧化磷酸化使得电子流入氧电极，并被氧电极所测量。采用一个特氟龙（Tefolon）膜将电极部分与反应腔隔离，该膜可以使氧分子穿透并到达阴极，在那里电解并消耗氧，

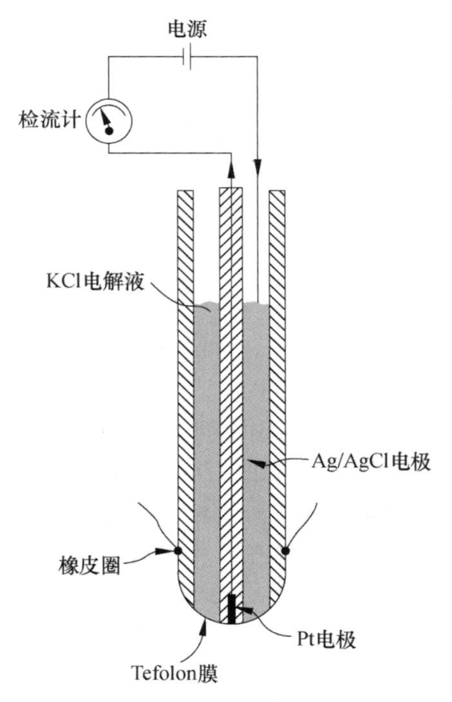

图14-9 Clark氧电极

产生的电流、电位可以被仪器所记录。这样，就能对反应液中的氧活性进行测量。同时，要注意采用一个搅拌装置，以确保溶液中的溶解氧通过电极膜的速率，从而使电流与溶液中的氧活性成一定的比例。

（2）葡萄糖酶电极传感器的测量

葡萄糖酶电极传感器由酶膜和 Clark 氧电极（或过氧化氢电极）组成。如图 14-10 所示，测量时，将葡萄糖酶电极传感器插入被测葡萄糖溶液中，在葡萄糖氧化酶（glucose oxidase，GOD）的作用下，葡萄糖发生氧化反应，消耗氧后生产葡萄糖酸和过氧化氢，上述过程可以用式（14-1）表示：

$$\text{葡萄糖} + O_2 \xrightarrow{GOD} \text{葡萄糖酸} + H_2O_2 \quad (14\text{-}1)$$

由式（14-1）可知，葡萄糖氧化时会产生 H_2O_2，而 H_2O_2 通过选择性透气膜，使电极表面的氧化量减少，相应电极的还原电流减少，从而可以通过电流值的变化来确定葡萄糖的浓度。葡萄糖浓度越高，消耗的氧就越多，生成的过氧化氢也越多。氧的消耗及过氧化氢的生成均可被铂电极所检测，因此，该方法可以作为测量葡萄糖浓度的方法。

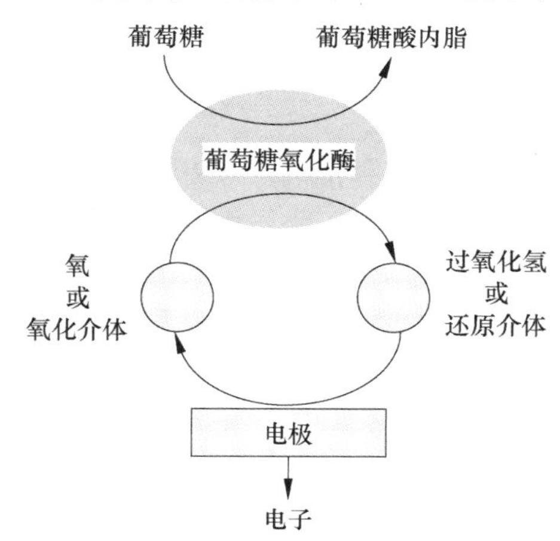

图 14-10　通过葡萄糖酶电极传感器测量葡萄糖

通过区分氧电极、过氧化氢电极，以及是否使用电子转移媒介体，可以将葡萄糖酶电极分为以下几个不同的类型。

①氧电极葡萄糖传感器

电流型葡萄糖氧化酶传感器若使用氧电极作为葡萄糖检测换能器，以铂电极（-0.6V）作为阴极，Ag/AgCl 电极（+0.6V）作为阳极，电极对氧响应产生电流，该电极称为氧电极葡萄糖传感器。反应式如下：

$$2H^+ + O_2 + 2e^- \longrightarrow H_2O_2 \quad (14\text{-}2)$$

$$H_2O_2 + 2H^+ + 2e^- \longrightarrow H_2O \quad (14\text{-}3)$$

由于氧电极葡萄糖传感器的电流响应与氧浓度有关，因此检测过程受到溶解氧的影响，溶解氧的变化可能引起电极响应的波动。由于氧的溶解度有限，因此当溶解氧贫乏时，响应电流明显下降，从而影响检出限。另外，传感器的响应性受溶液中 pH 值及温度影响较大。

②过氧化氢电极葡萄糖传感器

若将电流型葡萄糖氧化酶传感器的电极反过来，即以铂电极（-0.6V）作为阳极，以 Ag/AgCl（+0.6V）作为阴极，电极就能对过氧化氢响应产生电流，该电极称为过氧化氢电极葡萄糖传感器。反应式如下：

$$H_2O_2 \longrightarrow H_2O + O_2 + 2e^- \quad (14\text{-}4)$$

过氧化氢电极传感器最重要的优点是便于制备，采用较简单的技术都可能将其小型化。当电化学活性物质（过氧化氢）和葡萄糖的物质交换是控制步骤时，电流信号就是线性的，这可以通过在生物传感器的制备过程中使用各种扩散限制膜来实现。其主要的缺点是这种电极施加的是正电压，会造成检测溶液中其他物质的电氧化，从而干扰检测电流。

14.3 免疫传感器

免疫传感器是利用抗体对抗原的识别和结合功能，高选择性地测量蛋白质、多糖类等高分子化合物的传感器。根据免疫反应，免疫传感器可分为非标识免疫传感器和标识免疫传感器两大类。

14.3.1 免疫传感器的基本原理

抗体，是由机体B淋巴细胞和血浆细胞分泌产生，可对外界(非自身)物质产生反应的一种血清蛋白。外界物质因其能引发机体免疫反应，故称为免疫原，即抗原。由于具有高的亲和常数和低的交叉反应，因此抗原抗体反应被认为有很强的特异性，如图14-11所示。

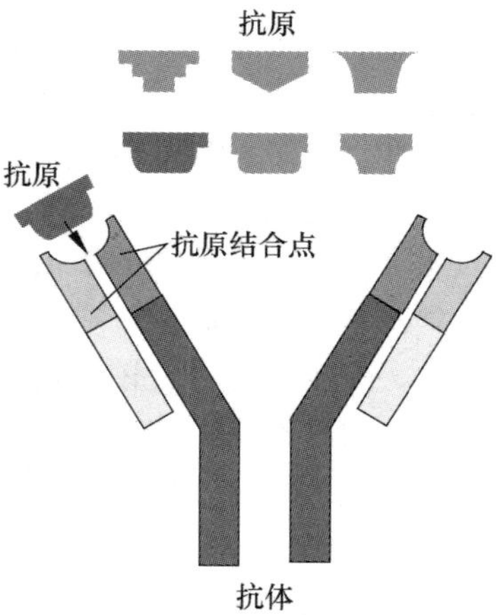

图14-11 抗原抗体特异性结合示意图

免疫传感器的基本原理是免疫反应。利用抗体能识别抗原并与抗原结合的功能的生物传感器称为免疫传感器。它利用固定化抗体(或抗原)膜与相应的抗原(或抗体)的特异反应，反应的结果使生物敏感膜的电位发生变化。由于免疫传感器具有分析灵敏度高、特异性强、使用简便等优点，目前它已广泛应用到临床诊断、微生物检测、环境监测及食品分析等诸多领域。免疫传感器一般可以分为非标识免疫传感器和标识免疫传感器。

(1) 非标识免疫传感器

非标识免疫传感器也称为直接免疫传感器。利用抗原或抗体在水溶液中两性解离本身带电的特性，将其中一种固定在电极表面或膜上，当另一种与之结合形成抗原抗体复合物时，原有的膜电荷密度将发生改变，从而引起膜的Donnan电位和离子迁移的变化，最终导致膜电位改变。

如图14-12所示，非标识免疫传感器有两种方案。一种是在膜的表面结合抗体(或抗原)，用传感器测定抗原抗体反应前后的膜电位；另一种是在金属电极的表面直接结合抗体(或抗原)作为感受器，测定与抗原抗体反应相关电极的电位变化。

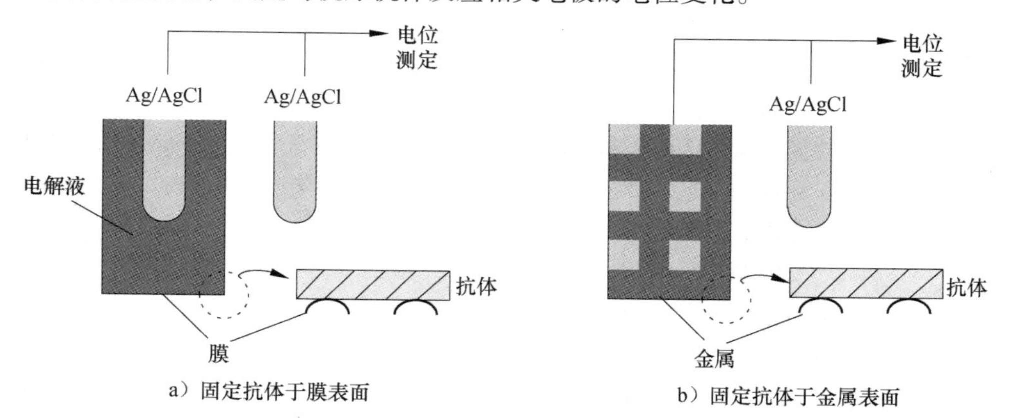

a) 固定抗体于膜表面　　b) 固定抗体于金属表面

图14-12 非标识免疫传感器的基本原理

在检测抗原时，抗体膜为感受器；而在检测抗体时，抗原膜则成了感受器。当抗原膜或抗体膜与不同浓度的电解质溶液（如 KCl 溶液）相接触时，膜电位取决于膜的电荷密度、电解质浓度、浓度比和膜相离子的输送率等因素。因此，在抗原或抗体膜表面发生抗原抗体结合反应时，膜电位将产生明显的变化。早期的研究利用此原理测定了人体血清中的梅毒抗体、人体血清白蛋白，并完成了血清鉴定。

非标识免疫传感器的优点是不需要额外试剂、仪器要求简单、操作容易、响应快。不足之处在于其灵敏度较低、样品需求量较大、非特异性吸附容易造成假阳性结果。

（2）标识免疫传感器

固定化的抗原或抗体在与相应的抗体或抗原结合时，自身的生物结构发生变化，但这个变化是比较小的。为使抗原抗体结合时产生明显的化学量改变，通常利用酶的化学放大作用。即：标识免疫传感器是利用酶的标识剂来增加免疫传感器的检测灵敏度，标识免疫传感器也称为间接免疫传感器。

酶标识免疫传感器属于间接型免疫电化学传感器，这类传感器将免疫的专一性和酶的灵敏性融为一体，可对低浓度底物进行检测。常用的标记酶有：辣根过氧化物酶、葡萄糖氧化酶、碱性磷酸酶和脲酶。另外，无论是电位型还是电流型酶标记免疫传感器，都可归结为是对还原型辅酶 I（NADH）、苯酚、O_2、H_2O_2 和 NH_3 等电活性物质的检出。酶标识免疫传感器如图 14-13 所示。

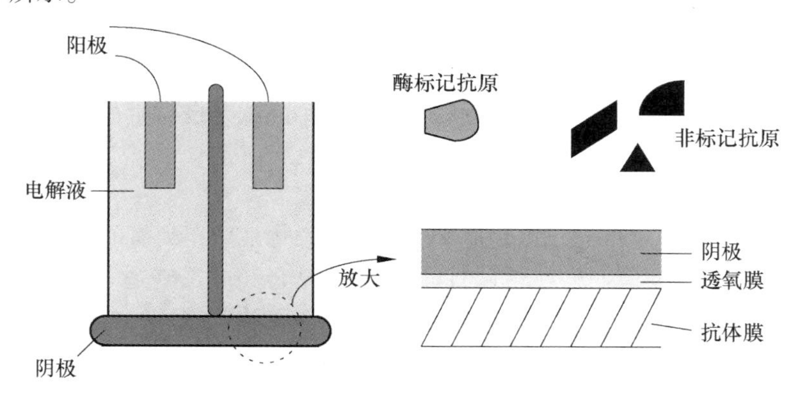

图 14-13　酶标识免疫传感器

在用过氧化氢酶作为标识酶时，标识酶的活性是在给定的过氧化氢中根据每单位时间内所生成的氧量而求出的，即：

$$H_2O_2 \xrightarrow{\text{过氧化氢酶}} H_2O + \frac{1}{2}O_2 \tag{14-5}$$

将清除游离抗原后的酶免疫传感器放在 H_2O_2 溶液中浸渍。抗体膜表面结合的标识酶催化 H_2O_2，分解成水和氧。氧经扩散透入抗体膜及 Clark 氧电极的透气膜，到达铂阴极，得到了与生成的氧量相对应的电流。从电流量可求出在膜上结合的标识酶的量。利用这种传感器曾成功地测定了人的血清白蛋白（Human Serum Albumin，HSA）及人绒毛膜促性腺激素（Human Choironic Gonadotropin，HCG）。

在电化学免疫传感器的研究中，与非标识免疫传感器相比，标识免疫传感器在目前更具有实用性，并且已经在临床上得到了应用。这类传感器的优点是所需样品量少，一般只需要数微升至数十微升，灵敏度高，选择性好，可作为常规方法使用；缺点是需要添加标记物，操作过程较为复杂。

14.3.2 抗体的固定

免疫生物传感器制备过程中一个非常重要的步骤是将抗体或抗原固定在传感器表面，这样才能检测相应的抗原或抗体。然而，传感器表面构造不一，有金属(如金、银)、碳、玻璃、石英等，它们与抗原或抗体的结合特性都不同，这就需要不同的固定方法，使得吸附的抗原或抗体不在反应中脱落。本章前面已经介绍了固定生物识别元件的几种最常用方法，如吸附法、包埋法、交联法、共价键合法等。因此，固定抗体或抗原的方法同样可参考上述方法进行。另外，在免疫传感器的制备中，还有生物素-亲和素体系和自组装单层膜、戊二醛交联法、蛋白A等其他间接固定法。这些方法均提高了固定效率、固定层的适应性和反应灵敏度。

(1) 生物素-亲和素体系和自组装单层膜

针对免疫传感器的特殊性，除吸附法等直接固定方法外，生物素-亲和素体系(Biotin-Avidin System, BAS)和自组装单层膜(Self-Assembled Monolayer, SAM)则属于间接方法，这些方法采用中间连接层(如硫醇、亲和素等)来连接传感器表面和抗体。实践证明通过化学反应共价键合是载体表面固定抗体的最佳方法。自组装膜的活泼性尾基(如-COOH、$-NH_2$、-OH等)在与生物分子偶联前必须被活化。-COOH通常用碳二亚胺(EDC)、N-羰基二咪唑(CDI)、对硝基酚磺酰氯等试剂来处理；$-NH_2$可以用戊二醛、三氯-S-三嗪(TST)等活化，形成的活泼酯或酰氯等活泼化合物与生物分子中的氨基反应生成酰胺共价键，从而固定生物分子。

(2) 戊二醛交联

晶体金属表面建立一层惰性疏水物质，主要是聚乙烯亚胺、3-氨丙基三乙氧基硅烷和半胱氨酸，然后再用戊二醛作为交联试剂与抗原或抗体结合。戊二醛是一个常用的双功能基试剂，很容易使蛋白质交联，这种交联是通过蛋白质中赖氨酸残基进行的。该方法的主要缺点是反应难以控制，形成的酶/蛋白质层蓬松、坚固性差，所需的生物样品多。

(3) 蛋白A共价连接

蛋白A(protein A)是金黄色葡萄球菌的一种胞壁成分，分子中有4个与免疫球蛋白分子Fc片段高亲和力结合的位点。蛋白A分子与电极表面的金原子之间依靠分子间的作用力可以紧密地结合，又能与人及多种哺乳动物血清中IgG的Fc片段结合，因此常用于金电极上抗体的定向固定。这种结合方法能使抗原与抗体决定簇发生键合的活性中心所在的Fab片段裸露在修饰膜的外层而伸向流动相，从而使抗原结合位点远离固定相表面，易于与待测物反应，并且可以通过选择合适的pH值和离子强度以改变蛋白A与抗体的亲和能力，容易实现免疫传感器的再生。

14.3.3 免疫传感器的应用

图14-14所示为梅毒抗体传感器的结构原理图，它由三个容器构成，其中，容器1为基准容器，容器2为测试容器，容器3为抗原容器。梅毒抗体传感器使用脂质抗菌素原固定化膜，将乙酰纤维素和抗原溶于二氯乙烷与乙醇混合液中，然后将它摊在玻璃板上，形成厚度

为 10μm 的膜。将抗原在膜中进行包裹固定化，干燥后将膜剥离，通过支持物将它固定在容器中。参考膜（不含抗原的乙酰纤维素膜）与抗原膜由容器 1 和容器 3 分开。血清注入容器 2 中，抗原膜作为带电膜工作，若血清中存在抗体，则抗体被吸附于抗原表面形成复合体。因为抗体带正电荷，所以膜的负电荷减少，引起膜电位的变化，最终通过测量两个电极间的电位差，来判断血清中是否存在梅毒抗体。可见，该类梅毒抗体传感器属于非标识免疫传感器，是不需要额外试剂的。

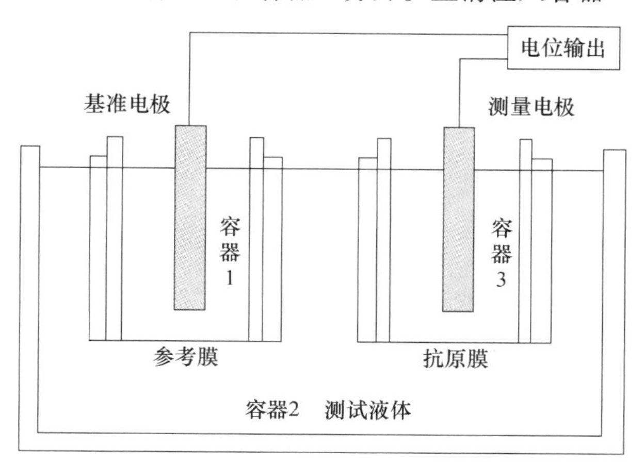

图 14-14　梅毒抗体传感器的结构示意图

14.4　微生物传感器

酶作为生物传感器的敏感材料虽然已有许多应用，但因酶的性能不够稳定，其价格也较高，使它的应用受到了限制。近年来，随着微生物固化技术的不断发展，固化微生物越来越多地应用于生物化学中，于是产生了微生物传感器。

14.4.1　微生物传感器的原理

微生物一般是指肉眼看不到或看不清，需要借助显微镜观察的微小生物。微生物主要包括原核微生物（如细菌）、真核微生物（如真菌、藻类和原虫）和无细胞生物（如病毒）等几大类。微生物最大的特点不但在于体积微小，而且在结构上也相当简单。由于体积极其微小，因此相对面积较大，物质吸收快，转化也快。微生物生长繁殖迅速，而且适应性强。所以，微生物也完全可以作为敏感元件用来构建生物传感器。

微生物传感器也称为微生物电极，它属于酶电极的衍生电极，除了生物活性物质不同外（用微生物替代酶），两者之间有相似的结构和工作原理。在酶传感器获得巨大成功之后，人们很快就注意到很多酶是从微生物细胞中提取的，这样不仅存在酶成本高的问题，而且在分离与纯化过程中容易使酶活性降低甚至丧失。因此，早在 1977 年 G. A. Rechnitz 等提出了直接使用微生物细胞作为分子识别元件，与相应的电极组成微生物传感器（microbial sensor），以避免酶的分离与提纯。至此，微生物传感器的研制进入了新的阶段。除了可以补充或替代某些固定化酶传感器外，微生物传感器还具有可以利用复合酶系统、辅酶以及微生物全部生理功能的优点。

微生物传感器是一种生物选择性电化学探测器，由经适当方法培养的细菌细胞（或经固定化的细胞）覆盖于相应的电化学传感器件表面而成。它利用细胞中酶对待测物水解、氨解或氧化等反应的选择性催化作用，以及电化学传感器元件对反应物的有选择探测，依据反应的化学计量关系，定量地测出底物存在量的信息。

微生物传感器根据对氧气的反应情况分为呼吸机能型微生物传感器和代谢机能型微生物传感器。结构原理框图如图 14-15 所示。

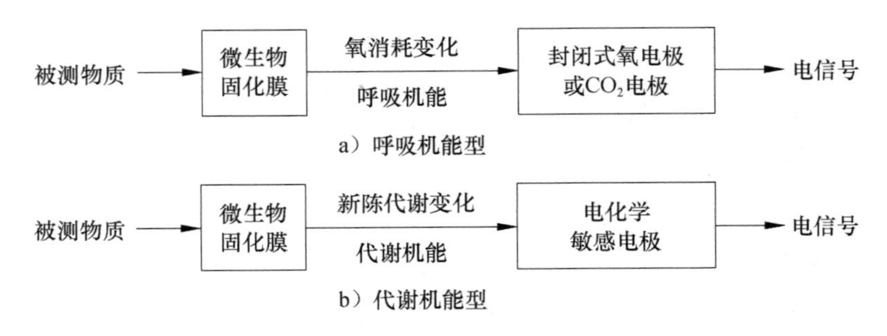

图 14-15　微生物传感器结构原理框图

呼吸机能型微生物传感器由好氧型微生物固定化膜和氧电极（或 CO_2 电极）组合而成，测定时以微生物的呼吸活性为基础，如图 14-16 所示。当微生物传感器插入溶解氧保持饱和状态的试液中时，试液中的有机化合物受到微生物的同化作用，微生物的呼吸加强，在电极上扩散的氧减少，电流值急剧下降。一旦有机物由测试液向微生物膜的扩散活动趋向恒定时，微生物的耗氧量也达到恒定。于是溶液中氧的扩散速度与微生物的耗氧速度之间达到平衡。向电极扩散的氧量趋向恒定，得到一个恒定的电流值，此恒定电流值与测试液中的有机化合物浓度之间存在着相关关系。

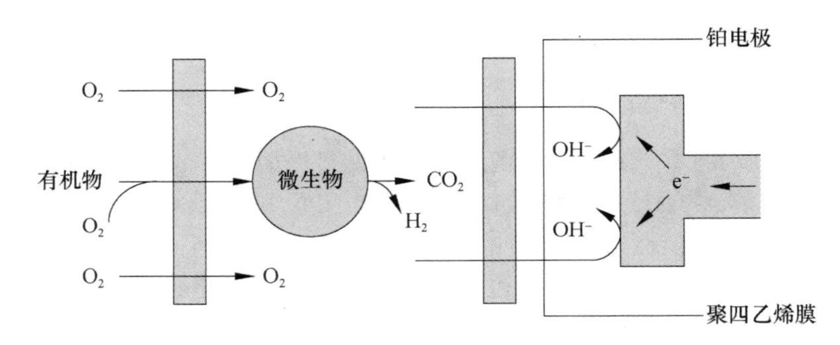

图 14-16　呼吸机能型微生物传感器

代谢机能型微生物传感器则以微生物的代谢活性为基础，如图 14-17 所示。微生物摄取有机化合物后，当生成的各种代谢产物中含有电极活性物质时，用安培计可测得氢、甲酸和各种还原型辅酶等代谢物，而用电位计则可测得 CO_2、有机酸（H^+）等代谢物。由此可以得到有机化合物的浓度信息。

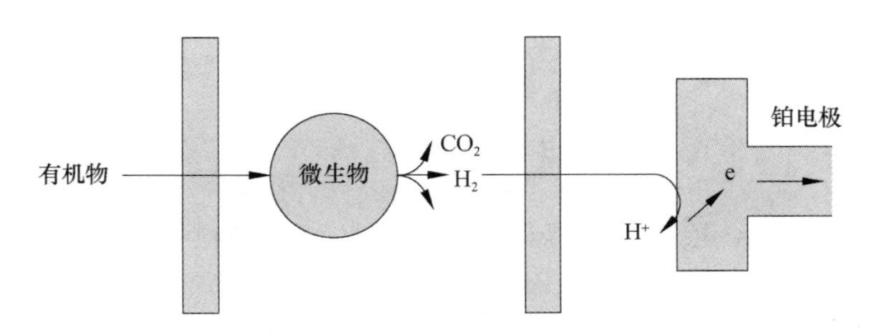

图 14-17　代谢机能型微生物传感器

14.4.2　微生物的固定

微生物传感器的结构与酶传感器相比，所不同的是将酶传感器的固定化酶膜更换为固定化的微生物膜。固定微生物的方法与固定酶的方法基本相同，因此也可采用吸附、包埋、交联或共价键合的方法。目前常用的方法是通过离心、过滤或混合培养，使微生物附着在如醋酸纤维素膜、滤纸或尼龙等膜上，此种方法包埋微生物的灵敏度高。通常，为防止漏泄，可于其上覆盖一层半透膜。另一种常用固定方法是用高分子材料如琼脂、明胶、聚丙烯酰胺等包埋微生物细胞。

14.4.3　微生物传感器的应用

与酶传感器等其他生物传感器相比较，微生物传感器的特点是使用寿命较长。这是由于采用了生存状态的微生物和用固定化技术使微生物稳定化的缘故。微生物传感器在工业生产（发酵工业、石油化工等）、环境保护和医疗检测上已逐步实用化。

（1）BOD 微生物传感器

环境治理是微生物传感器的一个广泛应用领域，这可由检测生化需氧量（Biochemicaloxygen On Demand，BOD）来完成。BOD 的含义是：在微生物作用下，单位体积水样中有机物氧化所消耗的溶解氧质量，单位是 mol/L。目前，国内外广泛采用 5 天生化需氧量（BOD_5）标准稀释测定法，但这种方法操作烦琐、重现性差、耗时耗力，而且不能及时反映水质情况和反馈信息，而用微生物传感器法测定 BOD，不仅快速、简便，并且具有可重复性和在线监测等特点。

多数 BOD 微生物传感器采用固定有微生物的合成膜作为生物识别元件，而生物氧化进程大多通过一个溶解性的 O_2 电极进行记录。曾经有多种微生物在生化需氧量传感器的构建中被广泛应用，使得 BOD_5 的测量从 5 天缩短到了 15min，甚至在数分钟内完成。BOD 微生物传感器的原理图和结构示意图如图 14-18 和图 14-19 所示。

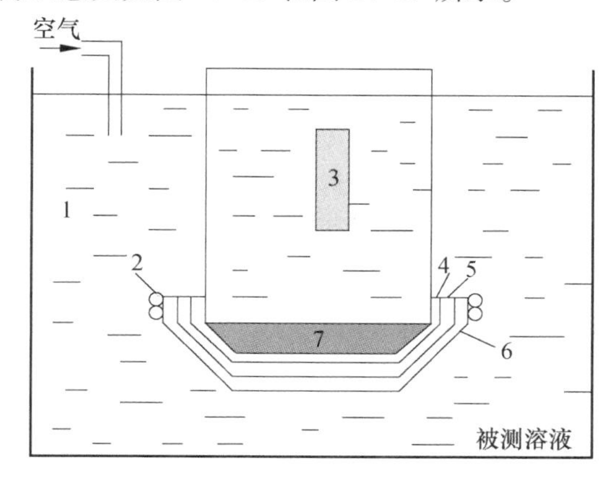

图 14-18　BOD 微生物传感器原理图

1—电解液；2—O 形环；3—阳极；4—聚四氟乙烯膜；5—微生物膜；6—尼龙网；7—阴极

近期研究表明，某些氧化还原媒介体可以被一些微生物所消耗，这样，它们可以在电极和微生物之间充当电子传递的中介，这些介体底物已经被成功地用于构建微生物燃料电池以及微生物的检测等领域。研究发现，微生物代谢引起氧化还原介体的消耗更显著高于氧的消

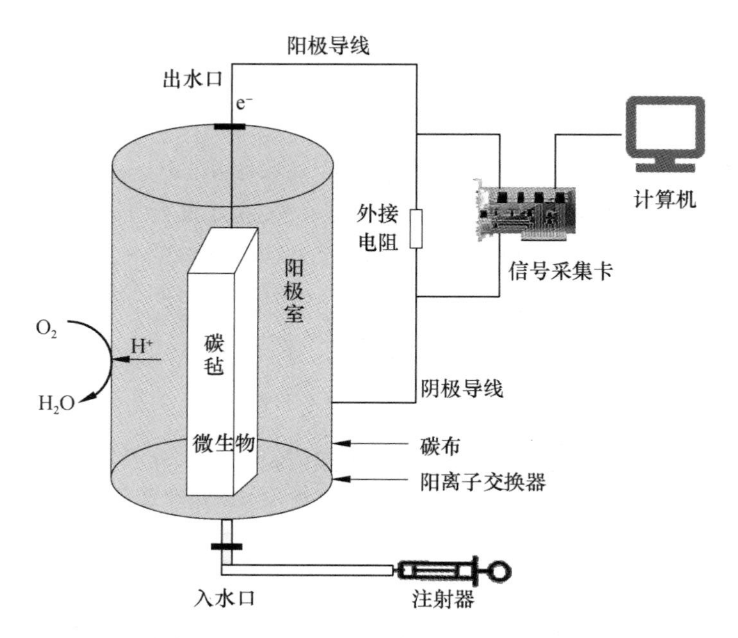

图 14-19 BOD 微生物传感器结构示意图

耗。例如，铁氰化钾 $K_3[Fe(CN)_6]$（HCF(Ⅲ)）作为电活性分子已被广泛用于电流型微生物传感器的研究，图 14-20 所示为其基本检测原理示意图。通常，微生物通过其固有的有氧呼吸，利用脱氢酶、细胞色素、辅酶 Q 等对有机分子进行氧化。将铁氰化钾加入之后，它可充当一个电子受体，在有机分子氧化时被优先还原为亚铁氰化钾 $K_4[Fe(CN)_6]$（HCF(Ⅱ)），被还原的铁氰化钾能在工作电极（阴极）表面被重新氧化，其间能产生足够高的电位改变。其结果是，产生的电流能被电极系统所记录、测量。

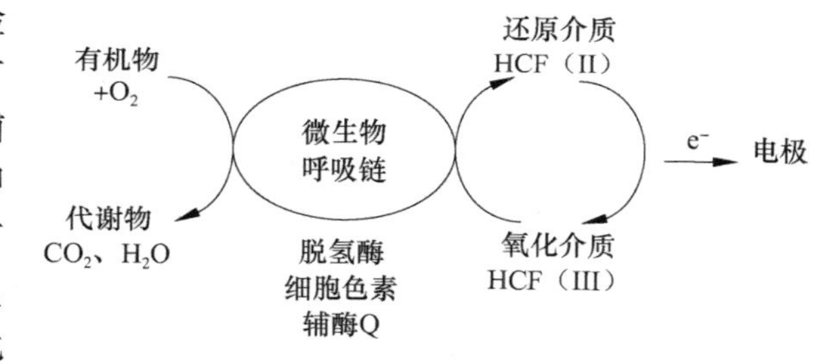

图 14-20 电流型 BOD 生物传感器检测原理

（2）甲酸传感器

图 14-21 所示为甲酸传感器的结构示意图，它属于代谢性微生物传感器。将产生氢的酪酸梭状牙菌固定在低温胶冻膜上，并把它装在燃料电池的 Pt 电极上。整个传感器由 Pt 电极、Ag_2O_2 电极、电解液（0.1mol/L 磷酸缓冲液）以及液体连接面组成。当传感器进入含有甲酸的溶液时，甲酸通过聚四氟乙烯膜向酪酸梭牙菌扩散，被资化后产生 H_2，而 H_2 又穿过 Pt 电极表面上的聚四氟乙烯膜与 Pt 电极产生氧化还原反应电流，此电流与微生物所产生的 H_2

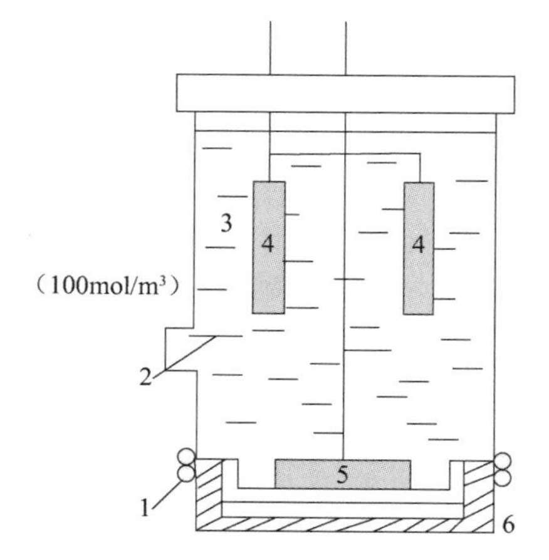

图 14-21 甲酸传感器的结构图
1—圆环；2—液体连接面；3—电解液；
4—Ag_2O_2 电极（阴极）；5—Pt 电极（阳极）；
6—聚四氟乙烯膜

含量成正比，而 H_2 的含量与待测甲酸溶液浓度有关，因此该传感器可以用来测定发酵溶液中的甲酸浓度。

14.5　其他常见生物传感器及其应用

14.5.1　血糖测试仪

血液中的糖分称为血糖，绝大多数情况下都是葡萄糖(英文简写 Glu)，人体内各组织细胞活动所需要的能量大部分来自葡萄糖，所以血糖必须保持在一定水平才能维持体内各器官和组织的需要。正常人的空腹血糖浓度为 3.9 ~ 6.1mmol/L，空腹血糖高于 6.1mmol/L 称为高血糖，低于 3.9mmol/L 称为低血糖。低血糖给患者带来极大的危害，轻者引起记忆力衰退、反应迟钝，部分诱发脑血管意外、心律失常及心肌梗死。高血糖可引发糖尿病，从而可能引起糖尿病并发症(如：糖尿病肾病、糖尿病眼部并发症、糖尿病心血管疾病等)，从而危及患者生命安全。所以，血糖的检测在预防与控制医学中具有重要的意义。图 14-22 是目前应用较广泛的便携式血糖仪。

临床诊断中所用到的自动或半自动生化分析仪由于体积大、检测过程复杂、成本较高，不适用于社区医院、急诊和病人对病情的自我监测。因此，便携式血糖测试仪成为目前发展较快的一类家用医疗仪器，它使患者在病情较稳定的阶段可以自行监测血糖浓度，是一种非常方便的家用诊疗仪器。

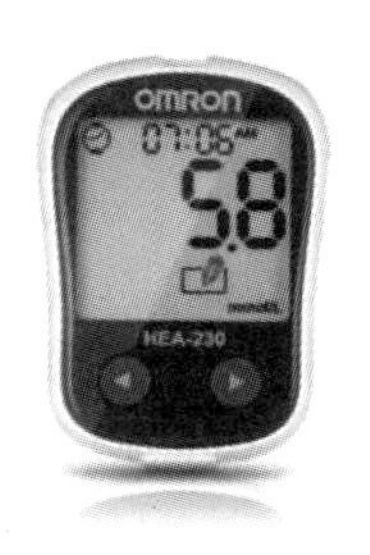

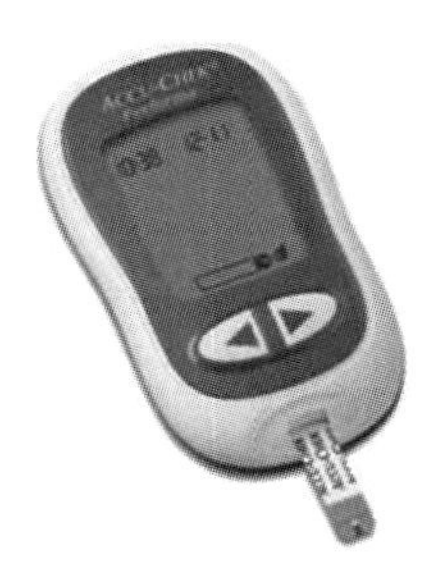

图 14-22　各种便携式血糖测试仪商品

血糖测试仪的检测原理分为两种，光化学法和电化学法。光化学法基于血液和试剂产生的反应测试血糖试条吸光度的变化值，其反应过程如下：

$$\text{葡萄糖} + O_2 \xrightarrow{\text{GOD}} \text{葡萄糖酸内脂} + H_2O_2 \tag{14-6}$$

$$H_2O_2 + OP \xrightarrow{\text{POD}} AH + H_2O \tag{14-7}$$

式中：GOD 和 POD 分别代表葡萄糖氧化酶和过氧化物酶；OP 和 AH 分别代表燃料及其产物。由于采用光化学法的血糖测试仪在其试条加样区直接接触光孔，从而可能导致对光孔的污染。因而光化学法的血糖仪必须经常清洁光孔，否则污染后将导致测试结果产生偏差。一般来讲，采用光化学法原理比采用电化学原理的血糖仪测试时需要的血样多。目前，仅有少数血糖测试仪采用光化学法。

通过电化学法测定葡萄糖从 20 世纪 30 年代末兴起，它通过测定铂金电极上过氧化氢的氧化分解产生的电流变化，来测算出溶液中因氧的消耗导致的氧分压下降值，进而测得葡萄糖的浓度，相关的测试方法和详细原理在 14.2.4 节中已经介绍。根据此原理设计而成的商业化葡萄糖电化学分析仪目前仍在生产和使用。

随着葡萄糖电化学分析仪的商业化，20 世纪 70 年代 Williams 等采用分子导电介质铁氰化钾代替氧分子进行氧化还原反应的电子传递，实现了血糖的电化学测定，其反应原理如下：

$$\text{葡萄糖} + FAD(GOX) \longrightarrow \text{葡萄糖酸内脂} + FADH_2(GOD) \tag{14-8}$$

$$FADH_2(GOD) + Fe(CN)_6^{3-} \longrightarrow FAD(GOX) + Fe(CN)_6^{4-} \tag{14-9}$$

$$Fe(CN)_6^{4-} \longrightarrow Fe(CN)_6^{3-} + e^- \tag{14-10}$$

导电中介的应用是一个开创性的成果，对后来血糖测试仪的开发起到了关键性的指导作用。1987 年，美国 Medisense 公司成功推出了世界上第一台家用便携式血糖测试仪 Exac Tech。该血糖测试仪采用二茂铁作为导电中介物质，通过丝网印刷碳电极，制成了外观尺寸如同 pH 试纸大小的血糖试纸，并实现了大规模的商业生产。

血糖测试仪的硬件结构如图 14-23 所示，整个系统由酶电极传感器部分、信号处理电路（电流电压转换、放大滤波部分）、温度补偿部分、单片机及显示部分组成。在酶电极上滴血后产生的微电流较小，只能达到微安量级，不便于测量和分析，所以将其先转换成电压信号，然后进行电压放大。由于电源和各种因素干扰信号产生的系统噪声会影响测试精度，因此应设计滤波电路去除干扰信号，使测试更加精确。经过处理后的电压值传送给内置 A/D 转换的单片机，单片机经过计算得出血糖浓度值，最后通过液晶屏幕将结果显示出来。

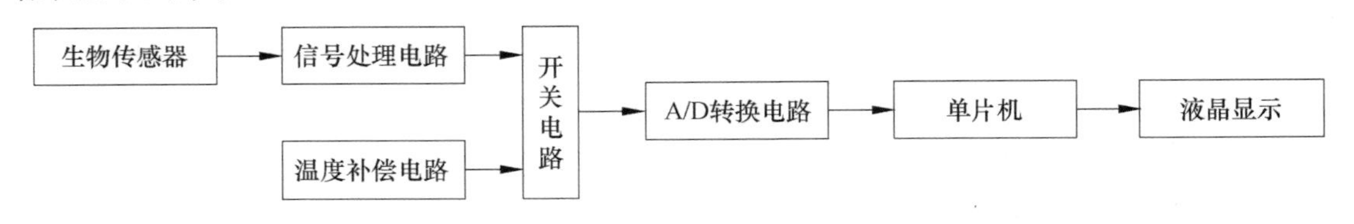

图 14-23　血糖测试仪的硬件结构图

环境温度的变化会引起监测系统零点漂移和灵敏度的变化，从而造成测量误差。为消除环境温度的影响，系统中温度补偿电路采用微型温度传感器，其测温范围为 –55 ~ 125℃，测量分辨率为 0.0625℃，测温精度为 ±0.5℃。温度信号经过多路开关输入单片机，根据血糖测试电极的温度特性进行测试结果误差的自动修正。

血糖测试仪的测量范围一般为 1.6 ~ 33.3mmol/L（30 ~ 600mg/dL），与高精度生化分析仪的测量结果有显著的相关性，并且具有操作简单、测量时间短、成本低等优点，是糖尿病患者在家庭中监测控制自身血糖浓度的理想仪器。

14.5.2　水源监测光纤阵列传感器

为了监测水源免受污染，人们需要知道水源中重金属的种类和数量。可以利用载体将对重金属离子特别敏感的试剂覆膜于光纤的一端形成探头，光纤的另一端传输至高清晰度 CCD，最后成像并由计算机处理形成可对比的图像，再通过与原先存储在计算机中的标准样本对比，最终得到测试结果，如图 14-24 和图 14-25 所示。

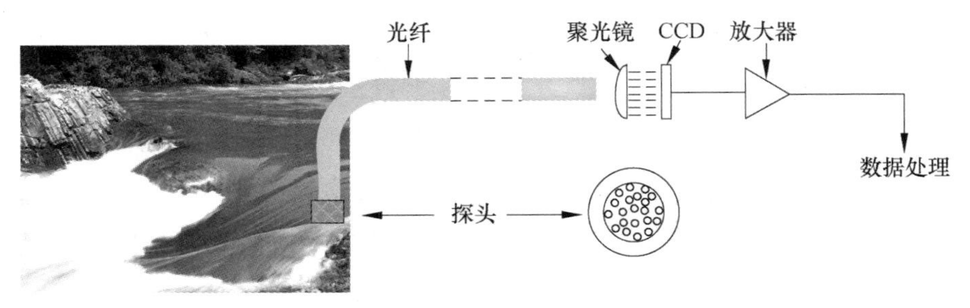

图 14-24　监测金属离子污染的光纤阵列传感器

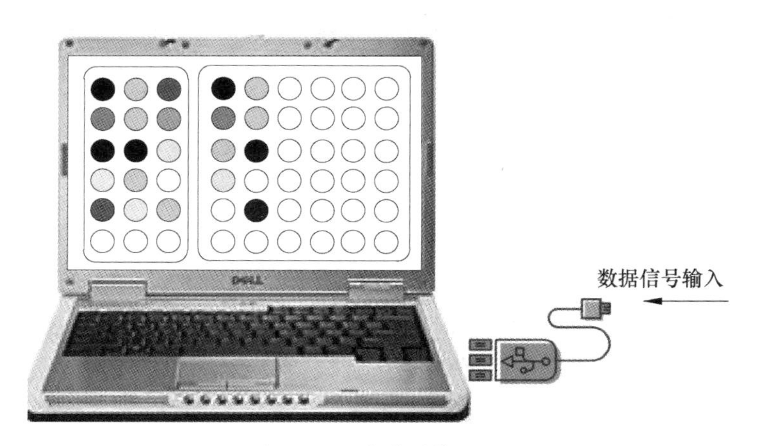

图 14-25　彩膜图像显示

例如，为了识别 Hg(Ⅱ)，利用硅烷醇将一种对 Hg(Ⅱ)特别敏感的试剂——二苯卡巴腙膜涂于光纤的一端，形成 Hg(Ⅱ)识别器件。其工作原理是：光纤探头功能膜中的二苯卡巴腙与水源中的 Hg(Ⅱ)发生反应，在膜中生成蓝色化合物，膜颜色的变化及程度迅速通过光纤传至 CCD 形成彩膜图像，彩膜图像经过数字传输至计算机后，通过与原来存储的标准样本对比后，即可判断 Hg(Ⅱ)是否存在以及含量多少。

思考题

14.1　什么是生物传感器？简述生物传感器的工作原理、组成、分类以及特性。

14.2　生物敏感膜的种类有哪些？其工作原理是什么？

14.3　以葡萄糖传感器为例，简述酶传感器的结构和工作原理。

14.4　什么是免疫传感器？简述其工作原理、结构及分类。

14.5　简述非标识免疫传感器和标识免疫传感器在工作原理上的异同。

14.6　生物传感器敏感膜的固定化方法有哪些？

14.7　酶膜、抗体和微生物的固定方法有哪些异同？

14.8　微生物传感器有哪两种类型？试各举例说明。

14.9　试列举两种以上生物传感器在医学上的应用。

14.10　用免疫传感器设计一个测定人血清中乙肝病原表面抗体(HBVs-Ab)的传感与检测系统，简述其工作原理和硬件系统组成。

第 15 章 集成智能传感器

半导体技术和电子技术的进步推动了传感器技术的迅猛发展。目前，传感器正从传统的分立式朝着单片集成化、智能化、网络化、系统化的方向发展，智能传感器的市场销售量正以每年20%的速度增长，应用领域也越来越广泛，仅在汽车上使用的智能传感器就达几十种，如加速度传感器、压力传感器、温度传感器、液位传感器，还有高智能化的用于车道跟踪、车辆识别、车距探测、卫星定位等的新型传感器。单片集成传感器作为21世纪最具有影响力和发展前景的一项高科技产品，必然引起国内外相关领域的高度关注。

15.1 概述

智能传感器将传感器、前级信号调理电路、微处理器和后端接口电路集成在一个芯片上。这种新型传感器能直接实现信息的检测、处理、存储和输出。单片智能传感器是信息技术前沿的尖端产品，它具有全集成化、智能化、高精度、高性能、高可靠性和价格低廉等显著优势。

目前，关于智能传感器的中英文称谓尚不统一，英国人称智能传感器为 Intelligent Sensor；美国人把智能传感器称为 Smart Sensor，直译为“灵巧的、聪明的传感器”。

15.1.1 基本特点

智能传感器的最大特点是将传感器检测信息的功能与微处理器的信息处理功能有机地融合在一起，从一定意义上看具有类似人工智能的作用。这里特别要说明的是“带微处理器”包括两种方式：一种是将传感器与微处理器集成在一个芯片上，构成所谓“单片智能传感器”；另一种是指传感器可以与单片机直接接口和配置。

1. 智能传感器的功能

1）具有自动调零、自动调节平衡、自动校准、自标定功能。

2）具有自动补偿、逻辑判断和信息处理功能。可对检测信号进行预处理、线性化，可对温度、静压力进行自动补偿。如当被测量的介质温度发生变化时，智能传感器中的补偿软件能自动按照补偿算法进行补偿，大大提高测量精度。

3）具有自诊断功能。智能传感器通过自检软件，能够对传感器和系统工作状态进行检测，某些器件通过检测可诊断出故障的原因和位置，并做出响应，显示或发出故障报警信号。

4）具有组态功能。智能传感器系统中有多种软硬件模块设置，用户可通过微处理器发出指令，改变智能传感器的硬件模块和软件模块的组合状态，完成不同的测量功能。

5）具有数据存储和记忆功能，能随时存取监测数据。

6）具有通信功能。可利用 RS-232、RS-485、USB、I^2C、SPI、1-Wire 等标准总线接口，实现传感器与计算机直接双向通信。

2. 智能传感器的特点

与传统传感器相比，智能传感器的主要特点是：高精度、宽量程、多功能化、高可靠性、高性价比、自适应能力、微型化、微功耗、高信噪比等。

由于智能传感器采用了自动调零、自动调节平衡、自动补偿、自动校准、自标定等新技术，使传感器的测量精度、分辨力和信噪比都得到大大提高，并具有很强的过载能力；由于器件的集成化和多功能化，可进行多参数的测量，这也是集成传感器的一大特色；由于在半导体工艺上采用超大规模 CMOS 电路集成技术，集成智能传感器的体积、功耗大大降低，使用寿命延长，可满足航空、航天等国防尖端技术领域的需求，为便携式、袖珍式仪器仪表创造了有利条件。

15.1.2　发展趋势

智能传感器正朝着单片集成化、网络化、系统化、多功能、高精度、高可靠性的方向发展。智能传感器发展趋势主要表现在以下几个方面。

1. 新的半导体工艺

计算机技术和微电子技术的进步推动了传感器技术发展，这种技术和生产力的转化使传感器的研究与制作有了新的突破。例如：瑞士 Sensirion 公司率先推出的半导体 CMOS 芯片与传感器技术融合的 CMOSens@ 技术，也称为“Sensmitter”，表示传感器(sensor)与变送器(transmitter)的有机结合；美国 Atmel 公司生产的指纹芯片专有技术(FingerChip™)；美国 Veridicom 公司的图像搜索技术(ImageSeek™)、高速图像传输技术、手指自动检测技术；美国 Honeywell 公司的网络智能精密压力传感器生产技术。

在集成电路中利用模糊逻辑技术(Fuzzy-Logic Technique，FLT)设计的智能型超声波探测器 US0012，兼有干扰探测、干扰识别和干扰报警三大功能，在探测车辆内部的干扰时不需要做任何调整，超声波传感器探测标准在出厂时就被固化到芯片中了。

生物传感器是由生物活性材料(酶、蛋白、DNA、抗体、抗原、生物膜等)与物理、化学传感器结合而成的。生物传感器的问世对生物检测技术是一次革命，并成为一种新的生物监测手段，新的生物传感器芯片不断涌现也将逐渐替代传统的生物检测方法，广泛应用于临床诊断、环境保护、食品和药物分析等领域以及分子生物学的研究。

2. 单片传感器系统

单片系统的英文缩写为 SOC(System On Chip)，可译为“系统级芯片”或“系统芯片”，其含义是将一个可灵活应用的系统集成在一个芯片上。目前系统芯片的单片集成度可达到 10^9 个晶体管/片，这使 IC 从传统意义上的“集成电路”发展成为全新概念的“集成系统”。

“单片传感器解决方案”(Sensor Solution On Chip，SSOC)是国外学者提出的新的概念，它是把一个复杂的智能传感器系统集成在一个芯片上。如 MAXIM 公司推出的 MAX1458 型数字式压力信号调理器，内含 E^2PROM，可自成系统，几乎不用外围元件和电路，可自动实现压阻式压力传感器的最优化校准和补偿。

3. 智能微尘传感器

理想的智能微尘(Smart Micro Dust)是一种具有电脑功能的超微型传感器。用肉眼看，它和一粒沙子差不多大，但是内部包含了从信息收集、信息处理到信息传输所必需的全部部件。目前智能微尘直径约为5mm，未来的智能微尘的体积会越来越小，甚至可以悬浮在空气中用来搜索、处理、发送信息。因为智能微尘传感器自带太阳能充电的微型电池，所以可以“永久”使用。

智能微尘主要用于军事侦察的网络监测、森林火灾预警、海底板块移动动向、星际探测、医学植入式监测器、物联网的传感器中。智能微尘可完成和实现的功能是神奇的，也是现代人无法预测的。例如，在医学领域与生物学结合可制作出“智能绷带”，通过检测伤口情况自动确定使用哪种抗生药物；将来老人和病人的生活里会布满各种智能监控器，用来监控他们的生活，甚至抽水马桶里的传感器可以及时分析、显示出排泄物的问题……这样保证了老人和病人独处时也是安全的。

4. 总线技术的标准化与规范化

传感器的总线技术正逐步实现标准化、规范化。目前智能传感器的总线主要有1-Wire总线、I^2C总线、SMBus总线、SPI总线和USB总线。

- 1-Wire总线亦称单总线，是美国DALLAS公司的专有技术，它是用一根线对信号进行双向传输，具有接口简单、容易扩展等特点，适用于由单主机、多从机构成的系统。
- I^2C(Inter-IC)总线和SMBus总线属于二线串行总线。I^2C是Intel公司推出的一种双向传输总线标准，在总线上可同时接多个从机，主机通过地址来识别从机。SMBus(System Management Bus)总线是Intel公司1995年推出的一种类似于I^2C总线的二线串行总线，它适用于笔记本电脑或台式PC系统的低速率通信。
- SPI(Serial Peripheral Interface)总线为三线串行总线，是Motorola公司推出的一种同步串行接口，智能传感器作为从机，可通过专用总线接口与主机进行通信和数据传送。
- USB是“通用串行总线”(Universal Serial Bus)的英文缩写，是由Compaq、IBM、Intel、微软等公司于1994年共同提出的，它是专门针对PC外设推出的一种通用串行总线。USB接口具有高速传输(USB 2.0的传输速率可达480Mbps)、连接单一化、软件自动“侦测”以及“即插即用”(Plug and Play)、“热插拔”的优点，并且价格低廉。目前，USB已成为PC与外设的标准接口，并开始应用于智能传感器系统。

目前智能传感器都是数字式的，而工业测试现场传感器仍大量使用4~20mA模拟输出系统，包括传感器、变送器及二次仪表等。为解决这一问题，美国罗斯蒙特(Rosemount)公司提出了HART(Highway Addressable Remote Transducer，可寻址远程传感器高速通道的开放通信)协议作为过渡性标准。

5. 虚拟传感器和网络传感器

所谓虚拟传感器有虚拟仪器的概念，就是基于软件系统开发和研制智能传感器。它是在硬件基础上通过软件来实现测试功能，利用软件还可以完成传感器的校准、标定等。因此，其智能化程度也取决于软件开发水平。例如MAXIM公司研制的MAX1457高精度硅压阻式压力传感器信号调理芯片，专门为用户提供了工具软件(FV Kit)和通信软件，这为用户开发基于传感器的测试系统创造了便利条件。

网络传感器是包含数字传感器、网络接口和处理单元的新一代智能传感器。数字传感器先将被测信号的模拟量转换成数字量，再送微处理器做数据处理后直接将测量结果传输到网络，实现异地数据的交换和资源共享。

美国 Honeywell 公司开发的 PPT 系列、PPTR 系列和 PPTE 系列智能精密压力传感器技术就属于网络传感器。传感器将敏感元件、A/D 转换、微处理器、存储器（RAM、E^2PROM）与接口电路集成在一起，在构成网络时，能确定每个传感器的全局地址、组地址、设备识别号（ID）地址。用户通过网络能够获取任何一个传感器的数据，也可以对该传感器进行参数设置。

6. 可靠性与安全性设计

智能传感器一般具有自检和自校准功能。利用传感器的自检模式，可以模拟各种条件下的不同状态，定期检查系统的性能。

15.1.3　主要产品

智能传感器的分类方法与第 1 章中传统传感器的分类方法基本相同，可按照传感器的物理量、传感器的工作原理和传感器的信号输出的性质分类。

目前，单片集成智能传感器的主要产品有以下类型：①智能温度传感器；②智能温/湿度传感器；③速度传感器；④加速度传感器；⑤智能超声波传感器；⑥指纹传感器；⑦智能压力传感器；⑧其他智能传感器。

15.2　单片智能温度传感器

实际应用中单片集成式温度传感器分为：数字集成温度传感器、模拟式集成温度传感器、智能温度传感器、通用智能温度控制器。它们在工作原理、输出信号和使用方法上也有一定的差别。所采用的总线主要有：USB-通用串行总线、1-WIRE-单总线、SPI-三线串行总线、I^2C-二线串行总线等。

智能温度传感器自 20 世纪 90 年代问世以来，广泛应用于自动控制系统。这种温控器将 A/D 转换电路、ROM 集成在一个芯片上，是一种数字式温度传感器。目前智能传感器的总线技术已逐渐实现标准化、规范化。这里将传感器作为从机，可以通过专用总线接口与主机进行通信，传输传感器获取的数据。

15.2.1　基于 1-Wire 总线的 DS18B20 型智能温度传感器

DS18B20 基于 1-Wire 总线，是一种无须标定的智能温度传感器。

1. DS18B20 引脚

DS18B20 是美国 DALLAS 半导体公司生产的，可组网数字式温度传感器，图 15-1 为 DS18B20 两种封装形式。器件的三个引脚分别为：DQ——数字信号输入/输出端；V_{DD}——外部电源（+5V）；GND——接地端（NC——空脚）。

与其他温度传感器相比，该器件有以下特点：

1）单线接口方式，可实现双向通信；

2）支持多点组网功能，多个 DS18B20 可并联在唯一的总线上实现多点测温；

3）使用中不需要任何外围器件，测量结果以 9 位数字量方式串行传送；

4）温度范围为 $-55\sim+125℃$；

5）电源电压范围为 +3 ~ +5.5V。

2. DS18B20 测温原理

DS18B20 测温原理框图如图 15-2 所示。低温度系数振荡器温度影响小，用于产生固定频率信号 f_0 送计数器 1，高温度系数振荡频率 f_c 随温度变化，产生的信号脉冲送计数器 2。计数器 1 和温度寄存器被预置在 -55℃对应的基数值，计数器 1 对低温度系数振荡器产生的脉冲进行减法计数。当计数器 1 预置减到 0 时温度寄存器加 1，计数器 1 预置重新装入，重新对低温度系数振荡器计数。如此循环，直到计数器 2 计数到 0 时，停止对温度寄存器累加，此时温度寄存器中的数值即为所测温度。高温度系数振荡器相当于 T/f 温度频率转换器，将被测温度 T 转换成频率信号 f，当计数门打开时对低温度系数振荡器计数，计数门的开启时间由高温度系数振荡器决定。

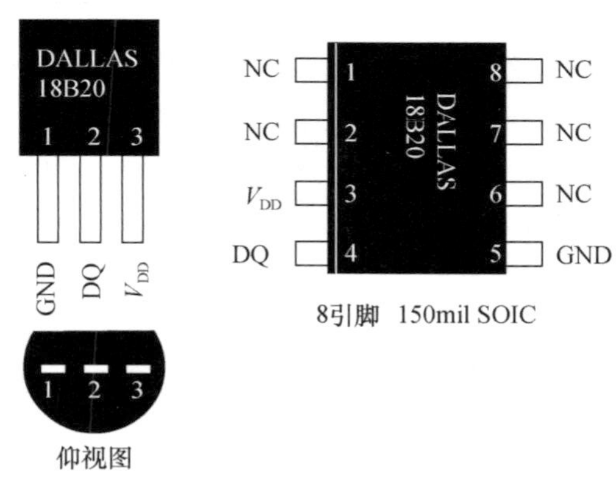

图 15-1 DS18B20 两种封装形式

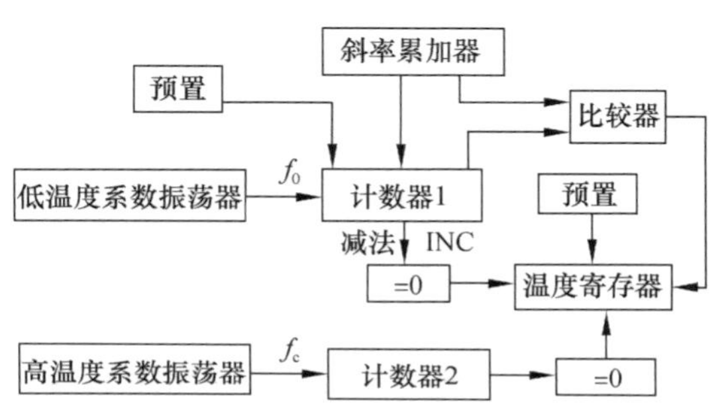

图 15-2 DS18B20 测温原理框图

3. DS18B20 内部电路

DS18B20 内部原理框图如图 15-3 所示，主要包括 8 个部分：寄生电源；温度传感器；64 位 ROM 与单总线接口；高速暂存器；TH(高温)触发寄存器、TL(低温)触发寄存器；存储与逻辑控制；8 位 CRC(循环冗余校验码)发生器。

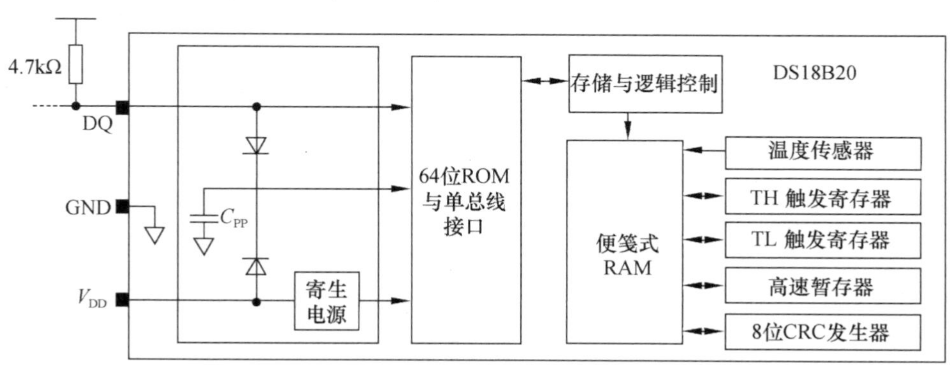

图 15-3 DS18B20 内部原理框图

4. DS18B20 连接方式

DS18B20 连接方式有两种，如图 15-4 所示。图 15-4a 为省电方式，利用 CMOS 管连接传感器数据总线，微控制器控制 CMOS 管的导通截止，为数据总线提供驱动电流，这时电源

V_{DD}接地线，传感器处于省电状态。图 15-4b 为漏极开路输出方式，由于 DS18B20 输出端属于漏极开路输出，传感器数据线通过上拉电阻保证常态为高电平，这种方式下只要有电源供电传感器就处于工作状态，另外可以在 I/O 单总线上连接其他驱动。

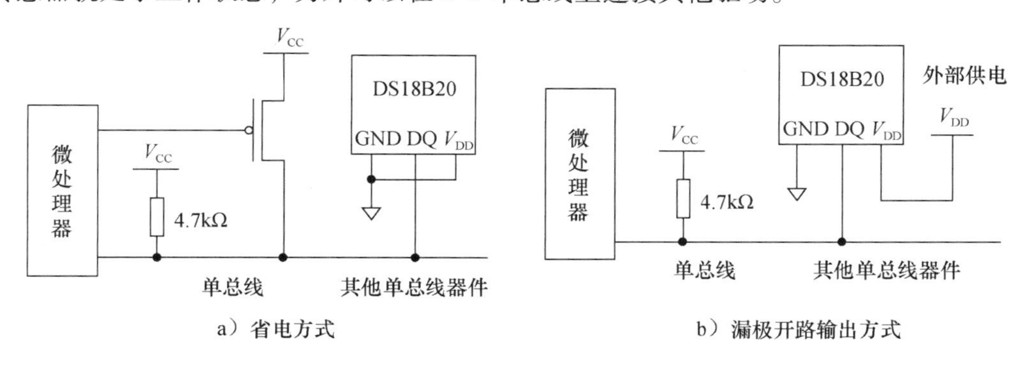

图 15-4　DS18B20 连接方式

5. MCS-51 单片机的 DS18B20 编程方法

DS18B20 内部自带 5 个 ROM 指令和 6 条专用指令，它们分别为：

ROM 指令：

```
Read ROM(33h),                    读 ROM;
Match ROM(55h),                   比较;
Skip ROM(CCh),                    跳过 ROM;
Search ROM(F0h),                  搜索、查找;
Alarm ROM(ECh),                   报警;
```

专用指令：

```
Write Scratchpad[便签式](4Eh),    写便签 RAM;
Read  Scratchpad(BEh),            读数据;
Copy  Scratchpad(48h),            复制;
Convert T(44h),                   启动转换;
Recall E2(B8h),                   搜索、调用;
Read Power Supply(B4h),           读电源电压;
```

通过数据线，利用串行传输方式，先发出跳过 ROM 命令，再发出温度转换命令，温度传感器把采集到的温度经过转换后，以十六进制(10H 表示 1℃)存储于自带的存储器 E^2ROM 中，最后发出读数据指令，把温度传感器 E^2ROM 中的数据读入单片机。

在 E^2ROM 中，当温度为负值时，以补码的形式表示。复位时，其值为 +85℃。智能型温度传感器自动将温度的低字节和温度的高字节分别装入两个单元。在系统中，在查询阈值或设定阈值的时候不能进行温度采集，要先判断是否在查询或设定阈值。这里需要判断标志位，如果标志位为 1，则正在进行阈值查询或设定，那么跳过温度采集程序，否则执行温度采集程序。

DS18B20 有多点组网的功能，理论上可在同一条总线上同时接 8 个 DS18B20，8 个传感器的读取顺序是通过读取器件的序列号实现的，每个 DS18B20 的序列号是唯一的，出厂前已被写入器件的内部 ROM，多个 DS18B20 传感器进行温度采集时必须通过读操作指令读取(识别)各传感器的序列号。

采用 MCS-51 系列单片机完成一点测温的应用程序如下：

```
JB      GETFLAG1,MATURE;        查询  上限查询/设定标志位;
JB      GETFLAG2,MATURE;        查询  下限查询/设定标志位;
```

温度采集主程序：

```
LCALL   INI
MOV     A,  #0CCH
```

发跳过 ROM 命令：

```
LCALL  WRITE
MOV     A,  #44H
```

发启动转换命令：

```
LCALL   WRITE
LCALL   INI
MOV     A,#0CCH                 发跳过 ROM 命令;
LCALL   WRITE
MOV     A,#0BEH                 发读存储器命令;
LCALL   WRITE
LCALL   READ
MOV     TemperL,  A
MOV     40H,  A                 读温度低字节存放在寄存器 40H 单元;
LCALL   READ
MOV     TemperH,A
MOV     41H,  A                 读温度高字节存放在寄存器 41H 单元;
```

15.2.2 基于 SMBus 的 MAX6654 型智能温度传感器

MAX6654 是美国 MAXIM 公司生产的双通道智能温度传感器，可同时测量远程温度和本地温度(即芯片的环境温度)。MAX6654 是一种大规模集成器件，由 12504 只晶体管组成，器件模块包括 P-N 结温度传感器、11 位 A/D 转换、多路转换器、控制逻辑、地址译码、SMBus 串行总线接口；内部电路中有 11 个寄存器、2 个数字比较器和漏极开路的输出级；有多种工作模式，可编程的温度上限/下限报警器功能。利用 MAX6654 智能温度传感器可对 PC、笔记本电脑和服务器的 CPU 温度进行监控。

1. MAX6654 器件性能

MAX6654 引脚封装图如图 15-5 所示。该器件使用时不需要对温度传感器进行校准。MAX6654 可以用于测量本地温度的范围是 -55 ~ 125℃，在 0 ~ 100℃ 内的测温精度是 ±2℃。

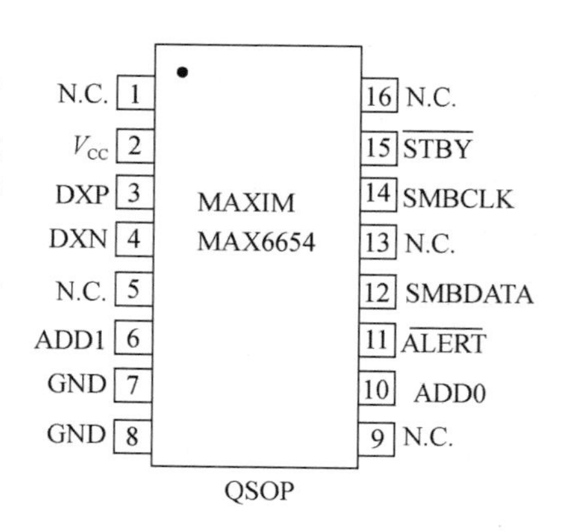

图 15-5 MAX6654 引脚封装图

远程温度传感器可将低噪声小功率晶体管(2N3904/NPN 型、2N3906/PNP 型)接成二极管使用，代替热敏电阻或热电偶。测温范围在 -55 ~ 125℃，+70 ~ +100℃ 温度时的测温精度可达 ±1℃。

可以选择 7 种分辨率，最高为 0.125℃，最低为 0.875℃。通过转换速率寄存器可以设定连续转换模式下的 A/D 转换速率，设定范围为 0.0625 ~ 8 次/秒，低于1 次/秒时可扩展温度寄存器来提高分辨率，增加数据位数。复位后，默认完成一次转换的时间为 125ms。

SMBus 串行总线接口能与 I^2C 总线兼容，总线上最多可接入 9 片 MAX6654。

时钟频率范围是 0 ~ 100kHz。

2. MAX6654 工作原理

传感器输入级包括两个电流源和两只硅二极管，一只为偏置二极管 VD_1，另一只为内置温度传感器 VD_2。电流源经外部测温晶体管的 P-N 结后流经 VD_1，使 VD_1 正向导通，提供偏置电压 U_{F1}，使之电位高于地电位。

内部的多路转换器的作用是在 A/D 转换过程中自动切换两个通道，MAX6654 始终按两个通道测量，未用通道的结果可弃之。远程测量通道不使用时，需将 DXP(远程传感器 P-N 结 P 端)与 DXN(远程传感器 P-N 结 N 端)短接，不可使引脚悬浮以避免带来外界干扰。

3. MAX6654 典型应用

MAX6654 典型应用电路如图 15-6 所示。远程传感器 VT 采用 2N3904 型晶体管，将它粘贴在 CPU 芯片上。C_1 为远程传感器消噪电容，R_1 和 C_2 构成高频干扰滤波器，R_2 ~ R_4 为上拉电阻。

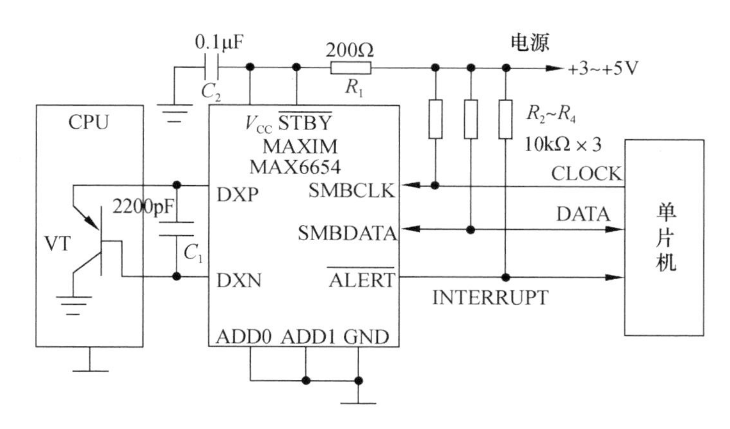

图 15-6　MAX6654 的典型应用电路

单片机通过 SMBus 串行总线接口与 MAX6654 连接，同时为 MAX6654 提供时钟完成读/写操作。一旦 CPU 的温度越限，MAX6654 的 ALERT 端输出低电平报警信号，使单片机产生中断，控制散热风扇，使 CPU 处于正常温度范围。内置温度传感器专门检测 MAX6654 周围的环境温度(图中未标出)。

15.3 集成湿度传感器

湿敏元件是最简单的湿度传感器，主要有电阻式、电容式两大类。湿敏元件只能将湿度转化为电压信号，但不具备温度补偿及湿度信号调理功能，主要缺点是线性度差，产品一致性差，响应时间长。集成湿度传感器可以在很大程度上克服这些缺陷，提高湿度测量的精确度和稳定性。

近年来，国内外湿度传感器取得了长足的进步，从简单的湿敏元件向集成化、智能化、多参数检测的方向迅速发展，为开发湿度/温度测控系统和提高测量技术水平提供了有利条件。目前，国外生产集成湿度传感器的主要厂家及典型产品有：Honeywell 公司的 HIH-3602/HIH-3605/HIH-3610 型；Humirel 公司的 HM1500/HM1520/HTF3223/HF3223 型；瑞士 Sensiron(森斯瑞)公司的 SHT11/SHT15 型。这些产品主要分为四种类型：

1）线性电压输出式集成湿度传感器，典型产品有 HIH-3605/HIH-3610、HM1500/HM1520，响应速度快、重复性好。

2）线性频率输出式集成湿度传感器，典型产品为 HF3223，线性度好、抗干扰能力强、价格低廉、便于连接数字电路和单片机，是实用多选的产品。

3）频率/温度输出式集成湿度传感器，典型产品为 HTF3223，它除具有 HF3223 的功能外，增加了温度信号的输出端，配合二次仪表即可测量温度值。

4）单片智能化集成温/湿度传感器，典型产品为 Sensiron 公司研制的 SHT11/SHT15 智能化温/湿度传感器，不仅可以准确测量相对湿度，还可以测量温度和露点。其分辨力达 0.03%RH，最高精度为 ±2%RH，芯片内部包含温度传感器、放大器、14 位 A/D 转换器、校准存储器和二线串行接口，适配各种型号单片机，广泛应用于医疗设备及温度/湿度调节系统。

15.3.1 HM1500/HM1520 型电压输出式集成湿度传感器

HM1500/HM1520 是美国 Humirel 公司于 2002 年推出的集成湿度传感器，结构特征是将侧面接触式湿敏电容与湿度信号调理电路封装在一个模块中，使用时不需要外围电路，互换性好，抗腐蚀性强。

1. HM1500/HM1520 结构特征

HM1500/HM1520 传感器内部包含一个由 HS1101 湿敏电容器构成的桥式振荡器、低通滤波器和放大器，能够输出与相对湿度呈线性关系的直流电压信号，输出阻抗为 70Ω，适配带 ADC 的单片机。其采用 +5V 电源供电，工作电流典型值为 0.4mA，漏电流 ≤300μA，工作温度范围是 −30 ~ +60℃。

HM1500 属于通用型湿敏传感器，测量范围为 0 ~ 100%RH，输出电压为 +1 ~ +4V，相对湿度为 55% 时的标称输出电压为 2.48V，测量精度为 ±3%RH，灵敏度为 +25mV/RH，温度系数为 +0.1%RH/℃，响应时间为 10s。

HM1520 是专为低湿度而设计的，适合霜点或微量水分环境的相对湿度测量，测量范围一般在 0 ~ 20%RH，输出电压为 +1 ~ +1.6V，相对湿度为 55% 时的标称输出电压为 1.24V，测量精度为 ±2%RH，灵敏度为 +26mV/RH，温度系数小于 +0.1%RH/℃，响应时间为 5s。HM1520 是比例输出式，其输出电压与电源电压成正比。

2. HM1500/HM1520 的工作原理

HM1500/HM1520 外形见图 15-7 的传感器部分，元件尺寸为 34mm(长)×22mm(宽)×9mm(高)，3 个引脚分别是：GND(地)；U_{cc}(+5V 电源)；U_O(电压输出端)。相对湿度在 10% ~95%RH 范围内，T_A = +23℃时，输出电压 U_O 与相对湿度 RH 的对应关系见表 15-1。

表 15-1　HM1500 的输出电压 U_O 与相对湿度 RH 的对应关系（T_A = +23℃）

RH(%)	10	15	20	25	30	35	40	45	50
U_O/V	1.325	1.465	1.600	1.735	1.860	1.990	2.110	2.235	2.360
RH(%)	55	60	65	70	75	80	85	90	95
U_O/V	2.480	2.605	2.370	2.860	2.990	3.125	3.260	3.405	3.555

输出电压的计算公式为

$$U_O = 1.079 + 0.2568RH \tag{15-1}$$

当 T_A = +23℃时，按下式对读数进行修正：

$$RH' = RH \cdot [1 - 2.4(T_A - 23)e^{-3}] \tag{15-2}$$

对于 HM1520，当 T_A = +23℃时，输出电压 U_O 与相对湿度 RH 的对应关系见表 15-2，U_O 与 U_{cc}成正比关系，计算公式为

$$U_O = U_{cc}(0.197 + 0.0512RH) \tag{15-3}$$

表 15-2　HM1520 的输出电压 U_O 与相对湿度 RH 的对应关系（T_A = +23℃）

RH(%)	0	1	2	3	4	5	6	7	8	9	10
U_O/V	—	1.013	1.038	1.064	1.089	1.115	1.141	1.166	1.192	1.217	1.243
RH(%)	11	12	13	14	15	16	17	18	19	20	—
U_O/V	1.269	1.294	1.320	1.346	1.371	1.397	1.422	1.448	1.474	1.499	—

3. HM1500/HM1520 的典型应用

由 HM1500/HM1520 型湿度传感器和单片机构成的智能湿度测量仪电路如图 15-7 所示。该电路采用 5V 电源，由 4 只共阴极 LED 数码管显示整数两位、小数两位的湿度。电路中使用了美国微芯片（Microchip）公司生产的 PIC16F874 单片机，MC1413 为达林顿管组成的反相驱动器阵列。PIC16F874 是一种高性价比的 8 位单片机，内含 8 路逐次逼近式 10 位 A/D 转换器，最多可对 8 路湿度信号进行模数转换，现仅用其中一路。JT 为 4MHz 石英晶体，与电容 C_1、C_2 构成晶振电路，为单片机提供 4MHz 时钟频率。PIC16F874 的电源电压范围较宽（2.5～5V），适合低压供电，静态电流小于 2mA。

图 15-7 中利用 PA0（亦称 AIN0）口线接收湿度传感器的输出电压信号；PA1～PA4 输出位扫描信号，经过 MC1413 获得反相后的位驱动信号。RB 口中的 RB0～RB6 输出 7 段码信号，接 LED 显示器相应的笔段电极 a～g。PIC16F874 还具有掉电保护功能，MCLR 为掉电复位锁存端。当 U_{CC}从 5V 降至 4V 以下时，芯片就进入复位状态。一旦电源电压又恢复正常，必须经过 72ms 的延迟时间才脱离复位状态，转入正常运行状态。在掉电期间 RAM 中的数据保持不变，不会丢失。

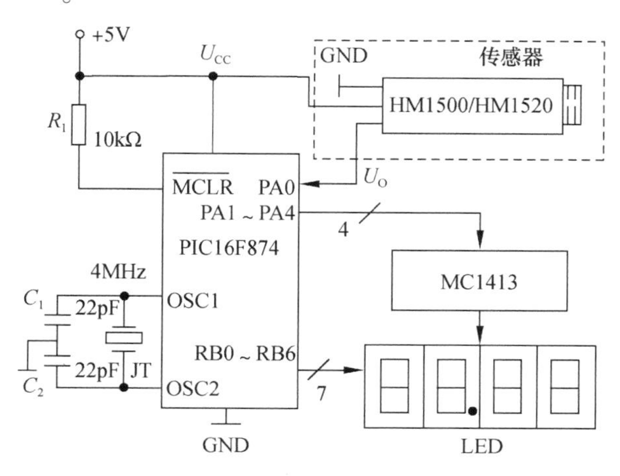

图 15-7　HM1500/HM1520 传感器测湿电路原理框图

15.3.2 SHT10 型数字湿度/温度传感器

SHTxx 系列单芯片传感器是瑞士 Sensiron（森斯瑞）公司生产的超小型、高精度、自校准、多功能式智能传感器，SHT10 是一款含有已校准数字信号输出的温/湿度复合传感器。它应用 CMOS 微加工技术（CMOSens®），确保产品具有极高的可靠性与卓越的长期稳定性。

1. SHT10 传感器的主要特性

SHT10 传感器内部包括一个电容式聚合体测湿元件和一个能隙式测温元件，在器件的封装上与一个 14 位的 A/D 转换器以及串行接口电路在同一芯片上实现无缝连接。因此，该产品具有品质卓越、超快响应、抗干扰能力强、性价比极高等优点。因为 SHT10 系列单芯片集成传感器有二线串行接口由内部提供基准电压，所以系统集成变得简易快捷。超小的体积、极低的功耗，使其成为各类应用甚至最为苛刻的应用场合的最佳选择。

SHT10 提供表面贴片 LCC（无铅芯片）或 4 针单排引脚封装。每个 SHTxx 传感器都在极为精确的湿度校验室中进行校准，校准系数以程序的形式储存在 OTP（一次性可编程）ROM 内存中，传感器内部在检测信号的处理过程中需要调用这些校准系数。

2. SHT10 接口电路与工作原理

图 15-8 为 SHT10 电路原理与典型接口电路，其中：

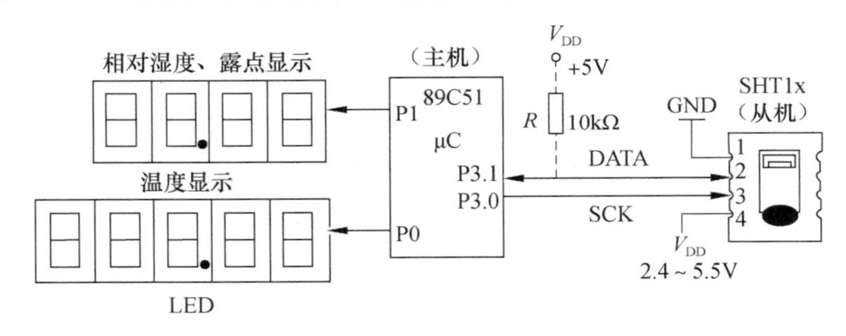

图 15-8 SHT10 型数字温度/湿度传感器典型电路应用

1）电源引脚，SHT10 电源供电电压为 +2.4 ~ +5.5V。传感器上电后，要等待 11ms 以越过“休眠”状态。在此期间无须发送任何指令。电源引脚（V_{DD}、GND）之间可增加一个 100nF 的电容，用于去耦滤波。

2）串行接口，SHT10 的串行接口为两线双向，在传感器信号的读取及电源损耗方面都做了优化处理，但此处与 I^2C 接口不兼容。

3）串行时钟输入（SCK），用于微处理器与 SHT10 之间的通信同步。由于接口包含了完全静态逻辑，因而不存在最小 SCK 频率。

4）串行数据（DATA），DATA 三态门用于数据的读取。DATA 在 SCK 时钟下降沿之后改变状态，并仅在 SCK 时钟上升沿有效。数据传输期间，在 SCK 时钟高电平时，DATA 必须保持稳定。为避免信号冲突，微处理器应驱动 DATA 在低电平，需要一个外部的上拉电阻（例如 10kΩ）将信号提拉至高电平。

3. 时序与通信

通信复位时序信号如图 15-9 所示。通信复位时序如果与 SHTxx 通信中断，该信号时序可以复位串行口。

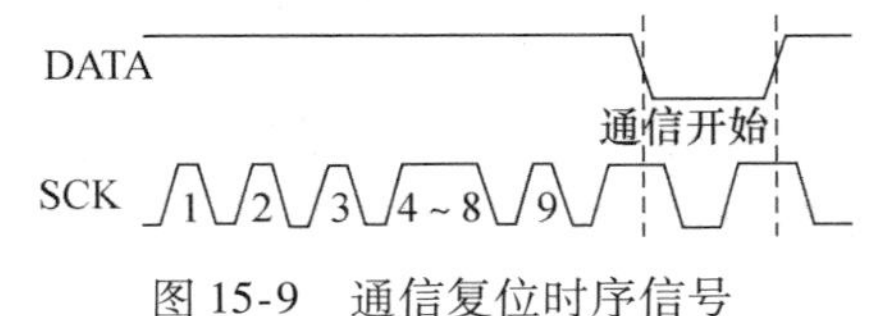

图 15-9 通信复位时序信号

1）发送命令：用一组“启动传输”时序来表示数据传输的初始化。当 SCK 时钟高电平时 DATA 翻转为低电平，紧接着 SCK 变为低电平，随后是在 SCK 时钟高电平时 DATA 翻转为高电平。

2）后续命令：包含三个地址位（目前只支持“000”）和五个命令位。SHTxx 会以表 15-3 的方式表示已正确地接收到指令。在第 8 个 SCK 时钟的下降沿之后，将 DATA 下拉为低电平（ACK 位）。在第 9 个 SCK 时钟的下降沿之后，释放 DATA（恢复高电平）。

表 15-3　SHTxx 命令集

命令	代码
预留	0000x
温度测量	00011
湿度测量	00101
读状态寄存器	00111
写状态寄存器	00110
预留	0101x ~ 1110x
软复位：复位接口，清空状态寄存器，即为默认值；下次命令前等待至少 11ms	11110

3）测量时序（RH 和 T）：发布一组测量命令（“00000101”表示相对湿度 RH，“00000011”表示温度 T）后，控制器要等待测量结束。

这个过程大约需要 20/80/320ms，分别对应 8/12/14 位测量。SHT10 通过下拉 DATA 至低电平并进入空闲模式，表示测量的结束。控制器再次触发 SCK 时钟前，必须等待这个“数据备妥”信号来读出数据。检测数据可以先被存储，这样控制器可以继续执行其他任务，在需要时再读出数据。接着传输 2 个字节的测量数据和 1 个字节的 CRC 奇偶校验。μC 需要通过下拉 DATA 为低电平，以确认每个字节。所有的数据从 MSB 开始，右值有效（例如：对于 12 位数据，从第 5 个 SCK 时钟起算作 MSB；而对于 8 位数据，首字节则无意义）。SHTXX 命令集见表 15-3。

用 CRC 数据的确认位表明通信结束。如果不使用 CRC-8 校验，控制器可以在测量值 LSB 后，通过保持确认位 SCK 高电平，来中止通信。在测量和通信结束后，SHT10 自动转入休眠模式。当 DATA 保持高电平时，触发 SCK 时钟 9 次或更多。在下一次指令前，发送一个“传输启动”时序。这些时序只复位串口，状态寄存器内容仍然保留。

4. SHT10 的典型应用

SHT10 典型应用原理框图见图 15-8。系统可同时检测湿度、温度和露点，SHT10 作为从机，89C51 作为主机，二者通过串行接口总线进行通信。对高于 99% RH 的测量值则表示空气已经完全饱和，显示值必须被处理为 100% RH。湿度传感器对电压基本上没有依赖性。

实际测量温度与 25℃（~77 ℉）相差较大时，应考虑湿度传感器的温度修正系数。在极端工作条件下测量温度时，可使用进一步的补偿算法以获取高精度。

当单片机 P3.0 和 P3.1 口与 SHT10 的 SCK 和 DATA 相连时，通过各个读/写命令来读取数据。

```
//启动温度转换
s_write_byte(0x03);
for (i=0;i<65535;i++) if(DATA==0) break;        //等待传感器测量结束
T_H   =s_read_byte(1);                           //读第一个字节(MSB)
T_L   =s_read_byte(1);                           //读第二个字节(LSB)
*p_checksum =s_read_byte(0);                     //读校验
//启动湿度转换
s_write_byte(0x05);
for (i=0;i<65535;i++) if(DATA==0) break;        //等待直到传感器转换结束
```

```
H_H  =s_read_byte(1);                          //读第一个字节(MSB)
H_L  =s_read_byte(1);                          //读第二个字节(LSB)
*p_checksum =s_read_byte(0);                   //读校验
//温湿度数值转换
calc_dht90(&humi_val.f,&temp_val.f);           //计算湿度、温度
```

15.4 单片硅压力传感器

单片硅压力传感器属于压阻式传感器。扩散硅压阻式传感器与金属膜片式传感器测量原理相同，只是使用的材料和工艺不同，传感器利用集成电路工艺，构成应变电桥。有压力作用在膜片上，膜片上各点的应力分布与金属膜片式传感器相同，压阻式传感器的灵敏度比金属应变片大 50 ~ 100 倍。

15.4.1 MPX2100/4100/5100/5700 系列集成硅压力传感器

普通压阻式压力传感器属于简单传感器，近年单片集成硅压力传感器进入市场，其英文缩写为 ISP(Integrated Silicon Pressure)。单片集成硅压力传感器内部除传感器单元外，增加了信号调理、温度补偿、压力修正等电路。MPX2100/4100/5100/5700 系列集成硅压力传感器，由美国 Motorola 公司生产，适合测量管道中的绝对压力(MAP)。

1. 单片集成硅压力传感器性能与特征

上述 4 种型号的压力传感器内部结构、工作原理基本相同，主要区别是测量范围、封装形式。MPX2100、5100 测量范围为 0 ~ 100kPa；MPX4100 测量范围是 15 ~ 115kPa；MPX5700 测量范围为 0 ~ 700kPa。

传感器的输出模拟电压与被测绝对压力成正比，适配带 A/D 转换器的微处理器，构成压力检测系统，还可构成 LED 条状图形显示压力计。器件内部有信号调理电路、薄膜温度补偿器和压力修正电路，利用温度补偿器可消除温度变化对压力的影响，温度补偿范围是 -40 ~ +125℃；电源电压允许范围在 +4.85 ~ 5.36V，典型值是 +5.0V 或 +5.1V；电源电流为 7.0mA(典型值)；工作温度范围是 -40 ~ +125℃。

2. 单片集成硅压力传感器工作原理

MPX 系列压力传感器有多种封装形式，图 15-10 所示为 MPX4100 封装形式与引脚图，6 个引脚从左至右依次为：输出端(U_O)、公共地(GND)、电源端(U_S)、空脚(3 个)。

a) CASE867封装（MPX4100A）

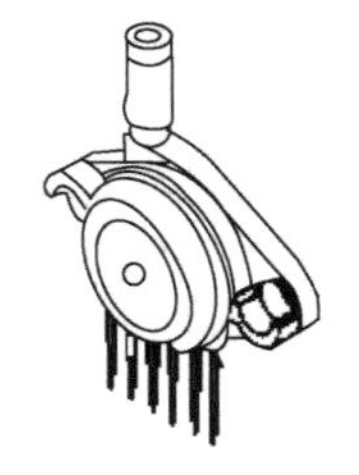

b) CASE867B封装（MPX4100AP）

c) CASE867E封装（MPX4100AS）

图 15-10 MPX4100A 系列产品封装图

在器件的热塑壳内部有密封真空室，提供参考压力，当垂直方向受到压力 P 时，将检

测压力 P 与真空压力 P_0 相比较，输出电压正比于绝对压力，输出特性曲线如图 15-11 所示。由输出电压与绝对压力的关系曲线可见，传感器在 20～105kPa 范围内成正比关系，超出压力范围后，输出电压 U_0 基本不随压力 P 变化。

MPX4100 的内部电路如图 15-12 所示，主要由压敏电阻传感器单元、经过激光修正的薄膜温度补偿器及第一级放大器、第二级放大器及模拟电压输出电路（基准电路、压力修正、电平偏移电路等）3 个部分组成。

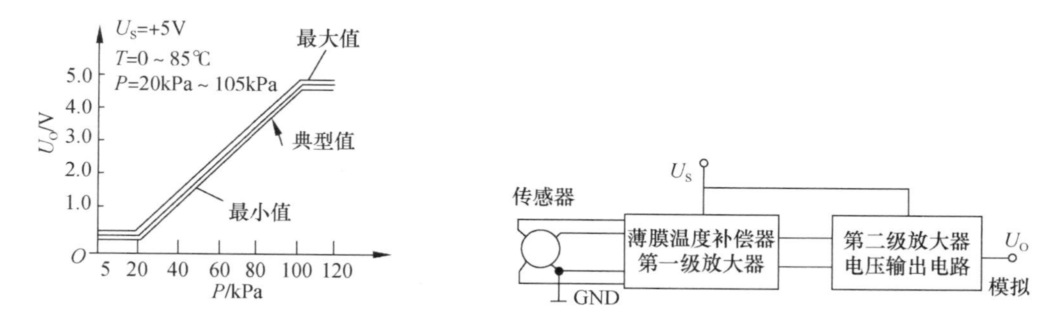

图 15-11　MPX4100 输出电压与绝对压力的关系曲线　　图 15-12　MPX4100 内部电路框图和结构

3. 集成硅压力传感器的典型应用

MPX5100 的典型应用电路如图 15-13 所示，由 MPX5100 和 LM3914 构成 10 段压力计电路。其中 +5V 为 U_S 供电，C_1、C_2 为去耦电容，LED 显示驱动电路 LM3914 驱动 LED 条状图形显示器，一片 LM3914 可驱动 10 点（10 段）LED 条图，配刻度尺，可根据发光段长度或位数确定被测压力大小。RP_1 可调节 LM3914 输入电压的大小，为零刻度调节电位器，当被测压力为零时，调节 RP_1 可使 LED 显示器全部消隐。测量范围是 0～100kPa，分辨力为 10kPa。

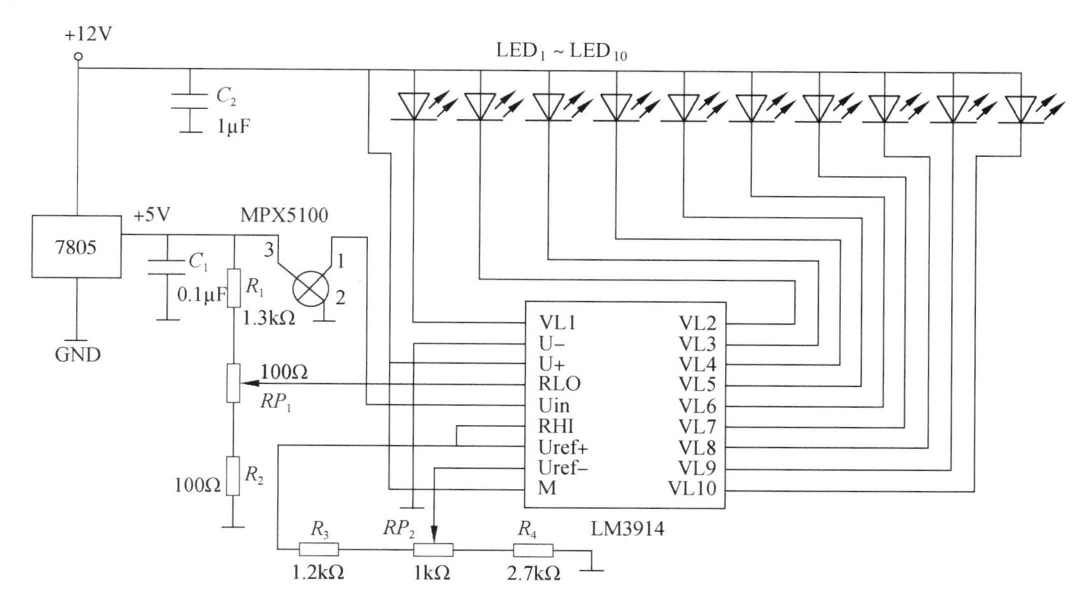

图 15-13　MPX5100 压力传感器检测电路原理

15.4.2 ST3000系列智能压力传感器

ST3000 系列智能压力传感器是美国 Honeywell 公司 1983 年推出的，并已实现商品化的智能传感器，它将差压、静压、温度等多参数传感信号与智能化的信号调理功能电路融为一体，打破了传感器与变送器的界限。ST3000 变送器是带微处理器的智能变送器，具有优良的性能和出色的稳定性。它能测量气体和液体的压力及液位，将被测量的差压转换成模拟信号和数字信号。

Honeywell 公司后续开发出的 ST3000-900/2000 新产品使之功能进一步完善，传感器在该公司推出的数字增强(Digital Enhancement，DE)协议的基础上可实现全数字化。通过 DE 协议，可与上位机 TDCS3000 或 3000X 及数据库，实现 SFC(Shop Floor Controller，现场智能通信器)与 HART375 通信器之间的双向通信，从而方便了自诊断、测量范围重新设定和自动调零。

1. ST3000 系列产品的性能特点

ST3000 具有同时测量差压(ΔP)、静压(P)和温度(T)3 个参数的独特性能，半导体复合传感器可实现对温度和静压特性的补偿。

ST3000 内部芯片中包含微处理器、存储器、A/D 转换器、D/A 转换器和数字 I/O 接口。数据传输利用数字输出的双向通信，通过 SFC 可以调节传感器参数，如重新设定量程范围、自动调零、自行诊断等。ST3000 特别适用于现场总线控制，可以提供 HART 协议通信(HART 是 HART 通信基金会的登录商标)。协议通信具有两种输出形式，模拟信号标准输出 4～20mA DC，数字信号输出 DE 协议。

高精度和宽阔的测量范围(可调比范围)，即一种型号就可覆盖很宽的测量范围，这一特点在测量大量程时非常有效，还能减少备表的数量。一种型号可设定为不同量程，省去备用传感器，降低成本。ST3000-920 型的测量范围是 0.75～100kPa，最小量程可设置为 0～0.75kPa，最大量程可设置为 0～100kPa，量程可调比为 1∶133，而普通仪器为 1∶10。实际量程设定范围扩展到 -100～+100kPa，以满足正压和负压的需要。

ST3000-900 系列的传感器，电源电压为 +10.8～+45V，电源电流为 3.8～21.8mA，负载电阻为 0～1.44kΩ，工作温度范围是 -40～+110℃(通用性)，阻尼时间常数设定范围是 0～32s(分为 10 档)。该系列传感器可满足各种压力的测量需要，包括低差压型、中差压型、高差压型、中差压/高静压型和高差压/高静压型，可提供各种接液部件防腐蚀材料，并且现场通信器上自带 LCD 显示器。ST3000-900 系列传感器的电气连接示意图与外形结构如图 15-14 所示。

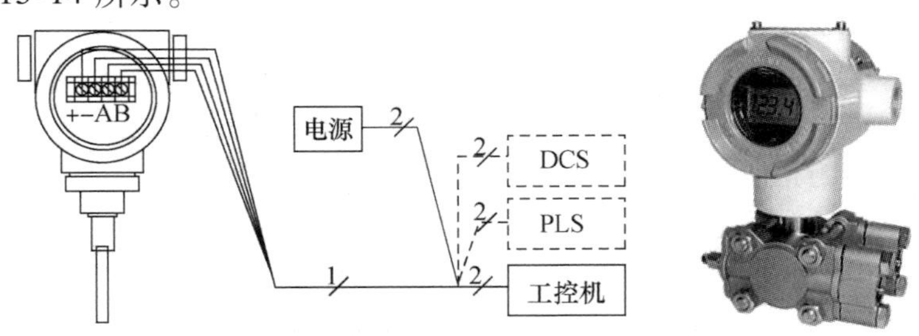

图 15-14 ST3000-900 系列传感器的电气连接示意图与外形结构

2. ST3000 系列传感器工作原理

ST3000-900 系列智能压力传感器的原理框图如图 15-15 所示，电路结构主要包括 9 个部分：差压传感器；静压传感器；温度传感器；多路转换器(MUX)；A/D 转换器；微处理器(μP)；存储器(ROM/PROM/RAM/E^2PROM)；D/A 转换器；数字 I/O 接口。整个传感器可视为两大部分，一部分是差压/静压/温度传感器，另一部分是信号调理器，传感器通过现场通信接口与现场总线传输数据。

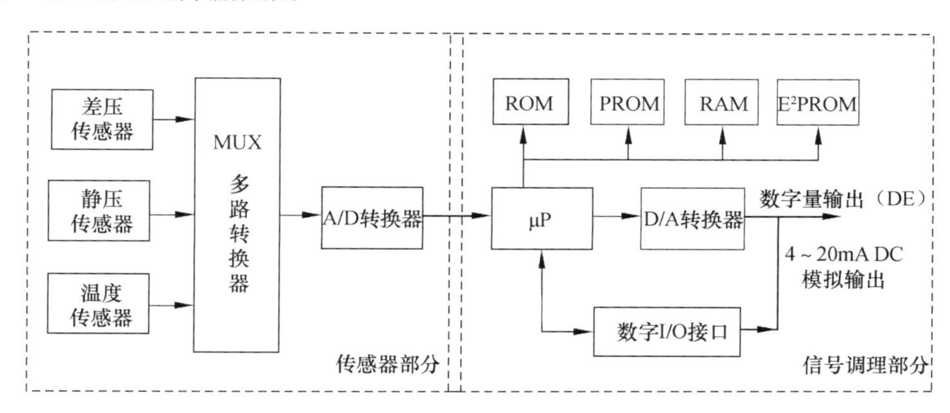

图 15-15 ST3000-900 系列智能压力传感器的原理框图

被测压力通过硅膜片作用于硅压敏电阻上，使电阻值发生变化，从内部桥路上产生的输出电压与差压成正比。传感器芯片上的两个辅助传感器分别检测静压力和环境温度，所产生的差压、静压、温度三路信号经多路开关(MUX)接入 A/D 转换器，A/D 输出转换成数字信号再送信号调理器。ST3000-900 传感器输入电路原理图如图 15-16 所示。

信号调理电路中，ROM 用来存储主程序；PROM 用于存储三只传感器的温度和压力的特征参数，以及传感器的型号和输入/输出特性、量程设置范围、阻尼时间常数设定范围等；RAM 暂存测量的数据，并将数据随时转存到 E^2PROM 中，保证掉电后数据不会丢失，恢复供电后又自动将 E^2PROM 数据送回 RAM 中，这种设计方案省去了备用电源，提高了系统的可靠性。

微处理器 μP 利用预先存入 PROM 的特征参数对 ΔP、P、T 信号进行运算，得到高精度压力测量数据，因为系统自动对静压和温度的修正，测量参数基本不受环境因素影响。

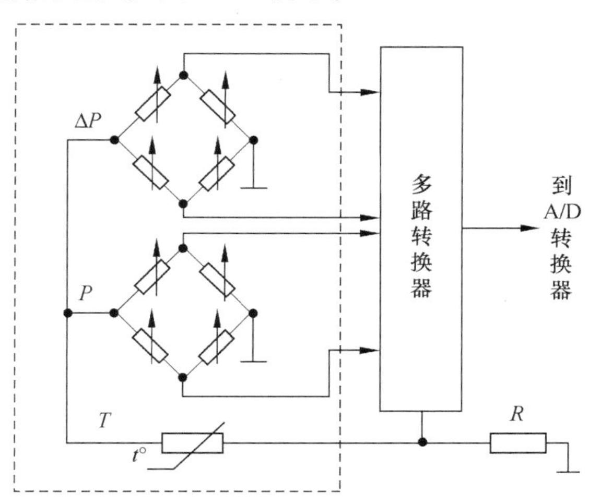

图 15-16 ST3000-900 传感器输入电路原理图

输出数据可经过 D/A 转换器输出模拟信号，同时可以通过 I/O 接口输出数字量。模拟输出精度为 ±0.075%FS，数字接口输出的精度为 ±0.0625%FS，优于 ±0.1%FS 的额定指标。

3. ST3000 系列传感器的应用

ST3000 传感器广泛应用于工业现场的气体和液体的压力及液位测量，包括：

- 石油、石化和化工业中，测量管道或储罐的压力和液位，与节流孔板配套提供精确的流量测量和控制；
- 钢铁、机械、造船、有色金属及陶瓷工业中，用于炉膛压力要求高稳定性、高精度测量的场合，用于严格控制温度、湿度等条件下稳定压力的管道测量；
- 造纸工业中，用于可耐腐蚀性流体的液位测量；
- 电力、城市煤气及其他公共事业中，用于高稳定度、高精度的测量。

在工业现场，通过现场控制可远程调节传感器参数，包括传感器序号、量程、阻尼时间常数、输出形式等。不必拆卸传感器可在线校准传感器的零点和量程，可对传感器进行自诊断，检查信号调理功能和通信功能是否正常。

15.4.3 PPT 系列网络化智能压力传感器

PPT 系列、PPTR 系列和 PPTE 系列是美国霍尼威尔(Honeywell)公司新近推出的可实现网络化的智能型精密压力传感器。传感器将压敏电阻传感器、A/D 转换器、微处理器、存储器(RAM、E^2PROM)和接口电路集成在一起，产品性能指标高，使用方便，可广泛用于工业、环境监测、自动控制、医疗设备等领域。

1. PPT、PPTR 系列压力传感器的性能特点

PPT、PPTR 系列压力传感器有以下性能特点。

1）PPT 系列传感器采用钢膜片，带 RS-232 接口，传感器距离不超过 18m，适合测量快速变化或缓慢变化的各种不易燃、无腐蚀性气体或液体的压力(即表压)、压差及绝对压力，测量精度高达 ±0.05%(满量程时典型值)，而过去的集成压力变送器最高只能达到 ±0.1% 的精度。PPTR 系列产品带 RS-485 接口，传输距离可达几千米，它采用不锈钢膜片，能测量具有腐蚀性的液体或气体，测量精度为 ±0.1%。

2）PPT、PPTR 系列传感器属于网络传感器。构成网络时能确定每个传感器的全局地址、组地址和设备识别号 ID 地址，能实现各传感器之间、传感器与系统之间的数据交换和资源共享，用户可通过网络获取任何一个传感器的数据并对该传感器的参数进行设置，所设定的参数就保存在 E^2PROM 中。

3）PPT、PPTR 系列传感器能输出经过校准后的压力数字量和模拟量，它既是一个精密的数字压力传感器，又是一个模拟式标准压力传感器，模拟输出电压在 0～5V 范围内连续可调，可作为标准压力信号源来使用。用户不用主机即可获得模拟输出。

4）PPT、PPTR 系列传感器可通过接口电路与 PC 进行串行通信，一台 PC 最多可挂接 89 个传感器。串行通信时有 7 种波特率可供选择，最高达 28800bit/s。上电后默认波特率为 9600bit/s。数字格式为 1 个起始位、8 个数据位、1 个停止位。

5）PPT、PPTR 系列传感器有 12 种压力单位可供选择，包括国际单位制 Pa(帕)、非国际单位制 P_0(大气压)、bar(巴)、mmHg(毫米汞柱)等，基本压力电位是 psi(磅/平方英寸)。量程为 1～500psi(即 6.8946kPa～3.4473MPa)，总共有 10 种规格。

6）PPT、PPTR 系列传感器利用内部的集成温度传感器可以检测传感器温度，并对压力进行补偿。测温误差小于 0.5℃。

7）电源电压范围是 5.5～30V，工作电流为 15～30mA，工作温度范围是 -40～+85℃。

2. PPT、PPTR 系列传感器工作原理

PPT、PPTR 系列智能压力传感器的外形如图 15-17 所示，尺寸均为 24.8mm×62.2mm。它有两个压力口 P1 和 P2，以 PPT 系列为例，P1 口适合接不易燃、无腐蚀性的液体或气体，P2 口只能接气体。6 芯插座上的第 1 个引脚为 RS-232 接口的正端，第 2 个引脚为负端。第 3 个引脚为外壳接地端(GND)，第 4 个引脚为公共地，第 5 个引脚为直流电源输入端(U_S)，第 6 个引脚为模拟电压输出端(U_O)。PPTR 系列插座上的 A～F 依次对应于第 1～6 个引脚，区别是 A、B 引脚分别为 RS485 接口的正端(+)、负端(-)。为了降低噪声，做模拟输出时需要单点接地，应将电源地、测量仪表(如数字电压表)的参考地直接连传感器的信号地。

a）外形

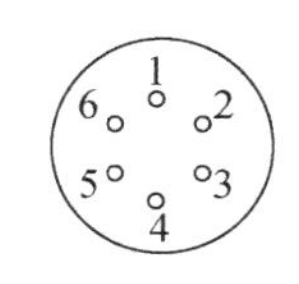

b）6芯插座引脚

图 15-17　传感器的外形及引脚

PPT 系列智能压力传感器的内部框图如图 15-18 所示。它主要包括 8 部分：①压力传感器；②温度传感器；③16 位 A/D 转换器(ADC)；④微处理器(μP)和随机存取存储器(RAM)；⑤电擦写只读存储器(E^2PROM)；⑥RS232(或 RS485)串行接口；⑦12 位 D/A 转换器(DAC)；⑧电压调节器。下文中除具体说明系列号以外，所有 PPT、PPTR 系列均用 PPT 表示，并简称为 PPT 单元。

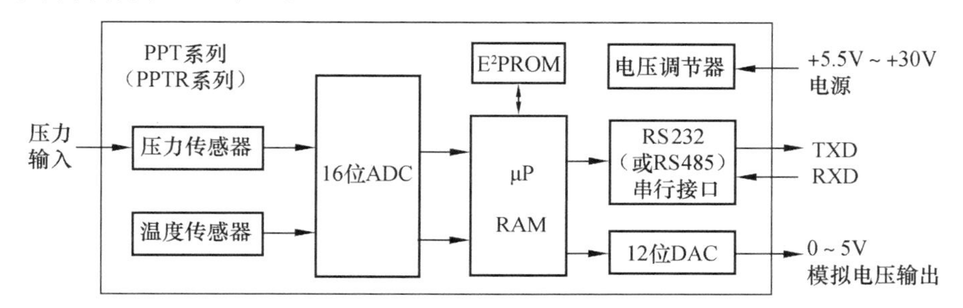

图 15-18　PPT、PPTR 系列智能压力传感器的内部电路框图

PPT 单元的核心部件是一个硅压阻性传感器，内含对压力和温度敏感的元件。代表温度和压力的数字信号送至 μP 中进行处理，可在 -40～+85℃ 范围内获得经过温度补偿和压力校准后的输出，PPT 单元的输出形式见表 15-4。在测量快速变化的压力时，可选择跟踪输入模式，预先设定好采样速率的阈值，当被测压力在阈值范围内波动时，采样速率就自动提高一倍。一旦压力趋于稳定，就恢复正常采样速率。此外，它还可设定成仅当压力超过规定值时才输出或者等主机查询时才输出的工作模式。为适应不同环境并提高 PPT 的抗干扰能力，A/D 转换器的积分时间可在 8ms～10s 范围内设定。

表 15-4　PPT 单元的输出形式

数字输出	模拟输出
• 单次或连续压力读数 • 单次或连续温度读数 • 单次或连续的远程 PPT 读数(遥测)	• 单次压力的模拟输出电压 • 跟踪输入模式下的模拟输出电压 • 用户设定的模拟输出电压 • 对远程 PPT 进行控制的模拟输出电压(遥测)

PPT 能提供三级寻址方式。最低级寻址方式是设备识别号 ID。该地址级别允许对任何

单个的PPT进行地址分配，ID的分配范围是01～89。00为空地址，专用于未指定地址的PPT。因此，一台主机最多可以配89个PPT。若某个PPT未分配ID地址（或ID未存入E^2PROM中），上电后就分配为空地址。第二级寻址方式为组地址，地址范围是90～98，共9组。通过ID指令，每个PPT都可以分配到一个组地址，允许主机将指令传给具有相同组地址的几个PPT。组地址的默认值为90。最高级寻址方式为全局地址，该地址为99。主机通过串口可连接9组（总共89个）PPT。

3. PPT系列压力传感器的应用

（1）PPT模拟输出的配置

单独使用一个PPT，能代替传统的模拟压力传感器。其最大优点是不需要校准即可达到高精度指标。PPT模拟输出与测量仪表的接线如图15-19所示。用户既可通过数字电压表（DVM）读取压力的精确值，也可利用模拟电压表（V）来观察压力的变化过程及变化趋势。对PPT进行设置后，它还能在传送压力数据的同时，接收来自控制处理器的阀门控制信号，以实现压力自动调节，这对于压力测控系统非常有用。具体接线可参见传感器说明书。阀门控制数据可以与压力数据无关。

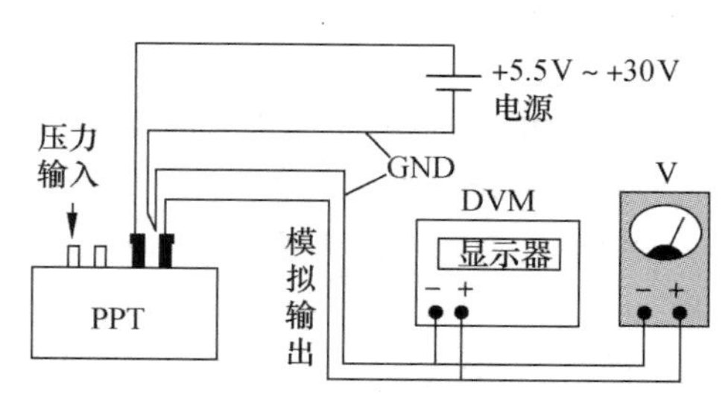

图15-19 PPT模拟输出与测量仪表的接线

（2）远程模拟压力信号的传输与记录

PPT的模拟信号可直接送给记录仪来记录压力波形，但在远距离传输模拟信号时很容易受线路干扰及环境噪声的影响，还会造成信号衰减。为解决上述问题，可按图15-20所示连接，在终端增加一个PPT。首先由PPT1发送压力数据，然后远程传输给PPT2，再将PPT2的模拟输出接记录仪。这种方法适用于RS485接口，传输距离可达数千米。若采用带RS232接口的PPT系列传感器，需增加驱动器和中继器。该方案的另一优点是传输速率快，当波特率选28800bit/s时，数据传输所造成的延迟时间不超过2ms。

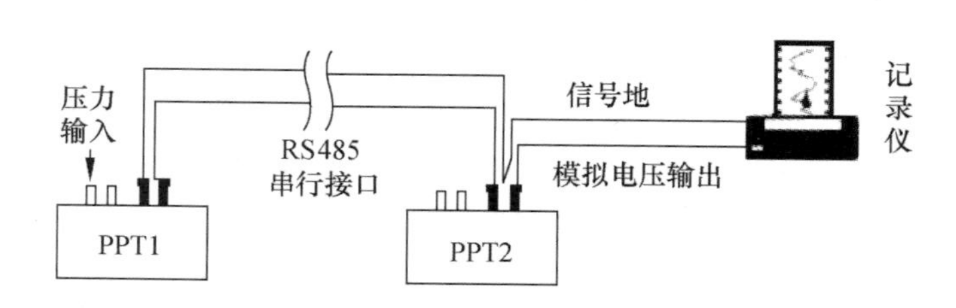

图15-20 PPT远程模拟输出与测量仪表的接线

（3）RS485多点网络

RS485网络以主机为起点，以距主机最远的端为终点，它采用多点网络结构，亦称星形网络结构。这种网络不仅传输距离远，而且在不断开网络的情况下即可增、减PPT的数目。RS485最多只能连接32个PPT单元，利用中继器可扩展到89个PPT单元。在RS485的始端与末端，需分别并联一只120Ω的电阻作为匹配负载。

PPT单元的RS485多点网络如图15-21所示。在该网络中具有6个PPT单元，各PPT单元的ID地址可以不按照顺序排列。

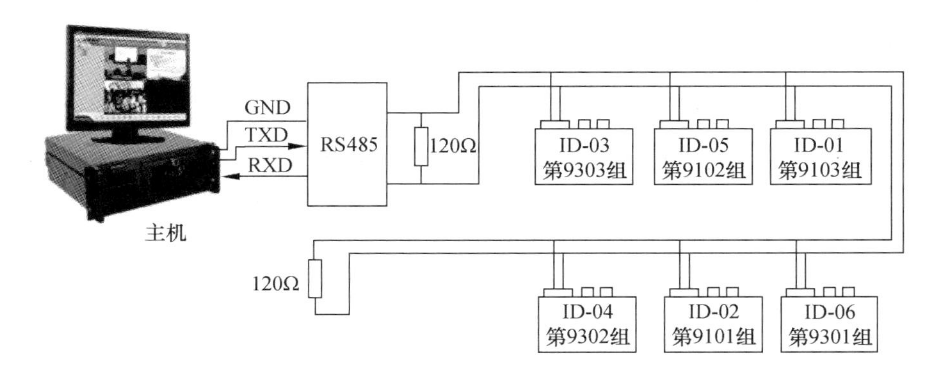

图 15-21　PPT 单元的 RS485 多点网络示意图

下面通过一个例子来介绍传输全局地址及分配组地址的过程。

1）首先传送全局指令 *99WE 和 *99S=00001234，这将使 ID 号为#00001234 的 PPT 单元在下一条指令之前指定自己的 ID 号，并做好接受新指令的准备。然后传送 *99WE，*99ID=02，*02WE 和 *02SP=ALL 指令，完成设备 ID 的地址分配。只要在 RS485 网络上重复上述过程，即可完成 ID 地址的分配工作。

2）然后分配组地址，一旦设置好设备的 ID，即可进行组 ID 的分配。同一组中的每个 PPT 单元必须有一个始于 01 的子地址。子地址将告知每一个 PPT 单元在组地址指令中的响应顺序。若要设置设备 ID=02 的组地址为 91，子地址 01，可传送下述命令：*02WE，*02ID=9101，*02WE，*02SP=ALL。当第一条指令传送到第 91 组时，ID=02 的单元就会第一个做出响应。

PPT 系列传感器的具体使用和操作方法以及传感器的主要指令可参考相关资料。

15.5　单片集成磁场传感器

目前，单片集成磁场传感器有着非常广泛的应用领域，它不仅可以测量磁场（如磁场强度、磁通密度），还可以测量电量（如频率、相位）以及非电量测量（如振动、位移、位置、转速、转数、导磁产品的计数等）。单片集成磁场传感器是把磁敏电阻、霍尔元件以及信号调理电路集成在一个芯片上，使磁场传感器的性能、可靠性、稳定性、灵敏度以及实用性大大提高。下面主要介绍基于磁敏电阻的 HMC 系列单片集成磁场传感器和基于霍尔元件的 AD22151 线性输出式集成磁场传感器。

15.5.1　HMC 系列集成磁场传感器

HMC 系列是美国霍尼威尔（Honeywell）公司生产的单片集成化磁场传感器，简称 MR（磁敏电阻）传感器。该系列有 6 种型号：其中 HMC1001、1021D、1021S、1021Z 为单轴磁场传感器，HMC1002、1022 属于双轴磁场传感器。单轴磁场和双轴磁场传感器配套使用可以构成 3 轴（X、Y、Z 轴）磁场传感器，测量立体空间磁场。这种传感器体积小、灵敏度高、价格低，可用于地球磁场探测仪、导航系统、磁疗设备以及自动化检测装置中。

1. HMC 系列传感器性能特点

图 15-22 为 HMC 集成磁敏式传感器封装形式。单轴磁场传感器 HMC1001 的引脚如

图 15-22a所示，传感器内部有 4 只半导体磁敏电阻(HMC1001 典型值为 850Ω)构成 MR 磁阻电桥；双轴磁场传感器 HMC1022 的引脚如图 15-22b 所示，芯片内部有 A、B 两组 MR 传感器，适合测量平面磁场。当受到外部磁场作用时桥臂电阻会发生变化，使电桥输出一个差分电压信号。传感器灵敏度特征可表示为对磁场的敏感程度可达 3nT，测量范围可达 $\pm 6 \times 10^{-4}$T(地球磁场仅为 5×10^{-5}T)。

其中 UBR 为桥压供电 +5V，GND 为公共地；OUT +、OUT - 差分电压输出端；OFFSET +、OFFSET - 为内部补偿线圈引线，± 表示电流极性；S/R +、S/R - 为置位、复位线圈引出端，改变电流的极性可分别实现置位、复位。图中的箭头代表 MR 传感器灵敏度的方向。

2. HMC 系列磁场传感器工作原理

以 HMC1001 为例，HMC 集成磁敏式传感器内部结构如图 15-23 所示。内部电路构成包括集成工艺制成的 MR 电桥，两个带绕式线圈，一个补偿线圈，可等效于 2.5Ω 的标称电阻；另一个是置位/复位线圈，等效于 1.5Ω 的标称电阻。当线圈上有电流通过时，所产生的磁场就耦合到 MR 电桥上。这两个线圈具有磁场信号调理功能。接入电源后，传感器能测量沿水平轴方向的环境磁场或外加磁场。外部磁场加到传感器时，改变磁敏电阻的电阻值，产生的电阻变化率为 $\Delta R/R$，使 MR 输出电压随外部磁场信号变化，配上数字电压表即可测量磁场。补偿线圈和置位/复位线圈的作用分别介绍如下。

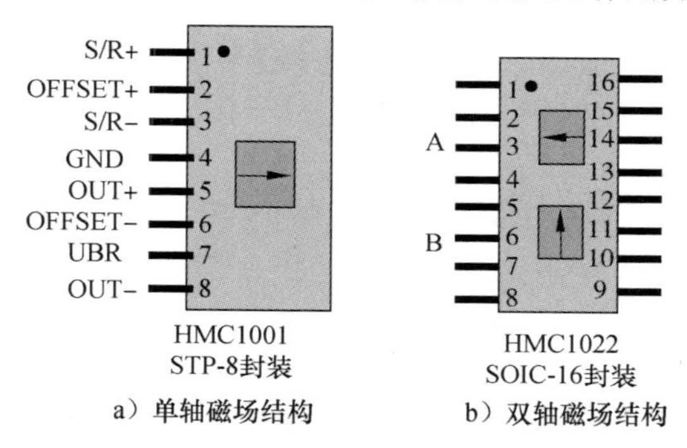

图 15-22　HMC 集成磁敏式传感器封装形式

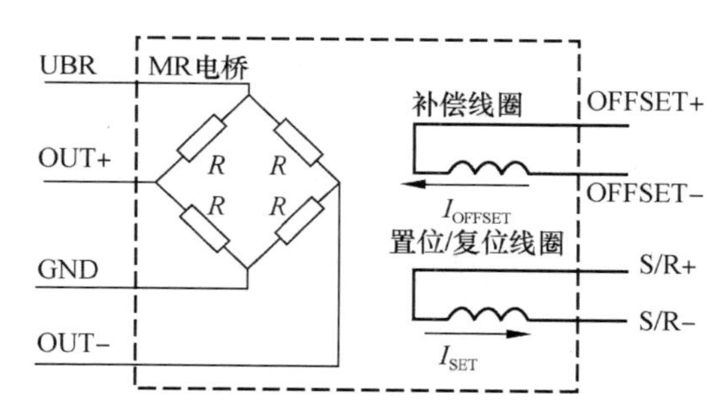

图 15-23　HMC 集成磁敏式传感器内部结构

(1) 补偿线圈

利用它所产生磁场可以抵消环境磁场(特别是地磁场)的影响。无检测磁场时，补偿线圈上有电流通过，就形成 X 轴方向的磁场(敏感方向)，利用这个磁场可以抵消环境磁场(地磁)的影响。因为补偿电流从(-)端流向(+)端时，补偿线圈产生一个与原磁场方向相反的磁场，25mA 电流产生 5×10^{-5}T 磁通使原磁场减弱，只要合理选择调节补偿电流 I_{OFFSET} 值就可以完全抵消环境磁场和铁磁性物质对测量的影响。

补偿线圈可作为闭环电路中的反馈元件使用，利用它可消除待测磁场的影响，显著改善 MR 传感器的线性度和温度特性。在正常工作时，补偿线圈可用于 MR 电桥自动校准。当环境温度变化时，MR 传感器的灵敏度会变化，利用补偿线圈可检测传感器沿灵敏轴方向的灵敏度。

(2) 置位/复位线圈

置位/复位线圈的主要作用是在测量磁场时能保持 MR 传感器的高灵敏度特性。当被测弱磁场受到一个强磁场干扰时，MR 传感器的输出信号有可能被干扰信号所淹没，造成输出信号丢失。为减小这种影响并使输出信号最大化，需要利用置位/复位线圈。置位/复位线圈必须通过大小为几安培的脉冲电流，持续时间为 2μs。该线圈产生沿 Y 轴方向的磁场，这是 MR 最不敏感的方向，利用置位(或复位)可改变输出极性。

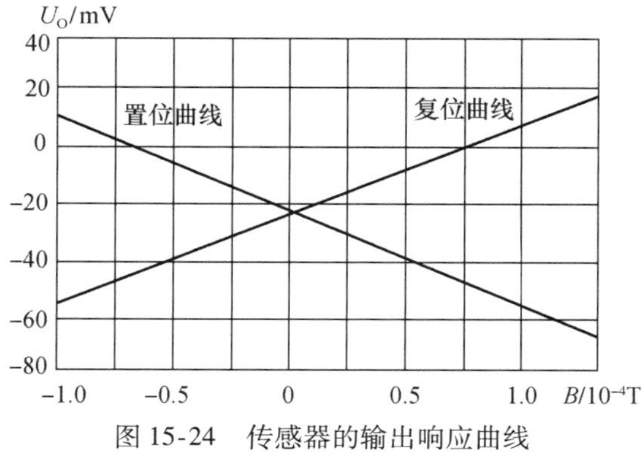

图 15-24 传感器的输出响应曲线

图 15-24 为传感器的输出响应曲线。当置位/复位脉冲电流通过引脚 S/R + 时，输出响应曲线斜率为正值，反之为负值，由此可改变输出电压的极性。电流方向由 S/R + 到 S/R - 时输出置位 U_{OSET}，电流方向由 S/R - 到 S/R + 时输出复位 U_{ORESET}。输出电压差值能消除温漂和非线性影响，即 $U_O = (U_{OSET} - U_{ORESET})/2$。

置位和复位曲线是对称的，由于工艺使桥臂不可能完全一致，可采用补偿技术使 MR 电桥平衡。具体办法在输出之间跨接一只电阻，使零磁场时输出电压为零。

3. HMC 系列磁场传感器的应用

图 15-25 是 HMC 传感器用作接近开关使用时，HMC1001 接运放 AMP04(作为比较器)，构成接近开关电路，磁铁接近时 MRD 电桥输出电压达到 30mV，使比较器翻转，输出变低电平使 LED 发光。磁铁移开输出高电平使 LED 熄灭。该电路相当于带有指示灯的接近开关，利用这一原理还可用来检测位移、转速等非电量。

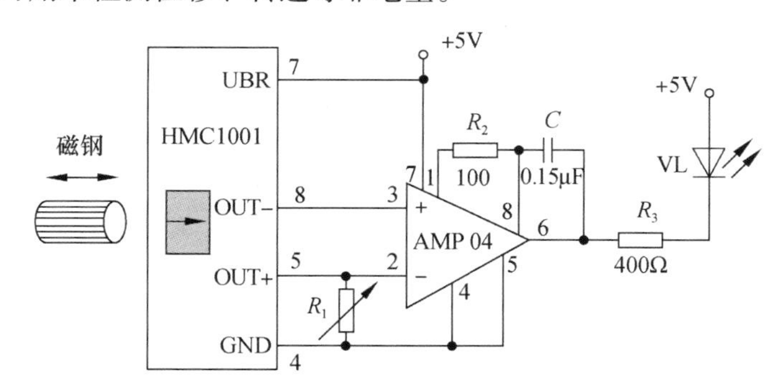

图 15-25 HMC 系列磁场传感器作接近开关

HMC 系列磁场传感器可与相应电路构成特斯拉计，由 HMC1001/1002 构成系统，可测量 10nT 的磁场。图 15-26 是用 HMC1052L 磁场传感器设计实现的实用环境磁场检测电路，电路主要由磁场传感器、放大器、单片机和输入/输出接口电路组成。HMC1052L 磁场传感器是霍尼韦尔公司新近生产的高性能磁敏式传感器。芯片具有正交双轴传感、超小型尺寸和微型表面封装件而带来的低成本等优点。每只磁阻传感器都配置成由 4 个元件组成的惠斯通电桥，将磁场转化为不同的输出电压。传感器能检测低至 120 微高斯的磁场。

图中的磁敏式传感器 HMC1052L 把测量到的电磁信号直接转换为电压输出，由 LMV358 组成运算放大器，把微弱信号放大到单片机能够检测到的电压，通过单片机 Atmega16L 自带的模数转换器，把模拟信号转换成数字信号，经过计算处理后在 LCD1602 液晶显示屏上显示出磁场大小值。为了减弱强磁场的干扰，由晶体管对管 9013 和 9012 与

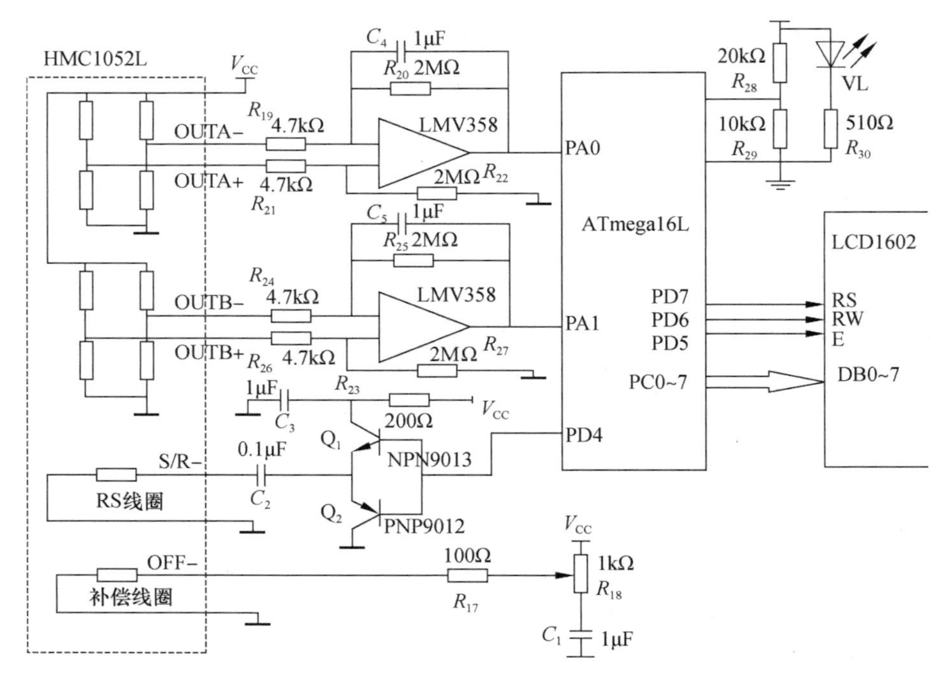

图 15-26　HMC1052 双轴磁场传感器信号采集与接口电路原理图

单片机 Atmega16L 组成置位/复位控制电路，可提高测量灵敏度。补偿电路(补偿线圈)的作用是在没有测量磁场的作用下，消除环境磁场和铁磁性物质对测量结果的影响，即可起到系统调零的作用。

15.5.2　AD22151 型线性输出集成磁场传感器

AD22151 型线性输出集成磁场传感器是美国 ADI 公司生产的新型霍尔传感器，它将霍尔元件、温度传感器、温度补偿电路和信号调理电路集成在一个芯片上，器件性能优良，具有高精度、低温漂、抗干扰能力强等优点，小体积、低功耗、外围电路简单给现场便携式仪器仪表带来极大方便，该器件广泛应用于磁场测量和位置测量，如汽车节流阀、风门、踏板的位置检测。通常使用时根据需要配有不同尺寸的外部磁钢。

1. AD22151 磁场传感器性能特点

AD22151 型线性集成磁场传感器内置温度传感器可检测环境温度，并提供温度参考电压，通过温度补偿电路去调节霍尔元件的控制电流，从而补偿霍尔元件及外部磁场因温度变化引起的漂移。该器件可提供正、负两种温度补偿系数供用户选择，由外围电路可实现最佳补偿。

AD22151 有两种工作模式：双极性模式和单极性模式。双极性模式是将磁场零点偏置在电源电压的中间位置($U_{cc}/2$)，使 AD22151 的静态输出电压 $U_0=0\text{V}$；单极性模式是将磁场零点偏置在其他电位上，静态输出电压就等于偏置电压。可通过放大器的增益调节获得线性输出电压，输出信号幅值与电源电压成比例关系，比例误差小于 $0.1\text{V}/U_{cc}$。主要性能参数如下：

- 器件采用 +5V 供电，电源电压范围是 +4.5 ~ +6.0V；

- 电源电流典型值为 6mA，驱动电流为 1mA，短路输出电流为 5mA；
- 输出范围（$U_{cc}/2$）为 −0.5 ~ 0.5V，输出灵敏度为 0.4mV/10^{-4}T（即 0.4mV/Gs）；
- 工作温度 −40 ~ +150℃；
- 信号输出的刷新频率为 50kHz；
- 非线性误差仅为 0.1% FS，增益误差 ±1%，失调误差为 $\pm 6\times10^{-4}$T。

2. AD22151 磁场传感器工作原理

图 15-27 为 AD22151 引脚图，采用 SO-8 封装方式。

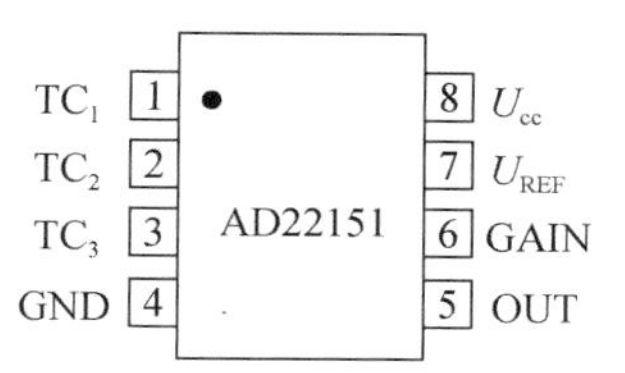

图 15-27　AD22151 引脚图

图 15-28 是 AD22151 内部电路框图，芯片内主要包括 7 个部分：内置温度传感器；温度补偿放大器（A_1）；霍尔元件；可调电流源（为霍尔元件提供工作电流）；开关式调制器、放大器（A_2）、解调器；缓冲器（B）；输出放大器（A_3）。其中内置电阻为 R_a、R_b，温度补偿放大器 A_1 的 a、b 两点温度系数分别为：$\alpha_{TA}\approx 3000\times10^{-6}/℃$；$\alpha_{TB}\approx -3000\times10^{-6}/℃$。

TC_1 ~ TC_3 是 3 个温度系数补偿端，TC_1 和 TC_2 的温度系数为正，大约为 $+3000\times10^{-6}/℃$；TC_3 的温度系数为负，大约为 $-3000\times10^{-6}/℃$。U_{cc}、GND 为电源端和公共地端；OUT 是输出端；GAIN 为输出放大器的增益调节端；外接增益调节电位器；U_{REF} 是内部基准电压输出端。由热敏电阻温度传感器给温度补偿放大器提供温度参考电压。

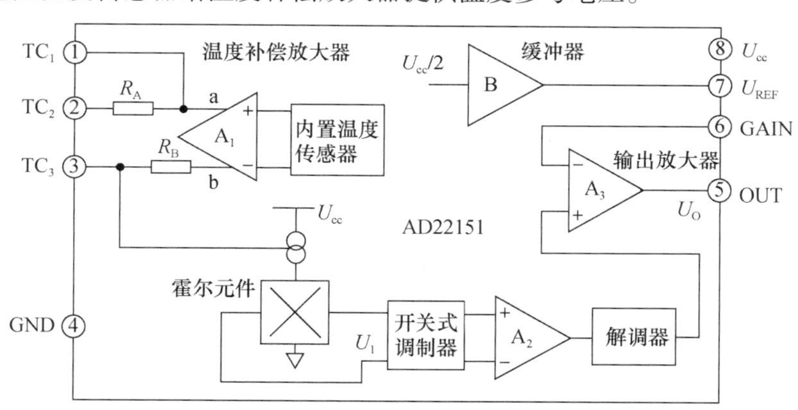

图 15-28　AD22151 内部电路框图

霍尔元件具有较高的正温度系数，该系数与制造过程中的掺杂浓度有关，其工作温度范围较窄，一般在 −40 ~ +60℃（或 −40 ~ +75℃），必须进行温度补偿，才能在 −40 ~ +150℃ 温度范围工作。此外，被测磁场的温度系数与磁场的磁性材料有关，也必须采取补偿措施。未补偿时的相对增益（相对于 +25℃ 温度下的增益）与温度的关系曲线如图 15-29 所示，由图可见，当温度从 −40℃ 上升到 +150℃ 时，就从 −4.8% 增加到 +13%。

AD22151 有 3 个温度系数补偿端，图 15-30 表示了各补偿端的参考电压与温度的关系曲线。当 TC_2 端开路时，TC_1 端与 TC_2 端具有相同的正温度系数，而 TC_3 端为负温度系数，两条曲线在 +25℃ 温度点上互相交叉。参考电压 0V 对应于 $U_{cc}/2$（2.5V）的偏置电压。补偿系数的计算方法可参见器件手册。

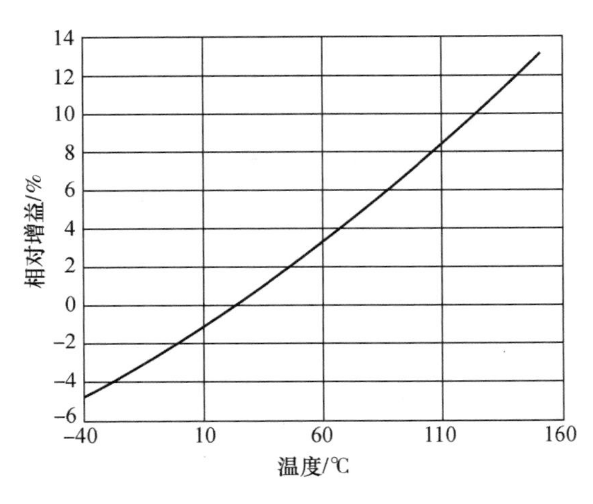

图 15-29 未补偿时相对增益与温度的关系曲线

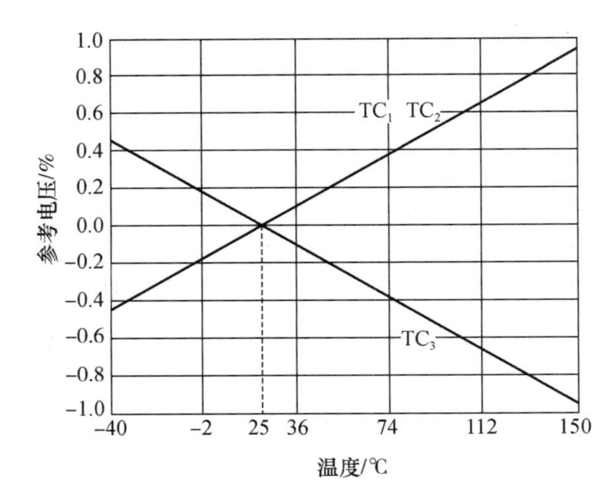

图 15-30 各补偿端的参考电压与温度的关系曲线

由于 TC_1、TC_2、TC_3 端具有不同温度补偿系数，可利用外部电阻 R_1 和内部电阻 R_A、R_B 组成分压器，在 TC_3 端获得所需温度补偿系数，对霍尔元件及外部磁场的温度系数进行全补偿，使 AD22151 的输出电压接近零温漂。

3. AD22151 磁场传感器的典型应用

根据内部电路结构可知，放大器 A_1 采用的是差分输出结构，需外接温度补偿电阻 R_1，根据需要 R_1 可接在 TC_1 ~ TC_3 之间，也可接在 TC_2 ~ TC_3 两端之间。当环境温度发生变化时，TC_3 端输出的信号通过可调电流源改变霍尔传感器上控制电流的大小，保证温度变化时霍尔元件的输出电压(U_1)不随温度变化，从而达到温度补偿目的。U_1 信号通过交替工作的开关调制器、放大器 A_2 和解调器，将信号送入放大器 A_3 同相输入端，A_3 反相输入端经增益调节电阻 R_2、R_3接基准电压 U_{REF}，5 脚输出。因为基准电压由 $U_{cc}/2$(2.5V)经缓冲器得到，所以当 $U_{cc}=+5V$ 时，$U_{REF}=U_{cc}/2=+2.5V$。

图 15-31 是由 AD22151 构成的双极性模式下的温度补偿电路应用。电路中温度补偿电阻 R_1 接在 TC_2 与 TC_3 两端之间，零磁场偏置在 $U_{cc}/2$ 上，可以对 $-500\times10^{-6}/℃$ 以下的低温度系数进行补偿。

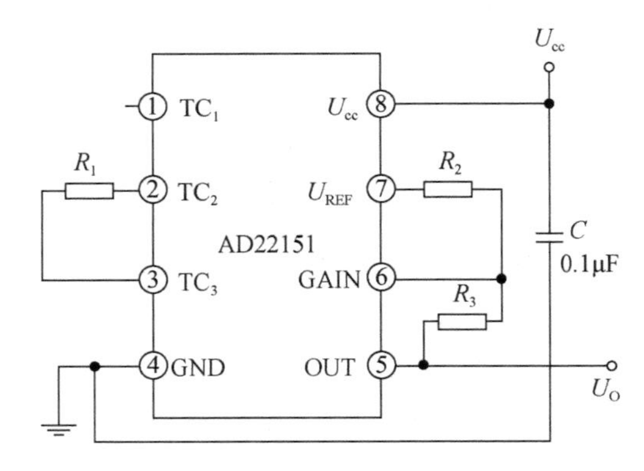

图 15-31 双极性模式下的温度补偿电路应用

思考题

15.1　什么是智能传感器？什么是集成智能传感器？

15.2　集成传感器的主要特点是什么？

15.3　集成传感器与结构性传感器有哪些不同？为什么？

15.4　为什么集成传感器是现代传感器技术的主要发展趋势？举例说明。

15.5　DS18B20 智能型温度传感器与集成温度传感器 AD590 的工作原理和输出信号有什么不同？如何用 DS18B20 实现多点测温？

15.6　分别用热敏电阻和智能温度传感器 DS18B20 设计出测量环境温度的测温系统，画出测量电路原理图，并说明电路原理，解释其优缺点。

15.7　HMC 系列磁场传感器有哪些特点？如何正确使用该器件进行磁场测量？如何减小外界环境磁场的干扰？

15.8　利用温(湿)度智能传感器设计制作一个自动控制装置，画出原理图。

第 16 章　实验指南与综合练习

16.1　传感器实验

“千里之行，始于足下。”一个优秀的电子技术工程师除具备专业知识和技能外，首先应该重视实验和实验过程，在实践过程中培养良好的工作作风和业务素质。为避免工作中造成失误和损失，实验之初应该先动脑再动手，仔细了解你所使用设备的各种性能，严格按指南操作，绝不可马马虎虎草率从事或操之过急，应根据要求做到耐心仔细、认真思考，严肃认真、一丝不苟。为保证实验的安全、可靠、准确，实验过程需按以下步骤进行：

1）认真阅读实验讲义，严格按照实验规程和步骤进行实验；

2）使用各种实验设备之前，熟悉所操作设备的各项功能，了解其范围、额定值，如有疑问，应立即向指导教师提出，保证做到原理清楚，心中有数；

3）连接电路前应将输出端量程置于最小，输入端量程置于最大，线路接好后应仔细检查，确保无误后才可开启电源；

4）各种开关旋钮、接插件不能硬扳或用力插拔，连接线应避免拉扯使用。注意各输出引线不可直接接地或通过机壳接地，以免造成短路；

5）需要焊接完成的实验，必须查明所用器件的引脚、电器性能以及各指标和额定值；

6）实验过程中仔细观察各种状态的微小变化，认真记录实验过程和实验数据，在输出变化较大的位置应加密测点记录数据，如有疑问应及时重新实验过程；

7）实验结束时应先将电源关闭后再拆除连线，并清理实验台后才能离开，做到有始有终；

8）实验完成后认真编写实验报告，应该对实验过程的现象和结果深入进行分析讨论，并提出自己的看法和设想。

本章的验证性实验内容主要基于传感器系统实验仪编写，与该实验仪器系统再配一台双踪示波器可完成电阻式、电容式、电感式、磁电式、压电式、光电式等传感器的基本实验内容。传感器系统实验仪外形结构如图 16-1 所示，仪器各部分功能可参阅仪器说明。

16.1.1　基本实验

实验 1　金属箔式应变片直流单臂、半桥、全桥比较

力这个物理量既无法直接观察，也无法直接测量。力的测量原理是将力转换为其他物理量后再进行测量。应变（力）测量是观察粘贴在被测（弹性元件）材料（悬臂梁）上的金属应变片受力变化时的情况，当被测材料（悬臂梁）受外力作用产生形变时，弹性元件将这种变化传递到应变片上，并使应变片的阻值发生变化。

实验原理：一是弹性敏感元件，利用它把被测的物理量（如力矩、扭矩、压力、加速度等）转化为弹性体的应变值；二是应变片，作为敏感元件将应变转换为电阻值的变化。

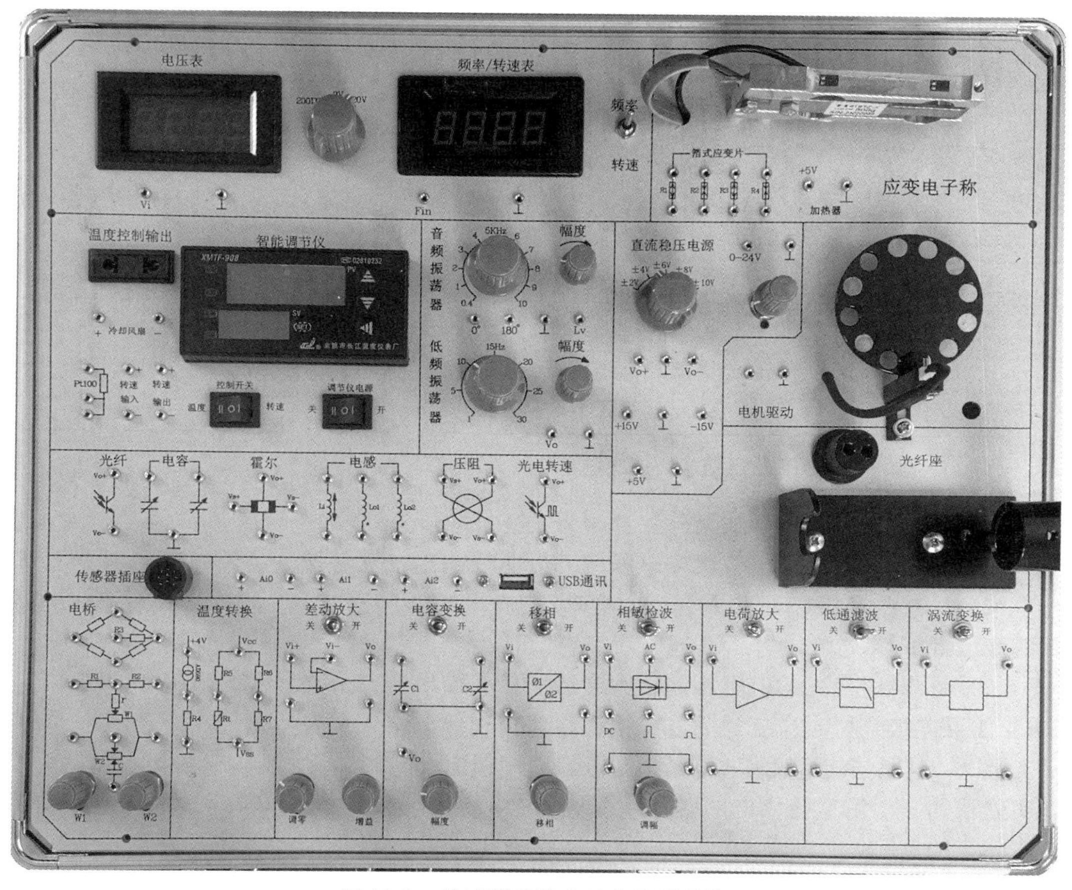

图 16-1　传感器系统实验仪外形结构

实验目的：验证单臂、半桥、全桥的输出特性和灵敏度，比较它们的测量结果。

实验所需单元：悬臂梁、应变片、直流稳压电源、差动放大器、电阻平衡电路、电压表。

实验注意事项：

1）接入半桥和全桥时请注意区别各应变片的工作状态，原则是：对臂同性，邻臂异性；

2）在更换应变片时应关闭电源；

3）实验过程中如发现电压表过载，应将量程扩大；

4）直流电源不可随意加大，以免损坏应变片。

实验步骤：

1）直流电源旋在 ±4V 档；电压表置于 2V，放大器增益旋至最大；

2）观察转动位移测量标尺（测微头），使悬臂梁处于水平位置，接通总电源及副电源；

3）差动放大器调零，方法是将放大器两输入端与地连接，输出端接电压表，调整差动放大器单元上的调零旋钮，使电压表头指示为零；

4）根据如图 16-2 所示的电路接线，图中 r 及 W_1 为电桥调平衡网络，先将 R_4 设置为工作片 R_x；

5）电桥调零，调整电桥平衡电位器 W_1 使电压表为零；

6）系统调零，将测微头调整在整刻度（$x.0$mm）位置，开始读取数据，1mm 读取一个数据，记录在表 16-1 中(单臂)；

7）保持差动放大器增益不变，将 R_3 换为与 R_4 工作状态相反的另一个应变片，形成半桥电路，重新调整好悬臂梁初始值与电桥零点，读取数据填入表 16-1 中(半桥)；

8）保持差动放大器增益不变，再将 R_1、R_2、R_3、R_4 四个电阻全部换成应变片，接成直流全桥，并重新调整好悬臂梁初始位置与电桥零点，每 1mm 读取一个数据测出位移后的电压值，填入表 16-1 中(全桥)。

表 16-1 直流电桥实验测试数据表

X(mm)位移	-5	-4	-3	-2	-1	0	1	2	3	4	5
U(mV)单臂											
U(mV)半桥											
U(mV)全桥											

思考题：

1）观察正反行程的测量结果，解释输入/输出曲线不重合的原因。

2）在同一坐标上描绘出位移-电压(U-X)曲线，比较三种接法的灵敏度，根据 U-X 曲线计算三种接法的灵敏度 $k=\Delta U/\Delta X$，说明灵敏度与哪些因素有关。根据 U-X 曲线，描述应变片的线性度好坏。

3）如果相对应变片的电阻相差很大会造成什么结果？应采取怎样的措施和方法？

4）如果连接全桥时应变片的方向接反将会出现什么结果？为什么？

实验 2 金属箔式应变片交流全桥(电阻应变仪原理)

实验目的：了解交流供电的四臂应变电桥(电阻应变仪)的工作原理，掌握电路调试方法与实际应用。

实验所需单元：金属应变片，悬臂梁，音频振荡器，低频振荡器，电阻平衡电路，电容平衡电路，差动放大器，移相器和相敏检波器，低通滤波器，电压表，双踪示波器。

电阻应变仪原理可参见 3.3.3 节，应变仪组成结构见图 3-12，移相器电路结构与工作原理可参见 3.3.4 节。由交流供电构成的电阻应变仪电路，可用来测量材料的静态应变和动态应变，测量方法分静态应变测量和动态应变测量。

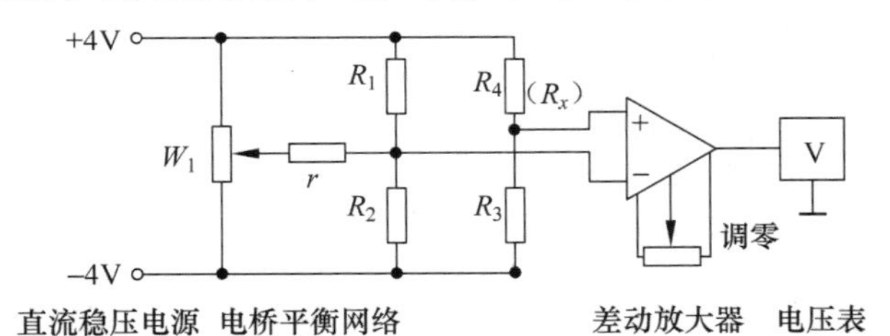

图 16-2 应变片直流电桥实验电路接线图

1. 静态应变测量

实验步骤：

1）音频振荡器调至 2kHz，幅度输出 V_{PP} 旋至 2V(用示波器观察)，打开主电源、副电源；

2）差动放大器调零，放大器增益适中；

3）按图 16-3 电路连接工作电桥，图中 R_1 ~ R_4 均为应变片，W_1、r 为电阻调平衡网络；W_2、C 为电容调平衡网络，电桥交流激励由音频振荡器输出提供；

4）用示波器观察、调整移相器，使移相器输入/输出同相；

5）将测微头旋至梁的水平位置，调整 W_1、W_2 使电压表指示为零，用示波器观察放大器和相敏检波器输出为最小(理论值为零)；

6）旋转测微头，每隔 1mm 读一个数，并将电压表读数填入表 16-2；

7）根据所得测量数值作出 U-X 曲线，并与直流电桥的结果进行比较。

表 16-2　交流电桥实验测试数据表

X(mm)	−5	−4	−3	−2	−1	0	1	2	3	4	5
U(mV)											

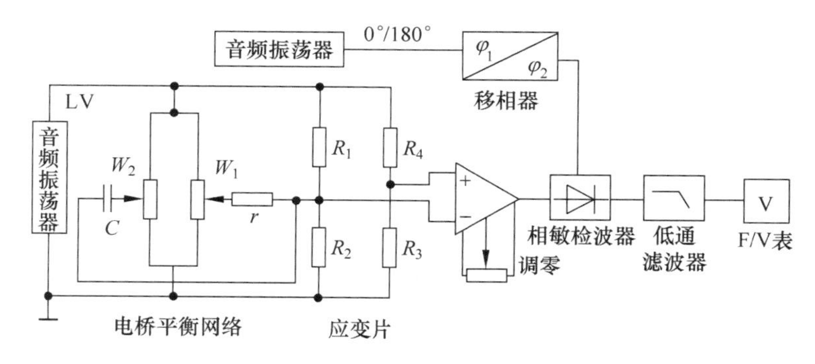

图 16-3　应变片交流电桥实验电路接线图

2. 动态应变测量

实验步骤：

1）保留静态测量电路，取下测微头。

2）从低频振荡器取出 5～30Hz 低频信号，将信号输入激振器电磁线圈，使悬臂梁振动（感应电磁线圈的磁场变化使悬臂梁的端部磁铁产生上下运动，运动频率为低频振荡器输出频率），梁振动在谐振点时振动幅值最大。

3）调节低频振荡器输出信号幅度和频率，使双平行悬臂梁以适中的振幅振动，用示波器读数准确的 V_{PP} 值。

4）用示波器观察差动放大器，相敏检波器和低通滤波器及各点输出端波形。

实验注意事项：

静态应变测量中，若调零后相敏检波器输出不能同相或反相，可调 W_2 使输出电压为零的平滑脉动波；动态测量时，应避免低频振荡器幅度过大撞击线围骨架。

思考题：

实验电路采用的相敏检波器参见图 3-14，请回答电路中参考信号 V_2 和放大器输出信号 V_1 相位相同时，V_2 和 V_1 相位相反时，V_2 和 V_1 相位差为 90°的情况下，相敏检波器②⑥⑦①③各点波形，画出动态应变测量中差动放大器、相敏检波和低通输出端的波形并解释工作原理。

3. 移相器电路

图 16-4 为移相器电路原理图，其中 A_1、R_1、R_2、R_3、C_1 构成第一级移相器，实现超前相移；由 A_2、R_4、R_5、R_W、C_2构成第二级移相器，实现滞后相移。

根据幅频特性可知，移相前后的信号幅值相等。由相频特性可知，相移角度的大小与信号频率及电路中阻容元件的数值有关。

第一级移相器初始相移为：$\varphi_{f_1} = -\pi - 2\mathrm{tg}^{-1}2\pi f R_3 C_1$

第二级移相器移相范围为：$\Delta\varphi_{f_2} = -2\mathrm{tg}^{-1}2\pi f \Delta R_W C_2$

已知 $R_3 = 10\mathrm{k\Omega}$，$C_1 = 6800\mathrm{pF}$，$\Delta R_W = 10\mathrm{k\Omega}$，$C_2 = 0.022\mu\mathrm{F}$。显然，如果输入信号频率 f 确定时，电位器 ΔR_W 范围为 0～100kΩ，即可计算出图 16-4 中所示二阶移相器的移相范围

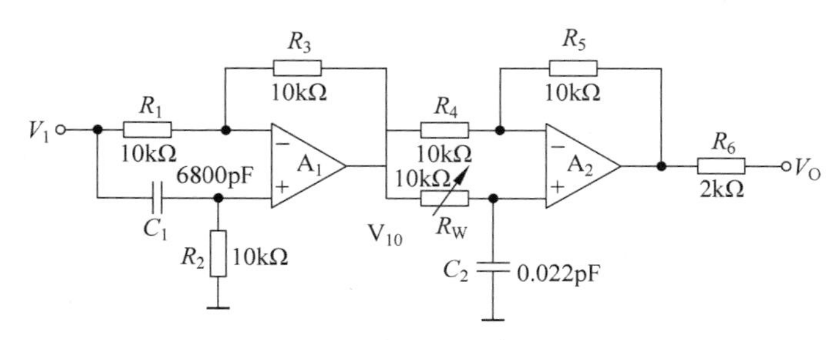

图 16-4 移相器电路原理图

$\Delta\varphi_f$；当 R_W 一定、频率 f 变化时，也可计算出移相器相应的移相范围变化 $\Delta\varphi_f$。

移相器实验步骤如下：

1）将频率为 1kHz，幅度适中的音频信号分别从 0°或 180°端口输出至移相器的输入端。

2）双踪示波器的两个探头 Y_1、Y_2 分别接至移相器的输入端和输出端。

3）令 $R_W=0$（移相单元的电位器顺时针到底），可测定移相器的初始位移相角 $[\varphi_f=\varphi_{f_1}]$；令 $R_W=10k\Omega$（移相单元的电位器逆时针旋到底），可测定移相器变化范围 $\Delta\varphi_f$。

4）改变输入信号频率为 9kHz，再次测量相应的 φ_f 和 $\Delta\varphi_f$。在示波器上精确测量信号频率为 1kHz 和 9kHz 时的初始相移和移相范围，与计算出的理论值进行比较，说明产生误差的原因。

涉及交流信号解调电路时，除相敏检波电路外，还需移相器和低通滤波器，它们必须由这三个电路部分组成，不可分割。

实验 3 差动变压器式电感传感器性能测试

实验原理：差动变压器是把被测量变化转换成绕组的互感变化来进行测量的。差动变压器本身是一个螺线管式的变压器，一次绕组输入交流电压，二次绕组感应出交流信号，当一次侧与二次侧间的互感受外界影响而变化时，二次侧所感应的电压幅值也随之发生变化。由于结构上两个二次绕组接成差动形式，故称为差动变压器。

差动变压器结构如图 16-5a 所示，由一个圆筒形骨架上分三段绕制成三个绕组和插入其中的可动铁心组成。中间绕组 N_1 为一次绕组，上下各有一组完全对称于一次侧的二次绕组 N_{2a}、N_{2b}，在铁心处于中间位置时，一次绕组的互感相等。

实验目的：了解差动变压器工作原理，熟悉差动变压器的性能。

实验所用单元：音频振荡器，差动变压器，双通道示波器。

实验注意事项：差动变压器的两个二次绕组须按同名端连接，构成差动输出形式。

实验步骤：

1）打开主电源及副电源调整音频振荡器幅度，用示波器观察使音频信号输出电压峰峰值 V_{PP} 为 2V。

2）按图 16-5b 接线，将音频振荡器振荡频率调节为 4kHz，并输出至差动变压器一次侧。

3）调节位移标尺（测微头）使次级的差动输出电压最小（可提高示波器灵敏度观察），此时读出的最小电压叫作________电压，并观察输入与输出相位差约为________。当铁心由上至下时，相位由________相变为________相。

4）从零输出开始，旋转测微头使铁心位移变化时，从示波器上读出的电压值填入表 16-3。

表 16-3 差动变压器性能测试数据

X(mm)	-5	-4	-3	-2	-1	0	1	2	3	4	5
V_{PP}(V)											

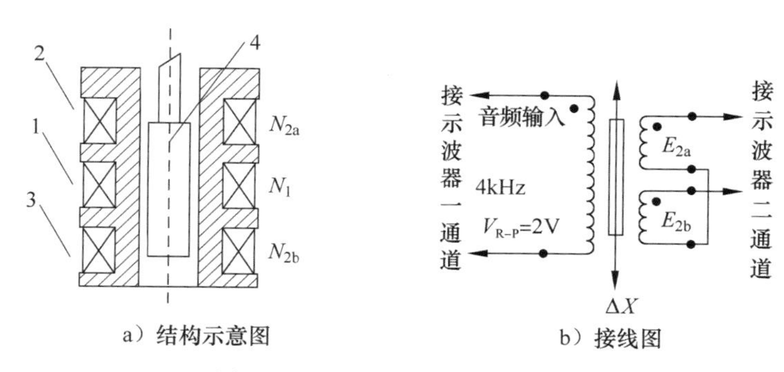

图 16-5　差动变压器结构原理图
1——一次绕组；2、3—二次绕组；4—铁心

5）根据测试结果画出差动变压器输出特性曲线（X-V_{PP}），指出特性曲线线性工作范围，并求出该电感传感器灵敏度。

实验 4　差动变压器零点残余电压的补偿与位移测量电路的标定

实验目的：证明如何用适当的网络线路对差动变压器的残余电压进行补偿。

实验所用单元：音频振荡器，差动放大器，差动变压器，移相器，相敏检波器，电桥，示波器。

实验要求：由于补偿电路要求差动变压器的输出必须悬浮，为使输出波形可用示波器观察，采用差动放大器使双端输出转换为单端输出。

实验步骤：

1）打开电源将音频输出调至 4kHz，用示波器调整输出幅度 V_{PP} 为 2V，将输出接至差动变压器初级。

2）差动放大器调零，增益旋至最大（此时放大倍数为 100 倍），按图 16-6 连接电路。

即：

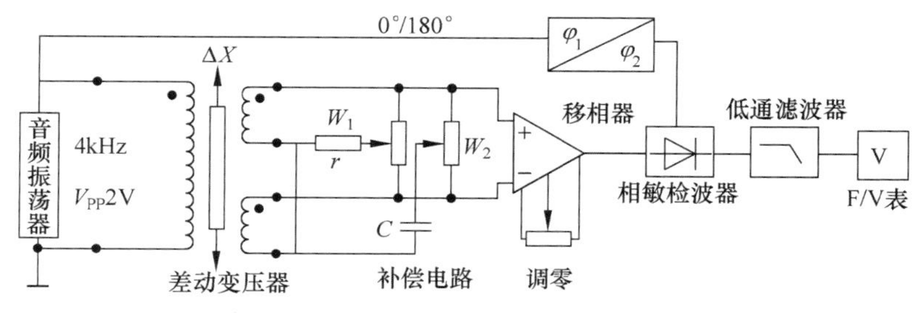

图 16-6　差动变压器微位移测量电路接线示意图

3）改变铁心位置（调测微头），用示波器观察使差动放大器输出电压最小，示波器灵敏度提高时观察零点残余电压波形变化。

4）反复调整电桥的平衡网络 W_1、W_2，使输出电压进一步减小，必要时重新调节测微头，读出此时零点残余电压值的大小，与实验 3 的结果进行比较，比较时输出电压需除以放大器的增益（此时是 100 倍），观察经过补偿后的残余电压波形，注意与激励电压波形相比较。

5）给铁心一个较大的位移，调整移相器使电压输出指示最大，同时用示波器观察放大器输出波形或相敏检波器的输出波形，调整放大器增益保证使输出波形不失真。从零输出电压开始，每隔 1mm 读出一输出电压值，电压值填入表 16-4 内。

6）根据测量结果，作出差动变压器（U-X）特性曲线，并求出传感器灵敏度。

表 16-4 差动变压器位移实验测试数据表

X(mm)	-5	-4	-3	-2	-1	0	1	2	3	4	5
U(V)											

思考题：

1）残余电压波形是什么波形？说明波形中含有哪些成分，与激励电压的相移约为多少。

2）解释残余电压产生的原因。残余电压的大小对差动变压器的性能会产生什么影响？

3）描绘差动变压器的结构，叙述这种结构的工作原理。要使输出电压与铁心位移呈线性比例关系，二次绕组应如何连接？

4）与应变片相比较，差动变压器在位移测量中有哪些特点？

实验 5　电涡流式传感器位移与材料检测实验

实验原理：电涡流式传感器是一只绕制在塑料骨架上的扁平线圈，如果在该线圈中通以正弦交流信号，流过线圈的电流就会在线圈周围空间产生交变磁场。当导电的金属靠近这一线圈时，金属导体中就会产生涡流，涡流大小与金属导体的电阻率、磁导率、厚度、线圈与金属导体的距离以及线圈励磁电流的角频率等参数有关，如果固定其中某些参数，就可根据涡流的大小测量出其他参数的特征。

实验目的：了解电涡流式传感器的原理及工作性能。

实验所需单元：涡流变换器，电压表，铁、铝材料测片，涡流传感器，示波器。

实验注意事项：被测体与涡流传感器测试头平面必须平行，并将测头尽量对准被测体中间，以减小涡流损失。开始测量前，先让金属片离开传感器一定距离，看到涡流变换器的振荡波形后再贴近被测体。

实验步骤：

1）安装好传感器，观察传感器结构，它是一个平绕线圈。

2）用导线将涡流传感器接入至涡流变换器的输入端，将输出端接至电压表。电压表置于 20V 档，测量电路如图 16-7 所示，涡流变换器电路原理参见图 5-28。

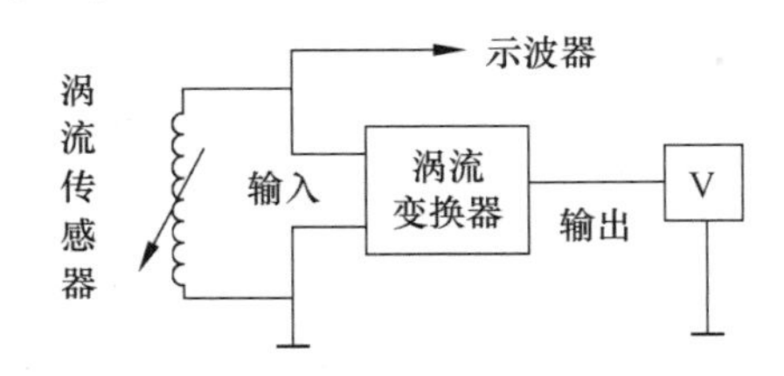

图 16-7　电涡流式传感器实验接线图

3）打开主电源和副电源，用示波器观察涡流变换器的输入端波形，如果没有振荡波形，应移动被测体。根据示波器扫描时基计算出振荡波形的频率为________。

4）(改变测微头)调整金属片与涡流传感器距离，使传感器与被测铁片间有位移变化，从接触开始读数(找出开始出现振荡信号的距离点，避开死区)，在温流变换器输入端用示波器观察振荡波形的峰峰值 V_{PP}，由电压表检测输出端的直流电压值 V，每隔 0.25mm 读一次数，直到线性破坏为止，并将结果填入表 16-5。

5）更换其他金属片(铝片)用同样的方法测量一次。

6）根据实验结果，画出输出电压与位移曲线(U-X)，指出大致的线性范围，求出系统灵敏度。

7）用误差理论的方法求出线性范围内的线性度、灵敏度。

表 16-5　电涡流式传感器位移与材料检测实验测试数据表

ΔX(mm)	0.25	0.5	0.75	1.0	1.25	1.5	1.75	2.0	2.25	2.5	2.75
V_{PP}(V)											
$U_{铁}$(V)											
$U_{铝}$(V)											

思考题：

1）涡流传感器最大的特点是什么？涡流传感器适宜做什么样的位移检测？

2）解释涡流传感器在初始时出现的死区。

3）不同材料涡流传感器的灵敏度和线性度不同，比较铁和铝的灵敏度曲线。

4）在被测体不同时，需要事先进行哪些工作才可做定量检测？

实验 6　霍尔式传感器实验

实验原理：霍尔元件的结构中，矩形薄片称为基片，在它的两侧各装有一对电极。一个电极用于加激励电压或激励电流，故称为激励电极；另一个电极作为霍尔电势的输出，故称霍尔电极。在实际应用中，当磁感应强度 B(或磁场强度 H) 和激励电流 I，一个量为常量，而另一个作为输入变量时，则输出霍尔电势 U 与磁感应强度 B 或激励电流 I 成比例关系。当输入量是 B 或 I 时，则输出霍尔电势 U 正比于 B 与 I 的乘积。

实验装置的磁路系统与理想特性如图 16-8a 所示，由于两对极性相反的磁极共同作用，在磁极间形成一个梯度磁场，当霍尔元件在磁场中运动时，将位移 x 的变化转换为磁感应强度 B 的变化。调整霍尔元件处于铁心中心位置时，由于该处磁场作用相互抵消，故 $B=0$，霍尔元件上下运动时霍尔电势大小和符号也会随之变化。因此，若用一标准磁场或已知特性磁场的磁路系统来校准霍尔元件的输出电势时可采用测量磁场强度的方法。

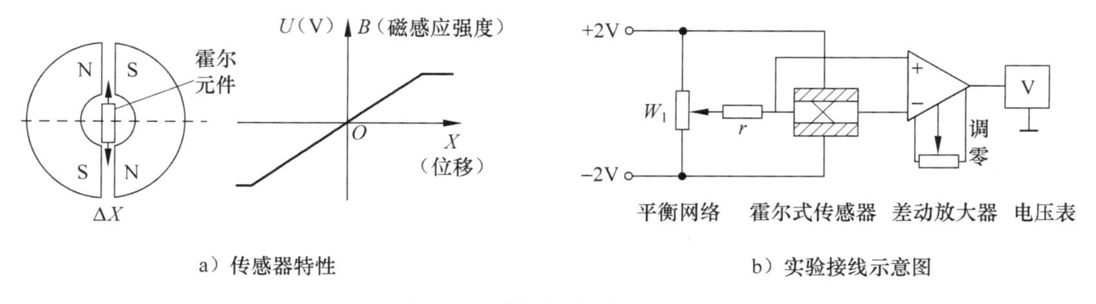

a）传感器特性　　b）实验接线示意图

图 16-8　霍尔传感器实验原理

实验目的：了解霍尔传感器的基本原理与特性。

实验所用单元：霍尔传感器，电桥，差动放大器，直流稳压电源，电压表。

实验注意事项：霍尔元件上所加电压不得超过 ±2V，以免损坏霍尔晶，在开启电源之前仔细检查直流稳压电源旋钮位置。一旦调整好测量系统，实验过程中不能移动磁路系统。

实验步骤：

1）差动放大器增益旋至最小，电压表量程置 2V 档，直流稳压电源放在 2V 档。

2）开启电源，差动放大器调零。

3）按图 16-8b 接好电路，调整平衡网络电位器 W_1 使电压表指示为零。

4）上下移动霍尔元件(旋动测微头)，每 0.2mm 由电压表读取一个数值，将输出电压值填入表 16-6。

5）根据测量结果作出 U-X 曲线，指出线性范围，求出灵敏度 $k=\Delta V/\Delta X$。

表 16-6 霍尔传感器位移检测实验测试数据表

X(mm)	-1.0	-0.8	-0.6	-0.4	-0.2	0	0.2	0.4	0.6	0.8	1.0
U(V)											

思考题：

1）实验测出的结果实际上是磁场的分布情况，线性好坏是否影响位移测量的线性度？

2）该传感器是否适用于大位移测量？如果传感器离开磁场的线性区，输出如何变化？

3）霍尔片工作在磁场的哪个范围灵敏度最高？

4）如何利用霍尔元件进行动态测量（如振动信号）？

实验 7 压电传感器引线电容对电压放大器和电荷放大器的影响

实验原理：压电式传感器是一种典型的有源（发电型）传感器，压电元件是力敏感元件，在压力、应力、加速等外力作用下，会在电介质表面产生电荷，从而实现非电量的测量。

实验目的：了解压电式传感器的原理、结构及实际应用，验证引线电容对电压放大器的影响，了解电荷放大器的原理和使用方法。

实验所需单元及设备：低频振荡器，电荷放大器，电压放大器，低通滤波器，相敏检波器，单芯屏蔽线，压电传感器，差动放大器，双踪示波器，磁电传感器，电压表。

实验步骤：

1）直流稳压电源输出置于 4V 档，根据图 16-9 连接电路，相敏检波器参考电压接直流输入信号，差动放大器的增益旋钮到适中。

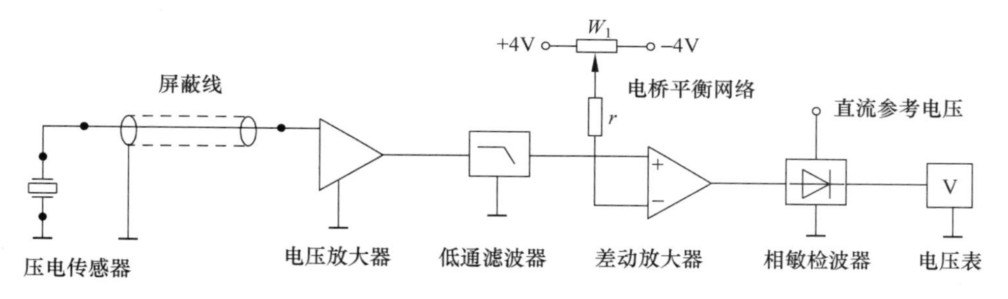

图 16-9 压电传感器实验接线示意图

2）示波器的两个通道分别接到差动放大器和相敏检波器的输出端。

3）将低频振荡器信号接入激振线圈，开启电源，使实验振动台随低频振荡信号振荡。

4）观察显示的波形，适当调整低频振荡器的频率、幅度旋钮，可读出不同频率的电压输出的峰峰值（V_{PP}）。

5）使差动放大器的输出波形较大且没有明显失真，观察相敏检波器输出波形，解释所看到的现象。调节电位器 W_1，使差动放大器的直流成分减少到零，示波器的另一通道观察磁电式传感器的输出波形，并与压电传感器输出波形相比较，观察波形相位差。

6）适当增大差动放大器的增益，使电压表的指示值为某一整数值（如 1.5V），将电压放大器与压电加速器之间的屏蔽线换成无屏蔽的实验短接线，读出电压表的读数。

7）将电压放大器换成电荷放大器，重复 5）、6）两步。

注意事项：低频振荡器的幅度要适当，以免引起波形失真。梁振动时不应发生碰撞，否则将引起波形畸变，不再是正弦波。由于梁的相频特性影响，压电式传感器的输出与激励信号一般不为 180°，故表头有较大跳动，此时可以适当改变激励信号频率，使相敏检波输出的两个半波尽可能平衡，以减少电压表跳动。

思考题：

1）根据实验结果，振动台的自振动频率大致是多少？

2）相敏检波器输入含有直流成分与不含直流成分对电压表读数是否有影响？为什么？

3）根据实验数据，计算灵敏度的相对变化值，比较电压放大器和电荷放大器受引线电容的影响程度，并解释原因。试回答引线分布电容对电压放大器和电荷放大器性能有什么影响。

实验 8　差动变面积式电容传感器的静态特性测试

实验原理：电容式传感器有多种形式，差动变面积式传感器由两组定片和一组动片组成，构成差动电容形式。当动片上下移动改变位置，与两组静片之间的重叠面积发生变化时，极间电容也发生相应的变化。两电容分别为电容 C_{X1} 和电容 C_{X2}，将 C_{X1} 和 C_{X2} 接入桥路作为相邻两桥臂时，桥路的输出电压与电容的变化量有关，即与动片和静片的位置有关。

实验目的：了解差动变面积电容式传感器的原理及特性。

实验所需单元及设备：电容传感器，电压放大器，低通滤波器，电压表，示波器。

实验步骤：

1）根据图 16-10 接线，开启电源，（旋转测微头）调节电容在两个定极片的中间位置，使输出为零。

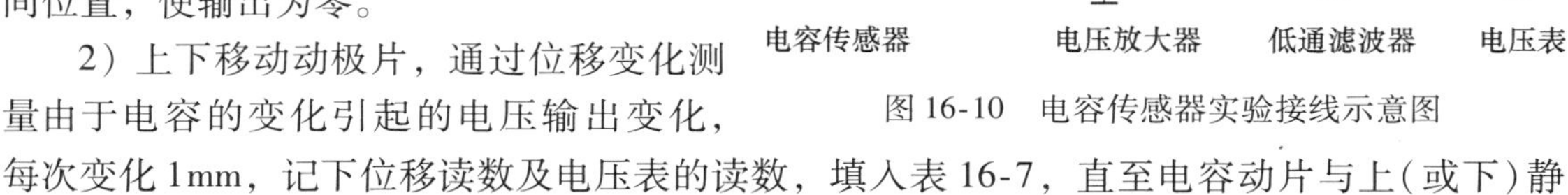

图 16-10　电容传感器实验接线示意图

2）上下移动动极片，通过位移变化测量由于电容的变化引起的电压输出变化，每次变化 1mm，记下位移读数及电压表的读数，填入表 16-7，直至电容动片与上（或下）静片覆盖面积为最大为止。

3）计算系统灵敏度 $k=\Delta U/\Delta X$，并作出 U-X 关系曲线。

表 16-7　差动变面积式电容传感器的静态特性测试数据表

X(mm)	−5	−4	−3	−2	−1	0	1	2	3	4	5
U(mV)											

实验 9　光纤传感器实验

实验原理：视觉功能中最基本功能是对外界光强的监测功能，检测光强弱的器件称为光敏传感器。对光进行检测可以说是自古以来发展最快的一个领域，已有许多性能优越的光敏传感器进入实用阶段。光和声都是一种波，两者都具有在空间传播的同时进行能量传递的特性，通过不同介质时在界面会产生部分反射或全反射。光敏传感器一般由光源、光学通路（透镜）和光电器件 3 部分组成，被测量通过对辐射源或者光学通路的影响将待测信息调制到光波上，通过改变光波的强度、相位、分布等使光电器件将光信号转换为电信号。Y 型结构反射式光纤位移传感器是一种理想的高精度位移测量系统，其系统结构与检测电路原理如

图 16-11 所示，详细测量原理可参见图 9-32。

1. 反射式光纤位移传感器实验

实验目的：了解光纤位移传感器工作原理和装置结构，测量光纤位移传感器的输出特性。

实验所需单元：光纤位移传感器，差动放大器，电压表。

实验步骤：

1）观察光纤位移传感器结构，是由两束光纤混合后组成 Y 型光纤，探头端面为半圆分布，仪器内部在光纤输出端面安装有光敏晶体管及光电转换电路，实验台上贴有反射纸，作为光的反射面。

2）按图 16-11 静态位移测量电路接线，光纤探头端面对准反光面，光纤直接将反射的光信号传给光敏管转换为电信号送差动放大器放大，并由电压表显示输出。

3）先将光纤探头与反光面接触，调整放大器调零电位器使电压读数为最小。（旋转测微头）改变光纤探头与反射物体的距离，使它们之间有位移变化。

4）旋转测微头，每隔 0.2mm 读取一个数据，并将其填入表 16-8。让光纤探头慢慢离开反光面，观察电压读数是先由小到大，再由大到小的变化。

5）用测量数据作图，画出 U-X 曲线，并说明原理与特性。

表 16-8　反射式光纤位移传感器实验检测数据表

ΔX(mm)	0.2	0.4	0.6	0.8	1.0	1.2	1.4	1.6	1.8	2.0	2.2	2.4	2.6
U(mV)													

2. 反射式光纤位移传感器检测电机转速

实验目的：了解光纤位移传感器的测速原理与应用方法。

实验所需单元及部件：直流电机，电压控制单元，差动放大器，光纤位移传感器，直流稳压电源，示波器。

实验步骤：

1）电机表面上贴有两张反光纸，按照图 16-11 所示的动态检测电路接线，将差动放大器的增益旋置最大。

2）将光纤探头移至电机上方对准电机上的反光纸，根据光纤位移实验的最佳距离调节光纤位移传感器，使电压表显示最大，再用手稍微旋转电机，让反光面避开光纤探，调节差动放大器的调零。

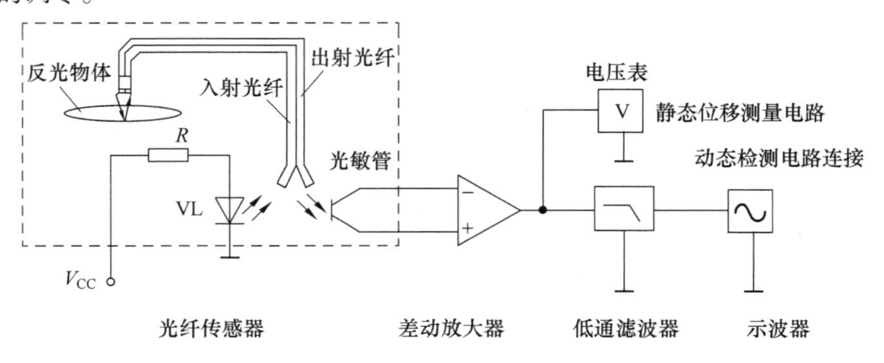

图 16-11　Y 型光纤传感器结构与实验原理示意图

3）在电机控制单元（V_+）处接入 +10V 电压，调节旋钮使电机运转，用示波器观察放大器输出端随转速变化的脉冲信号。

4）根据脉冲信号的频率及电机上反光片的数目，利用示波器时基读出脉冲每个周期的时间，并换算出此时的电机转速为________转/分钟。

思考题：

（1）光纤传感器在位移测量中有哪些特点？灵敏度如何？

（2）以上实验光纤是作为传光的介质，是否具有传感的功能？

（3）反射式光纤位移传感器中，反射光的强弱对位移测量有哪些影响？

实验 10　半导体扩散硅压阻式压力传感器实验

半导体传感器以其易于实现集成化、微型化、灵敏度高等特点，一直受到世界各国科学家的重视。由于电子技术的飞速发展，以半导体传感器为代表的各种固态传感器相继问世。这类传感器主要是以半导体为敏感材料，在各种物理量的作用下引起半导体内载流子浓度或分布的变化，通过检测这些物理特性的变化，即可反映被参数值。

实验原理：扩散硅压阻式压力传感器基本原理主要采用扩散工艺（或离子注入及溅射工艺）制成一定形状的应变元件，当受到压力作用时，应变元件的电阻发生变化，从而使输出电压变化。

实验目的：了解扩散硅压阻式压力传感器的工作原理和工作情况。

实验所需单元：直流稳压电源，差动放大器，电压表，压阻式传感器，压力计（表），气压皮囊。

实验步骤：

1）了解所需单元部件，传感器的符号及在仪器上的位置。直流稳压电源置 ±4V 档，放大器增益适中或最大。

2）按图 16-12a 连接传感器供压系统回路，传感器同时与气压皮囊和压力表连接。传感器具有两个气嘴，一个高压嘴一个低压嘴，当高压嘴接入正压力时输出为正，反之为负。

3）按图 16-12b 连接电路，注意接线正确，否则易损坏元器件，差动放大器接成同相或反相均可。

4）将加压皮囊上单向调节阀的锁紧螺丝拧松，开启主副电源，调整差动放大器调零电位器旋钮，使电压表指示尽可能为最小，记下此时电压表读数。

5）拧紧皮囊上单向调节阀的锁紧螺丝，轻按加压皮囊，且当气压表有压力时，记下此

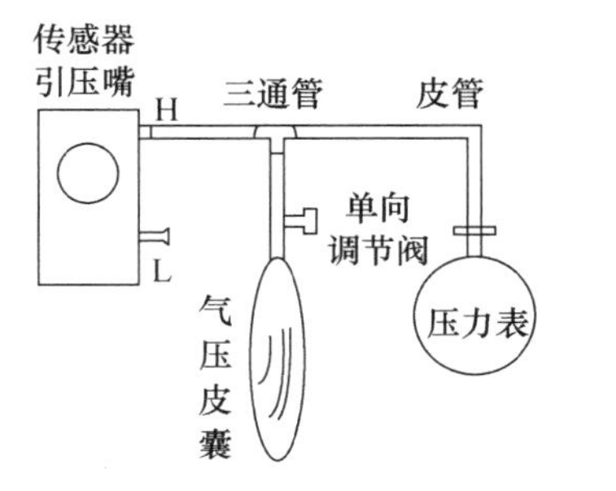

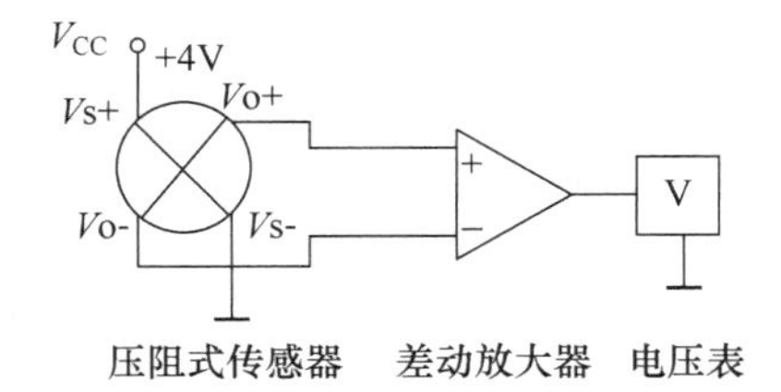

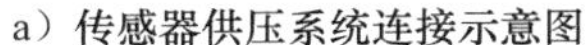
a）传感器供压系统连接示意图

b）实验电路连接示意图

图 16-12　压阻式传感器实验

时的压力读数，然后每隔 1kPa 时读取一电压输出值，记下数据填入表 16-9。

6）根据所得的结果计算系统灵敏度 $k=\Delta V/\Delta P$，并作为 U-P 关系曲线，找出线性区域。如差动放大器增益不理想，可调整其差动放大器“增益”旋钮，不过应重新调整零位，调好以后在整个实验过程中不得再改变其位置。

表 16-9 压阻式传感器压力测量数据表

压力(kPa)	1	2	3	4	5	6	7	8	9	10
电压(mV)										

思考题：

1）差压传感器是否可用作真空度以及负压测试？

2）比较压阻式传感器与金属电阻应变片式传感器在应用上有什么不同？

3）从测量结果观察比较、解释压阻式传感器灵敏度。

实验 11 P-N 结温度传感器测温实验

实验原理：晶体管 P-N 结上的电压是随温度变化的。例如硅管的 P-N 结在温度每升高 1℃时，结电压下降约 2.1mV，利用这种特性可做成各种 P-N 结温度传感器。P-N 结温度传感器具有线性好、时间常数小(0.2～2s)、灵敏度高等优点，测温范围为 −50～+150℃。其不足之处是离散性大，互换性差。

实验目的：了解 P-N 结温度传感器的特性及工作过程。

实验所需单元：直流稳压电源，差动放大器，电压放大器，电压表，加热器，温度计。

实验步骤：

1）置直流稳压电源为 ±6V，差动放大器增益旋至最小(旋钮逆时针到底是 1 倍)，电压放大器幅度最大是 4.5 倍。

2）找到 P-N 结、加热器、电桥在实验仪所在的位置及符号。

3）观察 P-N 结传感器结构，用数字万用表“二极管”档测量 P-N 结正反向电阻，判断得出其二极管正负极性。

4）直流稳压电源(V+)插口用所配的专用电阻线(51kΩ)与 P-N 结传感器的正向端相连，并按图 16-13接好放大电路，电压表量程置 2V 档，调节电位器 W_1，使电压表指示为零，同时记下此时水银温度计的温度值(室温 Δt)。

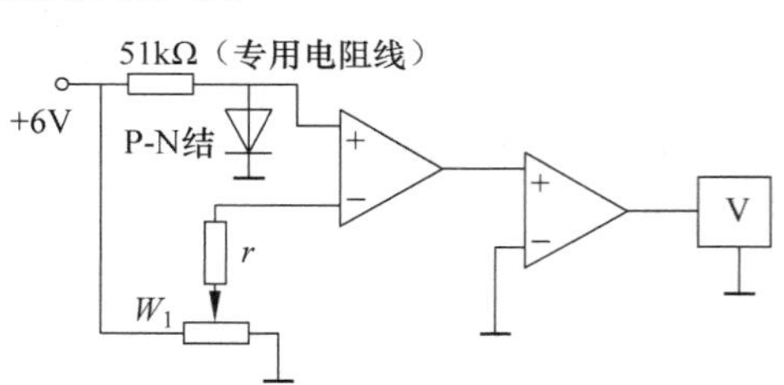

图 16-13 P-N 结温度传感器实验接线示意图

5）将 −15V 接入加热器，观察电压表读数的变化，因 P-N 结温度传感器的温度变化灵敏度约为 −2.1mV/℃。随温度的升高，其 P-N 结电压将下降 ΔV，ΔV 电压经差动放大器隔离传递(增益为 1)，电压放大器放大 4.5 倍，此时的系统灵敏度 $k\approx 10$mV/℃。

6）待电压表读数稳定后，就可利用这一结果，将电压值转化成温度值，从而演示出加热器在 P-N 结温度传感器处产生的温度值(ΔT) = ________，此时该点的温度为 $\Delta T+\Delta t$。

注意事项：

1）该实验仪作为一个演示性实验。

2）加热器不要长时间的接入电源，此实验完成后应立即将 −15V 电源拆去，以免影响梁上的应变片性能。

思考题：

分析该测温电路的误差来源，如果将其作为一个 0 ~ 100℃ 的较理想的测温电路，你认为还必须具备哪些条件？

实验 12　热敏电阻演示实验

热敏电阻具有体积小、重量轻、热惯性小、工作寿命长、价格便宜等特点，并且本身阻值大，不需考虑引线长度带来的误差，适用于远距离传输。但热敏电阻有非线性大、稳定性差、易老化、误差较大、一致性较差等缺点，一般只适用于低精度的温度测量。

实验原理：热敏电阻的温度系数有正有负，因此分成两类：PTC(正温度系数)热敏电阻与 NTC(负温度系数)热敏电阻。一般来说，NTC 热敏电阻测量范围较宽，测量范围为 -50 ~ +300℃，主要用于环境温度测量。而 PTC 突变型热敏电阻的温度范围较窄，一般用于恒温加热控制或温度开关，也用于彩电中作为自动消磁元件。有些功率 PTC 也作为发热元件使用，PTC 缓变型热敏电阻可用于温度补偿或温度测量。

实验目的：了解 NTC 热敏电阻随温度变化过程的现象。

实验所需单元：加热器，热敏电阻，可调直流稳压电源，-15V 稳压电源，电压表。

实验步骤：

1）了解热敏电阻在实验仪的所在位置及符号，它是一个蓝色或棕色元件，封装在双平行振动梁的上表面。

2）将直流稳压电源切换开关置 ±2V 档，按图 16-14 接线，开启主副电源，调整电位器 W_1，使电压表指示为 100mV 左右，这时为室温时的电压 V_i。

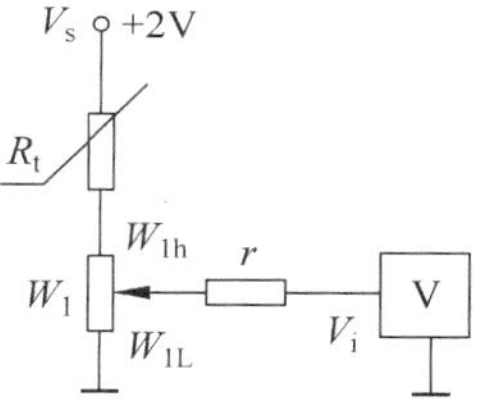

图 16-14　热敏电阻实验电路原理图

3）将 -15V 电源接入加热器，观察电压表的读数变化，电压表的输入电压为

$$V_i = \frac{W_{1L}}{R_t + (W_{1h} + W_{1L})} \cdot V_s$$

4）由此可知，当温度________时，R_t 阻值为________，V_i 为________。

思考题：

如果你手上有这样一个热敏电阻，想把它作为一个测量范围为 0 ~ 50℃ 的温度测量电路，该怎样来实现？

16.1.2　设计型实验

综合性实验是通过自行设计制作实用电路，应用传感器的最小检测系统完成实验。实验方法可以是教师提出要求学生拿出具体方案或参考教师设计方案，最终要求学生独立制作完成并实现基本功能。综合设计性实验目的是了解各种传感器的正确使用方法，结合实用电路与传感器连接，提高综合知识的能力训练，了解掌握传感器的工程设计方法。

实验 1　光电开关应用

实验原理：光电开关又称光电断路器，其输出响应频率为几十 kHz，是一种可以有效地控制电机运转、开关通断、产品计数的传感器。这种传感器是通过将相互之间保持一定距离的发光器件和光敏器件相对组装而成的(称对管)集成器件，当被检测的物体通过两器件之间时产生光的遮挡，使光量变化，把光强的变化转换成电信号，实现非电量到电量的转换。

光传感器的输入极(即发光器件)一般是砷化镓红外线发射二极管，与其组合的输出极(即光接收器件)集成在一起，光接收器件一般是光敏电阻、光敏二极管、光敏三极管或晶闸管等。

实验目的和任务：了解光电开关的基本结构，掌握开关式光敏传感器及其转换电路的工作原理，测量、记录实验数据。根据具体给出的器件设计一发光报警电路。当有物体插入光电开关切断光路时，输出电路的 LED 点亮(报警)，没有物体遮挡时，LED 不亮。

实验所需主要元器件：实验电路板(面包板)，反射式光电开关传感器一个；PNP 型三极管(9015)一个；LED 一只；电阻 100kΩ、4.7kΩ、8.2kΩ 各一只；连接导线若干；直流稳压电源。

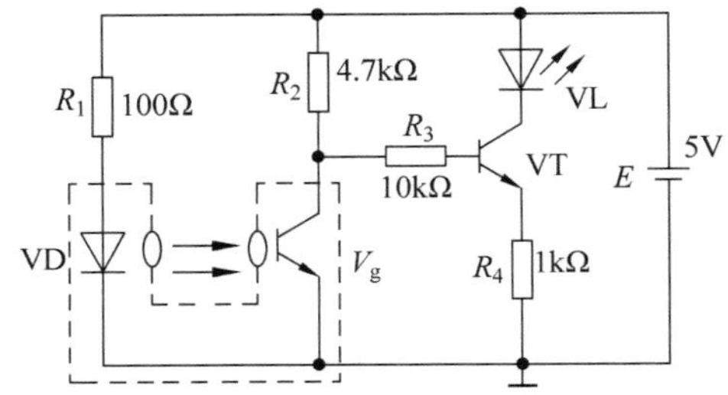

图 16-15　光电开关实验电路

实验步骤：

1）根据给出的器件设计电路，画出电路原理图，图 16-15 为实验参考电路。

2）识别器件的方向和极性，在面包板上连接电路。

3）将直流稳压电源调节为 5V，检查接线确实无误后接至直流电源 5V。

4）用物体遮挡发光管与接收管光路，观察电路状态是否变化，用万用表测量各点电位，测量光电开关有物体遮挡和无遮挡时输出电压值。

注意事项：光电开关的红外发射二极管必须与串联限流电阻，防止电流过大损坏器件，电阻值的选择应根据二极管最大额定电流选取。

编写实验报告：要求画出详细电路原理图，给出测量数据，记录发光管正向压降、受光器件导通和截止时输出电压等。调试过程中碰到的问题和解决方案。

思考题：

1）根据实验结果设计一种采用光电开关检测的电机转速控制电路。

2）光电开关的输出信号是开关量还是模拟量？要获得入射光信号与输出信号同相位变化时，电路输出端应如何连接？反相又如何连接？

3）如果电路中的三极管采用 NPN 型晶体管，输出电路应如何连接？LED 的状态又如何变化？

4）如果电路中 VD 损坏，LED 的状态如何变化？

实验 2　集成霍尔传感器开关控制

开关型霍尔集成传感器是将霍尔元件、放大器、施密特触发器以及输出电路等集成在一芯片上，其输出响应速度快，传送过程无抖动现象，并且功耗低、灵敏度与磁场移动速度无关。

实验原理：实验可采用 3144EU 型(或其他型号)集成霍尔开关传感器，其内部结构原理框图、输出特性和引脚参见图 6-20 与图 6-21。传感器输出是以一定磁场电平值进行开关工作的，由于内设有施密特电路，开关特性具有时滞，因此有较好的抗噪声效果。工作电源的电压范围较宽，一般为 3 ~ 6V。

实验目的和任务：了解认识开关型集成霍尔传感器工作原理和输出特性，掌握霍尔传感器的使用方法。根据具体给出的器件设计一开关控制电路，可实现当磁钢靠近霍尔传感器时输出电路中 LED 点亮（或控制音乐片发出乐曲声），当磁钢极性翻转或远离传感器时 LED 熄灭（或电路停止音乐声）。

实验主要器件：实验电路板（面包板）；常闭开关型集成霍尔传感器 3144EU 一个，器件引脚如图 16-16a 所示；NPN 型三极管 9014 一只，PNP 型三极管 9015 一只，三极管引脚如图 16-16b 所示；集成音乐芯片 9300 一个（可省略），音乐芯片引脚接线如图 16-17 所示；小功率扬声器一个；连接导线若干；电阻 4.7kΩ、1kΩ 各一只；小磁钢一个；准备可调节输出的直流稳压电源一台。

a）集成霍尔开关　　b）晶体管

1—V_{cc}；2—GND；3—OUT

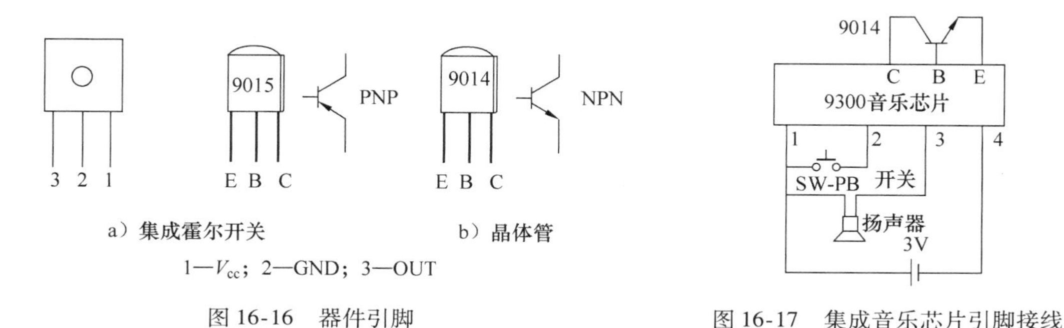

图 16-16　器件引脚

图 16-17　集成音乐芯片引脚接线

实验步骤：

1）根据给出的器件设计电路，画出电路原理图，图 16-18 为实验参考电路。

2）识别元件引脚和极性，在实验面包板上插接连接电路。

3）将直流稳压电源调节为 3V，检查连线无误后加工作电压，调试工作状态。

4）用小磁钢靠接霍尔传感器，并改变磁极性，控制输出极 LED 的亮、灭变化（也可以是控制音乐片发出音乐声），测量磁场变化时霍尔传感器的输出电压值（控制音乐片时，由晶体管 VT 作为 SW-PB 开关使用）。

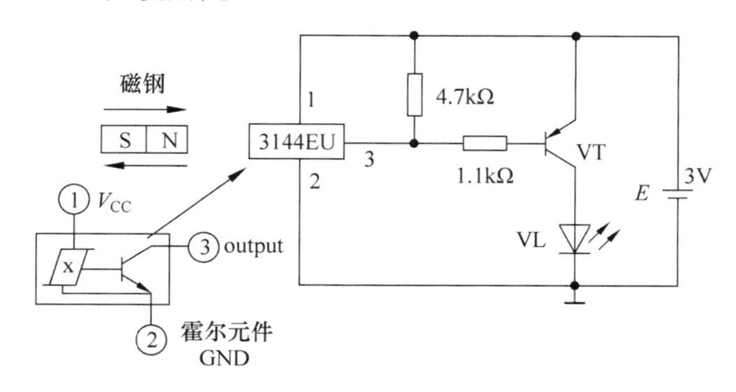

图 16-18　霍尔开关实验电路

需要注意的是：音乐集成片的工作电压较低，直流电源 3V 电压即可工作，注意集成霍尔传感器的极性，电压不可过大以免烧坏器件。

编写实验报告：要求画出详细电路原理图，给出测量数据（即，霍尔传感器的工作电压、工作电流、磁场变化的静态输出）。写出调试方法及调试中遇到的问题，尤其要说明分析解决问题的方法。

思考题：

1）用集成霍尔传感器设计一无触点开关控制电路，控制路灯、台灯的亮灭（提示：输出端可接固态继电器，需考虑通断控制 220V 交流电压）。

2）用霍尔元件控制电机转速与用光电开关控制电机转速各有哪些特征？

实验 3　气敏传感器应用实验

气体与人类的日常生活密切相关，检测气体可用于改善和保护人类的生活环境。半导体气敏传感器具有灵敏度高、响应快、稳定性好、使用简便、市场成品更新快等特点，在目前我们的日常生活中应用极其广泛。半导体气敏传感器可用于气体、煤炭作为燃料时的一氧化碳报警器，室内有害气体检测仪器，呼吸中乙醇浓度的检测，如酒后驾车等。

实验原理：实验采用 MQ-5 型半导体气敏传感器，MQ 系列气敏元件由微型 Al_2O_3 陶瓷管、SnO_2 敏感层、测量电极和加热器构成，敏感元件固定在不锈钢的腔体内。外形结构和引脚如图 16-19 所示，气敏元件有 6 只针状引脚，A、A′、B、B′4 只引脚用于取出信号，f、f′两只引脚用于加热丝加热。

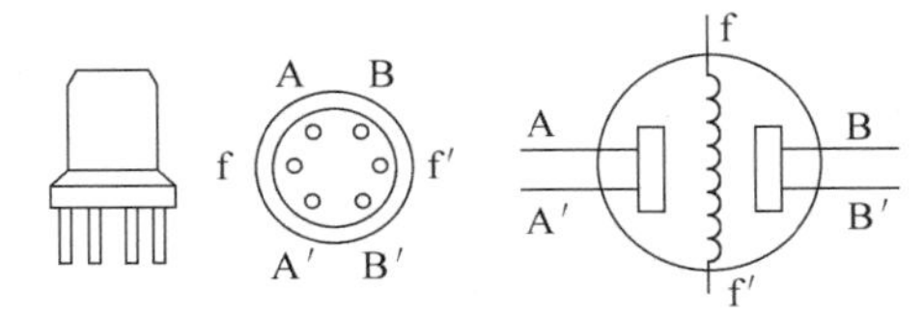

图 16-19　MQ-5 型半导体气敏传感器外形和引脚

气敏元件的标准回路参见图 10-6。气体引起传感器表面电阻 R_s 的变化是通过与其串联的负载电阻 R_L 上的有效电压信号 V_{RL} 输出而获得的。

实验目的和任务：了解气敏传感器及其转换电路的工作原理，认识气敏元件。了解气体测量的正确方法。根据给出的器件设计一气体浓度半定量检测装置，当有一定浓度的气体（酒精）靠近时，由条形 LED 发光显示器点亮的个数表示气体浓度，气体浓度增大时，LED 点亮的个数增多，反之减少。

实验器件：实验电路板（面包板）；气敏传感器 MQ-5 一个；条形 LED 驱动器集成电路 LM3914 一只（LM3914 内部电路及引脚参见集成电路数据手册）；条形 LED B10A 一个；20kΩ 电位器一个；电阻 1.8kΩ、2.7kΩ、3.9kΩ 各一只；连接线若干；酒精；可调节直流稳压电源。

实验步骤：

1）根据给出的器件设计电路，实验参考电路可参见图 10-11，条形 LED 显示器显示方式参见图 10-12。

2）正确判别器件的引脚和极性，插好器件后用导线在面包板上连接线路。

3）直流稳压电源调节为 5V，检查接线无误后接通工作电源，观察 LED 条形显示器的状态，气敏传感器正常工作时，加热电极需预热 2 ~ 3 分钟。

4）如果无 LED 显示或多个 LED 显示时，可调整 20kΩ 电位器，使 LED 条形码在环境空气下有一位条形码 LED 发光显示。

5）用带有酒精的棉球（或液化气）靠近气敏传感器观察条形码 LED 的变化，酒精越多，条形码 LED 点亮的个数越多，当酒精棉离开时 LED 条形码显示器点亮的个数不会马上减少，有个恢复时间，随时间延长酒精浓度减弱，条形码 LED 显示的个数逐渐减少。

编写实验报告：要求画出详细电路原理图，给出测量数据，测量数据记录包括不同浓度下气敏传感器的输出电压和对应条形码 LED 点亮的个数，并标定出工作曲线。讨论调试方法及调试中碰到的问题和解决问题的方法。

思考题：

1）电阻型气敏传感器可等效为哪种电参数？气体浓度变化时控制的是哪个电参量？

2）若要改变检测气体浓度的范围，应该改变电路中的哪个元件数值？

3）如果气体浓度变化时，LED 显示器没有响应，应该从哪几个部分检查？

4）气敏传感器加热丝有什么作用？如何检查加热丝是否工作？若传感器没有加入工作电压最直观的检查方法是什么？会有哪种现象？

实验 4 距离位移传感器的测量

距离和位移传感器平台上集成安装了直线位移滑变电阻式传感器、超声波测距传感器、红外光电式测距传感器等。实验中使用数字显示光栅尺作为位移传感器的定标工具。

实验目的：了解和掌握距离位移传感器的工作原理和测量方法。

实验内容：直线位移滑变电阻式传感器；超声波测距传感器；红外光电式测距传感器。

1. 直线位移滑变电阻式传感器测位移

直线位移滑变电阻式传感器基本结构如图 16-20a 所示，可分为三层：导电层（涂覆银膜用于导电），空气层（通过一定高度的分隔，使导电层与电阻层在自然状态下没有接触），导电塑料电阻层（涂覆导电塑料电阻的基层）。直线位移滑变电阻式传感器又称电子尺、电阻尺，实际就是一个滑变电阻器。随着压力滑块的运动，输出的电阻也随之变化，电阻的阻值与滑块距零点的位置成正比。当导电层受到外力作用（向下压）时，会与最下层的导电塑料层发生接触，从而输出信号。传感器的工作原理与输出特性如图 16-20b 所示，滑变电阻器的滑块引出抽头对输入电压进行分压，设电压为 0 ~ +5V 之间的模拟电压信号，传感器的输出特性为 $U_o = kx$，其中 U_o 为传感器的输出电压，x 为滑变电阻器中间抽头距零点的距离。

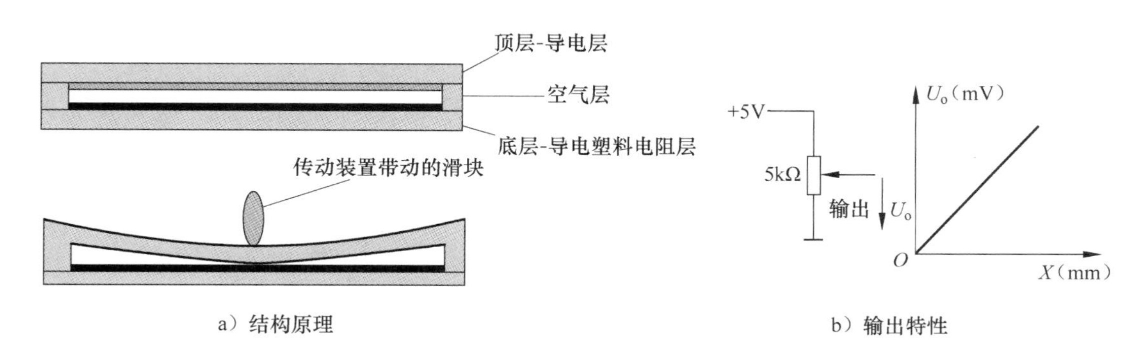

a）结构原理　　b）输出特性

图 16-20 直线位移滑变电阻式传感器

2. 超声波传感器测距

超声波测距传感器结构如图 16-21a 所示，超声波发射器向某一方向发射超声波，在发射时刻的同时开始计时，超声波在空气中传播，途中碰到障碍物就立即返回来，超声波接收器收到反射波就立即停止计时。设超声波在空气中的传播速度为 340m/s，根据计时器记录的时间 t，可计算出发射点距障碍物的距离 S，即：$S = 340t/2$。

实验装置使用 DRMNCS-B 型超声波传感器，超声波传感器的测距原理时序如图 16-21b 所示。发射波频率是 40kHz，传感器由单片机控制工作。发射探头发射一组 5 个超声波脉冲后，由逻辑电路控制输出由高电平跳为低电平。当接收探头接收到足够强度的反射超声波信号时，输出信号由低电平跳转为高电平。实验过程中，可以观察到随着反射板到探头的距离变化，传感器输出波形的“脉冲”宽度也会相应地发生变化，测试距离越远，脉冲的宽度越宽，计算出脉冲的宽度就可以计算出反射板到探头的距离。

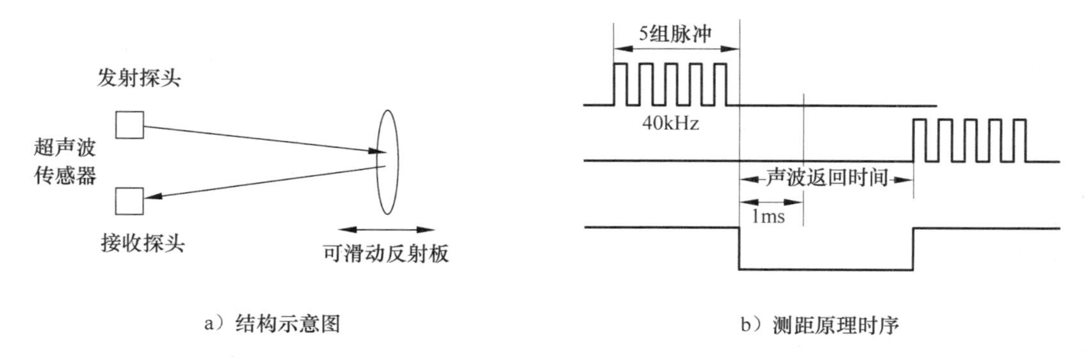

图 16-21　超声波传感器结构原理

使用超声波传感器进行测量，需要测量声波返回的时间，然后根据声速在空气中的传播速度，求出探测物体与超声波传感器之间的距离。所以，该装置的超声波传感器的最远测试距离为 3m。在设计中为保险起见，接收电路需延时大约 1ms，对应的最短测试距离约为 0.17m，发射的两组脉冲间隔时间约为 18ms，对应的测试距离为 3.069m。所以该测距系统可保证超声波传感器的测试范围在 0.17 ~ 3m。以超声波在空气中的传播速度为 340m/s 计算，就可算出超声波的探测范围：最大检测距离：$340 \times 0.018/2 = 3.06\text{m}$，最小检测距离：$340 \times 0.001/2 = 0.17\text{m}$。另外，空气中的声音传播速度不是一个固定的值，通常我们所认为的 340m/s 是一个大概的数据，在不同的温度下这个数据会有一些变化。

3. 红外光电式传感器测距原理

红外光电式测距传感器是一种利用“三角原理”来进行测量距离的传感器。在红外发光二极管旁的 PSD 实际上是一个线性的 CCD 阵列，距离红外发光二极管 19mm。利用 CCD 阵列接收到障碍物反射回来的红外线光进行距离的测量，红外光电式传感器测距原理如图 16-22 所示。随着障碍物距离的变化，LED 发射的红外线光被障碍物反射到 PSD 的角度不同，根据 PSD 传感器探测到的红外线角度，可计算出障碍物距传感器之间的距离。

PSD 传感器判断入射角是使用 CCD 阵列来实现的。在 PSD 中排有一线性 CCD 阵列，根据 PSD 中 CCD 阵列中接收到红外线光在 CCD 上的位置，就可以计算出入射角。由于受到 PSD 传感器中 CCD 大小和 LED 距 PSD 之间的距离限制，红外光电式测距传感器的探测距离受限，实验用 DRMNGD-A 传感器的探测距离为 10 ~ 80cm，传感器输出为模拟量，传感器输出特性曲线如图 16-23 所示，由输出特性可见红外光电式测距传感器输出电压和距离关系在工作范围内是一条非线性的曲线，随着探测距离的增加，传感器的输出电压逐渐降低，因此红外光电式测距传感器需要进行线性化定标之后才能进行实际的距离测量。

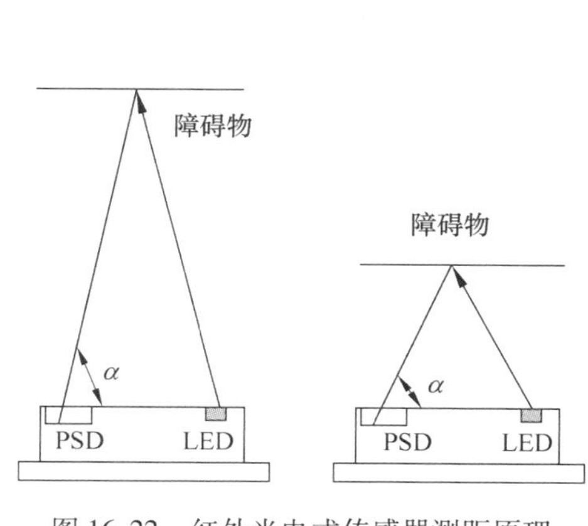

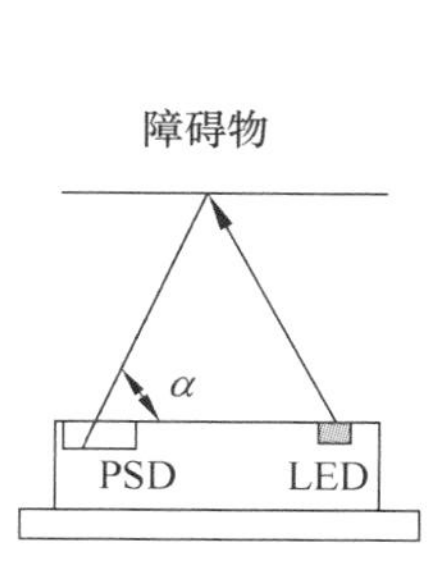

图 16-22　红外光电式传感器测距原理

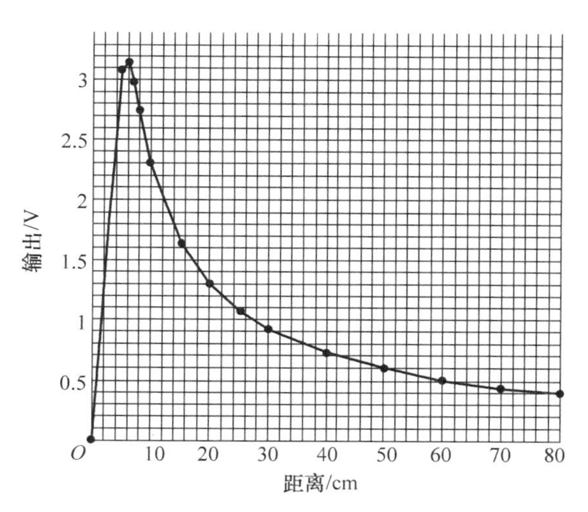

图 16-23　PSD 传感器输出特性曲线

4. 位移传感器检测结果对比

观察反射板在不同位置时，超声波传感器、红外距离传感器，直线位移传感器的输出波形，根据超声波传感器超声波声波返回的时间，计算不同位置超声波传感器的测量距离值。移动反射板，取 5 个点，记录出光栅尺的输出值和红外光电式测距传感器以及直线位移滑变电阻式传感器、超声波测距传感器的输出值，填入表 16-10。并绘制出其输入输出曲线。

表 16-10　不同位置时传感器的测量距离值(mm)

点位 输出值	1	2	3	4	5
光栅尺					
红外					
直线位移					
超声波					

思考题：

根据实验的结果，比较各种位移传感器性能差别，它们对应用场合有何影响？

16.2　传感器课程设计

传感器的课程设计是将传感器与电子技术相结合的综合性实验，是理论知识联系实际应用操作的一项基本训练。通过本实验与设计可以让学生了解检测系统与仪器仪表的概念、工程实验的模型与实验方法，以及计算机自动化测试系统的设计方法。通过综合技能训练，可以提高学生解决实际工程问题的能力。对于以下五个课程设计的实验题目可根据学时数、实验室工作条件和学生实际动手能力等具体情况进行选择。

16.2.1 温度检测与控制

温度是诸多物理现象中具有代表性的物理量，许多生产过程都必须在一定的温度范围内进行，现代生活中准确的温度也是不可缺少的信息内容，如电冰箱、空调、微波炉都少不了温度传感器，因此温度测量的广泛应用对温度测量的准确度提出了越来越高的要求。

温度控制装置具体说就是将温度变化转换为电量并输出的装置。温度传感器是实现温度测量和控温的电路元件，温度传感器的种类很多，这里我们选用精度高、性能优良的集成温度传感器 AD590 进行温控电路设计。通过对温度控制电路的设计、安装和调试可以了解温度传感器的性能，并学会在实际电路中应用它。

设计任务

(1)任务要求：设计温度检测装置，测量温度范围(0～100℃)；

(2)扩展功能：在实现测温功能的基础上完成实时控制功能，控制精度为 ±1℃；控温通道输出为双向晶闸管或电器，有一组转换触点为市电(220V，10A)。

(3)知识准备：集成运算放大器的线性区与非线性区的应用(比例电路、比较器性能)；AD590 温度传感器的相关资料及典型应用；继电器的工作原理及典型应用。

设计方案

1. 总体电路框图

图 16-24 为温度测量与控制系统原理框图。总体电路由温度传感器、K－℃变换电路、温度设置、数字电压表(显示器)和放大器等电路组成。

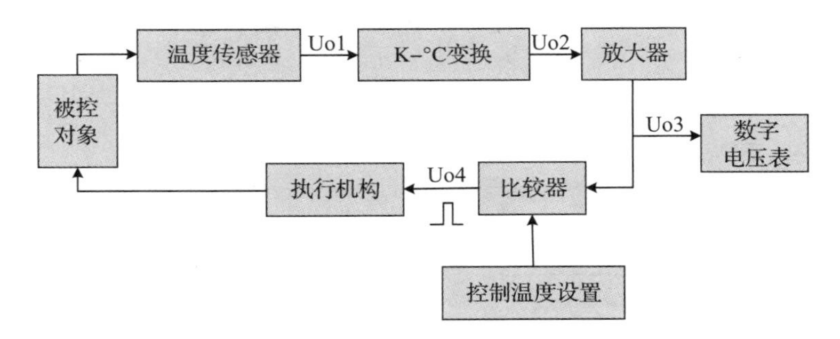

图 16-24 温度测量与控制系统原理框图

温度传感器的作用是把温度信号转换成电流或电压信号，K－℃变换电路将热力学温度 K 转换成摄氏温度℃。温度信号首先经放大器放大，再经刻度标定后由数字电压表显示出温度值。该温度信号同时送入比较器与设定的固定电压(温度设置点)进行比较，由比较器输出电平的高低变化来控制继电器等执行机构，实现温度的自动控制。

2. 温度传感器 AD590

美国 AD 公司生产的 AD590 是典型的电流输出型集成温度传感器，国内同类产品有 SG590。AD590 是单片集成感温电流源，具有良好的互换性和线性特性，能够消除电源波动，输出阻抗高达 10M。AD590 的封装形式及测量热力学温度的等效电路的电路符号如图 16-25 所示。

AD590 集成温度传感器的主要特征如下。

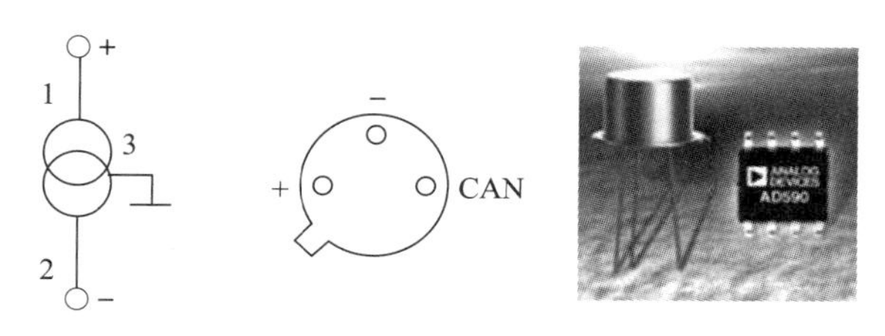

图 16-25 AD590 的电路符号、引脚和封装图

- AD590 的电源电压范围是 4 ~ 30V，电源电压可在 4 ~ 6V 的范围内变化，可承受 44V 正向电压和 20V 反向电压，器件反接也不会损坏。
- AD590 的测量范围是 −55 ~ +150℃；器件共有 I、J、K、L、M 五档，其中 M 档精度最高，在 −55 ~ +150℃范围内，非线性误差为 0.3℃。
- AD590 为电流型 PN 结集成温度传感器，其输出电流正比于热力学温度。0℃温度的输出电流为 273μA，温度每变化 1℃，输出电流变化 1μA。流过器件的电流变化 1μA，等于器件所处环境的热力学温度变化 1K，且转换当量为 1μA/K。

由于生产时经过精密校正，AD590 的接口电路十分简单，不需要外围温度补偿和线性处理电路，便于安装和调试。一点校正法如图 16-26 所示，基本电路仅对某点温度进行校准，输出电阻 $R=1\text{k}\Omega$ 时每 1℃对应于 1mV 输出电压，若 AD590 在 25℃时输出电流并非 298.15μA，调节电阻 R，可使输出值为 298.15mV。两点校正法如图 16-27 所示，首先对 AD590 在 0℃时调节 R_1，使输出 $V_{OUT}=0\text{V}$，再将 AD590 置于 100℃的环境中，调节反馈电阻 R_2 使 $V_{OUT}=10\text{V}$，从而可使输出电压温度系数值为 100mV/℃。

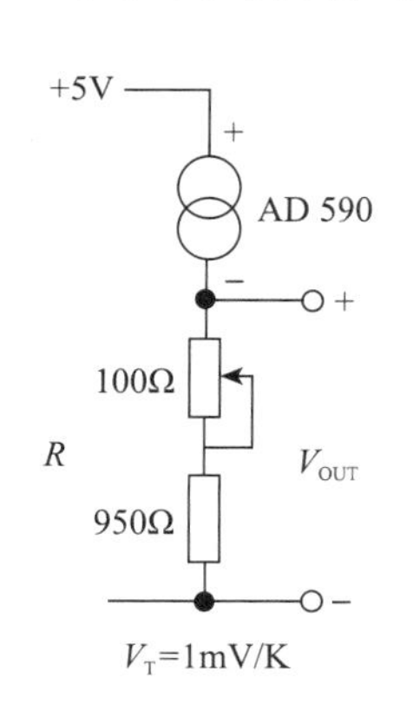

图 16-26 一点校正法基本电路图

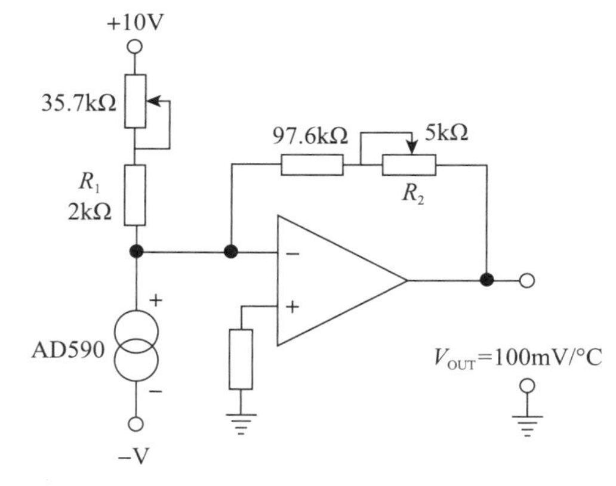

图 16-27 两点校正法基本电路图

3. 单元电路设计

方案一：

(1)温度-电压变换电路

温度-电压变换电路如图 16-28 所示。由图可得

$$u_{01} = (1\mu\text{A/K}) \times R = R \times 10^{-6}/\text{K}$$

如 $R=10\text{k}\Omega$，则 u_{01} 为 10mV/K。

(2)K-℃变换电路

因为 AD590 的温控电流值对应的是热力学温度 K，而我们在温控中通常需要采用摄氏度(℃)。在这里选择用运算放大器组成加法器来实现这一转换功能，图 16-29 为 K－℃变换电路原理图。

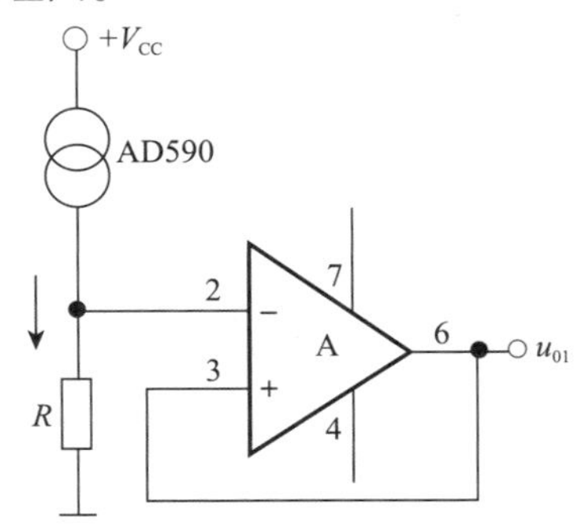

图 16-28 温度－电压变换电路原理图

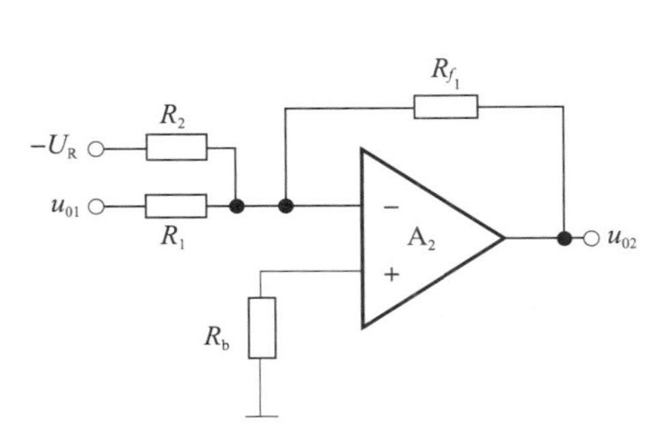

图 16-29 K－℃变换电路原理图

图 16-29 中电路的表达式满足如下关系：

$$u_{02} = \left[\frac{R_{f_1}}{R_1}u_{01}\ \frac{R_{f_1}}{R_2}(-U_R)\right]$$

确定元件参数和选取 $-U_R$ 的方法是：0℃(即 273K)时，$u_{02}=0V$。

(3)放大器设计

放大器设计中进行参数调整时，先使其 u_{03} 输出满足 100mV/℃，然后用数字电压表实现温度显示。

(4)温度比较电路

图 16-30 为温度比较电路，温度比较电路主要由电压比较器组成。V_{REF} 为控制温度的设定电压(需设置对应的控制温度)，R_{f_2} 用于改善比较器的迟滞特性，决定控制温度的精度。

(5)继电器驱动电路

继电器驱动电路示意图如图 16-31 所示。当被测温度超过设定温度时，u_{04} 输出电压跳变(低)，继电器触电断开，停止加热；反之，当被测温度低于设置温度时，u_{04} 输出电压跳变(高)，继电器触电闭合，进行加热。NPN 型晶体管 VT 作为开关管来驱动继电器线圈是否有电流，从而控制加热装置达到控温的目的。二极管 VD 的作用是当继电器线圈断电瞬间，提供能量释放回路，保护晶体管 VT，防止它被击穿。

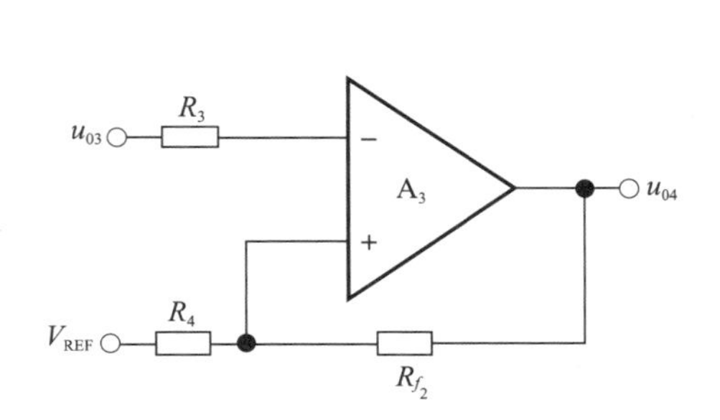

图 16-30 温度比较电路原理示意图

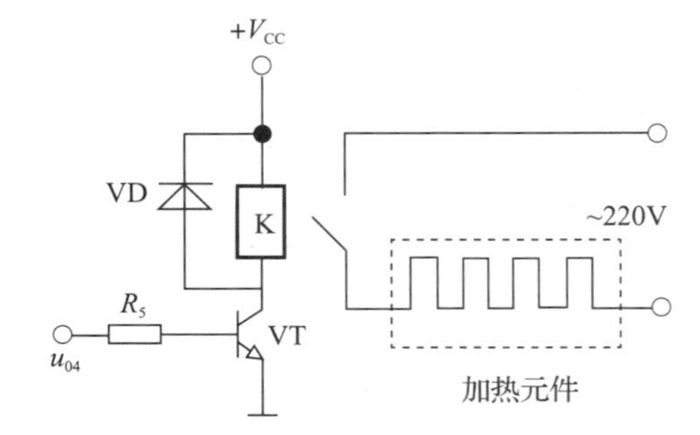

图 16-31 继电器驱动电路示意图

(6)调试方法

- 用温度计测量传感器处的温度 T，若温度 $T=27$℃(300K)，取 $R=10\text{k}\Omega$，则 $u_{01}=3V$，调整 U_R 的值使 $u_{02}=-270mV$，若反相比例放大器的放大倍数为 -10 倍，则

u_{03}应为 2.7V。

- 测量比较器的比较电压 V_{REF}的值，使其等于所要控制的温度乘以 0.1V，如设定温度为 50℃，则 V_{REF}的值为 5V。比较器的输出可接 LED 指示灯，在温度传感器加热(可用电吹风)到温度小于设定值前，LED 应一直处于点亮状态，反之，则熄灭。
- 如果控温精度不良或过于灵敏而造成继电器在被控触电抖动，可改变电阻 R_{f2}的值。

方案二：

图 16-32 是 AD590 温度传感器的典型应用电路，该电路是温度控制电路。LM311 为比较器，温度达到限定值时比较器输出端电压极性翻转，控制复合晶体管导通或截止，从而控制加热器电流变化。调节电阻 R_2 可以改变比较电压，调整温度控制范围。

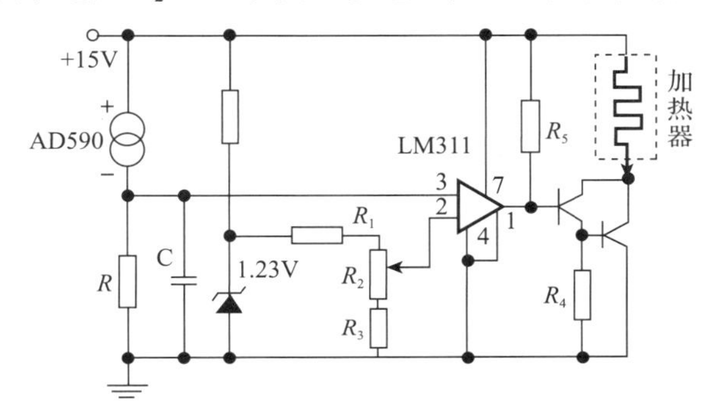

图 16-32　AD590 典型应用

方案三：

对于要求进行定量测温的系统，可选用大规模集成电路 ICL7107(ICL 7106)来实现 A/D 模数转换功能，以及 LED(LCD)显示驱动，ICL7107 电路结构可参见 16.2.2 节。

设备与器件清单：①电路实验板；②直流稳压电源；③万用表；④加温、降温设备(吹风机、热水、冰水)；⑤元器件，AD590(温度传感器)，LM311(比较器)，LM741(运放)，ICL8069(稳压管)，LED，继电器，电阻，电容等。

- **课程设计报告要求**

(1)画出详细电路原理图，写明电路参数及必要的计算过程，给出器件材料清单。

(2)拟定测试内容和步骤，选择测试仪表，并列出相关的测试数据，数据用表格填写。

(3)详细叙述连接测试电路的过程，实际测量精度，考虑如何使其指标达到设计要求值。

(4)报告内容应包括故障查找情况、设计及调试体会等，并说明产生误差的原因。

(5)思考题：如何选择温度传感器？如何保证温度测量的精度？温度系统如何标定？如何解决现场多点测温的问题？

16.2.2　数字电子秤的设计

称重系统是应用非常广泛的电子设备，通过测量系统的检测，将得到能够客观反映被测物体的质量的数值。目前无论工业现场、超市还是贸易市场的称重系统基本实现自动化与数字化。因此，在工程设计中需要根据测量对象的量程要求选择称重传感器；需要根据测量灵敏度、准确度的要求合理选择传感器、放大器和调理电路；另外需要根据使用的场合选择显示器形式或类型。

1. 任务与要求

(1)设计任务：设计一款电子称重装置，由4位(3位整数、1位小数)LED(或LCD)数字显示所称重量。

(2)称重范围：0~2kg、0~200g，测量范围可自动或手动切换。

(3)技术指标：测量灵敏度为1g，测量准确度为0.5g；零点可调节。

(4)知识准备：应变式压力传感器，仪表放大器的应用，ICL7107(ICL 7106)大规模集成电路的工作原理及典型应用。

2. 总体电路设计

方案一：

该方案采用微控制器(MCU)和AD芯片，根据用户需求添加各项功能，如数据采集、数据处理与修正、存储、模式的转换等，这一方式便于模块化、智能化。但需要硬件电路设计、软件程序设计等共同支持。

由微控制器构成的数字电子秤的原理框图如图16-33所示，主要电路包括：数据采集(应变式传感器)、放大器、A/D转换、控制部分(MCU、开关切换)、显示器(7段数码管)、超量程报警与保护(电压触发、比较)、电源等。

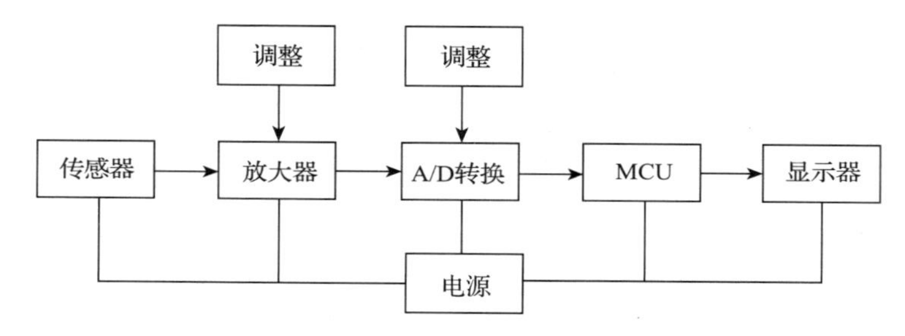

图16-33 数字电子秤电路原理框图

方案二：

课程设计主要以该方案为主，设计电路原理框图如图16-34所示，其主要电路包括：称重传感器、仪表放大器、大规模集成电路7107(完成A/D转换和显示驱动)。这种测量系统电路简单，符合我们初步学习与设计电子产品的要求，但功能较为单一，有局限性。

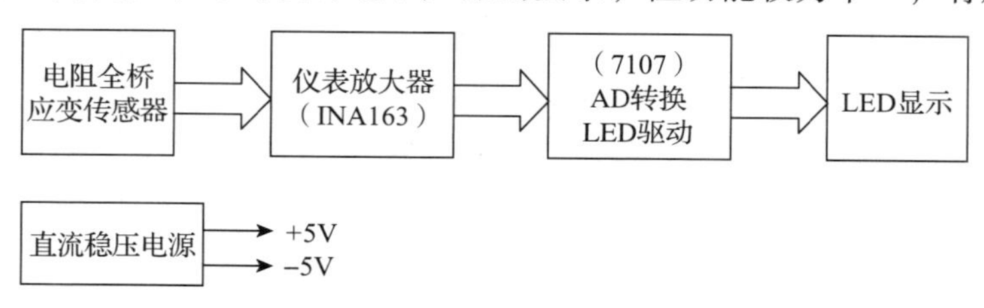

图16-34 电子秤总体电路原理框图

下面以方案二进行讨论。

3. 单元电路

(1)传感器基本电路

称重传感器应变梁内部有四个电阻应变片，基本电路由这四个电阻构成全桥式电路，全桥电路的特点是抗干扰和补偿能力强。传感器全桥电路原理图如图16-35所示，R_1、R_2、

R_3、R_4 为应变电阻，R_M 是调零补偿电位器，可直接与电路连接。为提高灵敏度，全桥电路采用双电源供电(正负 5V)。

(2)测量信号放大器

传感器输出信号送至放大器输入端，信号放大电路如图 16-36 所示。信号放大电路由三个运放构成，A_1、A_2 组成同相并联差动放大器，可进一步提高输入阻抗，A_3 组成基本差动放大器。R_g 是放大器放大倍数调节电位器，在 $R_1=R_2$，$R_3=R_4$，$R_f=R_5$ 的条件下，图 16-36 电路的增益为：$G=(1+2R_1/R_g)(R_f/R_3)$。

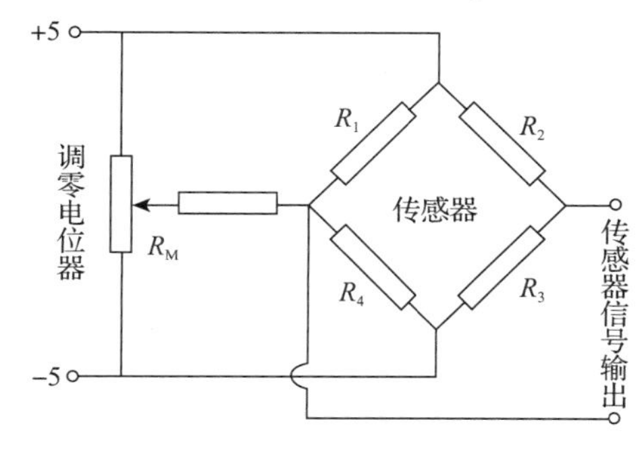

图 16-35　传感器全桥电路

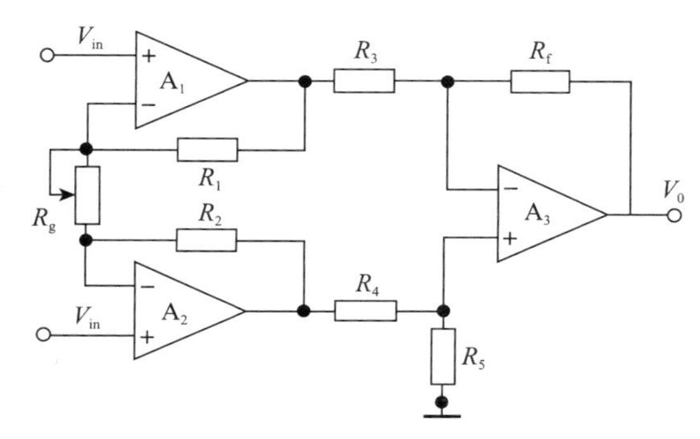

图 16-36　信号放大电路

电子秤放大器选用仪表放大器 INA163，INA163 工作性能优良：宽带 Width = 800kHz，低噪声，高 CMR > 100dB(CMR：Common Mode Rejection)，电源电压范围为 ±4.5V ~ ±18V。仪表放大器的特点如下：

- 仪表放大器具有很高的共模抑制比(CMRR)，共模抑制比是差模增益(Ad)与共模增益(Ac)之比，即 CMRR = 20lg|Ad/Ac|dB；CMRR 的典型值为 70 ~ 100dB。
- 仪表放大器必须具有极高的输入阻抗，仪表放大器的同相和反相输入端的阻抗都很高而且相互十分平衡，其典型值为 $10^9 \sim 10^{12}\Omega$。
- 低噪声，由于仪表放大器必须能够处理非常低的输入电压，因此仪表放大器不能把自身的噪声加到信号上，在 1kHz 条件下，折合到输入端的输入噪声要求小于 10nV/Hz。
- 低线性误差，输入失调和比例系数误差能通过外部的调整来修正，但是线性误差是器件的固有缺陷，它不能由外部调整来消除。仪表放大器典型的线性误差为 0.01%，或更小。
- 低失调电压和失调电压漂移，仪表放大器的失调漂移也由输入和输出两部分组成，输入和输出失调电压的典型值分别为 100μV 和 2mV。
- 低输入偏置电流流过不平衡的信号源电阻将产生一个失调误差。双极型输入仪表放大器的偏置电流的典型值为 1nA ~ 50pA，而 FET 输入的仪表放大器在常温下的偏置电流的典型值为 50pA。
- 仪表放大器为特定的应用提供了足够的带宽，典型的单位增益小信号带宽在 500kHz ~ 4MHz 之间。
- 仪表放大器的独特之处还在于带有“检测”端和“参考”端，允许远距离检测输出电压，而且内部电阻压降和地线压降(IR)的影响可减至最小。

- 可用于专业的麦克风前置放大器、动圈式换能器放大器、差分接收器、桥式传感器放大器等。

(3)主控电路 ICL7107

ICL7107 为大规模专用集成器件，由 A/D 转换、段驱动、位驱动和 LED 显示器构成。可直接控制驱动三位半 LED 数字显示器。其电路结构简单，无须程序控制，ICL7107 器件引脚及外围电路如图 16-37 所示。器件 ICL7107 需 +5V 和 -5V 两组电源供电，因为采用 LED 显示，功耗较大。ICL7107(ICL7106)的引脚功能可查阅器件手册。

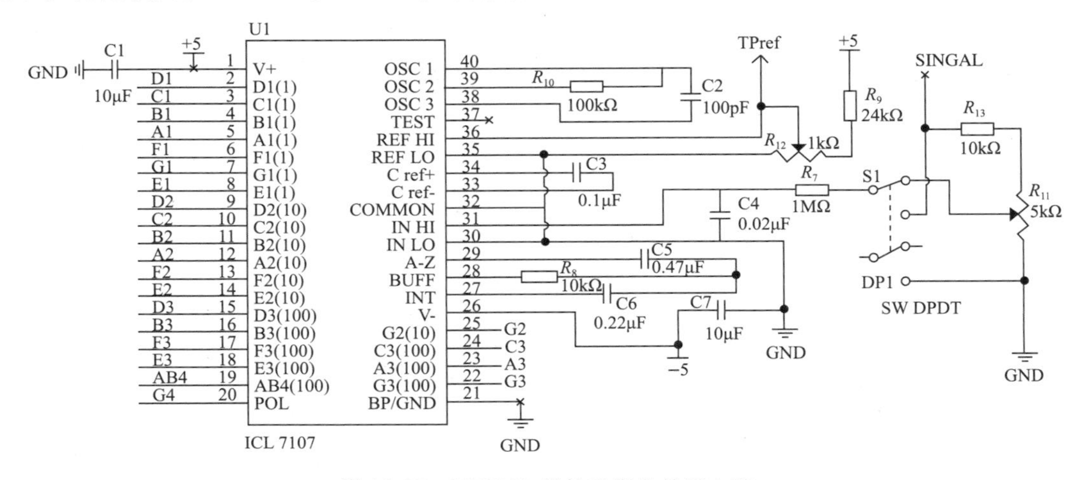

图 16-37 ICL7107 器件引脚及外围电路

① A/D 转换电路

A/D 转换由 7107 内部的积分电路和少量外围元件完成。7107 内部采用双积分型 A/D，每个转换周期分三个阶段：自动校零、信号积分、反积分。ICL7107 A/D 转换电路如图 16-38 所示，其工作原理如下。

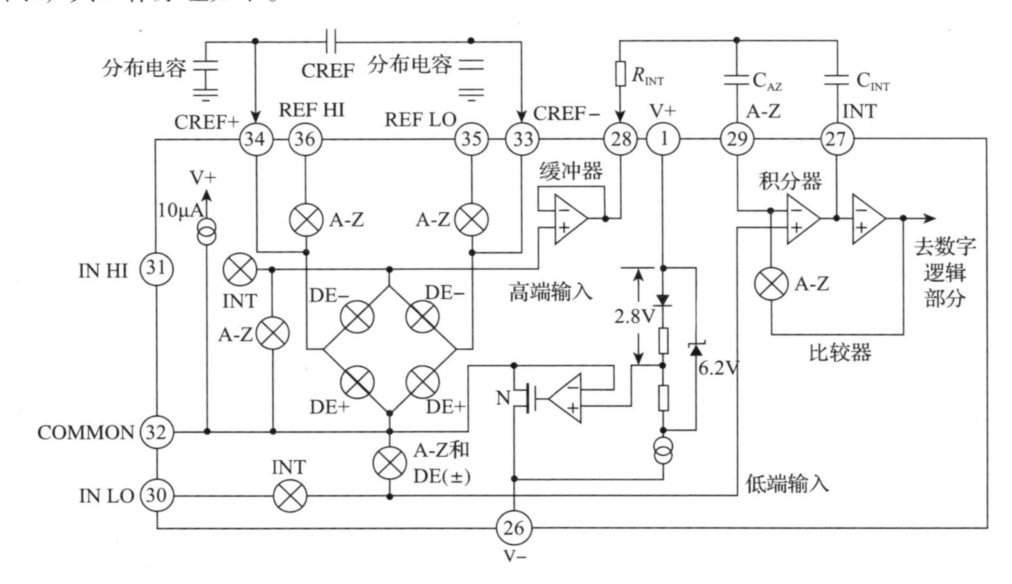

图 16-38 ICL7107 A/D 转换电路

第一步，图 16-39 为积分器等效电路，开关 S 合到输入端 IN 时，积分器对输入信号进行固定时间 T_1 的积分，积分结束时电容两端的电压与 V_{in}成正比。

第二步，开关 S 合到基准电压 V_{ref}端时，积分器向反方向积分。当积分器输出电压变为零时反向积分过程结束。假如此过程经过的时间为 T_2，令计数器在 T_2 这段时间里对固定频率的时钟脉冲进行记数。

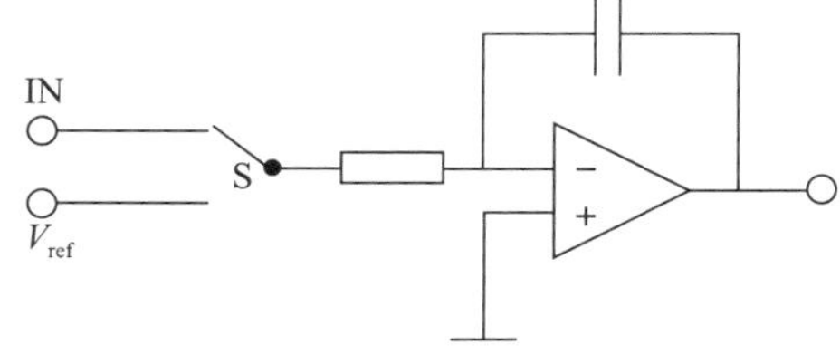

图 16-39　积分器等效电路

V_{in}与 V_{ref}的比等于 T_1 与 T_2 的比，即两段时间内的脉冲数的比，输入电压 V_{in}为模拟量，脉冲数为数字量，这样就实现了 A/D 转换。

双积分 A/D 的优点是，工作性能稳定、抗干扰能力强。缺点是转换速度低，一般都在每秒几十次以内，因此不适合高速采样。

② 积分电阻、积分电容的选择

积分电阻：为了保证 7107 在输入电压范围内线性工作，外接的积分电阻要选择得足够大，其值 R_{int}可由下式求得：

$$R_{int} = V_{fs}/I_{int}$$

式中，V_{fs}为满量程电压，I_{int}为积分电流。

7107 的最佳积分电流为 4μA，电子秤设定的满量程电压为 0.2V 左右，所以 R_{int}取 47kΩ。

积分电容：积分电容的大小决定于在转换器额定转换速率和额定的积分电流下积分器输出不饱和的原则。电容一般可选在 0.1～0.22μF 之间。

③ 量程切换

图 16-37 中双掷开关 S_1用于对信号进行衰减，以达到切换量程的目的，$R_{13}+R_{11}$用于调节衰减倍数，R_{13}使两个量程的输出相对应，量程切换电路利用了电阻分压的原理，可以利用不同的分压比来实现不同的量程之间的切换。本电路具备一个 2kg 的量程和一个 200g 的量程，2kg 和 200g 是十倍的关系，所以只需要分压电阻分得一个十分之一的电压就可作为 2kg 的档。由于实际电阻存在很大的误差，我们不可能利用两个固定电阻来获取需要的十分之一的电压，所以我们一般都用一个固定电阻串接一个可调电阻来实现。

④ 时钟振荡器、基准电压

时钟由内部反相器和外部阻容元件 R、C 组成，是一个两级的反相式阻容振荡器，输出占空比 D＝50% 的方波。振荡频率近似为：

$$f \approx 2.2RC$$

通过该式可确定 R、C 的数值。

基准电压以及其他参数可根据 ICL7107 的文档设置。

⑤ 显示电路(接共阳级显示器)

ICL7107 内部数字显示驱动电路如图 16-40 所示，电路由时钟振荡器、分频器、计数器、锁存器、译码器、相位驱动器、控制逻辑组成。由 ICL7107 构成的三位半数字电压表典型电路如图 16-41 所示。(用 ICL7106 可控制驱动 LCD 显示)。

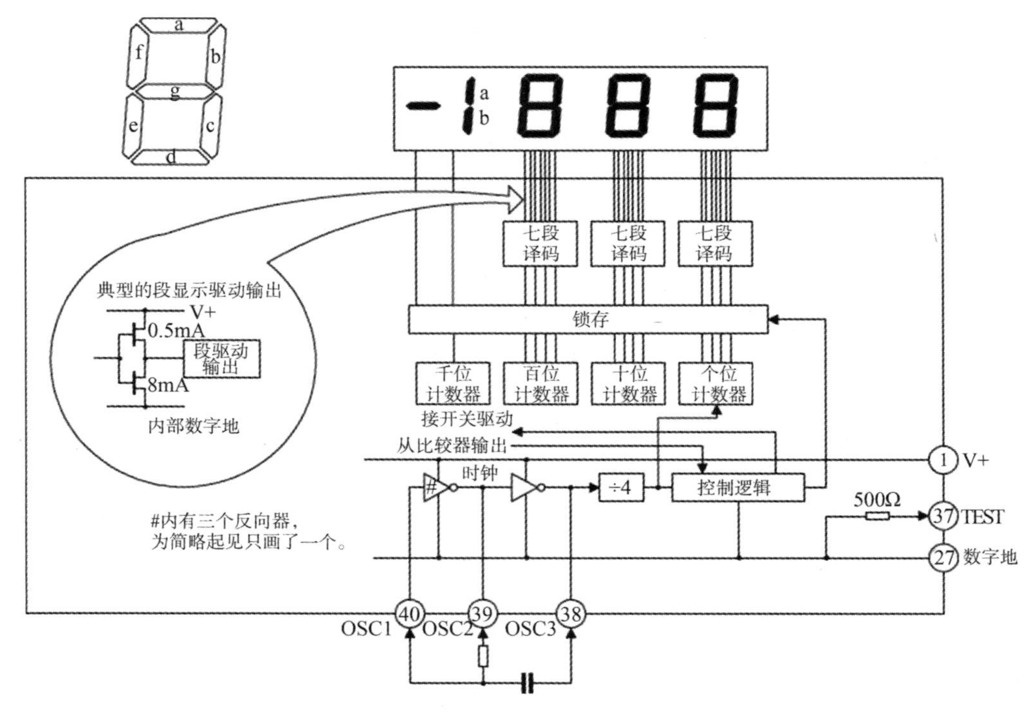

图 16-40 ICL7107 数字显示驱动电路

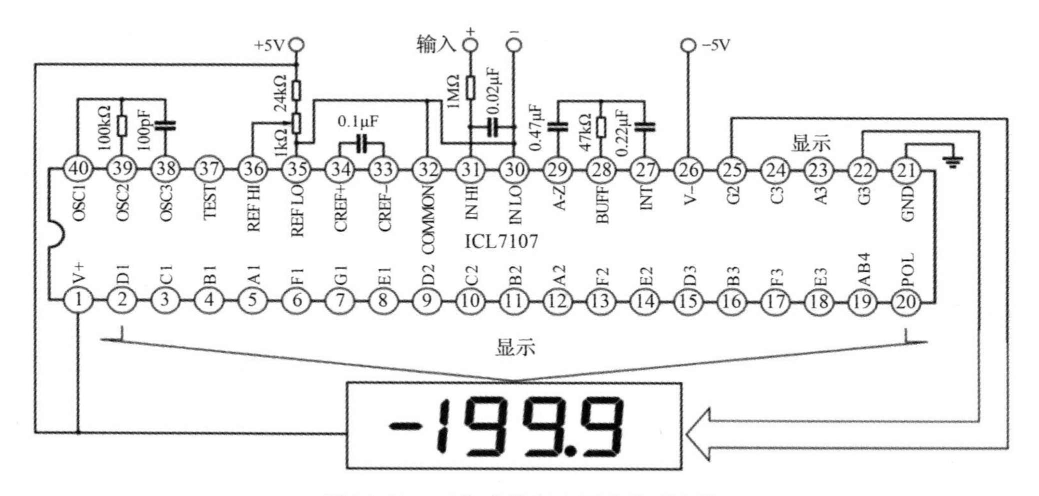

图 16-41 三位半数字电压表典型电路

（4）电源稳压电路

图 16-42 为电源稳压电路，图中整流输出电压送至直流稳压器 7805 输出 +5V 电压，同时送至直流稳压器 7905 输出 −5V 电压。因为此 *IC* 的调整管 *T* 与负载串联，所以称串联式稳压器。当输入电压增大或负载电流减小时，导致输出 V_o增加，随之反馈电压 V_f也增加，调整管 *T* 的 c-e 极间电压 V_{ce}增大，使 V_o下降，从而维持 V_o基本恒定。稳压器详细工作原理请查阅相关资料。

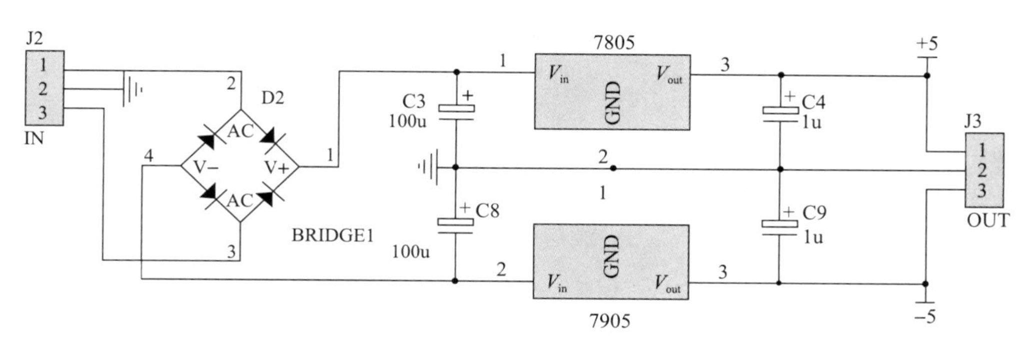

图 16-42　电源稳压电路

4. 器材准备

实验设备：万用表、示波器、直流稳压电源、砝码、应变梁、PCB 电路板制作等。

器件清单如下：

Part Type 元件属性	Designator 原件符号	Footprint 封装类型
0. 1μF	C6	RAD0. 1
0. 01μF	C5	RAD0. 1
0. 22μF	C1	RAD0. 1
0. 47μF	C2	RAD0. 1
1kΩ	Ra	AXIAL0. 3
1kΩ	R11	VR5
1MΩ	R21	AXIAL0. 3
1μF	C9	1U/63V
1μF	C4	1U/63V
2kΩ	R2	VR5
10kΩ	R12	AXIAL0. 3
10kΩ	R14	AXIAL0. 3
10kΩ	R15	AXIAL0. 3
10kΩ	R16	AXIAL0. 3
10kΩ	R13	AXIAL0. 3
10kΩ	R19	AXIAL0. 3
10kΩ	R20	VR5
10kΩ	Rc	VR5
20kΩ	R10	AXIAL0. 3
20kΩ	R9	AXIAL0. 3
47kΩ	R17	AXIAL0. 3
100kΩ	R22	AXIAL0. 3
100p	C7	RAD0. 1
100μF	C3	100U/63V
100μF	C8	100U/63V
LM324	R8	DIP14
整流桥	D2	DIODE-QIAO
7107	ICL7107	DIP40
电阻排	R	SIP5
数码管	LED * 4	DIP40
按钮	S1	BUTTON
7805	7805	TO-126
7905	7905	TO-126

5. 工作步骤

(1)PCB 制作、焊接

焊接要遵循先低位元件再高位元件、先小型元件后大型元件、先阻容元件后 IC 的规则。焊接此电路板时只要先焊接好 C5、C6、C7，其他元件的先后顺序要求不是很高。完成后的 PCB 3D 视图如图 16-43 所示。

(2)调试

认真阅读电路图，电子秤总体电路原理图如图 16-44 所示。了解信号的来龙去脉，理解每个电路信号处理的过程与原理，找到可测量和观察的信号。

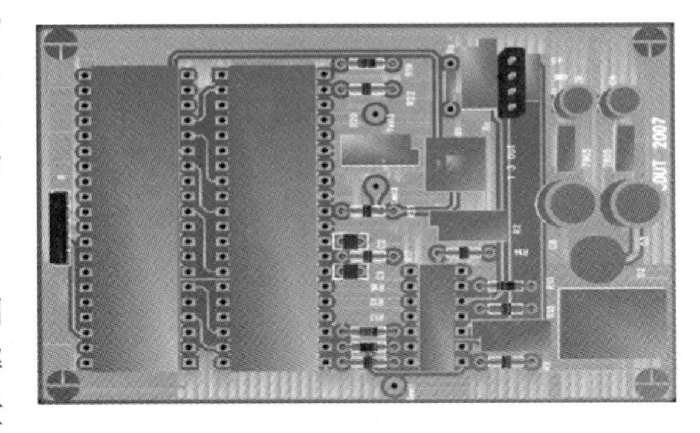

图 16-43 电子秤 PCB 3D 视图

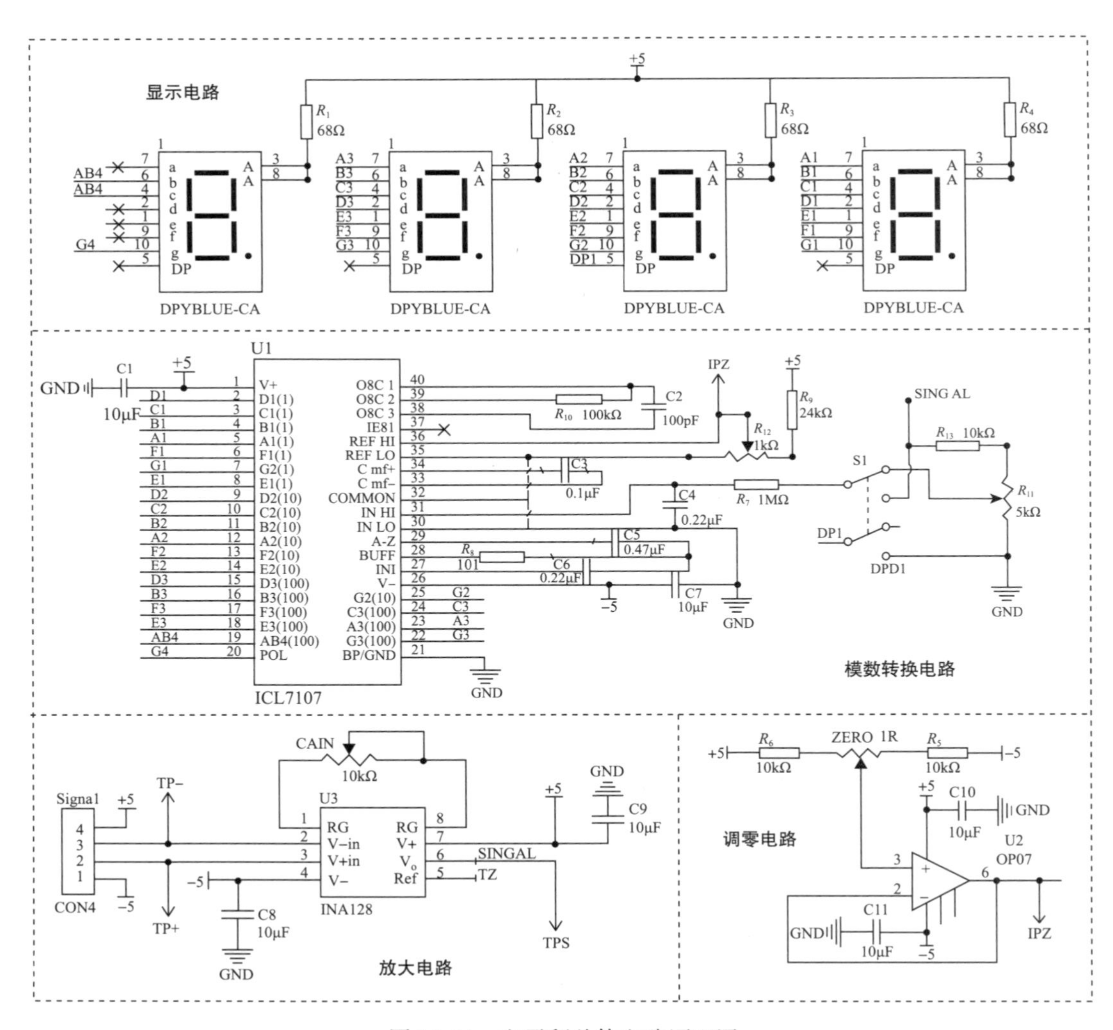

图 16-44 电子秤总体电路原理图

系统调试过程：先检查焊接有无短路、漏焊的情况后，再通电检查，用万用表检查电源是否正常，测试各点供电电位、参考电压是否正确。为了便于调试，电路中设计了3个测试点，它们分别为Test1、Test2、Test3：Test1为运放差分放大级输出电压测试点；Test2为量程转换分压比测试点；Test3为基准电压测试点。具体调试步骤如下：

- 首先，测试Test2点，调整R_2使按键在被按下和弹起时的电压有10倍的关系。先在传感器上放上一定的重物，使Test2点的电压有一定的值。R_2调整好后不可再动。
- 然后调整R_c，使数码管显示为零。
- 再适当地调整R_{11}，即调整运放的放大倍数，测试Test1点使传感器承受最大压力(2kg)时的输出电压为最大(切忌，不能让运放工作于失真状态，即在传感器上放置一个稍轻的重物时，Test1点的电压值应该稍有降低，而不是不变)。
- 再观察数码管看显示是否还为零，如果不为零则再调整R_c，使数码管显示为零。
- 放砝码在传感器上，调整R_{20}(即调基准电压)，使数码管显示的值等于砝码的值。
- 最后测量Test3的(基准)电压，看Test1的(V_{in})电压和Test3的(V_{ref})电压是否满足以下条件：显示数值$=1000(V_{in}/V_{ref})$。
- 用不同的砝码检验所制作的电子秤的线性度。

6. 课程设计报告要求

(1)用PROTEL画出详细电路原理图和PCB印制板图。

(2)写明电路参数及必要的计算过程，给出元器件清单。

(2)拟定测试内容和步骤，选择测试仪表，并列出有关的测试表格。

(3)叙述连接测试电路的过程，如何使其指标达到设计要求值。

(4)简述设计及调试体会。

(5)思考题：

- 称重测量时，被测物一定要与托盘接触才能测量物体的质量吗?
- 考虑电子秤水平放置与倾斜放置时，多少角度变化时不受影响。如何考虑误差范围?
- 如何考虑电子秤测量时的系统误差?
- 如何解决放大器的温度漂移?

16.2.3 浊度测量

浊度用来表示液体的浑浊程度，是指溶液对光线通过时所产生的阻碍程度，它包括悬浮物对光的散射和溶质分子对光的吸收。浊度的大小与待测液体中所含的悬浮颗粒含量，悬浮物质的大小、形状及折射系数等因素有关。浊度测量常用于天然水、饮用水、工业用水的水质监测中，是反应水质优劣的一项重要指标。因为待测水样越浑浊，对光线的阻碍程度越强，所以浊度测量可采用光电器件。

1. 浊度传感器检测原理

以浊度传感器TS-300B为例说明浊度检测的原理，图16-45为浊度传感器实物图。浊度传感器TS-300B基于光学原理，利用发光二极管和光敏三极管接收特定波长时信号的变化来测量水的透光度或水中其他物质的浓度。浊度传感器电路工作原理如图16-46所示，传感器中发光二极管作为光源发出特定波长的光，光线经水面反射后聚焦入射到光敏三极管的感光面，根据接收到的具有水的信号特征的光线量可计算出水的浊度。传感器由一个U型光电开关及防水外壳构成，P1 为 +5V 电源，P2 为传感器信号输出(P2 输出信号为模拟电压信号)。

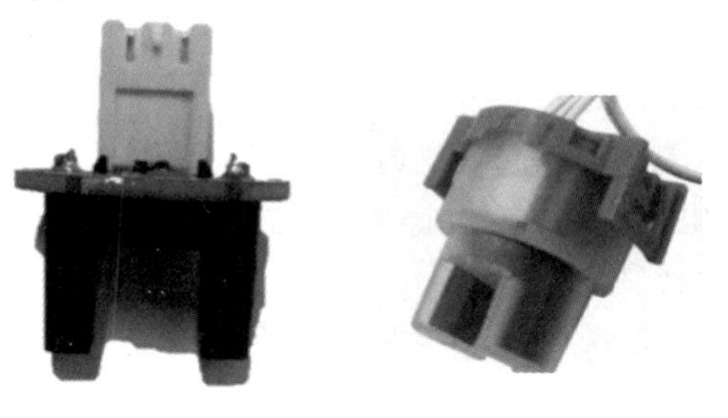

图 16-45　浊度传感器实物及其内部

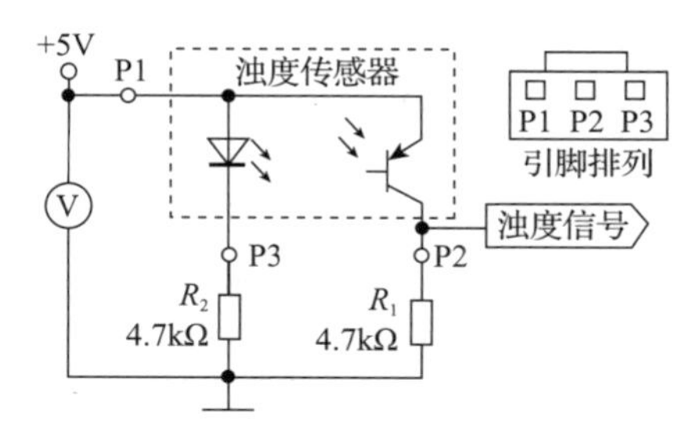

图 16-46　浊度传感器电路原理

2. 设计方案

(1)任务要求

应用浊度传感器，给定待测溶液，对浊度情况进行半定量测试并显示，将结果以条形 LED 灯显示出来，浊度越大，LED 亮灯个数越多。

(2)电路设计

浊度半定量检测系统的总体电路原理框图如图 16-47 所示，主要电路包括传感器、放大器、减法器、比较器、条形 LED 显示驱动电路及直流供电电源。

图 16-47　浊度半定量检测系统原理框图

放大器将传感器输出的小信号放大 10 倍左右，LM3914 内部为 10 路电压比较器，当输入 LM3914 的电压越高，驱动点亮的 LED 灯个数越多。而浊度越高则放大器输出电压越小，若直接接入 LM3914，则显示灯的个数也越少，于是在放大器和 LM3914 比较器之间加入减法器，将电平逻辑反转，以实现浊度越高 LED 灯显示个数越多的功能。

① 传感器电路：传感器有 3 个引脚(如图 16-48 所示)，pin1 接 +5V 电源，pin2 为传感器输出，pin2 和 pin3 需串联一个 4.7kΩ 的电阻。根据图 16-46 连接好电路进行测试，选择 $R_1 = R_2 = 4.7\text{k}\Omega$，放置于空气中时(光线最强)P2 输出电压在 250mV 左右，在传感器的 U 型口放置不透光的物体时(光线最弱)P2 输出电压在 50mV 左右，由于浊度增加，输出电压减小，为增大检测灵敏度，应该对 P2 输出信号进行适当放大。

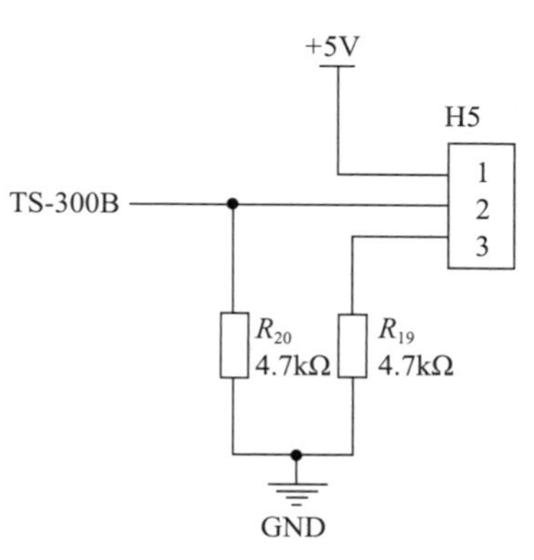

图 16-48　传感器输出引脚

② 放大器电路：放大器应用电路采用同相放大结构，具体电路如图 16-49 所示。LM358 电源采用 ±5V，该电路输出电压 V_{out1} 的理论输出值为：$V_{out1} = V_i * (R_{22} + R_{23})/R_{22}$，其中 V_i 为 3 脚传感器输出电压。

③ 减法器电路：减法器应用电路如图 16-50 所示，减法器电路可以由反相加法器电路构成，输入输出的关系满足：

$$V_{out2} = \left(\frac{R_{29} + R_{24}}{R_{24}} * \frac{R_{25}}{R_{25} + R_{28}}\right) * V_{ref} - \frac{R_{24}}{R_{29}} * V_{out1}$$

当 $R_{24}=R_{25}=R_{28}=R_{29}$时，$V_{out2}=V_{ref}-V_{out1}$，$V_{ref}$可选择电源电压 +5V。$R_{25}$滑动变阻器为输出电压调零电阻。

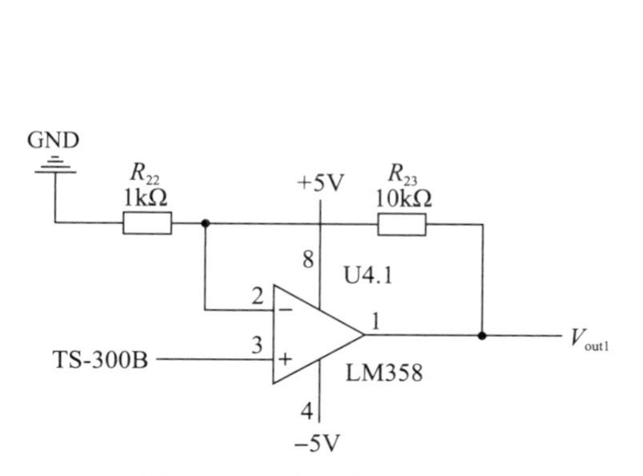

图 16-49　放大器应用电路

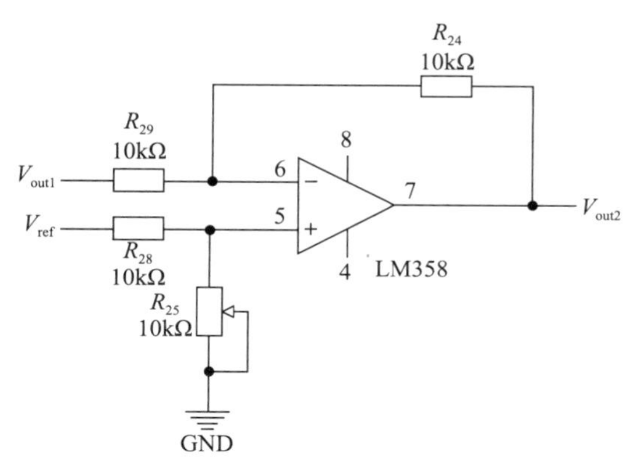

图 16-50　减法器应用电路

④ LM3914：LM3914 应用电路如图 16-51 所示。LM3914 内部由 10 个比较器电路组成，其中内部放大器和减法器由一片 LM358 完成。由减法器输出的信号 V_{out2} 接入 LM3914 的 5 脚，4、6 脚为分压上下限的设置输入电压，其中 4 脚下限电压接地，即下限为 0V，上限由电位器控制，控制范围为 0 ~ 5V；9 脚接高电平，选择条状显示模式；1 脚以及 10 ~ 18 脚与 LED 连接，控制其亮灭。当浊度增加时，V_{out2} 的电压值增大，LED 亮灯个数增加。LM3914 的资料可参考本章的“气敏传感器”实验。

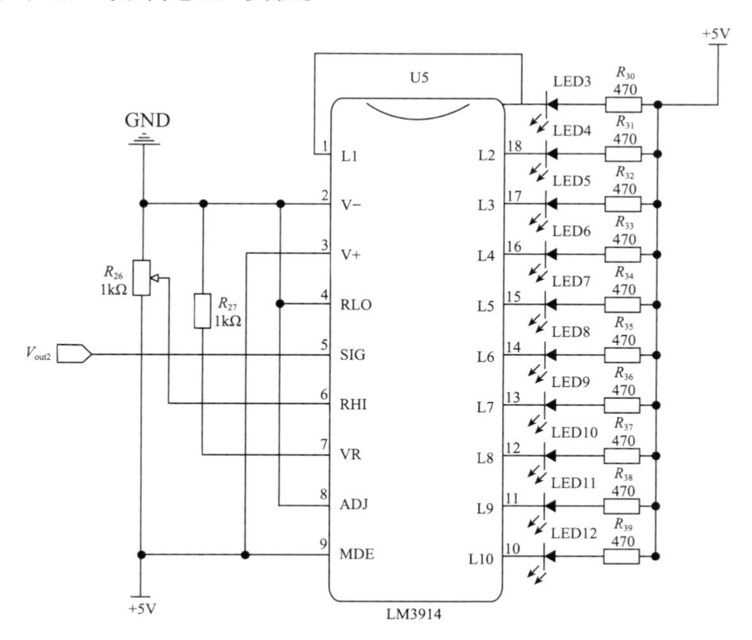

图 16-51　LM3914 应用电路

3. 系统调试

向 100ml 纯净水中滴入牛奶，以此作为浊度测试液说明调试过程：

(1) 电路焊接制作完毕，先接入 ±5V 电源，测量没有问题后再插接器件和接入传感器。

(2)调节 LM3914 电路中的 R_{26}，使 6 脚电压 $V_6=3\sim4V$，此时 LM3914 内部的 10 路电压比较器的基准电压为 $0.1*V_6$，$0.2*V_6$，…，V_6，将待测浓度分为了 10 个等级。

(3)将传感器置入 100ml 纯净水中，调节减法器电路中的 R_{25}，使 $V_{out2}=0$。

(4)在 100ml 纯净水中，等量多次地加入 0.1ml 牛奶，配成不同浊度的溶液，记录每次加入 0.1ml 牛奶溶液后，LM3914 芯片第 5 引脚的电压(即 V_{out2})及 LED 亮灯个数，得到相对浓度比例与亮灯个数的关系。

(5)调试完成后测量未知浓度配比的牛奶溶液，对照步骤(4)得出的对应关系，得出相对浓度测试结果。

注意事项：

该光电式浊度传感器会受外界光线影响，要使实验结果准确，可以在实验装置上加入一定避光措施。

4. 课程设计报告要求

(1)叙述浊度传感器的工作原理，用 PROTEL 绘出详细电路接线原理图。

(2)标明电路参数，给出不同液体浊度时传感器接口电压值，给出元器件清单。

(3)拟定测试内容和步骤，每个传感器测量 20 个以上数据，并列出有关测试表格。

(4)叙述设计制作过程中如何解决所遇到的问题。

(5)思考题：

- 测量浊度的难点。
- 浊度传感器如何标定？分别把传感器放到纯净水里和纯牛奶里，浊度分别是多少？
- 如何考虑浊度测量时的系统误差？

16.2.4 土壤温湿度智能传感器应用

土壤温湿度一体传感器广泛应用于农业种植、节水灌溉、温室大棚、科学试验等场合，传感器可长期埋设于土壤或堤坝内使用，需要对表层和深层土壤进行连续监测。土壤温湿度智能传感器主要由不锈钢探针和防水探头构成，常见的土壤温湿度智能传感器如图 16-52 所示。传感器内部集成了电源电路、振荡电路、温度传感器、信号转换电路、温度补偿电路，多采用 FDR (Frequency Domain Reflectometry)频域反射原理，通过测量土壤介电常数，获得土壤水分含量。

图 16-52 土壤温湿度智能传感器

1. 测量原理

土壤主要由土壤固体、土壤中缝隙以及水组成，其中水的介电常数最大(约为 79)，所以土壤的介电常数主要依赖于含水量。土壤温湿度传感器中两个金属插针间形成电容，插针间的土壤充当电介质。当水分含量变化时，两个金属插针间的等效电容值会发生变化，与传感器内部集成的振荡器构成调谐电路，根据公式 $f=2\pi/\sqrt{LC}$ 获得频率与电容值的对应关系，通过测频电路及信号转换电路获得相应输出，由此测量土壤水分含量。土壤温度由钢针内集成的温度传感器采集获得。

2. 传感器参数

传感器的主要参数根据生产厂家的不同略有差异。

- 信号输出类型：电流型、电压型、RS485 型。
- 测量水分量程：0 ~ 100%。
- 测量温度量程：-40℃ ~ 80℃。
- 供电范围：5 ~ 30 V/DC。

3. 土壤温湿度传感器的应用

(1) 电压型土壤温湿度传感器

电压型土壤温湿度传感器的引脚定义及原理框图如图 16-53 所示，传感器接口有 4 根连接线，U_1、U_2 分别为传感器温度电压和湿度电压输出端，电压信号是由传感器内部放大电路放大的 0 ~ 5V 模拟信号电压输出的，Vcc 和 GND 分别接电源正负极（如 12V 直流电源）。实际应用是将 U_1 和 U_2 接入 AD 转换电路，将模拟信号转换为数字信号送入单片机，通过微处理器的控制定时读取与温湿度相对应的电压值，根据电压-温湿度标定值显示出土壤温度及湿度。

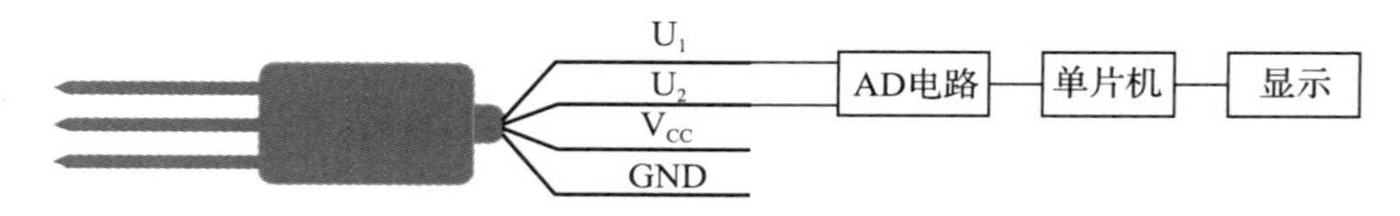

图 16-53　电压型土壤传感器应用原理框图

(2) RS485 型土壤温湿度传感器

RS485 型土壤温湿度传感器的应用原理如图 16-54 所示。输出接口是 5 根引脚，由 RS485+ 与 RS485- 接 RS485 通信设备，Vcc 和 GND 分别接电源正负极，Set 为传感器配置线。该传感器服从 Modbus-RTU 通信协议，当 Set 信号有效时，可以设定传感器的 Modbus 地址、波特率、校验位等信息。

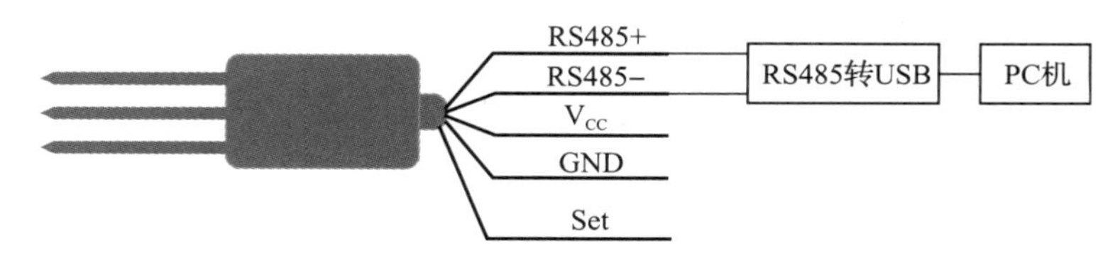

图 16-54　RS485 型土壤传感器应用原理框图

应用此类型传感器时，信号由 RS485+ 及 RS485- 输出，通过接 RS485 转 USB 设备，可接入 PC 端进行串行数据读取。这里显示的数据是某厂家生产的 RS485 型土壤传感器通信数据，在 PC 端串口助手发送指令"01 03 00 00 00 02 C4 0B"，返回指令"01 03 04 08 80 0E EF BC 57"。通信指令参见图 16-55。

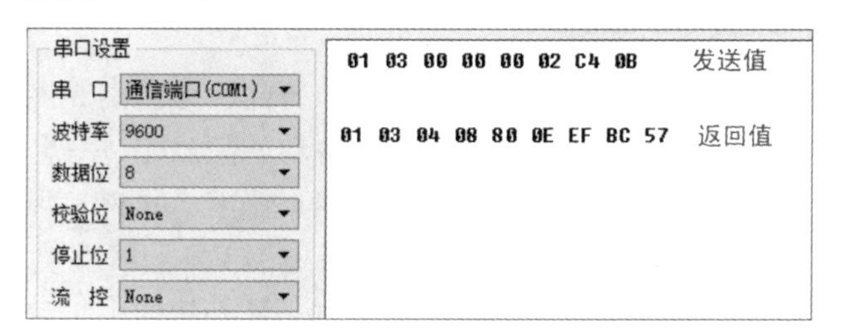

图 16-55　PC 端串口助手测试示意图

- 发送值“01”表示传感器设备地址为1。
- “03”表示对应温湿度测量的功能号为03。
- “00 00 00 02”表示以寄存器0x0000为起始地址，读取0x0002个字节的寄存器数据。
- “C4 0B”表示发送值的CRC校验码。
- 返回值“01”表示接收的是地址为1的传感器信息。
- “03”对应功能码。
- “04”表示接收到4个有效字节的数据。
- “08 80”表示接收的温度值，温度 T = (08H * 256 + 80H)/100 = 21.76℃。
- “0E EF”表示接收的湿度值，湿度 RH = (0EH * 256 + EFH)/100 = 38.23%。
- “BC 57”为返回值的CRC校验码。

RS485土壤传感器连接微处理器的原理框图如图16-56所示。传感器信号需要通过电平转换电路(MAX13487)将RS485信号转为TTL电平信号，再将采集的信息通过单片机的串行接口送至微处理器，单片机将获取的信号进行存储、计算，最终显示出温、湿度值。

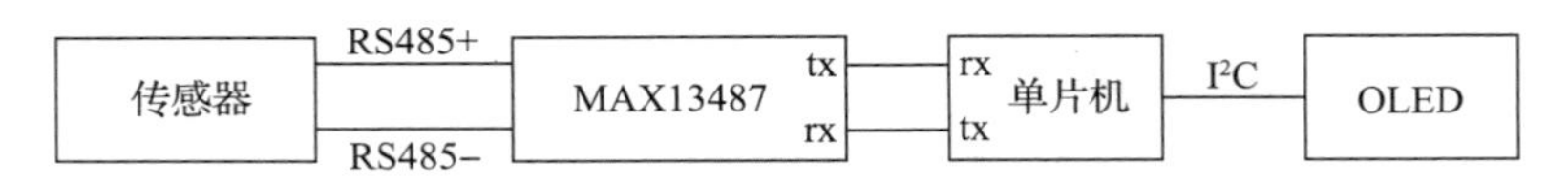

图16-56 RS485型传感器应用原理框图

根据Modbus协议特点，采用RS485+单片机的采集模式可以连接多个传感器，形成一个对多个的采集模式，不仅节省单片机IO口，并且可实现远距离有线布设传感器。

4. 课程设计报告要求

(1)叙述温湿度传感器的原理，用PROTEL绘出详细电路接线原理图。

(2)标明电路参数，给出传感器接口通信协议，给出元器件清单。

(3)拟定测试内容和步骤，每个传感器测量15~20个数据，并列出有关测试表格。

(4)叙述传感器串行口的调试方法，如何解决所遇到的问题。

(5)思考题：

- 测量温、湿度的难点。
- 如何保证测量精度，减少测量误差?
- 湿度传感器如何标定? 分别把传感器放到水里和用吹风机吹干，此时的湿度分别是多少?
- 如何考虑温湿度测量时的系统误差?

16.2.5 气象监测智能传感器应用

自20世纪90年代起我国开始投入自动气象站的研究，为提高观测时效和质量，自动气象站能够对多项气象要素进行自动采集和传输。在自动气象站中，气象传感器起着信息采集作用。气象监测指标一般有环境温度、环境湿度、露点温度、风速、风向、气压、太阳总辐射、降雨量、地温(包括地表温度、浅层地温、深层地温)、土壤湿度、土壤水势、土壤热通量、蒸发量、二氧化碳、日照时数、太阳直接辐射、紫外辐射、地球辐射、净全辐射、环境气体共二十多项数据指标。

这一节的课程设计实验以气温、气压、风速、风向作为测量对象，并选取市场可购买到的传感器产品完成制作与实践。

1. 传感器选择

(1)环境温湿度传感器 DHT22

DHT22 是一款数字输出型温湿度传感器，常用于家电、医疗、气象及自动控制等领域。内部集成了一个电容式湿敏元件、一个 NTC 温敏元件和一个 8 位单片机，以单总线的方式输出信号。实物图如图 16-57 所示。DHT22 传感器引脚定义如图 16-58 所示，2 脚为信号输出端口，输出端接入单片机时需要接一个 5kΩ 的上拉电阻。

图 16-57　DHT22 实物图

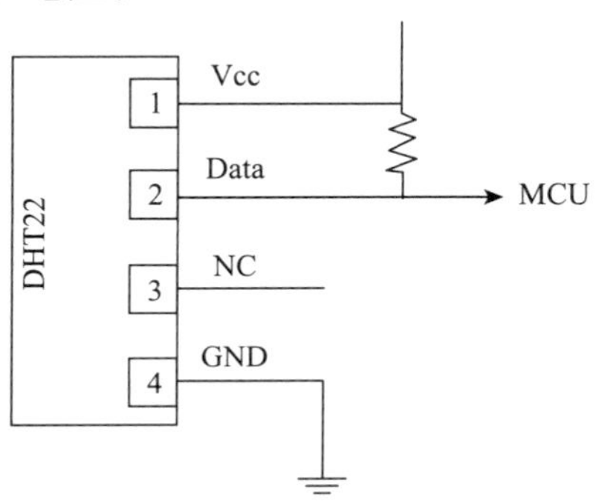

图 16-58　DHT22 应用电路图

数据输出 Data 引脚与单片机之间的通信方式采用单总线协议。数据格式为：40bit 数据 = 16bit 湿度数据 + 16bit 温度数据 + 8bit 校验和。

例如：接收的 40bit 数据为 0000 0001 1011 0001 0000 0001 1000 0101 0011 1000。

湿度 = 0000000110110001B/10 = 43. 3%

温度 = 0000000110000101B/10 = 38. 9℃

当温度低于 0℃时，温度数据最高位为 1；例如 1000 0000 0111 1101 表示 -12. 5℃。

校验和 = (湿度高 8 位 + 湿度低 8 位 + 温度高 8 位 + 温度低 8 位)取和后的末 8 位。

(2)气压传感器 BMP280

BMP280 实物见图 16-59，BMP280 是博世公司专为移动应用设计的绝对气压传感器，广泛应用于 GPS 导航、医疗保健、穿戴设备等领域，非常适合地面探测等应用。

图 16-59　BMP280 实物图

BMP280 器件内部集成了一个压阻式压力传感器和一个专用集成电路 ASIC，ASIC 负责将传感器采集的模拟值转为数字量进行输出。BMP280 支持 I^2C 和 SPI 通信方式，内部原理图如图 16-60 所示。BMP280 应用电路参见图 16-61，引脚定义如表 16-11 所示，其中 V_{DD}和 V_{DDIO}可选择 3. 3V 电压，用于 I^2C 和 SPI 通信。

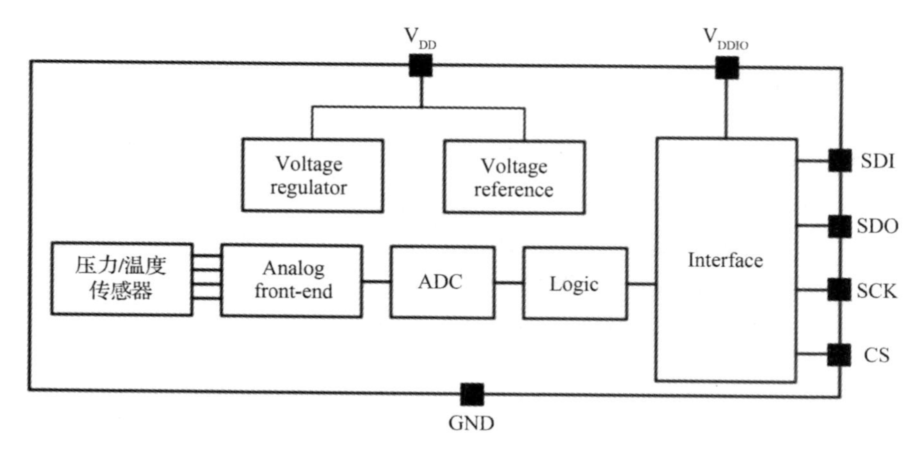

图 16-60 BMP280 内部原理框图

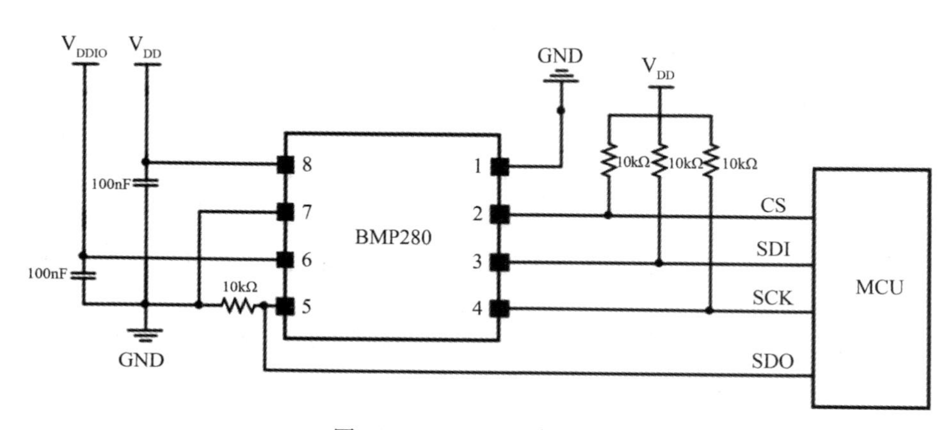

图 16-61 BMP280 应用电路

表 16-11 BMP280 不同通信方式的引脚定义

引脚编号	名称	通信方式		
		SPI 4 线制	SPI 3 线制	I^2C
1	GND	GND		
2	CS	CS	CS	V_{DDIO}
3	SDI	SDI	SDI/SDO	SDA
4	SCK	SCK	SCK	SCL
5	SDO	SDO	NC	GND
6	V_{DDIO}	V_{DDIO}		
7	GND	GND		
8	V_{DD}	V_{DD}		

（3）风速传感器

风速传感器用于测量风速和风量，其中风量 = 风速 × 横截面积。风速传感器的类型较多，市面上常见的有皮托管型、螺旋桨型、风杯型、热线型以及超声波型等。本节内容以风杯型风速传感器为例进行介绍。

三杯式风速传感器如图 16-62 所示。风速感应部分由三个半球形空杯构成，互呈 120°。

当起风时，三个风杯所受风压不同，存在压力差，起始压力差越大，产生的加速度越大，风杯转动就越快，经过一段时间后(风速不变时)，三个风杯所受压力逐渐趋于相同，此时风杯做匀速转动，就可以通过测量转动的圈数来确定风速大小。通常，三杯式风速传感器内部采用光电式或磁电式原理测量风速。

图 16-62　三杯式风速传感器

- 磁电感应式风速传感器内部包含磁电感应部分(由线圈和永久磁铁组成)和信号输出部分，风杯在风力的推动下旋转，磁铁与线圈产生相对运动，输出与风速成正比的脉冲信号，经过信号处理电路，可转换成电压输出、电流输出或 RS485 输出型信号。
- 光电式风速传感器的内部包含一个发光元件和光敏元件，光电码盘固定在风杯转轴上，风杯在风力的推动下旋转，光敏元件输出与风速成正比的脉冲信号，经过信号处理电路换算成风速值。光电式风速传感器也有电压输出型、电流输出型和 RS485 输出型。

对于 RS485 输出型风速传感器，应用电路可参考“土壤温湿度智能传感器”，(电压/电流)两种模拟输出型接线电路如图 16-63 所示。

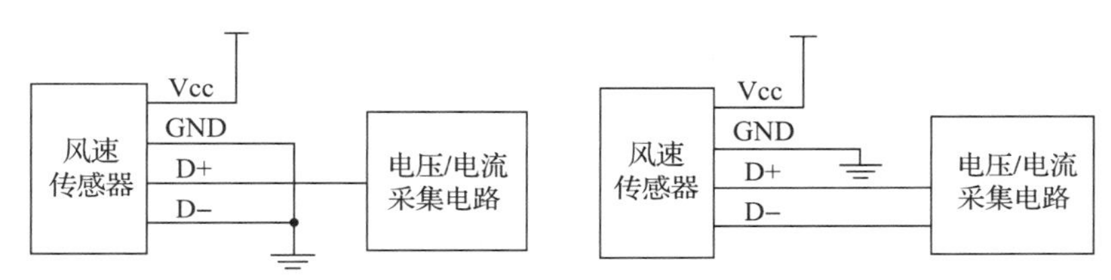

图 16-63　风速传感器接线示意图

风速转换计算：

① 电流输出型

测量量程为 0 ~ 30m/s，输出信号量程为 4 ~ 20mA；当输出信号为 10mA 时，风速 = (10 − 4) × (30/(20 − 4)) = 11.25m/s。

② 电压输出型

测量量程为 0 ~ 30m/s，输出信号量程为 0 ~ 12V；当输出信号为 10V 时，风速 = (10 − 0) × (30/(12 − 0)) = 25m/s。

(4)风向传感器

风向传感器主要由风向标、风向轴、风向度盘组成，根据风向标停留的位置来分析得到风向。常见的风向传感器外形如图 16-64 所示，当风的来向与风向标成某一夹角时，风向标受到风力，由于风向标头部受风面积比较小，尾翼受风面积比较大，因而感受的风压不相等，使风向标旋转，直至风向标头部正对风的来向时，此时翼板两边受力平衡，风向标就稳定在某一方位，风向标受风示意图如图 16-65 所示。

风向传感器主要有电磁式、光电式和电阻式：

- 电磁式风向传感器由装在风向度盘上的磁棒和陀螺仪或磁罗盘来确定风向。
- 光电式风向传感器的变换器为码盘和光电组件，当风向标随风转动时，通过转轴带动码盘在光电组件缝隙中转动，产生光电信号对应当时风向的格雷码输出。

- 电阻式风向传感器的基础结构为滑动变阻器，将产生的电阻最大值与最小值分别标为 360°和 0°，当风向标随风转动时，转轴带动滑动变阻器的滑片进行转动，电阻值发生变化，通过分压电路将电压变化转换为风向数据。

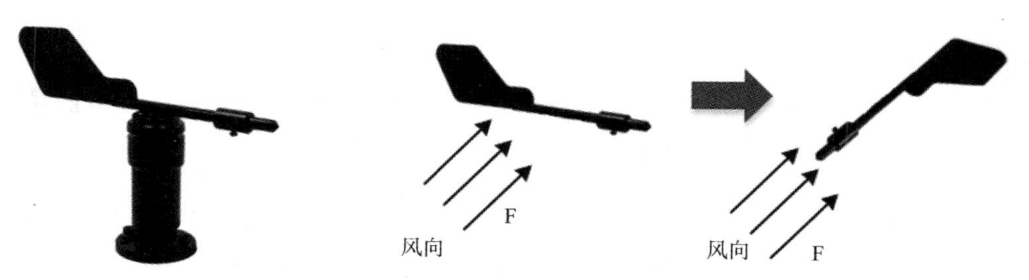

图 16-64 风向传感器外形图

图 16-65 风向标受风转动示意图

安装风向传感器时，必须让传感器上的对位标志面向正北方，以免造成测量误差。风向传感器的信号输出方式也有模拟型（电压/电流）和 RS485 型，应用接线参考风速传感器。

对于 RS485 输出型风向传感器（8 个指示方向），通信应答结果一般为档数及对应的角度，例如：问询帧为"01 03 00 00 00 02 C4 0B"，应答帧为"01 03 04 00 02 00 00 5A DB C8"，表示读取到的风向值为第 2 档，角度为 90°，即风向与正北方向呈 90°的东风。

对于模拟输出型风向传感器，一般地，每个传感器出厂前都有标定好的输出值与对应风向，表 16-12 为某一风向传感器的输出对照表，仅供参考。

表 16-12 风向计算方法（模拟输出型的 8 个指示方向）

4～20mA 输出对照表		0～10V 输出对照表	
输出值（mA）	对应风向	输出值（V）	对应风向
≈4	北风	≈0	北风
≈6.28	东北风	≈1.42	东北风
≈8.57	东风	≈2.86	东风
≈10.86	东南风	≈4.28	东南风
≈13.14	南风	≈5.71	南风
≈15.42	西南风	≈7.15	西南风
≈17.71	西风	≈8.56	西风
≈20	西北风	≈10	西北风

2. 系统总体电路设计

简易气象监测仪是一个气象参数检测装置，电路内容较多，包括风向风速传感器、气压传感器、温湿度传感器的数据采集和后续数据处理，简易气象监测仪总体电路内容可分别作为单一信号或多路信号的系统设计，电路原理图如图 16-66 所示。

简易气象监测仪信号采集分别采用电压输出型的风向风速传感器、BMP280 气压传感器、DHT22 温湿度传感器设计。风速和风向传感器的应用电路相同，将传感器输出电压衰减至约 1/4 后送入 STM32 单片机的模拟输入口。

单片机系统的接口编程请同学们独立完成。

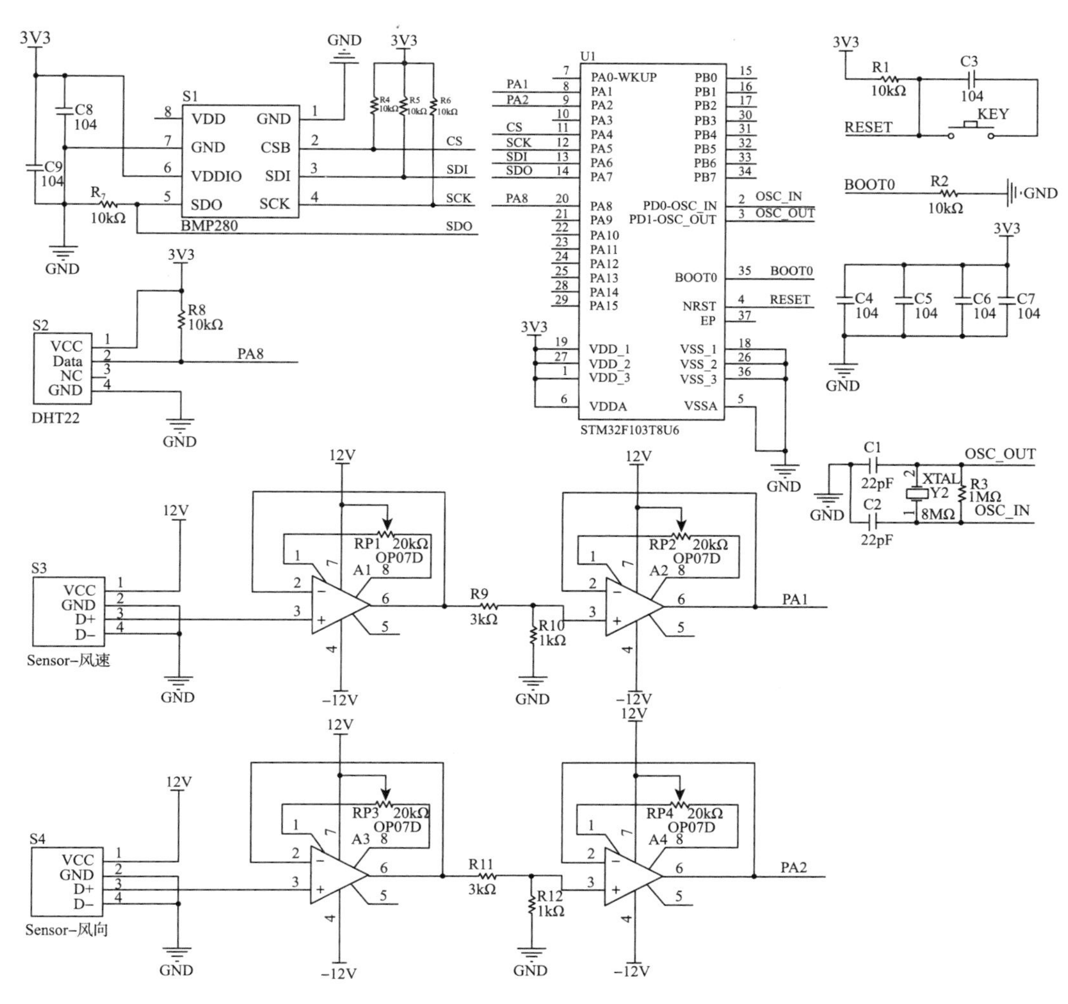

图 16-66　气象监测仪电路原理图

3. 课程设计报告要求

(1)分别叙述气温、气压、风速、风向等气象数据检测传感器的原理。

(2)画出传感器接口电路，并详细描述传感器信号输出方式和通信协议。

(3)拟定测试内容和步骤，每个传感器测量多于 5 个数据，并列出有关测试表格。

(4)叙述传感器和接口电路的调试方法，如何解决所遇到的问题。

(5)思考题：

- 测量的难点。如何保证测量数据的准确性，减少测量误差？
- 这些传感器是否需要进行标定，如何标定所使用的传感器？如何提供传感器测量的最小值和最大值，以及中间值？
- 风速、风向传感器有电磁式、光电式、电阻式，说明这些传感器的工作原理各有什么特点？
- 传感器输出有模拟型(电压、电流)和 RS485 型，请解释这些输出方式有哪些不同，分别适用于哪些场合。
- 请独立设计一个气象监测系统。

16.3 综合练习

16.3.1 填空

1. 传感器是一种能够感受被测量，并能把外界被测量按一定规律转换成可用信号的________和________。

2. 构成现代信息技术的三大支柱是________、________、________，它们分别起到信息的________、________、________作用。

3. 传感器在机器人系统中可以起到感官作用，如类似于人的________觉、________觉、________觉、________觉。

4. 传感器的静态特性指标主要有________、________、________、________等，而影响动态特性指标的主要参数是________、________、________。

5. 传感器最小检测量越小，则表示传感器________越高。

6. 红外传感器主要有________、________两大类型。其中热释电元件通过________→热→________的两次转换过程实现红外检测。

7. 交通警察进行酒后驾车检测时，一般通过检测________含量，检测系统通常采用________传感器实现定量检测。

8. 红外光敏二极管只能接收________光信号，对________光没有响应。

9. 金属应变片工作原理是利用________效应；半导体应变片工作原理是利用________效应。二者灵敏度系数主要区别是：金属应变片的电阻变化主要由________引起的，半导体应变片的电阻变化主要由________引起的。

10. 电容式传感器，变极距型多用于检测________，变面积型主要用于检测________，变介电常数型可用于检测________等参数。

11. 块状金属导体置于变化的磁场中或在磁场中作切割磁力线运动时，导体内部会产生一圈圈闭合的电流，利用该原理制作的传感器称________传感器。当被测材料的物体靠近它时，利用线圈的________变化进行非电量检测。

12. 把一导体(或半导体)两端通以控制电流 I，在电流垂直方向施加磁场 B，在另外两侧会产生一个与控制电流和磁场成比例的电动势，这种现象称________效应；利用这一效应制作的元件一般可用于检测________、________。

13. 磁敏电阻基于________效应；磁敏二极管是利用________在磁场中运动时受到________作用使电阻增加的原理制成。

14. 压电元件的工作原理是利用________效应；目前使用的压电材料主要有：________、________、________。

15. 超声波的发射与接收换能器则是利用压电效应，其中超声波发射换能器是将________能转换为________能，它是利用压电元件的________压电效应。

16. 半导体材料在光线作用下，入射光强改变物质导电率的现象称________效应，基于这种效应的器件有________；半导体材料吸收光能后在 P-N 结上产生电动势的效应称________效应，基于这种效应的器件有________。

17. 核辐射传感器利用放射性同位素的原子核在没有外力作用下，自动发生衰变过程中释放出________、________、________这 3 种射线，核辐射传感器通过核辐射与物质间________、________、________的相互作用进行测量。

18. 热电偶温度传感器是由两种不同金属导体连在一起构成闭合回路，如果两端温度（T、T_0）不同时回路中会产生电动势，这种物理现象称________效应；由热电效应可知，总的热电势是由________和________两个部分组成。据此能够产生热电势的两个必要条件是________，________。

19. 视频手机上可用于图像采集的传感器是由________器件完成的，图像的分辨率与器件的________有关。

20. 两个电子秤，电压输出灵敏度分别为 1mV/g、0.5mV/g，其中________的灵敏度高。

21. 微生物传感器主要有________、________两种类型。

22. 生物敏感膜的种类有________；生物传感器敏感膜的固定化方法有________。

16.3.2　选择填空

1. 选择以下传感器填入空内（每空填两项，可重复填写）

电阻应变片；磁敏电阻；霍尔传感器；气敏传感器；压电传感器；电容传感器；热释电器件；热敏电阻；光纤传感器；磁敏晶体管；电动式磁电传感器；光敏二极管；差动变压器；红外传感器；色敏传感器；电涡流传感器；超声波传感器；光电开关；核辐射探测器；压阻式传感器；光电池；热电偶；CCD（电荷耦合器件）；集成温度传感器。

1）选择合适小位移测量的传感器：____________；

2）便于检测机械振动或加速度的传感器：____________；

3）可用于磁场检测的传感器：____________；

4）适用于家用电器的温度检测传感器：____________；

5）可以实现图像采集的器件、可以完成光强检测的传感器分别有：________________、____________；

6）图 16-67 为自动生产线上的金属瓶盖和标签有无检测，请合理选择可应用于该生产线的传感器：

瓶盖________；标签________。

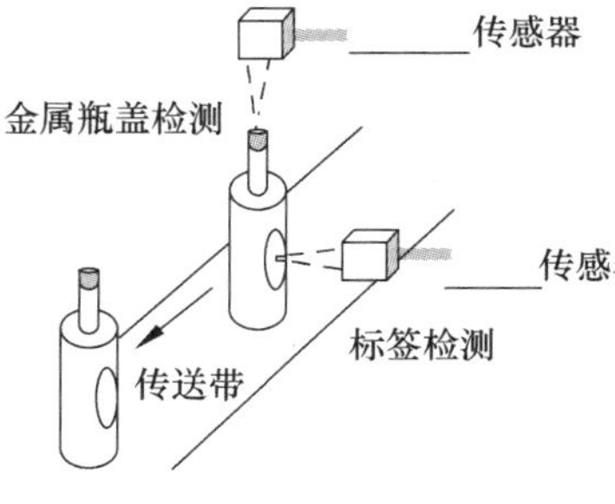

图 16-67　瓶装自动检测示意图

2. 选择填空

（1）负温度系数热敏电阻也称为________热敏电阻，在常温下其阻值随温度上升而________。

A. PTC　　B. NTC　　C. 增大　　D. 减小

（2）硅光电池的结构类似一只半导体________，属于________器件。

A. 二极管　　B. 三极管　　C. 有源　　D. 无源

（3）热释电元件属于________红外线传感器，它可检测红外线的________波长。

A. 热电型　　B. 光量子型　　C. 全波段　　D. 有限段

（4）通常我们用绝对湿度、相对湿度和露点温度表示环境中的水蒸气含量，其中相对湿度表示为________，量纲为________。

A. RH%　　B. A_H　　C. 无　　D. g/m^3

3. 画出下列传感器的电路图形符号

光敏电阻；光敏晶体管；光耦合器；光敏二极管；发光二极管；压电元件；霍尔元件；热敏电阻；气敏传感器。

16.3.3 分析与计算

1. 图16-68a所示悬臂梁，距梁端部为L位置上下各粘贴完全相同的电阻应变片R_1、R_2、R_3、R_4。已知电源电压$E=4V$，R是固定电阻，并且$R=R_1=R_2=R_3=R_4=250\Omega$，当有一个力$F$作用时，应变片电阻变化量为$\Delta R=2.5\Omega$，请分别求出图16-68b、c、d、e四种桥臂接法的桥路输出电压U_O。

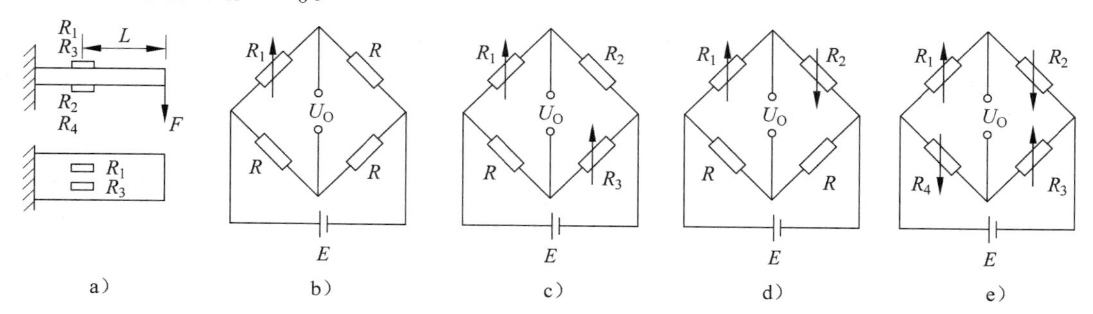

图16-68 悬臂梁结构与电桥电路

2. 有一吊车的拉力传感器如图16-69所示，其中电阻应变片R_1、R_2、R_3、R_4贴在等截面轴上。已知标称阻值$R_1=R_2=R_3=R_4=120\Omega$，桥路电压为2V，物重M引起变化增量$\Delta R=1.2\Omega$。请完成以下内容：

（1）画出应变片组成的直流电桥电路，标出各应变片。

（2）计算出测得的电桥输出电压和电桥输出灵敏度。

（3）说明R_3、R_4起到什么作用。

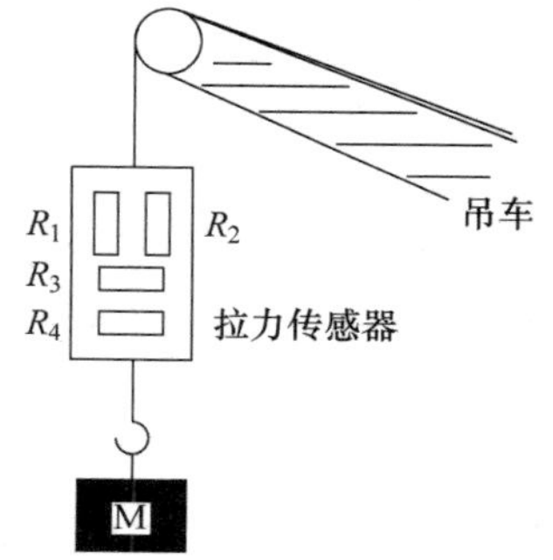

图16-69 拉力传感器结构示意图

3. 图16-70a是电容式差压传感器结构示意图，金属膜片与两盘构成差动电容C_1、C_2，两边压力分别为P_1、P_2，当$P_1=P_2$时，$C_1=C_2$。图16-70b为二极管双T型电路，电路中电容器C_1、C_2分别是图16-70a中差动电容C_1、C_2，电路中电阻$R_1=R_2$，R_L为负载电阻，E电源是占空比为50%的方波。试分析以下两种情况时电阻R_L上的电压。

（1）当两边压力相等($P_1=P_2$)时，一个周期内负载电阻R_L上的平均电压是多少？

（2）当压力$P_1>P_2$时，写出一个周期内负载电阻R_L上的平均电压大小和方向。

4. 参见图13-10酒精测试仪电路示意图，图中LM3914是LED显示驱动器，LM3914内部有10个比较器，当输入电压增加时，LED可以由$VL_1 \rightarrow VL_{10}$被逐个点亮。请问：

（1）QM-5是什么传感器？并说明该器件的导电机理。

（2）QM-5的f、f'引脚是传感器的哪个部分？有什么作用？A、B两端可等效为哪一种电参量？

（3）分析电路工作原理，当酒精浓度增加时，M点电位如何变化？LM3914输出端驱动的LED如何变化？

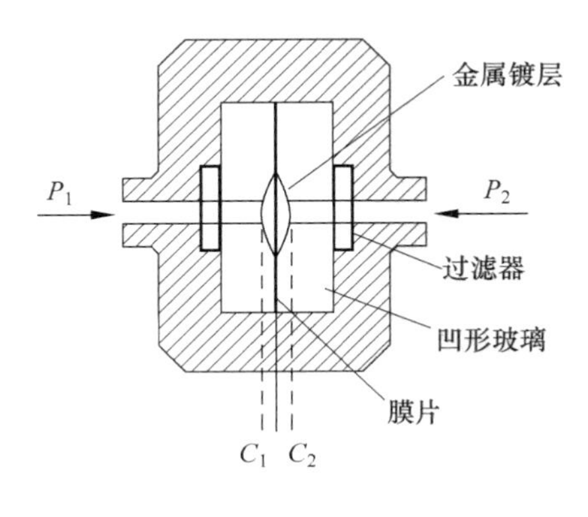

a）传感器结构

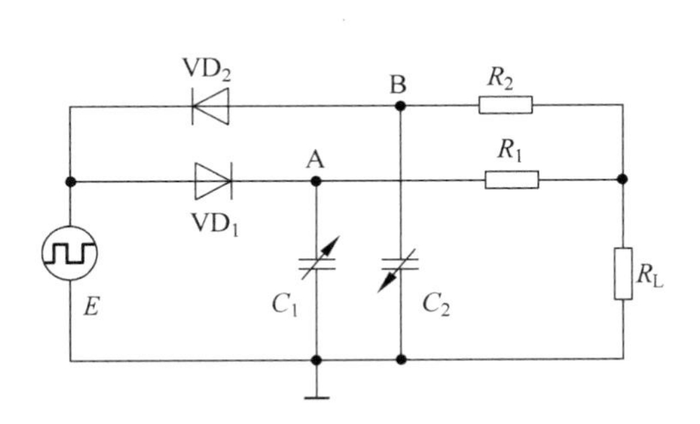

b）二极管双T型电路

图 16-70　电容式差压传感器

（4）调节电路中电位器 R_p 有什么作用？

5. 用镍铬-镍硅 K 型热电偶测量加热炉温度。已知冷端温度 $T_0=30℃$，测得热电势 $E_{AB}(T, T_0)$ 为 33.29mV，求加热炉温度 T 为多少摄氏度？

6. 图 16-71 是一温度控制电路，LM311 为比较器，VT 为达林顿晶体管。识别器件分析电路，请回答下列问题：

（1）AD590 是什么器件？以什么形式输出？

（2）当温度 T 下降时 AD590 输出如何变化？VT 如何变化？使加热器状态如何变化？

（3）调节 R_2 可以起到什么作用？

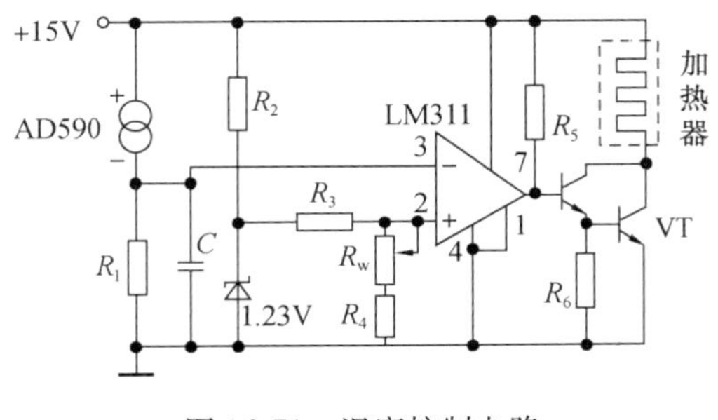

图 16-71　温度控制电路

16.3.4　简述题

1. 国家标准 GB 对“传感器”的定义是什么？说明该定义表征了传感器的哪三种含义？

2. 传感器的性能参数反映了传感器的什么关系？静态特性参数中线性度描述了传感器的什么特征？动态特性参数分别讨论了一阶系统、二阶系统的哪些响应特性？传递函数的定义是什么？

3. 图 16-72 为螺线管式差动变压器等效电路结构示意图，请分析并回答下列问题：

（1）铁心 T 处于线圈中间位置时，二次绕组输出电压为最小值 0，当铁心向下移动时，输出电压的大小和极性如何变化？并画出差动变压器的输出特性曲线示意图。

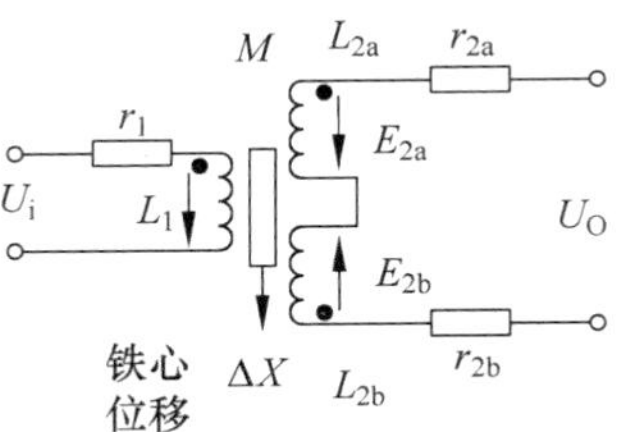

图 16-72　差动变压器等效电路

（2）当衔铁位于中心位置时，理论上讲输出电压为零，而实际上差动变压器输出电压不为零，我们把这个不为零的电压称为什么电压？这个输出电压会造成什么后果？简述产生该电压的原因及宜采用哪些方法进行补偿。

（3）采用哪种信号转换调理电路可以直接由输出电压的大小与极性辨别铁心位移的大小和方向？

4. 叙述反射式光纤位移传感器的工作原理，画出传感器的输出特性(位移 – 相对输出)曲线示意图，并在 X、Y 坐标上标出近似的实验参数值。说明利用反射式光纤位移传感器输出特性的前坡、后坡和光峰值可分别进行哪些物理量的检测。

5. 霍尔传感器基于霍尔效应，请叙述什么是霍尔效应，画出霍尔元件的基本测量电路。已知霍尔元件的电压输出为：$U_0 = \mathrm{K}IB$，当灵敏度 K 为常数，若磁场强度 B 为零时，霍尔传感器的电压输出是多少？由此说明霍尔传感器可检测哪些物理量。

6. CCD 中文全称如何描述(英文含义)？CCD 在结构上分为哪两个部分？这两个部分在器件工作时分别起到什么作用？面阵 CCD 和线阵 CCD 主要可以完成哪些信号检测？

7. 你身边有哪些实例是通过传感器技术实现自动化、智能化检测的，请举例说明家用电器中的电冰箱、空调、数码相机分别采用了哪些传感器技术。

参考文献

[1] 吴建平．传感器原理及应用[M]．3版．北京：机械工业出版社，2015.
[2] 郁有文，常健，程继红．传感器原理及工程应用[M]．西安：西安电子科技大学出版社，2004.
[3] 唐贤远，刘岐山．传感器原理及应用[M]．西安：电子科技大学出版社，2000.
[4] 何金田，成连庆，李伟锋．传感器技术：下册[M]．哈尔滨：哈尔滨工业大学出版社，2004.
[5] 彭军．传感器与检测技术[M]．西安：西安电子科技大学出版社，2003.
[6] 余成波，胡新宇，赵勇．传感器与自动检测技术[M]．北京：高等教育出版社，2004.
[7] 王化祥，张淑英．传感器原理及应用[M]．天津：天津大学出版社，2007.
[8] 强锡富．传感器[M]．北京：机械工业出版社，2001.
[9] 曾光宇，杨湖，李博，汪浩全．现代传感器技术与应用基础[M]．北京：兵器工业出版社，2006.
[10] 沙占友，葛家怡，孟志永，等．集成化智能传感器原理及应用[M]．北京：电子工业出版社，2004.
[11] 沙占友，王彦朋，葛家怡，等．智能传感器系统设计与应用[M]．北京：电子工业出版社，2004.
[12] 何希才．传感器及其应用电路[M]．北京：电子工业出版社，2001.
[13] 胡向东，等．传感器与检测技术[M]．2版．北京：机械工业出版社，2013.
[14] 王玉田．光电子学与光纤传感器技术[M]．北京：国防工业出版社，2003.
[15] 王元庆．新型传感器原理及应用[M]．北京：机械工业出版社，2002.
[16] 彭承琳．生物医学传感器原理与应用[M]．重庆：重庆大学出版社，1992.
[17] 松井邦彦．传感器实用电路设计与制作[M]．梁瑞林，译．北京：科学出版社，2005.
[18] 吉多·楚伦那，安德烈亚斯·拉曼．家电传感器[M]．莫德举，马永成，李晶，等译．北京：化学工业出版社，2004.
[19] 孙宝元，杨宝清．传感器及其应用手册[M]．北京：机械工业出版社，2004.
[20] 于海燕，庞杰．新型电子元器件[M]．福州：福建科学技术出版社，2002.
[21] 董玉红．数控技术[M]．北京：高等教育出版社，2004.
[22] 亚林，王劲松．物联网用传感器[M]．北京：电子工业出版社，2012.
[23] 余成波．传感器与自动检测技术[M]．北京：高等教育出版社，2004.
[24] 戴焯．传感器原理与应用[M]．北京：北京理工大学出版社，2010.
[25] 唐露新．传感与检测技术[M]．北京：科学出版社，2006.
[26] 赵常志，孙伟．化学与生物传感器[M]．北京：科学出版社，2012.
[27] 王平，刘清君．生物医学传感与检测[M]．杭州：浙江大学出版社，2010.
[28] 吴功宜，吴英．物联网工程导论[M]．北京：机械工业出版社，2012.
[29] 武奇生，刘盼之．物联网技术与应用[M]．北京：机械工业出版社，2014.
[30] 陈勇等．物联网系统开发及应用实战[M]．南京：东南大学出版社，2014.
[31] 张文宇，李栋．物联网智能技术[M]．北京：中国铁道出版社，2012.
[32] 宁焕生．RFID重大工程与国家物联网[M]．3版．北京：机械工业出版社，2011.
[33] 张连华．实操技能训练教程[M]．北京：机械工业出版社，2008.
[34] 赵立民，张欣，于海雁．电子技术实验教程[M]．北京：机械工业出版社，2008.
[35] 孙余凯，吴鸣山，项绮明，等．传感技术基础与技能实训教程[M]．北京：电子工业出版社，2006.
[36] 杭州塞特传感技术有限公司．CSY型传感器系统实验仪实验指导[Z].
[37] 深圳德普施技术有限公司．DRVI可重构虚拟仪器平台工程测试实验指导书[Z].